教育部高等学校电子信息类专业教学指导委员会规划教材
高等学校电子信息类专业系列教材

电动力学

（第2版·微课视频版）

曹斌照　马宁　张强　编著

清华大学出版社
北京

内 容 简 介

本书是教育部高等学校电子信息类专业教学指导委员会规划教材，山西省高等学校线下一流课程“电动力学”使用教材。全书系统地阐述了经典电动力学的基本概念、基本规律和基本方法。主要介绍电磁场的基本属性及其分析方法，电磁波的产生、辐射、传播、衍射等，电磁场与带电粒子的相互作用规律。全书共7章，内容包括：矢量分析、电磁现象的基本规律、静电场、静磁场、电磁波的辐射、电磁波的传播、运动系统的电磁场，书末提供各章部分习题参考答案和附录（常用坐标系下矢量运算恒等关系、场论公式、物理常量）等。书中另附有配套微视频讲解、习题分析与详解、教案和阅读材料等数字资源，可通过扫描二维码获取。

本书在保留经典电动力学基本知识体系结构不变的前提下，对具体内容适度整合，遵循由一般到特殊的逻辑关系，力图建立“电动力学”与“电磁场理论”课程的衔接。精选了与课程直接相关的、具有典型代表性的科技前沿作为补充阅读材料。在选择例题和习题的过程中，力求达到理论与实际相结合、学以致用的效果。各章最后部分增加课程思政教育内容。此外，书中穿插诸如内容强调、解题点拨、重点提醒、思考延伸等栏目，与读者分享学习体会。

本书可作为高等院校光电信息类、物理学类本科专业基础课“电动力学”教材，也可供电子信息类、电气类专业的师生参考，对于开展研究型教学的强基班、创新型人才培养基地班也具有一定的参考价值。

图书在版编目（CIP）数据

电动力学：微课视频版/曹斌照，马宁，张强编著. —2版. —北京：清华大学出版社，2024.3
高等学校电子信息类专业系列教材
ISBN 978-7-302-65761-3

Ⅰ. ①电… Ⅱ. ①曹… ②马… ③张… Ⅲ. ①电动力学－高等学校－教材 Ⅳ. ①O442

中国国家版本馆CIP数据核字(2024)第052312号

责任编辑：赵 凯
封面设计：李召霞
责任校对：李建庄
责任印制：曹婉颖

出版发行：清华大学出版社
网　　址：https://www.tup.com.cn，https://www.wqxuetang.com
地　　址：北京清华大学学研大厦A座　　**邮　　编**：100084
社 总 机：010-83470000　　**邮　　购**：010-62786544
投稿与读者服务：010-62776969，c-service@tup.tsinghua.edu.cn
质量反馈：010-62772015，zhiliang@tup.tsinghua.edu.cn
课件下载：https://www.tup.com.cn，010-83470236
印 装 者：三河市君旺印务有限公司
经　　销：全国新华书店
开　　本：185mm×260mm　　**印　　张**：18.25　　**字　　数**：446千字
版　　次：2019年8月第1版　2024年5月第2版　　**印　　次**：2024年5月第1次印刷
印　　数：1～1500
定　　价：59.90元

产品编号：103472-01

前言

PREFACE

当今时代，新一轮科技革命和产业变革深入发展，学科交叉融合不断推进，科学技术和经济社会发展加速渗透融合。党的二十大着重提出，要统筹职业教育、高等教育、继续教育协同创新，推进职普融通、产教融合、科教融汇。电子信息类学科是当今现代科学技术中飞速发展的学科，作为众多应用技术的理论基础，对于推进科技的发展和进步发挥着重要的作用。当代科学的发展表明，电磁场理论是电子信息类各专业的重要模块之一，又和新型的材料学科、生物技术等形成交叉学科的生长点和新兴边缘学科发展的基础。随着电子信息类学科的迅速发展，电磁现象的研究越来越成为电子信息类专业和物理学专业中举足轻重的重要内容。

“电动力学”是高等学校光电信息类专业、物理学各专业本科生必修的一门专业基础课，其研究对象是电磁场的基本属性、运动规律及与带电物质之间的相互作用。当今，随着电子信息类学科的迅速发展，电磁现象的研究也成为电子信息类专业中不可或缺的重要内容。“电动力学”在物理学中被称作“四大力学”之一，足见其地位之重要。在经典理论中，“电动力学”与“电磁场理论”的关系甚为密切。二者研究对象和研究方法基本相同，都是运用矢量分析和场论基础。但从理论的层次看，“电动力学”侧重于从物理的本源出发探究宏观电磁场的本质属性，基于麦克斯韦方程组和洛伦兹力这两大基石，研究静态电磁场的基本属性及其分析方法，电磁波的产生、传播、辐射、衍射，电磁场与带电粒子的相互作用规律及狭义相对论框架下的相对论不变性；“电磁场理论”则更侧重于应用，同样以麦克斯韦方程组和洛伦兹力为基础，主要研究静态场、时变电磁场的基本特性和分析方法，包括静态场的分布规律，电磁波的传播、传输、辐射等规律及应用，一般对于狭义相对论和高速运动带电粒子与电磁场的相互作用很少讨论。由此可见，“电动力学”与“电磁场理论”在本质上是息息相通的。

本书第一作者从 2003 年至今在兰州大学和太原理工大学先后进行“电磁场理论/电磁场与电磁波”和“电动力学”课程的讲授，专注于课程创新性改革探索与实践。针对光电信息科学与工程、应用物理学两个专业开设的“电动力学”课程，积极开展研究型与实践型教学模式的探索性研究。课程组结合在教学工作、教学研究中的体会，认为编写一本具有物理背景且理工皆宜的“电动力学”本科教材对于促进学校“理工融合”的发展大有裨益。经向清华大学出版社申请，审核同意后着手编写，于 2019 年 8 月正式出版“电动力学”，并入选“教育部高等学校电子信息类专业教学指导委员会规划教材、高等学校电子信息类专业系列教材 · 新形态教材”。迄今为止，该教材投入使用已达四年，期间虽几经完善、勘误，但发现原教材中在个别概念的前后衔接、重要规律的完整推证、例题和习题的合理遴选等方面仍存在一些不足，故于 2023 年 7 月向清华大学出版社提出再版申请，经审核同意，新版教材《电动力学》将修订为第 2 版 · 微课视频版。与第 1 版教材相比，第 2 版教材在保持原有布局不变的前

提下,进行了如下方面的修订:

(1) 对第1版教材中的多处语言表达进行了润色,并对第1版中的错误进行了细致的修改,尽最大可能降低各类错误,提高图书质量。

(2) 对个别前后衔接不妥的概念进行了适当处理,对"介质"概念进行了明确鉴定。

(3) 补充了第1版欠完善的内容。例如,增补了亥姆霍兹定理在有限区域内的形式、静电场的高斯定理和环路定理的矢量分析理论证明方法,完善了感应电动势一般形式的推导、介质球周围电场的分离变量法求解等。

(4) 调整、丰富了部分例题和习题,使之更具有典型性、示范性。全面勘误了习题参考答案,并完成了习题详解。

(5) 每章最后增加课程思政教育一节,融授业、解惑、传道于一体。

(6) 嵌入视频讲解、习题解答、教案、教学研究论文等数字资源于纸质书中,通过扫描二维码即可获取。

本书具有以下几方面的特色:

(1) 保留经典,融入热点。

本书在保留"电动力学"经典内容的同时,注重反映电磁领域中突出的新成果和发展方向,将这方面的最新科研进展内容加入相应章节,使古老的经典理论焕发出强劲的生命力。如麦克斯韦方程组的协变性、静电隐形衣、左手材料和零折射率材料中电磁波的传播规律、光子晶体、石墨烯的量子磁输运、散射相消原理及其应用等,达到教学内容与科技前沿和应用直接对接,不仅能够提高学生的学习兴趣,更有利于创新型人才的培养。

(2) 贯穿"课程思政",促进"立德树人"。

"电动力学"作为物理学的分支,具有深厚的历史底蕴、广博的思维视角、引领科技的基础作用,为该课程思政提供了丰富多彩的元素和资源。同时,"电动力学"是一门基于实践的课程,由实践到理论,再由基本理论指导具体应用的方法论,其中所折射着的马克思主义哲学思想,有助于大学生物质世界观、实践论等哲学思想的强化培养。将"电动力学"中所蕴含的科学精神、科学方法、人类进步、人文价值、家国情怀等融入教材,每章最后增加课程思政教育一节,促进"立德树人"同向同行。

(3) 建立和电磁理论的衔接。

编写本教材的初衷是适应本校"强基固本,理工融合"的发展格局,使之成为一门集理科专业物理学类"电动力学"和光电子信息类工科专业"电磁场理论"共同特性为一体的教材。使学生通过该课程的学习,对电磁场的基础理论、基本方法与应用有一个较好的综合掌握,并希望推广到具有相同专业特色的地方院校参考使用。

(4) 精选例题习题,渗透应用案例。

精心遴选例题和习题,力争达到典型性、示范性。有些例题紧密结合科技前沿内容,如零折射率材料缺陷对电磁波的调控——非齐次边界条件下亥姆霍兹方程的求解,静电隐形衣的实现——多层介质球内静态场的分离变量法举例,等效介质电磁参数的新的推导——边界条件的妙用等。

(5) 数字资源与纸质书籍融为一体。

将视频讲解、习题分析与详解、教案、教学研究论文等数字资源嵌入教材,纸质版与电子版有机融为一体。通过扫描二维码获得电子资源,在一定程度上既减少了书籍的篇幅,也为不同需求的读者增加了学习的灵活性。

(6) 分享心得体会,帮助读者解惑。

结合课程中的重点、难点、疑点或深入探究的地方,以"难点点拨""重点提醒""答疑解惑"和"延伸思考"等方式与读者交流认识,达到无声的答疑。

通过以上架构,希望改变"千书一面",使之更接地气。这些补充的内容,既有基本知识的拓展,也有编者多年教学与研究的成果,部分内容具有独创性。相信读者通过阅读本教材,一定能有所裨益。

本书由"电动力学"课程组主要成员曹斌照、马宁、张强负责编著。全书共分 7 章,内容包括矢量分析、电磁现象的基本规律、静电场、静磁场、电磁波的辐射、电磁波的传播、运动系统的电磁场,适合于 48～72 学时的教学,书中加"*"的内容,可以根据实际情况选讲。曹斌照负责全书的整体规划,编写了第 2 章、第 3 章、前言和附录部分,对全书进行了统校;马宁编写了第 4 章、第 5 章和第 7 章;张强编写了第 6 章;范明明、张强编写了第 1 章。本书配套视频讲解内容,曹斌照负责第 2 章、第 3 章、第 6 章;马宁负责第 5 章、第 7 章;张强负责第 4 章。书中每章除有"本章导读"和"本章小结"外,还选有较多的典型例题和习题以供读者巩固复习之用,习题中加"*"的内容具有一定的挑战性。书末附有部分习题参考答案和附录备查。

在此,要特别感谢兰州大学博士生导师许福永教授。许教授作为本书第一编者的硕士生、博士生导师,以及刚步入兰州大学讲台的启蒙老师,手把手指导学生如何讲课、如何开展教学研究。曾多次鼓励学生厚积薄发,编写出具有自身特色的教材。在此书的编写过程中,许教授给予了极大的帮助和鼓励,并提供了珍贵的一手教学资料,给予了宝贵的指导意见,为进一步提升本教材的质量做出了无私的贡献,特此表示衷心的感谢!同时,要感谢兰州大学梅中磊教授给予的帮助与支持。在《电动力学》的成书过程中,吸纳了梅中磊负责、曹斌照参编的《电磁场与电磁波》(第 2 版)的部分特色和素材,从而使本书内容更加完善和充实。

在微视频章节总结部分录制中,太原理工大学孙非老师和张明达老师积极参与,在此深表感谢!太原理工大学本科生徐振然等同学以及教材的部分读者对书中的印刷错误提出了宝贵意见,特此一并致谢!

在本书的构思、申报、编写和出版过程中,得到了清华大学出版社赵凯编辑的大力支持,太原理工大学本科生院、物理学院、电子信息与光学工程学院给予了有力支持,在此深表感谢!

由于编者水平有限,书中难免存在一些疏漏或欠妥之处,恳请广大读者批评指正。我们将不断完善、更新,热忱欢迎广大读者提出宝贵意见和建议。

编 者

2024 年 1 月

本书涉及的主要物理量符号与SI单位

量的符号	量的名称	单位符号	单位名称
$\boldsymbol{A}$	磁矢势,矢量势	Wb/m	韦[伯]每米
$\boldsymbol{B}$	磁感应强度(磁通密度)	T	特[斯拉]
C	电容	F	法[拉]
c	真空中的光速	m/s	米每秒
$\boldsymbol{D}$	电位移矢量(电通密度)	C/m^2	库[仑]每平方米
$\overleftrightarrow{\boldsymbol{D}}$	电四极子张量	$C \cdot m^2$	库[仑]平方米
$\overleftrightarrow{\boldsymbol{D}}_m$	磁四极子张量	$A \cdot m^3$	安[培]立方米
$\boldsymbol{E}$	电场强度	V/m	伏[特]每米
e	电子的电荷量	C	库[仑]
$\boldsymbol{e}_x, \boldsymbol{e}_y, \boldsymbol{e}_z$	x、y、z 轴方向上的单位矢量		
$\boldsymbol{e}_n, \boldsymbol{e}_t$	沿曲面的法向、切向的单位矢量		
$\boldsymbol{F}$	力	N	牛[顿]
$\boldsymbol{f}$	力密度	N/m^3	牛[顿]每立方米
f	频率	Hz	赫[兹]
f_c	波导的截止频率	Hz	赫[兹]
$\boldsymbol{g}$	动量密度	$N \cdot s/m^3$	牛顿秒每立方米
$\boldsymbol{H}$	磁场强度	A/m	安[培]每米
I, i	电流	A	安[培]
$\overleftrightarrow{\boldsymbol{I}}$	单位张量		
$\boldsymbol{J}$	电流密度	A/m^2	安[培]每平方米
$\boldsymbol{J}_S$	面电流密度	A/m	安[培]每米
$\boldsymbol{J}_C$	传导电流密度	A/m^2	安[培]每平方米
$\boldsymbol{J}_D$	位移电流密度	A/m^2	安[培]每平方米
j	虚数单位		
$\boldsymbol{k}$	波矢量	rad/m	弧[度]每米
k	波数	rad/m	弧[度]每米
$\boldsymbol{L}$	力矩	$N \cdot m$	牛[顿]米
l	长度	m	米
$\boldsymbol{M}$	磁化强度	A/m	安[培]每米
$\boldsymbol{m}$	磁偶极矩	$A \cdot m^2$	安[培]平方米
n	折射率		
$\boldsymbol{P}$	电极化强度	C/m^2	库[仑]每平方米
P	功率	W	瓦[特]
$\boldsymbol{p}$	电偶极矩	$C \cdot m$	库[仑]米
$\boldsymbol{p}$	动量	$kg \cdot m/s$	千克米每秒

续表

量的符号	量的名称	单位符号	单位名称
p	功率密度	W/m^3	瓦[特]每立方米
Q,q	电量	C	库[仑]
$\boldsymbol{R}$	两点之间的距离矢量	m	米
$\boldsymbol{r}$	表示场点的位置矢量	m	米
$\boldsymbol{r}'$	表示源点的位置矢量	m	米
r	球坐标变量	m	米
$\boldsymbol{S}$	坡印亭矢量(能流密度)	W/m^2	瓦[特]每平方米
S	面积	m^2	平方米
T	透射系数		
t	时间	s	秒
U	电压	V	伏[特]
V	体积	m^3	立方米
v	速度	m/s	米每秒
W	电磁场能量	J	焦[耳]
W_e	电场能量	J	焦[耳]
W_m	磁场能量	J	焦[耳]
w	能量密度	J/m^3	焦[耳]每立方米
w_e	电场能量密度	J/m^3	焦[耳]每立方米
w_m	磁场能量密度	J/m^3	焦[耳]每立方米
x	x 轴上的位置变量	m	米
y	y 轴上的位置变量	m	米
z	z 轴上的位置变量	m	米
Z	波阻抗	Ω	欧[姆]
α	衰减常数	Np/m	奈培每米
β	相位常数	rad/m	弧[度]每米
χ_e	极化率		
χ_m	磁化率		
δ	穿透深度	m	米
ε_0	真空介电常数	F/m	法[拉]每米
ε	理想介质中介电常数	F/m	法[拉]每米
ε_r	相对介电常数		
ε'	复介电常数的实部	F/m	法[拉]每米
ε''	复介电常数的虚部	F/m	法[拉]每米
ε_c	复介电常数	F/m	法[拉]每米
$\mathscr{E}$	电动势	V	伏[特]
ϕ	球、柱坐标系角向变量	rad	弧[度]
φ	电势	V	伏[特]
φ_m	磁标势	A	安[培]
γ	相位常数	rad/m	弧[度]每米
Γ	反射系数		
λ	波长	m	米
λ_c	波导中截止波长	m	米

续表

量的符号	量的名称	单位符号	单位名称
λ_g	波导中波导波长	m	米
μ_0	真空磁导率	H/m	亨[利]每米
μ	介质中的磁导率	H/m	亨[利]每米
μ_r	相对磁导率		
μ'	复磁导率的实部	H/m	亨[利]每米
μ''	复磁导率的虚部	H/m	亨[利]每米
θ	球坐标系中角变量	rad	弧[度]
θ_B	布儒斯特角	rad	弧[度]
θ_C	临界角	rad	弧[度]
ρ	体电荷密度	C/m^3	库[仑]每立方米
	反射率		
ρ_S	面电荷密度	C/m^2	库[仑]每平方米
ρ_l	线电荷密度	C/m	库[仑]每米
τ	透射率		
	弛豫时间	s	秒
ω	角频率	rad/s	弧[度]每秒
ψ_e	电通量	C	库[仑]
ψ_m	磁通量	Wb	韦[伯]
Ψ	磁链	Wb	韦[伯]
	波函数		

目录
CONTENTS

矢量分析

- 基本概念
  - 矢量：$\boldsymbol{A}$、$\vec{A}$
  - 标量：u, φ
  - 单位矢量：$\boldsymbol{e}_A = \dfrac{\boldsymbol{A}}{A}$
  - 位置矢量：$\boldsymbol{r} = x\boldsymbol{e}_x + y\boldsymbol{e}_y + z\boldsymbol{e}_z$
  - 矢量场：$\boldsymbol{A} = A(\boldsymbol{r}, t)$
  - 标量场：$\varphi = \varphi(\boldsymbol{r}, t)$
- 基本运算
  - 加减法：$\boldsymbol{A} \pm \boldsymbol{B}$
  - 数乘：$\mu \boldsymbol{A}$
  - 标量积：$\boldsymbol{A} \cdot \boldsymbol{B} = |\boldsymbol{A}||\boldsymbol{B}|\cos\theta$
  - 矢量积；$\boldsymbol{A} \times \boldsymbol{B} = |\boldsymbol{A}||\boldsymbol{B}|\sin\theta\, \boldsymbol{e}_C$
- 三度
  - 梯度：$\nabla f = \dfrac{\partial f}{\partial x}\boldsymbol{e}_x + \dfrac{\partial f}{\partial y}\boldsymbol{e}_y + \dfrac{\partial f}{\partial z}\boldsymbol{e}_z$
  - 散度：$\nabla \cdot \boldsymbol{F} = \dfrac{\partial F_x}{\partial x} + \dfrac{\partial F_y}{\partial y} + \dfrac{\partial F_z}{\partial z}$
  - 旋度：$\nabla \times \boldsymbol{F} = \begin{vmatrix} \boldsymbol{e}_x & \boldsymbol{e}_y & \boldsymbol{e}_z \\ \dfrac{\partial}{\partial x} & \dfrac{\partial}{\partial y} & \dfrac{\partial}{\partial z} \\ F_x & F_y & F_z \end{vmatrix}$
- 积分定理
  - 高斯散度定理：$\int_V \nabla \cdot \boldsymbol{F}\, \mathrm{d}V = \oint_s \boldsymbol{F} \cdot \mathrm{d}\boldsymbol{S}$
  - 斯托克斯定理：$\oint_l \boldsymbol{F} \cdot \mathrm{d}\boldsymbol{l} = \int_S (\nabla \times \boldsymbol{F}) \cdot \mathrm{d}\boldsymbol{S}$
  - 格林定理：
    1. $\int_V (\varphi \nabla^2 \psi + \nabla \varphi \cdot \nabla \psi)\, \mathrm{d}V = \oint_S \varphi \nabla \psi \cdot \mathrm{d}\boldsymbol{S}$
    2. $\int_V (\psi \nabla^2 \varphi - \varphi \nabla^2 \psi)\, \mathrm{d}V = \oint_S (\psi \nabla \varphi - \varphi \nabla \psi) \cdot \mathrm{d}\boldsymbol{S}$
  - 亥姆霍兹定理
- 广义坐标系下几种重要的微分运算
  - $\nabla f = \dfrac{\boldsymbol{e}_1}{h_1}\dfrac{\partial f}{\partial u_1} + \dfrac{\boldsymbol{e}_2}{h_2}\dfrac{\partial f}{\partial u_2} + \dfrac{\boldsymbol{e}_3}{h_3}\dfrac{\partial f}{\partial u_3}$
  - $\nabla \cdot \boldsymbol{F} = \dfrac{1}{h_1 h_2 h_3}\sum_{i=1}^{3}\dfrac{\partial}{\partial u_i}\left(\dfrac{h_1 h_2 h_3}{h_i}F_i\right)$
  - $\nabla \times \boldsymbol{F} = \dfrac{1}{h_1 h_2 h_3}\begin{vmatrix} h_1\boldsymbol{e}_1 & h_2\boldsymbol{e}_2 & h_3\boldsymbol{e}_3 \\ \dfrac{\partial}{\partial u_1} & \dfrac{\partial}{\partial u_2} & \dfrac{\partial}{\partial u_3} \\ h_1 F_1 & h_2 F_2 & h_3 F_3 \end{vmatrix}$
  - $\nabla^2 f = \dfrac{1}{h_1 h_2 h_3}\sum_{i=1}^{3}\dfrac{\partial}{\partial u_i}\left(\dfrac{h_1 h_2 h_3}{h_i^2}\dfrac{\partial f}{\partial u_i}\right)$

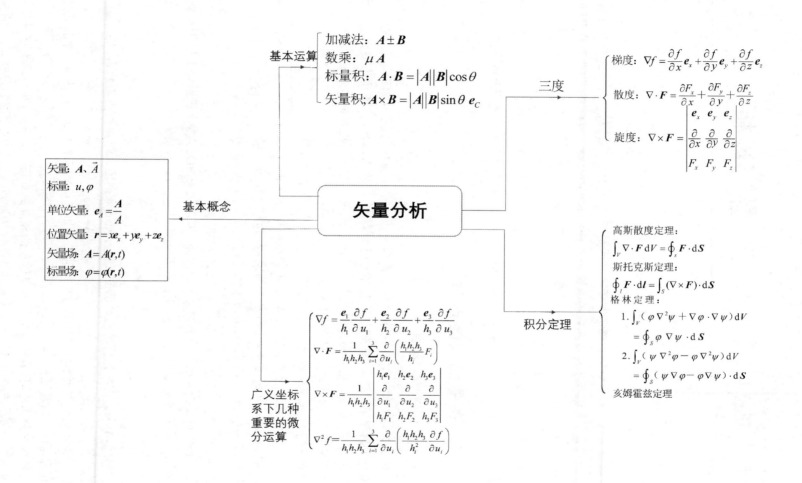

第1章

CHAPTER 1

矢量分析

本章导读：矢量分析是研究矢量场基本特性的数学工具之一，与场的物理概念相联系的有关矢量分析的数学关系式能够表征物理场的基本特征和一般规律，由此形成了场的基本理论。电磁场是一种矢量场，因此在研究其运动规律以及同带电粒子的相互作用之前，需要系统介绍有关的基本知识。

本章主要介绍矢量的基本运算、标量场的梯度、矢量场的散度与旋度的基本运算规律，矢量积分定理，常用坐标系之间的坐标变换以及并矢和张量的基本概念和运算。

1.1 矢量的代数运算

1.1.1 标量、矢量

在数学上，实数域内任一代数量 a 称为标量。在物理学上，把具有某一物理意义的代数量称为物理量。其中，只有大小没有方向的物理量，称为标量，一般用细斜体字母表示。如质量 m、时间 t、电压 u 和能量 E 等；既有大小、又有方向的物理量称为矢量，一般用粗黑斜体字母表示，如力 $\boldsymbol{F}$、动量 $\boldsymbol{P}$、电场强度 $\boldsymbol{E}$ 和磁感应强度 $\boldsymbol{B}$ 等。

在几何上，矢量可以用一条带箭头的线段表示，如图 1-1 所示。过空间中某一点 P 的矢量 $\boldsymbol{A}$，箭头的指向即为 $\boldsymbol{A}$ 的方向。线段的长度表示 $\boldsymbol{A}$ 的大小，又称为 $\boldsymbol{A}$ 的模，表示为 $|\boldsymbol{A}|$ 或 A。在直角坐标系中，矢量 $\boldsymbol{A}$ 可以表示为 $\boldsymbol{A}=A_x\boldsymbol{e}_x+A_y\boldsymbol{e}_y+A_z\boldsymbol{e}_z$，其中：$|\boldsymbol{A}|=\sqrt{A_x^2+A_y^2+A_z^2}$。

图 1-1 矢量表示

单位矢量是指大小等于 1 的矢量。例如，与 $\boldsymbol{A}$ 具有相同方向、其模为 1 的矢量即为 $\boldsymbol{A}$ 的单位矢量，通常表示为 $\boldsymbol{e}_A$。根据定义，则有

$$\boldsymbol{e}_A=\frac{\boldsymbol{A}}{|\boldsymbol{A}|}=\frac{\boldsymbol{A}}{A} \tag{1-1}$$

因此，$\boldsymbol{A}$ 的方向特性便可通过单位矢量方便地来描述。则 $\boldsymbol{A}$ 可以表示为

$$\boldsymbol{A}=A\boldsymbol{e}_A \tag{1-2}$$

一组互相垂直的单位矢量称为基矢量。例如直角坐标系中 $\boldsymbol{e}_x$、$\boldsymbol{e}_y$ 和 $\boldsymbol{e}_z$ 为沿 x、y 和 z 轴正方向的一组基矢量。

在矢量分析中，位置矢量是一个很重要的概念。如图 1-2 所示，在直角坐标系中，若空间某一点 P 的位置为(x,y,z)，以坐标原点 O 为起点，P 点为终点，由 O 指向 P 的矢量称

为点 P 的位置矢量，常用 $\boldsymbol{r}$ 或 $\boldsymbol{x}$ 表示。本书采用前者。点 P 的位置矢量可表示为

$$\boldsymbol{r}=x\boldsymbol{e}_x+y\boldsymbol{e}_y+z\boldsymbol{e}_z \tag{1-3}$$

式中：x、y 和 z 为 $\boldsymbol{r}$ 在 $\boldsymbol{e}_x$、$\boldsymbol{e}_y$ 和 $\boldsymbol{e}_z$ 上的投影的大小。

在电磁场理论或电动力学中，一般用加撇变量表示源所在的位置，而不加撇变量表示场中的位置。例如在图 1-2 中，$P'(x',y',z')$ 和 $P(x,y,z)$ 分别表示源点和场点的任意位置。

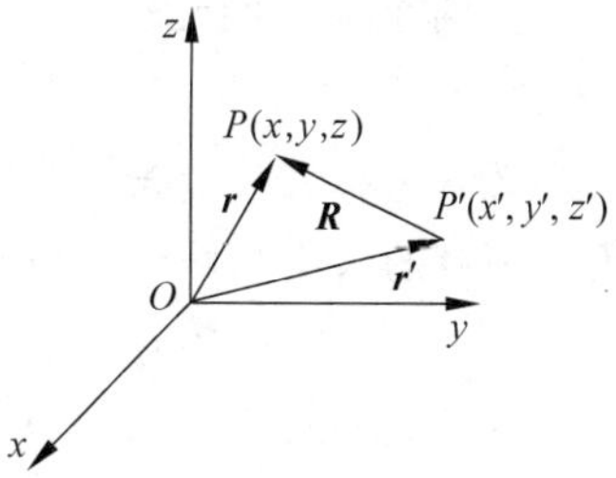

图 1-2 直角坐标系中位置矢量和距离矢量

显然，$P'(x',y',z')$ 的位置矢量为

$$\boldsymbol{r}'=x'\boldsymbol{e}_x+y'\boldsymbol{e}_y+z'\boldsymbol{e}_z \tag{1-4}$$

距离矢量 $\boldsymbol{R}$ 定义为源点 $P'(x',y',z')$ 指向场点 $P(x,y,z)$ 的矢量，即

$$\boldsymbol{R}=\boldsymbol{r}-\boldsymbol{r}'=(x-x')\boldsymbol{e}_x+(y-y')\boldsymbol{e}_y+(z-z')\boldsymbol{e}_z \tag{1-5}$$

其单位矢量为

$$\boldsymbol{e}_R=\frac{\boldsymbol{R}}{R}=\frac{\boldsymbol{r}-\boldsymbol{r}'}{|\boldsymbol{r}-\boldsymbol{r}'|} \tag{1-6}$$

模和方向都保持不变的矢量称为常矢量；模和方向均变化或其中之一变化的矢量，称为变矢量。变矢量是矢量分析研究的重要内容。

零矢量是指模为零的矢量，其方向具有不确定性。严格地说，零矢量应表示为“$\boldsymbol{0}$”。但本书中在不引起混淆的情况下，写法上不再与标量“0”进行区别。

1.1.2 矢量的加减和数乘

两个矢量 $\boldsymbol{A}$ 和 $\boldsymbol{B}$ 相加，其和用矢量 $\boldsymbol{C}$ 表示，即 $\boldsymbol{C}=\boldsymbol{A}+\boldsymbol{B}$。如图 1-3 所示，$\boldsymbol{A}$、$\boldsymbol{B}$ 和 $\boldsymbol{C}$ 遵循平行四边形法则。

矢量相加服从交换律和结合律，即

$$\boldsymbol{A}+\boldsymbol{B}=\boldsymbol{B}+\boldsymbol{A}\quad(\text{交换律}) \tag{1-7}$$

$$(\boldsymbol{A}+\boldsymbol{B})+\boldsymbol{C}=\boldsymbol{A}+(\boldsymbol{B}+\boldsymbol{C})\quad(\text{结合律}) \tag{1-8}$$

两个矢量 $\boldsymbol{A}$ 和 $\boldsymbol{B}$ 相减，其差用矢量 $\boldsymbol{D}$ 表示。则

$$\boldsymbol{D}=\boldsymbol{A}-\boldsymbol{B}=\boldsymbol{A}+(-\boldsymbol{B}) \tag{1-9}$$

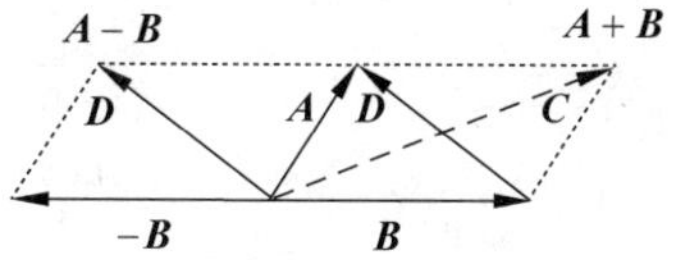

图 1-3 矢量加法和减法

如图 1-3 所示，$-\boldsymbol{B}$ 与 $\boldsymbol{B}$ 大小相等，方向相反，$\boldsymbol{A}$、$-\boldsymbol{B}$ 和 $\boldsymbol{D}$ 遵循平行四边形法则。

一个数 μ 与矢量 $\boldsymbol{A}$ 的数乘定义为 $\mu\boldsymbol{A}$。$\mu>0$，$\mu\boldsymbol{A}$ 与 $\boldsymbol{A}$ 方向相同；$\mu<0$，$\mu\boldsymbol{A}$ 与 $\boldsymbol{A}$ 方向相反；$\mu=0$，$\mu\boldsymbol{A}$ 为 $\boldsymbol{0}$(零矢量)。

在直角坐标系中，设 $\boldsymbol{A}=A_x\boldsymbol{e}_x+A_y\boldsymbol{e}_y+A_z\boldsymbol{e}_z$，$\boldsymbol{B}=B_x\boldsymbol{e}_x+B_y\boldsymbol{e}_y+B_z\boldsymbol{e}_z$，则两矢量的加、减和数乘可分别表示为

$$\boldsymbol{A}\pm\boldsymbol{B}=(A_x\pm B_x)\boldsymbol{e}_x+(A_y\pm B_y)\boldsymbol{e}_y+(A_z\pm B_z)\boldsymbol{e}_z \tag{1-10}$$

$$\mu\boldsymbol{A}=\mu A_x\boldsymbol{e}_x+\mu A_y\boldsymbol{e}_y+\mu A_z\boldsymbol{e}_z \tag{1-11}$$

1.1.3 标量积、矢量积、混合积

两个标量之间用“·”“×”或无任何符号，都表示相乘的意思。但对于两个矢量意思

却不同。两个矢量间无任何符号叫作并矢，将会在1.5节中介绍，本节只介绍 $\boldsymbol{A}\cdot\boldsymbol{B}$ 和 $\boldsymbol{A}\times\boldsymbol{B}$。

定义 $\boldsymbol{A}\cdot\boldsymbol{B}$ 为两个矢量的标量积，又叫点乘或点积。标量积的运算结果为一标量，其大小为两矢量的大小与两者夹角余弦的乘积，具体表示如下：

$$\boldsymbol{A}\cdot\boldsymbol{B}=|\boldsymbol{A}||\boldsymbol{B}|\cos\theta=A_xB_x+A_yB_y+A_zB_z \tag{1-12}$$

式中：θ 是两矢量的夹角。物理中的功、通量、环量(环流)等均为标量积。

两矢量点乘满足交换律和分配律，即

$$\boldsymbol{A}\cdot\boldsymbol{B}=\boldsymbol{B}\cdot\boldsymbol{A}\quad(\text{交换律}) \tag{1-13}$$

$$(\boldsymbol{A}+\boldsymbol{B})\cdot\boldsymbol{C}=\boldsymbol{A}\cdot\boldsymbol{C}+\boldsymbol{B}\cdot\boldsymbol{C}\quad(\text{分配律}) \tag{1-14}$$

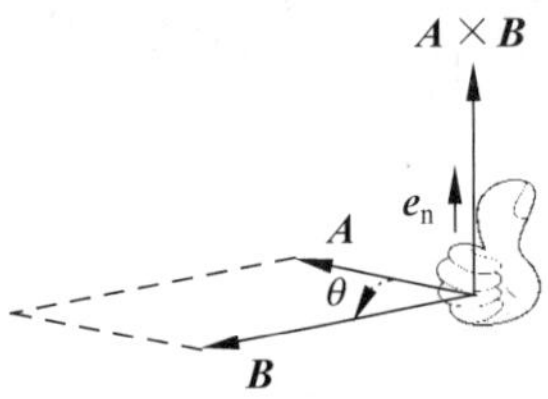

图 1-4 矢量积

定义 $\boldsymbol{A}\times\boldsymbol{B}$ 为两个矢量的矢量积，又称叉乘或叉积。矢量积的运算结果为一矢量，其大小为两矢量的大小与两者夹角正弦的乘积。如图 1-4 所示，当右手四个手指由 $\boldsymbol{A}$ 经不超过 π 的角度转向 $\boldsymbol{B}$ 时，大拇指的指向为 $\boldsymbol{A}\times\boldsymbol{B}$ 的方向，用 $\boldsymbol{e}_{\text{n}}$ 表示矢量积的单位矢量，故有 $\boldsymbol{A}\times\boldsymbol{B}=|\boldsymbol{A}||\boldsymbol{B}|\sin\theta\boldsymbol{e}_{\text{n}}$。显然，矢量积的大小是以 $\boldsymbol{A}$ 和 $\boldsymbol{B}$ 构成的平行四边形的面积，其方向垂直于 $\boldsymbol{A}$ 和 $\boldsymbol{B}$ 所在平面。

在直角坐标系中，$\boldsymbol{A}\times\boldsymbol{B}$ 表示为

$$\boldsymbol{A}\times\boldsymbol{B}=|\boldsymbol{A}||\boldsymbol{B}|\sin\theta\boldsymbol{e}_{\text{n}}=\begin{vmatrix}\boldsymbol{e}_x & \boldsymbol{e}_y & \boldsymbol{e}_z\\ A_x & A_y & A_z\\ B_x & B_y & B_z\end{vmatrix} \tag{1-15}$$

式中：θ 是两矢量的夹角。物理中的力矩、角动量和线速度等都是矢量积。

显然，$\boldsymbol{A}\times\boldsymbol{B}=-\boldsymbol{B}\times\boldsymbol{A}$，不满足交换律。但矢量积满足分配律，即

$$(\boldsymbol{A}+\boldsymbol{B})\times\boldsymbol{C}=\boldsymbol{A}\times\boldsymbol{C}+\boldsymbol{B}\times\boldsymbol{C} \tag{1-16}$$

例 1.1 已知矢量 $\boldsymbol{A}=\boldsymbol{e}_x+\boldsymbol{e}_y+\boldsymbol{e}_z$，$\boldsymbol{A}\cdot\boldsymbol{B}=7$ 且 $\boldsymbol{A}\times\boldsymbol{B}=\boldsymbol{e}_x-2\boldsymbol{e}_y+\boldsymbol{e}_z$。试求矢量 $\boldsymbol{B}$。

解 设 $\boldsymbol{B}=x\boldsymbol{e}_x+y\boldsymbol{e}_y+z\boldsymbol{e}_z$，则

$$\begin{cases}\boldsymbol{A}\cdot\boldsymbol{B}=x+y+z=7\\ \boldsymbol{A}\times\boldsymbol{B}=(z-y)\boldsymbol{e}_x+(x-z)\boldsymbol{e}_y+(y-x)\boldsymbol{e}_z=\boldsymbol{e}_x-2\boldsymbol{e}_y+\boldsymbol{e}_z\end{cases}$$

可得，$\boldsymbol{B}=\frac{4}{3}\boldsymbol{e}_x+\frac{7}{3}\boldsymbol{e}_y+\frac{10}{3}\boldsymbol{e}_z$。

矢量 $\boldsymbol{C}$ 与矢量 $\boldsymbol{A}\times\boldsymbol{B}$ 的标量积称为矢量的混合积、标量三重积或混合标量积，即

$$\boldsymbol{C}\cdot(\boldsymbol{A}\times\boldsymbol{B})=|\boldsymbol{C}||\boldsymbol{A}\times\boldsymbol{B}|\cos\theta \tag{1-17}$$

式中：θ 为 $\boldsymbol{C}$ 与 $\boldsymbol{A}\times\boldsymbol{B}$ 的夹角。

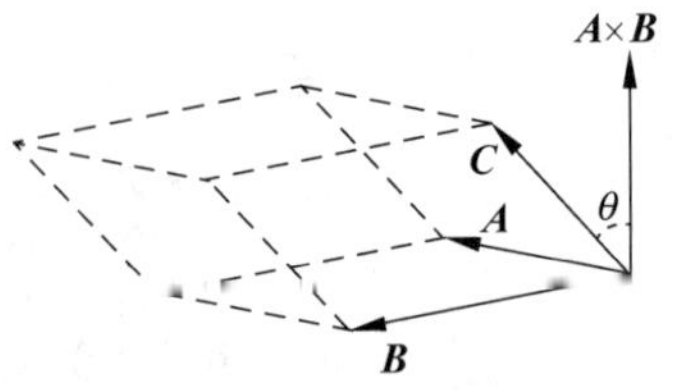

图 1-5 混合积

如图 1-5 所示，$\boldsymbol{A}$、$\boldsymbol{B}$ 和 $\boldsymbol{C}$ 三个矢量构成一个平行六面体，$|\boldsymbol{A}\times\boldsymbol{B}|$ 是平行六面体的底面积，而 $|\boldsymbol{C}|\cos\theta$ 是平行六面体的高。因此，$\boldsymbol{C}\cdot(\boldsymbol{A}\times\boldsymbol{B})$ 是三个矢量构成的平行六面体的体积。需要注意的是混合积有正负之分，用 $\boldsymbol{C}\cdot(\boldsymbol{A}\times\boldsymbol{B})$ 表示的体积为赝标量。

在直角坐标系中，混合积表示为

$$\boldsymbol{C}\cdot(\boldsymbol{A}\times\boldsymbol{B})=\begin{vmatrix}C_x & C_y & C_z\\ A_x & A_y & A_z\\ B_x & B_y & B_z\end{vmatrix}=(A_yB_z-A_zB_y)C_x+(A_zB_x-A_xB_z)C_y+(A_xB_y-A_yB_x)C_z$$

$$=A_xB_yC_z-A_xB_zC_y+A_yB_zC_x-A_yB_xC_z+A_zB_xC_y-A_zB_yC_x \tag{1-18}$$

1.1.4　标量场、矢量场

在物理学系统中，某些物理量在空间的分布，可以用一个空间位置和时间的函数来描述，则在此区域中确立了该物理系统的一种场。其中，有些场只需要标量函数便可描述，这些标量函数确定的状态分布，称为标量场，一般可表示为 $f(\boldsymbol{r},t)$，如温度和电势等；而有些场需要矢量函数描述，称为矢量场，一般可表示为 $\boldsymbol{F}(\boldsymbol{r},t)$，如万有引力场、电场和磁场等。

1.2　标量场的梯度、矢量场的散度与旋度

1.2.1　标量场的方向导数和梯度

在标量场中，空间任意一点在邻域内各个方向上的变化率往往不同，仅用标量函数无法全面反映这一变化，方向导数则可很好地反映场点在各个方向上的变化率。

如图 1-6 所示，在直角坐标系中，P 为标量场 $f(x,y,z)$ 中任意一场点，在 P 点附近画出函数的等值面 C_1 和 C_2。在 $\Delta\boldsymbol{l}$ 方向上，P 经过 $\Delta\boldsymbol{l}$ 到达场点 Q。若 $\Delta\boldsymbol{l}$ 方向上的单位矢量为 $\boldsymbol{e}_l$，可以表示为

$$\boldsymbol{e}_l=\cos\alpha\boldsymbol{e}_x+\cos\beta\boldsymbol{e}_y+\cos\gamma\boldsymbol{e}_z \tag{1-19}$$

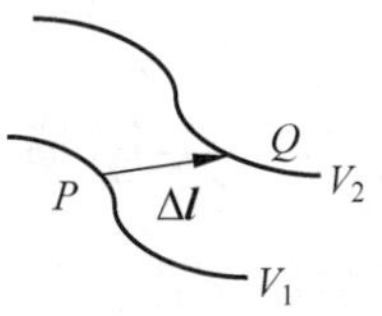

图 1-6　标量函数 f 在 P 点的方向导数

式中：$\cos\alpha$、$\cos\beta$ 和 $\cos\gamma$ 是 $\boldsymbol{e}_l$ 在 x、y 和 z 正方向的方向余弦。设 P 和 Q 点所处坐标位置分别为 $P(x,y,z)$ 和 $Q(x+\Delta x,y+\Delta y,z+\Delta z)$，在 $\Delta\boldsymbol{l}$ 方向上，函数的变化率为

$$\lim_{\Delta l\to 0}\frac{\Delta f}{\Delta l}=\lim_{\Delta l\to 0}\frac{\dfrac{\partial f}{\partial x}\Delta x+\dfrac{\partial f}{\partial y}\Delta y+\dfrac{\partial f}{\partial z}\Delta z}{\Delta l}=\frac{\partial f}{\partial x}\cos\alpha+\frac{\partial f}{\partial y}\cos\beta+\frac{\partial f}{\partial z}\cos\gamma$$

$$=\left(\frac{\partial f}{\partial x}\boldsymbol{e}_x+\frac{\partial f}{\partial y}\boldsymbol{e}_y+\frac{\partial f}{\partial z}\boldsymbol{e}_z\right)\cdot\boldsymbol{e}_l$$

即

$$\frac{\partial f}{\partial l}=\left(\frac{\partial f}{\partial x}\boldsymbol{e}_x+\frac{\partial f}{\partial y}\boldsymbol{e}_y+\frac{\partial f}{\partial z}\boldsymbol{e}_z\right)\cdot\boldsymbol{e}_l \tag{1-20}$$

从式(1-20)可知，函数 f 沿 $\boldsymbol{e}_l$ 方向上的变化率，即沿该方向的方向导数，是矢量 $\frac{\partial f}{\partial x}\boldsymbol{e}_x+\frac{\partial f}{\partial y}\boldsymbol{e}_y+\frac{\partial f}{\partial z}\boldsymbol{e}_z$ 在该方向上的投影。当二者方向一致时，方向导数为最大值。

定义

$$\mathrm{grad}f=\frac{\partial f}{\partial x}\boldsymbol{e}_x+\frac{\partial f}{\partial y}\boldsymbol{e}_y+\frac{\partial f}{\partial z}\boldsymbol{e}_z \tag{1-21}$$

为标量场 f 的梯度。显然，梯度是矢量，方向导数和梯度的关系为

$$\frac{\partial f}{\partial l}=\mathrm{grad}f\cdot\boldsymbol{e}_l \tag{1-22}$$

可见，梯度的方向为沿导数变化率最大的方向。

例 1.2 已知距离矢量 $\boldsymbol{R}=(x-x')\boldsymbol{e}_x+(y-y')\boldsymbol{e}_y+(z-z')\boldsymbol{e}_z$，位置矢量 $\boldsymbol{r}=x\boldsymbol{e}_x+y\boldsymbol{e}_y+z\boldsymbol{e}_z$ 以及波矢量 $\boldsymbol{k}=k_x\boldsymbol{e}_x+k_y\boldsymbol{e}_y+k_z\boldsymbol{e}_z$。试计算：$\mathrm{grad}R$、$\mathrm{grad}\,\frac{1}{R}$、$\mathrm{grad}r$、$\mathrm{grad}\,\frac{1}{r}$、$\mathrm{grad}(\boldsymbol{k}\cdot\boldsymbol{r})$ 和 $\mathrm{grad}\,\mathrm{e}^{\mathrm{j}\boldsymbol{k}\cdot\boldsymbol{r}}$。

解 因 $R=\sqrt{(x-x')^2+(y-y')^2+(z-z')^2}$，则

$$\mathrm{grad}R=\frac{\partial R}{\partial x}\boldsymbol{e}_x+\frac{\partial R}{\partial y}\boldsymbol{e}_y+\frac{\partial R}{\partial z}\boldsymbol{e}_z=\frac{(x-x')\boldsymbol{e}_x+(y-y')\boldsymbol{e}_y+(z-z')\boldsymbol{e}_z}{\sqrt{(x-x')^2+(y-y')^2+(z-z')^2}}=\frac{\boldsymbol{R}}{R}=\boldsymbol{e}_R$$

$$\mathrm{grad}\,\frac{1}{R}=-\frac{(x-x')\boldsymbol{e}_x+(y-y')\boldsymbol{e}_y+(z-z')\boldsymbol{e}_z}{[(x-x')^2+(y-y')^2+(z-z')^2]^{\frac{3}{2}}}=-\frac{\boldsymbol{R}}{R^3}=-\frac{\boldsymbol{e}_R}{R^2}$$

又因 $r=\sqrt{x^2+y^2+z^2}$，由上面的计算可知 $\mathrm{grad}r=\frac{\boldsymbol{r}}{r}=\boldsymbol{e}_r$，$\mathrm{grad}\,\frac{1}{r}=-\frac{\boldsymbol{r}}{r^3}=-\frac{\boldsymbol{e}_r}{r^2}$。$\boldsymbol{k}\cdot\boldsymbol{r}=k_xx+k_yy+k_zz$，则 $\mathrm{grad}(\boldsymbol{k}\cdot\boldsymbol{r})=k_x\boldsymbol{e}_x+k_y\boldsymbol{e}_y+k_z\boldsymbol{e}_z=\boldsymbol{k}$。由此，波矢量 $\boldsymbol{k}$ 与空间矢量标量积的梯度为 $\boldsymbol{k}$ 本身。

$$\mathrm{grad}\,\mathrm{e}^{\mathrm{j}\boldsymbol{k}\cdot\boldsymbol{r}}=\mathrm{j}\mathrm{e}^{\mathrm{j}\boldsymbol{k}\cdot\boldsymbol{r}}(k_x\boldsymbol{e}_x+k_y\boldsymbol{e}_y+k_z\boldsymbol{e}_z)=\mathrm{j}\boldsymbol{k}\,\mathrm{e}^{\mathrm{j}\boldsymbol{k}\cdot\boldsymbol{r}}$$

1.2.2 矢量场的通量和散度

一个矢量场 $\boldsymbol{F}(x,y,z)=F_x(x,y,z)\boldsymbol{e}_x+F_y(x,y,z)\boldsymbol{e}_y+F_z(x,y,z)\boldsymbol{e}_z$，其大小和方向都随着空间坐标而变化。矢量场的性质可以通过空间某曲面的通量来表征。如图 1-7 所示，S 为矢量场 $\boldsymbol{F}$ 中的任意曲面，该曲面的某一面元矢量 $\mathrm{d}\boldsymbol{S}=\boldsymbol{e}_\mathrm{n}\mathrm{d}S$（$\boldsymbol{e}_\mathrm{n}$ 为面元法线方向的单位矢量）。$\boldsymbol{F}$ 穿过该面元的通量为

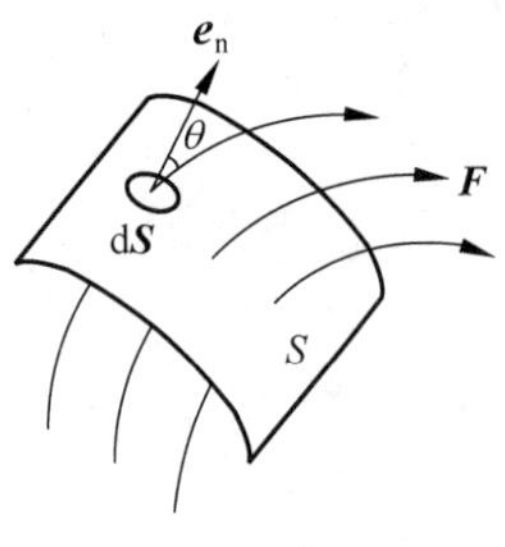

图 1-7 矢量场的通量

$$\boldsymbol{F}\cdot\mathrm{d}\boldsymbol{S}=F\mathrm{d}S\cos\theta$$

式中：θ 为矢量场 $\boldsymbol{F}$ 与 $\boldsymbol{e}_\mathrm{n}$ 的夹角。

矢量场 $\boldsymbol{F}$ 穿过曲面 $\boldsymbol{S}$ 的通量为

$$\psi=\int_S\boldsymbol{F}\cdot\mathrm{d}\boldsymbol{S}=\int_S F\mathrm{d}S\cos\theta \tag{1-23}$$

由式(1-23)可知，$\boldsymbol{F}$ 与 $\boldsymbol{e}_\mathrm{n}$ 的夹角为锐角，即 $\boldsymbol{F}$ 顺着面元法向单位矢量的方向穿过曲面时，通量大于零；反之，$\boldsymbol{F}$ 与 $\boldsymbol{e}_\mathrm{n}$ 夹角为钝角，即 $\boldsymbol{F}$ 逆着面元的法向单位矢量的方向穿过曲面时，通量小于零。

若 $\boldsymbol{S}$ 是矢量场中的一个闭合曲面，显然，$\boldsymbol{F}$ 通过该闭合曲面的通量为

$$\psi=\oint_S\boldsymbol{F}\cdot\mathrm{d}\boldsymbol{S}=\oint_S F\cos\theta\mathrm{d}S \tag{1-24}$$

对于一个闭合曲面，通常定义曲面的正方向为外法线方向，该方向由闭合曲面内部指向曲面外部。如图 1-8 所示，矢量场 $\boldsymbol{F}$ 进入闭合曲面，通量为负；穿出闭合曲面，通量为正。

对于整个闭合曲面而言，如果负通量和正通量的代数和大于零，即 $\psi=\oint_S \boldsymbol{F}\cdot \mathrm{d}\boldsymbol{S}>0$，则表明曲面内必有正通量源，向外发出一系列矢量线。如静电场中，闭合曲面内的正电荷，便是向外发出电场线的正通量源；如果 $\psi=\oint_S \boldsymbol{F}\cdot \mathrm{d}\boldsymbol{S}<0$，则表明闭合曲面内必有负通量源，汇聚矢量场。如静电场中，闭合曲面内的负电荷，便是有电场线汇入的负通量源；如果 $\psi=\oint_S \boldsymbol{F}\cdot \mathrm{d}\boldsymbol{S}=0$，则表明闭合曲面内不存在通量源，或者闭合曲面内正通量源和负通量源在该曲面上的通量相互抵消。

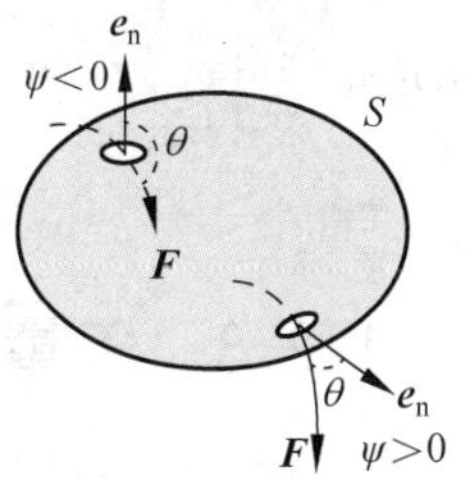

图 1-8　矢量场在闭合曲面上的通量

矢量的通量从宏观上反映出矢量场的发散情况，但不能精确地描述矢量场中某一点的发散性质，为此需要引入散度的概念。

在式(1-24)中，当闭合曲面 $\boldsymbol{S}$ 逐渐收缩为一点 P，若 $\lim\limits_{\Delta V\to 0}\dfrac{\oint_S \boldsymbol{F}\cdot \mathrm{d}\boldsymbol{S}}{\Delta V}$ 存在，则称之为矢量场在该点的散度，记作 $\mathrm{div}\boldsymbol{F}$。即有

$$\mathrm{div}\boldsymbol{F}=\lim_{\Delta V\to 0}\frac{\oint_S \boldsymbol{F}\cdot \mathrm{d}\boldsymbol{S}}{\Delta V} \tag{1-25}$$

散度表示空间某点单位体积内的通量，即通量的体密度。在直角坐标系中，表示如下：

$$\mathrm{div}\boldsymbol{F}=\frac{\partial F_x(x,y,z)}{\partial x}+\frac{\partial F_y(x,y,z)}{\partial y}+\frac{\partial F_z(x,y,z)}{\partial z} \tag{1-26}$$

矢量场 $\boldsymbol{F}$ 的散度是一个标量。若 $\mathrm{div}\boldsymbol{F}>0$，则表明该点处正通量源向外发出矢量线；若 $\mathrm{div}\boldsymbol{F}<0$，则表明该点处矢量线汇入负通量源；若 $\mathrm{div}\boldsymbol{F}=0$，则表明该点无通量源，矢量线在这个点是连续的，不会中断。

例 1.3　在真空中，将点电荷 $Q(Q>0)$ 放在坐标原点 O 上，空间中任一点的位置矢量为 $\boldsymbol{r}$，试计算：

(1) 点电荷电场 $\boldsymbol{E}$ 在以 O 为球心、R 为半径的球面上的通量。

(2) $\mathrm{div}\boldsymbol{r}$ 和 $\mathrm{div}\boldsymbol{E}(r\neq 0)$。

解　真空中，点电荷 Q 产生的电场为 $\boldsymbol{E}=\dfrac{Q\boldsymbol{r}}{4\pi\varepsilon_0 r^3}=\dfrac{Q}{4\pi\varepsilon_0 r^2}\boldsymbol{e}_r\ (r>0)$，其中：$\boldsymbol{e}_r$ 为位置矢量的单位矢量。

(1) 以 O 为球心，R 为半径的球面上的电场分布为 $\boldsymbol{E}=\dfrac{Q}{4\pi\varepsilon_0 R^2}\boldsymbol{e}_r$，球面的外法线单位矢量也是 $\boldsymbol{e}_r$。由此：$\psi=\oint_S \boldsymbol{E}\cdot \mathrm{d}\boldsymbol{S}=\oint_S E\mathrm{d}S=\dfrac{Q}{4\pi\varepsilon_0 R^2}\oint_S E\mathrm{d}S=\dfrac{Q}{\varepsilon_0}$

(2) 在直角坐标系中 $\boldsymbol{r}=x\boldsymbol{e}_x+y\boldsymbol{e}_y+z\boldsymbol{e}_z$，因此 $\mathrm{div}\boldsymbol{r}=\dfrac{\partial x}{\partial x}+\dfrac{\partial y}{\partial y}+\dfrac{\partial z}{\partial z}=3$

在直角坐标系中 $\boldsymbol{E}=\dfrac{Q(x\boldsymbol{e}_x+y\boldsymbol{e}_y+z\boldsymbol{e}_z)}{4\pi\varepsilon_0(x^2+y^2+z^2)^{\frac{3}{2}}}$，因此

$$\mathrm{div}\boldsymbol{E}=\frac{\partial}{\partial x}\left[\frac{Qx}{4\pi\varepsilon_0(x^2+y^2+z^2)^{\frac{3}{2}}}\right]+\frac{\partial}{\partial y}\left[\frac{Qy}{4\pi\varepsilon_0(x^2+y^2+z^2)^{\frac{3}{2}}}\right]+\frac{\partial}{\partial z}\left[\frac{Qz}{4\pi\varepsilon_0(x^2+y^2+z^2)^{\frac{3}{2}}}\right]$$
$$=0$$

1.2.3 矢量场的环量和旋度

在物理问题中，有些场源所产生的场线既无发出的“源头”，也无汇聚的“入口”，这类源所产生的矢量线是闭合曲线，称之为涡旋源。例如电流线周围产生的磁场。涡旋源的性质可以通过空间某曲线的环量或环流来表征。

定义矢量场 $\boldsymbol{F}$ 沿闭合路径 $\boldsymbol{l}$ 的曲线积分称为 $\boldsymbol{F}$ 沿该闭合路径的环量或环流。数学表达式为

$$\oint_l \boldsymbol{F}\cdot \mathrm{d}\boldsymbol{l}=\oint_l F\cos\theta \mathrm{d}l \tag{1-27}$$

式中：θ 为矢量场 $\boldsymbol{F}$ 与积分路径上线元 $\mathrm{d}\boldsymbol{l}$ 的夹角。如果 $\boldsymbol{F}$ 是力，$\boldsymbol{F}$ 沿该闭合路径的环量就是其沿该路径所做的功。

如图 1-9(a)所示，将通电长直导线 I 垂直纸面放置在中心 O 处，闭合路径 $\boldsymbol{l}$ 按逆时针方向绕行，$\boldsymbol{l}$ 围成曲面的法线单位矢量为 $\boldsymbol{e}_\mathrm{n}$，$\boldsymbol{e}_\mathrm{n}$ 与 $\boldsymbol{l}$ 的绕行方向满足右手定则。如果磁场的方向和路径绕行方向一致，即 $\boldsymbol{e}_\mathrm{n}$ 和 I 方向重合，则路径上任意一个积分微元 $\boldsymbol{B}\cdot\mathrm{d}\boldsymbol{l}=B\mathrm{d}l$ 均大于零，环量大于零。如果环量小于零，表示磁场 $\boldsymbol{B}$ 的方向为顺时针方向。如图 1-9(b)所示，在水平匀强电场 $\boldsymbol{E}$ 中，总存在两点(如 P 和 Q)，在该点处积分微元 $\boldsymbol{E}\cdot\mathrm{d}\boldsymbol{l}$ 相互抵消。因而电场 $\boldsymbol{E}$ 沿该闭合路径的环量一定为零。由此可见环量可表示场是否有涡旋。

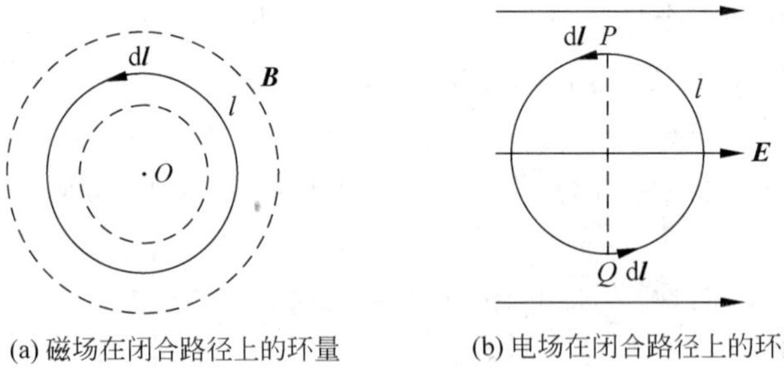

(a) 磁场在闭合路径上的环量　　(b) 电场在闭合路径上的环量

图 1-9　矢量场在闭合曲线上的环量

当图 1-9(a)中 $\boldsymbol{e}_\mathrm{n}$ 和 I 存在夹角 θ 时，积分微元 $\boldsymbol{B}\cdot\mathrm{d}\boldsymbol{l}=B\mathrm{d}l\cos\theta$。显然，磁场 $\boldsymbol{B}$ 沿闭合路径 $\boldsymbol{l}$ 的环量的大小与 $\boldsymbol{e}_\mathrm{n}$ 有关：当 $\boldsymbol{e}_\mathrm{n}$ 与 I 方向一致时，环量最大；当 $\boldsymbol{e}_\mathrm{n}$ 与 I 垂直时，环量为零。更一般地，矢量场 $\boldsymbol{F}$ 沿闭合路径 $\boldsymbol{l}$ 的环量和 $\boldsymbol{l}$ 所围成曲面的法线方向有关，且总存在环量最大的方向。如果闭合曲线 $\boldsymbol{l}$ 围成的曲面面积为 $\Delta\boldsymbol{S}$，当 $\Delta\boldsymbol{S}$ 保持环量最大方向 $\boldsymbol{e}_\mathrm{n}$ 为法线方向并逐渐缩小到某一点 M 时，若 $\lim\limits_{\Delta S\to 0}\dfrac{\oint_l \boldsymbol{F}\cdot\mathrm{d}\boldsymbol{l}}{\Delta S}$ 存在，则称之为矢量 $\boldsymbol{F}$ 在 M 点的环量面密度。

定义

$$\mathrm{rot}\boldsymbol{F}=\lim_{\Delta S\to 0}\frac{\left\lfloor \boldsymbol{e}_\mathrm{n}\oint_l \boldsymbol{F}\cdot\mathrm{d}\boldsymbol{l}\right\rfloor_{\max}}{\Delta S} \tag{1-28}$$

称 rot$\boldsymbol{F}$ 为矢量场 $\boldsymbol{F}$ 在 M 点的旋度。旋度反映了空间某点环量面密度最大值，$\boldsymbol{e}_{\mathrm{n}}$ 就是此时面元的法线单位矢量。当面元 d$\boldsymbol{S}$ 的法线单位矢量 $\boldsymbol{e}_{\mathrm{n}}$ 与该点旋度的方向存在夹角 θ 时，该点的环量面密度可表示为 rot$\boldsymbol{F}\cdot\boldsymbol{e}_{\mathrm{n}}$，即旋度在该方向上的投影。

在直角坐标系中，旋度表示为

$$\mathrm{rot}\boldsymbol{F}=\begin{vmatrix}\boldsymbol{e}_x & \boldsymbol{e}_y & \boldsymbol{e}_z\\ \dfrac{\partial}{\partial x} & \dfrac{\partial}{\partial y} & \dfrac{\partial}{\partial z}\\ F_x & F_y & F_z\end{vmatrix}=\left(\frac{\partial F_z}{\partial y}-\frac{\partial F_y}{\partial z}\right)\boldsymbol{e}_x+\left(\frac{\partial F_x}{\partial z}-\frac{\partial F_z}{\partial x}\right)\boldsymbol{e}_y+\left(\frac{\partial F_y}{\partial x}-\frac{\partial F_x}{\partial y}\right)\boldsymbol{e}_z \tag{1-29}$$

式中：F_x、F_y 和 F_z 分别为 $\boldsymbol{F}$ 在 x、y 和 z 方向上的分量。

例 1.4 求例 1.3 中电场强度 $\boldsymbol{E}$ 的旋度。

解 在直角坐标系中 $\boldsymbol{E}=\dfrac{Q(x\boldsymbol{e}_x+y\boldsymbol{e}_y+z\boldsymbol{e}_z)}{4\pi\varepsilon_0(x^2+y^2+z^2)^{\frac{3}{2}}}$。由于

$\dfrac{\partial E_z}{\partial y}-\dfrac{\partial E_y}{\partial z}=\dfrac{Q}{4\pi\varepsilon_0}\left[\dfrac{-3yz}{(x^2+y^2+z^2)^{\frac{5}{2}}}-\dfrac{-3yz}{(x^2+y^2+z^2)^{\frac{5}{2}}}\right]=0$，同理可得

$\left(\dfrac{\partial E_x}{\partial z}-\dfrac{\partial E_z}{\partial x}\right)=\left(\dfrac{\partial E_y}{\partial x}-\dfrac{\partial E_x}{\partial y}\right)=0$，因此 rot$\boldsymbol{E}=0$。

1.2.4 微分算子

定义一阶矢量微分算子，即哈密顿(Hamilton)算子为∇，读作“del”或“Nabla”，在直角坐标系中表示为

$$\nabla=\frac{\partial}{\partial x}\boldsymbol{e}_x+\frac{\partial}{\partial y}\boldsymbol{e}_y+\frac{\partial}{\partial z}\boldsymbol{e}_z \tag{1-30}$$

哈密顿算子既是一个矢量，又对其后面的量进行微分运算，属矢量微分算符。在具体计算时，先按矢量乘法规则展开，又由于其具有微分运算性质，因此不可将其随意调换位置。

利用哈密顿算子，标量场 f 的梯度、矢量场的 $\boldsymbol{F}$ 散度和旋度可分别表示为

$$\begin{cases}\mathrm{grad}f=\dfrac{\partial f}{\partial x}\boldsymbol{e}_x+\dfrac{\partial f}{\partial y}\boldsymbol{e}_y+\dfrac{\partial f}{\partial z}\boldsymbol{e}_z=\nabla f\\ \mathrm{div}\boldsymbol{F}=\dfrac{\partial F_x}{\partial x}+\dfrac{\partial F_y}{\partial y}+\dfrac{\partial F_z}{\partial z}=\nabla\cdot\boldsymbol{F}\\ \mathrm{rot}\boldsymbol{F}=\begin{vmatrix}\boldsymbol{e}_x & \boldsymbol{e}_y & \boldsymbol{e}_z\\ \dfrac{\partial}{\partial x} & \dfrac{\partial}{\partial y} & \dfrac{\partial}{\partial z}\\ F_x & F_y & F_z\end{vmatrix}=\nabla\times\boldsymbol{F}\end{cases} \tag{1-31}$$

二阶标量微分算子，即拉普拉斯(Laplace)算子，是通过两个哈密顿算子的点乘而得，记作∇^2，也可以用正三角 Δ 表示。在直角坐标系中表示为

$$\Delta=\nabla\cdot\nabla=\nabla^2=\frac{\partial^2}{\partial x^2}+\frac{\partial^2}{\partial y^2}+\frac{\partial^2}{\partial z^2} \tag{1-32}$$

于是，对标量场 f 进行拉普拉斯运算，可表示为

$$\nabla^2 f=\frac{\partial^2 f}{\partial x^2}+\frac{\partial^2 f}{\partial y^2}+\frac{\partial^2 f}{\partial z^2} \tag{1-33}$$

对矢量场 $\boldsymbol{F}$ 进行拉普拉斯运算，则为

$$\nabla^2 \boldsymbol{F}=\frac{\partial^2 \boldsymbol{F}}{\partial x^2}+\frac{\partial^2 \boldsymbol{F}}{\partial y^2}+\frac{\partial^2 \boldsymbol{F}}{\partial z^2} \tag{1-34}$$

1.3 矢量积分定理

本节将介绍四个重要的矢量积分定理：高斯散度定理、斯托克斯定理、格林定理和亥姆霍兹定理。

1.3.1 高斯散度定理

高斯散度定理表示为

$$\int_V \nabla\cdot \boldsymbol{F}\mathrm{d}V=\oint_S \boldsymbol{F}\cdot \mathrm{d}\boldsymbol{S} \tag{1-35}$$

式中：S 为包围体积 V 的闭和曲面，面元矢量 $\mathrm{d}\boldsymbol{S}$ 的方向为闭合曲面外法线方向。

高斯散度定理表明：矢量场 $\boldsymbol{F}$ 的散度的体积分等于 $\boldsymbol{F}$ 穿出包围体积 V 的闭合曲面 S 的通量。

1.3.2 斯托克斯定理

斯托克斯定理表示为

$$\int_S (\nabla\times \boldsymbol{F})\cdot \mathrm{d}\boldsymbol{S}=\oint_l \boldsymbol{F}\cdot \mathrm{d}\boldsymbol{l} \tag{1-36}$$

式中：l 为任意曲面 S 的边界，l 的绕行方向与曲面 S 的法线方向满足右手定则。

斯托克斯定理表明：矢量场 $\boldsymbol{F}$ 的旋度穿出某一曲面 S 的通量等于此矢量 $\boldsymbol{F}$ 沿该曲面 S 边缘的闭合路径 l 的环量。

例 1.5 如果空间矢量 $\boldsymbol{B}$ 和 $\boldsymbol{E}$ 具有如下特性：$\nabla\cdot\boldsymbol{B}=0$，$\nabla\times\boldsymbol{E}=0$，通过高斯散度定理和斯托克斯定理可以得到什么积分式？

解 如果选定空间任意闭合曲面 S，其包围的体积为 V，对式 $\nabla\cdot\boldsymbol{B}=0$ 进行体积分，并用高斯散度定理，可得

$$\oint_S \boldsymbol{B}\cdot \mathrm{d}\boldsymbol{S}=\int_V \nabla\cdot \boldsymbol{B}\mathrm{d}V=0$$

如果选定空间任意闭合路径 l，以该路径为边界形成任意曲面 S，对式 $\nabla\times\boldsymbol{E}=0$ 进行面积分，并用斯托克斯定理，可得

$$\oint_l \boldsymbol{E}\cdot \mathrm{d}\boldsymbol{l}=\int_S (\nabla\times \boldsymbol{E})\cdot \mathrm{d}\boldsymbol{S}=0$$

1.3.3 格林定理

格林定理(又称格林恒等式或格林公式)是从高斯散度定理推导出的一个重要数学

公式。

如果 ψ 和 φ 为体积 V 中的两个任意标量函数，取矢量 $\boldsymbol{F}=\varphi\nabla\psi$，其散度可表示为

$$\nabla\cdot\boldsymbol{F}=\nabla\cdot(\varphi\nabla\psi)=\nabla\varphi\cdot\nabla\psi+\varphi\nabla^2\psi$$

利用高斯散度定理，有

$$\int_V(\nabla\varphi\cdot\nabla\psi+\varphi\nabla^2\psi)\mathrm{d}V=\oint_S(\varphi\nabla\psi)\cdot\mathrm{d}\boldsymbol{S} \tag{1-37}$$

上式称为格林第一公式。

如果将式中的两个标量函数互换位置，显然等式依然成立，即

$$\int_V(\nabla\psi\cdot\nabla\varphi+\psi\nabla^2\varphi)\mathrm{d}V=\oint_S(\psi\nabla\varphi)\cdot\mathrm{d}\boldsymbol{S} \tag{1-38}$$

将式(1-37)与式(1-38)相减，得

$$\int_V(\varphi\nabla^2\psi-\psi\nabla^2\varphi)\mathrm{d}V=\oint_S(\varphi\nabla\psi-\psi\nabla\varphi)\cdot\mathrm{d}\boldsymbol{S}$$

如果面元矢量 $\mathrm{d}\boldsymbol{S}=\boldsymbol{e}_\mathrm{n}\mathrm{d}S$，则 $(\varphi\nabla\psi-\psi\nabla\varphi)\cdot\mathrm{d}\boldsymbol{S}=(\varphi\nabla\psi\cdot\boldsymbol{e}_\mathrm{n}-\psi\nabla\varphi\cdot\boldsymbol{e}_\mathrm{n})\mathrm{d}S$。根据式(1-22)，$\nabla\psi\cdot\boldsymbol{e}_n$ 和 $\nabla\varphi\cdot\boldsymbol{e}_\mathrm{n}$ 分别为 ψ 和 φ 在 $\boldsymbol{e}_\mathrm{n}$ 方向上的方向导数 $\frac{\partial\psi}{\partial n}$ 和 $\frac{\partial\varphi}{\partial n}$，则式(1-38)可表示为

$$\int_V(\varphi\nabla^2\psi-\psi\nabla^2\varphi)\mathrm{d}V=\oint_S\left(\varphi\frac{\partial\psi}{\partial n}-\psi\frac{\partial\varphi}{\partial n}\right)\mathrm{d}S \tag{1-39}$$

上式称为格林第二公式。格林第一公式和第二公式统称为格林定理或格林恒等式。

1.3.4　亥姆霍兹定理

标量场的梯度、矢量场的散度和旋度都可以从不同侧面描述物理场的性质。一个矢量场所具有的性质，完全可由它的散度和旋度来表明；而一个标量场的性质则完全可由它的梯度来表明。这是因为矢量场的散度描述了矢量场沿场量本身方向上的变化率，而其旋度则描述了与场量垂直方向上的变化率，因而一个矢量场各分量的偏导数的许多可能的组合中的这两种特定的组合即其散度和旋度，能够共同确定一个矢量场的全貌。事实上，任何一种物理的场都必须有某种源，因为场由源引起，且同源一起出现。矢量场的散度和旋度分别对应着矢量场 $\boldsymbol{F}(\boldsymbol{r})$ 的两种源——散度对应着通量源，旋度则对应着涡漩源；而源的分布决定着场的分布，当然也就决定了场量沿各个方向的变化。所以，散度和旋度给出了矢量场 $\boldsymbol{F}(\boldsymbol{r})$ 的全部信息。

亥姆霍兹定理是矢量场的一个很重要的定理。具体内容可表述为：若矢量场 $\boldsymbol{F}(\boldsymbol{r})$ 在无界空间中处处单值，且其导数连续有界，而场源分布在有限区域 V 内，则该矢量场 $\boldsymbol{F}(\boldsymbol{r})$ 唯一地由其散度、旋度和边界条件(场在有限区域内)所确定，且可表示为一个标量函数的梯度和矢量函数的旋度之和，即

$$\boldsymbol{F}(\boldsymbol{r})=-\nabla u(\boldsymbol{r})+\nabla\times\boldsymbol{A}(\boldsymbol{r}) \tag{1-40}$$

其中，在有限区域内，$u(\boldsymbol{r})$、$\boldsymbol{A}(\boldsymbol{r})$ 分别为

$$u(\boldsymbol{r})=\frac{1}{4\pi}\int_V\frac{\nabla'\cdot\boldsymbol{F}(\boldsymbol{r}')}{|\boldsymbol{r}-\boldsymbol{r}'|}\mathrm{d}V'+\frac{1}{4\pi}\oint_S\frac{\boldsymbol{F}(\boldsymbol{r}')\cdot\boldsymbol{e}_\mathrm{n}}{|\boldsymbol{r}-\boldsymbol{r}'|}\mathrm{d}S' \tag{1-41a}$$

$$\boldsymbol{A}(\boldsymbol{r})=\frac{1}{4\pi}\int_V\frac{\nabla'\times\boldsymbol{F}(\boldsymbol{r}')}{|\boldsymbol{r}-\boldsymbol{r}'|}\mathrm{d}V'-\frac{1}{4\pi}\oint_S\frac{\boldsymbol{e}_\mathrm{n}\times\boldsymbol{F}(\boldsymbol{r}')}{|\boldsymbol{r}-\boldsymbol{r}'|}\mathrm{d}S' \tag{1-41b}$$

式中：$\boldsymbol{F}(\boldsymbol{r}')\cdot\boldsymbol{e}_{\mathrm{n}}$ 为 $\boldsymbol{F}(\boldsymbol{r})$在边界面 S 的法向分量；$\boldsymbol{e}_{\mathrm{n}}\times\boldsymbol{F}(\boldsymbol{r}')$为 $\boldsymbol{F}(\boldsymbol{r})$在边界面 S 的切向分量。

对于无界空间，只要矢量场满足

$$|\boldsymbol{F}|\propto\frac{1}{|\boldsymbol{r}-\boldsymbol{r}'|^{1+\delta}}\quad(\delta>0)\tag{1-42}$$

则式(1-41a)和式(1-41b)中闭合曲面积分等于零。此时，$u(\boldsymbol{r})$、$\boldsymbol{A}(\boldsymbol{r})$分别为

$$u(\boldsymbol{r})=\frac{1}{4\pi}\int_V\frac{\nabla'\cdot\boldsymbol{F}(\boldsymbol{r}')}{|\boldsymbol{r}-\boldsymbol{r}'|}\mathrm{d}V'\tag{1-43a}$$

$$\boldsymbol{A}(\boldsymbol{r})=\frac{1}{4\pi}\int_V\frac{\nabla'\times\boldsymbol{F}(\boldsymbol{r}')}{|\boldsymbol{r}-\boldsymbol{r}'|}\mathrm{d}V'\tag{1-43b}$$

即矢量场仅由其散度和旋度完全确定，此即为亥姆霍兹定理。

若令 $\boldsymbol{F}_{\mathrm{i}}=-\nabla u$，$\boldsymbol{F}_{\mathrm{s}}=\nabla\times\boldsymbol{A}$，则

$$\boldsymbol{F}=\boldsymbol{F}_{\mathrm{i}}+\boldsymbol{F}_{\mathrm{s}}\tag{1-44a}$$

由于$\nabla\times\nabla u=0$，$\nabla\cdot(\nabla\times\boldsymbol{A})=0$，故任何一个矢量场 $\boldsymbol{F}(\boldsymbol{r})$都可以表示为一个无旋场分量和无散场分量之和。

如果已知场量的散度源和旋度源分别为$\boldsymbol{\rho}(\boldsymbol{r})$和 $\boldsymbol{J}(\boldsymbol{r})$，即$\nabla\cdot\boldsymbol{F}_{\mathrm{i}}=\boldsymbol{\rho}$，$\nabla\times\boldsymbol{F}_{\mathrm{s}}=\boldsymbol{J}$，根据式(1-44a)，则有

$$\nabla\cdot\boldsymbol{F}=\nabla\cdot(\boldsymbol{F}_{\mathrm{i}}+\boldsymbol{F}_{\mathrm{s}})=\boldsymbol{\rho}\tag{1-44b}$$

$$\nabla\times\boldsymbol{F}=\nabla\times(\boldsymbol{F}_{\mathrm{i}}+\boldsymbol{F}_{\mathrm{s}})=\boldsymbol{J}\tag{1-44c}$$

式(1-44b)和式(1-44c)就是矢量场 $\boldsymbol{F}(\boldsymbol{r})$的基本方程，求解此基本方程(场在有限区域内边还得考虑界条件)就可以得到矢量场 $\boldsymbol{F}(\boldsymbol{r})$的解。

亥姆霍兹定理总结了矢量场的基本性质，其意义非常重要。它表明，研究一个矢量场，必须从其散度和旋度两方面着手，并得出类似于式(1-44b)和式(1-44c)的基本方程的微分形式，或者从矢量场穿过闭合面的通量和沿闭合路径的环量两方面去研究，从而得出基本方程的积分形式。

1.4 三种常用坐标系

直角坐标系、圆柱坐标系和球坐标系是三种常见的正交曲线坐标系。本节将重点介绍这三种坐标系的区别和联系，此外还会简要介绍梯度、散度、旋度和拉普拉斯算子在三种坐标系中的表示。

1.4.1 坐标变量和基本单位矢量

如图 1-10 所示，在直角坐标系中，坐标变量是 x、y 和 z，基本单位矢量(又叫基矢)沿着 x、y 和 z 增加的方向，分别为 $\boldsymbol{e}_x$、$\boldsymbol{e}_y$ 和 $\boldsymbol{e}_z$；在圆柱坐标系中，坐标变量是 ρ、ϕ 和 z，基矢沿着 ρ、ϕ 和 z 增加的方向，分别为 $\boldsymbol{e}_\rho$、$\boldsymbol{e}_\phi$ 和 $\boldsymbol{e}_z$；在球坐标系中，坐标变量是 r、θ 和 ϕ，基矢沿着 r、θ 和 ϕ 增加的方向，分别为 $\boldsymbol{e}_r$、$\boldsymbol{e}_\theta$ 和 $\boldsymbol{e}_\phi$。在三种坐标系中，相同的坐标变量具有相同的定义方式，对应基矢的定义方式也相同。

在正交坐标系中，三个基矢之间满足右手定则，即

$$\begin{cases}\boldsymbol{e}_x\times\boldsymbol{e}_y=\boldsymbol{e}_z\\ \boldsymbol{e}_y\times\boldsymbol{e}_z=\boldsymbol{e}_x\\ \boldsymbol{e}_z\times\boldsymbol{e}_x=\boldsymbol{e}_y\end{cases},\quad \begin{cases}\boldsymbol{e}_\rho\times\boldsymbol{e}_\phi=\boldsymbol{e}_z\\ \boldsymbol{e}_\phi\times\boldsymbol{e}_z=\boldsymbol{e}_\rho\\ \boldsymbol{e}_z\times\boldsymbol{e}_\rho=\boldsymbol{e}_\phi\end{cases},\quad \begin{cases}\boldsymbol{e}_r\times\boldsymbol{e}_\theta=\boldsymbol{e}_\phi\\ \boldsymbol{e}_\theta\times\boldsymbol{e}_\phi=\boldsymbol{e}_r\\ \boldsymbol{e}_\phi\times\boldsymbol{e}_r=\boldsymbol{e}_\theta\end{cases}$$

因此，相同基矢的叉乘为0，不同基矢间的点乘为0。在空间某点处，可以认为基矢在该点构成一个"本地"正交坐标系；此外，在正交坐标系中，空间中不同点的同一基矢，其方向亦可能不同，如圆柱坐标系中的 $\boldsymbol{e}_\rho$ 和 $\boldsymbol{e}_\phi$，球坐标系中的 $\boldsymbol{e}_r$、$\boldsymbol{e}_\theta$ 和 $\boldsymbol{e}_\phi$。

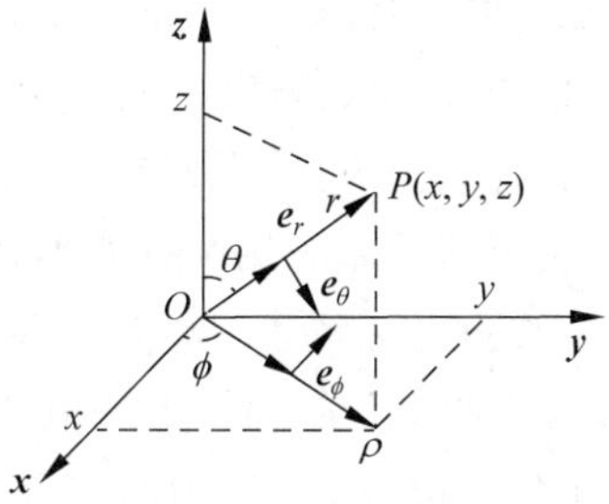

图 1-10 三种常用正交曲线坐标系

三种坐标系的基矢、坐标变量和变化范围总结在表1-1中。

表 1-1 三种常用坐标系的基矢、坐标变量和变化范围

坐标系	基矢	坐标变量	变化范围
直角坐标系	$\boldsymbol{e}_x,\boldsymbol{e}_y,\boldsymbol{e}_z$	x,y,z	$-\infty<x<+\infty,-\infty<y<+\infty,-\infty<z<+\infty$
圆柱坐标系	$\boldsymbol{e}_\rho,\boldsymbol{e}_\phi,\boldsymbol{e}_z$	ρ,ϕ,z	$0\leqslant\rho<+\infty,0\leqslant\phi<2\pi,-\infty<z<+\infty$
球坐标系	$\boldsymbol{e}_r,\boldsymbol{e}_\theta,\boldsymbol{e}_\phi$	r,θ,ϕ	$0\leqslant r<+\infty,0\leqslant\theta<\pi,0\leqslant\phi<2\pi$

1.4.2 坐标变量之间的关系

1. 直角坐标系和圆柱坐标系之间

$$\begin{cases}x=\rho\cos\phi, & \rho=\sqrt{x^2+y^2}\\ y=\rho\sin\phi, & \phi=\arctan\dfrac{y}{x}\\ z=z, & z=z\end{cases}\tag{1-45a}$$

2. 直角坐标系和球坐标系之间

$$\begin{cases}x=r\sin\theta\cos\phi, & r=\sqrt{x^2+y^2+z^2}\\ y=r\sin\theta\sin\phi, & \tan\theta=\dfrac{\sqrt{x^2+y^2}}{z}\\ z=r\cos\theta, & \tan\phi=\dfrac{y}{x}\end{cases}\tag{1-45b}$$

3. 圆柱坐标系和球坐标系之间

$$\begin{cases}\rho=r\sin\theta, & r=\sqrt{\rho^2+z^2}\\ \phi=\phi, & \tan\theta=\dfrac{\rho}{z}\\ z=r\cos\theta, & \phi=\phi\end{cases}\tag{1-45c}$$

1.4.3 基本单位矢量之间的关系

不同坐标系间，除坐标变量可以进行相互转换外，基矢之间也可以进行转换。利用单位圆法来解决基矢间的转换问题是行之有效的方法之一。

在不同坐标系中,在垂直于相同基矢的平面上,以某点 P 为圆心,作一个半径为 1 的单位圆,以 P 为始点做出不同坐标系中的所有不相同基矢。把原基矢作为直角三角形的斜边,在目标基矢方向上做出两个直角边。在该直角三角形中,将斜边矢量用直角边矢量表示出来,便可将原基矢用目标基矢表示。

在直角坐标系和圆柱坐标系之间,坐标变量 z 是相同的。因此,两个坐标系中 $\boldsymbol{e}_z=\boldsymbol{e}_z$。如图 1-11 所示,在垂直于 z 轴(垂直纸面向外)的 xOy 平面上,以某点 P 为圆心,作一个半径为 1 的单位圆,以 P 为始点分别做出 $\boldsymbol{e}_x$、$\boldsymbol{e}_y$、$\boldsymbol{e}_\rho$ 和 $\boldsymbol{e}_\phi$。由 $\boldsymbol{e}_x$ 的终点向 $\boldsymbol{e}_\rho$ 做垂线,将 $\boldsymbol{e}_x$ 作为直角三角形的斜边,则 $\boldsymbol{e}_\rho$ 和 $\boldsymbol{e}_\phi$ 方向上的直角边分别为 $\cos\phi\boldsymbol{e}_\rho$ 和 $-\sin\phi\boldsymbol{e}_\phi$。因此,$\boldsymbol{e}_x=\cos\phi\boldsymbol{e}_\rho-\sin\phi\boldsymbol{e}_\phi$。同理可知,直角坐标系和圆柱坐标系之间基矢转换如下:

$$\begin{cases}\boldsymbol{e}_x=\cos\phi\boldsymbol{e}_\rho-\sin\phi\boldsymbol{e}_\phi\\ \boldsymbol{e}_y=\sin\phi\boldsymbol{e}_\rho+\cos\phi\boldsymbol{e}_\phi\\ \boldsymbol{e}_z=\boldsymbol{e}_z\end{cases}\quad\begin{cases}\boldsymbol{e}_\rho=\cos\phi\boldsymbol{e}_x+\sin\phi\boldsymbol{e}_y\\ \boldsymbol{e}_\phi=-\sin\phi\boldsymbol{e}_x+\cos\phi\boldsymbol{e}_y\\ \boldsymbol{e}_z=\boldsymbol{e}_z\end{cases}\tag{1-46}$$

将式(1-46)用矩阵可表示为

$$\begin{bmatrix}\boldsymbol{e}_x\\ \boldsymbol{e}_y\\ \boldsymbol{e}_z\end{bmatrix}=\begin{bmatrix}\cos\phi & -\sin\phi & 0\\ \sin\phi & \cos\phi & 0\\ 0 & 0 & 1\end{bmatrix}\begin{bmatrix}\boldsymbol{e}_\rho\\ \boldsymbol{e}_\phi\\ \boldsymbol{e}_z\end{bmatrix}\tag{1-47}$$

$$\begin{bmatrix}\boldsymbol{e}_\rho\\ \boldsymbol{e}_\phi\\ \boldsymbol{e}_z\end{bmatrix}=\begin{bmatrix}\cos\phi & \sin\phi & 0\\ -\sin\phi & \cos\phi & 0\\ 0 & 0 & 1\end{bmatrix}\begin{bmatrix}\boldsymbol{e}_x\\ \boldsymbol{e}_y\\ \boldsymbol{e}_z\end{bmatrix}\tag{1-48}$$

图 1-12 为圆柱坐标系和球坐标系基矢转换的单位圆。参照图 1-11 的投影方式,球坐标系和圆柱坐标系之间基矢转换如下:

$$\begin{bmatrix}\boldsymbol{e}_\rho\\ \boldsymbol{e}_\phi\\ \boldsymbol{e}_z\end{bmatrix}=\begin{bmatrix}\sin\theta & \cos\theta & 0\\ 0 & 0 & 1\\ \cos\theta & -\sin\theta & 0\end{bmatrix}\begin{bmatrix}\boldsymbol{e}_r\\ \boldsymbol{e}_\theta\\ \boldsymbol{e}_\phi\end{bmatrix}\tag{1-49}$$

$$\begin{bmatrix}\boldsymbol{e}_r\\ \boldsymbol{e}_\theta\\ \boldsymbol{e}_\phi\end{bmatrix}=\begin{bmatrix}\sin\theta & 0 & \cos\theta\\ \cos\theta & 0 & -\sin\theta\\ 0 & 1 & 0\end{bmatrix}\begin{bmatrix}\boldsymbol{e}_\rho\\ \boldsymbol{e}_\phi\\ \boldsymbol{e}_z\end{bmatrix}\tag{1-50}$$

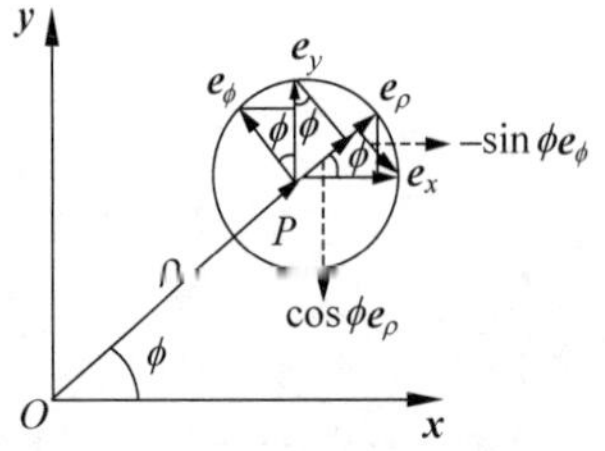

图 1-11 直角坐标系和圆柱坐标系基矢间转换的单位圆

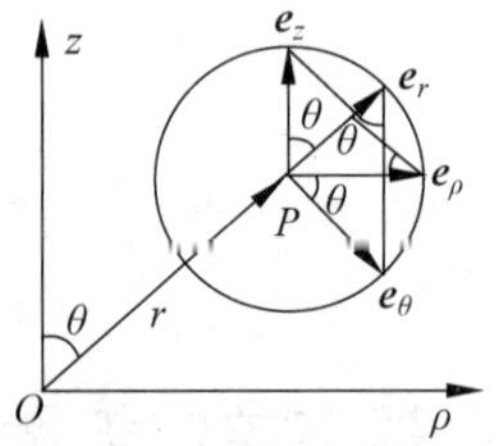

图 1-12 圆柱坐标系和球坐标系基矢转换的单位圆

将式(1-48)代入式(1-50)，得球坐标系基矢用直角坐标系基矢表示式

$$\begin{bmatrix} \boldsymbol{e}_r \\ \boldsymbol{e}_\theta \\ \boldsymbol{e}_\phi \end{bmatrix} = \begin{bmatrix} \sin\theta & 0 & \cos\theta \\ \cos\theta & 0 & -\sin\theta \\ 0 & 1 & 0 \end{bmatrix} \begin{bmatrix} \cos\phi & \sin\phi & 0 \\ -\sin\phi & \cos\phi & 0 \\ 0 & 0 & 1 \end{bmatrix} \begin{bmatrix} \boldsymbol{e}_x \\ \boldsymbol{e}_y \\ \boldsymbol{e}_z \end{bmatrix} = \begin{bmatrix} \sin\theta\cos\phi & \sin\theta\sin\phi & \cos\theta \\ \cos\theta\cos\phi & \cos\theta\sin\phi & -\sin\theta \\ -\sin\phi & \cos\phi & 0 \end{bmatrix} \begin{bmatrix} \boldsymbol{e}_x \\ \boldsymbol{e}_y \\ \boldsymbol{e}_z \end{bmatrix} \tag{1-51}$$

上式两边左乘系数矩阵的逆矩阵，或将式(1-49)代入式(1-47)，可得直角坐标系基矢用球坐标系基矢表示式

$$\begin{bmatrix} \boldsymbol{e}_x \\ \boldsymbol{e}_y \\ \boldsymbol{e}_z \end{bmatrix} = \begin{bmatrix} \cos\phi & -\sin\phi & 0 \\ \sin\phi & \cos\phi & 0 \\ 0 & 0 & 1 \end{bmatrix} \begin{bmatrix} \sin\theta & \cos\theta & 0 \\ 0 & 0 & 1 \\ \cos\theta & -\sin\theta & 0 \end{bmatrix} \begin{bmatrix} \boldsymbol{e}_r \\ \boldsymbol{e}_\theta \\ \boldsymbol{e}_\phi \end{bmatrix} = \begin{bmatrix} \sin\theta\cos\phi & \cos\theta\cos\phi & -\sin\phi \\ \sin\theta\sin\phi & \cos\theta\sin\phi & \cos\phi \\ \cos\theta & -\sin\theta & 0 \end{bmatrix} \begin{bmatrix} \boldsymbol{e}_r \\ \boldsymbol{e}_\theta \\ \boldsymbol{e}_\phi \end{bmatrix} \tag{1-52}$$

例 1.6 已知圆柱坐标系中矢量：(1) $\boldsymbol{E}=\dfrac{2\varepsilon_1}{\varepsilon_1+\varepsilon_2}E_0\cos\phi\boldsymbol{e}_\rho-\dfrac{2\varepsilon_1}{\varepsilon_1+\varepsilon_2}E_0\sin\phi\boldsymbol{e}_\phi$；(2) $\boldsymbol{A}=\rho\boldsymbol{e}_z$。将上述矢量表达式转换为在直角坐标系中的表达式。

解 (1) 将 $\boldsymbol{e}_\rho=\cos\phi\boldsymbol{e}_x+\sin\phi\boldsymbol{e}_y$ 和 $\boldsymbol{e}_\phi=-\sin\phi\boldsymbol{e}_x+\cos\phi\boldsymbol{e}_y$ 代入得

$$\boldsymbol{E}=\frac{2\varepsilon_1}{\varepsilon_1+\varepsilon_2}E_0\boldsymbol{e}_x$$

(2) 因为 $\rho=\sqrt{x^2+y^2}$，所以 $\boldsymbol{A}=\sqrt{x^2+y^2}\,\boldsymbol{e}_z$。

例 1.7 已知矢量 $\boldsymbol{B}$ 的表达式为

$$\boldsymbol{B}=B_0\left\{-\left[\frac{y-h}{x^2+(y-h)^2}+\frac{y+h}{x^2+(y+h)^2}\right]\boldsymbol{e}_x+\left[\frac{x}{x^2+(y-h)^2}+\frac{x}{x^2+(y+h)^2}\right]\boldsymbol{e}_y\right\}$$

其中，B_0 是常数。求该矢量在圆柱坐标系中的表达式。

解 将 $x=\rho\cos\phi$、$y=\rho\sin\phi$、$\boldsymbol{e}_x=\cos\phi\boldsymbol{e}_\rho-\sin\phi\boldsymbol{e}_\phi$ 和 $\boldsymbol{e}_y=\sin\phi\boldsymbol{e}_\rho+\cos\phi\boldsymbol{e}_\phi$ 代入已知矢量的表达式中，整理得

$$\boldsymbol{B}=B_0\left[\left(\frac{h\cos\phi}{\rho^2+h^2-2\rho h\sin\phi}-\frac{h\cos\phi}{\rho^2+h^2+2\rho h\sin\phi}\right)\boldsymbol{e}_\rho+\left(\frac{\rho-h\sin\phi}{\rho^2+h^2-2\rho h\sin\phi}+\frac{\rho+h\sin\phi}{\rho^2+h^2+2\rho h\sin\phi}\right)\boldsymbol{e}_\phi\right]$$

1.4.4 不同坐标系之间的矢量转换

在直角坐标系中，线元 $\mathrm{d}\boldsymbol{l}$，面元 $\mathrm{d}\boldsymbol{S}$ 和体积元 $\mathrm{d}V$ 表示如下：

$$\begin{cases} \mathrm{d}\boldsymbol{l}=\mathrm{d}x\boldsymbol{e}_x+\mathrm{d}y\boldsymbol{e}_y+\mathrm{d}z\boldsymbol{e}_z \\ \mathrm{d}\boldsymbol{S}=\mathrm{d}y\mathrm{d}z\boldsymbol{e}_x+\mathrm{d}z\mathrm{d}x\boldsymbol{e}_y+\mathrm{d}x\mathrm{d}y\boldsymbol{e}_z \\ \mathrm{d}V=\mathrm{d}x\mathrm{d}y\mathrm{d}z \end{cases} \tag{1-53}$$

前面推导了三种坐标系中坐标变量和基矢的转换关系，因此可以据此并利用复合函数的求导规则，得到圆柱坐标系及球坐标系中线元、面元及体元的表示式。

以圆柱坐标系中的推导过程为例。和直角坐标系一样，圆柱坐标系中线元、面元和体元可表示如下：

$$\begin{cases} \mathrm{d}\boldsymbol{l} = \mathrm{d}l_1 \boldsymbol{e}_\rho + \mathrm{d}l_2 \boldsymbol{e}_\phi + \mathrm{d}l_3 \boldsymbol{e}_z \\ \mathrm{d}\boldsymbol{S} = \mathrm{d}l_2 \mathrm{d}l_3 \boldsymbol{e}_\rho + \mathrm{d}l_3 \mathrm{d}l_1 \boldsymbol{e}_\phi + \mathrm{d}l_1 \mathrm{d}l_2 \boldsymbol{e}_z \\ \mathrm{d}V = \mathrm{d}l_1 \mathrm{d}l_2 \mathrm{d}l_3 \end{cases} \tag{1-54}$$

因此，只要推导出三个基矢方向的线元，便可得到面元和体元的具体表达式。

在直角坐标系中，线元用矩阵的形式可以写成

$$\mathrm{d}\boldsymbol{l} = \mathrm{d}x\boldsymbol{e}_x + \mathrm{d}y\boldsymbol{e}_y + \mathrm{d}z\boldsymbol{e}_z = [\mathrm{d}x \quad \mathrm{d}y \quad \mathrm{d}z]\begin{bmatrix} \boldsymbol{e}_x \\ \boldsymbol{e}_y \\ \boldsymbol{e}_z \end{bmatrix} \tag{1-55}$$

根据式(1-43)，有

$$\begin{cases} \mathrm{d}x = \dfrac{\partial(\rho\cos\phi)}{\partial\rho}\mathrm{d}\rho + \dfrac{\partial(\rho\cos\phi)}{\partial\phi}\mathrm{d}\phi + \dfrac{\partial(\rho\cos\phi)}{\partial z}\mathrm{d}z = \cos\phi\,\mathrm{d}\rho - \rho\sin\phi\,\mathrm{d}\phi \\ \mathrm{d}y = \dfrac{\partial(\rho\sin\phi)}{\partial\rho}\mathrm{d}\rho + \dfrac{\partial(\rho\sin\phi)}{\partial\phi}\mathrm{d}\phi + \dfrac{\partial(\rho\sin\phi)}{\partial z}\mathrm{d}z = \sin\phi\,\mathrm{d}\rho + \rho\cos\phi\,\mathrm{d}\phi \\ \mathrm{d}z = \mathrm{d}z \end{cases} \tag{1-56}$$

将式(1-47)和式(1-56)代入式(1-55)得

$$\begin{aligned} \mathrm{d}\boldsymbol{l} &= [\cos\phi\,\mathrm{d}\rho - \rho\sin\phi\,\mathrm{d}\phi \quad \sin\phi\,\mathrm{d}\rho + \rho\cos\phi\,\mathrm{d}\phi \quad \mathrm{d}z]\begin{bmatrix} \cos\phi & -\sin\phi & 0 \\ \sin\phi & \cos\phi & 0 \\ 0 & 0 & 1 \end{bmatrix}\begin{bmatrix} \boldsymbol{e}_\rho \\ \boldsymbol{e}_\phi \\ \boldsymbol{e}_z \end{bmatrix} \\ &= [\mathrm{d}\rho \quad \rho\mathrm{d}\phi \quad \mathrm{d}z]\begin{bmatrix} \boldsymbol{e}_\rho \\ \boldsymbol{e}_\phi \\ \boldsymbol{e}_z \end{bmatrix} = \mathrm{d}\rho\boldsymbol{e}_\rho + \rho\mathrm{d}\phi\boldsymbol{e}_\phi + \mathrm{d}z\boldsymbol{e}_z \end{aligned} \tag{1-57}$$

将式(1-57)同式(1-54)进行比较，可得在圆柱坐标系中 $\boldsymbol{e}_\rho$、$\boldsymbol{e}_\phi$ 和 $\boldsymbol{e}_z$ 方向的线元分别为 $\mathrm{d}\rho$、$\rho\mathrm{d}\phi$ 和 $\mathrm{d}z$。

因此，圆柱坐标系中线元、面元和体元可表示如下：

$$\begin{cases} \mathrm{d}\boldsymbol{l} = \mathrm{d}\rho\boldsymbol{e}_\rho + \rho\mathrm{d}\phi\boldsymbol{e}_\phi + \mathrm{d}z\boldsymbol{e}_z \\ \mathrm{d}\boldsymbol{S} = \rho\mathrm{d}\phi\mathrm{d}z\boldsymbol{e}_\rho + \mathrm{d}\rho\mathrm{d}z\boldsymbol{e}_\phi + \rho\mathrm{d}\rho\mathrm{d}\phi\boldsymbol{e}_z \\ \mathrm{d}V = \rho\mathrm{d}\rho\mathrm{d}\phi\mathrm{d}z \end{cases} \tag{1-58}$$

同理，在球坐标系中线元、面元和体元可表示如下：

$$\begin{cases} \mathrm{d}\boldsymbol{l} = \mathrm{d}r\boldsymbol{e}_r + r\mathrm{d}\theta\boldsymbol{e}_\theta + r\sin\theta\mathrm{d}\phi\boldsymbol{e}_\phi \\ \mathrm{d}\boldsymbol{S} = r^2\sin\theta\mathrm{d}\theta\mathrm{d}\phi\boldsymbol{e}_r + r\sin\theta\mathrm{d}r\mathrm{d}\phi\boldsymbol{e}_\theta + r\mathrm{d}r\mathrm{d}\theta\boldsymbol{e}_\phi \\ \mathrm{d}V = r^2\sin\theta\mathrm{d}r\mathrm{d}\theta\mathrm{d}\phi \end{cases} \tag{1-59}$$

图 1-13 和图 1-14 直观地反映了圆柱坐标系和球坐标系中的线元、面元和体元。

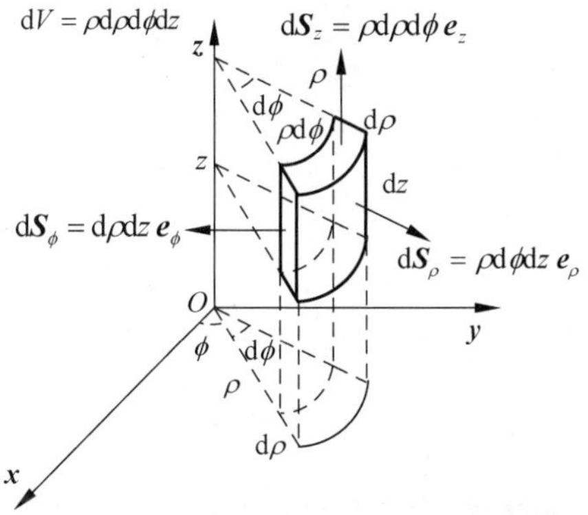

图 1-13　圆柱坐标系的线元、面元和体元

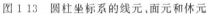

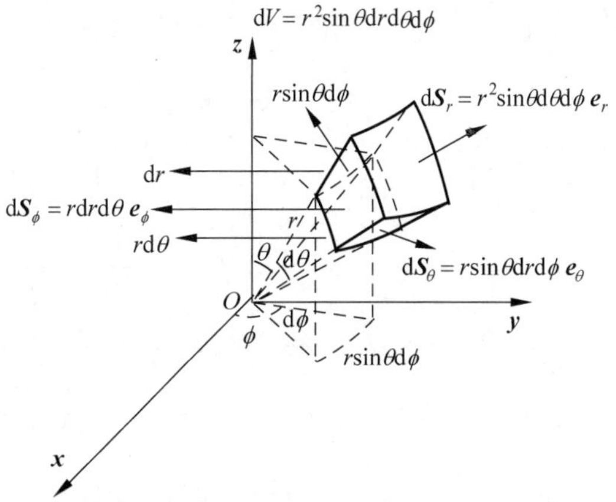

图 1-14　球坐标系的线元、面元和体元

1.4.5　三种常用坐标系中的梯度、散度、旋度及拉普拉斯运算表达式

前面给出了标量场的梯度、矢量场的散度和旋度及拉普拉斯算子在直角坐标系中的表达式，利用三种坐标系中坐标变量和基矢的转换关系，并结合复合函数的求导规则可得到上述表达式在圆柱坐标系和球坐标系中的表示。下面以推导圆柱坐标系中梯度为例进行推导。

在直角坐标系中，将标量场 f 的梯度用矩阵表示

$$\nabla f=\frac{\partial f}{\partial x}\boldsymbol{e}_x+\frac{\partial f}{\partial y}\boldsymbol{e}_y+\frac{\partial f}{\partial z}\boldsymbol{e}_z=\begin{bmatrix}\frac{\partial f}{\partial x} & \frac{\partial f}{\partial y} & \frac{\partial f}{\partial z}\end{bmatrix}\begin{bmatrix}\boldsymbol{e}_x\\ \boldsymbol{e}_y\\ \boldsymbol{e}_z\end{bmatrix}\tag{1-60}$$

根据复合函数求导规则和式(1-43)，可得

$$\begin{cases}\frac{\partial f}{\partial x}=\frac{\partial f}{\partial \rho}\frac{\partial \rho}{\partial x}+\frac{\partial f}{\partial \phi}\frac{\partial \phi}{\partial x}+\frac{\partial f}{\partial z}\frac{\partial z}{\partial x}=\frac{\partial f}{\partial \rho}\cos\phi-\frac{\partial f}{\partial \phi}\frac{1}{\rho}\sin\phi\\ \frac{\partial f}{\partial y}=\frac{\partial f}{\partial \rho}\frac{\partial \rho}{\partial y}+\frac{\partial f}{\partial \phi}\frac{\partial \phi}{\partial y}+\frac{\partial f}{\partial z}\frac{\partial z}{\partial y}=\frac{\partial f}{\partial \rho}\sin\phi+\frac{\partial f}{\partial \phi}\frac{1}{\rho}\cos\phi\\ \frac{\partial f}{\partial z}=\frac{\partial f}{\partial z}\end{cases}\tag{1-61}$$

将式(1-47)和式(1-61)代入式(1-60)，可得

$$\nabla f=\begin{bmatrix}\frac{\partial f}{\partial \rho}\cos\phi-\frac{\partial f}{\partial \phi}\frac{\sin\phi}{\rho} & \frac{\partial f}{\partial \rho}\sin\phi+\frac{\partial f}{\partial \phi}\frac{\cos\phi}{\rho} & \frac{\partial f}{\partial z}\end{bmatrix}\begin{bmatrix}\cos\phi & -\sin\phi & 0\\ \sin\phi & \cos\phi & 0\\ 0 & 0 & 1\end{bmatrix}\begin{bmatrix}\boldsymbol{e}_\rho\\ \boldsymbol{e}_\phi\\ \boldsymbol{e}_z\end{bmatrix}$$

$$=\begin{bmatrix}\frac{\partial f}{\partial \rho} & \frac{1}{\rho}\frac{\partial f}{\partial \phi} & \frac{\partial f}{\partial z}\end{bmatrix}\begin{bmatrix}\boldsymbol{e}_\rho\\ \boldsymbol{e}_\phi\\ \boldsymbol{e}_z\end{bmatrix}=\frac{\partial f}{\partial \rho}\boldsymbol{e}_\rho+\frac{1}{\rho}\frac{\partial f}{\partial \phi}\boldsymbol{e}_\phi+\frac{\partial f}{\partial z}\boldsymbol{e}_z\tag{1-62}$$

同理可得，矢量场 $\boldsymbol{F}$ 的散度和旋度及拉普拉斯运算在圆柱坐标系中的表达式

$$\nabla\cdot\boldsymbol{F}=\frac{1}{\rho}\left[\frac{\partial}{\partial \rho}(\rho F_\rho)+\frac{\partial F_\phi}{\partial \phi}+\rho\frac{\partial F_z}{\partial z}\right]\tag{1-63}$$

$$\nabla\times\boldsymbol{F}=\frac{1}{\rho}\begin{vmatrix}\boldsymbol{e}_\rho & \rho\boldsymbol{e}_\phi & \boldsymbol{e}_z\\ \dfrac{\partial}{\partial\rho} & \dfrac{\partial}{\partial\phi} & \dfrac{\partial}{\partial z}\\ F_\rho & \rho F_\phi & F_z\end{vmatrix}\tag{1-64}$$

$$\nabla^2 f=\frac{1}{\rho}\frac{\partial}{\partial\rho}\left(\rho\frac{\partial f}{\partial\rho}\right)+\frac{1}{\rho^2}\frac{\partial^2 f}{\partial\phi^2}+\frac{\partial^2 f}{\partial z^2}\tag{1-65}$$

在球坐标系中，标量场的梯度、矢量场的散度和旋度及拉普拉斯运算的表达式为

$$\nabla f=\frac{\partial f}{\partial r}\boldsymbol{e}_r+\frac{1}{r}\frac{\partial f}{\partial\theta}\boldsymbol{e}_\theta+\frac{1}{r\sin\theta}\frac{\partial f}{\partial\phi}\boldsymbol{e}_\phi\tag{1-66}$$

$$\nabla\cdot\boldsymbol{F}=\frac{1}{r^2\sin\theta}\left[\frac{\partial}{\partial r}(r^2\sin\theta F_r)+\frac{\partial}{\partial\theta}(r\sin\theta F_\theta)+\frac{\partial}{\partial\phi}(rF_\phi)\right]\tag{1-67}$$

$$\nabla\times\boldsymbol{F}=\frac{1}{r^2\sin\theta}\begin{vmatrix}\boldsymbol{e}_r & r\boldsymbol{e}_\theta & r\sin\theta\boldsymbol{e}_\phi\\ \dfrac{\partial}{\partial r} & \dfrac{\partial}{\partial\theta} & \dfrac{\partial}{\partial\phi}\\ F_r & rF_\theta & r\sin\theta F_\phi\end{vmatrix}\tag{1-68}$$

$$\nabla^2 f=\frac{1}{r^2\sin\theta}\left[\frac{\partial}{\partial r}\left(r^2\sin\theta\frac{\partial f}{\partial r}\right)+\frac{\partial}{\partial\theta}\left(\sin\theta\frac{\partial f}{\partial\theta}\right)+\frac{1}{\sin\theta}\frac{\partial^2 f}{\partial\phi^2}\right]\tag{1-69}$$

在广义正交曲线坐标系中，∇的表达式为

$$\nabla=\boldsymbol{e}_1\frac{1}{h_1}\frac{\partial}{\partial q_1}+\boldsymbol{e}_2\frac{1}{h_2}\frac{\partial}{\partial q_2}+\boldsymbol{e}_3\frac{1}{h_3}\frac{\partial}{\partial q_3}\tag{1-70}$$

h_1、h_2 和 h_3 称为拉梅系数。标量场 f 的梯度、矢量场 $\boldsymbol{F}$ 的散度和旋度及拉普拉斯运算表达式如下：

$$\nabla f=\boldsymbol{e}_1\frac{1}{h_1}\frac{\partial f}{\partial q_1}+\boldsymbol{e}_2\frac{1}{h_2}\frac{\partial f}{\partial q_2}+\boldsymbol{e}_3\frac{1}{h_3}\frac{\partial f}{\partial q_3}\tag{1-71}$$

$$\nabla\cdot\boldsymbol{F}=\frac{1}{h_1h_2h_3}\left[\frac{\partial}{\partial q_1}(h_2h_3F_1)+\frac{\partial}{\partial q_2}(h_3h_1F_2)+\frac{\partial}{\partial q_3}(h_1h_2F_3)\right]\tag{1-72}$$

$$\nabla\times\boldsymbol{F}=\frac{1}{h_1h_2h_3}\begin{vmatrix}h_1\boldsymbol{e}_1 & h_2\boldsymbol{e}_2 & h_3\boldsymbol{e}_3\\ \dfrac{\partial}{\partial q_1} & \dfrac{\partial}{\partial q_2} & \dfrac{\partial}{\partial q_3}\\ h_1F_1 & h_2F_2 & h_3F_3\end{vmatrix}\tag{1-73}$$

$$\nabla^2 f=\frac{1}{h_1h_2h_3}\left[\frac{\partial}{\partial q_1}\left(\frac{h_2h_3}{h_1}\frac{\partial f}{\partial q_1}\right)+\frac{\partial}{\partial q_2}\left(\frac{h_3h_1}{h_2}\frac{\partial f}{\partial q_2}\right)+\frac{\partial}{\partial q_3}\left(\frac{h_1h_2}{h_3}\frac{\partial f}{\partial q_3}\right)\right]\tag{1-74}$$

直角坐标系、圆柱坐标系和球坐标系中的拉梅系数 h_1、h_2 和 h_3 总结在表 1-2 中。

表 1-2　直角坐标系、圆柱坐标系和球坐标系中的拉梅系数

直角坐标系	圆柱坐标系	球 坐 标 系
$h_1=1$	$h_1=1$	$h_1=1$
$h_2=1$	$h_2=\rho$	$h_2=r$
$h_3=1$	$h_3=1$	$h_3=r\sin\theta$

例 1.8 已知：(1)在柱坐标系中：$\varphi=A\phi+B$（A 和 B 为常数）；(2)在球坐标系中：$\varphi=\dfrac{q}{4\pi\varepsilon_0 r}$（$\varepsilon_0$ 和 q 为常数）。分别求 $\boldsymbol{E}=-\nabla\varphi$。

解 (1) $\boldsymbol{E}=-\nabla\varphi=-\left(\dfrac{\partial\varphi}{\partial\rho}\boldsymbol{e}_\rho+\dfrac{1}{\rho}\dfrac{\partial\varphi}{\partial\phi}\boldsymbol{e}_\phi+\dfrac{\partial\varphi}{\partial z}\boldsymbol{e}_z\right)=-\dfrac{A}{\rho}\boldsymbol{e}_\phi$

(2) $\boldsymbol{E}=-\nabla\varphi=-\left(\dfrac{\partial\varphi}{\partial r}\boldsymbol{e}_r+\dfrac{1}{r}\dfrac{\partial\varphi}{\partial\theta}\boldsymbol{e}_\theta+\dfrac{1}{r\sin\theta}\dfrac{\partial\varphi}{\partial\phi}\boldsymbol{e}_\phi\right)=\dfrac{q}{4\pi\varepsilon_0 r^2}\boldsymbol{e}_r$

1.5 并矢与张量

1.5.1 并矢与张量的概念

矢量具有空间取向性，在直角、圆柱和球等正交坐标系中均可用三个分量表示。此外，在物理学中还包括一些具有更复杂空间取向关系的物理量。如在各向异性的介质中，当电场强度不太强时（电场强度较强时，情况比较复杂，往往表现出非线性效应，不属于本书的讨论范围），介电常数 ε 不再是一个标量，$\boldsymbol{D}$ 和 $\boldsymbol{E}$ 的各分量仍然满足线性关系，即

$$\begin{cases}D_x=\varepsilon_{11}E_x+\varepsilon_{12}E_y+\varepsilon_{13}E_z\\D_y=\varepsilon_{21}E_x+\varepsilon_{22}E_y+\varepsilon_{23}E_z\\D_z=\varepsilon_{31}E_x+\varepsilon_{32}E_y+\varepsilon_{33}E_z\end{cases}\tag{1-75}$$

因而，介电常数具有 9 个分量，将其用矩阵表示为

$$\begin{bmatrix}\varepsilon_{11}&\varepsilon_{12}&\varepsilon_{13}\\\varepsilon_{21}&\varepsilon_{22}&\varepsilon_{23}\\\varepsilon_{31}&\varepsilon_{32}&\varepsilon_{33}\end{bmatrix}\tag{1-76}$$

称这样的量为二阶张量。

将两个矢量 $\boldsymbol{A}$ 和 $\boldsymbol{B}$ 并列，它们之间不进行任何运算，称为并矢，记作 $\boldsymbol{AB}$。并矢是一种特殊的二阶张量。在直角坐标系中表示为

$$\begin{aligned}\boldsymbol{AB}&=(A_x\boldsymbol{e}_x+A_y\boldsymbol{e}_y+A_z\boldsymbol{e}_z)(B_x\boldsymbol{e}_x+B_y\boldsymbol{e}_y+B_z\boldsymbol{e}_z)\\&=A_xB_x\boldsymbol{e}_x\boldsymbol{e}_x+A_xB_y\boldsymbol{e}_x\boldsymbol{e}_y+A_xB_z\boldsymbol{e}_x\boldsymbol{e}_z+\\&\quad A_yB_x\boldsymbol{e}_y\boldsymbol{e}_x+A_yB_y\boldsymbol{e}_y\boldsymbol{e}_y+A_yB_z\boldsymbol{e}_y\boldsymbol{e}_z+\\&\quad A_zB_x\boldsymbol{e}_z\boldsymbol{e}_x+A_zB_y\boldsymbol{e}_z\boldsymbol{e}_y+A_zB_z\boldsymbol{e}_z\boldsymbol{e}_z\end{aligned}\tag{1-77}$$

显然，$\boldsymbol{AB}\neq\boldsymbol{BA}$。特别地：$\boldsymbol{AB}=\boldsymbol{e}_x\boldsymbol{e}_x+\boldsymbol{e}_y\boldsymbol{e}_y+\boldsymbol{e}_z\boldsymbol{e}_z$ 时，称之为单位张量 $\overleftrightarrow{\boldsymbol{I}}$，矩阵表示为

$$\overleftrightarrow{\boldsymbol{I}}=\begin{bmatrix}1&0&0\\0&1&0\\0&0&1\end{bmatrix}\tag{1-78}$$

1.5.2 张量的运算

两个同阶张量相加减，用矩阵表示为

$$\overleftrightarrow{\boldsymbol{T}}+\overleftrightarrow{\boldsymbol{S}}=\begin{bmatrix}T_{11} & T_{12} & T_{13}\\ T_{21} & T_{22} & T_{23}\\ T_{31} & T_{32} & T_{33}\end{bmatrix}\pm\begin{bmatrix}S_{11} & S_{12} & S_{13}\\ S_{21} & S_{22} & S_{23}\\ S_{31} & S_{32} & S_{33}\end{bmatrix}=\begin{bmatrix}T_{11}\pm S_{11} & T_{12}\pm S_{12} & T_{13}\pm S_{13}\\ T_{21}\pm S_{21} & T_{22}\pm S_{22} & T_{23}\pm S_{23}\\ T_{31}\pm S_{31} & T_{32}\pm S_{32} & T_{33}\pm S_{33}\end{bmatrix} \tag{1-79}$$

标量 a 和张量 $\overleftrightarrow{\boldsymbol{T}}$ 相乘,用矩阵表示为

$$a\overleftrightarrow{\boldsymbol{T}}=a\begin{bmatrix}T_{11} & T_{12} & T_{13}\\ T_{21} & T_{22} & T_{23}\\ T_{31} & T_{32} & T_{33}\end{bmatrix}=\begin{bmatrix}aT_{11} & aT_{12} & aT_{13}\\ aT_{21} & aT_{22} & aT_{23}\\ aT_{31} & aT_{32} & aT_{33}\end{bmatrix} \tag{1-80}$$

张量 $\overleftrightarrow{\boldsymbol{T}}$ 和矢量 $\boldsymbol{f}$ 的点乘,用矩阵表示为

$$\overleftrightarrow{\boldsymbol{T}}\cdot\boldsymbol{f}=\begin{bmatrix}T_{11} & T_{12} & T_{13}\\ T_{21} & T_{22} & T_{23}\\ T_{31} & T_{32} & T_{33}\end{bmatrix}\begin{bmatrix}f_1\\ f_2\\ f_3\end{bmatrix}=\begin{bmatrix}T_{11}f_1+T_{12}f_2+T_{13}f_3\\ T_{21}f_1+T_{22}f_2+T_{23}f_3\\ T_{31}f_1+T_{32}f_2+T_{33}f_3\end{bmatrix} \tag{1-81}$$

$$\boldsymbol{f}\cdot\overleftrightarrow{\boldsymbol{T}}=\begin{bmatrix}f_1 & f_2 & f_3\end{bmatrix}\begin{bmatrix}T_{11} & T_{12} & T_{13}\\ T_{21} & T_{22} & T_{23}\\ T_{31} & T_{32} & T_{33}\end{bmatrix} \tag{1-82}$$

$$=\begin{bmatrix}T_{11}f_1+T_{21}f_2+T_{31}f_3 & T_{12}f_1+T_{22}f_2+T_{32}f_3 & T_{13}f_1+T_{23}f_2+T_{33}f_3\end{bmatrix}$$

一般地,$\overleftrightarrow{\boldsymbol{T}}\cdot\boldsymbol{f}\neq\boldsymbol{f}\cdot\overleftrightarrow{\boldsymbol{T}}$。

并矢 $\boldsymbol{AB}$ 与矢量 $\boldsymbol{f}$ 的点乘规则为

$$\begin{cases}\boldsymbol{AB}\cdot\boldsymbol{f}=\boldsymbol{A}(\boldsymbol{B}\cdot\boldsymbol{f})\\ \boldsymbol{f}\cdot\boldsymbol{AB}=(\boldsymbol{f}\cdot\boldsymbol{A})\boldsymbol{B}\end{cases} \tag{1-83}$$

一般地,$\boldsymbol{AB}\cdot\boldsymbol{f}\neq\boldsymbol{f}\cdot\boldsymbol{AB}$。

并矢 $\boldsymbol{AB}$ 与矢量 $\boldsymbol{f}$ 的叉乘的结果仍然为并矢,规则为

$$\begin{cases}\boldsymbol{AB}\times\boldsymbol{f}=\boldsymbol{A}(\boldsymbol{B}\times\boldsymbol{f})\\ \boldsymbol{f}\times\boldsymbol{AB}=(\boldsymbol{f}\times\boldsymbol{A})\boldsymbol{B}\end{cases} \tag{1-84}$$

一般地,$\boldsymbol{AB}\times\boldsymbol{f}\neq\boldsymbol{f}\times\boldsymbol{AB}$。

两个并矢的一次点乘为

$$\begin{cases}(\boldsymbol{AB})\cdot(\boldsymbol{CD})=\boldsymbol{A}(\boldsymbol{B}\cdot\boldsymbol{C})\boldsymbol{D}=(\boldsymbol{B}\cdot\boldsymbol{C})\boldsymbol{AD}\\ (\boldsymbol{CD})\cdot(\boldsymbol{AB})=\boldsymbol{C}(\boldsymbol{D}\cdot\boldsymbol{A})\boldsymbol{B}=(\boldsymbol{D}\cdot\boldsymbol{A})\boldsymbol{CB}\end{cases} \tag{1-85}$$

一般地,$(\boldsymbol{AB})\cdot(\boldsymbol{CD})\neq(\boldsymbol{CD})\cdot(\boldsymbol{AB})$。

两个并矢的两次点乘为

$$(\boldsymbol{AB}):(\boldsymbol{CD})=(\boldsymbol{B}\cdot\boldsymbol{C})(\boldsymbol{A}\cdot\boldsymbol{D})=(\boldsymbol{CD}):(\boldsymbol{AB}) \tag{1-86}$$

单位张量 $\overleftrightarrow{\boldsymbol{I}}$ 与矢量 $\boldsymbol{f}$ 和并矢 $\boldsymbol{AB}$ 的点乘为

$$\begin{cases}\overleftrightarrow{\boldsymbol{I}}\cdot\boldsymbol{f}=\boldsymbol{f}\cdot\overleftrightarrow{\boldsymbol{I}}=\boldsymbol{f}\\ \overleftrightarrow{\boldsymbol{I}}\cdot\boldsymbol{AB}=\boldsymbol{AB}\cdot\overleftrightarrow{\boldsymbol{I}}=\boldsymbol{AB}\end{cases} \tag{1-87}$$

单位张量 $\overleftrightarrow{I}$ 与并矢 $\boldsymbol{AB}$ 的二次点乘为

$$\overleftrightarrow{\boldsymbol{I}}:(\boldsymbol{AB})=\boldsymbol{A}\cdot\boldsymbol{B}=(\boldsymbol{AB}):\overleftrightarrow{\boldsymbol{I}} \tag{1-88}$$

将哈密顿算子∇作用在并矢 $\boldsymbol{AB}$ 和张量 $\overleftrightarrow{\boldsymbol{T}}$ 上，则

$$\begin{cases}\nabla\cdot(\boldsymbol{AB})=(\nabla\cdot\boldsymbol{A})\boldsymbol{B}+(\boldsymbol{A}\cdot\nabla)\boldsymbol{B}\\ \nabla\times(\boldsymbol{AB})=(\nabla\times\boldsymbol{A})\boldsymbol{B}-(\boldsymbol{A}\times\nabla)\boldsymbol{B}\\ \nabla\cdot\overleftrightarrow{\boldsymbol{T}}=\dfrac{\partial}{\partial x}(\boldsymbol{e}_x\cdot\overleftrightarrow{\boldsymbol{T}})+\dfrac{\partial}{\partial y}(\boldsymbol{e}_y\cdot\overleftrightarrow{\boldsymbol{T}})+\dfrac{\partial}{\partial z}(\boldsymbol{e}_z\cdot\overleftrightarrow{\boldsymbol{T}})\end{cases} \tag{1-89}$$

并矢 $\boldsymbol{AB}$ 和张量 $\overleftrightarrow{\boldsymbol{T}}$ 的积分变换式

$$\begin{cases}\displaystyle\int_V \mathrm{d}V\ \nabla\cdot(\boldsymbol{AB})=\oint_S \mathrm{d}\boldsymbol{S}\cdot(\boldsymbol{AB})\\ \displaystyle\int_V \mathrm{d}V\ \nabla\cdot\overleftrightarrow{\boldsymbol{T}}=\oint_S \mathrm{d}\boldsymbol{S}\cdot\overleftrightarrow{\boldsymbol{T}}\\ \displaystyle\int_V \mathrm{d}V\ \nabla\times(\boldsymbol{AB})=\oint_S \mathrm{d}\boldsymbol{S}\times(\boldsymbol{AB})\\ \displaystyle\int_V \mathrm{d}V\ \nabla\times\overleftrightarrow{\boldsymbol{T}}=\oint_S \mathrm{d}\boldsymbol{S}\times\overleftrightarrow{\boldsymbol{T}}\end{cases} \tag{1-90}$$

*1.6 思政教育：工欲善其事，必先利其器

矢量分析是研究矢量场基本特性的数学工具之一，在物理学中，尤其是“电动力学”中，矢量分析是不可或缺的数学基础。“电动力学”的研究对象是电磁场，以麦克斯韦方程组和洛伦兹力公式为基础，表现为众多电磁理论、公式、结论等，大都是通过矢量或矢量的各种运算的形式呈现出来。在学习“电动力学”时，充分利用矢量分析的工具和方法，能够更好地理解电磁现象，提高问题解决的效率。首先，矢量分析提供了一种直观且便捷的描述电磁现象的数学语言。在研究电场和磁场时，常常需要描述电场强度、磁感应强度以及它们的变化规律等。而通过矢量分析的概念和运算，可以将这些物理量用矢量的形式进行表示，从而更加清晰地认识和描绘电磁现象。其次，矢量分析提供了一套严谨而高效的运算方法，有助于解决“电动力学”中复杂的问题。“电动力学”中常常涉及矢量场的微分运算和积分运算，如梯度、散度、旋度等。这些运算在解决电磁问题时起到了至关重要的作用。通过熟练掌握矢量微积分的知识，可以将问题转化为数学模型，并利用矢量分析的方法对其进行求解。在学习“电动力学”这门课程中，因此，我们应该重视矢量分析的学习，将其作为学习电动力学的一件“利器”。

正如古语所云：“工欲善其事，必先利其器”，要想成功做成一件事情，必须做好充分的准备并坚持不懈地努力，在寻求帮助、坚持不懈、关注细节、寻求创新和不断学习的过程中，我们才可以更好地完成任务并取得成功。由于矢量分析理论在学习“电动力学”中必不可少，这就要求我们必须掌握矢量分析中的各种基本计算，理解各种运算的意义。这一环节如果掌握不好，势必影响后面的学习效果。因此，务必在矢量分析的学习上花大力气。同时，在学习中要善于应用“普遍联系”的方法，将所学内容与高等数学中的相关内容建立联系，从而使得所学知识能够融会贯通。

本章小结

1. 二量(标量、矢量)五运算(加、减、数乘、点乘、叉乘)

A 和单位矢量在直角坐标系中的表示

$$\boldsymbol{e}_{\boldsymbol{A}}=\frac{\boldsymbol{A}}{A}=\frac{\boldsymbol{A}}{|\boldsymbol{A}|}=\frac{A_x\boldsymbol{e}_x+A_y\boldsymbol{e}_y+A_z\boldsymbol{e}_z}{\sqrt{A_x^2+A_y^2+A_z^2}}$$

式中：$A=|\boldsymbol{A}|=\sqrt{A_x^2+A_y^2+A_z^2}$ 是矢量 **A** 的大小即其模。

两矢量的标量积(或点积)：$\boldsymbol{A}\cdot\boldsymbol{B}=\boldsymbol{B}\cdot\boldsymbol{A}=A_xB_x+A_yB_y+A_zB_z$

两矢量的矢量积(或叉积)：

$$\boldsymbol{A}\times\boldsymbol{B}=-\boldsymbol{B}\times\boldsymbol{A}=\begin{vmatrix}\boldsymbol{e}_x & \boldsymbol{e}_y & \boldsymbol{e}_z\\ A_x & A_y & A_z\\ B_x & B_y & B_z\end{vmatrix}$$

$$=(A_yB_z-B_yA_z)\boldsymbol{e}_x+(A_zB_x-B_zA_x)\boldsymbol{e}_y+(A_xB_y-B_xA_y)\boldsymbol{e}_z$$

2. ∇算子、三度(梯度、散度、旋度)

哈密顿算子∇是一个兼有矢量和微分运算的算符。在直角坐标系内，$\nabla=\boldsymbol{e}_x\dfrac{\partial}{\partial x}+\boldsymbol{e}_y\dfrac{\partial}{\partial y}+\boldsymbol{e}_z\dfrac{\partial}{\partial z}$。标量场 f 的梯度∇f 是一个矢量，而矢量场 **F** 的散度$\nabla\cdot\boldsymbol{F}$ 是个标量，其旋度$\nabla\times\boldsymbol{F}$ 则是个矢量。

一个标量场 $f(x,y,z)$的梯度是一个矢量场，它是该标量场沿三个坐标方向变化率的矢量和，也就是最大变化率的大小和方向，在直角坐标系中可表示为

$$\nabla f=\frac{\partial f}{\partial x}\boldsymbol{e}_x+\frac{\partial f}{\partial y}\boldsymbol{e}_y+\frac{\partial f}{\partial z}\boldsymbol{e}_z=\sum_{i=1}^{3}\boldsymbol{e}_{x_i}\frac{\partial f}{\partial x_i}=f_x\boldsymbol{e}_x+f_y\boldsymbol{e}_y+f_z\boldsymbol{e}_z$$

一个矢量场 **F** 穿过曲面 S 的通量为 $\psi=\int_S\boldsymbol{F}\cdot\mathrm{d}\boldsymbol{S}$。矢量场 **F** 在某点的散度是一个标量，表示从该点散发的通量体密度，在直角坐标系中可表示为

$$\nabla\cdot\boldsymbol{F}=\lim_{\Delta V\to 0}\frac{\oint_S\boldsymbol{F}\cdot\mathrm{d}\boldsymbol{S}}{\Delta V}=\frac{\partial F_x}{\partial x}+\frac{\partial F_y}{\partial y}+\frac{\partial F_z}{\partial z}$$

矢量场 **F** 沿闭合曲线 l 的线积分$\oint_l\boldsymbol{F}\cdot\mathrm{d}\boldsymbol{l}$ 称为 **F** 沿该曲线 l 的环量或环流。矢量场 **F** 的旋度表明该矢量场旋转程度的最大环量面密度矢量，其大小和方向分别是该点的最大环量面密度和此时的面元方向，在直角坐标系中为

$$\nabla\times\boldsymbol{F}=\lim_{\Delta S\to 0}\frac{\left[\boldsymbol{e}_n\oint_l\boldsymbol{F}\cdot\mathrm{d}\boldsymbol{l}\right]_{\max}}{\Delta S}=\begin{vmatrix}\boldsymbol{e}_x & \boldsymbol{e}_y & \boldsymbol{e}_z\\ \dfrac{\partial}{\partial x} & \dfrac{\partial}{\partial y} & \dfrac{\partial}{\partial z}\\ F_x & F_y & F_z\end{vmatrix}$$

$$=\left(\frac{\partial F_z}{\partial y}-\frac{\partial F_y}{\partial z}\right)\boldsymbol{e}_x+\left(\frac{\partial F_x}{\partial z}-\frac{\partial F_z}{\partial x}\right)\boldsymbol{e}_y+\left(\frac{\partial F_y}{\partial x}-\frac{\partial F_x}{\partial y}\right)\boldsymbol{e}_z$$

3. 四定理(高斯散度定理、斯托克斯定理、格林定理、亥姆霍兹定理)

高斯散度定理表明矢量场 $\boldsymbol{F}$ 的散度的体积分等于 $\boldsymbol{F}$ 穿出包围体积 V 的闭合曲面 S 的通量,即

$$\int_V \nabla\cdot \boldsymbol{F}\mathrm{d}V = \oint_S \boldsymbol{F}\cdot \mathrm{d}\boldsymbol{S}$$

斯托克斯定理表明任一矢量场 $\boldsymbol{F}$ 的旋度穿出某一曲面 S 的通量等于此矢量 $\boldsymbol{F}$ 沿该曲面 S 边缘的闭合路径 l 的环量,即

$$\int_S (\nabla\times \boldsymbol{F})\cdot \mathrm{d}\boldsymbol{S} = \oint_l \boldsymbol{F}\cdot \mathrm{d}\boldsymbol{l}$$

格林定理或格林第一恒等式和格林第二恒等式分别为

$$\int_V (\varphi\nabla^2\psi + \nabla\varphi\cdot\nabla\psi)\mathrm{d}V = \oint_S \varphi\nabla\psi\cdot \mathrm{d}S$$

和

$$\int_V (\psi\nabla^2\varphi - \varphi\nabla^2\psi)\mathrm{d}V = \oint_S \left(\psi\frac{\partial\varphi}{\partial n} - \varphi\frac{\partial\psi}{\partial n}\right)\mathrm{d}S$$

亥姆霍兹定理总结了矢量场的基本性质,它表明矢量场由其散度和旋度唯一地确定,即矢量场可分解为无旋分量和无散分量;而矢量场的散度和旋度各对应着矢量场的一种源。分析矢量场总是从研究其散度和旋度着手,散度方程和旋度方程构成矢量场基本方程的微分形式,也可以从分析矢量场穿过闭合面的通量和它沿闭合路径的环量来得到矢量场基本方程的积分形式。

4. 三种常用坐标系中的微分运算

解析电磁问题或其他问题需要选择某一正交曲线坐标系,其结果需用该正交坐标系中的坐标变量和基本单位矢量及一些常数来表示。三种常用坐标系中基矢之间的转换可使用单位圆法,即将欲分解的基本单位矢量作为直角三角形的斜边,此斜边的基矢是所要转换成的直角三角形另两边的矢量和。在广义正交曲线坐标系中求解标量场的梯度和拉普拉斯运算以及矢量场的散度与旋度要用到拉梅系数。拉梅系数是从直角坐标系转换到广义坐标系中线元分量的换算系数。

习题 1

1.1　已知矢量 $\boldsymbol{A}=\boldsymbol{e}_x+2\boldsymbol{e}_y+3\boldsymbol{e}_z$,$\boldsymbol{B}=a\boldsymbol{e}_x+b\boldsymbol{e}_y-2\boldsymbol{e}_z$。

(1) $|\boldsymbol{B}|=2\sqrt{3}$,$\boldsymbol{A}\perp\boldsymbol{B}$,求 a 和 b。

(2) 矢量 $\boldsymbol{C}=3\boldsymbol{e}_x+5\boldsymbol{e}_y+5\boldsymbol{e}_z$,$\boldsymbol{A}$、$\boldsymbol{B}$ 和 $\boldsymbol{C}$ 是否在同一平面内?

1.2　用矢量运算证明余弦定理。

1.3　设球坐标系中位置矢量 $\boldsymbol{r}$ 和 $\boldsymbol{r}'$ 的坐标分别为 (r,θ,ϕ)、(r',θ',ϕ')。试证明:$\boldsymbol{r}$ 和 $\boldsymbol{r}'$ 夹角 α 的余弦为

$$\cos\alpha = \cos\theta\cos\theta' + \sin\theta\sin\theta'\cos(\phi-\phi')$$

1.4　证明:

(1) $\nabla\cdot\dfrac{\boldsymbol{R}}{R^3}=-\nabla'\dfrac{\boldsymbol{R}}{R^3}=0$;(2) $\nabla\cdot\boldsymbol{R}=3$;(3) $\nabla\cdot\dfrac{\boldsymbol{R}}{R}=\dfrac{2}{R}$;(4) $\nabla\times\boldsymbol{R}=\nabla\times\boldsymbol{r}=0$;

(5) $\nabla\times\dfrac{\boldsymbol{r}}{r}=0$；(6) $\nabla\times[f(r)\boldsymbol{e}_r]=0$；(7) $\nabla^2\dfrac{1}{R}=0(R\neq0)$；(8) $\nabla\times\dfrac{\boldsymbol{R}}{R^3}=0$。

其中：∇和∇'分别是对场点和源点的矢量微分算符，$\boldsymbol{r}=x\boldsymbol{e}_x+y\boldsymbol{e}_y+z\boldsymbol{e}_z$，$\boldsymbol{r}'=x'\boldsymbol{e}_x+y'\boldsymbol{e}_y+z'\boldsymbol{e}_z$，$\boldsymbol{R}=\boldsymbol{r}-\boldsymbol{r}'=(x-x')\boldsymbol{e}_x+(y-y')\boldsymbol{e}_y+(z-z')\boldsymbol{e}_z$，$|\boldsymbol{r}|=r$，$|\boldsymbol{R}|=R$，$\boldsymbol{e}_r=\dfrac{\boldsymbol{r}}{r}$，$f(r)$是$r$的函数。

1.5 已知C为一常数，φ和$\boldsymbol{A}$分别为标量和矢量函数，试证明：

(1) $\nabla\times(C\boldsymbol{A})=C\nabla\times\boldsymbol{A}$；$\nabla\times(\varphi\boldsymbol{A})=\varphi\nabla\times\boldsymbol{A}+\nabla\varphi\times\boldsymbol{A}$；

(2) 若$\varphi=xy^2$，$\boldsymbol{A}=xy^3z^2\boldsymbol{e}_y+x^3y\boldsymbol{e}_z$，求$\nabla\times(\varphi\boldsymbol{A})$。

1.6 已知u、v都是标量函数，$\boldsymbol{A}$是矢量函数，证明：

(1) $\nabla^2(uv)=u\nabla^2v+v\nabla^2u+2\nabla u\cdot\nabla v$；(2) $\nabla\times\nabla u=\boldsymbol{0}$，$\nabla\cdot(\nabla\times\boldsymbol{A})=0$；

(3) $\int_V[\nabla v\cdot(\nabla\times\boldsymbol{A})]\,\mathrm{d}V=\oint_S v(\nabla\times\boldsymbol{A})\cdot\mathrm{d}\boldsymbol{S}$，$\int_S(\nabla u\times\nabla v)\cdot\mathrm{d}\boldsymbol{S}=\oint_l u\,\nabla v\cdot\mathrm{d}\boldsymbol{l}$。

1.7 已知矢量函数$\boldsymbol{F}=xy\boldsymbol{e}_x-2x\boldsymbol{e}_y$，试计算由$x^2+y^2=9$，$x=0$和$y=0$所构成的闭合曲线的第二类曲线积分(取逆时针为绕行方向)，并验证斯托克斯定理成立。

1.8 已知圆柱坐标系中标量函数$f=\left(A\rho+\dfrac{B}{\rho}\right)\cos\phi$，求$\nabla f$。

1.9 已知圆柱坐标系的点$\left(3\sqrt{3}\quad\dfrac{2\pi}{3}\quad3\right)$，试求：

(1) 该点在直角坐标系中的坐标；

(2) 该点在球坐标系中的坐标。

1.10 在球坐标系中证明电场强度$\boldsymbol{E}=\dfrac{1}{r^2}\boldsymbol{e}_r$是无旋场，并求其电势$\varphi$。

1.11 试推导出球坐标系中的线元矢量表达式。

1.12 已知(x,y)和(ρ,ϕ)分别是直角坐标系和极坐标系内的坐标变量，试证明：

$$\frac{\partial^2 f}{\partial x^2}+\frac{\partial^2 f}{\partial y^2}=\frac{1}{\rho}\left[\frac{\partial}{\partial\rho}\left(\rho\frac{\partial f}{\partial\rho}\right)+\frac{1}{\rho}\frac{\partial^2 f}{\partial\phi^2}\right]$$

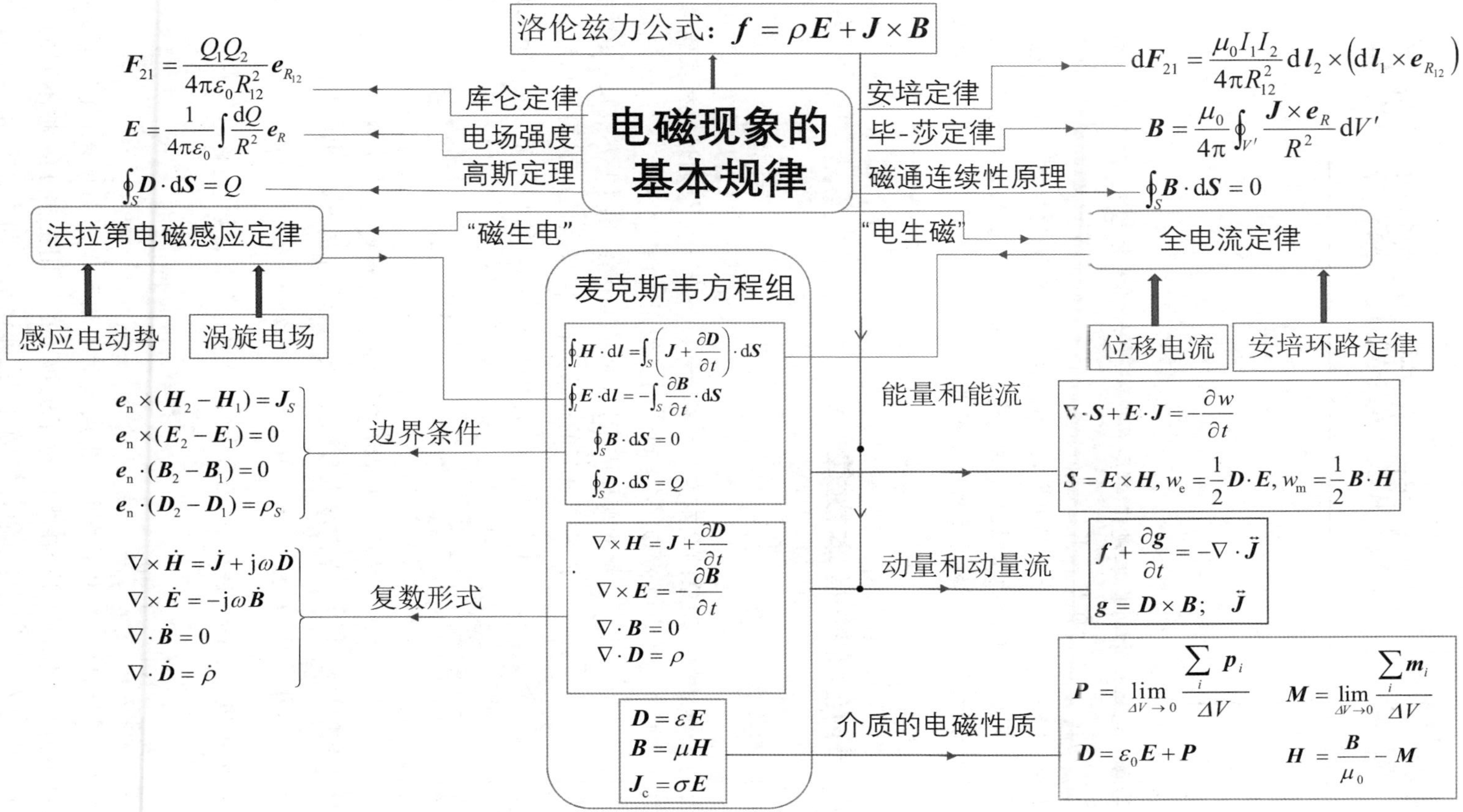

洛伦兹力公式：$\boldsymbol{f}=\rho\boldsymbol{E}+\boldsymbol{J}\times\boldsymbol{B}$
电磁现象的基本规律
库仑定律
$\boldsymbol{F}_{21}=\frac{Q_1Q_2}{4\pi\varepsilon_0R_{12}^2}\boldsymbol{e}_{R_{12}}$
电场强度
$\boldsymbol{E}=\frac{1}{4\pi\varepsilon_0}\int\frac{\mathrm{d}Q}{R^2}\boldsymbol{e}_R$
高斯定理
$\oint_S\boldsymbol{D}\cdot\mathrm{d}\boldsymbol{S}=Q$
安培定律
$\mathrm{d}\boldsymbol{F}_{21}=\frac{\mu_0I_1I_2}{4\pi R_{12}^2}\mathrm{d}\boldsymbol{l}_2\times(\mathrm{d}\boldsymbol{l}_1\times\boldsymbol{e}_{R_{12}})$
毕-莎定律
$\boldsymbol{B}=\frac{\mu_0}{4\pi}\oint_{V'}\frac{\boldsymbol{J}\times\boldsymbol{e}_R}{R^2}\mathrm{d}V'$
磁通连续性原理
$\oint_S\boldsymbol{B}\cdot\mathrm{d}\boldsymbol{S}=0$
法拉第电磁感应定律
“磁生电”
感应电动势
涡旋电场
“电生磁”
全电流定律
位移电流
安培环路定律
麦克斯韦方程组
$\oint_l\boldsymbol{H}\cdot\mathrm{d}\boldsymbol{l}=\int_S\left(\boldsymbol{J}+\frac{\partial\boldsymbol{D}}{\partial t}\right)\cdot\mathrm{d}\boldsymbol{S}$
$\oint_l\boldsymbol{E}\cdot\mathrm{d}\boldsymbol{l}=-\int_S\frac{\partial\boldsymbol{B}}{\partial t}\cdot\mathrm{d}\boldsymbol{S}$
$\oint_S\boldsymbol{B}\cdot\mathrm{d}\boldsymbol{S}=0$
$\oint_S\boldsymbol{D}\cdot\mathrm{d}\boldsymbol{S}=Q$
$\nabla\times\boldsymbol{H}=\boldsymbol{J}+\frac{\partial\boldsymbol{D}}{\partial t}$
$\nabla\times\boldsymbol{E}=-\frac{\partial\boldsymbol{B}}{\partial t}$
$\nabla\cdot\boldsymbol{B}=0$
$\nabla\cdot\boldsymbol{D}=\rho$
$\boldsymbol{D}=\varepsilon\boldsymbol{E}$
$\boldsymbol{B}=\mu\boldsymbol{H}$
$\boldsymbol{J}_c=\sigma\boldsymbol{E}$
边界条件
$\boldsymbol{e}_n\times(\boldsymbol{H}_2-\boldsymbol{H}_1)=\boldsymbol{J}_S$
$\boldsymbol{e}_n\times(\boldsymbol{E}_2-\boldsymbol{E}_1)=0$
$\boldsymbol{e}_n\cdot(\boldsymbol{B}_2-\boldsymbol{B}_1)=0$
$\boldsymbol{e}_n\cdot(\boldsymbol{D}_2-\boldsymbol{D}_1)=\rho_S$
复数形式
$\nabla\times\dot{\boldsymbol{H}}=\dot{\boldsymbol{J}}+\mathrm{j}\omega\dot{\boldsymbol{D}}$
$\nabla\times\dot{\boldsymbol{E}}=-\mathrm{j}\omega\dot{\boldsymbol{B}}$
$\nabla\cdot\dot{\boldsymbol{B}}=0$
$\nabla\cdot\dot{\boldsymbol{D}}=\dot{\rho}$
能量和能流
$\nabla\cdot\boldsymbol{S}+\boldsymbol{E}\cdot\boldsymbol{J}=-\frac{\partial w}{\partial t}$
$\boldsymbol{S}=\boldsymbol{E}\times\boldsymbol{H},\ w_e=\frac{1}{2}\boldsymbol{D}\cdot\boldsymbol{E},\ w_m=\frac{1}{2}\boldsymbol{B}\cdot\boldsymbol{H}$
动量和动量流
$\boldsymbol{f}+\frac{\partial\boldsymbol{g}}{\partial t}=-\nabla\cdot\ddot{\boldsymbol{J}}$
$\boldsymbol{g}=\boldsymbol{D}\times\boldsymbol{B};\quad\ddot{\boldsymbol{J}}$
介质的电磁性质
$\boldsymbol{P}=\lim_{\Delta V\to0}\frac{\sum_i\boldsymbol{p}_i}{\Delta V}$
$\boldsymbol{M}=\lim_{\Delta V\to0}\frac{\sum_i\boldsymbol{m}_i}{\Delta V}$
$\boldsymbol{D}=\varepsilon_0\boldsymbol{E}+\boldsymbol{P}$
$\boldsymbol{H}=\frac{\boldsymbol{B}}{\mu_0}-\boldsymbol{M}$

第 2 章 电磁现象的基本规律

CHAPTER 2

本章导读：电磁现象的基本规律主要表现为麦克斯韦方程组、洛伦兹力公式以及电磁场的能量守恒定律和动量守恒定律。

本章从电磁场的三大实验定律出发，总结出高斯定理、安培环路定律、电磁感应定律，在"涡旋电场""位移电流"概念的基础上归纳出麦克斯韦方程组；结合洛伦兹力公式从动力学角度出发，建立了电磁场能量和动量所服从的基本规律。本章为全书的核心内容，是电动力学的重要理论基石。

2.1 静电场的基本规律

2.1.1 库仑定律

库仑定律是描述静电现象的基本实验定律，于 1785 年由库仑通过扭秤实验得到。具体内容为：真空中两个静止点电荷 Q、Q'之间的相互作用力（称之为库仑力）与该两点电荷电量的乘积成正比，而与其距离 R 的平方成反比；力的方向沿该两点电荷的连线方向，且服从两电荷同号相斥，异号相吸。图 2-1 所示为点电荷 Q'对 Q 的作用力，其数学表达式可表示为

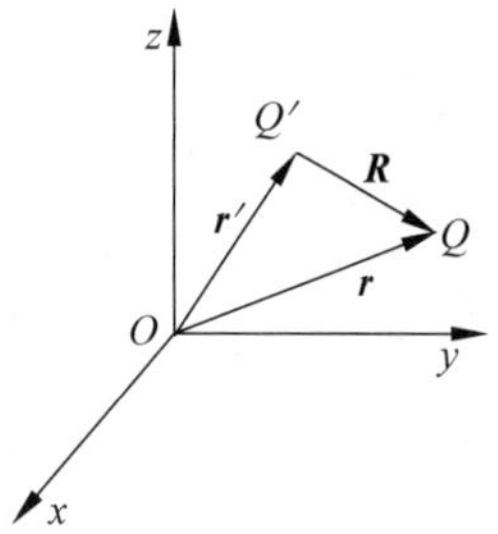

图 2-1 Q'作用于 Q 的库仑力

$$\boldsymbol{F}=\frac{QQ'}{4\pi\varepsilon_0 R^2}\boldsymbol{e}_R=\frac{QQ'}{4\pi\varepsilon_0 R^3}\boldsymbol{R} \tag{2-1}$$

式中：$\boldsymbol{R}$ 是从 Q'指向 Q 的距离矢量，$\boldsymbol{r}$ 和 $\boldsymbol{r}'$分别是从坐标原点向场点和源点（点电荷所在的点）引出的空间矢量。则有

$$\boldsymbol{R}=\boldsymbol{r}-\boldsymbol{r}'=(x-x')\boldsymbol{e}_x+(y-y')\boldsymbol{e}_y+(z-z')\boldsymbol{e}_z \tag{2-2}$$

$\boldsymbol{e}_R=\dfrac{\boldsymbol{R}}{R}$是 $\boldsymbol{R}$ 的单位矢量；ε_0 是真空（即自由空间）中的介电常数（也称电容率），其值为 $\varepsilon_0=8.854\times10^{-12}\approx\dfrac{1}{36\pi}\times10^{-9}\,\mathrm{F/m}$。

库仑定律只从现象上给出了两个静止点电荷间相互作用的规律，并没有从物理的机理上解释这种力的本质。于是，在当时对于电场力的作用提出了两种不同的物理解释。一种观点认为两电荷间的作用是通过超距作用，即电荷之间直接相互作用，不需要通过任何介质；另一种观点认为电场力是通过近距作用，即需要通过场来传递。实验表明，近

距作用的观点对于任何情况的电磁场问题都是成立的。因此，场的概念的引入在电动力学发展史上具有重要的意义，即使在现代物理学中关于场的物质形态的研究中仍占据着重要地位。

2.1.2　电场强度

既然电荷之间的相互作用是通过电场进行传递的，那么电荷周围必然存在着电场。表征电场特性的基本物理量用电场强度 $\boldsymbol{E}$，定义：将一试验电荷 q 置于电场中某位置（称为场点）处，所受的电场力 $\boldsymbol{F}$ 与 q 的大小成正比，于是电场强度为 $\boldsymbol{F}$ 与 q 的比值，即

$$\boldsymbol{E}=\lim_{q\to 0}\frac{\boldsymbol{F}}{q} \tag{2-3}$$

试验电荷 q 的电量和体积都要求足够小，否则会影响原来的电荷分布。由式(2-3)可见，电场强度是单位正电荷在场点处所受的电场力。对于点电荷 Q，按库仑定律，在距离它为 R 的场点 P 处所产生的电场强度为

$$\boldsymbol{E}=\frac{Qq}{4\pi\varepsilon_0 R^2 q}\boldsymbol{e}_R=\frac{Q}{4\pi\varepsilon_0 R^2}\boldsymbol{e}_R=\frac{Q}{4\pi\varepsilon_0}\frac{\boldsymbol{R}}{R^3} \tag{2-4}$$

由式(2-4)可知，电场强度与产生它的电荷量成正比，即二者呈线性关系，所以满足叠加原理。

对于 N 个点电荷组成的点电荷群，它们在场点 P 处所产生的电场强度等于各点电荷单独存在时在点 P 产生的电场强度的矢量和，即

$$\boldsymbol{E}=\boldsymbol{E}_1+\boldsymbol{E}_2+\cdots+\boldsymbol{E}_N=\frac{1}{4\pi\varepsilon_0}\sum_{i=1}^{N}\frac{Q_i\boldsymbol{R}_i}{R_i^3} \tag{2-5}$$

此即为场的叠加原理。对于更一般的情形，电荷连续地分布在一个体积 V' 内，可定义电荷体密度 $\rho(\boldsymbol{r}')=\frac{\mathrm{d}Q}{\mathrm{d}V'}$（简称电荷密度）来描述其电荷分布情况；同理，若电荷连续地分布在一个空间曲面 S' 上，可用电荷面密度 $\rho_S(\boldsymbol{r}')=\frac{\mathrm{d}Q}{\mathrm{d}S'}$ 来描述；若电荷连续地分布在一条空间曲线 l' 上，可用电荷线密度 $\rho_l(\boldsymbol{r}')=\frac{\mathrm{d}Q}{\mathrm{d}l'}$ 来描述。

对于放置在 $\boldsymbol{r}'$ 处的点电荷 Q，在任一位置 $\boldsymbol{r}$ 处的电荷密度可以表示为（详见第 3.5 节）

$$\rho=Q\delta(\boldsymbol{r}-\boldsymbol{r}') \tag{2-6}$$

对于连续分布的电荷，可把它占据的体积 V' 分成许多可视为点电荷的体元 $\mathrm{d}V'$，相应的电荷元 $\mathrm{d}Q=\rho\mathrm{d}V'$ 所产生的场强元为

$$\mathrm{d}\boldsymbol{E}=\frac{\mathrm{d}Q}{4\pi\varepsilon_0 R^2}\boldsymbol{e}_R=\frac{\rho\mathrm{d}V'}{4\pi\varepsilon_0 R^2}\boldsymbol{e}_R$$

应用场的叠加原理，可得连续分布电荷的总电场强度为

$$\boldsymbol{E}=\frac{1}{4\pi\varepsilon_0}\int_{V'}\frac{\mathrm{d}Q}{R^2}\boldsymbol{e}_R=\frac{1}{4\pi\varepsilon_0}\int_{V'}\frac{\rho\mathrm{d}V'}{R^2}\boldsymbol{e}_R \tag{2-7}$$

对于面分布或线分布时，可分别用 $\mathrm{d}Q=\rho_S\mathrm{d}S'$ 或 $\mathrm{d}Q=\rho_l\mathrm{d}l'$，相应的积分是电荷分布所在的空间曲面或曲线积分。

式(2-7)是库仑场强的一般公式，是分析一切静电场基本特性的理论基础。由此可见，

点电荷的电场是基本场。

2.1.3 高斯定理和电场的散度

式(2-7)反映了静电场中电荷决定电场的定量关系,但没有揭示出静电场具有的基本特性。本节从宏观和微观角度分析空间某一区域电场的通量与电荷的关系以及某一点的电场与该点处电荷分布的联系,从而揭示静电场的基本规律。

1. 真空中的高斯定理

内容:真空中电场强度 $\boldsymbol{E}$ 穿出任一闭合曲面 $\boldsymbol{S}$ 的总通量等于该闭合面所包围的总电荷量的代数和 Q/ε_0,而与闭合曲面外的电荷无关。其积分形式为

$$\oint_S \boldsymbol{E} \cdot \mathrm{d}\boldsymbol{S} = \frac{Q}{\varepsilon_0} \tag{2-8}$$

证明:高斯定理可由库仑定律导出。若闭合面内包围一个点电荷 Q,则穿出闭合面的 $\boldsymbol{E}$ 通量为

$$\oint_S \boldsymbol{E} \cdot \mathrm{d}\boldsymbol{S} = \frac{Q}{4\pi\varepsilon_0}\oint_S \frac{\mathrm{d}S\cos\theta}{R^2} = \frac{Q}{4\pi\varepsilon_0}\oint_S \mathrm{d}\Omega$$

式中:$\mathrm{d}\Omega = \dfrac{\mathrm{d}S\cos\theta}{R^2}$是面元 $\mathrm{d}S$ 对 Q 点所张的立体角元,θ 为 $\mathrm{d}\boldsymbol{S}$ 与 $\boldsymbol{R}$ 的夹角,$\mathrm{d}S\cos\theta$ 是面元 $\mathrm{d}S$ 投影到以 Q 为球心、R 为半径的球面上的面积。若点电荷 Q 位于闭合面内,则闭合面对面内一点所张的立体角为 4π,于是

$$\oint_S \boldsymbol{E} \cdot \mathrm{d}\boldsymbol{S} = \frac{Q}{\varepsilon_0}$$

若点电荷 Q 位于闭合面外,则因闭合面对面外一点所张的立体角为零,因此 $\boldsymbol{E}$ 穿出闭合面的净通量为零,也符合上式的结果。

若闭合面包围 N 个点电荷,根据场的叠加原理,则有

$$\oint_S \boldsymbol{E} \cdot \mathrm{d}\boldsymbol{S} = \oint_S (\boldsymbol{E}_1 + \boldsymbol{E}_2 + \cdots + \boldsymbol{E}_n) \cdot \mathrm{d}\boldsymbol{S} = \frac{1}{\varepsilon_0}\sum_{i=1}^{N} \boldsymbol{Q}_i \tag{2-9}$$

若闭合面内有连续的电荷分布,其密度为 ρ,则可用积分代替上式右边中的求和项,即

$$\oint_S \boldsymbol{E} \cdot \mathrm{d}\boldsymbol{S} = \frac{1}{\varepsilon_0}\int_V \rho \mathrm{d}V \tag{2-10}$$

积分形式的高斯定理从宏观角度反映了电场与电荷源之间的关系,它是联系场与源的桥梁和纽带。同时,它也是分析电场的一种重要方法。虽然在一般的电荷分布下,由于矢量积分的困难而不能应用高斯定理求得电场强度,但对于具有一定对称分布的简单带电体,例如均匀带电球、柱或平面等,若能选择一个假想的闭合面(称为高斯面),使面上各点 $\boldsymbol{E}$ 的值相同且其方向与面垂直或与一部分表面垂直而与另一部分表面平行,则可以利用高斯定理的积分形式方便地求出电场强度 $\boldsymbol{E}$。

2. 电场的散度

高斯定理的积分形式只给出了在场域的大范围内场的通量与源之间的关系。但对场的研究还需要知道在空间每一点上的场分布与源分布之间的关系,以便知道场沿空间坐标的变化规律。为此,对式(2-10)左端应用高斯散度定理,即

$$\oint_S \boldsymbol{E} \cdot \mathrm{d}\boldsymbol{S} = \int_V \nabla \cdot \boldsymbol{E} \mathrm{d}V \tag{2-11}$$

由式(2-10)可得

$$\int_V \nabla \cdot \boldsymbol{E} \mathrm{d}V = \frac{1}{\varepsilon_0}\int_V \rho \mathrm{d}V$$

由于上式对任意体积 V 都成立，故必有

$$\nabla \cdot \boldsymbol{E} = \frac{\rho}{\varepsilon_0} \tag{2-12}$$

此式为微分形式的高斯定理，它表明空间任一点上场强的散度只与该点的电荷密度有关，而与其他点的电荷密度无关。这表明静电场是有源场（也称有散场），电荷是产生静电场的源。因此，电力线只能从正电荷发出而终止于负电荷。在电荷不存在（无源区）的位置，即 $\rho=0$，有 $\nabla \cdot \boldsymbol{E}=0$，表示在该点既无电力线发出又无终止，但电力线可从该点通过。

微分形式的高斯定理表征出电荷激发电场的局域性质，它和高斯定理积分形式共同作为静电场的基本方程之一。该定理虽然在静电场中导出，但对于时变电磁场仍然成立。

高斯定理的证明也可以从静电场的电场强度公式出发，利用矢量分析的方法推得。

对式(2-7)两边取散度，即

$$\nabla \cdot \boldsymbol{E} = \frac{1}{4\pi\varepsilon_0}\int_{V'} \rho(\boldsymbol{r}')\left(\nabla \cdot \frac{\boldsymbol{R}}{R^3}\right)\mathrm{d}V' \tag{2-13}$$

当 $R \neq 0$ 时，有

$$\nabla \cdot \frac{\boldsymbol{R}}{R^3} = \nabla\left(\frac{1}{R^3}\right) \cdot \boldsymbol{R} + \frac{1}{R^3}(\nabla \cdot \boldsymbol{R}) = -\frac{3}{R^3} + \frac{3}{R^3} = 0$$

则有

$$\nabla \cdot \boldsymbol{E} = 0 \tag{2-14}$$

当 $R \to 0$ 时，对式(2-7)不能直接求散度。选取 $\boldsymbol{r}$ 为球心、半径为 $R=|\boldsymbol{r}-\boldsymbol{r}'| \leqslant \varepsilon \to 0$ 的小球体，利用积分中值定理可将 $\rho(\boldsymbol{r}')=\rho(\boldsymbol{r})$ 提出积分号外，并应用高斯散度定理，则有

$$\begin{aligned}\nabla \cdot \boldsymbol{E} &= \frac{\rho(\boldsymbol{r})}{4\pi\varepsilon_0}\int_{V'}\left(\nabla \cdot \frac{\boldsymbol{R}}{R^3}\right)\mathrm{d}V' = \frac{\rho(\boldsymbol{r})}{4\pi\varepsilon_0}\int_{V'}\left(-\nabla' \cdot \frac{\boldsymbol{R}}{R^3}\right)\mathrm{d}V' \\ &= \frac{\rho(\boldsymbol{r})}{4\pi\varepsilon_0}\oint_{S'} -\frac{\boldsymbol{R}}{R^3} \cdot \mathrm{d}\boldsymbol{S}' = \frac{\rho(\boldsymbol{r})}{4\pi\varepsilon_0} \cdot 4\pi = \frac{\rho(\boldsymbol{r})}{\varepsilon_0}\end{aligned} \tag{2-15}$$

综上，有

$$\nabla \cdot \boldsymbol{E} = \begin{cases}\dfrac{\rho(\boldsymbol{r})}{\varepsilon_0}, & \boldsymbol{r} \in V' \\ 0, & \boldsymbol{r} \notin V'\end{cases} \tag{2-16}$$

该结果与式(2-12)同。

对式(2-12)两边在 V 内进行体积分，并利用高斯散度定理即可得

$$\int_V \nabla \cdot \boldsymbol{E} \mathrm{d}V = \int_V \frac{\rho}{\varepsilon_0}\mathrm{d}V = \oint_S \boldsymbol{E} \cdot \mathrm{d}\boldsymbol{S} \tag{2-17}$$

即

$$\oint_S \boldsymbol{E} \cdot \mathrm{d}\boldsymbol{S} = \frac{1}{\varepsilon_0}\int_V \rho \mathrm{d}V \tag{2-18}$$

该结果与式(2-10)同。

2.1.4 静电场的环量定理和旋度

根据亥姆霍兹定理,一个矢量场的性质要由该矢量的散度和旋度共同决定。所以除了分析静电场的散度外,还要讨论它的旋度。为此,先考虑 $\boldsymbol{E}$ 矢量的环量。

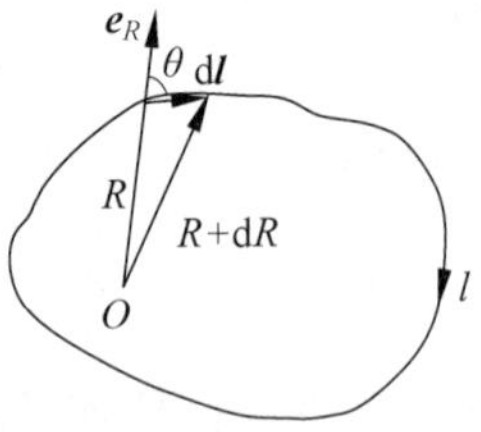

图 2-2　计算点电荷的环量

静电场 $\boldsymbol{E}$ 沿着任一有向闭合曲线 l 的环量为 $\oint_l \boldsymbol{E}\cdot \mathrm{d}\boldsymbol{l}$。如图 2-2 所示为点电荷产生的电场,$\mathrm{d}\boldsymbol{l}$ 为场中某一闭合回路 l 上的线元矢量,又因 $\boldsymbol{e}_R\cdot \mathrm{d}\boldsymbol{l}=\mathrm{d}l\cos\theta=\mathrm{d}R$,故由点电荷的场强公式(2-4)可得

$$\oint_l \boldsymbol{E}\cdot \mathrm{d}\boldsymbol{l}=\frac{Q}{4\pi\varepsilon_0}\oint_l \frac{\boldsymbol{e}_R\cdot \mathrm{d}\boldsymbol{l}}{R^2}=\frac{Q}{4\pi\varepsilon_0}\oint_l \frac{\mathrm{d}R}{R^2}=-\frac{Q}{4\pi\varepsilon_0}\oint_l \mathrm{d}\left(\frac{1}{R}\right)=0 \tag{2-19}$$

这表明点电荷场强的环量为零。对于点电荷群或连续的电荷分布,根据场的叠加原理,容易得出其总电场强度的环量均为零。故式(2-19)对任意电荷分布的静电场都成立,这便是静电场的环路定理。环路定理表明静电场是保守场。

应用斯托克斯定理 $\oint_l \boldsymbol{F}\cdot \mathrm{d}\boldsymbol{l}=\int_S (\nabla\times \boldsymbol{F})\cdot \mathrm{d}\boldsymbol{S}$,式(2-19)则为

$$\oint_l \boldsymbol{E}\cdot \mathrm{d}\boldsymbol{l}=\int_S (\nabla\times \boldsymbol{E})\cdot \mathrm{d}\boldsymbol{S}=0$$

上式对场域内的任一曲面 S 均成立,故有

$$\nabla\times \boldsymbol{E}=0 \tag{2-20}$$

这表明静电场是无旋场,电力线不会呈闭合曲线。积分形式和微分形式的环路定理共同作为静电场的另一基本方程,但它仅在静电场中成立。

静电场的环路定理的证明也可以从静电场的电场强度公式出发,利用矢量分析的方法直接推得。

对式(2-7)两边取旋度,则有

$$\begin{aligned}\nabla\times \boldsymbol{E}&=\frac{1}{4\pi\varepsilon_0}\int_{V'}\rho(\boldsymbol{r}')\left(\nabla\times \frac{\boldsymbol{R}}{R^3}\right)\mathrm{d}V'\\&=\frac{1}{4\pi\varepsilon_0}\int_{V'}\rho(\boldsymbol{r}')\left[\nabla\left(\frac{1}{R^3}\right)\times \boldsymbol{R}+\frac{1}{R^3}(\nabla\times \boldsymbol{R})\right]\mathrm{d}V'\\&=\frac{1}{4\pi\varepsilon_0}\int_{V'}\rho(\boldsymbol{r}')\left(-\frac{3\boldsymbol{R}}{R^5}\times \boldsymbol{R}+\frac{1}{R^3}\times 0\right)\mathrm{d}V'=0\end{aligned}$$

即

$$\nabla\times \boldsymbol{E}=0 \tag{2-21}$$

同理,对上式两边进行有向曲面 $\boldsymbol{S}$ 积分,即可得到环路定理的积分形式(2-19)。

综上所述,静电场是**有源无旋场**。

> **难点点拨**:(1) 表示电场强度的积分式(2-7)及一维或二维积分式中 R、$\boldsymbol{e}_R$ 等均是变量,绝对不可以放到积分号外面;在上述矢量积分过程中,参与积分的变量是电荷源域对应的位置变量 $\boldsymbol{r}'$,表示场点的位置变量 $\boldsymbol{r}$ 不参与积分;由于不加撇变量具有任意性,所以积分的结果,仍然是关于不加撇变量的函数。

(2) 在涉及高斯定理的运算中，如式(2-10)，由于源域和场域往往共存于一体，给出的电荷密度分布一般是不加撇变量的函数；但若需要进行与电场强度有关的积分计算时，应有意识地将其修改为加撇变量，否则，积分式会出现概念混乱，从而导致结果错误。

(3) 对于后面的磁场问题，也应遵循上述规则。

例 2.1　真空中有一半径为 a、电荷密度为 ρ 的均匀带电球。试分别求带电球内外的场强及电场强度的散度和旋度。

解　采用球坐标系，取带电球的球心 O 为原点，由于电荷分布关于球对称，故其电场分布与方位角 θ、ϕ 无关，即该问题是具有球对称的一维场。取场点 P 的坐标为 r，可用高斯定理求解。若场点 P 处于带电球内($r<a$)时，有

$$\oint_S \boldsymbol{E}_{\mathrm{i}} \cdot \mathrm{d}\boldsymbol{S} = \frac{1}{\varepsilon_0}\int_{V'} \rho \mathrm{d}V'$$

则

$$4\pi r^2 E_{\mathrm{i}} = \frac{1}{\varepsilon_0} \cdot \frac{4}{3}\pi r^3 \rho$$

即

$$E_{\mathrm{i}} = \frac{\rho r}{3\varepsilon_0}$$

写成电场强度矢量，即

$$\boldsymbol{E}_{\mathrm{i}} = \frac{\rho r}{3\varepsilon_0}\boldsymbol{e}_r = \frac{\rho \boldsymbol{r}}{3\varepsilon_0}$$

同理，若场点 P 处于带电球外($r>a$)时，由高斯定理可得

$$\oint_S \boldsymbol{E}_{\mathrm{o}} \cdot \mathrm{d}\boldsymbol{S} = 4\pi r^2 E_{\mathrm{o}} = \frac{1}{\varepsilon_0}\int_{V'} \rho \mathrm{d}V = \frac{4\pi a^3 \rho}{3\varepsilon_0}$$

则

$$\boldsymbol{E}_{\mathrm{o}} = \frac{\rho a^3}{3\varepsilon_0 r^2}\boldsymbol{e}_r$$

综上，有

$$\boldsymbol{E} = \begin{cases} \dfrac{\rho \boldsymbol{r}}{3\varepsilon_0}, & r<a \\[2ex] \dfrac{\rho a^3}{3\varepsilon_0 r^2}\boldsymbol{e}_r, & r>a \end{cases}$$

由高斯定理的微分形式，可得电场强度的散度为

当 $r<a$ 时，

$$\nabla \cdot \boldsymbol{E}_{\mathrm{i}} = \frac{1}{r^2}\frac{\mathrm{d}}{\mathrm{d}r}\left(r^2 \frac{\rho r}{3\varepsilon_0}\right) = \frac{\rho}{\varepsilon_0}$$

当 $r>a$ 时，

$$\nabla \cdot \boldsymbol{E}_{\mathrm{o}} = \frac{1}{r^2}\frac{\mathrm{d}}{\mathrm{d}r}\left(r^2 \frac{\rho a^3}{3\varepsilon_0 r^2}\right) = 0$$

电场强度的旋度为

$$\nabla\times\boldsymbol{E}=\frac{1}{r^2\sin\theta}\begin{vmatrix}\boldsymbol{e}_r & r\boldsymbol{e}_\theta & r\sin\theta\boldsymbol{e}_\phi\\ \dfrac{\partial}{\partial r} & \dfrac{\partial}{\partial\theta} & \dfrac{\partial}{\partial\phi}\\ E_r & 0 & 0\end{vmatrix}=0$$

以上计算结果验证了静电场的有源无旋性。

2.2 静磁场的基本规律

1820 年,奥斯特通过实验发现了电流的磁效应,表明在电流的周围存在着磁场。毕奥-萨伐尔、安培等在此基础上提出了毕奥-萨伐尔定律、安培定律揭示了磁场与产生磁场的电流之间的内在作用规律。本节内容主要介绍电流与磁场及其关系。

2.2.1 电流与电流密度

电流是由电荷的定向运动所形成的。根据电荷所在的介质不同,可分为**传导电流**和**运流电流**。前者是指在导电介质中的电流;后者是指真空或气体中的自由电荷在电场的作用下形成的电流(例如电子管、离子管或粒子加速器中的电流)。不随时间变化的电流称为稳恒(或恒定)电流。定量描述电流大小的物理量用电流强度 I,其定义为单位时间内通过导体中任一横截面的电量,即

$$I=\lim_{\Delta t\to 0}\frac{\Delta Q}{\Delta t}=\frac{\mathrm{d}Q}{\mathrm{d}t}\tag{2-22}$$

电流强度只表示导体中某一截面上电荷的时间变化率的总体情况,不能反映导电介质内不同位置的电流分布情况,为此需引入电流密度 $\boldsymbol{J}$ 来描述。在导电介质内选取与电流线正交的某一横截面 $\Delta S'$,若通过该界面的电流强度为 ΔI,则定义该点处的电流密度为

$$\boldsymbol{J}=\lim_{\Delta S'\to 0}\frac{\Delta I}{\Delta S'}\boldsymbol{J}^0=\frac{\mathrm{d}I}{\mathrm{d}S'}\boldsymbol{J}^0\tag{2-23}$$

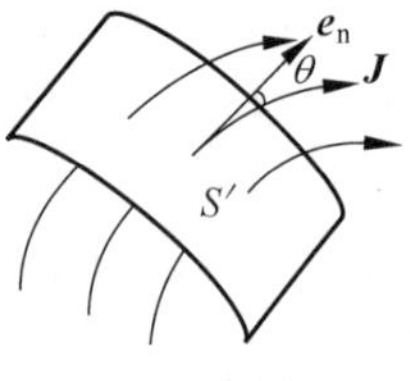

图 2-3 通过面 S'的体电流

电流密度是矢量,大小等于通过该点附近单位横截面积的电流,即体电流面密度,方向沿着通过该点的电流线,$\boldsymbol{J}^0$ 为单位矢量,如图 2-3 所示。

通过任一面积 S'的电流 I 与电流密度 $\boldsymbol{J}$ 的关系为

$$I=\int_{S'}J\cos\theta\mathrm{d}S'=\int_{S'}\boldsymbol{J}\cdot\mathrm{d}\boldsymbol{S}'\tag{2-24}$$

式中:θ 是电流密度 $\boldsymbol{J}$ 与面元矢量 $\mathrm{d}\boldsymbol{S}'$之间的夹角。

电流强度 I 属于标量,反映的是导体内某一横截面上总的电流,是一个宏观量;而电流密度 $\boldsymbol{J}$ 属于矢量,反映的是导体内某一点邻域的电流分布和方向,是一个微观量。

若电流只分布于导电介质的厚度趋近零的薄层内,电流的分布可以用通过单位长度横截线的电流来描述,其方向仍为电流线的方向,称之为面电流密度 $\boldsymbol{J}_S$(即面电流线密度),即

$$\boldsymbol{J}_S=\frac{\mathrm{d}I}{\mathrm{d}l'}\boldsymbol{J}^0\tag{2-25}$$

实验表明,对于均匀、线性、各向同性的导电介质,传导电流密度 $\boldsymbol{J}_C$ 与导体内的电场强度 $\boldsymbol{E}$ 服从

$$\boldsymbol{J}_C=\sigma\boldsymbol{E} \tag{2-26}$$

此即为欧姆定律的微分形式。式中，σ 为导体的电导率。

对于运流电流，不妨取一个如图 2-4 所示的体积元 $dV'=dS'dl'$，假设其中自由电荷的密度为 ρ，电荷的运动速度为 $\boldsymbol{v}$。设在 dt 时间内从截面 dS' 穿出体积元 dV' 的电量为 $dQ=\rho dV'$。相应地，形成的运流电流元为

$$dI=\frac{dQ}{dt}=\rho\boldsymbol{v}dS'$$

式中：$\boldsymbol{v}=\dfrac{dl'}{dt}$。因此，运流电流的电流密度为

$$J_v=\frac{dI}{dS'}=\rho\boldsymbol{v}$$

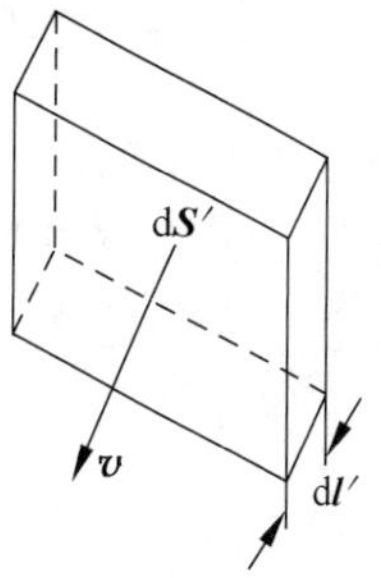

图 2-4 运流电流中的体积元

写成矢量形式即为

$$\boldsymbol{J}_v=\rho\boldsymbol{v} \tag{2-27}$$

2.2.2 电荷守恒定律——电流连续性方程

电荷守恒定律是电磁理论中的普遍定律之一。实验表明，电荷既不能被产生，也不能被消失，只能从一个物体转移到另一个物体，或者从物体的一部分转移到另一部分，在此过程中，电荷的代数和总是守恒的，称为电荷守恒定律。下面推导电荷守恒定律的数学表达式。

考虑一个由闭合面 S 所包围的体积 V，在时间 Δt 内穿出闭合面 S 的净自由电荷量必等于在这同一时间里体积 V 内净电荷的减少量。当 $\Delta t\to0$ 时，则表示从闭合面 S 流出的电流等于单位时间内体积 V 中净电荷的减少量，即

$$\oint_S\boldsymbol{J}\cdot d\boldsymbol{S}=-\int_V\frac{\partial\rho}{\partial t}dV \tag{2-28}$$

式中：$\boldsymbol{J}$ 是包括传导电流与运流电流在内的自由电流密度。式(2-28)就是电荷守恒定律的积分形式，也称为电流连续性方程。

对上式左端应用高斯散度定理，有 $\oint_S\boldsymbol{J}\cdot d\boldsymbol{S}=\int_V\nabla\cdot\boldsymbol{J}dV=-\int_V\frac{\partial\rho}{\partial t}dV$，于是可得到在任何体积内有

$$\nabla\cdot\boldsymbol{J}=-\frac{\partial\rho}{\partial t} \tag{2-29}$$

即电荷守恒定律的微分形式。

在稳恒电流的情况下，导电介质中的电场及电荷分布不随时间而变化，即 $\frac{\partial\rho}{\partial t}=0$，于是

$$\oint_S\boldsymbol{J}\cdot d\boldsymbol{S}=0 \tag{2-30}$$

相应的微分形式为

$$\nabla\cdot\boldsymbol{J}=0 \tag{2-31}$$

式(2-31)表明流入任一闭合面 S 的电流等于流出 S 的电流，电流线是连续的闭合曲

线,称为电流的连续性。式(2-31)则表明稳恒电流场是无源场。

2.2.3 安培定律——磁感应强度

与静电场中的库仑定律相对应,受奥斯特提出的电流具有磁效应的启发,安培于1820年最早发现了真空中两个稳恒电流回路之间相互作用力的规律,称为安培定律。它是磁场的一个基本实验定律。如图2-5所示,电流回路 l_1 中的任一电流元 $I_1 \mathrm{d}\boldsymbol{l}_1$ 对电流回路 l_2 中的任一电流元 $I_2 \mathrm{d}\boldsymbol{l}_2$ 的作用力可表示为

$$\mathrm{d}\boldsymbol{F}_{21} = \frac{\mu_0 I_1 I_2}{4\pi R_{12}^2} \mathrm{d}\boldsymbol{l}_2 \times (\mathrm{d}\boldsymbol{l}_1 \times \boldsymbol{e}_{R_{12}}) \tag{2-32}$$

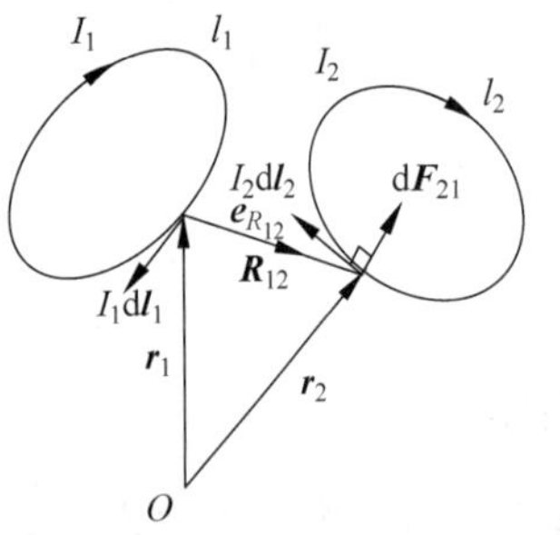

图2-5 两电流元之间的安培力

式中:常数 μ_0 是真空中的磁导率,其值为 $\mu_0 = 4\pi \times 10^{-7}\,\mathrm{H/m}$。

其积分形式为

$$\boldsymbol{F}_{21} = \frac{\mu_0}{4\pi} \oint_{l_1} \oint_{l_2} \frac{I_2 \mathrm{d}\boldsymbol{l}_2 \times (I_1 \mathrm{d}\boldsymbol{l}_1 \times \boldsymbol{e}_{R_{12}})}{R_{12}^2} \tag{2-33}$$

与静电场不同的是,对磁场的定量关系式几乎是与安培定律同时确立的。毕奥-萨伐尔继奥斯特发现电流具有磁效应之后,用实验建立了通电导线周围所产生的磁场的定量关系式。一电流元作用于另一电流元的磁场力(即安培力)与被作用的电流元之比,可定义为磁感应强度 $\boldsymbol{B}$。将式(2-32)写为

$$\mathrm{d}\boldsymbol{F} = I_2 \mathrm{d}\boldsymbol{l}_2 \times \frac{\mu_0 I_1}{4\pi R_{12}^2} (\mathrm{d}\boldsymbol{l}_1 \times \boldsymbol{e}_{R_{12}}) = I_2 \mathrm{d}\boldsymbol{l}_2 \times \mathrm{d}\boldsymbol{B}_1$$

定义:$\mathrm{d}\boldsymbol{B}_1 = \frac{\mu_0 I_1}{4\pi R_{12}^2} (\mathrm{d}\boldsymbol{l}_1 \times \boldsymbol{e}_{R_{12}})$ 为电流元 $I_1 \mathrm{d}\boldsymbol{l}_1$ 在电流元 $I_2 \mathrm{d}\boldsymbol{l}_2$ 处所产生的磁感应强度。磁感应强度 $\boldsymbol{B}$ 是表述磁场特征的基本物理量,它与电场中的电场强度 $\boldsymbol{E}$ 相对应。由稳恒电流产生的磁场称为稳恒磁场,或称为静磁场。本节仅讨论静磁场情形。

一般地,电流回路 $\boldsymbol{l}'$ 中的任一电流元 $I\mathrm{d}\boldsymbol{l}'$ 在空间某一场点 P 处所产生的磁感应强度元可表示为

$$\mathrm{d}\boldsymbol{B} = \frac{\mu_0 I}{4\pi R^2} \mathrm{d}\boldsymbol{l}' \times \boldsymbol{e}_R \tag{2-34}$$

式中,R 为 $I\mathrm{d}\boldsymbol{l}'$ 指向场点 P 的位置矢量的大小。因此,整个电流回路 $\boldsymbol{l}'$ 即线电流 I 在 P 点所产生的磁感应强度为

$$\boldsymbol{B} = \frac{\mu_0}{4\pi} \oint_{l'} \frac{I\mathrm{d}\boldsymbol{l}' \times \boldsymbol{e}_R}{R^2} \tag{2-35}$$

若电流以体密度 $\boldsymbol{J}$ 分布在体积 V' 中,由于电流元 $I\mathrm{d}\boldsymbol{l}' = J\mathrm{d}S'\mathrm{d}\boldsymbol{l}' = \boldsymbol{J}\mathrm{d}V'$,因此,密度为 $\boldsymbol{J}$ 的体电流在 P 点所产生的磁感应强度为

$$\boldsymbol{B} = \frac{\mu_0}{4\pi} \int_{V'} \frac{\boldsymbol{J} \times \boldsymbol{e}_R}{R^2} \mathrm{d}V' \tag{2-36}$$

类似地,若电流以面密度 $\boldsymbol{J}_S$ 分布于一薄层,电流元 $I\mathrm{d}\boldsymbol{l}' = \boldsymbol{J}_S \mathrm{d}\boldsymbol{S}'$,上式积分需改为对曲

面 S'进行。即

$$\boldsymbol{B}=\frac{\mu_0}{4\pi}\int_{S'}\frac{\boldsymbol{J}_S\times\boldsymbol{e}_R}{R^2}\mathrm{d}S' \tag{2-37}$$

以上关于线电流、体电流和面电流所产生的磁感应强度的表达式，统称为毕奥-萨伐尔定律。式(2-36)是磁感应强度的一般公式，它是分析一切静磁场特性的理论基础。

2.2.4 静磁场的通量和散度

根据电磁学的知识，电流周围的磁场线都是闭合曲线，这表明磁场的性质完全不同于电场。直观上容易理解：若磁场线穿过任一闭合曲面，因穿进去的根数等于穿出的根数，故其通量一定等于零。即

$$\oint_S\boldsymbol{B}\cdot\mathrm{d}\boldsymbol{S}=0 \tag{2-38}$$

此式称为磁通连续性原理。在静磁场中可由毕奥-萨伐尔定律推导出磁感应强度的散度，并证明磁通的连续性。为此，首先引入一个辅助矢量——磁矢势。

由于$\nabla\frac{1}{R}=-\frac{\boldsymbol{R}}{R^3}=-\frac{\boldsymbol{e}_R}{R^2}$，故式(2-36)可改写成

$$\boldsymbol{B}=-\frac{\mu_0}{4\pi}\int_{V'}\boldsymbol{J}\times\nabla\frac{1}{R}\mathrm{d}V'=\frac{\mu_0}{4\pi}\int_{V'}\nabla\frac{1}{R}\times\boldsymbol{J}\,\mathrm{d}V'$$

利用矢量微分恒等式

$$\nabla\times\frac{1}{R}\boldsymbol{J}=\nabla\frac{1}{R}\times\boldsymbol{J}+\frac{1}{R}\nabla\times\boldsymbol{J}$$

并考虑 $\boldsymbol{J}(\boldsymbol{r}')$是源点的函数，则$\nabla\times\boldsymbol{J}=0$。因上述积分是对源点进行的，于是可得

$$\boldsymbol{B}=\frac{\mu_0}{4\pi}\int_{V'}\nabla\times\frac{\boldsymbol{J}}{R}\mathrm{d}V'=\nabla\times\frac{\mu_0}{4\pi}\int_{V'}\frac{\boldsymbol{J}}{R}\mathrm{d}V'$$

令

$$\boldsymbol{A}(\boldsymbol{r})=\frac{\mu_0}{4\pi}\int_{V'}\frac{\boldsymbol{J}(\boldsymbol{r}')}{R}\mathrm{d}V' \tag{2-39}$$

称为静磁场的矢量势，简称磁矢势，其物理意义在第 4 章中再做介绍。于是，式(2-36)可表示为

$$\boldsymbol{B}=\nabla\times\boldsymbol{A} \tag{2-40}$$

对式(2-40)取散度，由矢量代数的基本性质，得

$$\nabla\cdot\boldsymbol{B}=\nabla\cdot(\nabla\times\boldsymbol{A})=0 \tag{2-41}$$

该结论也可通过对式(2-36)两边直接求散度而得。具体推导如下：

$$\nabla\cdot\boldsymbol{B}=\frac{\mu_0}{4\pi}\int_{V'}\nabla\cdot\left(\boldsymbol{J}(\boldsymbol{r}')\times\frac{\boldsymbol{e}_R}{R^2}\right)\mathrm{d}V'=\frac{\mu_0}{4\pi}\int_{V'}\left[\frac{\boldsymbol{e}_R}{R^2}\cdot(\nabla\times\boldsymbol{J})-\boldsymbol{J}\cdot\left(\nabla\times\frac{\boldsymbol{e}_R}{R^2}\right)\right]\mathrm{d}V'$$

因$\nabla\times\boldsymbol{J}=0$、$\nabla\times\frac{\boldsymbol{e}_R}{R^2}=0$，故有

$$\nabla\cdot\boldsymbol{B}=0 \tag{2-42}$$

对上式两端进行体积分，并应用高斯散度定理，即

$$\int_V\nabla\cdot\boldsymbol{B}\,\mathrm{d}V=\oint_S\boldsymbol{B}\cdot\mathrm{d}\boldsymbol{S}=0$$

即为式(2-38)。

式(2-42)称为微分形式的磁通连续性原理。表明静磁场是无源场,$\boldsymbol{B}$ 线总是呈闭合回线,它不能由任何闭合面内发出或终止。式(2-38)、式(2-42)从一个方面反映了静磁场的基本特性,从而构成了其基本方程之一,对于时变电磁场仍然成立。

由式(2-42)知,若已知矢势 $\boldsymbol{A}$ 则可唯一地确定 $\boldsymbol{B}$,但反之则不然。根据矢量代数理论,任一标量函数 f 的梯度的旋度必等于零,于是 $\nabla\times\boldsymbol{A}=\nabla\times(\boldsymbol{A}+\nabla f)=\boldsymbol{B}$,即在 $\boldsymbol{A}$ 上附加任何旋度为零的矢量并不影响 $\boldsymbol{B}$ 的值,这种自由变换称为规范变换。为确定 $\boldsymbol{A}$,根据亥姆霍兹定理,需对它加上一个辅助的限制条件 $\nabla\cdot\boldsymbol{A}$。

对式(2-39)两边求散度,并考虑 $\boldsymbol{J}(\boldsymbol{r}')$ 是源点的函数,则有

$$\nabla\cdot\boldsymbol{A}=\frac{\mu_0}{4\pi}\int_{V'}\nabla\cdot\frac{\boldsymbol{J}}{R}\mathrm{d}V'=\frac{\mu_0}{4\pi}\int_{V'}\boldsymbol{J}\cdot\nabla\frac{1}{R}\mathrm{d}V'$$

应用 $\nabla=-\nabla'$ 及矢量微分恒等式

$$\nabla'\cdot\left(\frac{1}{R}\boldsymbol{J}\right)=\boldsymbol{J}\cdot\nabla'\frac{1}{R}+\frac{1}{R}\nabla'\cdot\boldsymbol{J}$$

可得

$$\begin{aligned}\nabla\cdot\boldsymbol{A}&=\frac{\mu_0}{4\pi}\int_{V'}\boldsymbol{J}\cdot\nabla\frac{1}{R}\mathrm{d}V'=-\frac{\mu_0}{4\pi}\int_{V'}\boldsymbol{J}\cdot\nabla'\frac{1}{R}\mathrm{d}V'=-\frac{\mu_0}{4\pi}\int_{V'}\nabla'\cdot\frac{\boldsymbol{J}}{R}\mathrm{d}V'+\frac{\mu_0}{4\pi}\int_{V'}\frac{\nabla'\cdot\boldsymbol{J}}{R}\mathrm{d}V'\\&=-\frac{\mu_0}{4\pi}\oint_{S'}\frac{\boldsymbol{J}\cdot\mathrm{d}\boldsymbol{S}'}{R}+\frac{\mu_0}{4\pi}\int_{V'}\frac{\nabla'\cdot\boldsymbol{J}}{R}\mathrm{d}V'\end{aligned}$$

式中:S' 是包围所有电流分布区域 V' 的闭合曲面,因而没有电流通过 S',故上式中第一项的闭合面积分为零;而由稳恒电流的连续性可知 $\nabla'\cdot\boldsymbol{J}=0$,则上式中的第二项体积分为零。因此,$\nabla\cdot\boldsymbol{A}=0$。如果选择

$$\nabla\cdot\boldsymbol{A}=0 \tag{2-43}$$

是很方便的。这种选择称为库仑规范条件,它的适用范围仅限于稳恒电流情况。

2.2.5 静磁场的环量和旋度

反映静磁场的环量特性是安培环路定律。具体内容为:真空中静磁场中磁感应强度 $\boldsymbol{B}$ 沿任一有向闭合回路的环量等于该闭合回路所包围的总电流 $\boldsymbol{I}$ 乘以 μ_0。其数学形式为

$$\oint_l\boldsymbol{B}\cdot\mathrm{d}\boldsymbol{l}=\mu_0 I \tag{2-44}$$

即安培环路定律的积分形式。需要指出,式中电流 I 是 l 回路包围的所有电流的代数和,且与闭合回路 l 符合右手定则的电流为正,反之为负。

证明过程如下:

对 $\boldsymbol{B}=\nabla\times\boldsymbol{A}$ 求旋度,并利用矢量微分恒等式,得

$$\nabla\times\boldsymbol{B}=\nabla\times\nabla\times\boldsymbol{A}=\nabla(\nabla\cdot\boldsymbol{A})-\nabla^2\boldsymbol{A} \tag{2-45}$$

由式(2-39)可得

$$\nabla^2\boldsymbol{A}=\frac{\mu_0}{4\pi}\int_{V'}\boldsymbol{J}\nabla^2\frac{1}{R}\mathrm{d}V'=\frac{\mu_0}{4\pi}\int_{V'}\boldsymbol{J}\nabla\cdot\nabla\frac{1}{R}\mathrm{d}V'=-\frac{\mu_0}{4\pi}\int_{V'}\boldsymbol{J}\nabla\cdot\frac{\boldsymbol{e}_R}{R^2}\mathrm{d}V'$$

当 $R\neq0$ 时,有 $\nabla\cdot\dfrac{\boldsymbol{R}}{R^3}=\nabla\cdot\dfrac{\boldsymbol{e}_R}{R^2}=0$,因此上式只可能在 $\boldsymbol{r}=\boldsymbol{r}'$ 的点上不为零。选取 $\boldsymbol{r}$ 为

球心、半径为 $R=|\boldsymbol{r}-\boldsymbol{r}'|\leqslant\varepsilon\to 0$ 的小球体，利用积分中值定理可将 $\boldsymbol{J}(\boldsymbol{r}')=\boldsymbol{J}(\boldsymbol{r})$ 提出积分号外，并应用高斯散度定理，则有

$$\nabla^2\boldsymbol{A}=-\frac{\mu_0}{4\pi}\boldsymbol{J}\int_{V'}\nabla\cdot\frac{\boldsymbol{e}_R}{R^2}\mathrm{d}V'=-\frac{\mu_0}{4\pi}\boldsymbol{J}\oint_{S'}\frac{\boldsymbol{e}_R\cdot\mathrm{d}\boldsymbol{S}'}{R^2}$$

$$=-\frac{\mu_0}{4\pi}\boldsymbol{J}\oint_{S'}\mathrm{d}\Omega=-\frac{\mu_0}{4\pi}\boldsymbol{J}\cdot(4\pi)=-\mu_0\boldsymbol{J}$$

即

$$\nabla^2\boldsymbol{A}=-\mu_0\boldsymbol{J}\tag{2-46}$$

将式(2-43)、式(2-46)代回到式(2-45)，得

$$\nabla\times\boldsymbol{B}=\mu_0\boldsymbol{J}\tag{2-47}$$

这就是安培环路定律的微分形式，表明静磁场是有旋场，其涡漩源是该点的电流密度。式(2-46)为磁矢势所满足的泊松方程，将在第4章中详细讨论。

将式(2-47)两端在一个曲面 S 上进行面积分，再对左端应用斯托克斯定理，则有

$$\int_S\nabla\times\boldsymbol{B}\cdot\mathrm{d}\boldsymbol{S}=\oint_l\boldsymbol{B}\cdot\mathrm{d}\boldsymbol{l}=\int_S\boldsymbol{J}\cdot\mathrm{d}\boldsymbol{S}=\mu_0\boldsymbol{I}$$

即为式(2-44)，得证。

和静电场中应用高斯定理一样，安培环路定律可用于计算某些电流分布的磁场问题。在一般电流分布情形下，由于矢量积分的困难，不能用安培环路定律的积分形式由电流分布求得 $\boldsymbol{B}$。但当电流分布具有简单的对称性时，可作一安培环路，在积分路径即安培环路上各点 $\boldsymbol{B}$ 的值相同，且其方向与路径平行或与一部分路径垂直，可由安培环路定律的积分形式求得 $\boldsymbol{B}$。

综上，静磁场是**无源有旋场**。

例 2.2 半径为 a 的无限长直导线内载有均匀分布的电流 I。试计算导线内外的磁感应强度，并验证磁场的无源有旋性。

解 在以导线的轴线为 z 轴的圆柱坐标系内，所产生的磁场具有轴对称性。

当 $\rho\leqslant a$(导体内)时，应用安培环路定律，有

$$\oint_l\boldsymbol{B}_{\mathrm{i}}\cdot\mathrm{d}\boldsymbol{l}=2\pi\rho B_{\mathrm{i}}=\frac{\mu_0 I}{\pi a^2}\pi\rho^2=\frac{\mu_0 I\rho^2}{a^2}$$

故

$$\boldsymbol{B}_{\mathrm{i}}=\frac{\mu_0 I\rho}{2\pi a^2}\boldsymbol{e}_\phi$$

当 $\rho>a$(导体外)时，同理有

$$\oint_l\boldsymbol{B}_{\mathrm{o}}\cdot\mathrm{d}\boldsymbol{l}=2\pi\rho B_{\mathrm{o}}=\mu_0 I$$

故

$$\boldsymbol{B}_{\mathrm{o}}=\frac{\mu_0 I}{2\pi\rho}\boldsymbol{e}_\phi$$

当 $\rho<a$ 时，磁感应强度的散度为

$$\nabla\cdot\boldsymbol{B}_{\mathrm{i}}=\frac{1}{\rho}\frac{\mathrm{d}}{\mathrm{d}\phi}\left(\frac{\mu_0 I\rho}{2\pi a^2}\right)=0$$

当 $\rho>a$ 时，

$$\nabla\cdot\boldsymbol{B}_{\mathrm{o}}=\frac{1}{\rho}\frac{\mathrm{d}}{\mathrm{d}\phi}\left(\frac{\mu_0 I}{2\pi\rho}\right)=0$$

从而,有
$$\nabla \cdot \boldsymbol{B}=0$$

当 $\rho<a$ 时,磁感应强度的旋度为

$$\nabla\times\boldsymbol{B}_{\mathrm{i}}=\frac{1}{\rho}\begin{vmatrix}\boldsymbol{e}_{\rho} & \rho\boldsymbol{e}_{\phi} & \boldsymbol{e}_{z}\\ \dfrac{\partial}{\partial\rho} & \dfrac{\partial}{\partial\phi} & \dfrac{\partial}{\partial z}\\ 0 & \rho\dfrac{\mu_0 I\rho}{2\pi a^2} & 0\end{vmatrix}=\frac{\mu_0 I}{\pi a^2}\boldsymbol{e}_z=\mu_0\boldsymbol{J}$$

当 $\rho>a$ 时,有

$$\nabla\times\boldsymbol{B}_{\mathrm{o}}=\frac{1}{\rho}\begin{vmatrix}\boldsymbol{e}_{\rho} & \rho\boldsymbol{e}_{\phi} & \boldsymbol{e}_{z}\\ \dfrac{\partial}{\partial\rho} & \dfrac{\partial}{\partial\phi} & \dfrac{\partial}{\partial z}\\ 0 & \rho\dfrac{\mu_0 I}{2\pi\rho} & 0\end{vmatrix}=0$$

即
$$\nabla\times\boldsymbol{B}=\begin{cases}\mu_0\boldsymbol{J}, & \rho<a\\ 0, & \rho>a\end{cases}$$

以上计算结果进一步验证了静磁场的无源有旋性。

2.3 介质的电磁性质

前两节讨论了真空中静态场的基本规律。当电磁场处于介质中时,由于存在场与介质分子或原子中电荷的相互作用,从而表现出与真空中不同的电磁性质。

2.3.1 介质的极化

概念澄清:关于介质的概念,不同书籍有不同的提法。严格意义上讲,处于电磁场中的某种物体都可以称为介质或媒质。有的书中统称为介质,有的书中统称为媒质,有的书中介质和媒质的提法都有,非常容易混淆。物体根据其导电性能,可分为绝缘体、半导体和导体;根据能量损耗,对应于理想介质、有耗介质和导电介质。本书中采用第一类提法,统称为介质。但在没有概念混淆的情况下,理想介质可简称为介质。除第6章严格区分外,皆用其简写形式。

1. 极化

在讨论介质的极化之前,先引入电偶极矩的概念。

一对正负极性相反、电量大小相等、相距很近的点电荷组成的系统,称为一个电偶极子。设点电荷的电量为 $\pm q$、相距为 l,则定义 $\boldsymbol{p}=q\boldsymbol{l}$ 为该偶极子的电偶极矩,其正方向为 $-q$ 指向 $+q$ 的方向,即距离矢量 $\boldsymbol{l}$ 的方向。

因为介质分子中组成原子核和其周围的电子云之间有很强的作用力,因而所有电子都是被束缚的,故介质内部没有自由电荷。在外电场的作用下,介质中的正、负电荷朝相反的方向发生微小的位移,从而产生偶极矩的现象称为介质的极化。

介质的极化可分为三种不同情形。第一种是介质中的原子核和其周围的电子云中心重

合，固有偶极矩等于零。在外电场的作用下正、负电荷朝相反的方向位移，使原子核偏离电子云的中心，从而产生偶极矩，称为电子极化(或感生极化)，无极分子的极化即属于此类。第二种是某些介质的分子具有固有偶极矩，由于它们凌乱排列且在热运动状态下达到运动平衡而使其宏观的电偶极矩为零。在外电场的作用下，分子的偶极矩一定程度上转向外电场的方向，于是宏观上偶极矩不再为零，称为取向极化，有机分子的极化即属于此类。第三种是介质的分子由带相反电荷的离子组成，在外电场的作用下，正、负离子从其平衡位置发生位移，称为离子极化。

从电性角度观察的物质，称为电介质。

2. 电极化强度

为了定量描述电介质极化的程度，引入电极化强度矢量 $\boldsymbol{P}$，定义为单位体积的电偶极矩。它是一个宏观量，即电偶极矩的体密度，简称极化强度。如果设 n 为单位体积的分子数，$\boldsymbol{p}$ 为每个分子的平均偶极矩，若体积元 ΔV 中的分子数为 N，则电极化强度可表示为

$$\boldsymbol{P}=\lim_{\Delta V\to 0}\frac{\sum_{i=1}^{N}\boldsymbol{p}_i}{\Delta V}=\lim_{\Delta V\to 0}\frac{N\boldsymbol{p}}{\Delta V}=n\boldsymbol{p} \tag{2-48}$$

实验表明，对于绝大多数电介质，具有均匀、线性、各向同性的性质，极化强度和介质中的总电场之间存在着线性关系，即可表示为

$$\boldsymbol{P}=\chi_e\varepsilon_0\boldsymbol{E} \tag{2-49}$$

式中：χ_e 是一个没有量纲的纯系数，称为介质的电极化率。对于均匀、线性、各向同性的介质，它是一个与位置(坐标)、场强的大小及其方向无关的常数，即 $\boldsymbol{P}$ 与 $\boldsymbol{E}$ 同方向且成正比。若 χ_e 与方向有关，则 $\boldsymbol{P}$ 与 $\boldsymbol{E}$ 一般方向不同，这类介质称为各向异性介质。

3. 束缚电荷

当介质发生极化后，由于介质分子中的正、负电荷重新分布，一般情况下在介质内部和其表面上分别出现束缚电荷，或称极化电荷。不妨在介质中取一个如图 2-6 所示的体积元 $\mathrm{d}V'=\boldsymbol{l}'\cdot\mathrm{d}\boldsymbol{S}'$，其中 $\boldsymbol{l}'$ 是正、负束缚电荷间的位移矢量，其方向由负电荷指向正电荷，$\mathrm{d}\boldsymbol{S}'$ 为底面积元，设电偶极子的束缚电荷的电量为 $\pm q_b$，单位体积内的分子数为 n。为方便计算，假设负束缚电荷固定，则根据电荷守恒定律，介质极化后穿出面元 $\mathrm{d}S'$ 的束缚电荷 $\mathrm{d}Q_b$ 正好是该体积元 $\mathrm{d}V'$ 内所剩余的负束缚电荷量，即

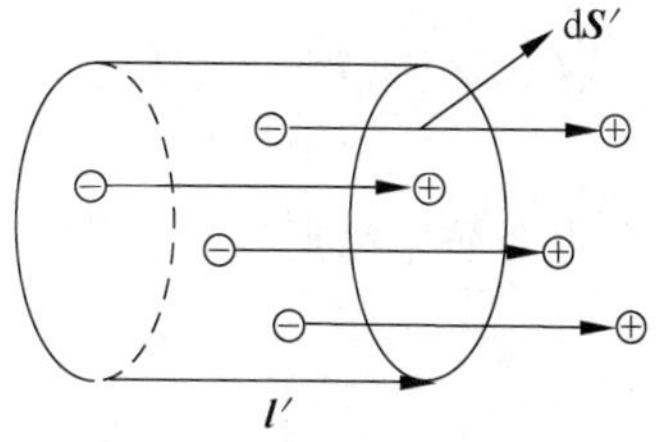

图 2-6 计算穿出面元的束缚电荷

$$\mathrm{d}Q_b=nq_b\mathrm{d}V'=nq_b\boldsymbol{l}'\cdot\mathrm{d}\boldsymbol{S}'=n\boldsymbol{p}\cdot\mathrm{d}\boldsymbol{S}'=\boldsymbol{P}\cdot\mathrm{d}\boldsymbol{S}'$$

故穿出包围体积 V' 的闭合面 S' 的总束缚电荷为 $\oint_{S'}\boldsymbol{P}\cdot\mathrm{d}\boldsymbol{S}'$，而遗留在 V' 内的束缚电荷必定是 $-\oint_{S'}\boldsymbol{P}\cdot\mathrm{d}\boldsymbol{S}'$，若以 ρ_b 表示介质中的束缚电荷体密度，则

$$-\oint_{S'}\boldsymbol{P}\cdot\mathrm{d}\boldsymbol{S}'=\int_{V'}\rho_b\mathrm{d}V'$$

应用高斯散度定理，可得

$$-\oint_{S'}\boldsymbol{P}\cdot\mathrm{d}\boldsymbol{S}'=-\int_{V'}\nabla\cdot\boldsymbol{P}\mathrm{d}V'=\int_{V'}\rho_b\mathrm{d}V'$$

由于上式对介质中的任何体积V'都成立,故得

$$\rho_b = -\nabla \cdot \boldsymbol{P} \tag{2-50}$$

若考虑介质表面附近的束缚电荷分布情况,面元矢量$\mathrm{d}\boldsymbol{S}' = \boldsymbol{e}_n \mathrm{d}S'$是在表面上,$\boldsymbol{e}_n$是由介质表面外法线方向(由介质指向真空)上的单位矢量,则束缚电荷聚集在一个厚度$\boldsymbol{l}' \cdot \boldsymbol{e}_n$和分子大小相近的薄层中,可当作束缚面电荷分布,于是束缚电荷面密度为

$$\rho_{Sb} = \frac{\mathrm{d}Q_b}{\mathrm{d}S'} = \boldsymbol{P} \cdot \boldsymbol{e}_n \tag{2-51}$$

式(2-49)、式(2-50)和式(2-51)分别从不同的侧面表明了介质的极化规律。

2.3.2 电位移矢量

设介质受到外加电场$\boldsymbol{E}_0$的作用,介质极化后产生的束缚电荷会激发电场$\boldsymbol{E}'$,与$\boldsymbol{E}_0$相叠加,故总场$\boldsymbol{E} = \boldsymbol{E}_0 + \boldsymbol{E}'$。通常情况下介质中产生电场的电荷密度应包括自由电荷密度ρ和束缚电荷密度ρ_b,于是介质中高斯定理的微分形式应为

$$\nabla \cdot \boldsymbol{E} = \frac{\rho + \rho_b}{\varepsilon_0} \tag{2-52}$$

将式(2-50)代入上式,得

$$\nabla \cdot (\varepsilon_0 \boldsymbol{E} + \boldsymbol{P}) = \rho \tag{2-53}$$

可见,矢量$(\varepsilon_0 \boldsymbol{E} + \boldsymbol{P})$的散度仅取决于自由电荷密度$\rho$,与束缚电荷密度无关。在实际问题中,束缚电荷不容易控制或直接观察,因此为避免计算ρ_b的麻烦,引入辅助矢量$\boldsymbol{D}$,称为电位移矢量(也称电通密度矢量),其定义为

$$\boldsymbol{D} = \varepsilon_0 \boldsymbol{E} + \boldsymbol{P} \tag{2-54}$$

于是,式(2-53)即为

$$\nabla \cdot \boldsymbol{D} = \rho \tag{2-55}$$

此式称为介质中高斯定理的微分形式。利用高斯散度定理,可得其对应的积分形式为

$$\oint_S \boldsymbol{D} \cdot \mathrm{d}\boldsymbol{S} = Q \tag{2-56}$$

式中:Q是闭合面S所包围的总自由电荷量的代数和。介质中的高斯定理表明,从任一闭合面穿出的电位移通量(即电通量)等于该闭合面所包围的自由电荷量。由于电位移矢量从任一闭合面穿出的电位移通量称为电通量,故电位移矢量也称电通密度矢量。从上式可见,自由电荷是电位移矢量$\boldsymbol{D}$的源,束缚电荷对于电通量没有贡献。这样,在介质中用电位移矢量$\boldsymbol{D}$进行计算,可不再考虑束缚电荷和极化强度,从而简化了计算。

需要注意的是,在介质中$\boldsymbol{D}$的通量源只是自由电荷分布,并不能代表介质中的场强,故电位移矢量是一个辅助物理量;而$\boldsymbol{E}$的通量源是总电荷分布,它是介质中的总宏观场强,是电场的基本物理量。

对于均匀、线性、各向同性的电介质,电位移矢量可表示为

$$\boldsymbol{D} = \varepsilon_0 \boldsymbol{E} + \boldsymbol{P} = \varepsilon_0 \boldsymbol{E} + \chi_e \varepsilon_0 \boldsymbol{E} = \varepsilon_0 (1 + \chi_e) \boldsymbol{E}$$

即

$$\boldsymbol{D} = \varepsilon \boldsymbol{E} \tag{2-57}$$

式中：

$$\varepsilon=\varepsilon_0\varepsilon_r=\varepsilon_0(1+\chi_e) \tag{2-58}$$

称为介质的介电常数(电容率)。而

$$\varepsilon_r=\frac{\varepsilon}{\varepsilon_0}=1+\chi_e \tag{2-59}$$

称为介质的相对介电常数。真空中 $\chi_e=0,\varepsilon_r=1$。对于空气，$\chi_e\approx 0,\varepsilon_r\approx 1$。一般介质均有 $\varepsilon_r>1$。

由式(2-54)与式(2-57)可得

$$\boldsymbol{P}=(\varepsilon-\varepsilon_0)\boldsymbol{E}=\frac{\varepsilon-\varepsilon_0}{\varepsilon}\boldsymbol{D}=\frac{\varepsilon_r-1}{\varepsilon_r}\boldsymbol{D}$$

对上式两端求散度，并利用式(2-50)和式(2-55)可得

$$\rho_b=-\frac{\varepsilon_r-1}{\varepsilon_r}\rho \tag{2-60}$$

该式表明，在介质中，只要有自由电荷的地方，就伴随着束缚电荷的存在。在均匀极化中，$\boldsymbol{P}$ 为常矢量，因而 $\rho_b=0$。

2.3.3 介质的磁化

1. 磁化

在讨论介质的磁化之前，先介绍磁偶极矩的概念。一面积很小的闭合电流环称为磁偶极子。设电流环中通有的电流为 i、环的面积矢量为 $\boldsymbol{a}$，则定义 $\boldsymbol{m}=i\boldsymbol{a}$ 为该偶极子的磁偶极矩。其方向与电流的环绕方向服从右手关系。

按照近代物理的理论，在物质的原子结构中，原子是由原子核和核外电子组成。电子围绕核既作轨道运功，同时还作自旋运动。原子中电子的总磁矩为轨道运动磁矩与自旋磁矩的矢量之和，称为原子磁矩。在平衡状态下，原子磁矩的矢量和为零。在外加磁场的作用下，原子磁矩会适当取向，于是在宏观上出现磁矩，同时伴随着磁化电流的产生，该现象称为物质的磁化。磁化后的物质具有磁性，根据磁化的方式不同，物质的磁性可分为抗磁性、顺磁性和铁磁性等。

在抗磁性物质的原子中，具有相反方向的轨道运动和自旋运动的电子成对出现，其磁矩都被抵消，故原子净磁矩为零。这与电介质中的无极分子类似。在外磁场中，电子的轨道运动发生改变而产生与外磁场方向相反的附加磁矩，外磁场被削弱，故称为抗磁性，也称为感应磁化。所有物质都具有抗磁性，只是有些物质的抗磁性与其他磁性相比居于次要地位罢了。

物质的顺磁性和铁磁性来源于原子磁矩。在顺磁性物质中，由于原子内的电子磁矩未被完全抵消而存在固有原子磁矩。在无外磁场时，这些原子磁矩排列凌乱，故任意小的宏观体积内净磁矩为零。在外磁场的作用下，各原子磁矩按外磁场方向顺向排列，但热骚动则破坏这种排列，结果在外磁场方向产生了一个取向的净磁矩，外磁场被加强，故称为顺磁性，这与电介质中有极分子的取向极化相似。物质的抗磁性和顺磁性都很微弱。

铁磁性物质的内部存在着所谓“磁畴”的自发磁化区域。在磁畴内，由于电子之间的某种交换作用，使得由电子自旋净磁矩引起的各原子磁矩排列一致。在无外磁场时，各磁畴的

磁化方向不同,因而未表现出宏观磁矩。在外磁场的作用下,磁化方向与外磁场方向接近的磁畴增大(磁畴壁位移),然后随着外磁场的增大,各磁畴的磁化方向集体转向外磁场方向,故铁磁性物质表现出极大的磁性。

从磁性角度观察的物质,称为磁介质。

2. 磁化强度

磁介质磁化的程度用磁化强度矢量 $\boldsymbol{M}$ 来表征,定义为单位体积的磁偶极矩。设磁介质中体积 ΔV 内有 N 个分子,在外磁场方向上每个分子的平均等效净磁矩为 $\boldsymbol{m}$,单位体积内的分子数为 n,则将单位体积的总磁矩称为磁化强度,用矢量表示,即

$$\boldsymbol{M}=\lim_{\Delta V\to 0}\frac{\sum_{i=1}^{N}\boldsymbol{m}_i}{\Delta V}=\lim_{\Delta V\to 0}\frac{N\boldsymbol{m}}{\Delta V}=n\boldsymbol{m} \tag{2-61}$$

$\boldsymbol{M}$ 与电极化强度 $\boldsymbol{P}$ 相对应,二者都是宏观量。

3. 磁化电流

与电介质极化后在其内和表面会出现束缚电荷相类似,在磁化过程中,磁介质内及其表面则会出现磁化电流。磁化电流与磁化强度 $\boldsymbol{M}$ 相关,下面具体推导其关系式。

如图 2-7 所示,设 S' 是介质内部以闭合曲线 $\boldsymbol{l}'$ 为边界的一个曲面,为了求出磁化电流密度 $\boldsymbol{J}_{\mathrm{m}}$,需先计算穿过面 S' 的总磁化电流 I_{m}。由图 2-7 可知,分布在 S' 上的分子电流(一个分子内的全部电流)中,对于穿过面 S' 的总电流有贡献的部分只有被边界线链环着的分子电流,这些分子电流只穿出或穿入该曲面;而那些同时穿入且穿出的分子电流对 I_{m} 没有贡献。故通过 S' 的总磁化电流应等于被边界线链环着的分子个数乘以每个分子电流的电流 i。

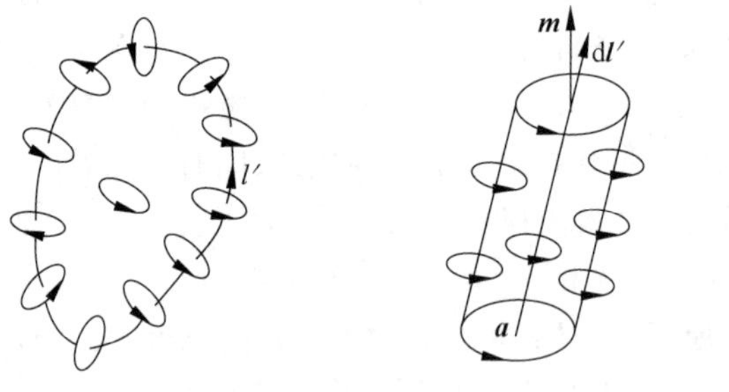

(a) 曲线 l' 包围的分子电流　　(b) 与线元 $\mathrm{d}\boldsymbol{l}'$ 交链着的分子电流

图 2-7　磁化电流的安培模型

设分子电流围的面积为 $\boldsymbol{a}$,在边界 l' 上取线元 $\mathrm{d}\boldsymbol{l}'$,做一个以 $\mathrm{d}\boldsymbol{l}'$ 为轴线、$\boldsymbol{a}$ 为底面积的圆柱体元 $\boldsymbol{a}\cdot\mathrm{d}\boldsymbol{l}'$,中心位于该体元内的分子电流就被 $\mathrm{d}\boldsymbol{l}'$ 所链环着。设单位体积的分子数为 n,则被 $\boldsymbol{l}'$ 链环着的分子电流数为 $\oint_{l'}n\boldsymbol{a}\cdot\mathrm{d}\boldsymbol{l}'$。因此,通过 S' 的总磁化电流为

$$I_{\mathrm{m}}=\oint_{l'}in\boldsymbol{a}\cdot\mathrm{d}\boldsymbol{l}'=\oint_{l'}n\boldsymbol{m}\cdot\mathrm{d}\boldsymbol{l}'=\oint_{l'}\boldsymbol{M}\cdot\mathrm{d}\boldsymbol{l}'=\int_{S'}\nabla\times\boldsymbol{M}\cdot\mathrm{d}\boldsymbol{S}'$$

根据电流强度与电流密度的关系 $I_{\mathrm{m}}=\int_{S'}\boldsymbol{J}_{\mathrm{m}}\cdot\mathrm{d}\boldsymbol{S}'$,得

$$\boldsymbol{J}_{\mathrm{m}}=\nabla\times\boldsymbol{M} \tag{2-62}$$

此式反映了磁介质中磁化强度和磁化电流间的微分关系。

在介质表面存在着磁化面电流，磁化面电流密度也可以用类似的方法进行分析。这里略去中间过程，详细推导可参阅相关书籍。其结果为

$$\boldsymbol{J}_{Sm}=\boldsymbol{M}\times\boldsymbol{e}_n \tag{2-63}$$

式中：$\boldsymbol{e}_n$ 为由磁介质表面外法线方向(由磁介质指向真空)上的单位矢量。

2.3.4 磁场强度

介质磁化后产生磁化电流，而磁化电流又激发自己的磁场 $\boldsymbol{B}'$，叠加在外磁场 $\boldsymbol{B}_0$ 上，总场 $\boldsymbol{B}=\boldsymbol{B}_0+\boldsymbol{B}'$。因此，在磁介质中不但要考虑自由电流所产生的磁场，还要考虑磁化电流的附加作用，正如电介质中静电场的情形一样。故对于磁介质，式(2-47)应改写为

$$\nabla\times\boldsymbol{B}=\mu_0(\boldsymbol{J}+\boldsymbol{J}_m) \tag{2-64}$$

这表明自由电流密度 $\boldsymbol{J}$ 和磁化电流密度 $\boldsymbol{J}_m$ 都是磁介质中磁感应强度的涡旋源。

将式(2-62)代入上式，得

$$\nabla\times\frac{\boldsymbol{B}}{\mu_0}=\boldsymbol{J}+\nabla\times\boldsymbol{M}$$

合并为

$$\nabla\times\left(\frac{\boldsymbol{B}}{\mu_0}-\boldsymbol{M}\right)=\boldsymbol{J} \tag{2-65}$$

可见，矢量$\left(\frac{\boldsymbol{B}}{\mu_0}-\boldsymbol{M}\right)$的涡旋源只与自由电流密度 $\boldsymbol{J}$ 有关。类似于电介质中引入电位移矢量 $\boldsymbol{D}=\varepsilon_0\boldsymbol{E}+\boldsymbol{P}$，在磁介质中也引入一个辅助矢量

$$\boldsymbol{H}=\frac{\boldsymbol{B}}{\mu_0}-\boldsymbol{M} \tag{2-66}$$

称为磁场强度。于是

$$\boldsymbol{B}=\mu_0(\boldsymbol{H}+\boldsymbol{M}) \tag{2-67}$$

故式(2-65)可简化为

$$\nabla\times\boldsymbol{H}=\boldsymbol{J} \tag{2-68}$$

此式为磁介质中安培环路定律的微分形式。

对上式两端进行面积分，并应用斯托克斯定理，可以得到磁介质中安培环路定律的积分形式为$\oint_l\boldsymbol{H}\cdot\mathrm{d}\boldsymbol{l}=\int_S\boldsymbol{J}\cdot\mathrm{d}\boldsymbol{S}=I$，即

$$\oint_l\boldsymbol{H}\cdot\mathrm{d}\boldsymbol{l}=I \tag{2-69}$$

上式表明，磁场强度 $\boldsymbol{H}$ 沿任一闭合回路的线积分等于该闭合回路所包围的总自由电流 I。回路的绕行方向与电流的参考方向服从右手关系。

实验指出，除铁磁性物质以外，绝大多数均匀、线性和各向同性的磁介质，$\boldsymbol{M}$ 与 $\boldsymbol{H}$ 成正比，即有

$$\boldsymbol{M}=\chi_m\boldsymbol{H} \tag{2-70}$$

式中：比例常数 χ_m 称为磁化率。将上式代入式(2-67)，得

$$\boldsymbol{B}=\mu_0(1+\chi_m)\boldsymbol{H}=\mu_0\mu_r\boldsymbol{H}=\mu\boldsymbol{H} \tag{2-71}$$

式中:

$$\mu=\mu_0\mu_r=\mu_0(1+\chi_m) \tag{2-72}$$

称为磁介质的磁导率。μ_r 称为相对磁导率,即

$$\mu_r=\frac{\mu}{\mu_0}=1+\chi_m \tag{2-73}$$

对于顺磁性物质,$\chi_m>0$,其值的数量级为 10^{-3},且与温度有关;抗磁性物质的 $\chi_m<0$,其值的数量级为 10^{-5},与温度无关。在真空中,$\chi_m=0$,$\mu_r=1$。因此,对于顺磁性和抗磁性物质以及空气,$\chi_m\approx 0$,$\mu_r\approx 1$。对于铁磁性材料,通常 $\mu_r\gg 1$。

由式(2-66)和式(2-71)得

$$\boldsymbol{M}=\left(\frac{\mu}{\mu_0}-1\right)\boldsymbol{H} \tag{2-74}$$

对上式两端求旋度,并利用式(2-62)和式(2-68),可得

$$\boldsymbol{J}_m=(\mu_r-1)\boldsymbol{J} \tag{2-75}$$

这表明,在磁介质中,只要有自由电流的地方,就伴随着磁化电流的存在,在均匀磁化中,$\boldsymbol{M}$ 为常矢量,因而有 $\boldsymbol{J}_m=0$。这和电介质中束缚电荷密度与自由电荷密度的关系 $\rho_b=-\frac{\varepsilon_r-1}{\varepsilon_r}\rho$ 相对应。

2.4 麦克斯韦方程组、洛伦兹力公式

在静态电磁场中,电场和磁场彼此独立,没有内在的联系。在时变电磁场中,电磁场之间存在着内在的必然联系。麦克斯韦提出的位移电流表明变化的电场可以激发磁场,法拉第电磁感应定律反映了变化的磁场可以激发电场。在此基础上,麦克斯韦总结归纳出了全面反映宏观电磁场运动规律的电磁场基本方程——麦克斯韦方程组,揭示了宏观电磁场的基本规律。

2.4.1 电磁感应定律

自从奥斯特发现电流具有磁效应之后,人们开始研究相反的情形,即磁场是否也具有电效应?法拉第经过十余年的实验,终于在 1831 年首先发现并总结出电磁感应定律,即穿过一个导体回路的磁通发生变化时,此回路中有感应电流产生,据此推断回路中出现感应电动势。感应电动势等于磁通对时间变化率的负值,即

$$\mathscr{E}=-\frac{\mathrm{d}\psi_m}{\mathrm{d}t} \tag{2-76}$$

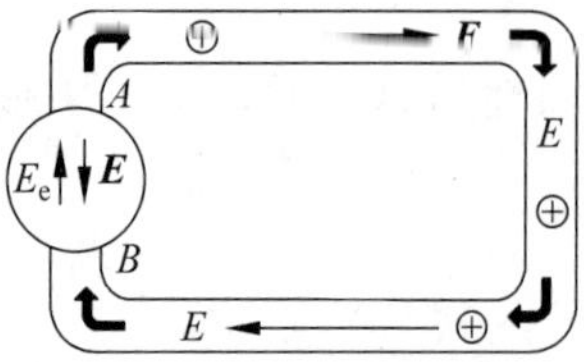

图 2-8 电源电流回路

式中:$\mathscr{E}$ 为导体回路中产生的感应电动势的大小,ψ_m 为 t 时刻通过导体回路的磁通量。根据电路理论,导体中要维持一定的电流就必须有电源,如图 2-8 所示。在电源外部电路,导体中的正电荷在电场强度 $\boldsymbol{E}$(库仑场)的作用下从电源正极通过外电路到达负极,形成电流。在电源内部,有两部分电场:库仑场强 $\boldsymbol{E}$ 以及一种与 $\boldsymbol{E}$ 方向相反的局外场

强 $\boldsymbol{E}_e$。局外场的作用是将这些自由电荷在它的作用下从电源负极 B 搬到正极 A，从而使回路中的电流持续不断。而电源内部的局外场强 $\boldsymbol{E}_e$ 是克服静电场的作用所提供的一种非静电场，故它是非保守场。电源的电动势 $\mathscr{E}$ 定义为试验电荷 q 在非静电力作用下所做的功与该电荷的比值，即

$$\mathscr{E}=\frac{A_{\text{非静电力做功}}}{q} \tag{2-77}$$

其实质是局外电场力将单位正电荷由负极 B 送至正极 A 所做的功。

导体回路中产生的感应电动势等同于一种电源。导体回路中出现感应电流是由于其内存在感应电场的结果，感应电场并非由变化的电荷所产生，它和电源内部的局外电场一样，是由其他形式的能量转换而来。麦克斯韦认为，感应电场本质上不同于库仑场，其电场线具有涡旋状，故又称之为涡旋电场。该场不仅可以出现在导体回路中，即使在介质或真空中，只要周围有变化的磁场，就一定会产生感应电场。故感应电动势应等于感应电场强度沿闭合回路的线积分，即

$$\mathscr{E}=\oint_l \boldsymbol{E}\cdot \mathrm{d}\boldsymbol{l} \tag{2-78}$$

法拉第电磁感应定律指出，感应电动势的大小只与磁通量对时间的变化率有关，而与引起磁通量变化的原因无关。因此，法拉第电磁感应定律既适用于回路静止不动而磁场变化的情形（称为感生电动势 $\mathscr{E}_{感}$），也适用于回路相对于磁场运动（即回路的导体切割 $\boldsymbol{B}$ 线）的情形（称为动生电动势 $\mathscr{E}_{动}$），或者二者兼而有之。

对于一般情形，即随时间而变化的磁场处于运动的闭合回路中。设回路运动速度为 $\boldsymbol{v}$，ψ_{m1} 和 ψ_{m2} 分别为回路移动前后穿过回路的磁通量，穿出整个回路所扫过面积的磁通为 $\oint_l \boldsymbol{B}\cdot(\mathrm{d}\boldsymbol{l}\times\boldsymbol{v}\mathrm{d}t)$，根据磁通连续性原理 $\oint_S \boldsymbol{B}\cdot\mathrm{d}\boldsymbol{S}=0$，则该回路在 $\mathrm{d}t$ 时间内由 $\boldsymbol{l}_1$ 运动到 $\boldsymbol{l}_2$ 的过程中磁通量的增量为

$$\mathrm{d}\psi_{m动}=\psi_{m2}-\psi_{m1}=-\oint_l \boldsymbol{B}\cdot(\mathrm{d}\boldsymbol{l}\times\boldsymbol{v}\mathrm{d}t)=-\oint_l(\boldsymbol{v}\times\boldsymbol{B})\cdot\mathrm{d}\boldsymbol{l}\,\mathrm{d}t$$

如图 2-9 所示。则总感应电动势为

$$\mathscr{E}=\mathscr{E}_{感}+\mathscr{E}_{动}=-\frac{\mathrm{d}\psi_{m感}}{\mathrm{d}t}-\frac{\mathrm{d}\psi_{m动}}{\mathrm{d}t}=-\int_S\frac{\partial\boldsymbol{B}}{\partial t}\cdot\mathrm{d}\boldsymbol{S}+\oint_l(\boldsymbol{v}\times\boldsymbol{B})\cdot\mathrm{d}\boldsymbol{l}$$

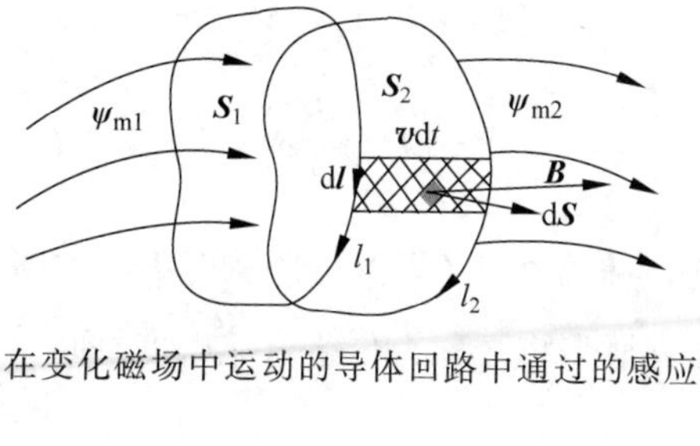

图 2-9　在变化磁场中运动的导体回路中通过的感应电动势

所以，电磁感应定律的完整形式为

$$\oint_l \boldsymbol{E}\cdot\mathrm{d}\boldsymbol{l}=-\int_S\frac{\partial\boldsymbol{B}}{\partial t}\cdot\mathrm{d}\boldsymbol{S}+\oint_l(\boldsymbol{v}\times\boldsymbol{B})\cdot\mathrm{d}\boldsymbol{l} \tag{2-79}$$

其微分形式为

$$\nabla\times\boldsymbol{E}=-\frac{\partial\boldsymbol{B}}{\partial t}+\nabla\times(\boldsymbol{v}\times\boldsymbol{B})\tag{2-80}$$

上式是法拉第电磁感应定律的一般形式，对于静止的回路，则为

$$\nabla\times\boldsymbol{E}=-\frac{\partial\boldsymbol{B}}{\partial t}\tag{2-81}$$

上式表明，感应电场是有旋场，变动的磁场是其涡漩源。在静态场的情形下，由于$\frac{\partial\boldsymbol{B}}{\partial t}=0$，故有$\nabla\times\boldsymbol{E}=0$。

2.4.2 位移电流和全电流定律

电磁感应定律揭示了变化的磁场激发电场的规律，那么变化的电场是否可以激发磁场？回答这个问题要从时变电流情况下电流的连续性问题入手。

在静磁场问题中，稳恒电流具有连续性，电流线是闭合的，故有$\nabla\cdot\boldsymbol{J}=0$，安培环路定律只有在此条件下才成立。然而，在时变情况下，电流分布服从电荷守恒定律，即$\nabla\cdot\boldsymbol{J}=-\frac{\partial\rho}{\partial t}\neq 0$，故电流线不再是闭合的。例如，连接有电容器的交流电路中传导电流并非闭合回路，在电容器极板之间是真空或介质，自由电流不能通过。只能交替地给电容器充电和放电，从而维持整个回路的导通。麦克斯韦通过引入位移电流的概念，得出了全电流具有连续性的结论，从而将安培环路定律推广为可适用于时变场情形。具体分析过程如下：

对静磁场中微分形式的安培环路定律$\nabla\times\boldsymbol{H}=\boldsymbol{J}$两边进行散度计算，得

$$\nabla\cdot(\nabla\times\boldsymbol{H})=\nabla\cdot\boldsymbol{J}=-\frac{\partial\rho}{\partial t}\tag{2-82}$$

由于任一矢量的旋度的散度必等于零，故上式左边应等于零；而在时变场的情形下$\frac{\partial\rho}{\partial t}\neq 0$，所以右式不等于零。该结果表明静磁场中的安培环路定律不再适用于时变场，需要对它加以修正，使之满足普遍的电荷守恒定律之要求。

在时变场的情形下，认为高斯定理仍然成立，对其微分形式$\nabla\cdot\boldsymbol{D}=\rho$两边求时间的偏导，有

$$\frac{\partial}{\partial t}(\nabla\cdot\boldsymbol{D})=\nabla\cdot\frac{\partial\boldsymbol{D}}{\partial t}=\frac{\partial\rho}{\partial t}$$

代入式(2-29)，可得

$$\nabla\cdot\left(\boldsymbol{J}+\frac{\partial\boldsymbol{D}}{\partial t}\right)=0\tag{2-83}$$

式中：$\boldsymbol{J}$是包括传导电流密度$\boldsymbol{J}_{\mathrm{c}}=\sigma\boldsymbol{E}$和运流电流密度$\boldsymbol{J}_{\mathrm{v}}=\rho\boldsymbol{v}$在内的自由电流密度，而$\frac{\partial\boldsymbol{D}}{\partial t}$也具有电流密度的量纲，麦克斯韦将之称为位移电流密度，即

$$\boldsymbol{J}_{\mathrm{D}}=\frac{\partial\boldsymbol{D}}{\partial t}\tag{2-84}$$

并称$\boldsymbol{J}+\boldsymbol{J}_{\mathrm{D}}$为全电流。式(2-83)表明全电流是连续的。

位移电流本质上是电场随时间的变化，因此无论在真空还是介质中，只要电场随时间变

化，便会有位移电流出现，因而它存在于一切介质中。它不同于自由电荷运动形成的电流，在导体中不会伴随着焦耳热的产生。由此看来，位移电流只不过是代表电场随时间的变化率而引入的一个假想电流概念而已。

式(2-83)对应的积分形式是

$$\oint_S \left(\boldsymbol{J}+\frac{\partial \boldsymbol{D}}{\partial t}\right)\cdot \mathrm{d}\boldsymbol{S}=0 \tag{2-85}$$

在时变场中，根据全电流的连续性，可以将安培环路定律修正为

$$\nabla\times \boldsymbol{H}=\boldsymbol{J}+\frac{\partial \boldsymbol{D}}{\partial t} \tag{2-86}$$

则与电荷守恒定律不再矛盾。式(2-86)称为全电流定律的微分形式，其相应的积分形式为

$$\oint_l \boldsymbol{H}\cdot \mathrm{d}\boldsymbol{l}=\int_S \left(\boldsymbol{J}+\frac{\partial \boldsymbol{D}}{\partial t}\right)\cdot \mathrm{d}\boldsymbol{S} \tag{2-87}$$

这表明在时变场的情形下，自由电流和时变电场都是磁场的涡旋源，都可以产生磁场。因此，不仅变化的磁场可以激发变化的电场，而且变化的电场也可以激发变化的磁场。后者是电场与磁场紧密联系的另一个重要方面。

对静态场而言，有$\frac{\partial \boldsymbol{D}}{\partial t}=0$，这种情形下磁场仅由自由电流产生，于是全电流定律退化为安培环路定律。

回到真空中的情形，安培环路定律的相应形式为

$$\nabla\times \boldsymbol{B}=\mu_0\boldsymbol{J}+\mu_0\varepsilon_0\frac{\partial \boldsymbol{E}}{\partial t} \tag{2-88}$$

及

$$\oint_l \boldsymbol{B}\cdot \mathrm{d}\boldsymbol{l}=\int_S \left(\mu_0\boldsymbol{J}+\mu_0\varepsilon_0\frac{\partial \boldsymbol{E}}{\partial t}\right)\cdot \mathrm{d}\boldsymbol{S} \tag{2-89}$$

位移电流密度则为

$$\boldsymbol{J}_{\mathrm{D}}=\varepsilon_0\frac{\partial \boldsymbol{E}}{\partial t} \tag{2-90}$$

2.4.3　麦克斯韦方程组

1. 基本形式

麦克斯韦经过全面总结前人的实验和理论成果，将静电场的高斯定理和静磁场的磁通连续性原理推广到时变场；将法拉第电磁感应定律的适用范围推广到一切介质中；提出了涡旋电场和位移电流的假设。于1864年，建立了麦克斯韦方程组。

在真空中，其积分形式和微分形式分别为

$$\begin{cases}\oint_l \boldsymbol{B}\cdot \mathrm{d}\boldsymbol{l}=\int_S \left(\mu_0\boldsymbol{J}+\mu_0\varepsilon_0\frac{\partial \boldsymbol{E}}{\partial t}\right)\cdot \mathrm{d}\boldsymbol{S}\\ \oint_l \boldsymbol{E}\cdot \mathrm{d}\boldsymbol{l}=-\int_S \frac{\partial \boldsymbol{B}}{\partial t}\cdot \mathrm{d}\boldsymbol{S}\\ \oint_S \boldsymbol{B}\cdot \mathrm{d}\boldsymbol{S}=0\\ \oint_S \boldsymbol{E}\cdot \mathrm{d}\boldsymbol{S}=\frac{1}{\varepsilon_0}\int_V \rho \mathrm{d}V\end{cases} \tag{2-91}$$

及

$$\begin{cases}\nabla\times\boldsymbol{B}=\mu_0\boldsymbol{J}+\mu_0\varepsilon_0\dfrac{\partial\boldsymbol{E}}{\partial t}\\ \nabla\times\boldsymbol{E}=-\dfrac{\partial\boldsymbol{B}}{\partial t}\\ \nabla\cdot\boldsymbol{B}=0\\ \nabla\cdot\boldsymbol{E}=\dfrac{\rho}{\varepsilon_0}\end{cases}\tag{2-92}$$

在静止、均匀、线性和各向同性的介质中,其积分形式和微分形式分别为

$$\begin{cases}\oint_l\boldsymbol{H}\cdot\mathrm{d}\boldsymbol{l}=\int_S\left(\boldsymbol{J}+\dfrac{\partial\boldsymbol{D}}{\partial t}\right)\cdot\mathrm{d}\boldsymbol{S}\\ \oint_l\boldsymbol{E}\cdot\mathrm{d}\boldsymbol{l}=-\int_S\dfrac{\partial\boldsymbol{B}}{\partial t}\cdot\mathrm{d}\boldsymbol{S}\\ \oint_S\boldsymbol{B}\cdot\mathrm{d}\boldsymbol{S}=0\\ \oint_S\boldsymbol{D}\cdot\mathrm{d}\boldsymbol{S}=\int_V\rho\mathrm{d}V\end{cases}\tag{2-93}$$

及

$$\begin{cases}\nabla\times\boldsymbol{H}=\boldsymbol{J}+\dfrac{\partial\boldsymbol{D}}{\partial t}\\ \nabla\times\boldsymbol{E}=-\dfrac{\partial\boldsymbol{B}}{\partial t}\\ \nabla\cdot\boldsymbol{B}=0\\ \nabla\cdot\boldsymbol{D}=\rho\end{cases}\tag{2-94}$$

此外,还有如下的本构方程(或称辅助方程),即

$$\begin{cases}\boldsymbol{B}=\mu\boldsymbol{H}\\ \boldsymbol{D}=\varepsilon\boldsymbol{E}\\ \boldsymbol{J}_{\mathrm{c}}=\sigma\boldsymbol{E}\end{cases}\tag{2-95}$$

这就构成了简单介质中完整的麦克斯韦方程组。

式(2-91)~式(2-95)称为电磁场的基本方程。它在经典电动力学中的地位,就如同牛顿定律在经典力学中的地位一样。

麦克斯韦第一方程表明变动的电场可以激发磁场,第二方程表明变动的磁场也可以激发电场(即感应电场),这说明了变动的电场与磁场间的紧密联系。电场和磁场是统一的不可分割、相互联系、彼此制约而又互相转化的两个方面。因此,任何电磁扰动由于电场和磁场的相互激发而形成电磁波向空间传播。麦克斯韦根据时变电磁场的普遍规律,首先从理论上预言了电磁波的存在,并指出光也是一种电磁波,电磁波在真空中的传播速度等于光速 c。1887 年赫兹所做的电磁波实验以及近代无线电技术的实践完全证实了这个预言的正确性。

麦克斯韦第一方程和第二方程是电磁场基本方程的主要内容,普遍适用的电荷守恒定律已隐含在麦克斯韦方程组中。静电场和静磁场的基本方程都只不过是麦克斯韦方程组在静态条件下的特例而已。

2. 时谐电磁场基本方程的复数形式

在时变电磁场中,如果场量随时间按正弦规律(或余弦规律)变化,则称之为时谐电磁场,也称正弦电磁场。时谐电磁场是一种非常有用的电磁场,它可用三角函数或复指数函数来表述,数学形式简单,而且也易于产生。在实际应用中即使非时谐电磁场也可以应用傅里叶级数或傅里叶积分化为时谐电磁场的线性叠加问题来研究。

以电场强度为例,用复数形式表示时谐电场。利用欧拉公式,在直角坐标系中电场的实数形式可表示为

$$\begin{aligned}\boldsymbol{E} &= E_x\boldsymbol{e}_x + E_y\boldsymbol{e}_y + E_z\boldsymbol{e}_z \\ &= E_{xm}\cos(\omega t+\phi_{x0})\boldsymbol{e}_x + E_{ym}\cos(\omega t+\phi_{y0})\boldsymbol{e}_y + E_{zm}\cos(\omega t+\phi_{z0})\boldsymbol{e}_z \\ &= \mathrm{Re}\left[E_{xm}\mathrm{e}^{-\mathrm{j}(\omega t+\phi_{x0})}\boldsymbol{e}_x + E_{ym}\mathrm{e}^{-\mathrm{j}(\omega t+\phi_{y0})}\boldsymbol{e}_y + E_{zm}\mathrm{e}^{-\mathrm{j}(\omega t+\phi_{z0})}\boldsymbol{e}_z\right] \\ &= \mathrm{Re}[\dot{\boldsymbol{E}}_{m}\mathrm{e}^{-\mathrm{j}\omega t}]\end{aligned} \tag{2-96}$$

其中:各分量的振幅 E_{xm}、E_{ym}、E_{zm} 和初相角 ϕ_{x0}、ϕ_{y0}、ϕ_{z0} 都只是空间坐标的函数。有

$$\widetilde{E}_{xm}=E_{xm}\mathrm{e}^{-\mathrm{j}\phi_{x0}},\quad \widetilde{E}_{ym}=E_{ym}\mathrm{e}^{-\mathrm{j}\phi_{y0}},\quad \widetilde{E}_{zm}=E_{zm}\mathrm{e}^{-\mathrm{j}\phi_{z0}} \tag{2-97}$$

称为电场强度各分量的复(数)振幅,而

$$\widetilde{\boldsymbol{E}}_{m}=\widetilde{E}_{xm}\boldsymbol{e}_x+\widetilde{E}_{ym}\boldsymbol{e}_y+\widetilde{E}_{zm}\boldsymbol{e}_z \tag{2-98}$$

为电场强度的复矢量。这里的复矢量只是一种简化的书写形式,它与各分量的复振幅概念不同。在符号上面加"~"以示与实数形式的区别。

显然,电场强度的实数形式与复数形式的对应关系为

$$\boldsymbol{E}\leftrightarrow\mathrm{Re}[\widetilde{\boldsymbol{E}}_{m}\mathrm{e}^{-\mathrm{j}\omega t}] \tag{2-99}$$

于是,电场强度的复矢量可表示为

$$\widetilde{\boldsymbol{E}}(\boldsymbol{r},t)=\widetilde{\boldsymbol{E}}_{m}(\boldsymbol{r})\mathrm{e}^{-\mathrm{j}\omega t} \tag{2-100}$$

顺便指出,式(2-100)中取复数部分的实部或虚部都可以,分别相当于随时间变化的部分取为余弦或正弦函数。例如取虚部,则有 $\boldsymbol{E}=\mathrm{Im}[\widetilde{\boldsymbol{E}}_{m}\mathrm{e}^{-\mathrm{j}\omega t}]$。其他量均可表示成类似的形式,此处不再赘述。

电磁场量采用复数形式表示,对时间的导数将变得非常简单。例如 $\boldsymbol{D}=\mathrm{Re}[\widetilde{\boldsymbol{D}}_{m}\mathrm{e}^{-\mathrm{j}\omega t}]$,则有

$$\frac{\partial\boldsymbol{D}}{\partial t}=\frac{\partial}{\partial t}\mathrm{Re}[\widetilde{\boldsymbol{D}}_{m}\mathrm{e}^{-\mathrm{j}\omega t}]=\mathrm{Re}[-\mathrm{j}\omega\widetilde{\boldsymbol{D}}_{m}\mathrm{e}^{-\mathrm{j}\omega t}]=-\mathrm{j}\omega\boldsymbol{D}$$

将各场量都用复数表示,用 $-\mathrm{j}\omega$ 因子代替对时间的导数①,消去方程两边的时间因子 $\mathrm{e}^{-\mathrm{j}\omega t}$,并省略了取实部或取虚部的符号 Re 或 Im。例如麦克斯韦第一方程可表示为

$$\nabla\times\widetilde{\boldsymbol{H}}_{m}=\widetilde{\boldsymbol{J}}_{m}-\mathrm{j}\omega\widetilde{\boldsymbol{D}}_{m} \tag{2-101}$$

如用有效值表示,上式则变为

$$\nabla\times\widetilde{\boldsymbol{H}}=\widetilde{\boldsymbol{J}}-\mathrm{j}\omega\widetilde{\boldsymbol{D}} \tag{2-102}$$

---

① 有些教材习惯把场量表示为 $\boldsymbol{D}=\mathrm{Re}[\dot{\boldsymbol{D}}_{m}\mathrm{e}^{\mathrm{j}\omega t}]$的形式,则对时间的导数为$\frac{\partial\boldsymbol{D}}{\partial t}=\mathrm{j}\omega\boldsymbol{D}$,本书一律采用 $\mathrm{e}^{-\mathrm{j}\omega t}$ 的表示法。

式中：$\widetilde{\boldsymbol{H}}$、$\widetilde{\boldsymbol{J}}$ 和 $\widetilde{\boldsymbol{D}}$ 分别是各对应场量的复数有效值矢量。同理可得麦克斯韦方程组的其他几式，因此麦克斯韦方程组复数形式为

$$\begin{cases}\nabla\times\widetilde{\boldsymbol{H}}=\widetilde{\boldsymbol{J}}-\mathrm{j}\omega\widetilde{\boldsymbol{D}}\\ \nabla\times\dot{\boldsymbol{E}}=\mathrm{j}\omega\dot{\boldsymbol{B}}\\ \nabla\cdot\dot{\boldsymbol{B}}=0\\ \nabla\cdot\dot{\boldsymbol{D}}=\dot{\rho}\end{cases}\tag{2-103}$$

及本构方程的复数形式

$$\begin{cases}\dot{\boldsymbol{B}}=\mu\dot{\boldsymbol{H}}\\ \dot{\boldsymbol{D}}=\varepsilon\dot{\boldsymbol{E}}\\ \dot{\boldsymbol{J}}_{\mathrm{c}}=\sigma\dot{\boldsymbol{E}}\end{cases}\tag{2-104}$$

可见，电磁场基本方程中的场量用复数形式表示后成为关于角频率 ω 的函数，这称为频域问题，相应的有时间因子的问题称为时域问题。同时，式(2-104)中介质的介电常数 ε、磁导率 μ 和电导率 σ 只有在理想介质(即 $\sigma=0$ 的无耗介质)时才都是实数。对于有耗介质在高频时这些介质参量将都是复数，且随频率而变化，详见第 6 章。

为方便表示场量的复矢量，可以去掉式(2-103)、式(2-104)中表示复数的顶记号，可仍表示场量的复数有效值矢量，这并不会引起混淆，因为电磁场的复数形式和瞬时值形式有明显的区别，即具有 $-\mathrm{j}\omega$ 因子的显然是复数形式，而具有对时间的偏导数 $\frac{\partial}{\partial t}$ 的则是实数形式。

2.4.4 洛伦兹力公式

电磁场与电荷之间有着密切的联系。麦克斯韦方程组反映了变化的电荷激发电磁场以及电磁场内部运动的一般规律；反过来，电磁场对电荷体系的作用，在静态场的情形下通过库仑定律和安培定律表现出来。静止电荷 Q 受到静电场的作用力为 $\boldsymbol{F}=Q\boldsymbol{E}$，若电荷连续分布，电荷密度为 ρ，$\mathrm{d}V$ 内的电荷所受到的电场力为 $\mathrm{d}\boldsymbol{F}=\rho\boldsymbol{E}\mathrm{d}V$；稳恒电流元受到的磁场作用力为 $\mathrm{d}\boldsymbol{F}=\boldsymbol{J}\mathrm{d}V\times\boldsymbol{B}$。若运动速度为 $\boldsymbol{v}$ 的运动电荷处于磁场 $\boldsymbol{B}$ 中时，也会受到磁场的作用力，由 $\boldsymbol{J}=\rho\boldsymbol{v}$ 可得所受磁场力为 $\mathrm{d}\boldsymbol{F}=\rho\boldsymbol{v}\mathrm{d}V\times\boldsymbol{B}$，该力被称作洛伦兹力——运动电荷处于磁场中所受的磁场力。在静电场和静磁场的共同作用下，洛伦兹力也包括电荷所受的静电力。故洛伦兹力则为

$$\mathrm{d}\boldsymbol{F}=\rho\mathrm{d}V(\boldsymbol{E}+\boldsymbol{v}\times\boldsymbol{B})\tag{2-105}$$

以速度 $\boldsymbol{v}$ 运动的点电荷 Q 所受的洛伦兹力为

$$\boldsymbol{F}=Q(\boldsymbol{E}+\boldsymbol{v}\times\boldsymbol{B})\tag{2-106}$$

单位体积内，以速度 $\boldsymbol{v}$ 运动的电荷系统所受到的洛伦兹力密度则为

$$\boldsymbol{f}=\frac{\mathrm{d}\boldsymbol{F}}{\mathrm{d}V}=\rho(\boldsymbol{E}+\boldsymbol{v}\times\boldsymbol{B})=\rho\boldsymbol{E}+\boldsymbol{J}\times\boldsymbol{B}\tag{2-107}$$

式(2-105)～式(2-107)是在静态场的情形下推导出来的，洛伦兹将上述结果推广为任意运动的电荷系统，所以统称为洛伦兹力公式。其正确性被近代物理学的理论和实践所证实。现代带电粒子加速器、电子光学设备等都是以麦克斯韦方程组和洛伦兹力公式作为设

计的理论基础。

普遍适用的电荷守恒定律已隐含在麦克斯韦方程组中。麦克斯韦方程组和洛伦兹力公式正确地反映了宏观电磁场运动的基本规律以及电磁场与带电系统的相互作用规律，成为经典电动力学的基础。

例 2.3　设空气中一时变电磁场的电场强度表达式为 $\boldsymbol{E}(z,t)=\boldsymbol{E}_{\mathrm{m}}\sin(\omega t-\beta z)\boldsymbol{e}_x$。其中：$\omega$、$\beta$ 为常数。现于空中置一长为 a、宽为 b 的矩形线圈，且其平面与 $y=0$ 的平面重合，线圈的一个宽边与 x 轴重合，如图 2-10 所示。试求此线圈中的感应电动势的大小。

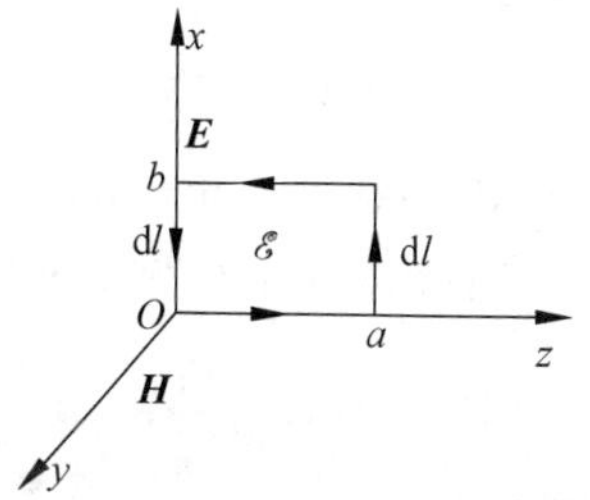

图 2-10　矩形线圈所在位置

解　方法 1：利用感应电场的积分。

不妨选逆时针方向为电动势的参考方向，因为线圈的两长边与 $\boldsymbol{E}$ 垂直，故在两长边上处处有 $\boldsymbol{E}\cdot\mathrm{d}\boldsymbol{l}=0$，于是矩形线圈中的感应电动势为

$$\mathscr{E}=\oint_l \boldsymbol{E}\cdot\mathrm{d}\boldsymbol{l}=\int_b^0 E_{\mathrm{m}}\sin\omega t\,\mathrm{d}x+\int_0^b E_{\mathrm{m}}\sin(\omega t-\beta a)\,\mathrm{d}x$$

$$=-bE_{\mathrm{m}}\left[\sin\omega t-\sin(\omega t-\beta a)\right]=-2bE_{\mathrm{m}}\sin\frac{\beta a}{2}\cos\left(\omega t-\frac{\beta a}{2}\right)$$

可见感应电动势与线圈的宽边 b 成正比。

方法 2：利用法拉第电磁感应定律。

由 $\nabla\times\boldsymbol{E}=-\dfrac{\partial\boldsymbol{B}}{\partial t}$，得 $\dfrac{\partial\boldsymbol{B}}{\partial t}=\beta E_{\mathrm{m}}\cos(\omega t-\beta z)\boldsymbol{e}_y$。$\boldsymbol{B}$ 沿 $+y$ 方向，于是矩形线圈中的感应电动势为

$$\mathscr{E}=-\int_S\frac{\partial\boldsymbol{B}}{\partial t}\cdot\mathrm{d}\boldsymbol{S}=-\int_0^a\beta E_{\mathrm{m}}\cos(\omega t-\beta z)b\,\mathrm{d}z=bE_{\mathrm{m}}\left[\sin(\omega t-\beta a)-\sin\omega t\right]$$

$$=-2bE_{\mathrm{m}}\sin\frac{\beta a}{2}\cos\left(\omega t-\frac{\beta a}{2}\right)$$

本例是接收天线的基本原理，参阅第 5 章。

*2.4.5　麦克斯韦方程组的空间协变性与应用简介

麦克斯韦方程组的空间协变性，简单地说就是麦克斯韦方程组在不同的坐标系中具有相同的形式。换言之，即通过坐标变换，不改变其方程的形式。如图 2-11 所示，在图 2-11(a)所示的空间 A 中任取一点 $P(x,y,z)$，按照函数对应法则 $\boldsymbol{X}'=\boldsymbol{X}'(\boldsymbol{X})$，将其映射为图 2-11(b)所示空间 B 中的点 $P'(x',y',z')$。其中，$\boldsymbol{X}=(x,y,z)$，$\boldsymbol{X}'=(x',y',z')$。对于频率为 ω 的电磁波(脱离波源的区域)，在空间 A 有

$$\begin{cases}\nabla\times\boldsymbol{H}=-\mathrm{j}\omega\,\overleftrightarrow{\boldsymbol{\varepsilon}}\cdot\boldsymbol{E}\\ \nabla\times\boldsymbol{E}=\mathrm{j}\omega\,\overleftrightarrow{\boldsymbol{\mu}}\cdot\boldsymbol{H}\end{cases}\tag{2-108}$$

由麦克斯韦方程的空间协变性，变换到空间 B，则有

$$\begin{cases}\nabla\times\boldsymbol{H}'=-\mathrm{j}\omega\,\overleftrightarrow{\boldsymbol{\varepsilon}}'\cdot\boldsymbol{E}'\\ \nabla\times\boldsymbol{E}'=\mathrm{j}\omega\,\overleftrightarrow{\boldsymbol{\mu}}'\cdot\boldsymbol{H}'\end{cases}\tag{2-109}$$

式中：$\overleftrightarrow{\boldsymbol{\varepsilon}}$、$\overleftrightarrow{\boldsymbol{\mu}}$、$\overleftrightarrow{\boldsymbol{\varepsilon}}'$、$\overleftrightarrow{\boldsymbol{\mu}}'$分别表示空间 A 和空间 B 的电磁参数，一般情形下为各向异性材料。

对照式(2-108)和式(2-109)，理论上可以推得

$$\begin{cases} \overleftrightarrow{\boldsymbol{\varepsilon}}'(\boldsymbol{X}') = \dfrac{\boldsymbol{A} \cdot \overleftrightarrow{\boldsymbol{\varepsilon}}(\boldsymbol{X}) \cdot \boldsymbol{A}^{\mathrm{T}}}{\det \boldsymbol{A}} \\ \overleftrightarrow{\boldsymbol{\mu}}'(\boldsymbol{X}') = \dfrac{\boldsymbol{A} \cdot \overleftrightarrow{\boldsymbol{\mu}}(\boldsymbol{X}) \cdot \boldsymbol{A}^{\mathrm{T}}}{\det \boldsymbol{A}} \end{cases} \tag{2-110}$$

式中：$\boldsymbol{A}$ 为雅可比矩阵，$\boldsymbol{A} = \partial \boldsymbol{X}'/\partial \boldsymbol{X}$，代表着两空间变量的关系，一般情况为 3×3 阶，$\boldsymbol{A}^{\mathrm{T}}$ 为 $\boldsymbol{A}$ 的转置矩阵，且 $\boldsymbol{E}' = \boldsymbol{A} \cdot \boldsymbol{E}$，$\boldsymbol{H}' = \boldsymbol{A} \cdot \boldsymbol{H}$。

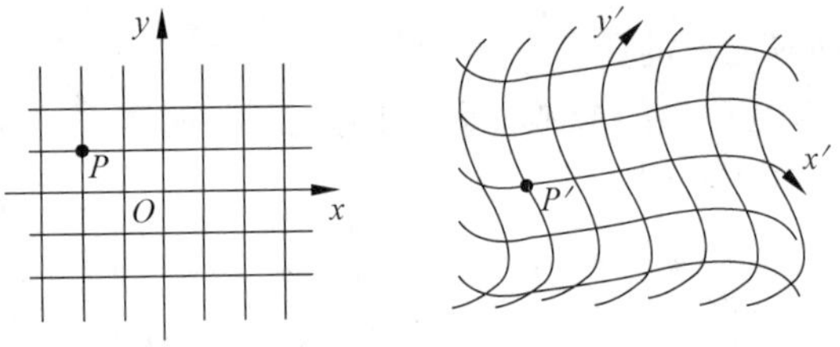

(a) 空间A　　(b) 空间B

图 2-11　麦克斯韦方程的空间协变性示意图

麦克斯韦方程组的协变性的直接应用便是电磁隐形的可行性构想，最早于 2006 年由英国的 Pendry 教授提出，随后在实验上得到证实。图 2-12 为 Pendry 等提出的"隐形衣"的基本原理示意图。采用变换关系：$\rho' = \dfrac{R_2 - R_1}{R_2}\rho + R_1$，$\phi' = \phi$，$z' = z$，将图 2-12(a)中的点 O 变换为图 2-12(b)中半径为 R_1 的柱面、图 2-12(a)中半径为 R_2 的柱面变换为图 2-12(b)中半径为 R_2 的柱面。用满足式(2-110)的电磁材料填充于半径为 R_1 和 R_2 的柱面之间，电磁波将沿着这种"特殊"的介质流动，绕过隐形区域的物体，之后又会回到原来的传播轨迹，从而实现隐形。图 2-12 中带箭头的曲线示意的就是一条光线的传播途径。填充于 R_1 和 R_2 之间的电磁材料即具有电磁隐形的功能，一般在自然界中并不存在，需要用特殊的方式加工得到，它们被称为新型人工电磁材料，或者电磁超材料。上述变换关系称为变换光学原理。

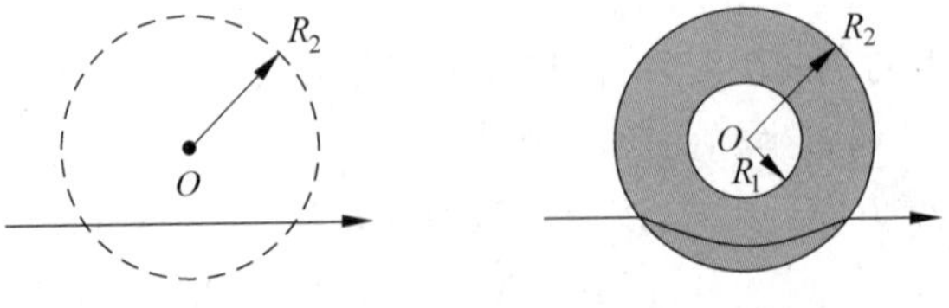

(a) 隐形衣的设计：外部固定，中心膨胀　　(b) 柱状隐形衣及其机理

图 2-12　Pendry 等提出的"隐形衣"的基本原理示意图

变换光学理论最早应用于时变电磁场，后来推广到了静态场，如静态直流场、静磁场、静电场等。我们将在第 3 章给出直流电型隐形装置的设计，就是利用了变换光学的原理。知道了上述原理，还可以设计其他形状的电磁隐形装置。利用麦克斯韦方程组的空间协变性，不仅可以实现对物体的隐形，而且可以实现幻觉和反隐形等效果。因此，它已经成为 21 世

纪初电磁理论与应用领域的研究热点之一。

2.5 电磁场的边值关系

麦克斯韦方程组可以适用于任何连续介质中，但在两种不同介质的分界面上，由于极化和磁化引起表面电荷和电流，将引起场矢量的突变，微分形式的麦克斯韦方程组不再适用，但麦克斯韦方程组的积分形式即使在场矢量不连续的情况下仍然适用。因此，可通过其积分形式推导联系分界面两侧场量的关系式，这便是电磁场的边值关系。电磁场的边值关系对于分析给定场源求解场分布的问题是必不可少的条件之一。

2.5.1 一般情形下电磁场的边值关系

1. 切向分量的边值关系

切向分量的边值关系要通过场的环量表达式得到。在两种不同介质的分界面上，设法线正方向上的单位矢量 $\boldsymbol{e}_n$ 由介质1指向介质2，两介质的介电常数与磁导率分别为 ε_1、μ_1 和 ε_2、μ_2。

建立磁场的切向分量关系需应用全电流定律的积分形式。如图2-13所示，横跨分界面取一无限窄的小矩形闭合回路，矩形的宽边与分界面平行，设单位矢量 $\boldsymbol{e}_t$ 为有向闭合回路的参考方向，水平向右。因为该矩形的窄边 $h\to 0$，从而闭合回路的面积趋于零，故通过该面的体自由电流和位移电流均趋于零。若分界面上存在自由面电流，设密度为 $\boldsymbol{J}_S$，其方向与 Δl 垂直，且闭合回路的绕行方向与 $\boldsymbol{J}_S$ 的方向符合右手定则，故通过该面的面电流为 $J_S\Delta l$。在计算磁场强度沿窄矩形回路的环量时，因 $h\to 0$，而跨越分界面的磁场为有限值，所以该段路径上的值趋于零，即 $Hh\to 0$。Δl 取为足够短，以满足在该路径上各点的磁场强度相同。于是全电流定律的线积分可化为

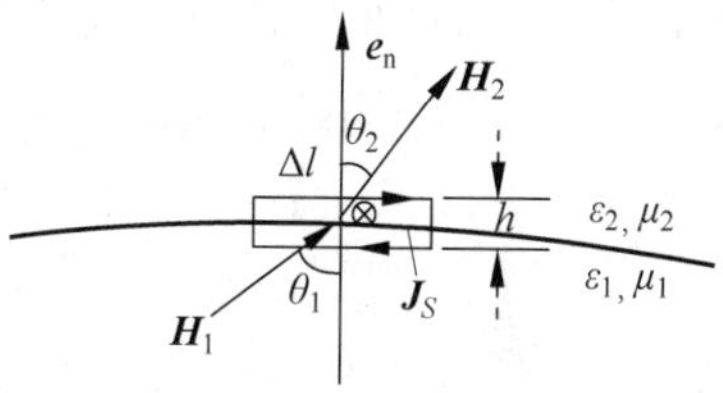

图2-13 求磁场强度的切向分量关系

$$\oint_l \boldsymbol{H}\cdot d\boldsymbol{l}=\int_{上边}\boldsymbol{H}_2\cdot d\boldsymbol{l}+\int_{下边}\boldsymbol{H}_1\cdot d\boldsymbol{l}+\int_{侧边}\boldsymbol{H}\cdot d\boldsymbol{l}=(\boldsymbol{H}_2-\boldsymbol{H}_1)\cdot\boldsymbol{e}_t\Delta l=\boldsymbol{J}_S\cdot(\boldsymbol{e}_n\times\boldsymbol{e}_t)\Delta l$$

即

$$(\boldsymbol{H}_2-\boldsymbol{H}_1)\cdot\boldsymbol{e}_t=\boldsymbol{J}_S\cdot(\boldsymbol{e}_n\times\boldsymbol{e}_t)=(\boldsymbol{J}_S\times\boldsymbol{e}_n)\cdot\boldsymbol{e}_t$$

由于 $\Delta l\boldsymbol{e}_t$ 可以取分界面上任一方向，因此

$$(\boldsymbol{H}_2-\boldsymbol{H}_1)_{/\!/}=(\boldsymbol{J}_S\times\boldsymbol{e}_n)_{/\!/}$$

//表示投影到界面上的矢量方向。将上式再用 $\boldsymbol{e}_n$ 叉乘，注意，$\boldsymbol{e}_n\times(\boldsymbol{H}_2-\boldsymbol{H}_1)_{/\!/}=\boldsymbol{e}_n\times(\boldsymbol{H}_2-\boldsymbol{H}_1)$，$\boldsymbol{e}_n\times(\boldsymbol{J}_S\times\boldsymbol{e}_n)_{/\!/}=\boldsymbol{e}_n\times(\boldsymbol{J}_S\times\boldsymbol{e}_n)$，则有

$$\boldsymbol{e}_n\times(\boldsymbol{H}_2-\boldsymbol{H}_1)=\boldsymbol{e}_n\times(\boldsymbol{J}_S\times\boldsymbol{e}_n)=(\boldsymbol{e}_n\cdot\boldsymbol{e}_n)\boldsymbol{J}_S-(\boldsymbol{e}_n\cdot\boldsymbol{J}_S)\boldsymbol{e}_n=\boldsymbol{J}_S$$

则为

$$\boldsymbol{e}_n\times(\boldsymbol{H}_2-\boldsymbol{H}_1)=\boldsymbol{J}_S \tag{2-111}$$

写成标量形式，则为

$$H_{2t}-H_{1t}=J_S \tag{2-112}$$

上式表明,一般情况下磁场强度的切向分量不连续,其突变量为表面自由电流密度。若在理想介质的界面 $\boldsymbol{J}_S=0$,则 $H_{2t}=H_{1t}$,即磁场强度的切向分量连续。

同理,讨论电场的切向分量关系要利用电磁感应定律的积分形式。与图 2-13 类同,由于该矩形闭合回路的面积趋于零,故穿过它的磁通量 $d\psi_m$ 也趋于零,$E_n h\to 0$。于是有

$$\boldsymbol{e}_n\times(\boldsymbol{E}_2-\boldsymbol{E}_1)=0 \tag{2-113}$$

写成标量形式,即为

$$E_{1t}=E_{2t} \tag{2-114}$$

上式表明,电场强度的切向分量在任何情况下总是连续的。

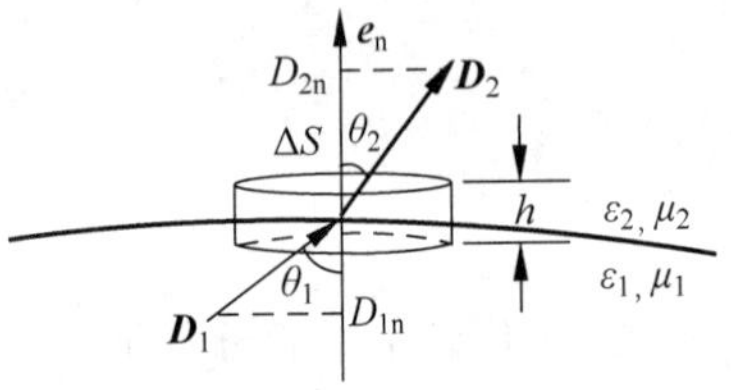

图 2-14 求电位移矢量的法向分量关系

2. 法向分量的边值关系

场的法向分量边值关系要通过场的通量表达式得到。在讨论电场的法向场量关系时,应用电位移矢量的高斯定理。横跨分界面取一无限薄的扁平小圆柱闭合面,即 $h\to 0$,如图 2-14 所示。由于此小圆柱闭合面所包围的体积趋于零,故它所包围的体电荷也趋于零。如果分界面上存在密度为 ρ_S 的自由面电荷,则该小圆柱闭合面所包围的电荷为 $\rho_S\Delta S$,由此可得穿出该闭合面的 $\boldsymbol{D}$ 通量为

$$\oint_S \boldsymbol{D}\cdot d\boldsymbol{S}=\int_{S_{上底面}}\boldsymbol{D}_2\cdot d\boldsymbol{S}+\int_{S_{下底面}}\boldsymbol{D}_1\cdot d\boldsymbol{S}+\int_{S_{侧面}}\boldsymbol{D}\cdot d\boldsymbol{S}=(\boldsymbol{D}_2-\boldsymbol{D}_1)\cdot\boldsymbol{e}_n\Delta S=\rho_S\Delta S$$

即

$$\boldsymbol{e}_n\cdot(\boldsymbol{D}_2-\boldsymbol{D}_1)=\rho_S \tag{2-115}$$

标量形式为

$$D_{2n}-D_{1n}=\rho_S \tag{2-116}$$

若应用电场强度矢量的高斯定理,则同理可得

$$E_{2n}-E_{1n}=\frac{\rho_S+\rho_{Sb}}{\varepsilon_0} \tag{2-117}$$

以及

$$P_{2n}-P_{1n}=-\rho_{Sb} \tag{2-118}$$

同理,利用磁通连续性原理的积分形式,可以求得穿出此小圆柱闭合面的 $\boldsymbol{B}$ 通量为

$$\oint_S \boldsymbol{B}\cdot d\boldsymbol{S}=(\boldsymbol{B}_2-\boldsymbol{B}_1)\cdot\boldsymbol{e}_n\Delta S=0$$

即

$$\boldsymbol{e}_n\cdot(\boldsymbol{B}_2-\boldsymbol{B}_1)=0 \tag{2-119}$$

或

$$B_{1n}-B_{2n}=0 \tag{2-120}$$

综上,一般情况下在两种不同介质的分界面上,时变场的边值关系为

$$\begin{cases}\boldsymbol{e}_n\times(\boldsymbol{H}_2-\boldsymbol{H}_1)=\boldsymbol{J}_S\\ \boldsymbol{e}_n\times(\boldsymbol{E}_2-\boldsymbol{E}_1)=0\\ \boldsymbol{e}_n\cdot(\boldsymbol{B}_2-\boldsymbol{B}_1)=0\\ \boldsymbol{e}_n\cdot(\boldsymbol{D}_2-\boldsymbol{D}_1)=\rho_S\end{cases} \tag{2-121}$$

或

$$\begin{cases} H_{2t}-H_{1t}=J_S \\ E_{2t}-E_{1t}=0 \\ B_{2n}-B_{1n}=0 \\ D_{2n}-D_{1n}=\rho_S \end{cases} \tag{2-122}$$

由此可见，当电磁场从介质 1 进入介质 2 时，磁场强度 $\boldsymbol{H}$ 的切向分量和电位移矢量 $\boldsymbol{D}$ 的法向分量将发生突变，其突变量分别为自由电流面密度 J_S 和自由电荷面密度 ρ_S；而电场强度 $\boldsymbol{E}$ 的切向分量和磁感应强度 $\boldsymbol{B}$ 的法向分量总是连续的。对于静态场，不存在 $\frac{\partial \boldsymbol{D}}{\partial t}$ 和 $\frac{\partial \boldsymbol{B}}{\partial t}$，其边值关系仍与式(2-121)、式(2-122)同。

> **延伸理解**：将上述边值关系式(2-121)与对应的微分形式的麦克斯韦方程组(2-94)比较可以发现，只要将微分方程中对场量的时间导数项删掉，将哈密顿算符 ∇ 用 $\boldsymbol{e}_n$ 取代，将矢量换为分界面两侧 2、1 相应场量之差，将体源 $\boldsymbol{J}$、ρ 用面源 $\boldsymbol{J}_S$、ρ_S 取代，即为对应的边值关系。因此，电磁场的边值关系可以理解为麦克斯韦方程组在两种介质分界面上的取代形式。

2.5.2 理想介质间电磁场的边值关系

在两种不同理想介质的分界面上，由于不存在自由面电流和自由面电荷，即 $J_S=0$，$\rho_S=0$，故由式(2-122)可得

$$\begin{cases} H_{1t}-H_{2t}=0 \\ E_{1t}-E_{2t}=0 \\ B_{1n}-B_{2n}=0 \\ D_{1n}-D_{2n}=0 \end{cases} \tag{2-123}$$

如果 $\boldsymbol{E}_1$(或 $\boldsymbol{D}_1$)与法向单位矢量 $\boldsymbol{e}_n$ 的夹角为 θ_1，$\boldsymbol{E}_2$(或 $\boldsymbol{D}_2$)与 $\boldsymbol{e}_n$ 的夹角为 θ_2(图 2-14)，则由 $E_{1t}=E_{2t}$ 与 $D_{1n}=D_{2n}$ 可得

$$E_1\sin\theta_1=E_2\sin\theta_2$$

$$\varepsilon_1 E_1\cos\theta_1=\varepsilon_2 E_2\cos\theta_2$$

两式相除，并加整理后可得

$$\frac{\tan\theta_2}{\tan\theta_1}=\frac{\varepsilon_2}{\varepsilon_1}=\frac{\varepsilon_{r2}}{\varepsilon_{r1}} \tag{2-124}$$

同理，磁场也有类似的关系

$$\frac{\tan\theta'_2}{\tan\theta'_1}=\frac{\mu_2}{\mu_1}=\frac{\mu_{r2}}{\mu_{r1}} \tag{2-125}$$

式中：θ'_1、θ'_2 分别是 $\boldsymbol{H}_1$(或 $\boldsymbol{B}_1$)和 $\boldsymbol{H}_2$(或 $\boldsymbol{B}_2$)与法向单位矢量 $\boldsymbol{e}_n$ 的夹角。式(2-124)与式(2-125)是电、磁场力线在介质分界面上的折射规律。

2.5.3 介质与导体间电磁场的边值关系

在静电场中,电导率为有限值的实际导体内部由于静电平衡的结果其电场为零;在时变场的情形下,实际导体内部也存在着电场和磁场,但这时严格分析电磁场往往很困难。

对于时变场,在理想导体($\sigma=\infty$)内部的电场和磁场都必定为零。这是因为若 $\boldsymbol{E}\neq 0$,由 $\boldsymbol{J}_c=\sigma\boldsymbol{E}$ 将产生无穷大的电流,故在理想导体内必有 $\boldsymbol{E}=0$;而由 $\nabla\times\boldsymbol{E}=\mathrm{j}\omega\mu\boldsymbol{H}$ 可知,$\boldsymbol{H}=0$。对于实际的导体,由于高频时的趋肤效应,电流集中于导体表面附近。因此,在高频下用理想导体的边界代替实际导体的边界,可使问题得以简化。即使在频率不很高的情况下,由于实际金属导体的电导率很大,外部的电磁波在导体表面上发生强烈反射,因而进入导体内部的电磁波能量非常小,这时用理想导体的边界代替实际金属导体的表面也不会带来显著的误差。

对于时变场,由于在理想导体内部 $\boldsymbol{E}=0$,$\boldsymbol{H}=0$,故由式(2-121)可得理想介质与理想导体分界面上的边值关系为

$$\begin{cases}\boldsymbol{e}_n\times\boldsymbol{H}=\boldsymbol{J}_S\\ \boldsymbol{e}_n\times\boldsymbol{E}=0\\ \boldsymbol{e}_n\cdot\boldsymbol{B}=0\\ \boldsymbol{e}_n\cdot\boldsymbol{D}=\rho_S\end{cases}\tag{2-126}$$

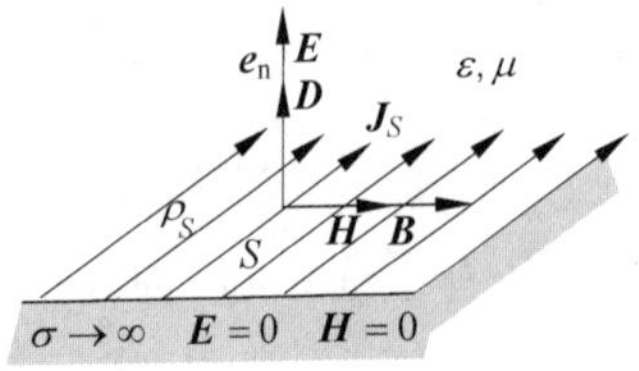

图 2-15 介质与导体分界面上的场量关系

由此可见,在理想导体的表面(也称为电壁)上,电场强度的切向分量 E_t 和磁感应强度的法向分量 B_n 皆为零,而只有磁场强度的切向分量 H_t 和电位移的法向分量 D_n,如图 2-15 所示。故理想导体表面上的电位移矢量和磁场强度可分别表示为

$$\boldsymbol{D}=\rho_S\boldsymbol{e}_n\tag{2-127}$$

及

$$\boldsymbol{J}_S=\boldsymbol{e}_n\times\boldsymbol{H}\tag{2-128}$$

易得

$$\boldsymbol{H}=\boldsymbol{J}_S\times\boldsymbol{e}_n\tag{2-129}$$

式(2-126)也适用于静电场和静磁场的情形。

*2.5.4 等效介质公式

在分析由不同介质构成的复杂电磁问题时,有时可以将介质进行等效,从而大大简化分析过程。特别是随着 21 世纪初人们提出的人工电磁材料,通过将不同结构、不同参数的介质按照一定方式进行组合,可以构成满足某种需求的具有特定取值的电磁材料。

以电介质为例,设两层厚度分别为 l_1、l_2,横截面积为 S,介电常数为 ε_1、ε_2 的均匀、线性、各向同性的介质处于外加电场 $\boldsymbol{E}_0$ 中,外加场的方向分别沿介质的分界面和垂直于分界面,如图 2-16 所示。

对于图 2-16(a)情形,外加电场 $\boldsymbol{E}_0$ 沿 z 轴,设介质 ε_1、ε_2 中的电极化强度分别为 $\boldsymbol{P}_1$、$\boldsymbol{P}_2$,电位移矢量分别为 $\boldsymbol{D}_1$、$\boldsymbol{D}_2$,极化后总场强分别为 $\boldsymbol{E}_1$、$\boldsymbol{E}_2$,由于电场强度切向分量的连续性,则 $\boldsymbol{E}_1=\boldsymbol{E}_2=\boldsymbol{E}$。根据极化强度的定义式,有

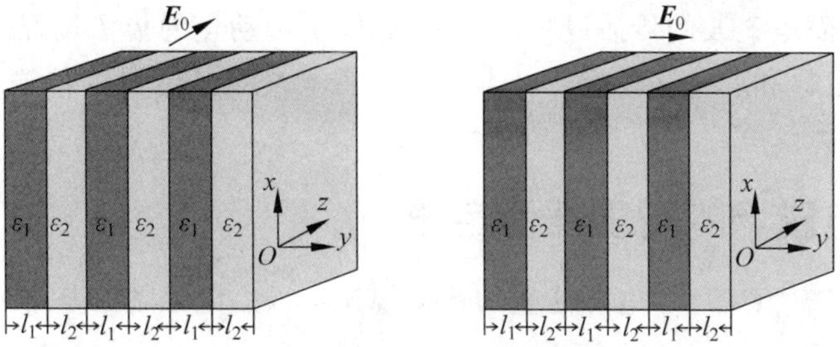

(a) 外加电场沿z轴方向　　(b) 外加电场沿y轴方向

图 2-16　两种不同材料的等效介质结构示意

$$\boldsymbol{P}_1=\frac{\sum\limits_i \boldsymbol{p}_{1i}}{\Delta V_1},\quad \boldsymbol{P}_2=\frac{\sum\limits_j \boldsymbol{p}_{2j}}{\Delta V_2}$$

总电偶极矩为

$$\sum_i \boldsymbol{p}_{1i}=\boldsymbol{P}_1\Delta V_1,\quad \sum_j \boldsymbol{p}_{2j}=\boldsymbol{P}_2\Delta V_2$$

等效极化强度 $\boldsymbol{P}_{\text{eff}}$ 为

$$\boldsymbol{P}_{\text{eff}}=\frac{\sum\limits_i \boldsymbol{p}_{1i}+\sum\limits_j \boldsymbol{p}_{2j}}{\Delta V}=\frac{\boldsymbol{P}_1\Delta V_1+\boldsymbol{P}_2\Delta V_2}{\Delta V}$$

再由 $\boldsymbol{P}=(\varepsilon-\varepsilon_0)\boldsymbol{E}$，可得

$$(\varepsilon_{\text{eff}}-\varepsilon_0)\boldsymbol{E}=\frac{(\varepsilon_1-\varepsilon_0)\boldsymbol{E}\Delta V_1+(\varepsilon_2-\varepsilon_0)\boldsymbol{E}\Delta V_2}{\Delta V}$$

最后整理可得

$$\varepsilon_{\text{eff}}=\frac{\varepsilon_1\Delta V_1+\varepsilon_2\Delta V_2}{\Delta V}=f_1\varepsilon_1+f_2\varepsilon_2 \tag{2-130}$$

式中：$f_1=\dfrac{\Delta V_1}{\Delta V}=\dfrac{l_1}{l_1+l_2}$，$f_2=\dfrac{\Delta V_2}{\Delta V}=\dfrac{l_2}{l_1+l_2}$。

对于图 2-16(b)情形，由于电位移矢量法向分量的连续性，有 $\boldsymbol{D}_1=\boldsymbol{D}_2=\boldsymbol{D}$。由式 $\boldsymbol{D}=\varepsilon\boldsymbol{E}$ 及 $\boldsymbol{P}=\dfrac{\varepsilon-\varepsilon_0}{\varepsilon}\boldsymbol{D}$，可得

$$\frac{\varepsilon_{\text{eff}}-\varepsilon_0}{\varepsilon_{\text{eff}}}\boldsymbol{D}=\frac{(\varepsilon_1-\varepsilon_0)\boldsymbol{D}\Delta V_1}{\varepsilon_1\Delta V}+\frac{(\varepsilon_2-\varepsilon_0)\boldsymbol{D}\Delta V_2}{\varepsilon_2\Delta V}$$

最后整理可得

$$\frac{1}{\varepsilon_{\text{eff}}}=\frac{f_1}{\varepsilon_1}+\frac{f_2}{\varepsilon_2} \tag{2-131}$$

磁导率和电导率也有类似的结果。

2.6　电磁场的能量和能流

麦克斯韦方程组所反映的最重要的内容是变动的电场和磁场可以相互激发而形成电磁波，电磁波能够脱离场源向空间传播。电磁场是一种特殊形式的物质，而能量和动量又是物

质的主要属性,因而电磁波的传播过程,就是电磁能量和动量的传播过程。在此过程中同样也遵守能量守恒定律和动量守恒定律。本节将介绍能量及其能量的传输,有关动量问题将在下一节介绍。

2.6.1 电磁场的能量守恒定律

电磁场的能量守恒定律和电磁能量的传播规律可以由电磁场的基本方程和洛伦兹力公式导出。

考虑空间区域为 V,其界面为 S,设 V 内的电流密度和电荷密度分别为 $\boldsymbol{J}$ 和 ρ,介电常数、磁导率和电导率分别为 ε、μ 和 σ。单位时间内洛伦兹力所做的功密度为

$$\boldsymbol{f}\cdot\boldsymbol{v}=(\rho\boldsymbol{E}+\rho\boldsymbol{v}\times\boldsymbol{B})\cdot\boldsymbol{v}=\rho\boldsymbol{v}\cdot\boldsymbol{E}=\boldsymbol{J}\cdot\boldsymbol{E}$$

由麦克斯韦方程组中全电流定律,有 $\boldsymbol{J}=\nabla\times\boldsymbol{H}-\dfrac{\partial\boldsymbol{D}}{\partial t}$

代入上式,得

$$\boldsymbol{J}\cdot\boldsymbol{E}=\boldsymbol{E}\cdot\nabla\times\boldsymbol{H}-\boldsymbol{E}\cdot\frac{\partial\boldsymbol{D}}{\partial t}$$

运用矢量微分恒等式

$$\nabla\cdot(\boldsymbol{E}\times\boldsymbol{H})=\boldsymbol{H}\cdot(\nabla\times\boldsymbol{E})-\boldsymbol{E}\cdot(\nabla\times\boldsymbol{H})$$

再将 $\nabla\times\boldsymbol{E}=-\dfrac{\partial\boldsymbol{B}}{\partial t}$ 代入上式,得

$$\boldsymbol{f}\cdot\boldsymbol{v}=-\nabla\cdot(\boldsymbol{E}\times\boldsymbol{H})-\boldsymbol{H}\cdot\frac{\partial\boldsymbol{B}}{\partial t}-\boldsymbol{E}\cdot\frac{\partial\boldsymbol{D}}{\partial t}=\boldsymbol{J}\cdot\boldsymbol{E}$$

对于线性、各向同性介质,由于 $\boldsymbol{H}\cdot\dfrac{\partial\boldsymbol{B}}{\partial t}=\boldsymbol{H}\cdot\dfrac{\partial\mu\boldsymbol{H}}{\partial t}=\dfrac{\partial}{\partial t}\left(\dfrac{1}{2}\mu\boldsymbol{H}\cdot\boldsymbol{H}\right)=\dfrac{\partial}{\partial t}\left(\dfrac{1}{2}\boldsymbol{H}\cdot\boldsymbol{B}\right)=\dfrac{\partial}{\partial t}\left(\dfrac{1}{2}\mu H^2\right)$ 和 $\boldsymbol{E}\cdot\dfrac{\partial\boldsymbol{D}}{\partial t}=\dfrac{\partial}{\partial t}\left(\dfrac{1}{2}\boldsymbol{E}\cdot\boldsymbol{D}\right)=\dfrac{\partial}{\partial t}\left(\dfrac{1}{2}\varepsilon E^2\right)$,得

$$\nabla\cdot(\boldsymbol{E}\times\boldsymbol{H})=-\frac{\partial}{\partial t}\left(\frac{1}{2}\boldsymbol{E}\cdot\boldsymbol{D}+\frac{1}{2}\boldsymbol{H}\cdot\boldsymbol{B}\right)-\boldsymbol{J}\cdot\boldsymbol{E} \tag{2-132}$$

令

$$w_{\mathrm{e}}=\frac{1}{2}\boldsymbol{E}\cdot\boldsymbol{D} \tag{2-133}$$

$$w_{\mathrm{m}}=\frac{1}{2}\boldsymbol{H}\cdot\boldsymbol{B} \tag{2-134}$$

分别称为介质中电场和磁场的能量密度。它们之和,即

$$w=w_{\mathrm{e}}+w_{\mathrm{m}}=\frac{1}{2}(\boldsymbol{E}\cdot\boldsymbol{D}+\boldsymbol{H}\cdot\boldsymbol{B})=\frac{1}{2}\varepsilon E^2+\frac{1}{2}\mu H^2 \tag{2-135}$$

则为电磁场的能量密度。式(2-133)~式(2-135)虽然针对线性、各向同性的介质推导而得,但可以推广到任意介质包括各向异性介质中。于是式(2-132)可写为

$$\nabla\cdot(\boldsymbol{E}\times\boldsymbol{H})+\frac{\partial w}{\partial t}=-\boldsymbol{J}\cdot\boldsymbol{E} \tag{2-136}$$

将上式对电磁场中的任一体积 V 积分,并利用高斯散度定理,可得

$$-\oint_S (\boldsymbol{E}\times\boldsymbol{H})\cdot \mathrm{d}\boldsymbol{S}=\int_V \boldsymbol{J}\cdot\boldsymbol{E}\mathrm{d}V+\frac{\partial}{\partial t}\int_V w\mathrm{d}V \tag{2-137}$$

定义 $W=\int_V w\mathrm{d}V=\frac{1}{2}\int_V(\boldsymbol{E}\cdot\boldsymbol{D}+\boldsymbol{H}\cdot\boldsymbol{B})\mathrm{d}V$ 为体积 V 内的电磁场能量。

由式(2-137)可知,右端第一项是单位时间内体积 V 中对电荷所做的功,第二项为电磁场能量变化率,左式中 $-\oint_S(\boldsymbol{E}\times\boldsymbol{H})\cdot\mathrm{d}\boldsymbol{S}$ 则是从闭合面 S 外穿进的功率。其物理意义表明,单位时间内,在体积 V 内穿入闭合面 S 的总功一部分用于对电荷做功,另一部分转化为电磁场能量。式(2-137)称为电磁场的能量守恒定律,式(2-136)则是它的微分形式。

2.6.2 电磁场能流密度的表达式

既然 $-\oint_S(\boldsymbol{E}\times\boldsymbol{H})\cdot\mathrm{d}\boldsymbol{S}$ 表示穿入闭合面 S 的功率,则矢量 $\boldsymbol{E}\times\boldsymbol{H}$ 表示穿出闭合面 S 且与面垂直的单位面积的功率。因此,定义矢量

$$\boldsymbol{S}=\boldsymbol{E}\times\boldsymbol{H} \tag{2-138}$$

为电磁场的能流密度,表示单位时间内穿过单位横截面的电磁场能量,又称坡印亭矢量。对于电磁波而言,其坡印亭矢量的大小是穿过与电磁波传播方向垂直的单位面积的功率,故它又称为功率流;它的方向是场中某点能量流动的方向,即沿着与该点 $\boldsymbol{E}$ 和 $\boldsymbol{H}$ 都垂直的电磁波的传播方向。$\boldsymbol{E}$、$\boldsymbol{H}$ 和 $\boldsymbol{S}$ 三者之间符合右手定则,如图 2-17 所示。坡印亭矢量是描述空间电磁能量传播规律的一个重要物理量。

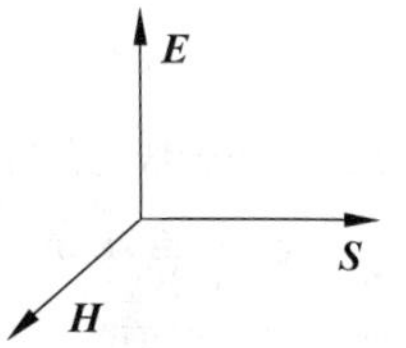

图 2-17 坡印亭矢量与场量的方向关系

引入能流密度的概念后,式(2-136)则为

$$\nabla\cdot\boldsymbol{S}+\frac{\partial w}{\partial t}=-\boldsymbol{J}\cdot\boldsymbol{E} \tag{2-139}$$

如果电磁场域 V 内没有自由电流,则式(2-139)变为

$$\nabla\cdot\boldsymbol{S}=-\frac{\partial w}{\partial t} \tag{2-140}$$

此式也可以称为电磁能流的连续性方程,与电荷守恒定律形式相似。它表明电磁场能量也像流体一样具有流动的性质,这是由于电磁场内所储存的电能和磁能本身的运动而产生的。若电磁能流跨越两种不同介质的分界面,在分界面附近,利用推导边界条件的方法,不难得到

$$S_{1\mathrm{n}}=S_{2\mathrm{n}} \tag{2-141}$$

这表明能流密度的法向分量总是连续的。

2.6.3 电磁能量的传输

在时变场中,电磁场以波动的形式可以脱离波源在空间传播或沿着导波系统传输,并伴随着能量的传输。然而,在稳恒电流场或低频交流电情形下,通常用"路"的方法研究能量问题,而不直接研究电磁场量,这似乎让人感觉到电磁能量是在电路中传输,但这是一种误解。事实上,在任何情形下,电磁能量都是在场中传递的。虽然在电路中由定向移动的电荷形成

电流,导线内部的运动电荷也具有动能,但由于电子的平均漂移速度在 10^{-6} m/s 数量级,相应的动能很小。而且,在恒定情况下,电子运动的能量并不是供给负载上消耗的能量,而是维持恒定电流的。而导线周围空间一定具有电磁场,所以必然存在着能量,这些能量的传输是通过内、外场之间的衔接条件联系着,以保证能量沿着一定的方向。在整个传输过程中,一部分能量进入导体以焦耳热的形式损耗掉,另一部分能量沿着导体传输以供负载消耗。下面举恒定情况下的电磁能量传输问题的一个例子。

例 2.4 同轴线内导体的半径为 r_1,外导体的内半径为 r_2,外半径为 r_3,导体的电导率为 σ,内外导体间填充介电常数为 ε 的介质,两导体载有等值而异号的稳恒电流 I,导体间的电压为 U。试求同轴线传输的功率及内导体中的损耗功率。

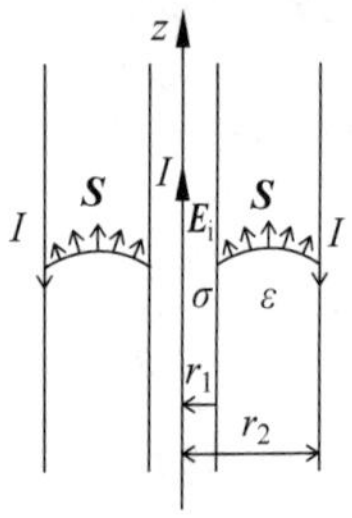

图 2-18 同轴线中的能量传输

解 取同轴线的轴线与圆柱坐标系内的 z 轴重合,并使内导体中的电流沿 z 方向为正,外导体中的电流则为 $-I$,如图 2-18 所示。

同轴线导体中存在着大量漂流着的自由电荷,在形成回路之前,杂乱无序,净电流为零。接通电源后在恒定电场作用下形成传导电流。在恒定电流情形下,导体内部无净电荷(每一处的电荷密度为零),但不可避免地有部分净电荷只分布在导体表面形成面电荷分布,这部分电荷激发了径向分布的电场。所以导体表面处电场不垂直于表面。这就好比自来水管打开阀门后管内水流几乎是匀速流动的,但表面仍有净水珠似的。

当 $r \leqslant r_1$(内导体内)时,电场强度、磁场强度及坡印亭矢量分别为

$$\boldsymbol{E}_{\mathrm{i}}=\frac{\boldsymbol{J}}{\sigma}=\frac{I}{\pi r_1^2 \sigma}\boldsymbol{e}_z$$

$$\boldsymbol{H}_{\mathrm{i}}=\frac{1}{2\pi r}\frac{I}{\pi r_1^2}\cdot \pi r^2 \boldsymbol{e}_\phi=\frac{Ir}{2\pi r_1^2}\boldsymbol{e}_\phi$$

$$\boldsymbol{S}_{\mathrm{i}}=\boldsymbol{E}_{\mathrm{i}}\times\boldsymbol{H}_{\mathrm{i}}=-\frac{I^2 r}{2\pi^2 r_1^4 \sigma}\boldsymbol{e}_r$$

当 $r_1 \leqslant r \leqslant r_2$(介质内)时,设单位长内导体的带电量为 Q_0,则介质中的电场强度既有法向分量 E_r,又有切向分量 E_z。同样,坡印亭矢量 $\boldsymbol{S}$ 也有这两个分量。根据高斯定理,容易求得 $\boldsymbol{E}_r=\dfrac{Q_0}{2\pi\varepsilon r}\boldsymbol{e}_r$,则 $U=\int_{r_1}^{r_2}\boldsymbol{E}_r\cdot \mathrm{d}\boldsymbol{r}=\dfrac{Q_0}{2\pi\varepsilon}\int_{r_1}^{r_2}\dfrac{\mathrm{d}r}{r}=\dfrac{Q_0}{2\pi\varepsilon}\ln\dfrac{r_2}{r_1}$,故 $Q_0=\dfrac{2\pi\varepsilon U}{\ln\dfrac{r_2}{r_1}}$,因此,

$$\boldsymbol{E}=\frac{U}{r\ln\dfrac{r_2}{r_1}}\boldsymbol{e}_r$$

$$\boldsymbol{H}=\frac{I}{2\pi r}\boldsymbol{e}_\phi$$

$$S_z=E_r H_\phi=\frac{UI}{2\pi r^2\ln\dfrac{r_2}{r_1}}$$

式中的 S_z 是介质中传输能量的分量，将它对内、外导体间圆环状的介质截面积分，考虑到其面元矢量为 $\mathrm{d}\boldsymbol{S}=-\boldsymbol{e}_z\mathrm{d}S$，则得到同轴线传输的功率，即

$$P=-\int_S S_z\boldsymbol{e}_z\cdot\mathrm{d}\boldsymbol{S}=\int_{r_1}^{r_2}S_z\cdot 2\pi r\,\mathrm{d}r=\frac{UI}{\ln\dfrac{r_2}{r_1}}\int_{r_1}^{r_2}\frac{\mathrm{d}r}{r}=UI$$

这个结果和通常电路中传输功率的表示式相同。但是，电磁能量并不是在导线内传输的，而是在内、外导体之间的介质中沿着传输线的方向由电源端向负载端传输，导线只是起着引导能量传输的作用。

由边界条件可以求得介质中内导体外表面附近电场强度的切向分量与坡印亭矢量的法向分量分别为

$$E_z\big|_{r=r_1}=E_\mathrm{i}=\frac{I}{\pi r_1^2\sigma}$$

和

$$S_r\big|_{r=r_1}=-E_zH_\phi\big|_{r=r_1}=-\frac{I^2}{2\pi^2r_1^3\sigma}=S_\mathrm{i}\big|_{r=r_1}$$

因此，长为 l 的内导体所消耗的功率为

$$P_\mathrm{i}=-\int_{S_\mathrm{i}}S_r\boldsymbol{e}_r\cdot\mathrm{d}\boldsymbol{S}_\mathrm{i}=\frac{I^2}{2\pi^2r_1^3\sigma}\cdot 2\pi r_1 l=I^2\frac{l}{\sigma\pi r_1^2}=I^2R_\mathrm{i}$$

式中：$R_\mathrm{i}=\dfrac{l}{\sigma\pi r_1^2}$是长为 l 的内导体的电阻。由此可见，内导体中转变为焦耳热的功率是介质中的能流密度的分量通过内导体表面流入的。

同理，可以求得通过外导体表面流入外导体中的热功率为 $P_\mathrm{o}=I^2R_\mathrm{o}$。式中，$R_\mathrm{o}=\dfrac{l}{\sigma\pi(r_3^2-r_2^2)}$，有兴趣的读者可以具体推导(图 2-18 中未画出)。

2.7　电磁场的动量

2.6 节讨论了电磁场的能量问题，本节讨论电磁场的动量。

2.7.1　电磁场的动量守恒定律

考虑真空中空间区域为 V，其界面为 S，设 V 内的电流密度和电荷密度分别为 $\boldsymbol{J}$ 和 ρ。区域内的电磁场和电荷之间由于相互作用而发生动量转移，同时区域内的场和区域外的场也通过界面发生动量转移。由于动量守恒，单位时间内从区域外通过界面 S 进入区域 V 内的动量应等于其内电荷的动量变化率加上电磁场的动量变化率。电荷系统受力作用后，它的动量发生变化，电磁场的动量也应该相应地改变。下面从电磁场与带电粒子的相互作用规律导出电磁场动量密度表达式。

将真空中高斯定理和全电流定律表示为

$$\rho=\varepsilon_0\nabla\cdot\boldsymbol{E},\quad \boldsymbol{J}=\frac{1}{\mu_0}\nabla\times\boldsymbol{B}-\varepsilon_0\frac{\partial\boldsymbol{E}}{\partial t}$$

将上式代入洛伦兹力密度公式 $\boldsymbol{f}=\rho\boldsymbol{E}+\boldsymbol{J}\times\boldsymbol{B}$，则有

$$\boldsymbol{f}=\varepsilon_0(\nabla\cdot\boldsymbol{E})\boldsymbol{E}+\frac{1}{\mu_0}(\nabla\times\boldsymbol{B})\times\boldsymbol{B}-\varepsilon_0\frac{\partial\boldsymbol{E}}{\partial t}\times\boldsymbol{B}\tag{2-142}$$

利用麦克斯韦方程组中另外两式

$$\nabla\cdot\boldsymbol{B}=0,\quad \nabla\times\boldsymbol{E}=-\frac{\partial\boldsymbol{B}}{\partial t}$$

将力密度表示成电场强度与磁感应强度为对称形式,即

$$\boldsymbol{f}=\left[\varepsilon_0(\nabla\cdot\boldsymbol{E})\boldsymbol{E}+\frac{1}{\mu_0}(\nabla\cdot\boldsymbol{B})\boldsymbol{B}+\frac{1}{\mu_0}(\nabla\times\boldsymbol{B})\times\boldsymbol{B}+\varepsilon_0(\nabla\times\boldsymbol{E})\times\boldsymbol{E}\right]-\varepsilon_0\frac{\partial}{\partial t}(\boldsymbol{E}\times\boldsymbol{B}) \tag{2-143}$$

式中:力密度 $\boldsymbol{f}$ 表示电荷系统的动量密度改变率,两端的量纲都为动量密度的时间变化率。因此,右式中第一项为单位体积内电磁场内部通过相互作用而导致的动量转移,第二项为电磁场的动量密度的变化率。此式即为电磁场的动量守恒定律。

2.7.2 电磁场的动量密度、动量流密度

定义电磁场的动量密度

$$\boldsymbol{g}=\varepsilon_0\boldsymbol{E}\times\boldsymbol{B} \tag{2-144}$$

以及电磁场的动量流密度张量

$$\overleftrightarrow{\boldsymbol{J}}=-\varepsilon_0\boldsymbol{EE}-\frac{1}{\mu_0}\boldsymbol{BB}+\frac{1}{2}\overleftrightarrow{\boldsymbol{I}}\left(\varepsilon_0E^2+\frac{1}{\mu_0}B^2\right) \tag{2-145}$$

式中:$\overleftrightarrow{\boldsymbol{I}}$ 为单位张量,则可得

$$\boldsymbol{f}+\frac{\partial\boldsymbol{g}}{\partial t}=-\nabla\cdot\overleftrightarrow{\boldsymbol{J}} \tag{2-146}$$

将上式在区域 V 上积分,再利用高斯散度定理,得

$$\int_V\boldsymbol{f}\,\mathrm{d}V+\frac{\partial}{\partial t}\int_V\boldsymbol{g}\,\mathrm{d}V=-\oint_S\overleftrightarrow{\boldsymbol{J}}\cdot\mathrm{d}\boldsymbol{S} \tag{2-147}$$

上式左边表示 V 内电荷系统和电磁场的总动量变化率,因此右式表示穿进闭合曲面 S 的动量流,张量 $\overleftrightarrow{\boldsymbol{J}}$ 表示单位时间内垂直穿过单位横截面的动量,故称为动量流密度张量。

对于全空间 V_∞,则面积分趋于零,故有

$$\int_V\boldsymbol{f}\,\mathrm{d}V+\frac{\partial}{\partial t}\int_V\boldsymbol{g}\,\mathrm{d}V=0 \tag{2-148}$$

上式表示电磁场和电荷的总动量变化率等于零,这便是全空间电磁场的动量守恒定律。

推广至介质中情形,电磁场的动量密度和动量流密度张量分别为

$$\boldsymbol{g}=\boldsymbol{D}\times\boldsymbol{B} \tag{2-149}$$

$$\overleftrightarrow{\boldsymbol{J}}=-\boldsymbol{DE}-\boldsymbol{BH}+\frac{1}{2}\overleftrightarrow{\boldsymbol{I}}(\boldsymbol{D}\cdot\boldsymbol{E}+\boldsymbol{B}\cdot\boldsymbol{H}) \tag{2-150}$$

电磁场的动量密度和能流密度 $\boldsymbol{S}$ 之间存在如下关系:

$$\boldsymbol{g}=\varepsilon_0\boldsymbol{E}\times\boldsymbol{B}=\mu_0\varepsilon_0\boldsymbol{E}\times\boldsymbol{H}=\frac{1}{c^2}\boldsymbol{S} \tag{2-151}$$

上式表明动量流的方向沿着波的传播方向。式中:$c=\dfrac{1}{\sqrt{\mu_0\varepsilon_0}}$为真空中的光速(有关概念将在第 6 章详细介绍)。

*2.8　思政教育：电磁的对立统一

众所周知，电磁理论是继牛顿经典力学这一物理学的宏伟大厦铸就之后，到十八、十九世纪以来物理学的又一伟大成果。电动力学深刻地揭示了电磁场的运动规律和对电荷的作用规律。电与磁是相互联系和相互转化的，它们是对立统一的辩证关系。随着库仑定律、安培定律、法拉第电磁感应定律等实验规律的提出，摆在当时物理学家面前的是电磁规律能否像牛顿力学一样在整个物理学中有一席之地？麦克斯韦以高超的数学天赋和天才般的想象能力，在继承前人成果的基础上，通过提出"涡旋电场""位移电流"的假设，建立了经典电磁理论。麦克斯韦的电磁理论是继牛顿力学之后的又一次理论大融合，不仅确立了电磁场这种特殊物质形态所表现的基本规律和相互作用的规律，而且实现了光与电磁场的统一。电磁理论发展初期，电学和磁学彼此独立，并行发展。直至 1820 年，奥斯特发现了电流具有磁效应，从而揭示了"电可以生磁"的物理本质，从真正意义上建立了"电"与"磁"的第一次"牵手"。安培提出一切磁现象的根源都是电流，使人们认识到电与磁之间有不可分割的联系。那么，相反的情形是否也可存在呢？即是否磁也可以生电呢？这是矛盾对立的另一个方面。法拉第凭着对物理真知的执着追求，靠自学和不断的尝试，经历了 11 年之久的不懈实验才发现了电磁感应定律，它深刻地揭示了变化的磁场可以产生电场。楞次定律表明感应电流激发的磁场要阻碍引起感应电流的磁通量的变化，这种阻碍作用体现了电与磁矛盾双方对立统一的辩证关系。奥斯特和法拉第等科学家正是在康德关于"自然力"统一哲学思想的影响下，坚持不懈地探索电与磁的联系，从而实现创造性突破。麦克斯韦又批判地继承了法拉第电磁感应定律，提出了"涡旋电场"的假设，对"磁生电"的物理本质进行了深入的诠释。基于对称性思想，麦克斯韦又引入"位移电流"的概念，不仅解决了稳恒电流情形下安培环路定律在时变场中出现的矛盾，更为可贵的是揭示了变化的电场同样可以产生磁场，即"电生磁"。变化的电场和磁场之间的相互激发和转化的重要性质，反映了电场与磁场是电磁场这个矛盾统一体的两个不同的方面。对称性思想对麦克斯韦方程组的建立起到了引领方向的作用，爱因斯坦曾在纪念麦克斯韦 100 周年诞辰的文章中高度评价道："自从牛顿奠定理论物理学的基础以来，物理学的公理基础——换句话说，就是我们关于实在的结构的概念——的最伟大的变革，是由法拉第和麦克斯韦在电磁现象方面的工作所引起的。"

纵观麦克斯韦方程组，不难发现电场($\boldsymbol{D},\boldsymbol{E}$)规律与磁场($\boldsymbol{B},\boldsymbol{H}$)规律，两者在形式上稍有不对称性，全电流定律（方程 1）与电磁感应定律（方程 2）相比，前者多一项自由电流密度 $\boldsymbol{J}$；磁通连续性原理（方程 3）与高斯定律（方程 4）相比，后者多一项自由电荷密度 ρ。这一差别源于不存在自由磁荷。另外，方程 1 中$\partial\boldsymbol{D}/\partial t$ 与方程 2 中$-\partial\boldsymbol{B}/\partial t$ 相差一负号，这正体现了电与磁的一个本质上的区别，假设不存在这符号的差异，就不会出现电磁振荡和电磁波，二者是辩证统一的。

哲学中对立统一规律揭示了任何事物之间都充满着矛盾，矛盾双方的统一与斗争，推动着事物的运动、变化和发展。这一规律对物理理论的研究也提供了有效的武器，在真理的发现过程中，永远充满着矛盾，发现、提出问题比解决问题更关键。特别是物理学家们坚持真理、善于发现矛盾、解决矛盾的科学精神，永远值得我们坚守并发扬光大！

本章小结

1. 库仑定律、安培定律和法拉第电磁感应定律

(1) 库仑定律：$\boldsymbol{F}=\dfrac{QQ'}{4\pi\varepsilon_0 R^2}\boldsymbol{e}_R$(点电荷 Q'对 Q 作用力)

(2) 安培定律：$\boldsymbol{F}_{21}=\dfrac{\mu_0}{4\pi}\oint_{l_1}\oint_{l_2}\dfrac{I_2\mathrm{d}\boldsymbol{l}_2\times(I_1\mathrm{d}\boldsymbol{l}_1\times\boldsymbol{e}_{R_{12}})}{R_{12}^2}$(回路 $\boldsymbol{l}_1$ 中电流对回路 $\boldsymbol{l}_2$ 中的电流的作用力)

(3) 法拉第电磁感应定律：$\mathscr{E}=-\dfrac{\mathrm{d}\psi_\mathrm{m}}{\mathrm{d}t},\psi_\mathrm{m}=\int_S\boldsymbol{B}\cdot\mathrm{d}\boldsymbol{S}$

2. 电场强度、磁感应强度、电极化强度和磁化强度

(1) 电场强度：$\boldsymbol{E}=\dfrac{1}{4\pi\varepsilon_0}\int_{V'}\dfrac{\rho\,\mathrm{d}V'}{R^2}\boldsymbol{e}_R$

(2) 磁感应强度：$\boldsymbol{B}=\dfrac{\mu_0}{4\pi}\int_{V'}\dfrac{\boldsymbol{J}\times\boldsymbol{e}_R}{R^2}\mathrm{d}V'$

(3) 电极化强度：$\boldsymbol{P}=\lim\limits_{\Delta V\to 0}\dfrac{\sum\limits_{i=1}^{N}\boldsymbol{p}_i}{\Delta V}=n\boldsymbol{p}$

(4) 磁化强度：$\boldsymbol{M}=\lim\limits_{\Delta V\to 0}\dfrac{\sum\limits_{i=1}^{N}\boldsymbol{m}_i}{\Delta V}=n\boldsymbol{m}$

3. 麦克斯韦方程组、电磁场的边值关系和电荷守恒定律

麦克斯韦根据电荷守恒定律引入了位移电流的概念，修正了静磁场的安培环路定律，得出了适用于时变场的全电流定律，并推广了法拉第电磁感应定律和静态场的高斯定理(包括磁通连续性原理)，从而提出了如下的麦克斯韦方程组：

积分形式	微分形式	时谐电磁场
(1) $\oint_l\boldsymbol{H}\cdot\mathrm{d}\boldsymbol{l}=\int_S\left(\boldsymbol{J}+\dfrac{\partial\boldsymbol{D}}{\partial t}\right)\cdot\mathrm{d}\boldsymbol{S}$	$\nabla\times\boldsymbol{H}=\boldsymbol{J}+\dfrac{\partial\boldsymbol{D}}{\partial t}$	$\nabla\times\boldsymbol{H}=\boldsymbol{J}-\mathrm{j}\omega\boldsymbol{D}$
(2) $\oint_l\boldsymbol{E}\cdot\mathrm{d}\boldsymbol{l}=-\int_S\dfrac{\partial\boldsymbol{B}}{\partial t}\cdot\mathrm{d}\boldsymbol{S}$	$\nabla\times\boldsymbol{E}=-\dfrac{\partial\boldsymbol{B}}{\partial t}$	$\nabla\times\boldsymbol{E}=\mathrm{j}\omega\boldsymbol{B}$
(3) $\oint_S\boldsymbol{B}\cdot\mathrm{d}\boldsymbol{S}=0$	$\nabla\cdot\boldsymbol{B}=0$	$\nabla\cdot\boldsymbol{B}=0$
(4) $\oint_S\boldsymbol{D}\cdot\mathrm{d}\boldsymbol{S}=\int_V\rho\,\mathrm{d}V$	$\nabla\cdot\boldsymbol{D}=\rho$	$\nabla\cdot\boldsymbol{D}=\rho$
本构方程 $\begin{cases}\boldsymbol{B}=\mu\boldsymbol{H}\\\boldsymbol{D}=\varepsilon\boldsymbol{E}\\\boldsymbol{J}_\mathrm{c}=\sigma\boldsymbol{E}\end{cases}$	$\begin{cases}\boldsymbol{B}=\mu\boldsymbol{H}\\\boldsymbol{D}=\varepsilon\boldsymbol{E}\\\boldsymbol{J}_\mathrm{c}=\sigma\boldsymbol{E}\end{cases}$	$\begin{cases}\boldsymbol{B}=\mu\boldsymbol{H}\\\boldsymbol{D}=\varepsilon\boldsymbol{E}\\\boldsymbol{J}_\mathrm{c}=\sigma\boldsymbol{E}\end{cases}$

麦克斯韦方程组及本构方程全面总结了电场与磁场之间的紧密联系、电磁场与场源之间的关系以及电磁场与其所处介质之间的关系，它们是电磁场的基本方程。电磁场的求解问题实际上是求麦克斯韦方程组满足给定边值条件下的解。

电磁场在不同介质分界面上的边值关系列于表中。

介质分界面	两种介质分界面	两种介质分界面	介质与理想导体分界面
边值关系	$\boldsymbol{e}_n\times(\boldsymbol{H}_2-\boldsymbol{H}_1)=\boldsymbol{J}_S$ $\boldsymbol{e}_n\times(\boldsymbol{E}_2-\boldsymbol{E}_1)=0$ $\boldsymbol{e}_n\cdot(\boldsymbol{B}_2-\boldsymbol{B}_1)=0$ $\boldsymbol{e}_n\cdot(\boldsymbol{D}_2-\boldsymbol{D}_1)=\rho_S$	$H_{1t}=H_{2t}$ $E_{1t}=E_{2t}$ $B_{1n}=B_{2n}$ $D_{1n}=D_{2n}$	$H_t=J_S$ $E_t=0$ $B_n=0$ $D_n=\rho_S$

电荷守恒定律：$\oint_S \boldsymbol{J}\cdot d\boldsymbol{S}=-\int_V \frac{\partial\rho}{\partial t}dV$，$\nabla\cdot\boldsymbol{J}=-\frac{\partial\rho}{\partial t}$

4. 洛伦兹力公式

$\boldsymbol{F}=Q(\boldsymbol{E}+\boldsymbol{v}\times\boldsymbol{B})$或$\boldsymbol{f}=\rho\boldsymbol{E}+\boldsymbol{J}\times\boldsymbol{B}$ 公式反映了电磁场的运动规律及它与带电系统的相互作用规律。

麦克斯韦方程组和洛伦兹力公式是经典电动力学的基础。

5. 电磁场能量和能流

电磁场能量守恒定律：

微分形式：$\nabla\cdot(\boldsymbol{E}\times\boldsymbol{H})+\boldsymbol{E}\cdot\boldsymbol{J}=-\frac{\partial w}{\partial t}$

积分形式：$\oint_S(\boldsymbol{E}\times\boldsymbol{H})\cdot d\boldsymbol{S}+\int_V\boldsymbol{E}\cdot\boldsymbol{J}\,dV=-\frac{\partial W}{\partial t}$

电磁场的能流密度矢量：$\boldsymbol{S}=\boldsymbol{E}\times\boldsymbol{H}$

6. 电磁场动量

电磁场的动量密度：$\boldsymbol{g}=\varepsilon_0\boldsymbol{E}\times\boldsymbol{B}$

电磁场的动量流密度张量：$\overleftrightarrow{\boldsymbol{J}}=-\varepsilon_0\boldsymbol{EE}-\frac{1}{\mu_0}\boldsymbol{BB}+\frac{1}{2}\overleftrightarrow{\boldsymbol{I}}\left(\varepsilon_0E^2+\frac{1}{\mu_0}B^2\right)$

电磁场动量守恒定律：$\int_V\boldsymbol{f}\,dV+\frac{\partial}{\partial t}\int_V\boldsymbol{g}\,dV=-\oint_S\overleftrightarrow{\boldsymbol{J}}\cdot d\boldsymbol{S}$；$\boldsymbol{f}+\frac{\partial\boldsymbol{g}}{\partial t}=-\nabla\cdot\overleftrightarrow{\boldsymbol{J}}$

7. 电磁场各场量的关系图

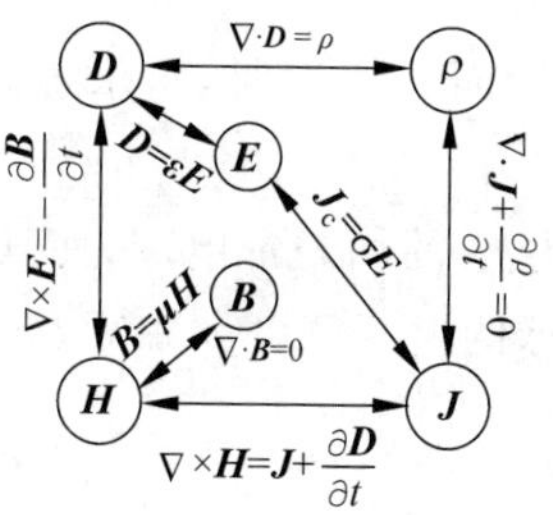

习题 2

2.1 设处于基态的氢原子中电子的电荷密度为$\rho(r)=-\frac{e}{\pi a^3}e^{-\frac{2r}{a}}$，其中$a$是玻尔原子半径，$e$是电子电量。若将质子电荷视为集中于原点的点电荷，试求氢原子中的电场强度。

2.2 已知在 $r>a$ 的区域中，电场强度矢量在球坐标系内的各分量分别为 $E_r=\dfrac{A\cos\theta}{r^3}$、$E_\theta=\dfrac{A\sin\theta}{r^3}$ 与 $E_\phi=0$，其中 A 为常数。试求此区域中的电荷密度。

2.3 空气中有一无限长半径为 a 的直圆柱体，单位长的带电量为 Q_0。试分别求下列两种情况下柱体内、外的电场强度以及电场的散度和旋度。

(1) 电荷均匀地分布于柱体内；

(2) 电荷均匀地分布于柱面上。

2.4 非均匀介质中的自由电荷密度为 ρ，试求束缚电荷密度 ρ_b，并由所得结果说明，即使 $\rho=0$，仍有 ρ_b；但对均匀介质，$\rho=0$ 处 $\rho_b=0$。

2.5 空气中有一半径为 a 的极化介质球，其介电常数为 ε，极化强度为 $\boldsymbol{P}=\dfrac{P_0}{r}\boldsymbol{e}_r$，$P_0$ 为常数。试求：

(1) 介质球内、外的电场强度；

(2) 球体内和球面上的束缚电荷分布及总的束缚电荷。

2.6 有一平行板空气电容器，极板的长、宽分别为 a 和 b，极板间的距离为 d(d 远小于 a 和 b)且电压为 U，如题 2.6 图所示。在两极板间平行地部分插入厚度为 t($t<d$)，长、宽分别为 x($x<a$)与 b 的介质板，其介电常数为 ε，忽略电容器的边缘效应，试求介质板内与空气隙中的电场强度及介质表面上的束缚电荷面密度。

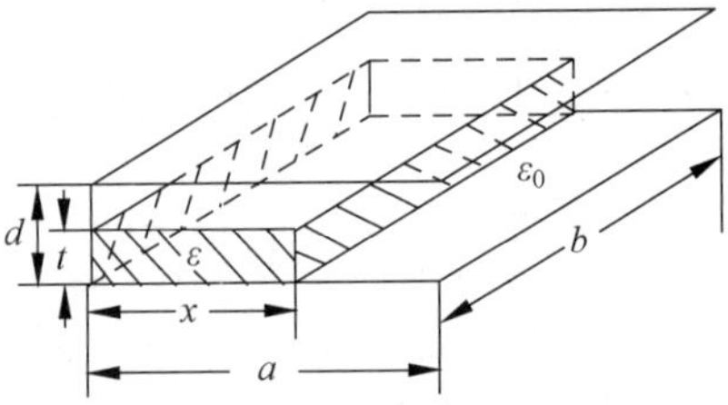

题 2.6 图

2.7 设在赤道上地球的磁场 $\boldsymbol{B}_0$ 与地平面平行，方向指向北方。若 $B_0=5\times10^{-5}\,\text{T}$，已知铜导线的质量密度为 $\rho_m=8.9\times10^3\,\text{kg/m}^3$，试求铜导线在地球的磁场中飘浮起来所需要的最小电流密度。

2.8 无限长导体圆管的内外半径分别为 r_1 和 r_2，其中通有均匀分布且沿轴向的电流 I。试求：

(1) 导体圆管内外的磁感应强度；

(2) 当管壁趋于零(即 $r_2\to r_1$)而 I 不变时，重求 $\boldsymbol{B}$，并讨论这时管外紧贴管壁处 $\boldsymbol{B}$ 和 $\boldsymbol{J}_S$ 的关系。

2.9 有一半径为 a、带电量为 Q 的均匀带电球，使其绕自身的某一直径以角速度 ω 旋转。试求在下列两种情况下带电球的电流密度和磁矩。

(1) 电荷均匀分布于球体内；

(2) 电荷均匀分布于球面上。

2.10 下列的矢量函数中，哪些可能是磁场？若是，求其涡旋源。

(1) $\boldsymbol{B}=az\boldsymbol{e}_z$；　　(2) $\boldsymbol{B}=ay\boldsymbol{e}_x-ax\boldsymbol{e}_y$；

(3) $\boldsymbol{B}=a\boldsymbol{e}_x+b\boldsymbol{e}_y$；　　(4) $\boldsymbol{B}=\dfrac{\mu_0 Ir}{2\pi a^2}\boldsymbol{e}_\phi$(圆柱坐标系)。

2.11 半径为 a 的磁介质球，其磁导率为 μ，球外为空气。已知球内外的磁场强度分别为

$$\boldsymbol{H}_1 = C(\cos\theta\boldsymbol{e}_r - \sin\theta\boldsymbol{e}_\theta) \quad 和 \quad \boldsymbol{H}_2 = D\left(\frac{2}{r^3}\cos\theta\boldsymbol{e}_r + \frac{1}{r^3}\sin\theta\boldsymbol{e}_\theta\right)$$

试确定系数 C、D 间的关系，并求出磁介质球表面上的自由面电流密度 $\boldsymbol{J}_S$ 和总的面电流密度 $\boldsymbol{J}_{St}$。

2.12 尺寸为 $a\times b$ 的矩形线圈与长直线电流 $i=I_m\sin\omega t$ 线共面，且 a 边与线电流平行，二者相距较近，距离为 d。试求线圈中的感应电动势。

2.13 假设真空中的磁感应强度为 $\boldsymbol{H}=0.01\cos(6\pi\times10^6t-2\pi z)\boldsymbol{e}_y$ A/m，试求空间任一点的位移电流密度。

2.14 已知一电磁波的电场强度为

$$\boldsymbol{E}=E_m[\cos(\omega t-kz)\boldsymbol{e}_x+\sin(\omega t-kz)\boldsymbol{e}_y]$$

其中：E_m、ω 及 k 均为常数。试求磁感应强度 $\boldsymbol{B}$。

2.15 由理想导体平板围成一无限长中空的长方体金属管(称为矩形波导)，如题 2.15 图所示，已知其内的电场强度为

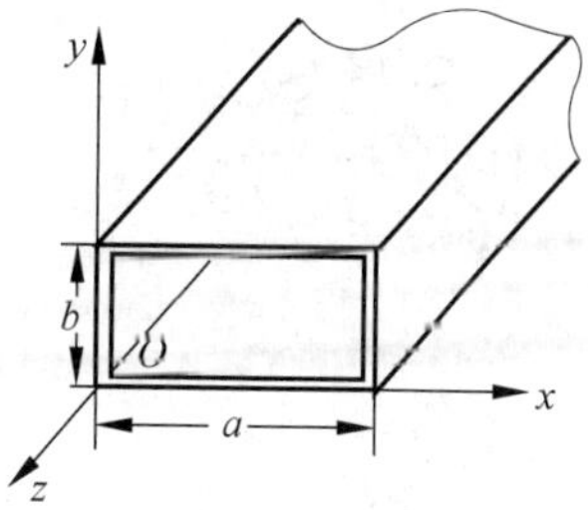

题 2.15 图

$$\boldsymbol{E}=E_m\sin\frac{\pi x}{a}\sin(\omega t-\beta z)\boldsymbol{e}_y$$

其中：ω、β 均为常数。试求：

(1) 管内的磁场强度和导体壁 $x=a$，$y=b$ 上的面电流密度；

(2) 管内的坡印亭矢量的瞬时值和平均值；

(3) 穿过管内任一横截面的平均功率。

2.16 长为 l 的同轴电缆的内外半径分别为 r_1 和 r_2，两导体间填充真空，在导线的一端接有电源 U，且通有均匀分布且沿轴向的电流 I。试求两导体间电磁场具有的动量。

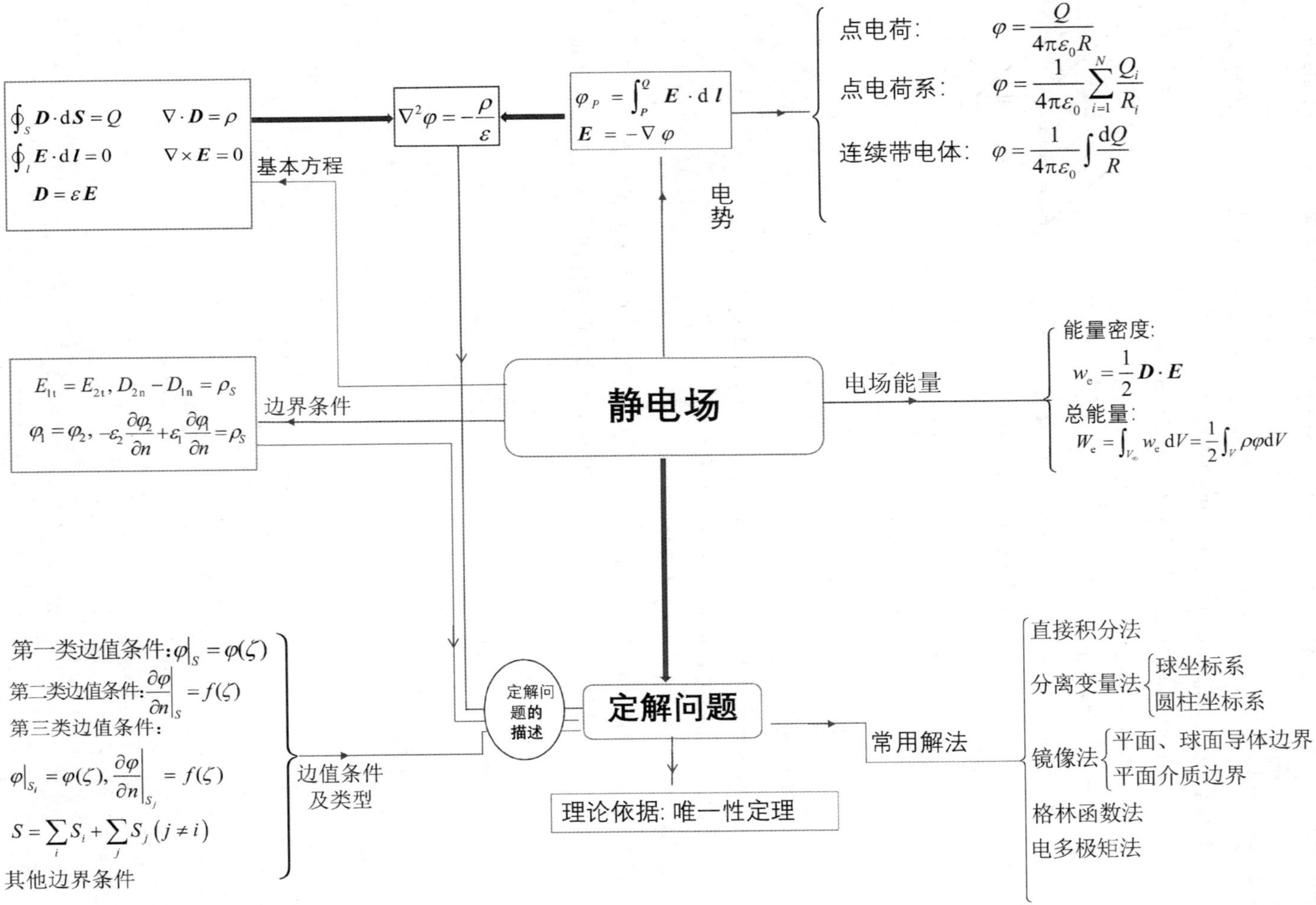
静电场
基本方程
$\oint_S \boldsymbol{D}\cdot d\boldsymbol{S}=Q$　$\nabla\cdot\boldsymbol{D}=\rho$
$\oint_l \boldsymbol{E}\cdot d\boldsymbol{l}=0$　$\nabla\times\boldsymbol{E}=0$
$\boldsymbol{D}=\varepsilon\boldsymbol{E}$
$\nabla^2\varphi=-\frac{\rho}{\varepsilon}$
$\varphi_P=\int_P^Q \boldsymbol{E}\cdot d\boldsymbol{l}$
$\boldsymbol{E}=-\nabla\varphi$
电势
点电荷：$\varphi=\frac{Q}{4\pi\varepsilon_0 R}$
点电荷系：$\varphi=\frac{1}{4\pi\varepsilon_0}\sum_{i=1}^{N}\frac{Q_i}{R_i}$
连续带电体：$\varphi=\frac{1}{4\pi\varepsilon_0}\int\frac{dQ}{R}$
边界条件
$E_{1t}=E_{2t}, D_{2n}-D_{1n}=\rho_S$
$\varphi_1=\varphi_2, -\varepsilon_2\frac{\partial\varphi_2}{\partial n}+\varepsilon_1\frac{\partial\varphi_1}{\partial n}=\rho_S$
电场能量
能量密度：
$w_e=\frac{1}{2}\boldsymbol{D}\cdot\boldsymbol{E}$
总能量：
$W_e=\int_{V_\infty} w_e dV=\frac{1}{2}\int_V \rho\varphi dV$
定解问题
定解问题的描述
边值条件及类型
第一类边值条件：$\varphi|_S=\varphi(\zeta)$
第二类边值条件：$\frac{\partial\varphi}{\partial n}\Big|_S=f(\zeta)$
第三类边值条件：
$\varphi|_{S_i}=\varphi(\zeta), \frac{\partial\varphi}{\partial n}\Big|_{S_j}=f(\zeta)$
$S=\sum_i S_i+\sum_j S_j\ (j\neq i)$
其他边界条件
理论依据：唯一性定理
常用解法
直接积分法
分离变量法
球坐标系
圆柱坐标系
镜像法
平面、球面导体边界
平面介质边界
格林函数法
电多极矩法

第3章 静电场

CHAPTER 3

本章导读：第2章系统地描述了电磁场的基本规律，包括静电荷产生的静电场、稳恒电流产生的静磁场、时变电磁场之间相互激发、相互转化的规律，总结出了反映电磁普遍现象的基本规律以及电磁场与带电物质之间的相互作用规律——麦克斯韦方程组和洛伦兹力公式。在此基础上，阐述了电磁场的能量和动量等主要特性。麦克斯韦方程组以及洛伦兹力公式是电动力学的理论基础。从本章开始将分别介绍静电场、静磁场、电磁波的辐射、电磁波的传播等不同类型场的基本特征及分析方法。

本章介绍静电场问题，主要包括静电场的基本方程及静电场问题的基本解法。章末将相关科技前沿补充进去，增加了本书内容的前瞻性。“电”和“磁”是电动力学的两个重要方面，学习“磁”的方法可以与学习“电”的方法相对照，因此掌握静电场的内容，将为学习静磁场的问题奠定重要的基础。

3.1 静电场的基本方程及边值关系

3.1.1 静电场的基本方程

在静电场情形下，电场与磁场无关，电场与时间无关，麦克斯韦方程组简化为

$$\nabla\cdot \boldsymbol{D}=\rho \tag{3-1}$$

$$\nabla\times \boldsymbol{E}=0 \tag{3-2}$$

此即为静电场的基本方程。式(3-1)表示自由电荷 ρ 为电位移矢量 $\boldsymbol{D}$ 的源，式(3-2)则表示静电场 $\boldsymbol{E}$ 是无旋场，因而静电场为有源无旋场。

由于静电场的无旋性，可以引入一个标势来描述静电场。

从电场力做功的角度看，由式(2-19)可知，静电场的积分与路径无关，而只与起始点和终点的位置有关。因此在电场中选择 Q 点为参考点，则对于电场中任意一点 P，可以定义积分

$$\varphi_P=\int_P^Q \boldsymbol{E}\cdot \mathrm{d}\boldsymbol{l} \tag{3-3}$$

为静电场在 P 点的势函数，简称电势。通常规定 Q 点的电势为零，也称为零势点，显然该积分值只与 P 点的位置有关。其物理意义是指单位正电荷在静电场力的作用下由 P 点沿着任意路径移动到 Q 点时电场力所做的功。

在实际问题中，常取大地表面作为电势的参考点；而在理论研究中，只要电荷分布在有

限区域内,选定无穷远处作为电势参考点通常是很方便的,这时场点 P 处的电势可表示为

$$\varphi_P = \int_P^{\infty} \boldsymbol{E} \cdot \mathrm{d}\boldsymbol{l} \tag{3-4}$$

引入电势后,可把电场的矢量计算问题化为一个标量问题,从而使矢量场的计算得以简化。

> **特别提醒**:需要注意的是,若电荷分布在无限区域内,则不能选定无穷远处作为电势参考点,而必须选择有限远处某一点为参考点,否则会导致电势无意义,详见例 3.1。

静电场中,两点之间的电势差值称为电势差,或称为该两点间的电压。若静电场对单位正电荷做正功,则电势下降。所以相距为 $\mathrm{d}l$ 的两点间的电势差为

$$\mathrm{d}\varphi = -\boldsymbol{E} \cdot \mathrm{d}\boldsymbol{l}$$

由于

$$\mathrm{d}\varphi = \frac{\partial \varphi}{\partial x}\mathrm{d}x + \frac{\partial \varphi}{\partial y}\mathrm{d}y + \frac{\partial \varphi}{\partial z}\mathrm{d}z = \nabla\varphi \cdot \mathrm{d}\boldsymbol{l}$$

对照上面两式不难看到,电场强度等于电势梯度的负值,即

$$\boldsymbol{E} = -\nabla\varphi \tag{3-5}$$

式(3-5)由矢量分析的理论也可得到。这是因为任一标量函数的梯度的旋度必为零,故静电场强度 $\boldsymbol{E}$ 可用一个标量函数的梯度来表示,该标量函数 $\varphi(\boldsymbol{r})$称为电势或电位,$\nabla\varphi$ 是电势的梯度。因电场强度矢量 $\boldsymbol{E}$ 是指向电势下降的方向,这就是式(3-5)中有一负号的原因。式(3-5)表明,场强 $\boldsymbol{E}$ 的方向是电势减小率最大的方向,场强的大小则是电势随距离的最大变化率。

式(3-4)、式(3-5)反映了电场强度和电势的内在联系。若已知电场强度,可以根据式(3-4)求出电势;反之,若已知电势,可以根据式(3-5)求出电场强度。由于电场强度是由电荷所决定,因此,对于已知电荷分布的情形,也可以直接通过电荷分布求出相应的电势函数。下面推导给定电荷分布所激发的电势问题。

若取无限远处作为电势参考点,将点电荷的场强公式(2-4)代入式(3-4),可得真空中点电荷 Q 在场点 P 的电势为

$$\varphi(\boldsymbol{r}) = \frac{Q}{4\pi\varepsilon_0 R} = \frac{Q}{4\pi\varepsilon_0 |\boldsymbol{r} - \boldsymbol{r}'|} \tag{3-6}$$

对于空间有 N 个点电荷(点电荷群),电势也满足叠加原理(标量叠加)。于是,

$$\varphi(\boldsymbol{r}) = \frac{1}{4\pi\varepsilon_0}\sum_{i=1}^{N}\frac{Q_i}{R_i} = \frac{1}{4\pi\varepsilon_0}\sum_{i=1}^{N}\frac{Q_i}{|\boldsymbol{r} - \boldsymbol{r}'_i|} \tag{3-7}$$

对于连续分布的电荷,也与计算场强一样,可以采用化整为零的做法:先求出电荷元 $\mathrm{d}Q$ 所产生的电势元 $\mathrm{d}\varphi = \dfrac{\mathrm{d}Q}{4\pi\varepsilon_0 R}$,再由电势的叠加原理,可得

$$\varphi(\boldsymbol{r}) = \frac{1}{4\pi\varepsilon_0}\int\frac{\mathrm{d}Q}{R} = \frac{1}{4\pi\varepsilon_0}\int\frac{\mathrm{d}Q}{|\boldsymbol{r} - \boldsymbol{r}'|} \tag{3-8}$$

式中,电荷元 $\mathrm{d}Q$ 在连续的电荷为体分布、面分布或线分布时,可分别表示成 $\mathrm{d}Q = \rho\mathrm{d}V'$、$\mathrm{d}Q = \rho_S\mathrm{d}S'$ 或 $\mathrm{d}Q = \rho_l\mathrm{d}l'$。于是,场点的电势分别为

体分布:

$$\varphi(\boldsymbol{r}) = \frac{1}{4\pi\varepsilon_0}\int_{V'}\frac{\rho(\boldsymbol{r}')}{R}\mathrm{d}V' \tag{3-9a}$$

面分布：

$$\varphi(\boldsymbol{r})=\frac{1}{4\pi\varepsilon_0}\int_{S'}\frac{\rho_S(\boldsymbol{r}')}{R}\mathrm{d}S' \tag{3-9b}$$

线分布：

$$\varphi(\boldsymbol{r})=\frac{1}{4\pi\varepsilon_0}\int_{l'}\frac{\rho_l(\boldsymbol{r}')}{R}\mathrm{d}l' \tag{3-9c}$$

在均匀、各向同性介质中，只要将上式中的 ε_0 换成 ε 即可。

由式(3-9)可见，当空间的电荷分布已知，电势以及电场就可完全确定。但在实际情况中，往往不是所有电荷分布都能够预先给定的。例如，在距离一接地导体附近放置给定分布的电荷，由于静电感应的结果，在导体表面会出现一定分布的感应电荷，这部分电荷与原电荷共同产生区域内的总场，但事先无法确知其分布，只有求出电场后才可以利用边值关系确定，因而这类问题就不能简单地用以上方法进行计算，而必须建立电荷分布和电场相互作用规律的微分形式以及边界对场的约束关系作为一个整体来考虑，这在数学上即为求解稳定场的定解问题。下面我们来分析此类问题。

3.1.2 标势的微分方程

考虑均匀、各向同性介质，有 $\boldsymbol{D}=\varepsilon\boldsymbol{E}$。将式(3-5)代入式(3-1)，可得

$$\nabla^2\varphi=-\frac{\rho}{\varepsilon} \tag{3-10}$$

此式为用电势描述静电场的基本方程，称为电势的泊松方程。在无电荷的区域，$\rho=0$，式(3-10)变为

$$\nabla^2\varphi=0 \tag{3-11}$$

称为电势的拉普拉斯方程。于是，对于给定电荷分布求解电场的问题可归结为求解电势的泊松方程或拉普拉斯方程。

点电荷的电势分布一定满足泊松方程(3-10)。考虑到点电荷的密度函数表达式(2-6)，有

$$\nabla^2\varphi=\nabla^2\left(\frac{Q}{4\pi\varepsilon_0 R}\right)=-\frac{Q\delta(\boldsymbol{r}-\boldsymbol{r}')}{\varepsilon_0} \tag{3-12}$$

化简可得

$$\nabla^2\frac{1}{R}=-4\pi\delta(\boldsymbol{r}-\boldsymbol{r}') \tag{3-13}$$

这是一个非常有用的公式。

3.1.3 边值关系

由第 2 章知，在两种不同介质的分界面上，静电场的边界条件也满足

$$\begin{cases}D_{2\mathrm{n}}-D_{1\mathrm{n}}=\rho_S\\ E_{2\mathrm{t}}-E_{1\mathrm{t}}=0\end{cases} \tag{3-14}$$

将上式化为用电势来表示的形式，由式(3-5)可得，$E_\mathrm{n}=-\dfrac{\partial\varphi}{\partial n}$，代入上式第一式，即有

$$-\varepsilon_2\frac{\partial\varphi_2}{\partial n}+\varepsilon_1\frac{\partial\varphi_1}{\partial n}=\rho_S \tag{3-15}$$

考虑介质1和介质2分界面两侧邻近的两点 P_1 和 P_2,根据电势差的积分式 $\varphi_1-\varphi_2=\int_{P_1}^{P_2}\boldsymbol{E}\cdot\mathrm{d}\boldsymbol{l}$,由于电场强度 $\boldsymbol{E}$ 为有限值,故当 $\mathrm{d}\boldsymbol{l}\to 0$ 时 $\int_{P_1}^{P_2}\boldsymbol{E}\cdot\mathrm{d}\boldsymbol{l}\to 0$,则有

$$\varphi_1=\varphi_2 \tag{3-16}$$

上式表明,在任意介质的分界面上,电势总是连续的。

以上为一般情形下的边值关系,下面讨论几种常见的特殊情形。

1. 两种理想介质的分界面上

理想介质中不存在自由电荷,即 $\rho_S=0$,由式(3-14)~式(3-16),则有

$$\begin{cases}D_{1\mathrm{n}}=D_{2\mathrm{n}}\\ \varepsilon_1\dfrac{\partial\varphi_1}{\partial n}=\varepsilon_2\dfrac{\partial\varphi_2}{\partial n}\end{cases} \tag{3-17}$$

和

$$\begin{cases}E_{1\mathrm{t}}=E_{2\mathrm{t}}\\ \varphi_1=\varphi_2\end{cases} \tag{3-18}$$

2. 在理想介质和导体的分界面上

由于静电平衡而使导体内部的电荷及电场均为零,故可得导体表面上的边界条件为

$$\begin{cases}D_{\mathrm{n}}=\rho_S\\ -\varepsilon\dfrac{\partial\varphi}{\partial n}=\rho_S\end{cases} \tag{3-19}$$

和

$$\begin{cases}E_{\mathrm{t}}=0\\ \varphi=C\end{cases} \tag{3-20}$$

式中,$\varphi=C$(常数)表明导体表面是等势面。通常称导体表面为电壁。由上面两式可知,介质中紧邻导体表面处的电场强度 $\boldsymbol{E}$ 总是与导体表面垂直的,即

$$\boldsymbol{E}=\frac{\rho_S}{\varepsilon}\boldsymbol{e}_{\mathrm{n}} \tag{3-21}$$

静电场的基本问题是求解给定区域内电势的泊松方程和相应边值关系的定解问题。下一节将证明在什么条件下定解可唯一确定,然后将具体讨论几种常用的静电场边值问题的求解方法。

3.1.4 静电场的能量

由第2章可知,静电场的总能量表达式为

$$W_{\mathrm{e}}=\frac{1}{2}\int_{V_\infty}\boldsymbol{E}\cdot\boldsymbol{D}\,\mathrm{d}V \tag{3-22}$$

其中,V_∞ 表示的是所有电场存在的地方。在静电场中,W_{e} 也可以用电势和电荷分布表征。由 $\nabla\cdot\boldsymbol{D}=\rho$ 与 $\boldsymbol{E}=-\nabla\varphi$,再应用矢量微分恒等式,由

$$\nabla\cdot(\varphi\boldsymbol{D})=\boldsymbol{D}\cdot\nabla\varphi+\varphi\nabla\cdot\boldsymbol{D}$$

可得

$$\boldsymbol{D}\cdot\boldsymbol{E}=\varphi\rho-\nabla\cdot(\varphi\boldsymbol{D})$$

将其代入式(3-22),有

$$W_{\mathrm{e}}=\frac{1}{2}\int_{V_\infty}\rho\varphi\,\mathrm{d}V-\frac{1}{2}\int_{V_\infty}\nabla\cdot(\varphi\boldsymbol{D})\,\mathrm{d}V=\frac{1}{2}\int_{V'}\rho\varphi\,\mathrm{d}V'-\frac{1}{2}\oint_{S_\infty}\varphi\boldsymbol{D}\cdot\mathrm{d}\boldsymbol{S}$$

上式应用了高斯散度定理。其中，V'是电荷分布的区域。体积V_∞及其闭合曲面S_∞均对应于$R\to\infty$。对于上式中第二项面积分，由于当$R\to\infty$时，$\varphi\propto\frac{1}{R}$，$D\propto\frac{1}{R^2}$，面积微元$dS\propto R^2$，整个面积分则随$\frac{1}{R}$而变，故在无限大球面$S$上的面积分为零。因此，可得电场能量的另一种表达式为

$$W_e=\frac{1}{2}\int_{V'}\rho\varphi dV' \tag{3-23}$$

该公式是用自由电荷分布和电势表示的静电场能量，只适用于静电场能量的情形。注意被积函数不能看作能量密度，因为能量是分布于电场中的，而不仅仅局限于电荷分布的区域内。

对于连续分布、电荷密度为$\rho(\boldsymbol{r})$的带电体所激发的电场能量，由电势计算公式和式(3-23)可得

$$W_e=\frac{1}{8\pi\varepsilon}\int_V dV\int_{V'}\frac{\rho(\boldsymbol{r})\rho(\boldsymbol{r}')}{R}dV' \tag{3-24}$$

例 3.1 求均匀电场$\boldsymbol{E}_0$中任一点的电势。

解 因均匀电场中每一点场强$\boldsymbol{E}_0$相同，选场域中任一点为坐标原点，坐标轴沿$\boldsymbol{E}_0$方向，不妨设为z轴，并设原点为电势参考点，电势为φ_0。则任一点P处的电势为

$$\varphi(P)-\varphi_0=\int_P^0\boldsymbol{E}\cdot d\boldsymbol{l}=\int_P^0\boldsymbol{E}\cdot d\boldsymbol{r}=-\boldsymbol{E}_0\cdot\boldsymbol{r}$$

所以，

$$\varphi(P)=\varphi_0-\boldsymbol{E}_0\cdot\boldsymbol{r}=\varphi_0-E_0 r\cos\theta$$

例 3.2 真空中有一无限长的均匀带电线，其电荷线密度为ρ_l。试求线外任一点的电势和电场强度。

解 选圆柱坐标系，令带电直线与z轴重合，显然，带电直线的场与坐标ϕ无关。为讨论方便，不妨先计算长为L的导线，取其中点为坐标原点，故场点P的坐标可表示为$(\rho,0,z)$，如图 3-1 所示。在带电直线上任取一线电荷元$dQ=\rho_l dl'=\rho_l dz'$，它到场点P的距离为$R=\sqrt{(z'-z)^2+\rho^2}$。则

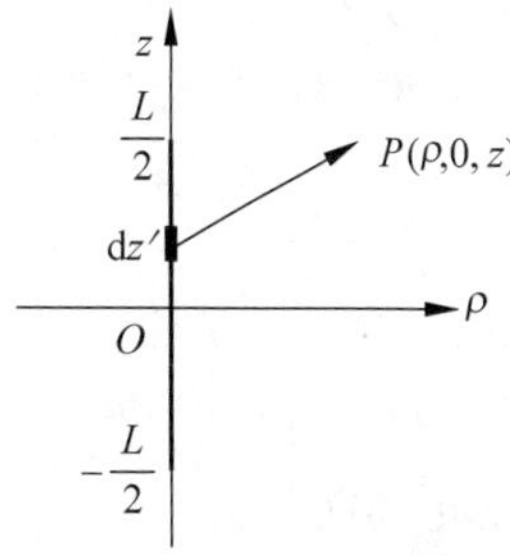

图 3-1 计算带电直线的势与场

$$\varphi(\rho)=\frac{\rho_l}{4\pi\varepsilon_0}\int_{-\frac{L}{2}}^{\frac{L}{2}}\frac{dz'}{\sqrt{(z'-z)^2+\rho^2}}=\frac{\rho_l}{4\pi\varepsilon_0}\left[\ln\left(z'-z+\sqrt{(z'-z)^2+\rho^2}\right)\right]_{-\frac{L}{2}}^{\frac{L}{2}}$$

$$=\frac{\rho_l}{4\pi\varepsilon_0}\ln\frac{\left(-z+\frac{L}{2}+\sqrt{\left(z-\frac{L}{2}\right)^2+\rho^2}\right)}{\left(-z-\frac{L}{2}+\sqrt{\left(z+\frac{L}{2}\right)^2+\rho^2}\right)}$$

当$L\gg\rho$时，有

$$\varphi=\frac{\rho_l}{4\pi\varepsilon_0}\ln\frac{\left(-z+\frac{L}{2}+\sqrt{\left(z-\frac{L}{2}\right)^2+\rho^2}\right)}{\left(-z-\frac{L}{2}+\sqrt{\left(z+\frac{L}{2}\right)^2+\rho^2}\right)}$$

$$=\frac{\rho_l}{4\pi\varepsilon_0}\ln\frac{\left(-z+\frac{L}{2}+\sqrt{\left(z-\frac{L}{2}\right)^2+\rho^2}\right)\left(z+\frac{L}{2}+\sqrt{\left(z+\frac{L}{2}\right)^2+\rho^2}\right)}{\rho^2}$$

$$\approx \frac{\rho_l}{4\pi\varepsilon_0}\ln\frac{L^2}{\rho^2} = \frac{\rho_l}{2\pi\varepsilon_0}\ln\frac{L}{\rho}$$

当 $L\to\infty$ 时,结果为无穷大。之所以会出现这种情况,是因为无限长线电荷不是分布在有限区域内,但仍将电势参考点选在无穷远处的缘故。因此,必须将电势参考点选在有限远处,若令 $\rho=a$ 时,$\varphi=0$,则有

$$\varphi = \frac{\rho_l}{2\pi\varepsilon_0}\ln\frac{L}{\rho} + C'$$

代入上述条件式,可得

$$\varphi = \frac{\rho_l}{2\pi\varepsilon_0}\ln\frac{a}{\rho}$$

对 φ 求负梯度,得

$$\boldsymbol{E} = -\nabla\varphi = -\frac{\mathrm{d}\varphi}{\mathrm{d}\rho}\boldsymbol{e}_\rho = \frac{\rho_l}{2\pi\varepsilon_0\rho}\boldsymbol{e}_\rho$$

本题所讨论的无限长直线电荷的场是一个典型的电场。由此例可见,有限场源的电势参考点选在无限远处是方便的,而无限场源的电势参考点需要选在有限远处。

例 3.3 空气中有一总电量为 Q、半径为 a、介电常数为 ε 的均匀带电球,试计算静电场总能量的大小。

解 根据高斯定理,可得任一点的电场强度为

$$\boldsymbol{E} = \begin{cases} \dfrac{Qr}{4\pi\varepsilon a^3}\boldsymbol{e}_r, & r < a \\ \dfrac{Q}{4\pi\varepsilon_0 r^2}\boldsymbol{e}_r, & r > a \end{cases}$$

总电场能量为

$$W_{\mathrm{e}} = \int_0^a \frac{1}{2}\varepsilon\left(\frac{Qr}{4\pi\varepsilon a^3}\right)^2 4\pi r^2\,\mathrm{d}r + \int_a^\infty \frac{1}{2}\varepsilon_0\left(\frac{Q}{4\pi\varepsilon_0 r^2}\right)^2 4\pi r^2\,\mathrm{d}r = \frac{Q^2}{40\pi\varepsilon a} + \frac{Q^2}{8\pi\varepsilon_0 a}$$

3.2 静电场的定解问题、唯一性定理

3.2.1 静电场定解问题的描述

静电场的基本问题包括已知电荷分布求解电场的分布和相反情形。对于简单问题,可以从场的基本规律(如高斯定理、场强或电势函数积分关系式等)通过直接积分或微分运算进行。但是,实际工程和物理问题中的电磁场分析并不都那么简单,往往是待求场量中包含两个或三个坐标变量,场域及其边界的几何形状往往较为复杂等。这类问题的分析一般都需要求解电势的泊松方程或拉普拉斯方程在给定边值条件下的解。通常将这类问题称为静电场的定解问题。

静电场的边值条件可分为三类:第一类边值条件(也称为狄利特雷问题)是给定整个边界上的势函数值 $\varphi\big|_S=\varphi(\zeta)$,其中 ζ 是边界 S 上的点;第二类边值条件(也称为诺伊曼问题)是给定整个边界上势函数的法向导数值 $\dfrac{\partial\varphi}{\partial n}\bigg|_S=f(\zeta)$,例如静电场中给定各导体的电荷

面密度值 $\rho_S=-\varepsilon\frac{\partial\varphi}{\partial n}$ 或总电量 $Q=-\oint_S\varepsilon\frac{\partial\varphi}{\partial n}\mathrm{d}S$；第三类边值条件(也称为鲁宾问题)则是混合边值问题，即在一部分边界上给定势函数值 $\varphi\Big|_{S_i}=\varphi(\zeta)$，而在另一部分边界上给定势函数的法向导数值 $\frac{\partial\varphi}{\partial n}\Big|_{S_j}=f(\zeta)(j\neq i)$。

此外，有些问题中还存在其他边界条件：

(1) 由不同介质构成的区域在分界面上场量的衔接条件即分界面上场量的边界条件，或静电势在场域边界上的边界条件；

(2) 自然边值条件，即所求问题中隐含的、保证所求量具有物理意义的约束条件。比如，当场点包含坐标系的原点即 $r=0$ 或极轴时，场量应为有限值；若场源分布在有限远的区域，则当场点趋近于无穷远即 $r=\infty$ 时，场值应为零，等等。

3.2.2 静电场定解问题的常用解法

静电场边值问题的解法很多，包括解析法、数值计算法、图解法和实验法等。解析法包括直接积分法、分离变量法、镜像法、电轴法、格林函数法及复变函数法等，其中除分离变量法是直接解析法外，其他都是间接的解析方法。在解析法中，还包括近似解析法。

数值计算法包括有限差分法、有限元法、边界元法、矩量法等利用计算机进行数值计算的方法。另外，还有半解析与半数值计算相结合的混合方法。

图解法是利用计算机或人工作图的方法。例如，静电场的电力线和等势线处处相互垂直且在导体表面上电力线与其垂直而等势线与其平行，满足这些条件的场图便是待求的场图。由场图可知场域各处电场的大小和方向。

实验法是用物理实验的方法来确定在满足给定边值条件下的势或场。比如，在给定边值条件下，利用等电阻网格或导电液槽测定场域各处的电势等方法。

本书只讨论分离变量法、镜像法和格林函数法等几种最常用的解析法。

3.2.3 静电场的唯一性定理

电磁场的边值问题实质上可归结为数学物理方程的定解问题，定解问题要求解具有适定性，即解的存在性、稳定性、唯一性。作为客观存在的静电场，它所满足的偏微分方程的解的存在是确定无疑的，泊松方程或拉普拉斯方程解的稳定性在数学中已得到证明。这里，只对同一个静电场的边值问题，运用不同的方法得到的解是否具有唯一性进行讨论。

静电场的唯一性定理可以表述为：对于任一静电场，满足一定边值条件的泊松方程或拉普拉斯方程的解是唯一的，即在区域 V 内给定电荷分布 $\rho(\boldsymbol{r})$，在 V 的边界 S 上给定电势 φ 或其法向变量导数 $\frac{\partial\varphi}{\partial n}$ 的值，则 V 内的场便被唯一确定。

下面给出唯一性定理的证明过程。

1. 区域内无导体存在的情形

设区域 V 由若干个子区域 V_i 组成，每一个区域内的介电常数为 ε_i。若 V 内给定的自由电荷密度为 $\rho(\boldsymbol{r})$，在 V 的边界 S 上给定 $\varphi\Big|_S$ 或 $\frac{\partial\varphi}{\partial n}\Big|_S$。电势 φ 在区域 V_i 内满足泊松方程

$$\nabla^2\varphi=-\frac{\rho}{\varepsilon_i} \tag{3-25}$$

在两相邻区域 V_i、V_j 的边界上满足的边值关系为

$$\begin{cases}\varphi_i=\varphi_j \\ \varepsilon_i\dfrac{\partial\varphi_i}{\partial n}=\varepsilon_j\dfrac{\partial\varphi_j}{\partial n}\end{cases} \tag{3-26}$$

要证明其解具有唯一性,可以用反证法。先假定在场域内的每一点上都有两个满足泊松方程或拉普拉斯方程和边界条件的解 φ_1 和 φ_2,即

$$\nabla^2\varphi_1=-\frac{\rho}{\varepsilon_i} \quad 和 \quad \nabla^2\varphi_2=-\frac{\rho}{\varepsilon_i}$$

将上述两式相减,则这两个解的差值 $\varphi'=\varphi_1-\varphi_2$ 在该场域内满足拉普拉斯方程,即 $\nabla^2\varphi'=0$。在整个区域 V 的边界 S 上,有

$$\varphi'\,|_S=\varphi_2\,|_S-\varphi_1\,|_S=0 \tag{3-27}$$

和

$$\left.\frac{\partial\varphi'}{\partial n}\right|_S=\left.\frac{\partial\varphi_2}{\partial n}\right|_S-\left.\frac{\partial\varphi_1}{\partial n}\right|_S=0 \tag{3-28}$$

应用格林第一恒等式(1-37),即

$$\int_V(\varphi\nabla^2\psi+\nabla\varphi\cdot\nabla\psi)\mathrm{d}V=\oint_S\varphi\nabla\psi\cdot\mathrm{d}\boldsymbol{S}$$

令格林第一恒等式中的标量函数 $\varphi=\psi=\varphi'$,并结合 $\nabla^2\varphi'=0$,则有

$$\int_V|\nabla\varphi'|^2\mathrm{d}V=\oint_S\varphi'\,\nabla\varphi'\cdot\mathrm{d}\boldsymbol{S}=\oint_S\varphi'\,\frac{\partial\varphi'}{\partial n}\mathrm{d}S \tag{3-29}$$

因 $|\nabla\varphi'|^2$ 总是正值,无论给定边界上的 $\varphi\big|_S$ 或 $\left.\dfrac{\partial\varphi}{\partial n}\right|_S$,由式(3-27)或式(3-28),均可得到

$$\nabla\varphi'=0 \tag{3-30}$$

即在 V 内,有

$$\varphi'=C \tag{3-31}$$

这表明,满足相同定解条件的解 φ_1 和 φ_2 至多只能相差一个常量,因电势本身具有相对意义,所以相差一个常量时所对应的场量却相同,从而证明了唯一性定理的正确性。

2. 区域内有导体存在的情形

若区域 V 有导体存在时,在导体表面上的边界条件有两种类型:一类是给定导体上的电势;另一类是给定导体表面上的电荷分布(已知表面自由电荷密度或总自由电荷)。

为简单考虑,我们假定讨论区域内含一种均匀介质和若干个导体,如图 3-2 所示。因导体内的电场为零,导体为等势体,所以我们只关心除导体外的区域中势函数的分布情况。设该区域为 V',因此边界包括外边界表面 S 和各个导体表面 S_i。设 V' 内给定的自由电荷密度为 $\rho(\boldsymbol{r})$,该区域内介电常数为 ε,在 V 的边界 S 上给定 $\varphi\big|_S$ 或 $\left.\dfrac{\partial\varphi}{\partial n}\right|_S$。除此之外,并给出任一导体表面的电势 $\varphi\big|_{S_i}$ 或 $\left.\dfrac{\partial\varphi}{\partial n}\right|_{S_i}$;另一种情形是给出导体表面总电量 $-\oint_{S_i}\dfrac{\partial\varphi}{\partial n}\mathrm{d}S=\dfrac{Q_i}{\varepsilon}$。

对于类型 1,仍设所讨论的场域内每一点上都有两个满足泊松方程或拉普拉斯方程以

及边界条件的解 φ_1 和 φ_2，仿照前面的分析方法，应用格林第一恒等式时，应注意到闭合曲面包括外边界面和导体边界面两部分之和，即

$$\int_{V'}(\varphi\nabla^2\psi+\nabla\varphi\cdot\nabla\psi)\mathrm{d}V=\oint_S\varphi\nabla\psi\cdot\mathrm{d}\boldsymbol{S}+\sum_i\oint_{S_i}\varphi\nabla\psi\cdot\mathrm{d}\boldsymbol{S} \tag{3-32}$$

式中：$\boldsymbol{S}_i$ 的法线方向为复连通区域的正向，由介质指向导体内侧。

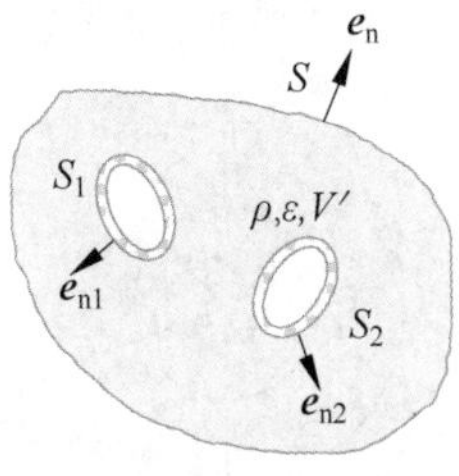

图 3-2 有导体存在时的边值问题

因导体表面的电势或电势关于法向变量导数给定，则式(3-32)右边第二项的推证方法与无导体存在时的情形完全类同，在此不再赘述。

对于类型 2，仍设有两个解 φ_1 和 φ_2 满足上述条件，令 $\varphi'=\varphi_1-\varphi_2$，则$\nabla^2\varphi'=0$。在 S 上，有

$$\varphi'|_S=\varphi_2|_S-\varphi_1|_S=0 \tag{3-33}$$

或

$$\left.\frac{\partial\varphi'}{\partial n}\right|_S=\left.\frac{\partial\varphi_2}{\partial n}\right|_S-\left.\frac{\partial\varphi_1}{\partial n}\right|_S=0 \tag{3-34}$$

在导体边界上，则有

$$\varphi'=0 \tag{3-35}$$

和

$$-\oint_{S_i}\frac{\partial\varphi'}{\partial n}\mathrm{d}S=0 \tag{3-36}$$

应用式(3-32)，令 $\varphi=\psi=\varphi'$，$\nabla^2\varphi'=0$，有

$$\int_{V'}|\nabla\varphi'|^2\mathrm{d}V=\oint_S\varphi'\frac{\partial\varphi'}{\partial n}\mathrm{d}S+\sum_i\oint_{S_i}\varphi'\frac{\partial\varphi'}{\partial n}\mathrm{d}S \tag{3-37}$$

同理，无论给定边界上还是导体边界上的 $\varphi|_S$ 或 $\left.\frac{\partial\varphi}{\partial n}\right|_S$，由式(3-35)或式(3-36)，均可得到

$$\nabla\varphi'=0 \tag{3-38}$$

从而也证明了唯一性定理。

静电场的解具有唯一性有着重要的意义，它表明在求解静电势问题时，只要所求解的问题在场域内的场源分布已知，并给定了具体的第一类或第二类边值条件，无论采用哪种解法，其解是唯一正确的。这就意味着对于具体问题，可以自由、灵活地选择一种求解场的简便方法，而不拘泥于固定的某一种。甚至在一些特殊情况下，可以不直接求解泊松方程或拉普拉斯方程的边值问题，而完全可以采用间接的方法去求解。下一节要介绍的镜像法就属于此。

例 3.4 一半径为 a、带电量为 Q 的导体球，其球心位于两种不同介质的分界平面上，如图 3-3 所示。试求两介质中的电场强度和其表面上的电荷分布。

解 采用球坐标系，使其原点与导体球的球心重合，设两介质中电位移矢量和电场强度分别为 $\boldsymbol{D}_1$、$\boldsymbol{E}_1$ 和 $\boldsymbol{D}_2$、$\boldsymbol{E}_2$。由于左、右两半球介质不同，因此电场一般不同于同一种介质时具有球对称性的解。如果先考虑两介质分界面上的边值关系：

$$E_{1\mathrm{t}}=E_{2\mathrm{t}},\quad D_{1\mathrm{n}}=D_{2\mathrm{n}}$$

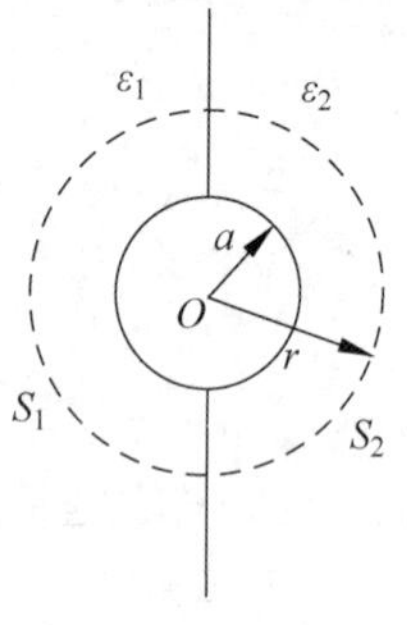

图 3-3 介质分界面上的带电导体球

由于电场切向分量具有连续性，因此若假设两半球各自的场具有球对称性，则通过边界面的衔接整个球上的场 $\boldsymbol{E}$ 仍然具有球对称性，并且沿着径向，即试探场应为

$$\boldsymbol{E}_1=\boldsymbol{E}_2=\boldsymbol{E}=E\boldsymbol{e}_r$$

任选一个半径为 $r(r>a)$ 且与导体球同心的球面(高斯面)，应用高斯定理可得

$$\int_{S_1}\boldsymbol{D}_1\cdot \mathrm{d}\boldsymbol{S}_1+\int_{S_2}\boldsymbol{D}_2\cdot \mathrm{d}\boldsymbol{S}_2=\varepsilon_1\int_{S_1}\boldsymbol{E}_1\cdot \mathrm{d}\boldsymbol{S}_1+\varepsilon_2\int_{S_2}\boldsymbol{E}_2\cdot \mathrm{d}\boldsymbol{S}_2=Q$$

将试探解代入上式即可得出

$$\boldsymbol{E}=\frac{Q}{2\pi(\varepsilon_1+\varepsilon_2)r^2}\boldsymbol{e}_r$$

容易验证试探解满足边界条件：在介质 1、2 的分界面上，上述试探场满足电场切向分量连续的条件，而法向分量均为零；在导体球面上又处处与之垂直，满足等势面的要求。因此，由场的唯一性定理，试探解是唯一正确的解。

试探法是求解一些不确定解时常用的一种方法，但不是瞎猜、瞎试，而是基于对问题的规律和特征能够做出有一定把握的尝试，但最终结果是否正确其判断依据是是否满足唯一性定理。

导体球两侧表面上的自由电荷面密度分别为

$$\rho_{S1}=D_{1\mathrm{n}}\big|_{r=a}=\varepsilon_1E_{1r}\big|_{r=a}=\frac{\varepsilon_1Q}{2\pi(\varepsilon_1+\varepsilon_2)a^2}$$

和

$$\rho_{S2}=D_{2\mathrm{n}}\big|_{r=a}=\varepsilon_2E_{2r}\big|_{r=a}=\frac{\varepsilon_2Q}{2\pi(\varepsilon_1+\varepsilon_2)a^2}$$

注意导体两半球面上的自由电荷分布是不同的，但可以验证 $(\rho_{S1}S_1+\rho_{S2}S_2)\big|_{r=a}=Q$，即整个导体球的带电量为 Q。

根据 $\rho_{Sb}=-\dfrac{\varepsilon_r-1}{\varepsilon_r}\rho_S=-\dfrac{\varepsilon-\varepsilon_0}{\varepsilon}\rho_S$，可得紧贴导体球面的两介质表面上的束缚电荷面密度分别为

$$\rho_{Sb1}=-\frac{\varepsilon_1-\varepsilon_0}{\varepsilon_1}\rho_{S1}=-\frac{(\varepsilon_1-\varepsilon_0)Q}{2\pi(\varepsilon_1+\varepsilon_2)a^2}$$

和

$$\rho_{Sb2}=-\frac{\varepsilon_2-\varepsilon_0}{\varepsilon_2}\rho_{S2}=-\frac{(\varepsilon_2-\varepsilon_0)Q}{2\pi(\varepsilon_1+\varepsilon_2)a^2}$$

由于在两种不同介质的分界面上场强只有切向分量而无法向分量，故介质两侧表面上没有束缚电荷分布。

问题拓展：如果介质 1 的内表面对球心 O 所张的立体角为 Ω，则介质 2 的内表面对球心 O 所张的立体角便是 $4\pi-\Omega$，同理可得

$$\boldsymbol{E}=\frac{Q}{[\Omega\varepsilon_1+(4\pi-\Omega)\varepsilon_2]r^2}\boldsymbol{e}_r=\boldsymbol{E}_1=\boldsymbol{E}_2$$

当 $\varepsilon_1=\varepsilon_2=\varepsilon$ 时，$\boldsymbol{E}=\dfrac{Q}{4\pi\varepsilon r^2}\boldsymbol{e}_r$，即为均匀带电导体球在均匀介质中的场强。

3.3 分离变量法

通常情况下，静电场的边值问题是由泊松方程结合相应的边界条件构成的。在实际应用中，有许多静电场是由边界上的电荷或电势分布决定的，而在讨论的场域内往往无电场源，这类问题可归结为拉普拉斯方程的定解问题。另一类问题是场域内分布有简单的电荷，其边界条件较为简单，例如在地面附近存在一定分布的电荷所产生的静电场问题。对于一般的泊松方程定解问题，因为电势满足线性叠加原理，所以泊松方程的通解为某一特解与对应的拉普拉斯方程的通解之和，而特解可由电势的积分式求得，故其核心问题便成为求解拉普拉斯方程的解。

分离变量法是求解拉普拉斯方程的一种常用方法，但要求边界的形状规则，具体可根据边界选择适当的坐标系。而在众多可选择的坐标系中，最常用的坐标有直角坐标系、球坐标系和圆柱坐标系。本节只介绍后两种情形，至于直角坐标系中的分离变量法在 6.5 节再做详细介绍。

3.3.1 球坐标系中的分离变量法

1. 一般情形

在球坐标系内，一般情形下电势函数 φ 为 r,θ,ϕ 的函数，即 $\varphi=\varphi(r,\theta,\phi)$。相应的拉普拉斯方程可表示为

$$\frac{1}{r^2}\frac{\partial}{\partial r}\left(r^2\frac{\partial\varphi}{\partial r}\right)+\frac{1}{r^2\sin\theta}\frac{\partial}{\partial\theta}\left(\sin\theta\frac{\partial\varphi}{\partial\theta}\right)+\frac{1}{r^2\sin^2\theta}\frac{\partial^2\varphi}{\partial\phi^2}=0 \tag{3-39}$$

令 $\varphi(r,\theta,\phi)=R(r)\Theta(\theta)\Phi(\phi)$，代入式(3-39)，整理得

$$\frac{\mathrm{d}}{\mathrm{d}r}\left(r^2\frac{\mathrm{d}R}{\mathrm{d}r}\right)-l(l+1)R=0 \tag{3-40}$$

$$\frac{\mathrm{d}^2\Phi}{\mathrm{d}\phi^2}+m^2\Phi=0 \tag{3-41}$$

$$\frac{1}{\sin\theta}\frac{\mathrm{d}}{\mathrm{d}\theta}\left(\sin\theta\frac{\mathrm{d}\Theta}{\mathrm{d}\theta}\right)+\left(l(l+1)-\frac{m^2}{\sin^2\theta}\right)\Theta=0 \tag{3-42}$$

式中：$l(l+1)(l=0,1,2,\cdots)$ 和 $m(m=0,1,2,\cdots)$ 为两个分离常数，详细推导见《数学物理方法》的相应部分。

式(3-40)和式(3-41)为常规的二阶线性常微分方程，其通解分别为

$$R(r)=A_l r^l+B_l r^{-(l+1)} \tag{3-43}$$

$$\Phi(\phi)=C_m\sin m\phi+D_m\cos m\phi \tag{3-44}$$

式(3-42)为一类特殊函数方程，称为连带勒让德方程。令 $x=\cos\theta$，代入式(3-42)，并将 $\Theta(\theta)$ 改为 $y(x)$，得

$$\frac{\mathrm{d}}{\mathrm{d}x}\left[(1-x^2)\frac{\mathrm{d}y}{\mathrm{d}x}\right]+\left(l(l+1)-\frac{m^2}{1-x^2}\right)y=0 \tag{3-45}$$

方程(3-45)的两个独立解是 $P_l^m(x)$、$Q_l^m(x)$，分别称之为第一类、第二类连带勒让德函数。其中：$P_l^m(x)$ 为 m 次 l 阶连带(或缔合)勒让德函数，即

$$P_l^m(x)=P_l^m(\cos\theta)=(1-x^2)^{\frac{m}{2}}\frac{\mathrm{d}^m}{\mathrm{d}x^m}P_l(x)=(1-x^2)^{\frac{m}{2}}\frac{1}{2^l l!}\frac{\mathrm{d}^{(l+m)}}{\mathrm{d}x^{(l+m)}}(x^2-1)^l$$

$$(m\leqslant l,|x|\leqslant 1) \tag{3-46}$$

当 $x=\pm1$ 即 $\theta=0,\pi$ 时,因 $Q_l^m(x)\to\infty$,故包含球坐标系的极轴在内的问题,将只含有 $P_l^m(x)$,而 $Q_l^m(x)$ 不应计入。

因此,三维场的待求势函数一般解的形式为

$$\varphi(r,\theta,\phi)=\sum_{l=0}^{\infty}\sum_{m=0}^{l}[A_l r^l+B_l r^{-(l+1)}]P_l^m(\cos\theta)(C_m\sin m\phi+D_m\cos m\phi) \tag{3-47}$$

2. 二维轴对称场问题

若静电场分布与球坐标系中坐标变量 ϕ 无关,即场关于极轴对称,于是分离常数 $m^2=0$,则可退化为二维场问题。于是,式(3-45)化简为如下形式:

$$\frac{\mathrm{d}}{\mathrm{d}x}\left[(1-x^2)\frac{\mathrm{d}y}{\mathrm{d}x}\right]+l(l+1)y=0 \tag{3-48}$$

上式称为勒让德方程。其独立解为 $P_l(x)$、$Q_l(x)$,分别称之为第一类、第二类勒让德函数。同样,当 $x=\pm1$ 即 $\theta=0,\pi$ 时,因 $Q_l(x)\to\infty$,故包含球坐标系的极轴在内的问题,将只含有 $P_l(x)$,$P_l(x)$ 也称为勒让德多项式,可以表示为

$$P_l(x)=P_l(\cos\theta)=\frac{1}{2^l l!}\frac{\mathrm{d}^l}{\mathrm{d}x^l}(x^2-1)^l=\frac{1}{2^l l!}\frac{\mathrm{d}^l}{\mathrm{d}(\cos\theta)^l}(\cos^2\theta-1)^l \tag{3-49}$$

因此,在轴对称情况下静电场的电势解为

$$\varphi(r,\theta)=\sum_{l=0}^{\infty}[A_l r^l+B_l r^{-(l+1)}]P_l(\cos\theta) \tag{3-50}$$

例 3.5 半径为 a 的导体球,处于外加电场强度 $\boldsymbol{E}_0$ 中,求介质球外的电势和导体表面电荷分布。

解 设球坐标系中极轴 z 的方向与外电场 $\boldsymbol{E}_0$ 的方向一致,取导体球的球心为坐标原点,如图 3-4 所示。由于轴对称,电势 φ 与方位角 ϕ 无关,此问题是轴对称二维场。取球心处为零势点,则均匀外电场 $\boldsymbol{E}_0$ 的电势可表示为

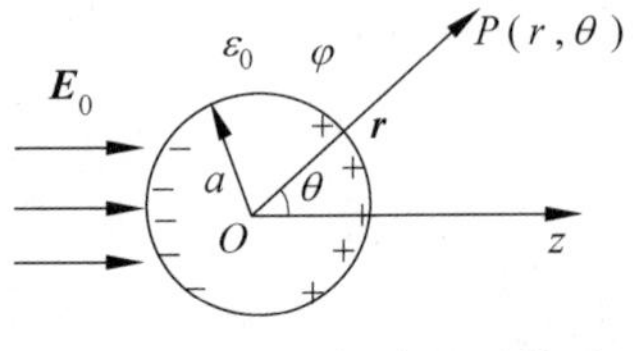

图 3-4 均匀电场中的导体球

$$\varphi=-E_0 z=-E_0 r\cos\theta$$

导体球在外电场的作用下,由于静电感应的结果,在导体表面出现感应电荷,这部分电荷在周围产生附加电场。总电势为外场 $\boldsymbol{E}_0$ 单独存在时的电势和感应电荷产生的电势之和。当 $r\to\infty$ 时,$\varphi=-E_0 r\cos\theta$。

于是,电势函数的定解问题为

$$\begin{cases}\nabla^2\varphi=0 \quad (r>a)\\ \varphi|_{r=a}=0\\ \varphi|_{r\to\infty}=-E_0 r\cos\theta\end{cases}$$

由分离变量法知,φ 的一般解形式为

$$\varphi(r,\theta)=\sum_{l=0}^{\infty}[A_l r^l+B_l r^{-(l+1)}]P_l(\cos\theta)$$

根据边界条件 $\varphi|_{r\to\infty}=-E_0 r P_1(\cos\theta)$,得

$$\sum_{l=0}^{\infty}[A_l r^l + B_l r^{-(l+1)}]_{r\to\infty} P_l(\cos\theta) = \sum_{l=0}^{\infty} A_l r^l P_l(\cos\theta) = -E_0 r P_1(\cos\theta)$$

比较上式两端,得 $A_1=-E_0$,$A_l=0(l\neq1)$。于是,

$$\varphi = -E_0 r P_1(\cos\theta) + \sum_{l=0}^{\infty} B_l r^{-(l+1)} P_l(\cos\theta)$$

再利用 $\varphi|_{r=a}=0$,得

$$(-E_0 a + B_1 a^{-2}) P_1(\cos\theta) + \sum_{l\neq1} B_l a^{-(l+1)} P_l(\cos\theta) = 0$$

故有

$$B_1 = E_0 a^3,\quad B_l = 0(l\neq 1)$$

则

$$\varphi = -E_0 r\cos\theta + \frac{E_0 a^3}{r^2}\cos\theta$$

相应的电场强度为

$$\boldsymbol{E} = -\nabla\varphi = -\frac{\partial\varphi}{\partial r}\boldsymbol{e}_r - \frac{1}{r}\frac{\partial\varphi}{\partial\theta}\boldsymbol{e}_\theta = E_0\left(1+\frac{2a^3}{r^3}\right)\cos\theta\boldsymbol{e}_r + E_0\left(-1+\frac{a^3}{r^3}\right)\sin\theta\boldsymbol{e}_\theta$$

导体球面上的感应电荷面密度则等于

$$\rho_S = \varepsilon_0 E_n|_{r=a} = \varepsilon_0 E_r|_{r=a} = 3\varepsilon_0 E_0\cos\theta$$

在沿极轴方向上导体两侧对称地感应出等值而异号的电荷,故球面上总的感应电荷为零。

例 3.6 例 3.5 中将导体球换成介电常数为 ε_1、半径为 a 的介质球,置于介电常数为 ε_2 的基质中,外加电场强度仍为 $\boldsymbol{E}_0$,如图 3-5 所示。试求介质球内、外的电势分布和电场强度。

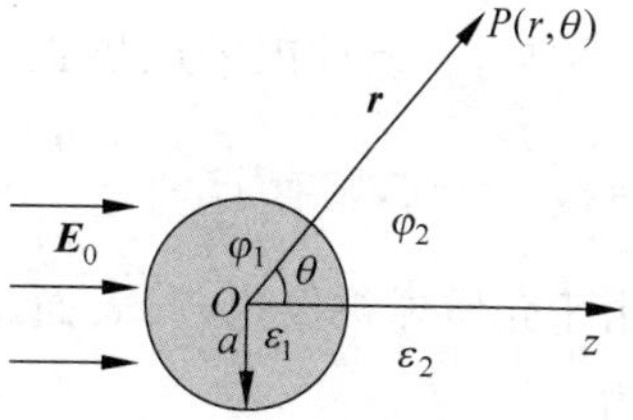

图 3-5 均匀电场中的介质球

解 建立和例 3.5 相同的坐标系,设介质球内、外的电势分别为 φ_1 和 φ_2,由分离变量法知,其一般解形式为

$$\varphi_1(r,\theta) = \sum_{l=0}^{\infty}[A_l r^l + B_l r^{-(l+1)}] P_l(\cos\theta)$$

$$\varphi_2(r,\theta) = \sum_{l=0}^{\infty}[A'_l r^l + B'_l r^{-(l+1)}] P_l(\cos\theta)$$

取球心处为零势点,当 $r\to\infty$ 时,$\varphi_2\to -E_0 r\cos\theta$,即

$$\sum_{l=0}^{\infty}[A'_l r^l + B'_l r^{-(l+1)}]_{r\to\infty} P_l(\cos\theta) = \sum_{l=0}^{\infty} A'_l r^l P_l(\cos\theta) = -E_0 r P_1(\cos\theta)$$

比较上式两端,得 $A'_1=-E_0 A'_l=0(l\neq1)$,于是,

$$\varphi_2 = -E_0 r P_1(\cos\theta) + \sum_{l=0}^{\infty} B'_l r^{-(l+1)} P_l(\cos\theta)$$

考虑到 $\varphi_1|_{r\to0}$=有限值,故有

$$\varphi_1 = \sum_{l=0}^{\infty} A_l r^l P_l(\cos\theta)$$

当 $r=a$ 时,有 $\varphi_1=\varphi_2, \varepsilon_1 \frac{\partial \varphi_1}{\partial r}=\varepsilon_2 \frac{\partial \varphi_2}{\partial r}$。可得

$$\begin{cases} A_1 a=-E_0 a+\frac{B_1'}{a^2} \\ \varepsilon_1 A_1=-\varepsilon_2 E_0-2\varepsilon_2 \frac{B_1'}{a^3} \end{cases} \qquad \begin{cases} A_l a'=\frac{B_l'}{a^{l+1}} \\ \varepsilon_1 l A_l=-(l+1)\varepsilon_2 \frac{B_l'}{a^{2l+1}} \end{cases} \quad (l \neq 1)$$

求解上两式构成的方程组,得

$$A_1=-\frac{3\varepsilon_2}{\varepsilon_1+2\varepsilon_2}E_0, \quad B_1'=\frac{\varepsilon_1-\varepsilon_2}{\varepsilon_1+2\varepsilon_2}E_0 a^3; \quad A_l=B_l'=0 \quad (l \neq 1)$$

因此,介质球内、外的电势与电场强度分别为

$$\varphi_1=-\frac{3\varepsilon_2}{\varepsilon_1+2\varepsilon_2}E_0 r\cos\theta, \quad \varphi_2=\left(-r+\frac{\varepsilon_1-\varepsilon_2}{\varepsilon_1+2\varepsilon_2}\frac{a^3}{r^2}\right)E_0\cos\theta$$

$$\boldsymbol{E}_1=-\nabla\varphi_1=\frac{3\varepsilon_2}{\varepsilon_1+2\varepsilon_2}E_0\boldsymbol{e}_z=\frac{3\varepsilon_2}{\varepsilon_1+2\varepsilon_2}\boldsymbol{E}_0$$

$$\boldsymbol{E}_2=-\nabla\varphi_2=-\frac{\partial\varphi_2}{\partial r}\boldsymbol{e}_r-\frac{1}{r}\frac{\partial\varphi_2}{\partial\theta}\boldsymbol{e}_\theta$$

$$=\left(1+2\frac{\varepsilon_1-\varepsilon_2}{\varepsilon_1+2\varepsilon_2}\frac{a^3}{r^3}\right)E_0\cos\theta\boldsymbol{e}_r+\left(-1+\frac{\varepsilon_1-\varepsilon_2}{\varepsilon_1+2\varepsilon_2}\frac{a^3}{r^3}\right)E_0\sin\theta\boldsymbol{e}_\theta$$

可见,介质球内的电场也是均匀场,且与外电场方向一致。当介质球外是空气时,即 $\varepsilon_1=\varepsilon, \varepsilon_2=\varepsilon_0$,则有 $E_1=\frac{3\varepsilon_0}{2\varepsilon_0+\varepsilon}E_0=\frac{3}{2+\varepsilon_r}E_0<E_0$。因此介质球内的电场小于外电场。这是由于介质球被极化,其表面出现束缚电荷的缘故。在球内总场的作用下,介质的极化强度为

$$\boldsymbol{P}=\chi_e\varepsilon_0\boldsymbol{E}=(\varepsilon-\varepsilon_0)\boldsymbol{E}=\frac{3\varepsilon_0(\varepsilon-\varepsilon_0)}{\varepsilon_1+2\varepsilon_0}\boldsymbol{E}_0$$

介质球的总电偶极矩为

$$\boldsymbol{p}=\frac{4\pi a^3}{3}\boldsymbol{P}=\frac{\varepsilon_0(\varepsilon-\varepsilon_0)}{\varepsilon_1+2\varepsilon_0}4\pi a^3\boldsymbol{E}_0$$

φ_2 中第二项正是这个电偶极矩所产生的电势,即

$$\frac{\varepsilon-\varepsilon_0}{\varepsilon_1+2\varepsilon_0}\frac{E_0 a^3}{r^2}\cos\theta=\frac{1}{4\pi\varepsilon_0}\frac{\boldsymbol{p}\cdot\boldsymbol{r}}{r^3}$$

详见 3.6 节。

当介质中外加电场强度为 $\boldsymbol{E}_0$,介质内有介电常数较小的球形夹杂物(例如空气泡)时,不妨令 $\varepsilon_1=\varepsilon_0, \varepsilon_2=\varepsilon$,由上述结果知空气泡内的场强为 $E_1=\frac{3\varepsilon}{2\varepsilon+\varepsilon_0}E_0>E_0$。这是由于空腔的外侧出现的束缚电荷所产生的与外场同向的附加场,从而使空腔中的场强增大的缘故,这和介质中有介电常数较小的针状夹杂物的情况类似,介质有可能在该处被击穿而使其绝缘性受到破坏。

本例中，若令介电常数 $\varepsilon_2=\varepsilon$、$\varepsilon_1=\infty$，则是例 3.5 中的均匀电场中有导体球的情形。这时导体球内外的电势和场强分别为

$$\varphi_1=-\frac{3\varepsilon_2}{\varepsilon_1+2\varepsilon_2}E_0 r\cos\theta \to 0,\quad \varphi_2=\left(-r+\frac{a^3}{r^2}\right)E_0\cos\theta$$

其结果与例 3.5 完全相同。

例 3.7 半径为 R_1 的导体球外套一同心的导体球壳，球壳的内外半径分别为 R_2 与 R_3 $(R_1<R_2<R_3)$。内导体球带电荷 Q_1，球壳带电荷 Q_2，二者之间填满介电常数为 ε 的介质。试用分离变量法求各区域中的电势与电场强度。

解 依据题意，建立球坐标系。因导体球和外壳均为等势体，不予考虑。设导体球与球壳间的电势为 φ_1，球壳外的电势为 φ_2。显然，$\nabla^2\varphi_1=0$，$\nabla^2\varphi_2=0$。由于该问题具有球对称性，故电势与 θ、ϕ 均无关，因此其一般解式(3-50)中应取 $l=0$，即

$$\varphi_1=A_1+\frac{B_1}{r},\quad R_1<r<R_2$$

$$\varphi_2=A_2+\frac{B_2}{r},\quad r>R_3$$

边界条件为：

(1) $\varphi_2|_{r\to\infty}=0$（由于电荷分布在有限区域，取无穷远处为零势点）；

(2) $\varphi_1|_{r=R_2}=\varphi_2|_{r=R_3}$（因导体球壳为等势体）；

(3) 导体球与导体壳所带的总电量分别为

$$-\varepsilon\oint_{r=R_1}\frac{\partial\varphi_1}{\partial r}r^2\mathrm{d}\Omega=Q_1,\quad -\varepsilon_0\oint_{r=R_3}\frac{\partial\varphi_2}{\partial r}r^2\mathrm{d}\Omega+\varepsilon\oint_{r=R_2}\frac{\partial\varphi_1}{\partial r}r^2\mathrm{d}\Omega=Q_2$$

利用上述边值关系，可得待定系数所满足的方程为

$$\begin{cases}A_2=0\\ A_1+\dfrac{B_1}{R_2}=\dfrac{B_2}{R_3}\\ 4\pi\varepsilon_0 B_2-4\pi\varepsilon B_1=Q_2\\ 4\pi\varepsilon B_1=Q_1\end{cases}$$

求解上述方程，得待定系数为

$$\begin{cases}A_1=\dfrac{Q_1+Q_2}{4\pi\varepsilon_0 R_3}-\dfrac{Q_1}{4\pi\varepsilon R_2}\\ A_2=0\\ B_1=\dfrac{Q_1}{4\pi\varepsilon}\\ B_2=\dfrac{Q_1+Q_2}{4\pi\varepsilon_0}\end{cases}$$

因此，可得电势的解为

$$\varphi_1=\frac{Q_1}{4\pi\varepsilon r}+\frac{Q_1+Q_2}{4\pi\varepsilon_0 R_3}-\frac{Q_1}{4\pi\varepsilon R_2},\quad \varphi_2=\frac{Q_1+Q_2}{4\pi\varepsilon_0 r}$$

由 $\boldsymbol{E}=-\nabla\varphi$ 可得,相应的电场强度为

$$\boldsymbol{E}_1=-\nabla\varphi_1=\frac{Q_1}{4\pi\varepsilon r^2}\boldsymbol{e}_r,\quad \boldsymbol{E}_2=-\nabla\varphi_2=\frac{Q_1+Q_2}{4\pi\varepsilon_0 r^2}\boldsymbol{e}_r$$

3.3.2 圆柱坐标系中的分离变量法

本节只讨论二维场问题。在圆柱坐标系中,若电势函数与坐标变量 z 无关,则为二维场问题。拉普拉斯方程可表示为

$$\frac{1}{\rho}\frac{\partial}{\partial\rho}\left(\rho\frac{\partial\varphi}{\partial\rho}\right)+\frac{1}{\rho}\frac{\partial}{\partial\phi}\left(\frac{1}{\rho}\frac{\partial\varphi}{\partial\phi}\right)=0 \tag{3-51}$$

或

$$\rho^2\frac{\partial^2\varphi}{\partial\rho^2}+\rho\frac{\partial\varphi}{\partial\rho}+\frac{\partial^2\varphi}{\partial\phi^2}=0 \tag{3-52}$$

采用分离变量法,设 $\varphi(\rho,\phi)=R(\rho)\Phi(\phi)$,将其代入式(3-52),得

$$\rho^2\frac{\mathrm{d}^2R}{\mathrm{d}\rho^2}+\rho\frac{\mathrm{d}R}{\mathrm{d}\rho}-\lambda R=0 \tag{3-53}$$

和

$$\frac{\mathrm{d}^2\Phi}{\mathrm{d}\phi^2}+\lambda\Phi=0 \tag{3-54}$$

利用自然周期条件 $\Phi(\phi)=\Phi(\phi+2\pi)$,可得 $\lambda=n^2(n=0,1,2,\cdots)$。将 $\lambda=n^2$ 分别代入式(3-53)、式(3-54)两个常微分方程,其解分别为

$$R(\rho)=\begin{cases}A_0+B_0\ln\rho, & n=0\\ A_n\rho^n+B_n\rho^{-n}, & n\neq 0\end{cases} \tag{3-55}$$

和

$$\Phi(\phi)=B_1\sin n\phi+B_2\cos n\phi \tag{3-56}$$

因此,二维拉普拉斯方程的通解为

$$\varphi(\rho,\phi)=A_0+B_0\ln\rho+\sum_{n=1}^{\infty}(A_n\rho^n+B_n\rho^{-n})(C_n\sin n\phi+D_n\cos n\phi) \tag{3-57}$$

式中:A_n、B_n、C_n、D_n 均为待定常数,由边界条件可确定其值。

例 3.8 带电云层和大地之间可以近似为平行板间的均匀电场 $\boldsymbol{E}_0$,若一水平架设的、半径为 a 的电线处于其中,试求导体周围的电势和电场强度。

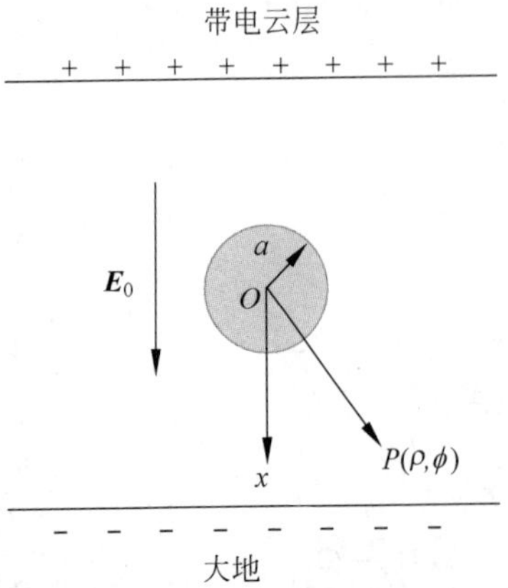

图 3-6 处于云层与大地之间的导线

解 取 $\boldsymbol{E}_0$ 沿 x 轴的正方向,如图 3-6 所示。因导体为等势体,其内电场为零,故只需求导体外的电势。采用圆柱坐标系,因为导体柱为无限长,故电势 φ 与 z 无关;又因对称 $\varphi(\rho,\phi)=\varphi(\rho,-\phi)$,即电势 φ 是方位角 ϕ 的偶函数,故解中无正弦项及对数项,于是待求势函数具有如下形式:

$$\varphi(\rho,\phi)=\sum_{n=1}^{\infty}(A_n\rho^n+B_n\rho^{-n})\cos n\phi$$

另外,外电场 $\boldsymbol{E}_0$ 的电势可表示为

$$\varphi'=-\boldsymbol{E}_0x=-\boldsymbol{E}_0\rho\cos\phi$$

此边值问题给定的边界条件是:当 $\rho\to\infty$ 时,$\varphi=\varphi'$;

当 $\rho=a$ 时，$\varphi=0$（规定为零势点）。

由 $\varphi|_{\rho\to\infty}=-E_0\rho\cos\phi$，得

$$\sum_{n=1}^{\infty}A_n\rho^n\cos n\phi=-E_0\rho\cos\phi$$

比较等式两边的系数，可得 $n=1$，且 $A_1=-E_0$，于是

$$\varphi=\left(-E_0\rho+\frac{B_1}{\rho}\right)\cos\phi$$

代入 $\rho=a$ 时的边界条件，可得

$$-E_0a+\frac{B_1}{a}=0$$

则有

$$B_1=E_0a^2$$

因此，导体圆柱体外的电势为

$$\varphi=\left(-\rho+\frac{a^2}{\rho}\right)E_0\cos\phi$$

导体圆柱体外的电场强度为

$$\boldsymbol{E}=-\nabla\varphi=-\frac{\partial\varphi}{\partial\rho}\boldsymbol{e}_\rho-\frac{1}{\rho}\frac{\partial\varphi}{\partial\phi}\boldsymbol{e}_\phi=\left(1+\frac{a^2}{\rho^2}\right)E_0\cos\phi\boldsymbol{e}_\rho+\left(-1+\frac{a^2}{\rho^2}\right)E_0\sin\phi\boldsymbol{e}_\phi$$

例 3.9 一夹角为 α 的导体劈尖，电势为 V，分析尖角附近的电场。

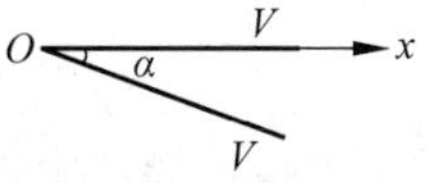

图 3-7 金属劈尖

解 假设劈尖沿 z 方向为无限长，则电势分布为二维场问题。采用极坐标系，如图 3-7 所示。用分离变量法，设 $\varphi(\rho,\phi)=R(\rho)\Phi(\phi)$，将其代入式(3-53)、式(3-54)，得

$$\rho^2\frac{\mathrm{d}^2R}{\mathrm{d}\rho^2}+\rho\frac{\mathrm{d}R}{\mathrm{d}\rho}-v^2R=0$$

和

$$\frac{\mathrm{d}^2\Phi}{\mathrm{d}\phi^2}+v^2\Phi=0$$

式中：v 为正实数或零，其一般解的形式为

$$\varphi(\rho,\phi)=(A_0+B_0\ln\rho)(C_0+D_0\phi)+\sum_{\nu\neq0}(A_v\rho^v+B_v\rho^{-v})(C_v\cos v\phi+D_v\sin v\phi)$$

考虑到自然边界条件：$\varphi|_{\rho\to0}=$有限值，可得 $B_0=B_v=0$。

利用边界条件 $\Phi(0)=V$，可得，$A_0C_0=V$，$C_v=0$；再利用 $\Phi(2\pi-\alpha)=V$，有 $D_0=0$，$\sin v(2\pi-\alpha)=0$（D_v 不能为 0），于是，

$$v=\frac{n\pi}{(2\pi-\alpha)},\quad n=1,2,3,\cdots$$

最后，解的形式为

$$\varphi(\rho,\phi)=V+\sum_{n=1}^{\infty}A_n\rho^{\frac{n\pi}{2\pi-\alpha}}\sin\frac{n\pi}{2\pi-\alpha}\phi$$

式中：A_n 为待定量，因已知条件不足无法确定。

在劈尖角附近，$\rho\to0$，所以求和号中的贡献主要来自 $n=1$，故上式可近似表示为

$$\varphi(\rho,\phi)\approx V+A_1\rho^{\frac{1}{2-\alpha/\pi}}\sin\frac{1}{2-\alpha/\pi}\phi$$

相应的电场强度为

$$E_{\rho}=-\frac{\partial \varphi}{\partial \rho} \approx -A_{1} \frac{1}{2-\alpha / \pi} \rho^{-\frac{1+\alpha / \pi}{2-\alpha / \pi}} \sin \frac{1}{2-\alpha / \pi} \phi$$

$$E_{\phi}=-\frac{1}{\rho} \frac{\partial \varphi}{\partial \phi} \approx -A_{1} \frac{1}{2-\alpha / \pi} \rho^{-\frac{1+\alpha / \pi}{2-\alpha / \pi}} \cos \frac{1}{2-\alpha / \pi} \phi$$

劈尖上的电荷密度为

$$\rho_{S}=\varepsilon_{0} E_{n}=\begin{cases}-\varepsilon_{0} A_{1} \dfrac{1}{2-\alpha / \pi} \rho^{-\frac{1+\alpha / \pi}{2-\alpha / \pi}}, & \phi=0 \\ -\varepsilon_{0} A_{1} \dfrac{1}{2-\alpha / \pi} \rho^{-\frac{1+\alpha / \pi}{2-\alpha / \pi}}, & \phi=2\pi-\alpha\end{cases}$$

当 $\alpha \ll 1$ 时，$\rho_{S} \propto \rho^{-\frac{1}{2}}$，可见在劈尖附近电荷密度和电场强度非常大。在阴雨天的空气中容易产生尖端放电现象，避雷针就是利用此原理进行放电，从而保护高层建筑物的。

3.4 镜像法

2.3 节讨论了规则边界情况下拉普拉斯方程定解问题的分离变量法。然而，在有些情况下，则会遇到虽然电荷分布简单但周围存在一定边界的情形。如无限大金属导体附近存在一点电荷或线电荷。由于边界的存在，直接求解其电势或电场比较困难，用镜像法解决这类问题却十分有效。

3.4.1 镜像法的基本原理

镜像法是求解电场边值问题的一种特殊解法。以点电荷处于一无限大接地导体附近为例说明镜像法的基本原理。点电荷在周围产生的电场对导体的作用，使导体表面出现感应电荷，因此总场应由原电荷和感应电荷共同决定。假如在导体的边界外用虚设的场源(电荷)来代替边界上实际分布的感应电荷对电场的作用，该电荷即称为镜像电荷。这样，可以撤去边界，并将场源所在区域的介质扩展到整个空间，待求场则由场源及其镜像共同确定。可见，镜像法实质上是以场源的镜像代替边界上感应电荷的作用，将实际上非均匀介质的问题简化为均匀介质问题来处理。

应该指出，镜像法不是一种求解边值问题普遍适用的方法，它只适用于一些较特殊的情形，是求解边值问题的一种间接方法。如点电荷处于平面、球面导体周围，线电荷(或线电流，第 4 章)处于平面、圆柱面导体周围。镜像的个数、大小和位置由边界条件确定。除了规则的金属边界外，对于两种不同介质的简单规则边界问题也适用。

镜像法的理论依据是唯一性定理。

3.4.2 导体平面的镜像

考虑在距离无限大接地导体平面为 h 处有一点电荷 Q，其周围是介电常数为 ε 的介质，如图 3-8(a)所示，求介质中任一点的电场。

所求的场除直接由点电荷 Q 产生外，还应考虑无限大导体表面上出现的异号感应电荷的场。依镜像法，若在与点电荷 Q 关于导体表面的对称位置上放一个镜像电荷 $Q'=-Q$，

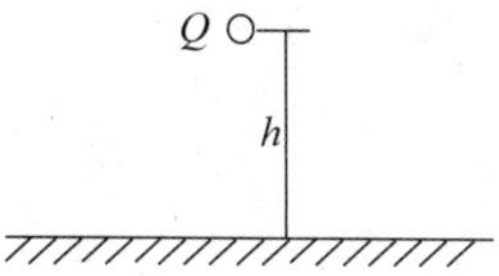

(a) 无限大导体平面上空的点电荷

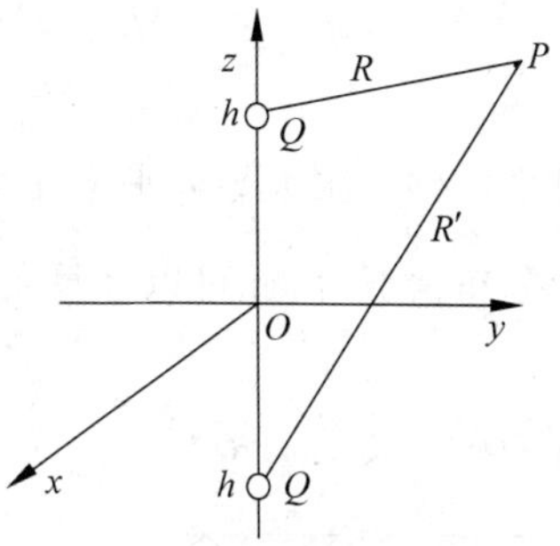

(b) 点电荷与镜像电荷共同确定待求电势

图 3-8 点电荷对无限大导体平面的镜像

撤去导体平面，并使介质充满整个空间，如图 3-8(b)所示。于是在原上半空间中任一点 P 处的电势由点电荷 Q 及其镜像电荷 $Q'=-Q$ 共同确定。采用直角坐标系，将点电荷 Q 置于 z 轴上，坐标原点取在导体平面上，若选择无穷远处为电势的参考点，则有

$$\varphi=\frac{Q}{4\pi\varepsilon}\left(\frac{1}{R}-\frac{1}{R'}\right),\quad z\geqslant 0 \tag{3-58}$$

式中：R 与 R' 分别是点电荷 Q 与其镜像电荷 Q' 到场点 P 的距离，分别为

$$R=\sqrt{x^2+y^2+(z-h)^2},\quad R'=\sqrt{x^2+y^2+(z+h)^2}$$

容易证明，这样选取的镜像是遵循唯一性定理的。

原定解问题为

$$\begin{cases}\nabla^2\varphi=-\dfrac{Q}{\varepsilon}\delta(z-h), & z>0\\ \varphi\mid_{z=0}=0\end{cases}$$

采用镜像法后的定解问题

$$\begin{cases}\nabla^2\varphi=-\dfrac{Q}{\varepsilon}\delta(z-h), & z>0\\ \varphi\mid_{z=0}=\dfrac{Q}{4\pi\varepsilon\sqrt{x^2+y^2+h^2}}-\dfrac{Q}{4\pi\varepsilon\sqrt{x^2+y^2+h^2}}=0\end{cases}$$

显然，原问题和采用镜像法的定解问题完全等同，即符合唯一性定理。

为了进一步理解镜像的实质，下面计算导体表面的感应电荷。

在导体表面上介质中任一点的电场强度为

$$\boldsymbol{E}_{\mathrm{n}}=-\frac{Q}{2\pi\varepsilon(x^2+y^2+h^2)^{3/2}}\boldsymbol{e}_z$$

自由电荷密度为

$$\rho_S=\varepsilon E_{\mathrm{n}}=-\frac{Q}{2\pi(x^2+y^2+h^2)^{3/2}}$$

感应电荷总量为

$$Q'=-\int_{-\infty}^{\infty}\int_{-\infty}^{\infty}\frac{Q}{2\pi(x^2+y^2+h^2)^{3/2}}\mathrm{d}x\,\mathrm{d}y=-Q$$

点电荷 Q 与导体平面间的库仑力也可以通过镜像法容易得到，即为

$$\boldsymbol{F}=\frac{Q(-Q)}{4\pi\varepsilon(2h)^2}\boldsymbol{e}_z=-\frac{Q^2}{16\pi\varepsilon h^2}\boldsymbol{e}_z$$

上述结果可推广到无限大导体平面相交成 $\alpha=\dfrac{\pi}{N}$(N 为正整数)的情形。图 3-9 示出了这时镜像电荷的分布情况,由此可以计算角形域内任一点的场强。

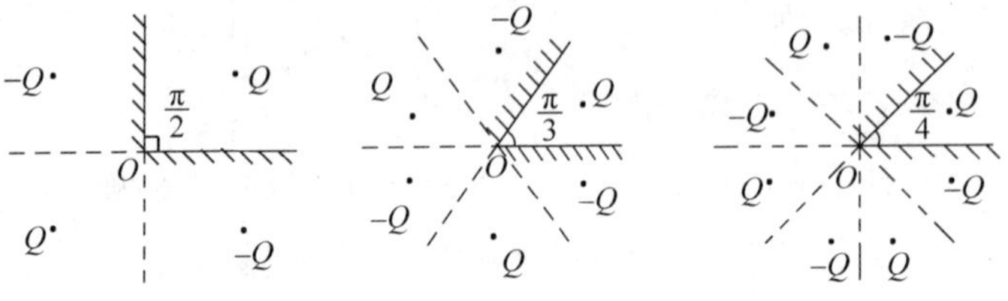

(a) N=2　　(b) N=3　　(c) N=4

图 3-9　点电荷对夹角为 $\alpha=\dfrac{\pi}{N}$ 的两个半无限大导体平面的镜像

3.4.3　导体球面的镜像

如图 3-10(a)所示,半径为 R_0 的接地导体球外有一点电荷 Q,与球心的距离为 d,周围介质的介电常数为 ε。应用镜像法可以计算球外任一点的电势和电场强度。

接地导体球内以及球面上的电势为零,球外空间的电势由点电荷 Q 和球面上的感应电荷共同决定。球外电势 φ 的定解问题为

$$\begin{cases}\nabla^2\varphi=-\dfrac{Q}{\varepsilon}\delta(z-d)\quad(\text{球外})\\ \varphi\mid_{r=R_0}=0\end{cases}$$

采用镜像法,根据电荷的对称性分布,Q 对导体球的镜像电荷 Q' 应位于点电荷与球心的连线上,为了不改变原方程,镜像电荷应置于球内,设镜像电荷距球心的距离为 d'。采用球坐标系,并使点电荷 Q 及其镜像电荷 Q' 位于极轴上,如图 3-10(b)所示。镜像电荷 Q' 与其位置 d' 可由接地导体球表面电势为零的边界条件来确定。

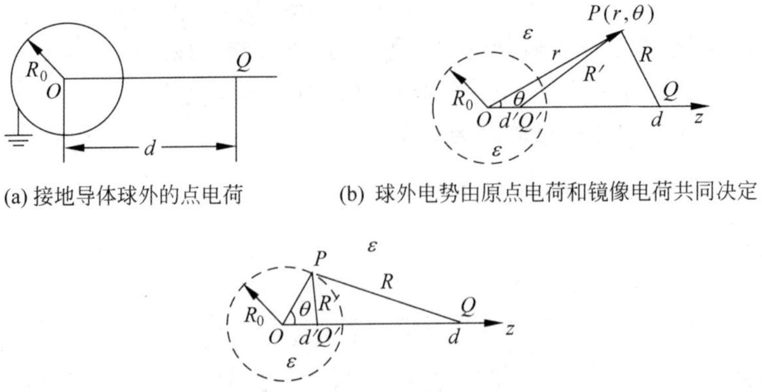

(a) 接地导体球外的点电荷　　(b) 球外电势由原点电荷和镜像电荷共同决定

(c) 场点移动到球面以决定像电荷的大小和位置

图 3-10　点电荷对接地的导体球的镜像法

球体外任一点 P 处的电势由 Q 和 Q' 共同确定，即

$$\varphi=\frac{1}{4\pi\varepsilon}\left(\frac{Q}{R}+\frac{Q'}{R'}\right) \tag{3-59}$$

将点 P 移到导体表面处，由图 3-10(c)可得

$$\varphi\big|_{r=R_0}=\frac{1}{4\pi\varepsilon}\left(\frac{Q}{R}+\frac{Q'}{R'}\right)=0$$

则有

$$\frac{R}{R'}=-\frac{Q}{Q'}=\text{常数} \tag{3-60}$$

由图 3-10(c)可见，只要选 Q' 的位置使 $\Delta OQ'P\sim\Delta OPQ$，则有

$$\frac{R'}{R}=\frac{R_0}{d}=\frac{d'}{R_0}=\text{常数}$$

因此得到镜像电荷 Q' 至球心的距离为

$$d'=\frac{R_0^2}{d} \tag{3-61}$$

镜像电荷则为

$$Q'=-\frac{R_0}{d}Q \tag{3-62}$$

满足式(3-62)的 Q' 和 Q 两点电荷所在位置，称为球面的反演点。于是，由 Q 和 Q' 所确定的球外任一点 P 处的电势为

$$\begin{aligned}\varphi&=\frac{Q}{4\pi\varepsilon}\left(\frac{1}{R}-\frac{R_0}{dR'}\right)\\&=\frac{Q}{4\pi\varepsilon}\left(\frac{1}{\sqrt{r^2+d^2-2dr\cos\theta}}-\frac{R_0/d}{\sqrt{r^2+d'^2-2rd'\cos\theta}}\right)\end{aligned} \tag{3-63}$$

式中：R 与 R' 分别为 Q 和 Q' 到场点 P 的距离。不难理解，镜像电荷 Q' 代替了导体球面上与 Q 异号的感应电荷的作用。由于感应电荷在球面上的分布不均匀，在靠近点电荷 Q 的表面上密度较大，因此镜像电荷 Q' 偏离球心而靠近 Q 的一方。因为导体球接地，故与 Q 同号的感应电荷不可能存在。

像电荷 Q' 及其位置 d' 的选取也可通过求代数方程而得。对于点 P 在导体表面任意处的情形，由余弦定理得

$$R^2=R_0^2+d^2-2R_0d\cos\theta,\quad R'^2=R_0^2+d'^2-2R_0d'\cos\theta$$

再由式(3-60)，得

$$\frac{Q^2}{Q'^2}=\frac{R^2}{R'^2}=\frac{R_0^2+d^2-2R_0d\cos\theta}{R_0^2+d'^2-2R_0d'\cos\theta}$$

则
$$Q^2(R_0^2+d'^2)-Q'^2(R_0^2+d^2)+2R_0(Q'^2d-Q^2d')\cos\theta=0$$

由于球面是等势面，故上式对于任一 θ 应均成立，即要求上式与 θ 值无关。则有

$$Q^2(R_0^2+d'^2)-Q'^2(R_0^2+d^2)=0,\quad Q'^2d-Q^2d'=0$$

得
$$\frac{Q'^2}{Q^2}=\frac{R_0^2+d'^2}{R_0^2+d^2}=\frac{d'}{d}$$

由上式同样可求得式(3-61)、式(3-62)。

该问题若用分离变量法，选球心为坐标原点，令 Q 位于 z 轴 $z=d$ 处，定解问题为

$$\begin{cases}\nabla^2\varphi=-\dfrac{Q}{\varepsilon}\delta(z-d)\\ \varphi|_{r=R_0}=0,\quad \varphi|_{r\to\infty}=0\end{cases}$$

因场关于 z 轴具有对称性，故泊松方程的一般解为

$$\varphi(r,\theta)=\frac{Q}{4\pi\varepsilon\sqrt{r^2+d^2-2dr\cos\theta}}+\sum_{l=0}^{\infty}\left(a_l r^l+\frac{b_l}{r^{l+1}}\right)P_l(\cos\theta)$$

考虑 $r\to\infty$ 时的自然边界条件，上式可写为

$$\varphi(r,\theta)=\frac{Q}{4\pi\varepsilon\sqrt{r^2+d^2-2dr\cos\theta}}+\sum_{l=0}^{\infty}\frac{b_l}{r^{l+1}}P_l(\cos\theta)$$

利用勒让德多项式的母函数公式

$$\frac{1}{\sqrt{r^2+d^2-2dr\cos\theta}}=\begin{cases}\dfrac{1}{d}\sum\limits_{l=0}^{\infty}\left(\dfrac{r}{d}\right)^l P_l(\cos\theta), & r<d\\ \dfrac{1}{r}\sum\limits_{l=0}^{\infty}\left(\dfrac{d}{r}\right)^l P_l(\cos\theta), & r>d\end{cases}\tag{3-64}$$

将一般解代入边界条件 $\varphi|_{r=R_0}=0$，注意到 $R_0<d$，要用到式(3-64)中的第一式，则有

$$\frac{Q}{4\pi\varepsilon}\cdot\frac{1}{d}\sum_{l=0}^{\infty}\left(\frac{R_0}{d}\right)^l P_l(\cos\theta)+\sum_{l=0}^{\infty}\frac{b_l}{R_0^{l+1}}P_l(\cos\theta)=0$$

有

$$\begin{aligned}&b_l=-\frac{Q}{4\pi\varepsilon}\cdot\frac{R_0^{2l+1}}{d^{l+1}}\\ &\varphi(r,\theta)=\frac{Q}{4\pi\varepsilon\sqrt{r^2+d^2-2dr\cos\theta}}-\frac{Q}{4\pi\varepsilon}\sum_{l=0}^{\infty}\frac{R_0^{2l+1}}{d^{l+1}r^{l+1}}P_l(\cos\theta)\end{aligned}\tag{3-65}$$

再利用勒让德多项式的母函数将上式中第二项化为镜像 Q' 所产生的电势，感兴趣的读者不妨试试。

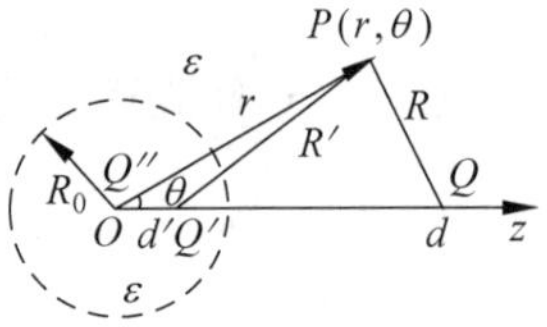

图 3-11　点电荷对不接地导体球的镜像

若导体球不接地，且带电量为 Q_0，在球外距离球心位置 d 处放置点电荷 Q，则其表面仍为等势面，但电势不为零。为此可等效为在 d' 处放置 Q'，在球心再放置一个镜像电荷 $Q''=Q_0-Q'$，如此可满足原先的边界条件，如图 3-11 所示。球外任一点 P 处的电势为

$$\varphi=\frac{Q}{4\pi\varepsilon R}-\frac{QR_0/d}{4\pi\varepsilon R'}+\frac{Q_0+QR_0/d}{4\pi\varepsilon r}\tag{3-66}$$

导体球面上的电势则为

$$\varphi_S=\frac{Q_0+QR_0/d}{4\pi\varepsilon R_0}\tag{3-67}$$

*3.4.4　介质平面的镜像

若两种不同介质的电介常数分别为 ε_1、ε_2，其分界面为无限大的平面边界。在介质 1 中

距离分界面 h 处有一点电荷 Q，如图 3-12(a)所示。和导体与介质间的平面边界的情形不同，在点电荷 Q 的作用下，电介质被极化，在介质分界面上产生极化面电荷分布，这时两介质中都有场。应用镜像法，欲求介质 1 中的场，可使整个空间充满介质 1，则由点电荷 Q 及其关于界面对称位置上的镜像电荷 Q' 共同确定原介质 1 中的场，如图 3-12(b)所示。同样欲求介质 2 中的场，可使整个空间充满介质 2，则由在原点电荷位置上的点电荷 Q 和镜像电荷 Q'' 确定原介质 2 中的场，如图 3-12(c)所示。镜像电荷 Q' 与 Q'' 的大小则由两介质间平面边界上的边界条件 $D_{1n}=D_{2n}$ 和 $E_{1t}=E_{2t}$ 来确定。

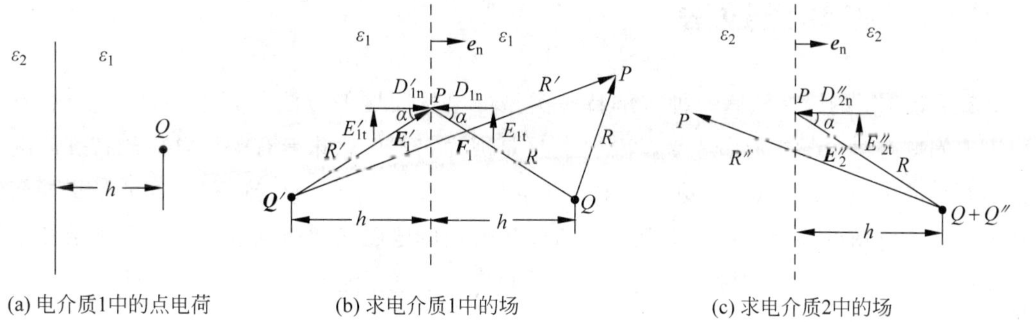

图 3-12 点电荷对两种不同电介质间具有无限大平面边界的镜像

将场点 P 移至平面边界上，由 $E_{1t}=E_{2t}$，可得 $E_{1t}+E'_{1t}=E''_{2t}$，即

$$E_1\sin\alpha+E'_1\sin\alpha=E''_2\sin\alpha \tag{3-68}$$

于是

$$\frac{Q}{4\pi\varepsilon_1R^2}+\frac{Q'}{4\pi\varepsilon_1R^2}=\frac{Q+Q''}{4\pi\varepsilon_2R^2}$$

故

$$\frac{Q}{\varepsilon_1}+\frac{Q'}{\varepsilon_1}=\frac{Q+Q''}{\varepsilon_2} \tag{3-69}$$

再由 $D_{1n}=D_{2n}$，则有 $-D_{1n}+D'_{1n}=-D''_{2n}$ 即

$$D_1\cos\alpha-D'_1\cos\alpha=D''_2\cos\alpha \tag{3-70}$$

则

$$\frac{Q}{4\pi R^2}-\frac{Q'}{4\pi R^2}=\frac{Q+Q''}{4\pi R^2} \tag{3-71}$$

故

$$Q'+Q''=0 \tag{3-72}$$

联解式(3-69)与式(3-72)，得

$$Q'=\frac{\varepsilon_1-\varepsilon_2}{\varepsilon_1+\varepsilon_2}Q \tag{3-73}$$

$$Q''=-\frac{\varepsilon_1-\varepsilon_2}{\varepsilon_1+\varepsilon_2}Q \tag{3-74}$$

可见，镜像电荷 Q'' 的符号与镜像电荷 Q' 符号相反，这表明在两种分界面上的极化面电荷对于两个不同介质的区域的等效结果极性相反，这一点结合边界条件不难理解。当 $\varepsilon_1=\varepsilon_2$ 时，其结果正好是原点电荷 Q 所产生的场。若 $\varepsilon_2=\infty$ 时，则电介质 1 中的场正好是点电

荷 Q 和镜像电荷 $Q'=-Q$ 所产生的场，而电介质 2 中的场$\left(E_2=\dfrac{Q}{2\pi(\varepsilon_1+\varepsilon_2)R^2}\right)$为零，这正是用导体代替电介质的结果。在静电场中，导体就相当于介电常数为无穷大的电介质。上述结果同样可以推广到其他电荷分布时的情形。

以上分析可推广应用到线电荷对无穷大不同电介质平面的镜像，计算镜像电荷的公式可类似地得到。

3.5 格林函数法

3.4 节介绍的镜像法是一种求解特殊类型静电场问题的方法。其中，求解一个点电荷的边值问题在静电学中有着重要的意义。这是因为它不仅意味着有关该电荷的特殊问题得到了有效的解决，而且意味着更普遍的一类问题也可以基于此而得到解决，这就是指如何借助于有关点电荷的较简单的边值问题分析较为普遍的电磁场边值问题。利用 δ 函数和格林公式可以把一般的边值问题和有关点电荷的相应问题联系起来。

3.5.1 δ 函数的定义及主要性质

1. δ 函数的定义

在物理问题中，有时候会遇到描述集中分布物理量的密度问题，例如在静电场中求解点电荷的边值问题，就需要给出点电荷密度的数学表达式。点电荷是电荷分布的极限情形，可视为一个体积很小而电荷密度很大的带电小球的极限。若电荷分布于小体积 ΔV 内，且当 $\Delta V\to 0$ 时，体积内的电荷密度 $\rho=\dfrac{\Delta Q}{\Delta V}\to\infty$，而总电量保持不变，即为点电荷分布。考虑置于 x 轴上原点处一单位点电荷(即 $Q=1$)，则当 $\Delta x=\Delta l\to 0$ 时，其线密度 $\rho_l=\lim\limits_{\Delta l\to 0}\dfrac{\Delta Q}{\Delta l}\to\infty$，而在 x 轴上分布的总电荷不变，即$\int_{-\infty}^{\infty}\rho_l\,\mathrm{d}x=1$。1926 年狄拉克在量子力学中引入的 δ 函数就能表示这种集中量的密度，故又称为狄拉克(Dirac)函数或冲激函数。

δ 函数常用下述两点来定义，即

$$\delta(x-x')=\begin{cases}0, & x\neq x'\\ \infty, & x=x'\end{cases}\tag{3-75}$$

和

$$\int_{-\infty}^{\infty}\delta(x-x')\,\mathrm{d}x=1\tag{3-76}$$

δ 函数可将单位点源表示成分布场源，故 δ 函数是单位点源的密度函数。δ 函数是一种很有用的数学工具，在近代物理和工程技术中具有较广泛的应用。但它并不按通常函数的对应法则来定义，也不按通常的积分来定义，故它属于广义函数之列。

电荷 Q 的电荷密度在直角坐标系中位于源点(x',y',z')可表示为

$$\rho(x,y,z)=Q\delta(x-x')\delta(y-y')\delta(z-z')\tag{3-77a}$$

在圆柱坐标系中位于源点(ρ',ϕ',z')可表示为

$$\rho(\rho,\phi,z)=\frac{Q}{\rho'}\delta(\rho-\rho')\delta(\phi-\phi')\delta(z-z') \tag{3-77b}$$

在球坐标系中位于源点(r',θ',ϕ')可表示为

$$\rho(r,\theta,\phi)=\frac{Q}{r'^2\sin\theta'}\delta(r-r')\delta(\theta-\theta')\delta(\phi-\phi') \tag{3-77c}$$

2. δ 函数的主要性质

(1) 抽样性(偏移性或筛选性)：

$$\int_{-\infty}^{\infty}f(x)\delta(x-x')\mathrm{d}x=f(x') \tag{3-78}$$

由于当x'点为奇点时，对于预先任意给定的无论怎么小的正数ε，都有

$$\int_{-\infty}^{\infty}\delta(x-x')\mathrm{d}x=\int_{x'-\varepsilon}^{x'+\varepsilon}\delta(x-x')\mathrm{d}x=1$$

因此，利用积分中值定理可以得到

$$\int_{-\infty}^{\infty}f(x)\delta(x-x')\mathrm{d}x=\int_{x'-\varepsilon}^{x'+\varepsilon}f(x)\delta(x-x')\mathrm{d}x=f(\xi)\int_{x'-\varepsilon}^{x'+\varepsilon}\delta(x-x')\mathrm{d}x=f(\xi)$$

式中：$x'-\varepsilon\leqslant\xi\leqslant x'+\varepsilon$。在上式中令$\varepsilon\to 0$，则$\xi\to x'$，便得到式(3-78)。特别是当$x'=0$时，则$\int_{-\infty}^{\infty}f(x)\delta(x)\mathrm{d}x=f(0)$。可见，$\delta$ 函数和某一连续函数$f(x)$的乘积在整个实轴上的积分结果等于在奇点处该函数的值。随着奇点x'的移动，可以抽取任何所需点的函数值。

在三维空间，则有

$$\int_{V_\infty}f(\boldsymbol{r})\delta(\boldsymbol{r}-\boldsymbol{r}')\mathrm{d}V=f(\boldsymbol{r}') \tag{3-79}$$

(2) 偶函数。δ 函数是偶函数，即

$$\delta(-x)=\delta(x) \tag{3-80a}$$

或

$$\delta(x'-x)=\delta(x-x') \tag{3-80b}$$

因为$\int_{-\infty}^{\infty}f(x)\delta(x)\mathrm{d}x=f(0)$，若$f(x)$为连续的奇函数，则$f(0)=0$，于是$f(x)\delta(x)$必为奇函数，因此，$\delta$ 函数必为偶函数。

(3) δ 函数与距离R 的关系式：

$$\nabla^2\frac{1}{R}=-4\pi\delta(\boldsymbol{r}-\boldsymbol{r}') \tag{3-81}$$

式中：$\boldsymbol{R}=\boldsymbol{r}-\boldsymbol{r}'$，$R=|\boldsymbol{R}|=|\boldsymbol{r}-\boldsymbol{r}'|$。

当$R\neq 0$时，容易证明：$\nabla^2\frac{1}{R}=0$。

当$R\to 0$时，对式(3-81)在包围$\boldsymbol{r}'$奇点在内的任一体积V内进行积分，将左式的积分应用高斯散度定理，并考虑$\nabla\frac{1}{R}=-\frac{\boldsymbol{e}_R}{R^2}$，则有

$$\int_V\nabla^2\frac{1}{R}\mathrm{d}V=\int_V\nabla\cdot\nabla\frac{1}{R}\mathrm{d}V=\oint_S\nabla\frac{1}{R}\cdot\mathrm{d}\boldsymbol{S}=\oint_S-\frac{\boldsymbol{e}_R\cdot\mathrm{d}\boldsymbol{S}}{R^2}=-\oint_S\mathrm{d}\Omega=-4\pi$$

右式则为

$$-4\pi\int_V \delta(\boldsymbol{r}-\boldsymbol{r}')\mathrm{d}V=-4\pi$$

即

$$\int_V \nabla^2\frac{1}{R}\mathrm{d}V=-4\pi\int_V \delta(\boldsymbol{r}-\boldsymbol{r}')\mathrm{d}V$$

因上式对于任意大小的体积 V 均成立,故上式中被积函数一定相等。这就证明了式(3-81)。当 $|\boldsymbol{r}'|=0$ 时,$\boldsymbol{R}=\boldsymbol{r}$,则有

$$\nabla^2\frac{1}{r}=-4\pi\delta(\boldsymbol{r}) \tag{3-82}$$

3.5.2 格林函数

由单位点源产生的势函数,称为格林函数,也称为点源函数。用 $G(\boldsymbol{r},\boldsymbol{r}')$表示。位于 $\boldsymbol{r}'$ 点上的单位点电荷($Q=1$)所产生的格林函数同样满足泊松方程,即

$$\nabla^2 G(\boldsymbol{r},\boldsymbol{r}')=-\frac{1}{\varepsilon}\delta(\boldsymbol{r}-\boldsymbol{r}') \tag{3-83}$$

一个非齐次线性微分方程的解是由非齐次方程的一个特解和对应的齐次方程的通解叠加而成。因此,满足由非齐次微分方程的格林函数可由两部分组成,即

$$G(\boldsymbol{r},\boldsymbol{r}')=G_0(\boldsymbol{r},\boldsymbol{r}')+G_1(\boldsymbol{r},\boldsymbol{r}') \tag{3-84}$$

它们分别满足方程

$$\begin{cases}\nabla^2 G_0(\boldsymbol{r},\boldsymbol{r}')=-\dfrac{1}{\varepsilon}\delta(\boldsymbol{r}-\boldsymbol{r}')\\ \nabla^2 G_1(\boldsymbol{r},\boldsymbol{r}')=0\end{cases} \tag{3-85}$$

式中:$G_0(\boldsymbol{r},\boldsymbol{r}')$是满足含 δ 函数的非齐次泊松方程的特解或基本解,它是无界空间的格林函数,具有奇异性,$\boldsymbol{r}=\boldsymbol{r}'$的点为奇点。$G_1(\boldsymbol{r},\boldsymbol{r}')$是仅满足相应的齐次拉普拉斯方程和一定的边界条件的通解,它是有界区域的格林函数,在整个区域内是正则的,无奇异性。它们的具体形式有赖于空间的维数和边界的形状。

下列几种情形下的格林函数分别为:

(1) 带有单位电荷面密度为 $\rho_S=1$ 的无限大平板与 x 轴垂直,在空间任一位置的格林函数为

$$\begin{cases}G_0=-\dfrac{1}{2\varepsilon}\mid x-x'\mid\\ G_1=C_1x+C_2\end{cases} \tag{3-86}$$

式中:C_1 与 C_2 均为由边界条件确定的常数。

(2) 线电荷密度为 $\rho_l=1$ 的无限长带电线在二维圆柱坐标系即平面极坐标系中的格林函数为

$$\begin{cases}G_0=-\dfrac{1}{2\pi\varepsilon}\ln\mid \rho-\rho'\mid\\ G_1=C_0+D_0\ln\rho+\displaystyle\sum_{n=1}^{\infty}(A_{1n}\rho^n+A_{2n}\rho^{-n})(B_{1n}\sin n\phi+B_{2n}\cos n\phi)\end{cases} \tag{3-87}$$

式中：A_{1n}、A_{2n}、B_{1n}、B_{2n}、C_0、D_0 均为由边界条件确定的待定常数。

(3) 体电荷密度为 $\rho=1$ 的点电荷在三维球坐标系中的格林函数为

$$\begin{cases} G_0=\dfrac{1}{4\pi\varepsilon\mid \boldsymbol{r}-\boldsymbol{r}'\mid} \\ G_1=\sum_{l=0}^{\infty}\sum_{m=0}^{l}(A_l r'+B_l r^{-(l+1)})P_l^m(\cos\alpha)(C_m\sin m\phi+D_m\cos m\phi) \end{cases} \tag{3-88}$$

式中：A_l、B_l、C_m、D_m 均为待定常数。G_0 中的因子

$$\frac{1}{|\boldsymbol{r}-\boldsymbol{r}'|}=\frac{1}{\sqrt{r^2+r'^2-2rr'\cos\alpha}} \tag{3-89}$$

式中：α 是空间矢径 $\boldsymbol{r}$ 与 $\boldsymbol{r}'$ 间的夹角，如图 3-13 所示。在球坐标系中，若 $\boldsymbol{r}$ 的坐标为 (r,θ,ϕ)，$\boldsymbol{r}'$ 的坐标为 (r',θ',ϕ')，则

$$\cos\alpha=\cos\theta\cos\theta'+\sin\theta\sin\theta'\cos(\phi-\phi') \tag{3-90}$$

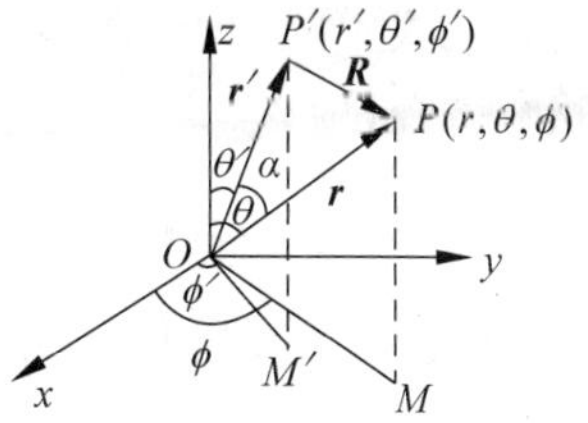

图 3-13　两空间矢径间的夹角

如果问题与方位角 ϕ 无关，式(3-88) 中 $m=0$，并取 $\boldsymbol{r}'$ 点在极轴上，即在轴对称的情形下，$\theta'=0$，式(3-88) 中的 G_1 变为

$$G_1=\sum_{l=0}^{\infty}(A_l r^l+B_l r^{-(l+1)})P_l(\cos\theta) \tag{3-91}$$

格林函数是场点与源点之间距离 $|\boldsymbol{r}-\boldsymbol{r}'|$ 的函数，将场点与源点互换，距离不变，格林函数亦不变，因此格林函数具有互易性，即

$$G(\boldsymbol{r},\boldsymbol{r}')=G(\boldsymbol{r}',\boldsymbol{r}) \tag{3-92}$$

3.5.3　格林函数法

应用格林函数求解边值问题的方法，称为格林函数法。该方法的实质是将边值问题转化为求格林函数的解。一旦求得格林函数，则场源与势函数间的关系变为一个积分方程，给定场源和边值条件就可由此积分方程求得势函数。下面具体导出格林函数法的基本公式。

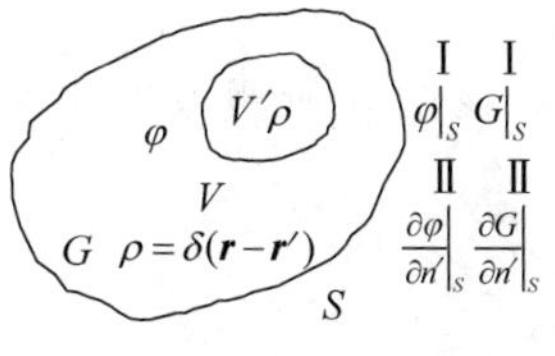

图 3-14　格林函数的边值问题

前面讲过，静态场的泊松方程在给定区域 V 内的第一类与第二类边值问题分别是给定区域 V 内的场源分布。例如电荷密度 $\rho(\boldsymbol{r})$，并给定区域 V 的边界 S 上的势函数值 $\varphi|_S$（第一类边值问题），或边界 S 上势函数的法向导数值 $\left.\dfrac{\partial\varphi}{\partial n}\right|_S$（第二类边值问题），需要求解 V 内的势函数 $\varphi(\boldsymbol{r})$，如图 3-14 所示。与此对应的第一类与第二类格林函数的边值问题是：区域 V 内有一单位点源，其边界 S 上给定格林函数值 $G|_S$，或其法向导数值 $\left.\dfrac{\partial G}{\partial n}\right|_S$，则 V 内所求的势函数 $G(\boldsymbol{r},\boldsymbol{r}')$ 就是格林函数。

设电荷密度为 $\rho(\boldsymbol{r})$ 的电荷分布所产生的电势满足泊松方程，即

$$\nabla^2\varphi=-\frac{\rho}{\varepsilon}$$

相应的格林函数 $G(\boldsymbol{r},\boldsymbol{r}')$ 的满足方程为

$$\nabla^2 G(\boldsymbol{r},\boldsymbol{r}') = -\frac{1}{\varepsilon}\delta(\boldsymbol{r}-\boldsymbol{r}')$$

取 φ 为势函数 $\varphi(\boldsymbol{r})$，ψ 为格林函数 $G(\boldsymbol{r},\boldsymbol{r}')$，利用格林第二公式(1-39)，得

$$\int_V \left[G(\boldsymbol{r},\boldsymbol{r}')\left(-\frac{\rho(\boldsymbol{r})}{\varepsilon}\right)+\varphi(\boldsymbol{r})\frac{\delta(\boldsymbol{r}-\boldsymbol{r}')}{\varepsilon}\right]\mathrm{d}V = \oint_S \left[G(\boldsymbol{r},\boldsymbol{r}')\frac{\partial\varphi(\boldsymbol{r})}{\partial n}-\varphi(\boldsymbol{r})\frac{\partial G(\boldsymbol{r},\boldsymbol{r}')}{\partial n}\right]\mathrm{d}S$$

当源点在区域 V 内时，$\int_V \varphi(\boldsymbol{r})\delta(\boldsymbol{r}-\boldsymbol{r}')\mathrm{d}V=\varphi(\boldsymbol{r}')$，故上式可改写为

$$\varphi(\boldsymbol{r}') = \int_V G(\boldsymbol{r},\boldsymbol{r}')\rho(\boldsymbol{r})\mathrm{d}V + \varepsilon\oint_S \left[G(\boldsymbol{r},\boldsymbol{r}')\frac{\partial\varphi(\boldsymbol{r})}{\partial n}-\varphi(\boldsymbol{r})\frac{\partial G(\boldsymbol{r},\boldsymbol{r}')}{\partial n}\right]\mathrm{d}S$$

将上式中的源点 $\boldsymbol{r}'$ 与场点 $\boldsymbol{r}$ 互换，并利用格林函数的互易性，便得到区域 V 内势函数的积分方程，即

$$\varphi(\boldsymbol{r}) = \int_V G(\boldsymbol{r},\boldsymbol{r}')\rho(\boldsymbol{r}')\mathrm{d}V' + \varepsilon\oint_S \left[G(\boldsymbol{r},\boldsymbol{r}')\frac{\partial\varphi(\boldsymbol{r}')}{\partial n'}-\varphi(\boldsymbol{r}')\frac{\partial G(\boldsymbol{r},\boldsymbol{r}')}{\partial n'}\right]\mathrm{d}S' \quad (3\text{-}93)$$

式中：S 是包围区域 V 的闭合面，$\mathrm{d}V'$ 和 $\mathrm{d}S'$ 分别是打撇变量的体积元与面积元，n' 是区域 V 的边界面外法线方向上打撇的坐标变量。上式右端第一项是区域 V 内场源所产生的势，第二项为 V 的边界面 S 上感应或束缚电荷对势的贡献。

式(3-93)是用格林函数求解静态场边值问题的基本积分方程。求解该积分方程，除了已知格林函数外，不仅要给定区域 V 内的电荷分布 $\rho(\boldsymbol{r}')$，还要给定边界面 S 上的电势值 $\varphi(\boldsymbol{r}')|_S$ ($\boldsymbol{r}'$ 在 S 上)及其法向导数值 $\left.\frac{\partial\varphi(\boldsymbol{r}')}{\partial n'}\right|_S$，并求出边界面 S 上的格林函数值 $G(\boldsymbol{r},\boldsymbol{r}')|_S$ 及其法向导数值 $\left.\frac{\partial G(\boldsymbol{r},\boldsymbol{r}')}{\partial n'}\right|_S$，方可得到势函数的解。

对于第一类边值问题，已知边界面 S 上的电势值为 $\varphi(\boldsymbol{r}')|_S$，如果选取边界面 S 上的格林函数值 $G(\boldsymbol{r},\boldsymbol{r}')|_S=0$，则由式(3-93)可得满足第一类边值条件的泊松方程的解为

$$\varphi(\boldsymbol{r}) = \int_V G(\boldsymbol{r},\boldsymbol{r}')\rho(\boldsymbol{r}')\mathrm{d}V' - \varepsilon\oint_S \varphi(\boldsymbol{r}')\frac{\partial G(\boldsymbol{r},\boldsymbol{r}')}{\partial n'}\mathrm{d}S' \quad (3\text{-}94)$$

这表明，如果 $G(\boldsymbol{r},\boldsymbol{r}')$ 已知，通过对 V 内给定电荷分布 $\rho(\boldsymbol{r}')$ 及边界面 S 上给定 $\varphi(\boldsymbol{r}')$ 值的积分，就可解出第一类边值问题。

对于第二类边值问题，因为 $G(\boldsymbol{r},\boldsymbol{r}')$ 表示一个单位点电荷在空间所激发的电势，而 $-\left.\frac{\partial G(\boldsymbol{r},\boldsymbol{r}')}{\partial n'}\right|_S$ 则代表单位点电荷在边界面 S 上所激发的电场。有

$$-\oint_S \frac{\partial G(\boldsymbol{r},\boldsymbol{r}')}{\partial n'}\mathrm{d}S' = \frac{1}{\varepsilon_0} \quad (3\text{-}95)$$

故不能取 $\left.\frac{\partial G(\boldsymbol{r},\boldsymbol{r}')}{\partial n'}\right|_S=0$。而满足上式最简单的边界条件为

$$\left.\frac{\partial G(\boldsymbol{r},\boldsymbol{r}')}{\partial n'}\right|_S = -\frac{1}{\varepsilon_0 S} \quad (3\text{-}96)$$

式中：S 是界面的总面积。由式(3-93)得第二类边值问题的解为

$$\varphi(\boldsymbol{r}) = \int_V G(\boldsymbol{r},\boldsymbol{r}')\rho(\boldsymbol{r}')\mathrm{d}V' + \varepsilon\oint_S G(\boldsymbol{r},\boldsymbol{r}')\frac{\partial\varphi(\boldsymbol{r}')}{\partial n'}\mathrm{d}S' + \bar{\varphi}_S \quad (3\text{-}97)$$

式中：$\bar{\varphi}_S=\frac{1}{S}\oint_S\varphi(\boldsymbol{r}')\mathrm{d}S$ 是势函数 φ 在整个边界面 S 上的平均值。

由式(3-94)与式(3-97)可见，只要求出区域 V 内的格林函数，则一般边值问题就能得到解决。但格林函数有赖于区域边界面 S 的形式，对于复杂形状边界的问题，要求出它是很困难的，并不比解原来的边值问题容易。然而格林函数的作用是把微分方程连同边值条件变成积分方程。在多数情况下，积分方程可用近似方法和数值方法求解。只有当区域边界面具有简单的几何形状(如无限大平面、无限长圆柱、球等)时才能得出解析解。前面介绍的镜像法就是求格林函数的一种方法，此外还可以用分离变量法、直接积分法求格林函数。

当然，格林函数法也可以用来求解拉普拉斯方程的边值问题，在式(3-94)与式(3-97)中，只要令 $\rho=0$，便得到拉普拉斯方程的相应边值问题的解。

例 3.10 在无限大导体平面上有半径为 a 的细绝缘圆环，设圆环内的电势为 φ_0，圆环外的电势为零。试求上半空间的电势。

解 如图 3-15 所示，选取圆柱坐标系，用格林函数法。根据题意，格林函数所满足的边值问题为

$$\begin{cases}\nabla^2 G(\boldsymbol{r},\boldsymbol{r}')=-\dfrac{1}{\varepsilon}\delta(\boldsymbol{r}-\boldsymbol{r}')\\ G(\boldsymbol{r},\boldsymbol{r}')\big|_{z=0}=0\end{cases}$$

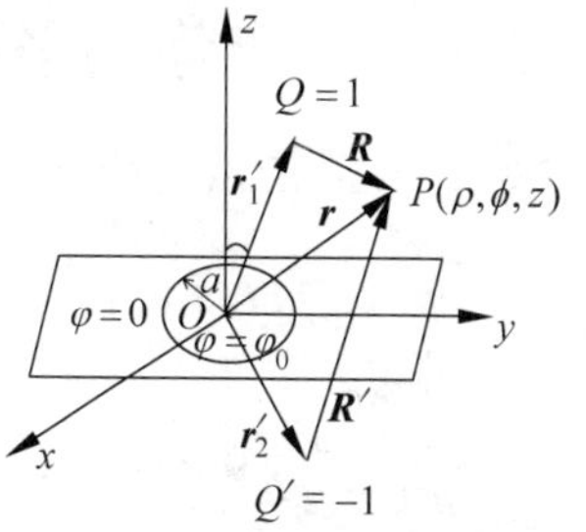

图 3-15 求上半空间的电势

格林函数可以用镜像法求得。场点的空间矢径 $\boldsymbol{r}$ 和源点及其镜像点的空间矢径 $\boldsymbol{r}'_1$ 与 $\boldsymbol{r}'_2$ 的直角坐标分别为 $(\rho\cos\phi,\rho\sin\phi,z)$ 和 $(\rho'\cos\phi',\rho'\sin\phi',z')$ 及 $(\rho'\cos\phi',\rho'\sin\phi',-z')$，则上半空间的格林函数可用圆柱坐标表示为

$$\begin{aligned}G(\boldsymbol{r},\boldsymbol{r}')&=\frac{1}{4\pi\varepsilon_0}\left[\frac{1}{R}-\frac{1}{R'}\right]=\frac{1}{4\pi\varepsilon_0}\left[\frac{1}{|\boldsymbol{r}-\boldsymbol{r}'_1|}-\frac{1}{|\boldsymbol{r}-\boldsymbol{r}'_2|}\right]\\&=\frac{1}{4\pi\varepsilon_0}\{[(x-x')^2+(y-y')^2+(z-z')^2]^{-\frac{1}{2}}-[(x-x')^2+(y-y')^2+(z+z')^2]^{-\frac{1}{2}}\}\\&=\frac{1}{4\pi\varepsilon_0}\{[\rho^2+z^2+\rho'^2+z'^2-2zz'-2\rho\rho'\cos(\phi-\phi')]^{-\frac{1}{2}}-\\&\quad[\rho^2+z^2+\rho'^2+z'^2+2zz'-2\rho\rho'\cos(\phi-\phi')]^{-\frac{1}{2}}\}\end{aligned}$$

在 $z=0$ 的平面上 $G(\boldsymbol{r},\boldsymbol{r}')=0$，在 $z>0$ 的上半空间的电荷分布为零。因此本问题是拉普拉斯方程的第一类边值问题，由式(3-94)可得上半空间的电势。

由于积分面 S 是 $z'=0$ 的无限大平面，法线方向沿 $-z'$ 方向，故有

$$-\frac{\partial G}{\partial n'}=\frac{\partial G}{\partial z'}\bigg|_{z'=0}=\frac{1}{2\pi\varepsilon_0}\frac{z}{[\rho^2+z^2+\rho'^2-2\rho\rho'\cos(\phi-\phi')]^{3/2}}$$

因无限大平面 S 上只有圆环内部的电势不为零，故面积分只需对 $\rho'\leqslant a$ 的圆域积分，即

$$\begin{aligned}\varphi(\boldsymbol{r})&=\frac{\varphi_0 z}{2\pi}\int_0^a\rho'\mathrm{d}\rho'\int_0^{2\pi}[\rho^2+z^2+\rho'^2-2\rho\rho'\cos(\phi-\phi')]^{-3/2}\mathrm{d}\phi'\\&=\frac{\varphi_0 z}{2\pi}\int_0^a\rho'\mathrm{d}\rho'\int_0^{2\pi}\frac{\mathrm{d}\phi'}{(\rho^2+z^2)^{3/2}}\left[1+\frac{\rho'^2-2\rho\rho'\cos(\phi-\phi')}{\rho^2+z^2}\right]^{-3/2}\end{aligned}$$

当 $r^2=\rho^2+z^2\gg a^2$ 时，应用近似公式 $(1+x)^n\approx 1+nx(|x|\ll 1)$，则被积函数可以展开为

$$\left[1+\frac{\rho'^2-2\rho\rho'\cos(\phi-\phi')}{\rho^2+z^2}\right]^{-3/2}\approx 1-\frac{3}{2}\frac{\rho'^2-2\rho\rho'\cos(\phi-\phi')}{\rho^2+z^2}$$

代入原式积分，可得上半空间的电势为

$$\varphi(\boldsymbol{r})=\frac{\varphi_0 a^2}{2}\frac{z}{(\rho^2+z^2)^{3/2}}\left[1-\frac{3}{4}\frac{a^2}{\rho^2+z^2}\right]$$

3.6 电多极矩法

在许多物理问题中，电荷只分布在一个小区域内，所求场点距离电荷较远，即 $R\gg 1$。在这种情况下，对场的各级近似计算可以通过把 $\dfrac{1}{R}$ 进行级数展开，这在科学研究和工程应用中很重要。

3.6.1 电势的多级展开

如图 3-16 所示，真空中区域 V' 内给定电荷分布为 $\rho(\boldsymbol{r}')$ 的带电体所激发的电势为

$$\varphi(\boldsymbol{r})=\int_{V'}\frac{\rho(\boldsymbol{r}')\mathrm{d}V'}{4\pi\varepsilon_0 R} \tag{3-98}$$

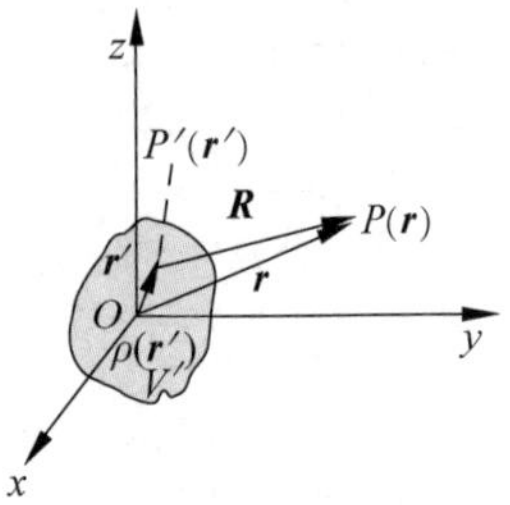

图 3-16 小区域内电荷分布

式中：R 为场点 $\boldsymbol{r}$ 与源点 $\boldsymbol{r}'$ 间的距离。即

$$R=|\boldsymbol{r}-\boldsymbol{r}'|=[(x-x')^2+(y-y')^2+(z-z')^2]^{\frac{1}{2}},$$

$$r=[x^2+y^2+z^2]^{\frac{1}{2}}$$

$\boldsymbol{r}'$ 在区域 V' 内变动，由于其线度远小于 $\boldsymbol{r}$，故可以把各分量看作小参量，将 $\dfrac{1}{R}$ 对 $\boldsymbol{r}'$ 展开，由一般函数的泰勒级数展开式

$$f(\boldsymbol{r}-\boldsymbol{r}')=f(\boldsymbol{r})-\sum_{i=1}^{3}x'_i\frac{\partial}{\partial x_i}f(\boldsymbol{r})+\frac{1}{2!}\sum_{i,j=1}^{3}x'_ix'_j\frac{\partial^2}{\partial x_i\partial x_j}f(\boldsymbol{r})+\cdots$$

得

$$\frac{1}{R}=\frac{1}{r}-\sum_{i=1}^{3}x'_i\frac{\partial}{\partial x_i}\frac{1}{r}+\frac{1}{2!}\sum_{i,j=1}^{3}x'_ix'_j\frac{\partial^2}{\partial x_i\partial x_j}\frac{1}{r}+\cdots \tag{3-99}$$

证明如下：

构建函数

$$F(t)=f(\boldsymbol{r}-\boldsymbol{r}'t)=f(x-x't,y-y't,z-z't),$$

对 t 展开为泰勒级数，可得

$$F(t)=F(0)+F'(0)t+\frac{1}{2!}F''(0)t^2+\cdots$$

令 $t=1$，则有

$$F(1)=F(0)+F'(0)+\frac{1}{2!}F''(0)+\cdots$$

其中，$F(1)=f(\boldsymbol{r}-\boldsymbol{r}')$，$F(0)=f(\boldsymbol{r})$，

$$F'(0)=\left.\frac{\mathrm{d}F(t)}{\mathrm{d}t}\right|_{t=0}=\sum_{i=1}^{3}\frac{\partial f(\boldsymbol{r}-\boldsymbol{r}'t)}{\partial(x_i-x_i't)}\cdot\left.\frac{\partial(x_i-x_i't)}{\partial t}\right|_{t=0}=-\sum_{i=1}^{3}x_i'\frac{\partial f(\boldsymbol{r})}{\partial x_i}=-(\boldsymbol{r}'\cdot\nabla)f(\boldsymbol{r})$$

$$F''(0)=\left.\frac{\mathrm{d}^2F(t)}{\mathrm{d}t^2}\right|_{t=0}=\frac{\mathrm{d}}{\mathrm{d}t}\left[-(\boldsymbol{r}'\cdot\nabla)f(\boldsymbol{r})\right]\Big|_{t=0}=\sum_{i,j=1}^{3}x_i'x_j'\frac{\partial^2 f(\boldsymbol{r})}{\partial x_i\partial x_j}=(\boldsymbol{r}'\cdot\nabla)^2f(\boldsymbol{r})$$

故有

$$f(\boldsymbol{r}-\boldsymbol{r}')=f(\boldsymbol{r})-\sum_{i=1}^{3}x_i'\frac{\partial}{\partial x_i}f(\boldsymbol{r})+\frac{1}{2!}\sum_{i,j}x_i'x_j'\frac{\partial^2}{\partial x_i\partial x_j}f(\boldsymbol{r})+\cdots$$

得证。

将式(3-99)代入式(3-98)，则为

$$\varphi(\boldsymbol{r})=\frac{1}{4\pi\varepsilon_0}\int_{V'}\rho(\boldsymbol{r}')\left[\frac{1}{r}-\sum_{i=1}^{3}x_i'\frac{\partial}{\partial x_i}\frac{1}{r}+\frac{1}{2!}\sum_{i,j=1}^{3}x_i'x_j'\frac{\partial^2}{\partial x_i\partial x_j}\frac{1}{r}+\cdots\right]\mathrm{d}V' \tag{3-100a}$$

或

$$\varphi(\boldsymbol{r})=\frac{1}{4\pi\varepsilon_0}\int_{V'}\rho(\boldsymbol{r}')\left[\frac{1}{r}-\boldsymbol{r}'\cdot\nabla\frac{1}{r}+\frac{1}{2!}(\boldsymbol{r}'\cdot\nabla)^2\frac{1}{r}+\cdots\right]\mathrm{d}V' \tag{3-100b}$$

此式即为电荷体系激发的电势在远处的多级展开式。

3.6.2 电多极矩

下面具体讨论多级展开式中每项的物理意义。令

$$Q=\int_{V'}\rho(\boldsymbol{r}')\mathrm{d}V' \tag{3-101}$$

则 Q 表示带电体的全部电量。

令

$$\boldsymbol{p}=\int_{V'}\rho(\boldsymbol{r}')\boldsymbol{r}'\mathrm{d}V' \tag{3-102}$$

$\boldsymbol{p}$ 称为电荷系统的电偶极矩，该式为一般形式的电偶极矩定义式。

再令

$$D_{ij}=\int_{V'}3x_i'x_j'\rho(\boldsymbol{r}')\mathrm{d}V' \tag{3-103a}$$

及

$$\overleftrightarrow{\boldsymbol{D}}=\int_{V'}3\boldsymbol{r}'\boldsymbol{r}'\rho(\boldsymbol{r}')\mathrm{d}V' \tag{3-103b}$$

D_{ij} 称为电荷系统的电四极矩，$\overleftrightarrow{\boldsymbol{D}}$ 称为电四极矩张量。

于是，式(3-100b)可表示为

$$\varphi(\boldsymbol{r})=\frac{1}{4\pi\varepsilon_0}\left(\frac{Q}{r}-\boldsymbol{p}\cdot\nabla\frac{1}{r}+\frac{1}{6}\overleftrightarrow{\boldsymbol{D}}:\nabla\nabla\frac{1}{r}+\cdots\right) \tag{3-104}$$

展开式的第一项为

$$\varphi^{(0)}=\frac{Q}{4\pi\varepsilon_0 r} \tag{3-105}$$

表示将带电体的全部电量 Q 集中于原点所激发的电势。这是电势积分式中最主要的

一项。

展开式的第二项为

$$\varphi^{(1)}=-\frac{1}{4\pi\varepsilon_0}\boldsymbol{p}\cdot\nabla\frac{1}{r}=\frac{\boldsymbol{p}\cdot\boldsymbol{r}}{4\pi\varepsilon_0 r^3} \tag{3-106}$$

表示电偶极矩 $\boldsymbol{p}$ 产生的电势。

由式(3-102)知,若带电体系的电荷分布关于原点对称,由于 $\rho(\boldsymbol{r}')=\rho(-\boldsymbol{r}')$,而 $\boldsymbol{r}'$ 与 $-\boldsymbol{r}'$ 大小相等,符号相反,因此积分式(3-102)的电偶极矩为零。电荷分布具有球对称性即属于此。只有电荷对原点不对称时,电偶极矩才不等于零。例如一对等值异号的电荷 $\pm Q$、间距 l 远小于它们到场点的距离的电荷系统(称为电偶极子),这是最简单的一类电偶极矩。下面计算它所产生的电势。

在球坐标系中,设电偶极子沿极轴正向放置,其中心到远处任一点 P 的距离为 r,则两异号电荷在场点 P 处的电势为

$$\varphi=\frac{Q}{4\pi\varepsilon_0}\left(\frac{1}{r_+}-\frac{1}{r_-}\right)=\frac{Q}{4\pi\varepsilon_0}\frac{r_- - r_+}{r_+ r_-}$$

式中：$r_+=\left[r^2+\left(\frac{l}{2}\right)^2-rl\cos\theta\right]^{\frac{1}{2}}=r\left[1+\frac{l^2}{4r^2}-\frac{l}{r}\cos\theta\right]^{\frac{1}{2}}$,$r_-=\left[r^2+\left(\frac{l}{2}\right)^2+rl\cos\theta\right]^{\frac{1}{2}}=r\left[1+\frac{l^2}{4r^2}+\frac{l}{r}\cos\theta\right]^{\frac{1}{2}}$。

由于 $l\ll r$,应用牛顿二项式定理,即当 $|x|\ll 1$ 时,$(1+x)^\alpha\approx 1+\alpha x$,展开后并略去高阶小项,得 $r_+\approx r-\frac{l}{2}\cos\theta$,$r_-\approx r+\frac{l}{2}\cos\theta$,$\frac{1}{r_+}-\frac{1}{r_-}\approx\frac{l\cos\theta}{r^2}=-l\frac{\partial}{\partial z}\left(\frac{1}{r}\right)$,于是有

$$\varphi=\frac{Ql}{4\pi\varepsilon_0 r^2}\cos\theta$$

可见,电偶极势与单个电荷的电势不同,它与乘积 Ql 成正比,而与距离的平方 r^2 成反比,且与极角 θ 有关。由电偶极矩的定义式(3-102),得 $\boldsymbol{p}=Q\boldsymbol{l}$。于是上式可写为

$$\varphi=\frac{p\cos\theta}{4\pi\varepsilon_0 r^2}=\frac{\boldsymbol{p}\cdot\boldsymbol{e}_r}{4\pi\varepsilon_0 r^2}=-\frac{1}{4\pi\varepsilon_0 r^2}p_z\frac{\partial}{\partial z}\left(\frac{1}{r}\right)$$

该结果与式(3-106)相符。

展开式的第三项为

$$\varphi^{(2)}=\frac{1}{4\pi\varepsilon_0}\frac{1}{6}\overleftrightarrow{\boldsymbol{D}}:\nabla\nabla\frac{1}{r}=\frac{1}{4\pi\varepsilon_0}\frac{1}{6}\sum_{i,j=1}^{3}D_{ij}\frac{\partial^2}{\partial x_i\partial x_j}\frac{1}{r} \tag{3-107}$$

表示电四极矩 $\overleftrightarrow{\boldsymbol{D}}$ 产生的电势。

最简单的电四极矩是一对正、负电偶极子组成的,设偶极矩为 $\boldsymbol{p}$,正电荷位于 $z=\pm b$,负电荷位于 $z=\pm a\,(b>a)$,两电偶极子中心的距离为 l,体系的总电荷为零,总偶极矩为零,电四极矩由式(3-103a)可得

$$D_{33}=\int_{V'}3z'z'\rho(\boldsymbol{r}')\mathrm{d}V'=6q(b^2-a^2)=6q(b-a)(b+a)=6pl$$

相应的电势为

$$\varphi^{(2)}=-\frac{1}{4\pi\varepsilon_0}p\frac{\partial}{\partial z}\left(\frac{1}{r^+}\right)+\frac{1}{4\pi\varepsilon_0}p\frac{\partial}{\partial z}\left(\frac{1}{r^-}\right)$$
$$=-\frac{1}{4\pi\varepsilon_0}p\frac{\partial}{\partial z}\left(\frac{1}{r^+}-\frac{1}{r^-}\right)\approx\frac{1}{4\pi\varepsilon_0}pl\frac{\partial^2}{\partial z^2}\left(\frac{1}{r}\right)$$
$$=\frac{1}{4\pi\varepsilon_0}\frac{1}{6}D_{33}\frac{\partial^2}{\partial z^2}\left(\frac{1}{r}\right)$$

电四极矩的分量 $D_{ij}(i,j=1,2,3)$ 中，$D_{ij}=D_{ij}(i\neq j)$，共有 6 个独立分量。但可以证明 $D_{11}+D_{22}+D_{33}=0$，因此 D_{ij} 只有 5 个独立分量。证明过程如下：

当 $r\neq 0$ 时，有 $\nabla^2\frac{1}{r}=0$

引入符号 $\delta_{ij}=\begin{cases}1, & i=j\\0, & i\neq j\end{cases}$，则 $\sum_{i,j}\delta_{ij}\frac{\partial^2}{\partial x_i\partial x_j}\frac{1}{r}=0$。

式(3-103a)可写为

$$\frac{1}{4\pi\varepsilon_0}\frac{1}{6}\int_{V'}\sum_{i,j}[3x'_ix'_j-r'^2\delta_{ij}]\rho(\boldsymbol{r}')\mathrm{d}V'\frac{\partial^2}{\partial x_i\partial x_j}\frac{1}{r}$$

对照式(3-107)，重新定义电四极矩为

$$D_{ij}=\int_{V'}(3x'_ix'_j-r'^2\delta_{ij})\rho(\boldsymbol{r}')\mathrm{d}V' \tag{3-108}$$

容易验证，上式满足

$$D_{11}+D_{22}+D_{33}=0 \tag{3-109}$$

得证。

因此电四极矩张量中只有 5 个独立分量。张量 $\overleftrightarrow{\boldsymbol{D}}$ 也可表示为

$$\overleftrightarrow{\boldsymbol{D}}=\int_{V'}(3\boldsymbol{r}'\boldsymbol{r}'-r'^2\overleftrightarrow{\boldsymbol{I}})\rho(\boldsymbol{r}')\mathrm{d}V' \tag{3-110}$$

式中：$\overleftrightarrow{\boldsymbol{I}}$ 为单位张量。

若电荷分布具有球对称性，则

$$\int_{V'}x'^2\rho(\boldsymbol{r}')\mathrm{d}V'=\int_{V'}y'^2\rho(\boldsymbol{r}')\mathrm{d}V'=\int_{V'}z'^2\rho(\boldsymbol{r}')\mathrm{d}V'=\frac{1}{3}\int_{V'}r'^2\rho(\boldsymbol{r}')\mathrm{d}V'$$

因而 $D_{11}=D_{22}=D_{33}$，且容易得出 $D_{12}=D_{23}=D_{31}=0$，因此球对称分布的电荷没有电四极矩；因球外电场和集中于球心处的点电荷电场一致，因此电偶极矩也不存在。可见，电多极矩反映了电荷分布偏离球对称性，因此测量远区的四极势项，就可以对电荷分布形状做出一定的推论。

在原子核物理中，电四极矩是反映原子核形变大小的重要物理量。八极矩和更高级矩很少用到。

电多极矩也可按 $\frac{1}{R}$ 的幂次和球谐函数进行展开。

讨论一般电势 $\varphi(\boldsymbol{r})=\int_{V'}\frac{\rho(\boldsymbol{r}')\mathrm{d}V'}{4\pi\varepsilon_0|\boldsymbol{r}-\boldsymbol{r}'|}$ 在远区的场，将 $\frac{1}{|\boldsymbol{r}-\boldsymbol{r}'|}$ 按照勒让德多项式展开为

$$\frac{1}{|\boldsymbol{r}-\boldsymbol{r}'|}=\frac{1}{\sqrt{r^2+r'^2-2rr'\cos\alpha}}=\sum_{l=0}^{\infty}\frac{1}{r}\left(\frac{r'}{r}\right)^lP_l(\cos\alpha) \tag{3-111}$$

式中,α 为 $\boldsymbol{r}$ 与 $\boldsymbol{r}'$之间的夹角。再利用球谐函数的加法公式,有

$$P_l(\cos\alpha)=\frac{4\pi}{2l+1}\sum_{m=-l}^{l}[Y_l^m(\theta',\phi')]^* Y_l^m(\theta,\phi)$$

$$\varphi(\boldsymbol{r})=\frac{1}{4\pi\varepsilon_0}\sum_{l=0}^{\infty}\sum_{m=-l}^{l}\frac{4\pi}{2l+1}\left[\int_{V'}[Y_l^m(\theta',\phi')]^* r'^l\rho(\boldsymbol{r}')\mathrm{d}V'\right]\frac{Y_l^m(\theta,\phi)}{r^{l+1}}$$

令 $Q_{lm}=\int_{V'}[Y_l^m(\theta',\phi')]^* r'^l\rho(\boldsymbol{r}')\mathrm{d}V'$,称为电多极矩,$l=0,1,2,\cdots$,分别对应于 2^l 阶电极矩。则电势展开式为

$$\varphi(\boldsymbol{r})=\frac{1}{4\pi\varepsilon_0}\sum_{l=0}^{\infty}\sum_{m=-l}^{l}\frac{4\pi}{2l+1}Q_{lm}\frac{Y_l^m(\theta,\phi)}{r^{l+1}} \tag{3-112}$$

*3.6.3 小区域内电荷体系在外电场的能量

讨论电荷集中分布于一个小区域内的电荷体系与外场的作用,可归结为分析电多极矩与外场的相互作用。

具有连续电荷分布 $\rho(\boldsymbol{r}')$的体系在外电势场 $\varphi_e(\boldsymbol{r})$中的电场能量为

$$W_e=\int_{V'}\rho\varphi_e\mathrm{d}V' \tag{3-113}$$

将外电势 $\varphi_e(\boldsymbol{r})$对原点展开

$$\varphi_e=\varphi_e(0)+\sum_{i=1}^{3}x_i\frac{\partial}{\partial x_i}\varphi_e(0)+\frac{1}{2!}\sum_{i,j=1}^{3}x_ix_j\frac{\partial^2}{\partial x_i\partial x_j}\varphi_e(0)+\cdots \tag{3-114}$$

代入式(3-113),得

$$W_e=\int_{V'}\rho(\boldsymbol{r}')\left[\varphi_e(0)+\sum_{i=1}^{3}x_i\frac{\partial}{\partial x_i}\varphi_e(0)+\frac{1}{2!}\sum_{i,j=1}^{3}x_ix_j\frac{\partial^2}{\partial x_i\partial x_j}\varphi_e(0)+\cdots\right]\mathrm{d}V'$$

$$=Q\varphi_e(0)+\boldsymbol{p}\cdot\nabla\varphi_e(0)+\frac{1}{6}\overleftrightarrow{\boldsymbol{D}}:\nabla\nabla\varphi_e(0)+\cdots \tag{3-115}$$

展开式(3-115)中第一项为

$$W_e^{(0)}=Q\varphi_e(0) \tag{3-116}$$

表示电荷体系的电荷集中在原点处在外场中的能量。

展开式(3-115)中第二项为

$$W_e^{(1)}=\boldsymbol{p}\cdot\nabla\varphi_e(0)=-\boldsymbol{p}\cdot\boldsymbol{E}_e(0) \tag{3-117}$$

表示电荷体系的电偶极矩在外场中的能量。

展开式(3-115)中第三项为

$$W_e^{(2)}=\frac{1}{6}\overleftrightarrow{\boldsymbol{D}}:\nabla\boldsymbol{E}_e(0) \tag{3-118}$$

表示电荷体系的电四极矩在外场中的能量。由此式可见,只有非均匀场中电四极矩的能量才不为零。

*3.7 科技前沿——静电隐形衣

古往今来,隐形衣常常出现在神话故事和科幻电影中,是人们幻想出的一种神奇衣服。但随着现代科技的高速发展,它将离我们越来越近。21 世纪初,随着电磁超材料的提出,关

于电磁隐形衣的研究成为科研领域的热点问题之一。其间，2006 年是一个重要的里程碑。先是英国物理学家 Pendry 在《科学》杂志上发表论文首先提出了基于变换光学理论调控电磁波的思想，并基于此设计了一个极为精致的隐形衣模型，再一次点燃了人们对这一追求的向往。随后，在同年美国杜克大学 Smith 小组首次在实验上验证了该种电磁隐形衣，并将成果发表在《科学》杂志上，在科技界引起轰动。此后，关于电磁隐形衣的研究全球范围内如雨后春笋般开展起来。迄今为止，对电磁隐形衣的研究，已经由最初的微波频段，逐步向远红外、红外、近红外、可见光等频段扩展，以及向静电场和静磁场的极端情形进行拓展，涉及领域由电磁学拓展到声学、热力学、物质波等学科。

本节只介绍静电隐形衣的基本原理和举例。在电磁工程应用中，静电隐形衣的研究也具有重要的理论价值和实际意义。这主要在于，处于均匀静电场中的"目标"，由于静电感应或极化，都会破坏原始场的干扰，从而容易被探测到。假设可以设计出一种静电隐形装置，覆盖于"目标"的表面，只要该装置对静电场的响应能够抵消干扰场的作用，对于周围的探测器来说，该目标看似"不复存在"，即探测不到，从而实现了隐形效果，静电隐形衣原理如图 3-17 所示。

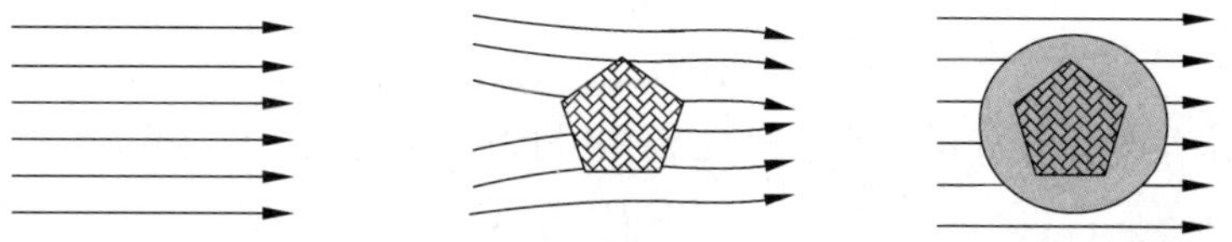

(a) 仅有匀强电场存在的情况　(b) 均匀电场中有物体时场被扰动　(c) 物体被隐形的情况

图 3-17　静电隐形衣原理示意

作为一个案例，在此用分离变量法分析设计一个球形静电隐形衣。

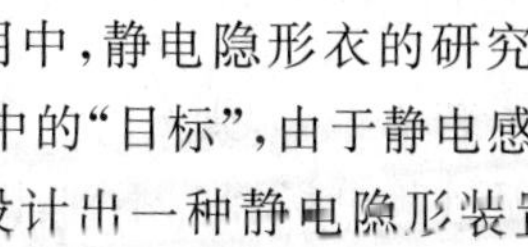

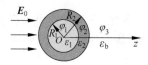

图 3-18　球形隐形衣模型

如图 3-18 所示，无限大的背景材料 ε_b 中有一匀强电场 $\boldsymbol{E}_0$ 水平向右；半径为 R_1、介电常数为 ε_1 的介质球处于其中，另有一个半径分别为 R_1、R_2，介电常数分别为 ε_2 的介质球覆盖于介质球上。那么如何选择介质球壳的几何尺寸和材料参数以实现对中心介质球的隐形效果？

采用球坐标系，电场所在方向选为 z 轴，设球内、介质壳层和背景材料中的电势函数分别为 φ_1、φ_2 和 φ_3。利用前面的分析方法，可得各个区域的电势解为

$$\begin{cases}\varphi_1 = A_1 r P_1(\cos\theta) \\ \varphi_2 = (A_2 r + B_2 r^{-2}) P_1(\cos\theta) \\ \varphi_3 = (-E_0 r + B_3 r^{-2}) P_1(\cos\theta)\end{cases} \tag{3-119}$$

根据边界条件

$$\varphi_1\big|_{r=R_1} = \varphi_2\big|_{r=R_1},\quad \varepsilon_1 \frac{\partial \varphi_1}{\partial r}\bigg|_{r=R_1} = \varepsilon_2 \frac{\partial \varphi_2}{\partial r}\bigg|_{r=R_1}$$

$$\varphi_2\big|_{r=R_2} = \varphi_3\big|_{r=R_2},\quad \varepsilon_2 \frac{\partial \varphi_2}{\partial r}\bigg|_{r=R_2} = \varepsilon_b \frac{\partial \varphi_3}{\partial r}\bigg|_{r=R_3} \tag{3-120}$$

将式(3-119)代入式(3-120)，可以得到

$$\begin{cases}A_1R_1=A_2R_1+B_2R_1^{-2}\\ \varepsilon_1A_1=\varepsilon_2(A_2-2B_2R_1^{-3})\\ A_2R_2+B_2R_2^{-2}=-E_0R_2+B_3R_2^{-2}\\ \varepsilon_2(A_2-2B_2R_2^{-3})=\varepsilon_b(-E_0-B_3R_2^{-3})\end{cases} \tag{3-121}$$

求解该四元一次方程组，我们只关心 B_3 的取值，可得

$$B_3=\frac{2(R_2^3-R_1^3)\varepsilon_2^2-(R_2^3-R_1^3)\varepsilon_1\varepsilon_b+(2R_1^3+R_2^3)\varepsilon_1\varepsilon_2-(R_1^3+2R_2^3)\varepsilon_2\varepsilon_b}{2(R_2^3-R_1^3)\varepsilon_2^2+2(R_2^3-R_1^3)\varepsilon_1\varepsilon_b+2(R_1^3+2R_2^3)\varepsilon_2\varepsilon_b+(2R_1^3+R_2^3)\varepsilon_1\varepsilon_2}E_0R_2^3 \tag{3-122}$$

若 $B_3=0$，则 $\varphi_3=-E_0rP_1(\cos\theta)$，此即为只有均匀场存在时的电势分布。换句话说，目标被静电场探测不到，因此达到了隐形的效果。据此可在理论上求出 ε_1 与 R_1、R_2 的约束关系。

作为一个特例，当中心介质球为导体球时，与前面的例题相同，结果可以用 $\varepsilon_1\to\infty$ 来获得，于是得到

$$B_3=\frac{(2R_1^3+R_2^3)\varepsilon_2-(R_2^3-R_1^3)\varepsilon_b}{2(R_2^3-R_1^3)\varepsilon_b+(2R_1^3+R_2^3)\varepsilon_2}E_0R_2^3 \tag{3-123}$$

由此可求得导体球外覆盖介质球壳后，对匀强电场无扰动的条件为

$$\varepsilon_2=\frac{R_2^3-R_1^3}{2R_1^3+R_2^3}\varepsilon_b \tag{3-124}$$

或

$$R_2=\sqrt[3]{\frac{2\varepsilon_2+\varepsilon_b}{\varepsilon_b-\varepsilon_2}}R_1 \tag{3-125}$$

因此，在实验中可以根据式(3-124)或式(3-125)的约束选择外壳材料或者外壳的几何参数，从而达到实现隐形的效果。

*3.8 思政教育：静电场定解问题的哲学思想

电动力学研究的一个重要方面是研究电磁场的运动规律，静电场问题中电场不随时间而变，因而其规律表现在电场(或电势)随空间位置的变化而变化。对于静电场的基本问题包括已知电荷分布求解电场的分布规律或相反情形。实际应用问题中由于电荷分布的复杂性或场域边界的复杂性，待求电场中往往不止包含一个变量，而恰恰是某种多元函数。这类问题的分析一般都需要借助于数学物理方法中求解偏微分方程的定解问题来解决。对于静电场而言，即为求解电势的泊松方程或拉普拉斯方程在给定边值条件下的解。通常将这类问题称为静电场的定解问题。

静电场中电势的泊松方程或拉普拉斯方程，是研究这类问题的基本物理量在空间的分布规律，即物理规律的数学表现形式。反映了同一类物理现象的共同规律，即普遍性，亦即共性，该方程与具体条件无关，数学上称为泛定方程。同一种电荷分布情形下，电势所满足的泛定方程是完全相同的。然而，为了解决具体问题，还必须考虑所研究的区域的边界处在怎样的状况下，或者说，必须考虑实际环境的影响。由于静电场不是通过超距作用，场量的

联系要通过邻近的场进行传递,所以,周围环境的影响体现在边界所给定的物理状态。具体地说,就是以第一类、第二类或第三类边值关系进行限制和约束。求解偏微分方程的定解问题一定要把泛定方程和边界条件作为一个整体来考虑。泛定方程反映了其普遍性,是共同规律,其解为泊松方程或拉普拉斯方程的通解。例如,所有关于轴对称的球坐标系中拉普拉斯方程的一般解都是

$$\varphi(r,\theta)=\sum_{l=0}^{\infty}\left[A_l r^l+B_l r^{-(l+1)}\right]\left[C_l P_l(\cos\theta)+D_l Q_l(\cos\theta)\right]$$

但具体解的形式则依赖于边界条件。例如,若考虑的是导体球或介质球,其定解则完全不同。可见,边界条件反映了其特殊性和具体性,决定解的最终形式。其实,人生亦如一个特定的数理方程定解问题,同一个人,他(她)的成长经历、受教育状况等因素确定了自身所具有的潜能,类似于人生轨迹中的"泛定方程",但成长的外部环境、机遇等因素类同于定解条件,对其影响深远。静电场的边值问题折射着哲学中"内因"和"外因"的辩证关系。因此,个人的成才,不仅取决于自身练好的"内功",还应当抓住机遇,创造条件,二者缺一不可。

本章小结

1. 本章知识结构框架

理论基础:静电场的基本方程、唯一性定理

⇓ ⇓ ⇓

基本概念:

1. 电势:

$$\varphi=\int_P^{\infty}\boldsymbol{E}\cdot\mathrm{d}\boldsymbol{l}$$

$$\boldsymbol{E}=-\nabla\varphi$$

2. 电偶极矩:

$$\boldsymbol{p}=\int_{V'}\rho(\boldsymbol{r}')\boldsymbol{r}'\mathrm{d}V'$$

3. 电四极矩:

$$D_{ij}=\int_{V'}3x'_i x'_j\rho(\boldsymbol{r}')\mathrm{d}V'$$

$$\overleftrightarrow{\boldsymbol{D}}=\int_{V'}3\boldsymbol{r}'\boldsymbol{r}'\rho(\boldsymbol{r}')\mathrm{d}V'$$

4. 电场能量:

$$W_e=\frac{1}{2}\boldsymbol{D}\cdot\boldsymbol{E}\text{(能量密度)}$$

$$W_e=\frac{1}{2}\int_{V_\infty}\boldsymbol{E}\cdot\boldsymbol{D}\mathrm{d}V\text{(总能量)}$$

基本规律:

1. 基本方程:

$$\nabla\cdot\boldsymbol{D}=\rho;\ \nabla\times\boldsymbol{E}=0$$

$$\boldsymbol{D}=\varepsilon\boldsymbol{E}$$

$$\nabla^2\varphi=-\frac{\rho}{\varepsilon}$$

2. 边界条件:

$$\begin{cases}D_{2n}-D_{1n}=\rho_S\\E_{2t}-E_{1t}=0\end{cases}$$

$$-\varepsilon_1\frac{\partial\varphi_1}{\partial n}+\varepsilon_2\frac{\partial\varphi_2}{\partial n}=\rho_S$$

$$\varphi_1=\varphi_2$$

基本分析方法:

1. 分离变量法;
2. 镜像法;
3. 格林函数法;
4. 电多极矩法。

2. 分析静电场的几种常用方法比较

(1) 分离变量法是普遍采用的求解拉普拉斯方程的重要直接解法。根据给定的边界形状,来选择适当的坐标系。拉普拉斯方程解的具体形式取决于分离常数,至于解中的分离常数则由边界条件来确定。

(2) 镜像法是边值问颐的一种间接解法,其理论根据是唯一性定理;其实质是等效替换,即用场源的镜像代替边界上感应或束缚电荷(或感应或磁化电流)的作用,于是可撤去边界,从而把原来非均匀的介质用均匀介质代替,由场源及其镜像共同确定原待求区域中的场。镜像法的关键是由边界条件确定镜像的个数、大小及其位置,将其列入表 3.1 中。

表 3.1 不同介质间具有平面或圆形边界时镜像的个数、大小及其位置

介质		导体与介质		两种介质
边界面		平面	球面	平面
求媒质 1 中的场	场源	Q 或 ρ_l	Q	Q 或 ρ_l
	镜像	$Q'=-Q$ 或 $\rho_l'=-\rho_l$	$Q'=-\frac{a}{d}Q$ $\left(Q''=\frac{a}{d}Q\right)$	$Q'=\frac{\varepsilon_1-\varepsilon_2}{\varepsilon_1+\varepsilon_2}Q$ $\rho_l'=\frac{\varepsilon_1-\varepsilon_2}{\varepsilon_1+\varepsilon_2}\rho_l$
	镜像位置	对称	$d'=\frac{a^2}{d}\ (d''=0)$	对称
求媒质 2 中的场	镜像	—	—	$Q''=\frac{\varepsilon_2-\varepsilon_1}{\varepsilon_1+\varepsilon_2}Q$ $\rho_l''=\frac{\varepsilon_2-\varepsilon_1}{\varepsilon_1+\varepsilon_2}\rho_l$
	镜像位置	—	—	原场源处

(3) 格林函数法是运用格林函数,借助于点源的边值问题来解决一般电荷分布和给定边值条件的普遍边值问题。一般边值问题的格林函数解(积分方程)为

$$\varphi(\boldsymbol{r})=\int_V G(\boldsymbol{r},\boldsymbol{r}')\rho(\boldsymbol{r}')\mathrm{d}V+\varepsilon\oint_S\left[G(\boldsymbol{r},\boldsymbol{r}')\frac{\partial\varphi(\boldsymbol{r}')}{\partial n'}-\varphi(\boldsymbol{r}')\frac{\partial G(\boldsymbol{r},\boldsymbol{r}')}{\partial n'}\right]\mathrm{d}S'$$

第一类边值问题的格林函数解为

$$\varphi(\boldsymbol{r})=\int_V G(\boldsymbol{r},\boldsymbol{r}')\rho(\boldsymbol{r}')\mathrm{d}V'-\varepsilon\oint_S\varphi(\boldsymbol{r}')\frac{\partial G(\boldsymbol{r},\boldsymbol{r}')}{\partial n'}\mathrm{d}S'$$

第二类边值问题的格林函数解为

$$\varphi(\boldsymbol{r})=\int_V G(\boldsymbol{r},\boldsymbol{r}')\rho(\boldsymbol{r}')\mathrm{d}V'+\varepsilon\oint_S G(\boldsymbol{r},\boldsymbol{r}')\frac{\partial\varphi(\boldsymbol{r}')}{\partial n'}\mathrm{d}S'$$

格林函数分别为

一维直角坐标系为

$$G_0=-\frac{1}{2\varepsilon}|x-x'|\text{ 和 }G_1=C_1x+C_2$$

二维圆柱坐标系即极坐标系为

$$G_0=-\frac{1}{2\pi\varepsilon}\ln|\boldsymbol{r}-\boldsymbol{r}'|$$

$$G_1 = C_0 + D_0 \ln\rho + \sum_{n=1}^{\infty}(A_{1n}\rho^n + A_{2n}\rho^{-n})(B_{1n}\sin n\phi + B_{2n}\cos n\phi)$$

三维球坐标系为

$$G_0 = \frac{1}{4\pi\varepsilon\,|\boldsymbol{r} - \boldsymbol{r}'|}$$

$$G_1 = \sum_{l=0}^{\infty}(A_l r^l + B_l r^{-(l+1)})\,P_l(\cos\alpha)$$

式中：$\cos\alpha = \cos\theta\cos\theta' + \sin\theta\sin\theta'\cos(\phi - \phi')$。

(4) 电多极矩法是适用于电荷只分布在一个小区域内，所求场点距离电荷较远的情形。其基本思想是将场的各级近似计算通过把$\frac{1}{R}$进行级数展开。

习题 3

3.1　试证明当两种介质的分界面上有密度为 ρ_S 的面电荷时，则有

$$\frac{\tan\theta_1}{\tan\theta_2} = \frac{\varepsilon_1}{\varepsilon_2}\left(1 + \frac{\rho_S}{\varepsilon_1 E_1 \cos\theta_1}\right)$$

式中：θ_1 与 θ_2 分别是介电常数为 ε_1 与 ε_2 的两种介质中的电场强度(或电位移)矢量与分界面法线之间的夹角。

3.2　若将两个半径为 a 的雨滴当作导体球，当它们带电后，电势均为 φ_0(以无穷远为电势参考点，且不计其相互影响)。当此两雨滴合并在一起(仍为球形)后，试求其电势。

3.3　空气中有一半径为 a 的均匀带电球，电荷密度为 ρ。试求球内外的电势和电场强度。它们的最大值各在何处?

3.4　空气中有一半径为 a，带电荷为 Q 的孤立球体。试分别求下列两种情况下带电球系统的电场能量。

(1) 电荷均匀分布于球面上；

(2) 电荷均匀分布于球体内，设介质球的介电常数为 ε。

3.5　空气中有一半径为 a 的极化介质球，其介电常数为 ε，极化强度为 $\boldsymbol{P} = \frac{P_0}{r^2}\boldsymbol{e}_r$，$P_0$ 为常数。试求：

(1) 自由电荷密度；

(2) 介质球内外的电势；

(3) 该带电介质球具有的静电场总能量。

3.6　空气中有一半径为 a、带电荷为 Q 的导体球。球外套有同心的介质球壳，其内外半径分别为 a 和 b，介电常数为 ε。求系统总的电场能量。

3.7　半径为 a、带电量为 Q 的球置于空气里的均匀外电场 $\boldsymbol{E}_0$ 中。在下列两种情况下试分别求空间各点的电势和电场强度。

(1) 带电球为导体球；

(2) 带电球为介电常数为 ε 的介质球，电荷均匀分布于球体内。

3.8 一半径为 a 的无限长直导体圆柱置于均匀电场 $\boldsymbol{E}_0$ 中，柱轴与 $\boldsymbol{E}_0$ 垂直，导体圆柱外是空气，设导体圆柱表面的电势为零。试求柱外任一点的电势、电场强度与柱面上的感应电荷面密度及其最大值。

3.9 空气中有一点电荷 Q 位于相交成直角的两个半无限大导体平面内，且距两平面的距离分别为 h_1 与 h_2，如题3.9图所示。试求：

(1) 导体平板所构成的直角区域内任一点的电势和电场强度；

(2) 每块导体板上的感应电荷面密度及感应电荷量。

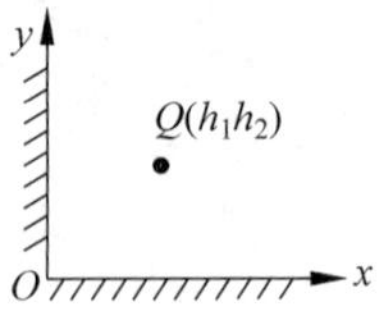

题 3.9 图

3.10 两同心薄导体球壳的半径分别为 R_1 和 $R_2(R_1<R_2)$，外球壳接地。一点电荷 Q 置于两球壳间距球心为 d 处。试求大球壳内各点的电势。

3.11 空气中有两个半径分别为 a_1 与 a_2 的导体球，两球心的间距为 d，且 d 比两球的半径大得多。若球1带电荷 Q，然后用细导线将两球相连，试求由球1流入球2的电量及该导体系统的最终电势。

3.12 整个空间充满介电常数分别为 ε_1 和 ε_2 的分布均匀的两种介质，其分界面为无限大平面。在距此平面为 h 处的对称位置上分别放置点电荷 Q_1 与 Q_2，如题3.12图所示。试求作用在每个点电荷上的力。

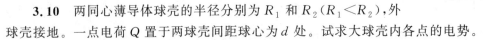

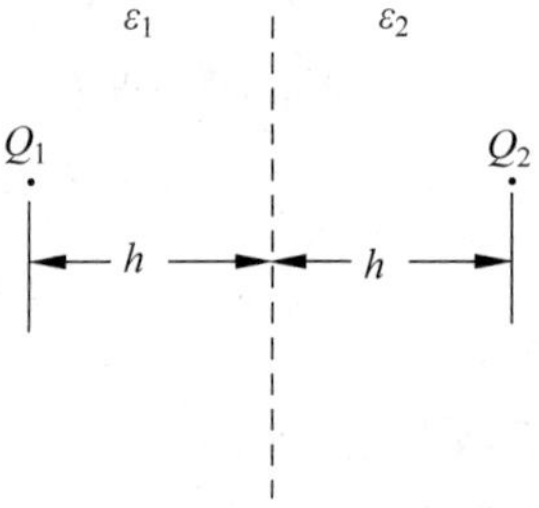

题 3.12 图

3.13 半无界理想导体平板正上方的空气中有一与导体平板平行且间距为 h 的无限长单位线电荷($\rho_l=1$)，试求空气中的格林函数。

3.14 两个点电荷 $+Q$ 和 $-Q$ 分别位于半径为 a 的导体球直径延长线的对称位置上，距球心为 d 且 $d>a$，试证明其镜像电荷是位于球心的电偶极子，其偶极矩的大小为

$$p=\frac{2a^3Q}{d^2}$$

3.15 试求下列电荷分布在远处的电势和电场强度。

(1) 沿 z 轴排列的点电荷 $+Q$、$-2Q$、$+Q$，点电荷的间距均为 d(线四极子)；

(2) 四个等值的点电荷分别位于边长为 a 的正方形的四个顶点上，一对角线的两端各为 $+Q$，另一对角线的两端各为 $-Q$(面四极子)。

3.16 一块极化介质的极化强度为 $\boldsymbol{P}(\boldsymbol{r})$，根据电偶极子静电势公式，极化介质所产生的静电势为

$$\varphi(\boldsymbol{r})=\int_V \frac{\boldsymbol{P}(\boldsymbol{r}')\cdot\boldsymbol{R}}{4\pi\varepsilon_0 R^3}\mathrm{d}V'$$

根据极化电荷密度公式：$\rho_{\mathrm{b}}=-\nabla'\cdot\boldsymbol{P}(\boldsymbol{r}')$，$\rho_{S\mathrm{b}}=\boldsymbol{e}_{\mathrm{n}}\cdot\boldsymbol{P}(\boldsymbol{r}')$，证明：极化介质所产生的电势的等价地表示为

$$\varphi(\boldsymbol{r})=-\int_V \frac{\nabla'\cdot\boldsymbol{P}(\boldsymbol{r}')}{4\pi\varepsilon_0 R}\mathrm{d}V'+\oint_S \frac{\boldsymbol{P}(\boldsymbol{r}')\cdot\mathrm{d}\boldsymbol{S}'}{4\pi\varepsilon_0 R}$$

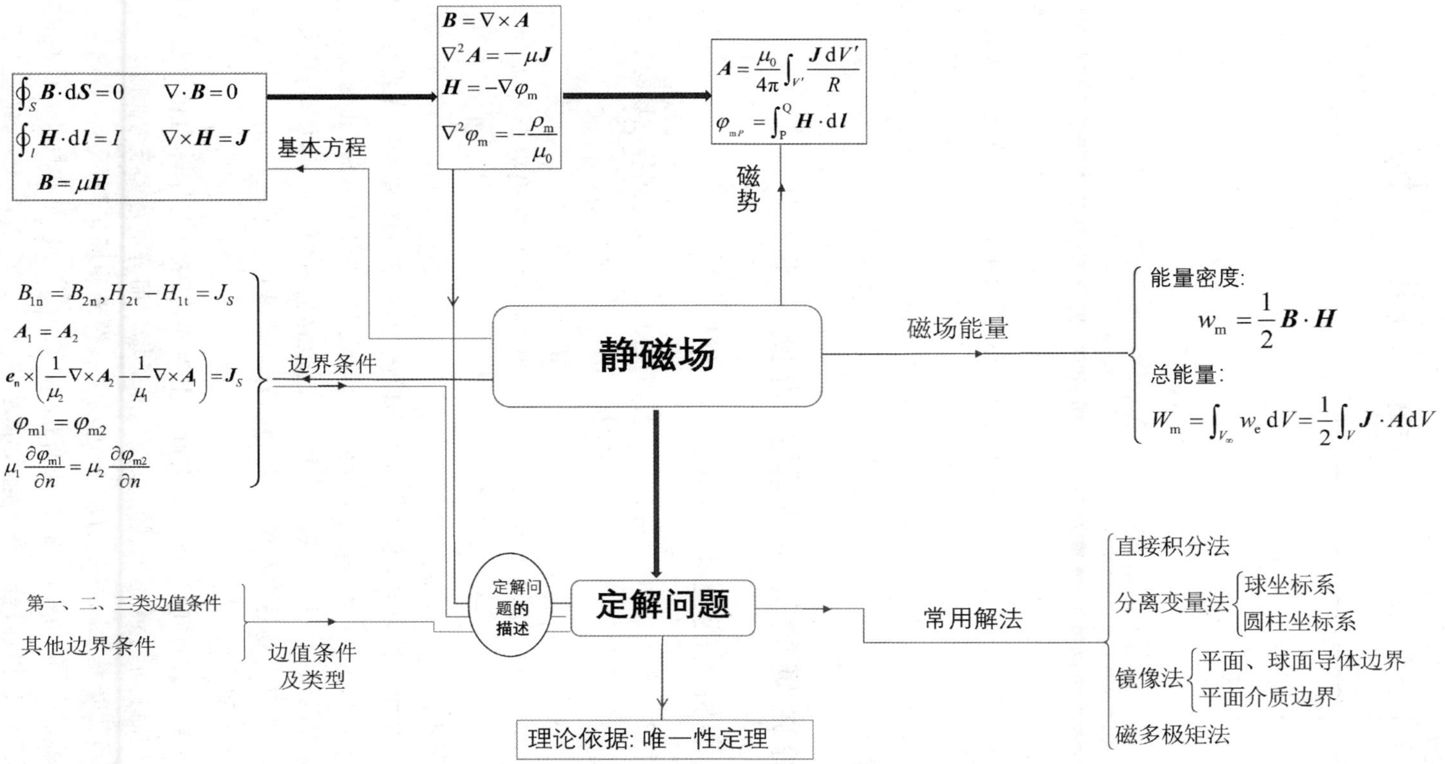

$\oint_S \boldsymbol{B}\cdot d\boldsymbol{S}=0$　$\nabla\cdot\boldsymbol{B}=0$
$\oint_l \boldsymbol{H}\cdot d\boldsymbol{l}=I$　$\nabla\times\boldsymbol{H}=\boldsymbol{J}$
$\boldsymbol{B}=\mu\boldsymbol{H}$
基本方程
$\boldsymbol{B}=\nabla\times\boldsymbol{A}$
$\nabla^2\boldsymbol{A}=-\mu\boldsymbol{J}$
$\boldsymbol{H}=-\nabla\varphi_m$
$\nabla^2\varphi_m=-\dfrac{\rho_m}{\mu_0}$
$\boldsymbol{A}=\dfrac{\mu_0}{4\pi}\int_{V'}\dfrac{\boldsymbol{J}\,dV'}{R}$
$\varphi_{mP}=\int_P^Q \boldsymbol{H}\cdot d\boldsymbol{l}$
磁势
$B_{1n}=B_{2n}, H_{2t}-H_{1t}=J_S$
$\boldsymbol{A}_1=\boldsymbol{A}_2$
$\boldsymbol{e}_n\times\left(\dfrac{1}{\mu_2}\nabla\times\boldsymbol{A}_2-\dfrac{1}{\mu_1}\nabla\times\boldsymbol{A}_1\right)=\boldsymbol{J}_S$
$\varphi_{m1}=\varphi_{m2}$
$\mu_1\dfrac{\partial\varphi_{m1}}{\partial n}=\mu_2\dfrac{\partial\varphi_{m2}}{\partial n}$
边界条件
静磁场
磁场能量
能量密度:
$w_m=\dfrac{1}{2}\boldsymbol{B}\cdot\boldsymbol{H}$
总能量:
$W_m=\int_{V_\infty} w_e\,dV=\dfrac{1}{2}\int_V \boldsymbol{J}\cdot\boldsymbol{A}\,dV$
第一、二、三类边值条件
其他边界条件
边值条件
及类型
定解问题的描述
定解问题
常用解法
直接积分法
分离变量法
球坐标系
圆柱坐标系
镜像法
平面、球面导体边界
平面介质边界
磁多极矩法
理论依据: 唯一性定理

第4章 静 磁 场

CHAPTER 4

本章导读：稳恒电流激发的磁场不随时间改变，因而称为静磁场(或稳恒磁场)。本章主要介绍静磁场的基本规律及静磁场问题的基本解法。通过引入磁矢势、磁标势，将静磁场的问题归结为势函数的定解问题。在处理较小范围内的电流分布在远处激发的磁场问题时，引入了磁矢势多极展开的方法，即磁多极矩法。此外，介绍了超导体的电磁性质。章末将相关科技前沿适当补充，增加了本书内容的前瞻性。学习时注意对比分析静磁场和静电场的区别与联系。

4.1 静磁场的基本方程及边值关系

4.1.1 静磁场的基本方程

在静场条件($\partial/\partial t=0$)下，由麦克斯韦方程组(2-94)，可以得到静磁场的基本方程

$$\begin{cases}\nabla\cdot\boldsymbol{B}=0\\ \nabla\times\boldsymbol{H}=\boldsymbol{J}\end{cases}\tag{4-1}$$

可见，它与第3章的静电场基本方程式(3-1)和式(3-2)的形式完全不同，主要体现在以下两个方面。

1. 散度方程不同

根据式(4-1)中第一式可知，磁感应强度的散度为零，表明静磁场是无源场，“无源”恰恰反映了自然界中存在的一个客观事实，即至今尚未发现与“自由电荷”相对应的“自由磁荷”或“磁单极子”存在的证据。而由式(3-1)可知，电位移矢量的散度不为零，其大小取决于体自由电荷密度，表明静电场是有源场，自由电荷分布就是它的源。

2. 旋度方程不同

由式(4-1)中第二式可知，磁场强度的旋度不为零，其大小等于体自由电流密度，表明静磁场是有旋场，同时揭示了稳恒电流可以激发静磁场。而静电场是无旋场。

综上所述，静磁场是无源有旋场，而静电场为有源无旋场。

在解决与磁场有关的实际问题时，还需要知道磁介质的分布和性质，而这些可由本构方程式(2-67)和式(2-71)描述，合并在一起表示为

$$\begin{cases}\boldsymbol{B}=\mu\boldsymbol{H}\\ \boldsymbol{B}=\mu_0(\boldsymbol{H}+\boldsymbol{M})\end{cases}$$

注意：该两式适用范围不同。具体讨论如下：

(1) 第一式适用于描述顺磁介质和抗磁介质这类非铁磁性介质。将它代入式(4-1)后，得到

$$\begin{cases}\nabla\cdot(\mu\boldsymbol{H})=0\\ \nabla\times\boldsymbol{H}=\boldsymbol{J}\end{cases}\quad 或 \quad \begin{cases}\nabla\cdot\boldsymbol{B}=0\\ \nabla\times\left(\dfrac{\boldsymbol{B}}{\mu}\right)=\boldsymbol{J}\end{cases} \tag{4-2}$$

(2) 第二式适用于任何磁介质。对于铁磁介质($\mu\gg1$),其内磁化强度与磁场强度的关系是非线性的,且往往呈各向异性。将第二式代入式(4-1)后,可得

$$\begin{cases}\nabla\cdot\boldsymbol{H}=-\nabla\cdot\boldsymbol{M}\\ \nabla\times\boldsymbol{H}=\boldsymbol{J}\end{cases}\quad 或 \quad \begin{cases}\nabla\cdot\boldsymbol{B}=0\\ \nabla\times\boldsymbol{B}=\mu_0\boldsymbol{J}+\mu_0\nabla\times\boldsymbol{M}\end{cases} \tag{4-3}$$

4.1.2 磁矢势及微分方程

与静电场情况类似,为了方便求解静磁场方程,由$\nabla\cdot\boldsymbol{B}=0$可以引入磁矢势$\boldsymbol{A}$,其定义如式(2-40)所示,即

$$\boldsymbol{B}=\nabla\times\boldsymbol{A}$$

显然,由磁感应强度的表达式也可以反推出磁矢势的定义式。根据该定义式可知,如果已知$\boldsymbol{A}$,那么对它做旋度运算就可以确定$\boldsymbol{B}$。但是,如果已知$\boldsymbol{B}$,却得不到唯一确定的$\boldsymbol{A}$。这是由于若给$\boldsymbol{A}$加上一个任意空间标量函数u的梯度,即

$$\boldsymbol{A}'=\boldsymbol{A}+\nabla u$$

则会出现无穷多个不同的磁矢势$\boldsymbol{A}'$,与它对应相同的磁场,即

$$\boldsymbol{B}=\nabla\times\boldsymbol{A}'=\nabla\times\boldsymbol{A}$$

例如,在直角坐标系中,若已知磁感应强度$\boldsymbol{B}=B\boldsymbol{e}_z$,则满足定义的$\boldsymbol{A}$并不唯一,譬如取

$$\boldsymbol{A}=-\frac{By}{2}\boldsymbol{e}_x+\frac{Bx}{2}\boldsymbol{e}_y,\quad \boldsymbol{A}=-By\boldsymbol{e}_x,\quad \boldsymbol{A}=Bx\boldsymbol{e}_y$$

这种自由变换称为规范变换。为确定$\boldsymbol{A}$,需对它加上一个辅助的限制条件。在静磁场中通常会附加式(2-43),进一步限定$\boldsymbol{A}$,即令

$$\nabla\cdot\boldsymbol{A}=0$$

称为库仑规范。

根据磁矢势的定义并结合式(4-2)和式(4-3),可以分别得到非铁磁介质中$\boldsymbol{A}$的微分方程

$$\nabla\times\left(\frac{1}{\mu}\nabla\times\boldsymbol{A}\right)=\boldsymbol{J} \tag{4-4}$$

与铁磁介质中的微分方程

$$\nabla\times\left(\frac{1}{\mu_0}\nabla\times\boldsymbol{A}-\boldsymbol{M}\right)=\boldsymbol{J} \tag{4-5}$$

特别地,在均匀各向同性线性磁介质中,μ为常数。若进一步利用库仑规范和以下矢量关系：

$$\nabla\times(\nabla\times\boldsymbol{A})=\nabla(\nabla\cdot\boldsymbol{A})-\nabla^2\boldsymbol{A}$$

则可以得到磁矢势满足的泊松方程

$$\nabla^2 \boldsymbol{A} = -\mu \boldsymbol{J} \tag{4-6}$$

及

$$\nabla^2 \boldsymbol{A} = -\mu_0 (\boldsymbol{J} + \nabla \times \boldsymbol{M}) \tag{4-7}$$

下面主要讨论在直角坐标中方程组(4-6)的解。以非铁磁介质中泊松方程为例,显然,它可以分解为三个分量方程,即

$$\begin{cases} \nabla^2 A_x = -\mu J_x \\ \nabla^2 A_y = -\mu J_y \\ \nabla^2 A_z = -\mu J_z \end{cases} \tag{4-8}$$

其中每一个分量式都与静电势的泊松方程(3-10)类同,而静电势的解为

$$\varphi(\boldsymbol{r}) = \frac{1}{4\pi\varepsilon}\int_{V'} \frac{\rho(\boldsymbol{r}')}{R} \mathrm{d}V'$$

根据二者的对应关系,可得每一个分量式解的形式为

$$\begin{cases} A_x = \dfrac{\mu}{4\pi}\displaystyle\int_{V'} \dfrac{J_x}{R} \mathrm{d}V' \\ A_y = \dfrac{\mu}{4\pi}\displaystyle\int_{V'} \dfrac{J_y}{R} \mathrm{d}V' \\ A_z = \dfrac{\mu}{4\pi}\displaystyle\int_{V'} \dfrac{J_z}{R} \mathrm{d}V' \end{cases} \tag{4-9}$$

合矢量 $\boldsymbol{A}$ 的解则为

$$\boldsymbol{A}(\boldsymbol{r}) = \frac{\mu}{4\pi}\int_{V'} \frac{\boldsymbol{J}(\boldsymbol{r}')}{R} \mathrm{d}V' \tag{4-10}$$

式中:R 为电流源点到场点的距离,且 $\boldsymbol{R} = \boldsymbol{r} - \boldsymbol{r}'$;$\boldsymbol{r}'$ 为电流源点相对于坐标原点的位置矢量;$\boldsymbol{r}$ 为场点(观测点)相对于坐标原点的位置矢量。

对式(4-10)等号两边同时作旋度运算,根据磁矢势的定义可知左边为磁感应强度,而右边主要与被积函数的旋度有关,即

$$\nabla \times \frac{\boldsymbol{J}(\boldsymbol{r}')}{R} = \nabla \frac{1}{R} \times \boldsymbol{J}(\boldsymbol{r}') + \frac{1}{R} \nabla \times \boldsymbol{J}(\boldsymbol{r}')$$

由于矢量微分算符 ∇ 只对场点坐标的函数作用,而电流密度是源点坐标的函数,与场点坐标无关,故

$$\nabla \times \boldsymbol{J}(\boldsymbol{r}') = \boldsymbol{0}$$

则

$$\nabla \times \frac{\boldsymbol{J}(\boldsymbol{r}')}{R} = \nabla \frac{1}{R} \times \boldsymbol{J}(\boldsymbol{r}') = -\frac{\boldsymbol{R} \times \boldsymbol{J}(\boldsymbol{r}')}{R^3}$$

由此可得电流分布激发的磁感应强度为

$$\boldsymbol{B} = \frac{\mu}{4\pi}\int_{V'} \frac{\boldsymbol{J}(\boldsymbol{r}') \times \boldsymbol{R}}{R^3} \mathrm{d}V' \tag{4-11}$$

该式即为毕奥-萨伐尔定律的一般形式。在实际应用中,还会经常遇到细导体电流和表面电流激发的磁场分布问题。对于前者,若导体足够细且当只考虑它周围的磁场时,则可以忽略其横截面而把它近似看作线电流。于是,可作以下代换:

$$\boldsymbol{J}\mathrm{d}V' \rightarrow I\mathrm{d}\boldsymbol{l}'$$

将式(4-10)和式(4-11)中的体积分替换为回路积分，从而得到

$$\begin{cases}\boldsymbol{A}=\dfrac{\mu}{4\pi}\oint_{l'}\dfrac{I\mathrm{d}\boldsymbol{l}'}{R}\\\boldsymbol{B}=\dfrac{\mu}{4\pi}\oint_{l'}\dfrac{I\mathrm{d}\boldsymbol{l}'\times\boldsymbol{R}}{R^3}\end{cases}\tag{4-12}$$

类似地，还可以得到面电流激发的磁矢势和磁感应强度分别为

$$\begin{cases}\boldsymbol{A}=\dfrac{\mu}{4\pi}\int_{S'}\dfrac{\boldsymbol{J}_S(\boldsymbol{r}')\mathrm{d}S'}{R}\\\boldsymbol{B}=\dfrac{\mu}{4\pi}\int_{S'}\dfrac{\boldsymbol{J}_S(\boldsymbol{r}')\times\boldsymbol{R}}{R^3}\mathrm{d}S'\end{cases}\tag{4-13}$$

以上给出的不同情况下的磁矢势和磁感应强度，都应当满足由磁矢势定义所描述的关系，即磁感应强度等于磁矢势的旋度。事实上，它们之间还有更为深刻的物理关联。若把磁感应强度对任一以回路 l 为边界的曲面 S 积分，并利用磁矢势定义和斯特克斯定理，可以得到

$$\int_S\boldsymbol{B}\cdot\mathrm{d}\boldsymbol{S}=\int_S\nabla\times\boldsymbol{A}\cdot\mathrm{d}\boldsymbol{S}=\oint_l\boldsymbol{A}\cdot\mathrm{d}\boldsymbol{l}=\psi_{\mathrm{m}}\tag{4-14}$$

式中：ψ_{m} 表示磁通量。

式(4-14)揭示出了磁矢势的物理含义，即矢势沿任意闭合回路的环量等于通过以此回路为边界的任意曲面的磁通量。它非常类似于安培环路定律

$$\oint_l\boldsymbol{B}\cdot\mathrm{d}\boldsymbol{l}=\mu_0 I$$

对上式做如下代换：

$$\boldsymbol{B}\rightarrow\boldsymbol{A},\quad \mu_0 I\rightarrow\psi_{\mathrm{m}}$$

便可以回到式(4-14)。

正如安培环路定律可以用于求解电流分布具有一定对称性时的磁场一样，用此式也可计算同类电流分布的磁矢势。

例 4.1 真空中无限长直导线载电流 I，求线外任一点处的磁矢势和磁感应强度。

解 如图 4-1 所示，选取柱坐标系，并把导线沿 z 轴放置。设场点 P 到导线的垂直距离为 ρ，则电流元 $I\mathrm{d}z'$ 到 P 点的距离为 $\sqrt{\rho^2+(z-z')^2}$。由式(4-12)得

$$\begin{aligned}A_z&=\frac{\mu_0 I}{4\pi}\int_{-\infty}^{\infty}\frac{\mathrm{d}z'}{\sqrt{\rho^2+(z-z')^2}}\\&=\frac{\mu_0 I}{4\pi}\ln\left((z'-z)+\sqrt{\rho^2+(z'-z)^2}\right)\Bigg|_{-\infty}^{\infty}\end{aligned}$$

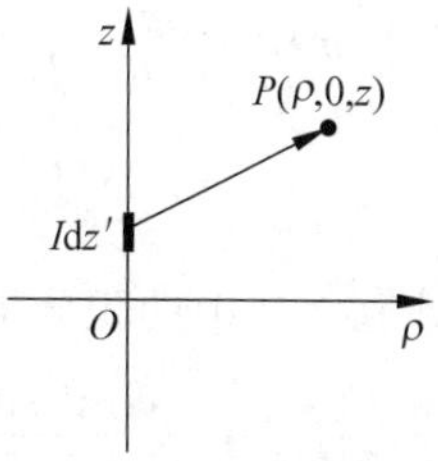

图 4-1 求无限长载流直导线激发的磁场分布

可见积分结果是无穷大，这与静电场中无限长带电线的电势相似。若另取一点 P_0，它与导线的垂直距离为 a 且规定 $\boldsymbol{A}(a)=0$ 作为参考磁势点，则计算 P 和 P_0 两点间的矢势差可以避免值发散。按照第 3 章例 3.2 同样的计算方法，可得

$$\boldsymbol{A}=\frac{\mu_0 I}{2\pi}\boldsymbol{e}_z\ln\frac{a}{\rho}$$

因而磁感应强度为

$$\boldsymbol{B}=\nabla\times\boldsymbol{A}=\nabla\times\left(\frac{\mu_0 I}{2\pi}\boldsymbol{e}_z\ln\frac{a}{\rho}\right)=\nabla\left(\frac{\mu_0 I}{2\pi}\ln\frac{a}{\rho}\right)\times\boldsymbol{e}_z=-\frac{\mu_0 I}{2\pi\rho}\boldsymbol{e}_\rho\times\boldsymbol{e}_z=\frac{\mu_0 I}{2\pi\rho}\boldsymbol{e}_\phi$$

例 4.2 有一半径为 a 的球壳表面均匀带电,电荷密度为 ρ_S。如图 4-2 所示,当球壳以角速度$\boldsymbol{\omega}$ 绕固定轴(xOz 平面)旋转时,求 z 轴上任意场点 $\boldsymbol{r}$ 处的磁矢势。

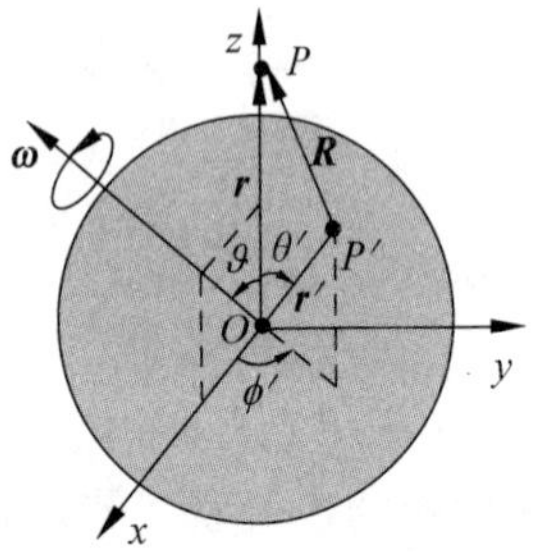

图 4-2 求旋转带电球壳在 z 轴上任意场点 $\boldsymbol{r}$ 处的磁矢势

解 设 $\boldsymbol{r}'$ 和 $\boldsymbol{r}$ 分别表示球面上电荷源点 P' 和场点 P 相对于坐标原点 O 的位置矢量。$\boldsymbol{r}$ 取为沿 z 轴方向,与 $\boldsymbol{r}'$ 夹角为 θ',与$\boldsymbol{\omega}$ 夹角为 ϑ 且$\boldsymbol{\omega}$ 位于 xOz 平面。依题意,O 到 P' 的距离为

$$|OP'|=|\boldsymbol{r}'|=a$$

则 P' 到 P 的距离为

$$|P'P|=|\boldsymbol{R}|=|\boldsymbol{r}-\boldsymbol{r}'|=R=\sqrt{a^2+r^2-2ar\cos\theta'}$$

由式(4-13)得

$$\boldsymbol{A}(\boldsymbol{r})=\frac{\mu}{4\pi}\int_{S'}\frac{\boldsymbol{J}_S(\boldsymbol{r}')}{R}\mathrm{d}S'$$

式中:$\boldsymbol{J}_S=\rho_S\boldsymbol{v}$,$\mathrm{d}S'=a^2\sin\theta'\mathrm{d}\theta'\mathrm{d}\phi'$。

由于球面上电荷源点 P' 以角速度$\boldsymbol{\omega}$ 绕固定轴旋转,故其速度可表示为

$$\boldsymbol{v}=\boldsymbol{\omega}\times\boldsymbol{r}'=\begin{vmatrix}\boldsymbol{e}_x & \boldsymbol{e}_y & \boldsymbol{e}_z\\ \omega\sin\vartheta & 0 & \omega\cos\vartheta\\ a\sin\theta'\cos\phi' & a\sin\theta'\sin\phi' & a\cos\theta'\end{vmatrix}$$

$$=a\omega[-(\cos\vartheta\sin\theta'\sin\phi')\boldsymbol{e}_x+(\cos\vartheta\sin\theta'\cos\phi'-\sin\vartheta\cos\theta')\boldsymbol{e}_y+(\sin\vartheta\sin\theta'\sin\phi')\boldsymbol{e}_z]$$

又因为

$$\int_0^{2\pi}\sin\phi'\mathrm{d}\phi'=\int_0^{2\pi}\cos\phi'\mathrm{d}\phi'=0$$

所以舍掉$\boldsymbol{v}$ 中包含 $\sin\phi'$ 或 $\cos\phi'$ 的项,则

$$\boldsymbol{A}(\boldsymbol{r})=-\frac{\mu_0 a^3\rho_S\omega\sin\vartheta}{2}\boldsymbol{e}_y\int_0^\pi\frac{\cos\theta'\sin\theta'}{\sqrt{a^2+r^2-2ar\cos\theta'}}\mathrm{d}\theta'$$

单独计算上式中的积分项可以得到

$$\int_0^\pi\frac{\cos\theta'\sin\theta'}{\sqrt{a^2+r^2-2ar\cos\theta'}}\mathrm{d}\theta'=\frac{(a^2+r^2+ar\cos\theta')}{3a^2r^2}\sqrt{a^2+r^2-2ar\cos\theta'}\Bigg|_0^\pi$$

$$=\frac{1}{3a^2r^2}\left[(a^2+r^2-ar)(a+r)-(a^2+r^2+ar)|a-r|\right]$$

对积分结果具体可分球内与球外两种情况讨论如下:

(1) 场点位于球内($r<a$)时,积分结果为 $2r/3a^2$;

(2) 场点位于球外($r>a$)时,积分结果为 $2a/3r^2$。

最终，可求得磁矢势为

$$\boldsymbol{A}(\boldsymbol{r})=\begin{cases}\dfrac{\mu_0 a\rho_S}{3}(\boldsymbol{\omega}\times\boldsymbol{r}), & r\leqslant a\\[2ex] \dfrac{\mu_0 a^4\rho_S}{3r^3}(\boldsymbol{\omega}\times\boldsymbol{r}), & r\geqslant a\end{cases}$$

式中：$\boldsymbol{\omega}\times\boldsymbol{r}=-\omega r\sin\vartheta\boldsymbol{e}_y$。

例 4.3 一无限长直螺线管，横截面的半径为 R，由表面绝缘的细导线密绕而成，单位长度的匝密度为 n，当导线中载有电流 I 时，求管内外的磁矢势。

解 根据式(4-10)，通电螺线管电流激发的磁矢势的方向应与电流方向一致，即沿圆周方向。如果在螺线管内作一半径为 r 的环形闭合回路，则

$$\oint_L \boldsymbol{A}\cdot \mathrm{d}\boldsymbol{l}=A2\pi r$$

由式(4-14)得

$$A2\pi r=\int_S \boldsymbol{B}\cdot \mathrm{d}\boldsymbol{S}=\mu_0 nI\pi r^2$$

则管内磁矢势为

$$\boldsymbol{A}=\frac{\mu_0 nIr}{2}\boldsymbol{e}_\phi,\quad r<R$$

如果把回路作在螺线管外，则磁通为

$$\psi_{\mathrm{m}}=\int_S \boldsymbol{B}\cdot \mathrm{d}\boldsymbol{S}=\mu_0 nI(\pi R^2)$$

于是可得管外磁矢势为

$$\boldsymbol{A}=\frac{\mu_0 nIR^2}{2r}\boldsymbol{e}_\phi,\quad r>R$$

4.1.3 边值关系

为了求解磁矢势的微分方程边值问题，需要给出其边值关系。与静电势情况类似，磁矢势的边值关系可由磁场的边值关系导出。静磁场的边值关系为

$$\begin{cases}\boldsymbol{e}_{\mathrm{n}}\cdot(\boldsymbol{B}_2-\boldsymbol{B}_1)=0\\ \boldsymbol{e}_{\mathrm{n}}\times(\boldsymbol{H}_2-\boldsymbol{H}_1)=\boldsymbol{J}_S\end{cases}\tag{4-15}$$

式中：$\boldsymbol{e}_{\mathrm{n}}$ 表示两种介质分界面的法向单位矢量，方向由介质 1 指向介质 2。

(1) 磁矢势的切向分量的边界条件由式(4-14)可得。如图 4-3 所示，当狭长回路 L 的短边的长度趋于零时，回路面积趋于零，磁通量也趋于零，则

$$\oint_l \boldsymbol{A}\cdot \mathrm{d}\boldsymbol{l}=A_{2\mathrm{t}}\Delta l-A_{1\mathrm{t}}\Delta l=0$$

即

$$A_{1\mathrm{t}}=A_{2\mathrm{t}}\tag{4-16}$$

磁矢势的法向分量的边界条件根据库仑规范 $\nabla\cdot\boldsymbol{A}=0$ 的积分形式可得。如图 4-4 所示，当圆柱的高趋于零时，侧面积趋于零，这时只需考虑对上下两个底面的积分，由此可得

$$A_{2\mathrm{n}}=A_{1\mathrm{n}}\tag{4-17}$$

合并式(4-16)和式(4-17),可得以下简单形式:

$$\boldsymbol{A}_2=\boldsymbol{A}_1 \tag{4-18}$$

式(4-18)适用于任意磁介质。这与静电场中的电势在任何情况下具有连续性极为相似。

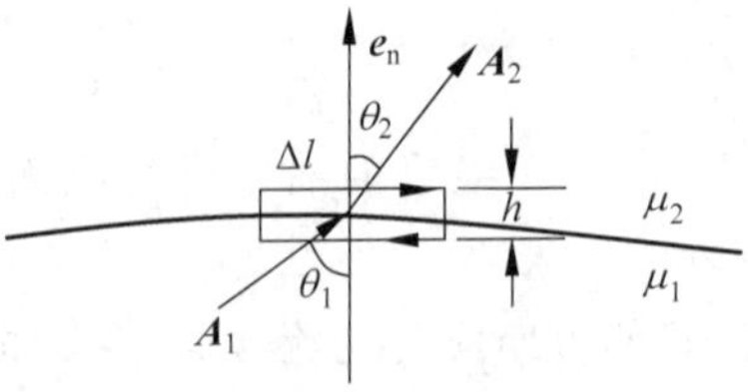

图 4-3 两种不同介质界面上磁矢势的切向边值关系

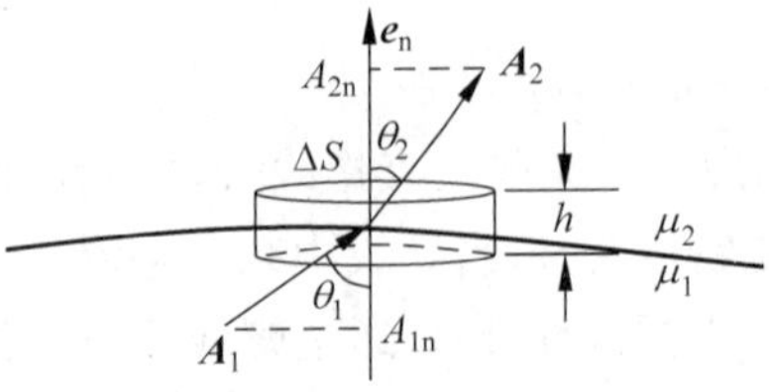

图 4-4 两种不同介质界面上磁矢势的法向边值关系

(2) 按照磁矢势定义,根据磁介质状态方程(2-71)和磁场边值关系式(4-15)中第二式,可以得到磁矢势的第二个边值关系为

$$\boldsymbol{e}_{\mathrm{n}}\times\left(\frac{1}{\mu_2}\nabla\times\boldsymbol{A}_2-\frac{1}{\mu_1}\nabla\times\boldsymbol{A}_1\right)=\boldsymbol{J}_S \tag{4-19}$$

该式仅适用于非铁磁性介质。

(3) 由方程(4-3)中第二式$\nabla\times\boldsymbol{B}=\mu_0\boldsymbol{J}+\mu_0\nabla\times\boldsymbol{M}$的积分形式可得,磁感应强度的切向分量的关系为

$$\boldsymbol{e}_{\mathrm{n}}\times(\boldsymbol{B}_2-\boldsymbol{B}_1)=\mu_0\boldsymbol{J}_S+\mu_0\boldsymbol{e}_{\mathrm{n}}\times(\boldsymbol{M}_2-\boldsymbol{M}_1) \tag{4-20}$$

将磁矢势定义式$\boldsymbol{B}=\nabla\times\boldsymbol{A}$代入上式,得

$$\boldsymbol{e}_{\mathrm{n}}\times[\nabla\times(\boldsymbol{A}_2-\boldsymbol{A}_1)]=\mu_0[\boldsymbol{J}_S+\boldsymbol{e}_{\mathrm{n}}\times(\boldsymbol{M}_2-\boldsymbol{M}_1)] \tag{4-21}$$

它适用于任何磁介质。进一步,利用以下矢量恒等关系:

$$\boldsymbol{e}_{\mathrm{n}}\times[\nabla\times(\boldsymbol{A}_2-\boldsymbol{A}_1)]=\nabla[\boldsymbol{e}_{\mathrm{n}}\cdot(\boldsymbol{A}_2-\boldsymbol{A}_1)]-\boldsymbol{e}_{\mathrm{n}}\cdot\nabla(\boldsymbol{A}_2-\boldsymbol{A}_1)=-\frac{\partial}{\partial n}(\boldsymbol{A}_2-\boldsymbol{A}_1)$$

可把式(4-21)改写为

$$\frac{\partial\boldsymbol{A}_2}{\partial n}-\frac{\partial\boldsymbol{A}_1}{\partial n}=-\mu_0[\boldsymbol{J}_S+\boldsymbol{e}_{\mathrm{n}}\times(\boldsymbol{M}_2-\boldsymbol{M}_1)] \tag{4-22}$$

综上所述,磁矢势的边值关系可以概括为

$$\begin{cases}\boldsymbol{A}_2=\boldsymbol{A}_1 & (\text{任何磁介质})\\ \boldsymbol{e}_{\mathrm{n}}\times\left(\dfrac{1}{\mu_2}\nabla\times\boldsymbol{A}_2-\dfrac{1}{\mu_1}\nabla\times\boldsymbol{A}_1\right)=\boldsymbol{J}_S & (\text{非铁磁介质})\\ \dfrac{\partial\boldsymbol{A}_2}{\partial n}-\dfrac{\partial\boldsymbol{A}_1}{\partial n}=-\mu_0[\boldsymbol{J}_S+\boldsymbol{e}_{\mathrm{n}}\times(\boldsymbol{M}_2-\boldsymbol{M}_1)] & (\text{任何磁介质})\end{cases} \tag{4-23}$$

4.1.4 静磁场能量

由第2章知,磁场的总能量可以表示为

$$W_{\mathrm{m}}=\int_{V_\infty}w_{\mathrm{m}}\mathrm{d}V \tag{4-24}$$

式中：

$$w_m = \frac{1}{2}\boldsymbol{B} \cdot \boldsymbol{H}$$

称为磁场的能量密度。按照磁矢势的定义，可写为

$$W_m = \frac{1}{2}\int_{V_\infty} (\nabla \times \boldsymbol{A}) \cdot \boldsymbol{H} \mathrm{d}V$$

利用以下矢量关系：

$$\nabla \cdot (\boldsymbol{A} \times \boldsymbol{H}) = (\nabla \times \boldsymbol{A}) \cdot \boldsymbol{H} - \boldsymbol{A} \cdot (\nabla \times \boldsymbol{H})$$

可得

$$W_m = \frac{1}{2}\int_{V_\infty} \nabla \cdot (\boldsymbol{A} \times \boldsymbol{H}) \mathrm{d}V + \frac{1}{2}\int_{V_\infty} (\nabla \times \boldsymbol{H}) \cdot \boldsymbol{A} \mathrm{d}V$$

根据静磁场基本方程$\nabla \times \boldsymbol{H} = \boldsymbol{J}$，并且利用高斯散度定理，则有

$$W_m = \frac{1}{2}\oint_{S_\infty} (\boldsymbol{A} \times \boldsymbol{H}) \cdot \mathrm{d}\boldsymbol{S} + \frac{1}{2}\int_{V_\infty} \boldsymbol{J} \cdot \boldsymbol{A} \mathrm{d}V$$

当$r \to \infty$时，由于$A \sim 1/r$，$H \sim 1/r^2$且$S \sim r^2$，故$(\boldsymbol{A} \times \boldsymbol{H}) \cdot \mathrm{d}\boldsymbol{S}$的值与$\frac{1}{r}$成正比，因而在无穷远界面处，上式中的面积分项趋于零，故有

$$W_m = \frac{1}{2}\int_{V_\infty} \boldsymbol{J} \cdot \boldsymbol{A} \mathrm{d}V \tag{4-25}$$

由于无源区$\boldsymbol{J} = 0$，相应的被积函数为零，故上式也可表示为

$$W_m = \frac{1}{2}\int_{V'} \boldsymbol{J} \cdot \boldsymbol{A} \mathrm{d}V \tag{4-26}$$

式中：V'为有电流存在的区域的体积。上式表明，可以用电流密度和磁矢势计算静磁场的总能量。但是，这仅适用于静磁场，而且只能量度整个空间磁场的总能量。另外，还需要注意的是，上式中$\frac{1}{2}\boldsymbol{J} \cdot \boldsymbol{A}$项并不是能量密度，这是因为在电流密度为零的地方也可能有磁场能量。

*4.1.5 A-B 效应

在经典电动力学中，磁场的基本物理量是磁感应强度，磁矢势仅是为了计算方便而引入的辅助量，因而不能被直接观测。然而，在量子力学中，磁矢势具有可观测的物理效应。1959 年，阿哈罗诺夫(Aharonov)和玻姆(Bohm)两位科学家共同提出了这一新效应即 A-B 效应，并被随后的实验所证实。

1. 实验装置

如图 4-5 所示，从左至右分别为一个电子源，用于产生电子束；一个双缝装置；一个细长的密绕螺线管 Φ(管的直径远小于两狭缝的间距 d)，放置于双缝后面；一个荧光屏，用于观测干涉条纹分布，屏幕到双缝装置的距离为 L。

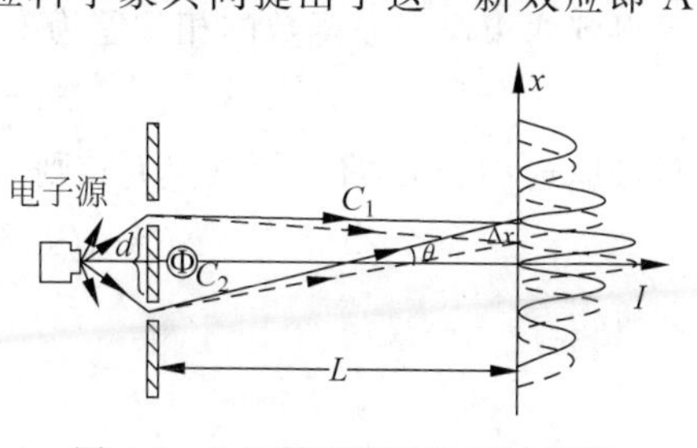

图 4-5 A-B 效应实验装置示意图

2. 实验过程、主要结果及简要分析

(1) 当螺线管处于断电状态时，从电子源发射出的一束能量相同的电子，经过双缝后被

分成两束，它们分别经过路径 C_1 和 C_2 到达荧光屏。由于这两电子束间存在相位差，故在荧光屏上可以观测到干涉条纹分布。

(2) 当螺线管通电流后，屏幕上原来的干涉条纹分布发生了移动。这一现象的产生应该归因于电流在管外激发的磁矢势，而与其在管内产生的磁感应强度和磁矢势及管外激发的磁感应强度都无关。究其原因在于：

① 由于通电流以后螺线管上的电势足以阻止电子进入管内，故可以排除管内磁感应强度和磁矢势对电子的影响；

② 由于螺线管足够细且长，故管外的磁感应强度近似为零，也不会影响到电子的运动；

③ 由①和②可以推断，只有管外的磁矢势对电子起了作用。它使两束电子之间产生了一个附加的相位差，从而导致干涉条纹的极值位置发生了移动，这种现象称为 A-B 效应。

3. 实验现象的量子解释

经典电动力学理论并不能够正确解释 A-B 效应，这是由于电子属于微观粒子范畴，其运动应该遵循量子理论。根据量子力学基本原理，具体分析如下：

(1) 当螺线管处于断电状态时，管内外磁感应强度和磁矢势都为零，电子为无外场约束的自由态，可用自由粒子的平面波描述，即

$$\psi(\boldsymbol{r}) \sim \mathrm{e}^{\frac{\mathrm{j}}{\hbar}\int \boldsymbol{p}\cdot \mathrm{d}\boldsymbol{r}} \tag{4-27}$$

式中：$\boldsymbol{p}$ 为电子的动量，$\boldsymbol{p}=m\boldsymbol{v}=\hbar\boldsymbol{k}$，$\boldsymbol{v}$ 和 $\boldsymbol{k}$ 分别表示电子速度和波矢量；$\hbar$为约化普朗克常数(狄拉克常数)，$\hbar=h/2\pi$，h 为普朗克常数。

由复数知识可知，电子波函数的相位为

$$\phi=\frac{1}{\hbar}\int \boldsymbol{p}\cdot \mathrm{d}\boldsymbol{r} \tag{4-28a}$$

它与积分路径有关。对于任意两条路径 C_1 和 C_2，相位可分别表示为

$$\phi_1=\frac{1}{\hbar}\int_{C_1} \boldsymbol{p}\cdot \mathrm{d}\boldsymbol{r} \tag{4-28b}$$

和

$$\phi_2=\frac{1}{\hbar}\int_{C_2} \boldsymbol{p}\cdot \mathrm{d}\boldsymbol{r} \tag{4-28c}$$

于是得到两束电子波函数的相位差为

$$\delta_0=\phi_1-\phi_2=k\Delta l$$

若只考虑远小于 L 的 x 值($x \ll L$)，则

$$\Delta l \approx d\sin\theta, \quad \sin\theta \approx \tan\theta = x/L$$

由此可得

$$\delta_0 \approx \frac{kxd}{L} \tag{4-28d}$$

(2) 当螺线管通电流后，则电子波函数变为

$$\psi'(\boldsymbol{r}) \sim \mathrm{e}^{\frac{\mathrm{j}}{\hbar}\int \boldsymbol{\Pi}\cdot \mathrm{d}\boldsymbol{r}} \tag{4-29}$$

式中：$\boldsymbol{\Pi}=\boldsymbol{p}-e\boldsymbol{A}$ 为正则动量。

电子波函数的相位可由正则动量表示为

$$\phi'=\frac{1}{\hbar}\int \boldsymbol{\Pi}\cdot \mathrm{d}\boldsymbol{r} \tag{4-30a}$$

对于路径 C_1 和 C_2，相位分别为

$$\phi'_1=\frac{1}{\hbar}\int_{C_1}\boldsymbol{p}\cdot \mathrm{d}\boldsymbol{r}-\frac{e}{\hbar}\int_{C_1}\boldsymbol{A}\cdot \mathrm{d}\boldsymbol{r} \tag{4-30b}$$

和

$$\phi'_2=\frac{1}{\hbar}\int_{C_2}\boldsymbol{p}\cdot \mathrm{d}\boldsymbol{r}-\frac{e}{\hbar}\int_{C_2}\boldsymbol{A}\cdot \mathrm{d}\boldsymbol{r} \tag{4-30c}$$

因而，两束电子波函数的相位差为

$$\delta=\phi'_1-\phi'_2=\delta_0-\frac{e}{\hbar}\oint_{C_1-C_2}\boldsymbol{A}\cdot \mathrm{d}\boldsymbol{r}=\delta_0-\frac{e}{\hbar}\psi_{\mathrm{m}} \tag{4-30d}$$

式中：C_1-C_2 组成一条闭合回路(路径)；ψ_{m} 为通过此回路的磁通量。

可见，螺线管外的磁矢势使这两束电子之间产生了一个附加的相位差，从而导致了干涉条纹的移动。但是由于该相位差对屏幕上任何一点都是相同的，故干涉条纹的图样不会发生变化，只是沿 x 方向整体向上平移了 Δx。由于极大强度会出现在两个波的相位差为零的位置，结合式(4-28d)和式(4-30d)，可得

$$\Delta x=\frac{e\psi_{\mathrm{m}}L}{\hbar k d} \tag{4-31}$$

4.2 磁标势及定解问题

解磁矢势微分方程比解静电场标势微分方程复杂得多。但是在很多实际问题中，在静磁场的某些局部区域内能够引入类似静电场那样的标势，从而使问题得到简化。

4.2.1 磁标势

在静电场中，由于$\nabla\times\boldsymbol{E}\equiv\boldsymbol{0}$，故可引入标势 φ，且 $\boldsymbol{E}=-\nabla\varphi$。然而，对于静磁场，它的旋度满足方程$\nabla\times\boldsymbol{H}=\boldsymbol{J}$。可见静磁场与静电场的性质是不同的，一般情况下不能引入磁标势。但是，对于某些特殊区域还是可行的。如图 4-6 所示，l 是一闭合电流回路，以该电流回路为边界作任一曲面 S(通常称为“磁壳”)，然后把它整个挖掉，余下的区域作为求解区域，显然有$\nabla\times\boldsymbol{H}=\boldsymbol{0}$。在该区域内对任意一条不通过“磁壳”的闭合回路 L 积分，恒满足方程$\oint_l \boldsymbol{H}\cdot \mathrm{d}\boldsymbol{l}=0$。于是在该种情形下便可引入磁标势 φ_{m}，其定义为

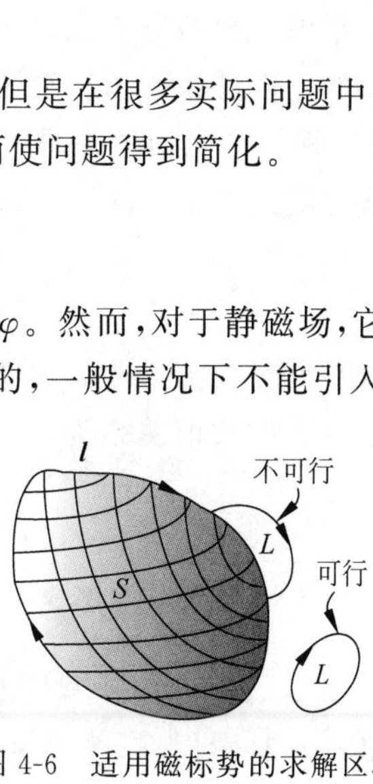

图 4-6 适用磁标势的求解区域

$$\boldsymbol{H}=-\nabla\varphi_{\mathrm{m}} \tag{4-32}$$

由于该求解区域为单连通区域，故完全可以保证 φ_{m} 的单值性。

综上所述，引入磁标势的条件可以概括为：没有自由电流分布的单连通区域。

4.2.2 磁标势的微分方程

为了求解磁标势,首先需要建立它所满足的微分方程。将磁标势的定义式(4-32)代入磁介质的本构方程式(2-67),可得

$$\frac{\boldsymbol{B}}{\mu_0}-\boldsymbol{M}=-\nabla\varphi_{\mathrm{m}}$$

对上式两边进行散度运算,整理后得到

$$\nabla^2\varphi_{\mathrm{m}}=\nabla\cdot\boldsymbol{M} \tag{4-33}$$

类比体束缚极化电荷的定义式(2-50),即 $\rho_{\mathrm{b}}=-\nabla\cdot\boldsymbol{P}$,定义束缚磁荷密度为

$$\rho_{\mathrm{m}}=-\mu_0\nabla\cdot\boldsymbol{M} \tag{4-34}$$

将式(4-34)代入式(4-33),得

$$\nabla^2\varphi_{\mathrm{m}}=-\frac{\rho_{\mathrm{m}}}{\mu_0} \tag{4-35}$$

此即为磁标势所满足的泊松方程,与静电势泊松方程 $\nabla^2\varphi=-\frac{\rho+\rho_{\mathrm{b}}}{\varepsilon_0}$ 非常相似,差别仅在于没有与自由电荷对应的自由磁荷(或磁单极子)。

对于介质中的均匀磁化,由 $\nabla\cdot\boldsymbol{M}=0$,可得 $\rho_{\mathrm{m}}=0$,于是式(4-35)可化为拉普拉斯方程,即

$$\nabla^2\varphi_{\mathrm{m}}=0 \tag{4-36}$$

4.2.3 磁标势的边值关系

求解磁标势微分方程的边值问题,需要给出它的边值关系。而磁标势的边值关系也可由磁场的边值关系得出。具体推导过程如下:

(1) 根据磁场边值关系式(4-15)中第一式和磁介质的本构方程 $\boldsymbol{B}=\mu_0(\boldsymbol{H}+\boldsymbol{M})$,并利用磁标势定义式(4-32),可以得到一般磁性介质中磁标势的边值关系,即

$$\left(\frac{\partial\varphi_{\mathrm{m2}}}{\partial n}-\frac{\partial\varphi_{\mathrm{m1}}}{\partial n}\right)=\boldsymbol{e}_{\mathrm{n}}\cdot(\boldsymbol{M}_2-\boldsymbol{M}_1)=-\frac{\rho_{S\mathrm{m}}}{\mu_0} \tag{4-37}$$

(2) 非铁磁性介质中,类似地,根据式(4-15)中第一式和 $\boldsymbol{B}=\mu\boldsymbol{H}$,并利用式(4-32),可以得到磁标势的边值关系为

$$\mu_2\frac{\partial\varphi_{\mathrm{m2}}}{\partial n}=\mu_1\frac{\partial\varphi_{\mathrm{m1}}}{\partial n} \tag{4-38}$$

(3) 将式(4-32)直接代入式(4-15)中第二式,得到

$$\boldsymbol{e}_{\mathrm{n}}\times[\nabla(\varphi_{\mathrm{m2}}-\varphi_{\mathrm{m1}})]=-\boldsymbol{J}_S \tag{4-39}$$

此外,当面自由电流密度等于零时,类同于电势函数,磁标势也可表示为 $\varphi_P=\int_P^Q\boldsymbol{H}\cdot\mathrm{d}\boldsymbol{l}$,则有

$$\varphi_{\mathrm{m2}}=\varphi_{\mathrm{m1}} \tag{4-40}$$

如果求解区域内,介质在各个子区域内均为均匀磁化,则每个区域内都满足式(4-36)。但由于不同磁介质的磁化强度不同,故在分界面上将会出现面束缚磁荷密度

$$\rho_{Sm} = -\mu_0 \boldsymbol{e}_n \cdot (\boldsymbol{M}_2 - \boldsymbol{M}_1) \tag{4-41}$$

综上所述，磁标势的边值关系可以概括为

$$\begin{cases} \varphi_{m2} = \varphi_{m1} & (\boldsymbol{J}_S = 0) \\ \boldsymbol{e}_n \times [\nabla(\varphi_{m2} - \varphi_{m1})] = -\boldsymbol{J}_S & (\boldsymbol{J}_S \neq 0) \\ \mu_2 \dfrac{\partial \varphi_{m2}}{\partial n} = \mu_1 \dfrac{\partial \varphi_{m1}}{\partial n} & (\text{非铁磁介质}) \\ \left(\dfrac{\partial \varphi_{m2}}{\partial n} - \dfrac{\partial \varphi_{m1}}{\partial n}\right) = \boldsymbol{e}_n \cdot (\boldsymbol{M}_2 - \boldsymbol{M}_1) = -\dfrac{\rho_{Sm}}{\mu_0} & (\text{任何磁介质}) \end{cases} \tag{4-42}$$

由磁标势的微分方程式(4-35)或式(4-36)和式(4-42)中相应的边值关系及边界条件共同构成其定解问题。

例 4.4　真空中无限长直导线载电流 I，求线外的磁标势。

解　取圆柱坐标系，设导线沿 z 轴放置，由安培环路定律易得其产生的磁感应强度为

$$\boldsymbol{B} = \frac{\mu_0 I}{2\pi\rho} \boldsymbol{e}_\phi$$

由于在柱坐标下有

$$\boldsymbol{B} = \mu_0 \boldsymbol{H} = -\mu_0 \nabla \varphi_m = -\mu_0 \left(\frac{\partial \varphi_m}{\partial \rho} \boldsymbol{e}_\rho + \frac{1}{\rho} \frac{\partial \varphi_m}{\partial \phi} \boldsymbol{e}_\phi + \frac{\partial \varphi_m}{\partial z} \boldsymbol{e}_z\right)$$

对照以上两式可得

$$\frac{\partial \varphi_m}{\partial \phi} = -\frac{I}{2\pi}$$

令 ϕ_0 是 $\varphi_m = 0$ 的参考点的坐标，则对上式积分后可以得到

$$\varphi_m = -\frac{I}{2\pi} \int_{\phi_0}^{\phi} d\varphi_m = -\frac{I}{2\pi}(\phi - \phi_0)$$

例 4.5　求磁化强度为 $\boldsymbol{M}_0$、半径为 R_0 的均匀磁化铁球产生的磁场。

解　球内外分别为均匀区域，球外没有磁荷，球内磁化强度为常矢量，故

$$\rho_m = -\mu_0 \nabla \cdot \boldsymbol{M}_0 = 0$$

因而球内没有体束缚磁荷，磁标势在这两个区域内满足的方程分别为

$$\begin{cases} \nabla^2 \varphi_{m1} = 0, & r < R_0 \\ \nabla^2 \varphi_{m2} = 0, & r > R_0 \end{cases}$$

由于铁球磁化后产生的磁场满足轴对称分布，故球内、外的通解形式分别为

$$\varphi_{m1}(r, \theta) = \sum_{n=0}^{\infty} \left(a_{n1} r^n + \frac{b_{n1}}{r^{n+1}}\right) P_n(\cos\theta)$$

$$\varphi_{m2}(r, \theta) = \sum_{n=0}^{\infty} \left(a_{n2} r^n + \frac{b_{n2}}{r^{n+1}}\right) P_n(\cos\theta)$$

根据自然边界条件：(1)$\varphi_{m1}|_{r=0} \to$有限值；(2)$\varphi_{m2}|_{r\to\infty} \to 0$ 可得

$$\begin{cases} \varphi_{m1} = \displaystyle\sum_{n=0}^{\infty} a_{n1} r^n P_n(\cos\theta) \\ \varphi_{m2} = \displaystyle\sum_{n=0}^{\infty} \frac{b_{n2}}{r^{n+1}} P_n(\cos\theta) \end{cases}$$

当 $r=R_0$ 时,磁标势满足以下边值关系:

(1) 界面磁标势连续,即 $\varphi_{m2}=\varphi_{m1}$,故

$$b_{n2}=a_{n1}R_0^{2n+1}$$

(2) 由于不同介质的磁化强度不同,导致球面上存在面束缚磁荷,即

$$\rho_{Sm}=-\mu_0\boldsymbol{e}_r\cdot(\boldsymbol{M}_2-\boldsymbol{M}_1)=\mu_0\boldsymbol{e}_r\cdot\boldsymbol{M}_0$$

故磁标势的一阶导数在界面不连续,根据式(4-42),有

$$\left(\frac{\partial\varphi_{m2}}{\partial r}-\frac{\partial\varphi_{m1}}{\partial r}\right)=-\boldsymbol{e}_r\cdot\boldsymbol{M}_0$$

由此可得

$$2\frac{b_{12}}{R_0^3}+a_{11}=M_0(n=1),\quad b_{n2}=-\frac{n}{n+1}a_{n1}R_0^{2n+1},\quad n\neq 1$$

根据以上两个边值关系导出式,可以解出待定系数为

$$a_{11}=\frac{M_0}{3},\quad b_{12}=\frac{M_0R_0^3}{3},\quad a_{n1}=b_{n2}=0,\quad n\neq 1$$

代入通解,可得球内外的磁标势分别为

$$\begin{cases}\varphi_{m1}=\dfrac{M_0r\cos\theta}{3}=\dfrac{\boldsymbol{M}_0\cdot\boldsymbol{r}}{3}\\[2ex]\varphi_{m2}=\dfrac{R_0^3(\boldsymbol{M}_0\cdot\boldsymbol{r})}{3r^3}\end{cases}$$

根据磁标势的定义式(4-32)和铁磁介质的本构方程式(2-67),得到

$$\begin{cases}\boldsymbol{B}_1=-\mu_0\nabla\varphi_{m1}+\mu_0\boldsymbol{M}_0=\dfrac{2\mu_0\boldsymbol{M}_0}{3}\\[2ex]\boldsymbol{B}_2=-\mu_0\nabla\varphi_{m2}=\dfrac{\mu_0R_0^3}{3}\left[\dfrac{3(\boldsymbol{M}_0\cdot\boldsymbol{r})\boldsymbol{r}}{r^5}-\dfrac{\boldsymbol{M}_0}{r^3}\right]\end{cases}$$

可见,在球外空间可以把均匀磁化铁球等效成一个磁偶极子,它的磁矩为

$$\boldsymbol{m}=\int_V\boldsymbol{M}_0\,\mathrm{d}V=\frac{4\pi}{3}R_0^3\boldsymbol{M}_0$$

则球外空间的势和场可转化为

$$\begin{cases}\varphi_{m2}=\dfrac{\boldsymbol{m}\cdot\boldsymbol{r}}{4\pi r^3}\\[2ex]\boldsymbol{B}_2=\dfrac{\mu_0}{4\pi}\left[\dfrac{3(\boldsymbol{m}\cdot\boldsymbol{r})\boldsymbol{r}}{r^5}-\dfrac{\boldsymbol{m}}{r^3}\right]\end{cases}$$

如图 4-7 所示,磁感应强度和磁场强度在球外的分布很相似;但是它们在球内的方向相反。总体来看,磁感应强度线从球内到球外再到球内形成一个闭合回路,而磁场强度线则不管是在球内还是在球外,总是从右半球面的正磁荷发出,最后终止于左半球面的负磁荷,这种性质非常类似于静电场分布即电场线起始于正电荷终止于负电荷。究其原因在于,磁标势与电标势满足类似的方程,因而也具有相似的性质。

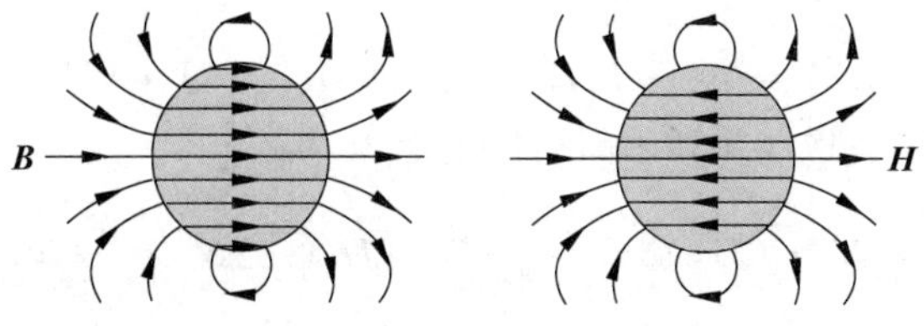

(a) 磁感应强度　　(b) 磁场强度

图 4-7　均匀磁化铁球产生的磁场分布

4.3　磁多极矩

4.3.1　矢势的多极展开

如图 4-8 所示，设 $\boldsymbol{r}'$ 和 $\boldsymbol{r}$ 分别表示电流分布源点 P' 和场点（观测点）P 相对于坐标原点 O 的位置矢量。O 到 P' 的距离为

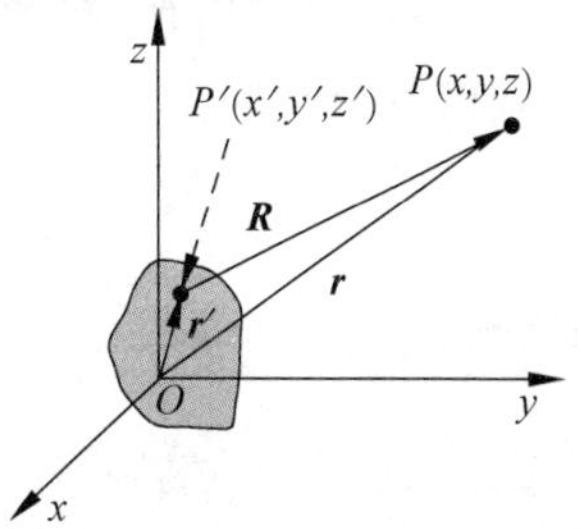

图 4-8　磁矢势的多极展开

$$|OP'|=|\boldsymbol{r}'|=r'=\sqrt{x'^2+y'^2+z'^2}$$

O 到 P 的距离为

$$|OP|=|\boldsymbol{r}|=r=\sqrt{x^2+y^2+z^2}$$

P' 到 P 的距离为

$$|P'P|=|\boldsymbol{R}|=R=|\boldsymbol{r}-\boldsymbol{r}'|=\sqrt{(x-x')^2+(y-y')^2+(z-z')^2}$$

根据式(4-10)，该电流分布在空间激发的磁矢势为

$$\boldsymbol{A}(\boldsymbol{r})=\frac{\mu_0}{4\pi}\int_{V'}\frac{\boldsymbol{J}(\boldsymbol{r}')}{R}\mathrm{d}V'$$

若 P' 到 P 的距离远大于电流分布区域的线度时，则 $1/R$ 可在 $\boldsymbol{r}'=0$ 处展开为泰勒级数形式，即

$$\frac{1}{R}=\frac{1}{r}-\boldsymbol{r}'\cdot\nabla\frac{1}{r}+\frac{1}{2!}\boldsymbol{r}'\boldsymbol{r}':\nabla\nabla\frac{1}{r}+\cdots$$

代回式(4-10)后，得到

$$\boldsymbol{A}(\boldsymbol{r})=\frac{\mu_0}{4\pi}\int_{V'}\boldsymbol{J}(\boldsymbol{r}')\left(\frac{1}{r}-\boldsymbol{r}'\cdot\nabla\frac{1}{r}+\frac{1}{2!}\boldsymbol{r}'\boldsymbol{r}':\nabla\nabla\frac{1}{r}+\cdots\right)\mathrm{d}V' \tag{4-43}$$

（1）展开式第一项为

$$\boldsymbol{A}^{(0)}(\boldsymbol{r})=\frac{\mu_0}{4\pi r}\int_{V'}\boldsymbol{J}(\boldsymbol{r}')\mathrm{d}V' \tag{4-44}$$

利用并矢运算公式

$$\nabla\cdot(\boldsymbol{A}\boldsymbol{B})=(\nabla\cdot\boldsymbol{A})\boldsymbol{B}+(\boldsymbol{A}\cdot\nabla)\boldsymbol{B}$$

并考虑在体积 V' 内，电流密度满足稳恒条件，即散度为零：

$$\nabla'\cdot\boldsymbol{J}=0$$

可以得到

$$\nabla' \cdot (\boldsymbol{J}\boldsymbol{r}') = (\nabla' \cdot \boldsymbol{J})\boldsymbol{r}' + (\boldsymbol{J} \cdot \nabla')\boldsymbol{r}' = (\boldsymbol{J} \cdot \nabla')\boldsymbol{r}' = \boldsymbol{J} \tag{4-45}$$

将式(4-45)代入式(4-44),并利用高斯散度定理,得

$$\boldsymbol{A}^{(0)}(\boldsymbol{r}) = \frac{\mu_0}{4\pi r}\int_{V'} \nabla' \cdot (\boldsymbol{J}\boldsymbol{r}')\mathrm{d}V' = \frac{\mu_0}{4\pi r}\oint_{S'} (\boldsymbol{J}\boldsymbol{r}') \cdot \mathrm{d}\boldsymbol{S}' = \frac{\mu_0}{4\pi r}\oint_{S'} \mathrm{d}S'(\boldsymbol{e}_{\mathrm{n}} \cdot \boldsymbol{J})\boldsymbol{r}'$$

由于在体系 V' 的界面上满足 $\boldsymbol{e}_{\mathrm{n}} \cdot \boldsymbol{J} = 0$,则上式恒为零,即

$$\boldsymbol{A}^{(0)}(\boldsymbol{r}) = 0 \tag{4-46}$$

表明电流系统在远处激发的磁场中不包含与自由点电荷相对应的自由点磁荷(或磁单极子)的场。

(2) 展开式第二项为

$$\boldsymbol{A}^{(1)}(\boldsymbol{r}) = -\frac{\mu_0}{4\pi}\int_{V'} \boldsymbol{J}\boldsymbol{r}' \cdot \nabla\frac{1}{r}\mathrm{d}V' \tag{4-47}$$

利用以下关系:

$$\nabla\frac{1}{r} = -\frac{\boldsymbol{r}}{r^3}$$

于是得到

$$\boldsymbol{A}^{(1)}(\boldsymbol{r}) = \frac{\mu_0}{4\pi}\int_{V'} \boldsymbol{J}\boldsymbol{r}' \cdot \frac{\boldsymbol{r}}{r^3}\mathrm{d}V' \tag{4-48}$$

由于 $\boldsymbol{r}/r^3$ 与积分变量无关,故有

$$\begin{aligned}\boldsymbol{A}^{(1)}(\boldsymbol{r}) &= \frac{\mu_0}{4\pi r^3}\int_{V'} \boldsymbol{J}\boldsymbol{r}' \cdot \boldsymbol{r}\,\mathrm{d}V' \\ &= \frac{\mu_0}{4\pi r^3}\,\frac{1}{2}\int_{V'} [(\boldsymbol{J}\boldsymbol{r}' \cdot \boldsymbol{r} + \boldsymbol{r}'\boldsymbol{J} \cdot \boldsymbol{r}) + (\boldsymbol{J}\boldsymbol{r}' \cdot \boldsymbol{r} - \boldsymbol{r}'\boldsymbol{J} \cdot \boldsymbol{r})]\,\mathrm{d}V' \\ &= \frac{\mu_0}{4\pi r^3}\,\frac{1}{2}\left[\int_{V'} (\boldsymbol{J}\boldsymbol{r}' + \boldsymbol{r}'\boldsymbol{J})\mathrm{d}V' \cdot \boldsymbol{r} + \int_{V'} \boldsymbol{r}' \times \boldsymbol{J}\,\mathrm{d}V' \times \boldsymbol{r}\right]\end{aligned} \tag{4-49}$$

两次利用式(4-45),得到

$$\begin{aligned}\boldsymbol{A}^{(1)}(\boldsymbol{r}) &= \frac{\mu_0}{4\pi r^3}\,\frac{1}{2}\left[\int_{V'} (\nabla' \cdot \boldsymbol{J}\boldsymbol{r}'\boldsymbol{r}' + \boldsymbol{r}'\,\nabla' \cdot \boldsymbol{J}\boldsymbol{r}')\,\mathrm{d}V' \cdot \boldsymbol{r} + \int_{V'} \boldsymbol{r}' \times \boldsymbol{J}\,\mathrm{d}V' \times \boldsymbol{r}\right] \\ &= \frac{\mu_0}{4\pi r^3}\,\frac{1}{2}\left[\oint_{S'} \mathrm{d}S'(\boldsymbol{e}_{\mathrm{n}} \cdot \boldsymbol{J}\boldsymbol{r}' + \boldsymbol{r}'\boldsymbol{e}_{\mathrm{n}} \cdot \boldsymbol{J})\boldsymbol{r}' \cdot \boldsymbol{r} + \int_{V'} \boldsymbol{r}' \times \boldsymbol{J}\,\mathrm{d}V' \times \boldsymbol{r}\right]\end{aligned}$$

由于 $\boldsymbol{e}_{\mathrm{n}} \cdot \boldsymbol{J} = 0$,故

$$\boldsymbol{A}^{(1)}(\boldsymbol{r}) = \frac{\mu_0}{4\pi r^3}\left(\frac{1}{2}\int_{V'} \boldsymbol{r}' \times \boldsymbol{J}\,\mathrm{d}V'\right) \times \boldsymbol{r} \tag{4-50}$$

令

$$\boldsymbol{m} = \frac{1}{2}\int_{V'} \boldsymbol{r}' \times \boldsymbol{J}\,\mathrm{d}V' \tag{4-51}$$

则

$$\boldsymbol{A}^{(1)}(\boldsymbol{r}) = \frac{\mu_0}{4\pi}\,\frac{\boldsymbol{m} \times \boldsymbol{r}}{r^3} \tag{4-52}$$

对于线电流环,利用代换关系 $\boldsymbol{J}\mathrm{d}V' \to I\mathrm{d}\boldsymbol{l}'$ 且 $\mathrm{d}\boldsymbol{l}'=\mathrm{d}\boldsymbol{r}'$,于是 $\boldsymbol{m}$ 可以表示为

$$\boldsymbol{m}=\frac{I}{2}\oint_L \boldsymbol{r}'\times \mathrm{d}\boldsymbol{r}' \tag{4-53}$$

如图 4-9 所示,上式中的 $\boldsymbol{r}'\times \mathrm{d}\boldsymbol{l}'/2$ 是以阴影表示的三角形面积元矢量 $\mathrm{d}\boldsymbol{S}'$,故

$$\boldsymbol{m}=I\int_{S'}\mathrm{d}\boldsymbol{S}' \tag{4-54}$$

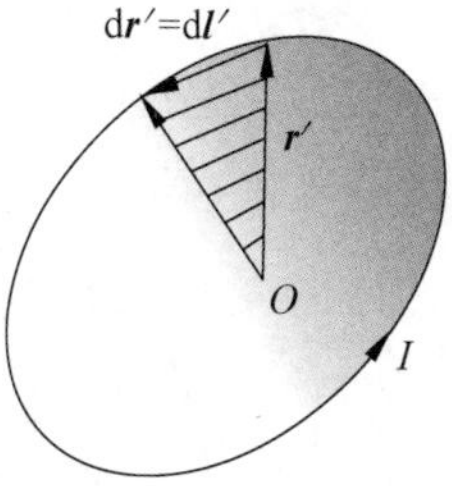

图 4-9 三角形面积元矢量 $\mathrm{d}\boldsymbol{S}'$

类比分子电流磁矩定义易知,式(4-51)实际上就是电流体系的磁偶极矩,而式(4-52)则为磁偶极矢势。

(3) 展开式第三项为

$$\boldsymbol{A}^{(2)}(\boldsymbol{r})=\frac{\mu_0}{8\pi}\int_{V'}\boldsymbol{J}\boldsymbol{r}'\boldsymbol{r}'\mathrm{d}V':\nabla\nabla\frac{1}{r}=\frac{\mu_0}{8\pi}\overleftrightarrow{\boldsymbol{D}}_{\mathrm{m}}:\nabla\nabla\frac{1}{r} \tag{4-55}$$

式中:

$$\overleftrightarrow{\boldsymbol{D}}_{\mathrm{m}}=\int_{V'}\boldsymbol{J}\boldsymbol{r}'\boldsymbol{r}'\mathrm{d}V' \tag{4-56}$$

定义为电流体系的磁四极矩,而式(4-55)则为磁四极矢势。可见,与电四极矩类似,磁四极矩也是一个张量。

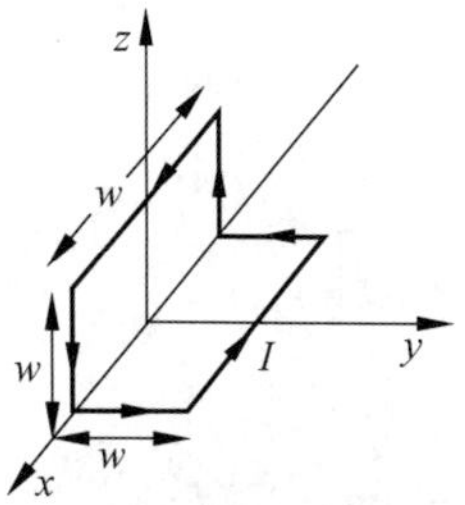

图 4-10 求闭合载流线圈激发的磁偶极矩

例 4.6 如图 4-10 所示,有一闭合线圈各边长均为 w,当线圈中通有电流 I 时,求磁偶极矩。

解 整个电流线圈可以看作由 xOz 平面和 xOy 平面上的两个小正方形电流线圈叠加而成,它们在中间交线(沿 x 轴)上的电流大小相等方向相反正好抵消为零。于是可得净磁偶极矩为

$$\boldsymbol{m}=Iw^2\boldsymbol{e}_y+Iw^2\boldsymbol{e}_z$$

易知其大小为

$$m=\sqrt{2}\,Iw^2$$

方向在 yOz 平面上,与水平面成 $\pi/4$ 夹角,即沿 $z=y$ 所在方向。

4.3.2 磁偶极矩的场和磁标势

1. 磁偶极矩的场

根据磁矢势多极展开式中第二项之推导式(4-52),得到

$$\boldsymbol{B}^{(1)}(\boldsymbol{r})=\nabla\times\boldsymbol{A}^{(1)}(\boldsymbol{r})=\frac{\mu_0}{4\pi}\nabla\times\left(\frac{\boldsymbol{m}\times\boldsymbol{r}}{r^3}\right) \tag{4-57}$$

利用矢量关系

$$\nabla\times\left(\frac{\boldsymbol{m}\times\boldsymbol{r}}{r^3}\right)=\frac{1}{r^3}\nabla\times(\boldsymbol{m}\times\boldsymbol{r})+\nabla\frac{1}{r^3}\times(\boldsymbol{m}\times\boldsymbol{r})$$

得到

$$\boldsymbol{B}^{(1)}(\boldsymbol{r})=\frac{\mu_0}{4\pi}\left[\frac{1}{r^3}\nabla\times(\boldsymbol{m}\times\boldsymbol{r})+\nabla\frac{1}{r^3}\times(\boldsymbol{m}\times\boldsymbol{r})\right] \tag{4-58}$$

由于

$$\nabla\times(\boldsymbol{m}\times\boldsymbol{r})=(\boldsymbol{r}\cdot\nabla)\boldsymbol{m}+(\nabla\cdot\boldsymbol{r})\boldsymbol{m}-(\boldsymbol{m}\cdot\nabla)\boldsymbol{r}-(\nabla\cdot\boldsymbol{m})\boldsymbol{r}$$

且 $\boldsymbol{m}$ 是常矢量,故

$$\nabla\times(\boldsymbol{m}\times\boldsymbol{r})=(\nabla\cdot\boldsymbol{r})\boldsymbol{m}-(\boldsymbol{m}\cdot\nabla)\boldsymbol{r} \tag{4-59}$$

又由于

$$\nabla\frac{1}{r^3}\times(\boldsymbol{m}\times\boldsymbol{r})=\left(\nabla\frac{1}{r^3}\cdot\boldsymbol{r}\right)\boldsymbol{m}-\left(\nabla\frac{1}{r^3}\cdot\boldsymbol{m}\right)\boldsymbol{r} \tag{4-60}$$

将式(4-59)和式(4-60)一起代入式(4-58),整理后得到

$$\boldsymbol{B}^{(1)}(\boldsymbol{r})=\frac{\mu_0}{4\pi}\left[\frac{1}{r^3}(\boldsymbol{m}\,\nabla\cdot\boldsymbol{r}-\boldsymbol{m}\cdot\nabla\boldsymbol{r})+\boldsymbol{m}\,\nabla\frac{1}{r^3}\cdot\boldsymbol{r}-\boldsymbol{r}\boldsymbol{m}\cdot\nabla\frac{1}{r^3}\right]$$

进一步利用以下关系:

$$\nabla\cdot\boldsymbol{r}=3,\quad \boldsymbol{m}\cdot\nabla\boldsymbol{r}=\boldsymbol{m},\quad \nabla\frac{1}{r^3}=-\frac{3\boldsymbol{r}}{r^5}$$

最终得到磁偶极矩激发的磁感应强度为

$$\boldsymbol{B}^{(1)}(\boldsymbol{r})=\frac{\mu_0}{4\pi}\left[\frac{3(\boldsymbol{m}\cdot\boldsymbol{r})}{r^5}\boldsymbol{r}-\frac{\boldsymbol{m}}{r^3}\right] \tag{4-61}$$

2. 磁标势

利用以下关系:

$$\nabla(\varphi\psi)=\varphi\nabla\psi+\psi\nabla\varphi$$

可得

$$-\mu_0\nabla\left(\frac{\boldsymbol{m}\cdot\boldsymbol{r}}{4\pi r^3}\right)=-\frac{\mu_0}{4\pi}\left[\frac{1}{r^3}\nabla(\boldsymbol{m}\cdot\boldsymbol{r})+\nabla\frac{1}{r^3}(\boldsymbol{m}\cdot\boldsymbol{r})\right] \tag{4-62}$$

再根据

$$\nabla(\boldsymbol{f}\cdot\boldsymbol{g})=\boldsymbol{f}\times(\nabla\times\boldsymbol{g})+(\boldsymbol{f}\cdot\nabla)\boldsymbol{g}+\boldsymbol{g}\times(\nabla\times\boldsymbol{f})+(\boldsymbol{g}\cdot\nabla)\boldsymbol{f}$$

得到

$$\nabla(\boldsymbol{m}\cdot\boldsymbol{r})=\boldsymbol{m}\times(\nabla\times\boldsymbol{r})+(\boldsymbol{m}\cdot\nabla)\boldsymbol{r}+\boldsymbol{r}\times(\nabla\times\boldsymbol{m})+(\boldsymbol{r}\cdot\nabla)\boldsymbol{m}$$

由于 $\boldsymbol{m}$ 是常矢量,故上式可化简为

$$\nabla(\boldsymbol{m}\cdot\boldsymbol{r})=\boldsymbol{m}\times(\nabla\times\boldsymbol{r})+(\boldsymbol{m}\cdot\nabla)\boldsymbol{r}$$

又由于

$$\nabla\times\boldsymbol{r}=0,\quad \boldsymbol{m}\cdot\nabla\boldsymbol{r}=\boldsymbol{m}$$

故上式可进一步化简为

$$\nabla(\boldsymbol{m}\cdot\boldsymbol{r})=\boldsymbol{m} \tag{4-63}$$

将式(4-63)代入式(4-62)并利用关系

$$\nabla\frac{1}{r^3}=-\frac{3\boldsymbol{r}}{r^5}$$

得到

$$\begin{aligned}-\mu_0\nabla\left(\frac{\boldsymbol{m}\cdot\boldsymbol{r}}{4\pi r^3}\right)&=\frac{\mu_0}{4\pi}\left[\frac{3(\boldsymbol{m}\cdot\boldsymbol{r})\boldsymbol{r}}{r^5}-\frac{\boldsymbol{m}}{r^3}\right]\\&=\boldsymbol{B}^{(1)}(\boldsymbol{r})\end{aligned}$$

对照 $\boldsymbol{B}=\mu_0\boldsymbol{H}=-\mu_0\nabla\varphi_{\mathrm{m}}$ 可知，磁偶极子的磁标势为

$$\varphi_{\mathrm{m}}^{(1)}=\frac{\boldsymbol{m}\cdot\boldsymbol{r}}{4\pi r^3} \tag{4-64}$$

可见，它与电偶极子的电标势

$$\varphi^{(1)}=\frac{\boldsymbol{p}\cdot\boldsymbol{r}}{4\pi\varepsilon_0 r^3}$$

在形式上非常相似。这表明一个小电流回路实际上等效于一对正负磁荷组成的磁偶极子，磁偶极矩由式(4-54)确定，但与用磁荷定义的磁矩概念不完全等同。

4.3.3 小区域内电流分布在外磁场的能量

根据电流密度和磁矢势表示的静磁场的总能量式(4-26)，可推知小区域内电流分布与外磁场 $\boldsymbol{B}_{\mathrm{e}}$ 的相互作用能为

$$W_{\mathrm{mi}}=\int_{V'}\boldsymbol{J}\cdot\boldsymbol{A}_{\mathrm{e}}\mathrm{d}V \tag{4-65}$$

式中：$\boldsymbol{J}$ 为小区域电流密度；$\boldsymbol{A}_{\mathrm{e}}$ 为外磁场磁矢势。

利用代换关系

$$\boldsymbol{J}\mathrm{d}V\to I\mathrm{d}\boldsymbol{l}$$

可将式(4-65)转化为

$$W_{\mathrm{mi}}=I\oint_l\boldsymbol{A}_{\mathrm{e}}\cdot\mathrm{d}\boldsymbol{l} \tag{4-66}$$

按照磁矢势定义并利用斯特克斯定理，可得

$$W_{\mathrm{mi}}=I\oint_l\boldsymbol{A}\cdot\mathrm{d}\boldsymbol{l}=I\int_S\nabla\times\boldsymbol{A}_{\mathrm{e}}\cdot\mathrm{d}\boldsymbol{S}=I\int_S\boldsymbol{B}_{\mathrm{e}}\cdot\mathrm{d}\boldsymbol{S}=I\psi_{\mathrm{m}} \tag{4-67}$$

式中：S 为电流回路 l 所包围的曲面；ψ_{m} 为外磁场穿过曲面 S 的磁通量。

把电流回路所在区域内的适当位置取为坐标原点，若区域线度远小于磁场发生显著变化的线度，则可将磁感应强度对原点做泰勒展开

$$\boldsymbol{B}_{\mathrm{e}}(\boldsymbol{r})=\boldsymbol{B}_{\mathrm{e}}(0)+\boldsymbol{r}\cdot\nabla\boldsymbol{B}_{\mathrm{e}}(0)+\cdots \tag{4-68}$$

将式(4-68)代入式(4-67)，得到

$$W_{\mathrm{m}}=I\boldsymbol{B}_{\mathrm{e}}(0)\cdot\int_S\mathrm{d}\boldsymbol{S}+\cdots\approx\boldsymbol{m}\cdot\boldsymbol{B}_{\mathrm{e}}(0) \tag{4-69}$$

可见，小区域内电流分布在外磁场中的能量，可近似地用磁偶极矩与外磁场的相互作用能代替。

*4.4 超导体的电磁特性

4.4.1 零电阻现象和完全抗磁性现象

1. 零电阻

1911 年，荷兰物理学家卡末林·昂尼斯在研究液氦温度下金属电阻随温度的变化时，首次在汞中发现了超导电现象，表现为汞的电阻在温度 4.2K 附近陡然下降。具体地，实验样品本身浸在液态氦中，电阻是由灵敏电位计测量通过一定电流样品上的电压而确定。实

验发现，测量电流越小，电阻变化越尖锐，用足够小的测量电流，能使电阻的下降集中发生在0.01K的窄小温度范围内。在这个转变温度以下，电阻会完全消失。此外，还有一类实验可以十分精确地检测电阻。它们是利用环状样品，在垂直于环平面的磁场中，降低温度使样品发生超导转变，然后撤去磁场，这时在环内将产生感应电流。如果样品仍然存在电阻，感应电流将会不断衰减。昂尼斯最初以铅做实验，用针在低温容器之外检验感应电流，结果在几小时之内，完全没有发现任何变化。而当温度提高到转变温度以上，电流则会立即消失。

上述在低温下发生的零电阻现象，称为超导电性。具有超导电性的材料称为超导体。电阻突然消失的温度叫作超导转变温度。不同材料具有不同的超导转变温度，例如汞(4.15K)、铅(7.201K)等。

至今，人们已经发现常压下具有超导转变的元素共有28种，其中铌的超导转变温度最高为9.2K，铑的最低为0.0002K。常压下未发现超导电性的元素有13种，但在高压下它们会呈现超导电性。例如，在大约12GPa的高压下，测得锗的超导转变温度为5.4K，硅的为7.1K。目前，在技术上有重要实用价值的超导材料大都属于超导合金或化合物。自从1987年获得了能在液氮温度下实现超导电性的钇-钡-铜-氧超导材料之后，人们一直都在致力于寻找转变温度更高的超导材料。

2. 完全抗磁性

1933年，迈斯纳等人做的一项实验，揭示了超导态的另一个基本特征——完全抗磁性。如图4-11所示，实验是把一个圆柱状样品放置在垂直磁场中冷却到超导态，并以小的检验线圈检查样品四周的磁场分布。结果发现，磁场分布发生了变化，磁通量完全被排斥于圆柱体之外，并且在撤去外磁场之后，磁场会完全消失。随后，不同的研究人员以柱状及球状样品做了更为精确的实验和分析，完全肯定了这一结果，即在磁场之中发生超导转变时，磁通量会被完全排斥于体外。这个效应称为迈斯纳效应，它表明超导体具有“完全抗磁性”，即在超导体内部保持磁感应强度为零，即

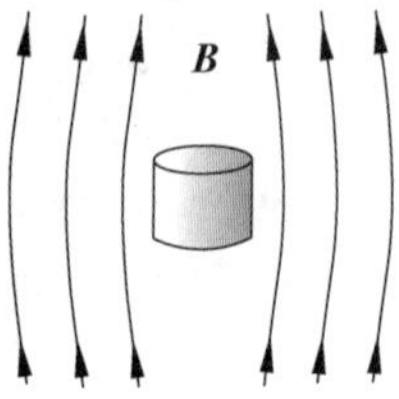

图4-11 圆柱状超导体的迈斯纳效应

$$\boldsymbol{B}=0 \tag{4-70}$$

根据磁介质本构方程式(2-67)，可得满足完全抗磁性的磁化强度与磁场强度的关系为

$$\boldsymbol{M}=-\boldsymbol{H} \tag{4-71}$$

在某些特殊情形下，外磁场强度 $\boldsymbol{H}_0$ 等于内磁场强度 $\boldsymbol{H}$，即

$$\boldsymbol{H}_0=\boldsymbol{H}$$

例如，样品为圆柱体，外磁场平行于轴线；或样品为无限大平面，外磁场平行于表面等情况。除此之外，其他形状的样品都因有退磁场作用而导致

$$\boldsymbol{H}_0\neq\boldsymbol{H}$$

以球状样品为例，它在均匀外磁场中将沿磁场方向均匀磁化(根据电磁学的知识可知，均匀的椭球状样品置于一沿主轴方向的磁场中，磁化将是均匀的并沿磁场方向)。磁化引起的表面磁束缚荷在球内产生的均匀磁场强度(即退磁场)为

$$\boldsymbol{H}'=-\frac{\boldsymbol{M}}{3} \tag{4-72}$$

加上外磁场后，得到球内磁场强度为

$$\boldsymbol{H}=\boldsymbol{H}_0-\frac{\boldsymbol{M}}{3} \tag{4-73}$$

根据完全抗磁性式(4-71)，得到

$$\boldsymbol{M}=\frac{\boldsymbol{M}}{3}-\boldsymbol{H}_0 \tag{4-74}$$

由此得到与外场成比例的磁化强度

$$\boldsymbol{M}=-\frac{3}{2}\boldsymbol{H}_0 \tag{4-75}$$

同时，体内的磁场强度为

$$\boldsymbol{H}=\boldsymbol{H}_0-\frac{\boldsymbol{M}}{3}=\frac{3}{2}\boldsymbol{H}_0 \tag{4-76}$$

可见，球外的磁场等于外磁场再加上等于整个球体的磁矩的磁偶极子的磁场。很多精确的检验迈斯纳效应的实验都是靠直接测量物体的磁矩实现的。另外，应当注意的是，超导体的完全抗磁性并不能简单地由零电阻导出。这是由于，如果超导态仅仅意味着零电阻，只要球体内的磁通量不变，那么，在上述实验中，在转变温度以上原来存在于体内的磁通量将仍然存在于体内而不会被排除。当撤去外磁场后，则为了保持体内通量不变将会引起永久感生电流，从而在体外产生相应的磁场，而这一论断与实验不符。

4.4.2 超导体中电磁场基本方程

如上所述，超导体的完全抗磁性并非简单地由零电阻导出，但是它却和零电阻有着密切的联系。1935 年，弗·伦敦和赫·伦敦兄弟二人提出了一个唯象理论，统一概括了零电阻和迈斯纳效应，并提出了描述超导体电磁学性质的基本方程，即伦敦方程。

1. 伦敦第一方程

由于超导体中没有电阻，故其电场和电流的关系不再满足导体中的欧姆定律

$$\boldsymbol{J}_c=\sigma\boldsymbol{E}$$

这时，它的电场对电荷的作用力会使得超导电流随时间发生变化，即

$$\frac{\partial \boldsymbol{J}_{sc}}{\partial t}=\frac{1}{\Xi}\boldsymbol{E} \tag{4-77}$$

式中：$\boldsymbol{J}_{sc}$ 为超导电流密度；Ξ 为常数。

假设超导电流是由单位体积内 n_s 个完全不受阻力的超导电子所引起的，即

$$\boldsymbol{J}_{sc}=-n_s e\boldsymbol{v}$$

则

$$\frac{\partial \boldsymbol{J}_{sc}}{\partial t}=-n_s e\frac{\partial \boldsymbol{v}}{\partial t} \tag{4-78}$$

式中：m 为电子质量；e 为电子电量；$\boldsymbol{v}$ 为电子速度。

由于在电场 $\boldsymbol{E}$ 的作用下，超导电子将加速运动，即

$$m\frac{\mathrm{d}\boldsymbol{v}}{\mathrm{d}t}=-e\boldsymbol{E}$$

将上式代入式(4-78)，整理后得到

$$\frac{\partial \boldsymbol{J}_{\mathrm{sc}}}{\partial t}=\frac{n_{\mathrm{s}} e^{2}}{m} \boldsymbol{E} \tag{4-79}$$

对比式(4-77)和式(4-79),得

$$\Xi=\frac{m}{n_{\mathrm{s}} e^{2}} \tag{4-80}$$

式(4-77)称为伦敦第一方程,它反映了超导体的零电阻性质。容易看出,超导体内电场 $\boldsymbol{E}$ 必为零,理由是超导电流虽然是无阻无损耗的,但也不能无限制地增长。

2. 伦敦第二方程

将式(4-77)两边进行旋度运算,并利用法拉第电磁感应定律的微分形式

$$\nabla\times \boldsymbol{E}=-\frac{\partial \boldsymbol{B}}{\partial t}$$

整理后得到

$$\frac{\partial}{\partial t}[\nabla\times(\Xi \boldsymbol{J}_{\mathrm{sc}})+\boldsymbol{B}]=0 \tag{4-81}$$

显然,该式在任何时刻恒成立的条件是

$$\nabla\times(\Xi \boldsymbol{J}_{\mathrm{sc}})=-\boldsymbol{B} \tag{4-82}$$

它表明超导体内的磁感应强度在超导电流的屏蔽作用下会迅速降为零。伦敦假定超导态永远符合式(4-82),此即伦敦第二方程,它可以解释迈斯纳效应。

进一步,将超导电流密度满足的静磁场方程

$$\nabla\times \boldsymbol{B}=\mu \boldsymbol{J}_{\mathrm{sc}}$$

两边取旋度,并利用伦敦第二方程(4-82),消去超导电流密度,得到

$$\nabla\times(\nabla\times \boldsymbol{B})=-\frac{\mu}{\Xi} \boldsymbol{B} \tag{4-83}$$

根据式(4-1)中第一式,并利用矢量关系

$$\nabla\times(\nabla\times \boldsymbol{B})=\nabla(\nabla\cdot \boldsymbol{B})-\nabla^{2} \boldsymbol{B}$$

可把式(4-83)转化为

$$\nabla^{2} \boldsymbol{B}=\alpha^{2} \boldsymbol{B} \tag{4-84}$$

式中:$\alpha^{2}=\mu/\Xi$。

假定超导体占据 $z>0$ 空间且 $\boldsymbol{B}=B(z)\boldsymbol{e}_{z}$,则式(4-84)转化为

$$\frac{\mathrm{d}^{2}}{\mathrm{d}z^{2}} B-\alpha^{2} B=0 \tag{4-85}$$

求解上式可得

$$B=B_{0} \mathrm{e}^{-\alpha z} \tag{4-86}$$

式中:B_{0} 为超导体表面处的磁场。

可见,随着进入超导体的深度增加,磁感应强度反而会呈指数衰减,其穿透深度为

$$\delta=\frac{1}{\alpha}=\sqrt{\frac{\Xi}{\mu}}=\sqrt{\frac{m}{\mu n_{\mathrm{s}} e^{2}}} \tag{4-87}$$

如果按照一般导体中的电子密度数量级($\sim 10^{23}/\mathrm{cm}^{3}$)估计,穿透深度 $\delta\approx 2\times 10^{-6}\,\mathrm{cm}$。因此,伦敦理论不仅说明了迈斯纳效应,而且预言了发生磁场屏蔽效应的厚度,大约在

10^{-6}cm 数量级。实验上通过测量细小样品在超导态的磁矩，发现了与上述估计的数量级一致的穿透深度，从而证实了伦敦理论。

综上所述，伦敦理论概括了零电阻和迈斯纳效应，成为描述超导态电磁性质的基本方程。

4.4.3 超导体的应用

1. 低温超导体

低温超导体转变温度通常低于 30K，因而可以在液氦温度条件下使用。低温超导金属铌(Nb)已经被制成薄膜材料应用于弱电(微电子学、精密测量等)领域；铌钛(NbTi)和铌锡(Nb_3Sn)等合金已被用于制造核磁共振成像仪等。

2. 高温超导体

高温超导体的转变温度通常高于 77K，因而可以在液氮温度条件下使用，主要为多元系氧化物。其主要应用举例如下：

1) 超导滤波器

超导滤波器品质因数高，在窄带宽、高阶数滤波器中具有明显优势。它可以显著提高通信基站的灵敏度、选择性及通信容量，并降低手机的辐射率等。目前，美国已经实现高温超导滤波器的批量应用；清华大学研制的高温超导滤波器也已经在中国联通通信基站上成功运行一年以上。超导滤波器的优点是损耗低、信号畸变小且 Q 值高，可广泛应用于现代通信、雷达、宽频信号处理等方面。1996 年，美国海军实验室的带有高滤波器、天线及信号处理系统的“高温超导体空间实验项目Ⅱ”(简称 HTSSE-Ⅱ)已进行卫星搭载实验。

2) 超导计算机

高温超导体可用于制作超大规模集成电路元件间的超导互连线、超导数据处理器、超导开关器件及超导存储器等。基于这些超导器件制造的超导计算机具有优越的计算性能且无散热问题。而且其运行速度比传统电子计算机快 100 倍以上，而电能消耗仅为传统电子计算机的 0.1%。更重要的是，超导体的正常态和超导态，可以作为“逻辑门”，分别代表“0”和“1”，这是进一步研制超导体晶体管的基础。

3) 超导量子干涉仪

超导量子干涉仪，对磁通敏感度极高，能分辨出 10^{-11}Gs 的磁场变化，因而可用于制作弱磁、弱电测量仪等，进而应用于地质、地球物理、生物医学、微电子技术及军事科学等领域。目前，超导量子干涉仪已经产业化，美国超导公司已开始出售高铜氧化物超导量子干涉仪。

4) 高温超导电缆

高温超导电缆的损耗仅为常规电缆的 50%～60%，但是其电流输送能力却是常规电缆的 3～5 倍。这些优势有助于实现长距离直流输电，致使损耗降低 70%以上。目前，我国第一组实用型高温超导电缆已在昆明普吉变电站挂网运行成功。

5) 超导变压器

与传统变压器相比，超导变压器具有明显的优势，主要表现在：

(1) 无发热损耗。

(2) 体积减小了 40%～60%。

(3) 无火灾隐患。

(4) 电压可调节范围大。

目前,我国已自主研制成功了首台三相高温超导变压器,现已投入配电网试运行。

6) 超导磁体

基于超导导线制作的超导磁体,产生的强磁场可以作为"磁封闭体",将热核反应堆中的超高温(1亿℃～2亿℃)等离子体包围、约束起来,然后慢慢释放,从而实现可控核聚变。苏联已用超导磁体实现了可控热核反应;我国基于超导磁体制造的先进全超导托卡马克实验装置,目前也已经可以有效地控制核聚变过程,并能持续稳定地输出能量。另外,超导磁体还可用于制造交流超导发电机和磁流体发电机等。

7) 超导磁悬浮高速列车

超导磁悬浮列车是采用超导材料(强磁场)研制而成的一种无接触的电磁悬浮、导向和驱动系统的磁悬浮高速列车系统。目前,日本已经成功研制出超导磁悬浮列车,时速高达504km/h;我国清华大学与英纳公司的高温超导磁悬浮列车合作研究也已取得较大突破。此外,超导磁悬浮还可用于超导无摩擦轴承、陀螺仪、重力仪、风动实验等。

除了上述应用以外,超导材料还可用于制作超导开关、超导磁分离装置、超导电极、超导限流器、超导储能装置及超导电磁推进装置等,已经渗透到国民经济、军事技术、医疗卫生和各种高新技术产业的各个领域。有理由相信,超导(尤其是高温超导)具有广泛的应用前景,必将会对人类社会的生产和生活产生较为深远的影响。

*4.5 科技前沿:静磁场诱导的低维材料量子磁输运

目前电子信息产业的基石是半导体材料。随着晶体管特征尺寸的缩小,由于短沟道效应和制造成本的限制,虽然主流硅基材料与CMOS互补金属氧化物半导体技术已发展迅速但却很难再提升,摩尔定律可能终结。因此,开发新型高性能半导体沟道材料和新原理晶体管技术,是科学界和产业界近20年来的主流研究方向之一。在众多CMOS沟道材料体系中,相比于一维纳米线和碳纳米管,高迁移率二维半导体的器件加工与传统微电子工艺兼容更好,同时其超薄平面结构可有效抑制短沟道效应,被认为是构筑后硅时代纳米电子器件和数字集成电路的理想沟道材料。现有的二维材料体系,包括石墨烯、拓扑绝缘体、过渡金属硫族化合物及黑磷等。

本节主要以石墨烯为例,介绍静磁场诱导的低维材料量子磁输运机制。它是发展更加节能的新型介观电子器件,以及更快速高效信息处理技术的前提。这里有必要先对石墨烯材料的结构和背景进行一个简单介绍。石墨烯即单层石墨,是由碳原子紧密堆积成的二维平面六角蜂窝型复式晶格结构,它是构成其他维度碳基材料的基本单元。它可以被裹成零维富勒烯,卷成一维碳纳米管及堆积成三维石墨。80多年前,Landau和Peierls曾认为严格的二维晶体结构是不稳定的。他们指出,在有限温度下,低维晶格的热涨落会导致原子发生错位。这一论断后来被Mermin扩展并且得到了大量实验的支持——薄膜越薄越不稳定,比如十几个原子层厚度的薄膜就很容易被隔离成孤立物或被分解。因此,石墨烯长久以来始终被当作一个理论上的玩具模型。40 年后，石墨烯在理论上迎来第一次转折。当时人们认识到石墨烯是把量子电动力学和凝聚态物理联系起来的最佳模型。因而，量子电动力学促使石墨烯成为繁荣发展的理论模型。这种状况一直持续到 14 年前。

2004 年，英国 Manchester 大学的 Geim 和 Novoselov 教授，在实验上首次成功制备出石墨烯。一年后，他们领导的小组与美国 Columbia 大学 Kim 教授领导的小组，在实验上首次观测到垂直静磁场下石墨烯的反常量子磁输运性质，即苏布尼科夫-德哈斯效应(Shubnikov-de Haas，SdH)的非零贝里(Berry)相位和半整数量子霍尔效应(Half Integer Quantum Hall，HIQH)。其中，SdH 效应是指磁致电导率或磁阻随磁场倒数的周期性振荡现象，HIQH 效应是指霍尔电导率随磁场变化而呈现出的量子化平台现象。之后不久，Gusynin 等从理论上解释了这些反常现象。

特别地，在石墨烯上施加的机械应变，可以产生一个与垂直静磁场等效的赝磁场，不同的是其强度可以达到 300T 甚至更高，是目前能实现的真实静磁场强度的 10 倍以上。在此基础上，研究人员们深入地研究了机械应变下石墨烯谷(赝自旋)依赖的量子磁输运性质。研究人员发现机械应变耦合静磁场可以破坏石墨烯子晶格的空间反演对称性，导致能谷发生极化，从而解除载流子关于不同谷的能量简并，使在石墨烯中实现能谷赝自旋的量子调控成为可能。在此基础上，不同谷的霍尔平台(霍尔电导率)和苏布尼科夫-德哈斯振荡(碰撞电导率)会发生劈裂(split)(相位分离)，从而出现“拍”(beat)这一有趣的物理现象。这些新奇的物理效应，在无应变的理想石墨烯中从未出现过，因而可以用于产生和探测机械应变引起的谷极化，这是研发新型介观谷电子器件的基础。

主要计算过程介绍如下：

1. 模型

根据 Levy 等的实验结果，假设石墨烯在 xOy 平面内，垂直于该面沿 z 轴施加静磁场 $\boldsymbol{B}$，并且机械应变引起的赝磁场 $\boldsymbol{B}_s$ 也沿 z 轴方向。这时，石墨烯载流子的哈密顿量可以表示为

$$\boldsymbol{H}=\eta v_{\mathrm{F}}\boldsymbol{\sigma}\cdot\boldsymbol{\pi}_{\eta}-\bar{\gamma}\eta\boldsymbol{B}_s\boldsymbol{\sigma}_z-s\gamma\boldsymbol{B}\boldsymbol{I} \tag{4-88}$$

式中：右侧第一项表示载流子(电子和空穴)的动能。$\eta=\{\pm\}$是谷(赝自旋)指标，也表示第一布里渊区内两个不等价的狄拉克点(谷)K_+ 和 K_-。此外，$v_{\mathrm{F}}=10^6\,\mathrm{m/s}$ 代表费米速度；$\boldsymbol{\sigma}=\{\sigma_x,\sigma_y,\sigma_z\}$表示赝自旋泡利矩阵；$\boldsymbol{\pi}_\eta=\boldsymbol{p}+e\boldsymbol{A}_\eta$ 是包含应变的等效正则动量，且 $\boldsymbol{A}_\eta=\boldsymbol{A}+\eta\boldsymbol{A}_s$ 是等效磁矢势。式(4-88)中，右侧第二项为赝塞曼项，它由应变赝磁场和赝自旋耦合产生，耦合常数为 $\bar{\gamma}=9.788\times10^{-5}\,\mathrm{eV/T}\approx1.7\mu_B$。有趣的是，赝磁场 B_s 在 K_+ 和 K_- 两个谷中取正负相反号，因而应变赝磁场与真磁场不同，不会破坏时间反演对称性。式(4-88)中，最后一项代表真塞曼项，由真磁场和电子自旋耦合产生，耦合常数为 $\gamma=g\mu_B/2$(石墨烯取 $g\sim1.8$)。此外，$\boldsymbol{I}$ 代表 2×2 的单位矩阵。关于此哈密顿量更多的细节和讨论，请参阅相关文献。

2. 能量本征值和本征波函数

在静磁场中，选取朗道规范 $\boldsymbol{A}_\eta=xB_\eta\boldsymbol{e}_y$ 且 $B_\eta=|\boldsymbol{B}_\eta|=|\boldsymbol{B}+\eta\boldsymbol{B}_s|$。按照标准的朗道量子化计算方法(更多的细节参见文献)，可以得到哈密顿量[式(4-88)]的能量本征值为

$$E_{n,\lambda,s}^{\eta} = \lambda \hbar\omega_{\eta}\sqrt{n+\Delta_{\eta}^{2}} - s\gamma B, \quad n > 0 \tag{4-89}$$

式中：$n=0,1,2,\cdots$代表分立的朗道能级；对于电子和空穴能带，$\lambda=+1(-1)$代表电子(空穴)能带；$\omega_{\eta}=\sqrt{2}v_{\mathrm{F}}/\ell_{\eta}$ 表示等效回旋频率且 $\ell_{\eta}=\sqrt{\hbar/eB_{\eta}}$ 是等效磁长度；Δ_{η} 是谷依赖的无量纲参量，可定义为

$$\Delta_{\eta} = \frac{\bar{\gamma}B_s}{\hbar\omega_{\eta}} \ll 1$$

这里需要强调的是，尽管 Δ_{η} 远小于 1，但是它对应的机械应变能并不弱。实验表明，机械应变能在毫电子伏特量级，即

$$\Delta_s = |\hbar\omega_{\eta}\Delta_{\eta}| = \bar{\gamma}B_s \sim \mathrm{meV}$$

例如，10T 的赝磁场则对应 1meV 的应变能。这个量级完全可以被实验观测到，因而不能被忽略。

求解得到的本征波函数为

$$\Psi_{n,\lambda}^{\eta}(r) = \frac{\mathrm{e}^{\mathrm{j}k_y y}}{\sqrt{L_y}}\begin{pmatrix}\alpha_n\Phi_{n-1}\\ \beta_n\Phi_n\end{pmatrix} \tag{4-90}$$

式中：L_y 表示样品沿 y 轴方向的尺寸大小；由于$[\boldsymbol{H},\boldsymbol{p}_y]=0$，故 $k_y=2\pi l/L_y$ 是一个好量子数($l=0,1,2,\cdots$)，即沿 y 方向保持平移对称不变性。Φ_n 就是大家熟悉的谐振子本征函数，它可以由归一化的厄米多项式 $H_n(\xi)$表示为

$$\Phi_n = \frac{H_n(\xi)}{\sqrt{L_y}}\mathrm{e}^{\mathrm{j}k_y y}$$

另外，定义系数为

$$\begin{cases}\alpha_n = \dfrac{\sqrt{n}}{\left[2\left(n+\Delta_{\eta}^2+\lambda\eta\Delta_{\eta}\sqrt{n+\Delta_{\eta}^2}\right)\right]^{1/2}}\\[2ex] \beta_n = \dfrac{\Delta_{\eta}+\lambda\eta\Delta_{\eta}\sqrt{n+\Delta_{\eta}^2}}{\left[2\left(n+\Delta_{\eta}^2+\lambda\eta\Delta_{\eta}\sqrt{n+\Delta_{\eta}^2}\right)\right]^{1/2}}\end{cases}$$

3. 磁致电导率

根据刘维尔方程(Liouville equation)和久保(Kubo)公式，可以推导出计算二维材料磁致电导率的一般计算公式，表示如下：

$$\sigma_{xx}^{\mathrm{col}} = \frac{e^2}{L_x L_y k_{\mathrm{B}} T}\sum_{\zeta,\zeta'} f(E_{\zeta})[1-f(E_{\zeta'})]W_{\zeta\zeta'}(E_{\zeta},E_{\zeta'})(x_{\zeta}-x_{\zeta'})^2 \tag{4-91}$$

和

$$\sigma_{yx}^{\mathrm{Hall}} = \frac{\mathrm{j}\hbar e^2}{L_x L_y}\sum_{\zeta\neq\zeta'}[f(E_{\zeta})-f(E_{\zeta'})]\frac{\langle\zeta\mid v_x\mid\zeta'\rangle\langle\zeta'\mid v_y\mid\zeta\rangle}{(E_{\zeta}-E_{\zeta'})^2} \tag{4-92}$$

式中：k_{B} 和 T 分别表示玻尔兹曼常数和温度；E_{ζ} 和$|\xi\rangle$分别代表能量本征值和本征波函数；$W_{\zeta\zeta'}$ 为透射率。只要将能量本征值式(4-89)和本征波函数式(4-90)代入式(4-91)和式(4-92)，就可以分别得到表征 SdH 振荡的碰撞电导率(或纵向电导率)和表征 Hall 平台的霍尔电导率(或横向电导率)。关于此结果更多的细节和讨论，请参阅有关文献。

*4.6 思政教育：静态场中的对称性思想

物理学中对称性思想是一个重要的指导原则，可以用于类比和分析不同物理现象之间的相似性和关联性。本节通过上一章静电场和本章静磁场之间的类比，阐述其中蕴含的对称性思想。为了能够清晰地反映二者之间的对比关系，将静电场和静磁场相关内容的比较列表，如表 4-1 所示。

表 4-1 静电场和静磁场的比较

类别	静电场	静磁场
场方程	$\begin{cases}\nabla\cdot\boldsymbol{D}=\rho\\ \nabla\times\boldsymbol{E}=0\end{cases}$; $\begin{cases}\oint_S\boldsymbol{D}\cdot\mathrm{d}\boldsymbol{S}=Q\\ \oint_l\boldsymbol{E}\cdot\mathrm{d}\boldsymbol{l}=0\end{cases}$	$\begin{cases}\nabla\cdot\boldsymbol{B}=0\\ \nabla\times\boldsymbol{H}=\boldsymbol{J}\end{cases}$; $\begin{cases}\oint_S\boldsymbol{B}\cdot\mathrm{d}\boldsymbol{S}=0\\ \oint_l\boldsymbol{H}\cdot\mathrm{d}\boldsymbol{l}=I\end{cases}$
本构方程	$\boldsymbol{D}=\varepsilon\boldsymbol{E}$ 或 $\boldsymbol{D}=\varepsilon_0\boldsymbol{E}+\boldsymbol{P}$	$\boldsymbol{B}=\mu\boldsymbol{H}$ 或 $\boldsymbol{B}=\mu_0(\boldsymbol{H}+\boldsymbol{M})$
场和势的关系	$\boldsymbol{E}=-\nabla\varphi$	$\boldsymbol{B}=\nabla\times\boldsymbol{A}$；$\boldsymbol{H}=-\nabla\varphi_m$
势函数方程	$\begin{cases}\nabla^2\varphi=-\rho/\varepsilon\\ \nabla^2\varphi=0\end{cases}$	$\begin{cases}\nabla^2\boldsymbol{A}=-\mu\boldsymbol{J}\\ \nabla^2\boldsymbol{A}=0\end{cases}$; $\begin{cases}\nabla^2\varphi_m=-\rho_m/\mu\\ \nabla^2\varphi_m=0\end{cases}$
势函数基本解	$\varphi(\boldsymbol{r})=\dfrac{1}{4\pi\varepsilon}\int_{V'}\dfrac{\rho(\boldsymbol{r}')}{R}\mathrm{d}V'$	$\boldsymbol{A}(\boldsymbol{r})=\dfrac{\mu}{4\pi}\int_{V'}\dfrac{\boldsymbol{J}(\boldsymbol{r}')}{R}\mathrm{d}V'$ $\varphi_m(\boldsymbol{r})=\dfrac{1}{4\pi\mu}\int_{V'}\dfrac{\rho_m(\boldsymbol{r}')}{R}\mathrm{d}V'$
场的边值关系	$\begin{cases}\boldsymbol{e}_n\cdot(\boldsymbol{D}_2-\boldsymbol{D}_1)=\rho_S\\ \boldsymbol{e}_n\times(\boldsymbol{E}_2-\boldsymbol{E}_1)=0\end{cases}$	$\begin{cases}\boldsymbol{e}_n\cdot(\boldsymbol{B}_2-\boldsymbol{B}_1)=0\\ \boldsymbol{e}_n\times(\boldsymbol{H}_2-\boldsymbol{H}_1)=\boldsymbol{J}_S\end{cases}$
势的边值关系	$\begin{cases}\varphi_2=\varphi_1\\ \varepsilon_2\dfrac{\partial\varphi_2}{\partial n}-\varepsilon_1\dfrac{\partial\varphi_1}{\partial n}=-\rho_S\end{cases}$ $\begin{cases}\varphi=\text{常数}\\ \varepsilon\dfrac{\partial\varphi}{\partial n}=-\rho_S\end{cases}$	$\begin{cases}\boldsymbol{A}_2=\boldsymbol{A}_1\\ \boldsymbol{e}_n\times\left(\dfrac{1}{\mu_2}\nabla\times\boldsymbol{A}_2-\dfrac{1}{\mu_1}\nabla\times\boldsymbol{A}_1\right)=\boldsymbol{J}_S\\ \quad\text{(非铁磁介质)}\\ \dfrac{\partial\boldsymbol{A}_2}{\partial n}-\dfrac{\partial\boldsymbol{A}_1}{\partial n}=-\mu_0[\boldsymbol{J}_S+\boldsymbol{e}_n\times(\boldsymbol{M}_2-\boldsymbol{M}_1)]\\ \quad\text{(任何磁介质)}\end{cases}$ $\begin{cases}\varphi_{m2}=\varphi_{m1} & (\boldsymbol{J}_S=0)\\ \boldsymbol{e}_n\times[\nabla(\varphi_{m2}-\varphi_{m1})]=-\boldsymbol{J}_S & (\boldsymbol{J}_S\neq0)\\ \mu_2\dfrac{\partial\varphi_{m2}}{\partial n}=\mu_1\dfrac{\partial\varphi_{m1}}{\partial n} & \text{(非铁磁介质)}\\ \left(\dfrac{\partial\varphi_{m2}}{\partial n}-\dfrac{\partial\varphi_{m1}}{\partial n}\right)=-\dfrac{\rho_{Sm}}{\mu_0} & \text{(任何磁介质)}\end{cases}$
静场能量	$\begin{cases}W_e=\dfrac{1}{2}\int_{V_\infty}\boldsymbol{E}\cdot\boldsymbol{D}\mathrm{d}V\\ W_e=\dfrac{1}{2}\int_{V}\rho\varphi\mathrm{d}V\end{cases}$	$\begin{cases}W_m=\dfrac{1}{2}\int_{V_\infty}\boldsymbol{B}\cdot\boldsymbol{H}\mathrm{d}V\\ W_m=\dfrac{1}{2}\int_{V}\boldsymbol{J}\cdot\boldsymbol{A}\mathrm{d}V\end{cases}$

从表 4-1 中不难看出,描述静电场的各种形式与静磁场相比较,高度对称。研究静电场的方法对于学习静磁场是可借鉴的。譬如,静电场和静磁场遵循的麦克斯韦方程组虽然本质上不同,静电场是“有源无旋”场,而静磁场是“无源有旋”场,但两种场具有严格的对偶关系;从本源上讲,静电场以库仑定律为实验基础,而静磁场则以安培定律为实验基础,这两个定律及它们的数学表达形式规律相似;静电场的势函数所满足的边值问题与静磁场的边值问题均属数学物理方程的同类问题;以及静电场的能量和静磁场的分析方法、多极矩的表示,等等。因此静电场的求解方法也可以直接运用到静磁场中。正是这种形式的对称性,使得对其内容的掌握更易达到“触类旁通”之效果。

静磁场和静电场虽然在本质上存在着差异,特别是在静磁场中不存在磁荷单极子,而只存在磁偶极子。但在处理静磁场问题中,对于磁场的研究有两种思路。一种是基于电流具有磁效应的安培定律和毕奥-萨伐尔定律,另一种是库仑提出的磁荷理论。诚然,在库仑确立了两点电荷间作用力之定律以后,几乎同时,库仑便确立了两个磁荷间作用力之定律,即磁库仑定律,尔后的 40 年,静磁学和静电学两者不悖地独立发展,几乎具有相同的理论结构和概念体系,这也是对称性思想的启发所至。表 4-2 为“磁荷”观点与“电荷”观点的主要对比。

表 4-2 “磁荷”观点与“电荷”观点的主要对比

类　别	电　荷	磁　荷
库仑定律	$\boldsymbol{F}_{12}=\dfrac{q_1q_2}{4\pi\varepsilon_0R^2}\boldsymbol{e}_{R_{12}}$	$\boldsymbol{F}_{12}'=\dfrac{q_{1\mathrm{m}}q_{2\mathrm{m}}}{4\pi\mu_0R^2}\boldsymbol{e}_{R_{12}}$
场强定义	电场强度:$\boldsymbol{E}=\dfrac{\boldsymbol{F}}{q}$	磁场强度:$\boldsymbol{H}'=\dfrac{\boldsymbol{F}'}{q_{\mathrm{m}}}$
极化强度	电极化强度:$\boldsymbol{P}=\dfrac{\sum\limits_i\boldsymbol{p}_i}{\Delta V}$	磁极化强度:$\boldsymbol{M}'=\dfrac{\sum\limits_i\boldsymbol{p}_{\mathrm{m}i}}{\Delta V}$
基本方程	$\begin{cases}\nabla\times\boldsymbol{E}=\boldsymbol{0}\\\nabla\cdot\boldsymbol{E}=\dfrac{\rho}{\varepsilon_0}\end{cases}$	$\begin{cases}\nabla\times\boldsymbol{H}'=\boldsymbol{0}\\\nabla\cdot\boldsymbol{H}'=\dfrac{\rho_{\mathrm{m}}}{\mu_0}\end{cases}$

磁荷在客观上并不存在,虽然通过电流磁效应和磁荷两种观点各自引入的磁场量 $\boldsymbol{B}$、$\boldsymbol{H}$ 的顺序不同,但所得的 $\boldsymbol{B}$、$\boldsymbol{H}$ 遵循的宏观规律却是等同的。磁荷概念的引入可使问题分析简化,它是一种数学上的类比方法。同时,很多情况下可以用等效的办法“产生”磁荷和磁流。更为重要的是,添加了磁荷与磁流后,麦克斯韦方程组和边界条件更加一般化,且可分别改写成对称形式。这不仅在物理思想上给人们一种启示,而且为分析磁场问题提供了两种实用方法,特别在考虑永磁铁、电磁铁等吸力问题,磁荷观点尤显其优越性。

总之,对称性思想在学习和理解静磁场问题中发挥着重要的作用。通过应用这些思想,可以简化问题,更有效地解决和分析静磁场的性质和特征。

本章小结

1. 本章知识结构框架

理论基础：静磁场的基本方程、定解问题

基本概念：	基本规律：	基本计算：
1. 磁感应(磁场)强度	1. 静磁场基本方程	1. 磁(标)矢势泊松方程或拉普拉斯方程的定解问题
2. 磁矢(标)势	2. 磁介质本构方程	2. 磁矢势基本解
3. 库仑规范	3. 磁场边值关系	3. 磁偶极的场与势
4. 磁多极矩	4. 磁矢(标)势边值关系	
5. 静磁场能量	5. 磁多极展开	

2. 磁标势法中有关磁场的公式和静电场公式的比较

类　别	静　电　场	静　磁　场
场的旋度方程	$\nabla\times\boldsymbol{E}=\boldsymbol{0}$	$\nabla\times\boldsymbol{H}=\boldsymbol{0}$
场的散度方程	$\nabla\cdot\boldsymbol{E}=(\rho+\rho_b)/\varepsilon_0$	$\nabla\cdot\boldsymbol{H}=\rho_m/\mu_0$
体束缚荷密度	$\rho_b=-\nabla\cdot\boldsymbol{P}$	$\rho_m=-\mu_0\nabla\cdot\boldsymbol{M}$
介质状态方程	$\boldsymbol{D}=\varepsilon_0\boldsymbol{E}+\boldsymbol{P}$	$\boldsymbol{B}=\mu_0(\boldsymbol{H}+\boldsymbol{M})$
标势的定义式	$\boldsymbol{E}=-\nabla\varphi$	$\boldsymbol{H}=-\nabla\varphi_m$
标势的微分方程	$\nabla^2\varphi=-(\rho+\rho_b)/\varepsilon_0$	$\nabla^2\varphi_m=-\rho_m/\mu_0$
面束缚荷密度	$\rho_{Sb}=-\boldsymbol{e}_n\cdot(\boldsymbol{P}_2-\boldsymbol{P}_1)$	$\rho_{Sm}=-\mu_0\boldsymbol{e}_n\cdot(\boldsymbol{M}_2-\boldsymbol{M}_1)$

3. 静磁场的场量与场源之间的关系

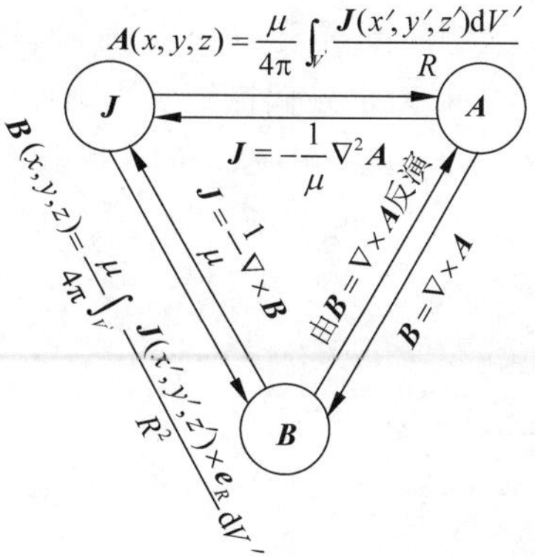

习题 4

4.1 在圆柱坐标系下,已知磁矢势 $\boldsymbol{A}=k\boldsymbol{e}_\phi$($k$ 为常数),求磁感应强度和激发该矢势的电流密度。

4.2 已知磁矢势 $\boldsymbol{A}(\boldsymbol{r})=-\dfrac{1}{2}(\boldsymbol{r}\times\boldsymbol{B})$($\boldsymbol{B}$ 是常矢量),试证明 $\nabla\cdot\boldsymbol{A}=0$ 和 $\nabla\times\boldsymbol{A}=\boldsymbol{B}$。

4.3 已知静磁场矢势 $\boldsymbol{A}=x^2y\boldsymbol{e}_x+y^2z\boldsymbol{e}_y-4xyz\boldsymbol{e}_z$,求磁感应强度。

4.4 设 $x<0$ 半空间充满磁导率为 μ 的均匀介质,$x>0$ 半空间为真空,有线电流 I 沿 z 轴流动,求磁感应强度和磁化电流分布。

4.5 在一半径为 a、磁导率为 μ 的无限长直导线内均匀分布有电流 I,求磁矢势和磁感应强度。

***4.6** 将一半径为 R_0、磁导率为 μ 的介质球置于均匀磁场 $\boldsymbol{B}_0$ 中,求磁矢势和磁感应强度。

***4.7** 有一空心无限长圆筒形导体,磁导率为 μ,内外半径分别为 R_1 和 R_2,导体内通有均匀分布的电流 I,求磁矢势和磁感应强度。

***4.8** 有一半径为 a 的无限长圆柱导体,沿轴方向通有电流密度 $\boldsymbol{J}=(r^2+4r)\boldsymbol{e}_z$(取柱坐标),设柱内外磁导率分别为 μ_1 与 μ_2,求柱内外的磁矢势与磁感应强度。

4.9 把一半径为 R_0、磁导率为 μ 的介质球置于一均匀磁场 $\boldsymbol{H}_0$ 中,求磁标势与磁感应强度。

***4.10** 假定一理想铁磁体的磁化规律为

$$\boldsymbol{B}=\mu\boldsymbol{H}+\mu_0\boldsymbol{M}_0$$

其中,$\boldsymbol{M}_0$ 恒定且与 $\boldsymbol{H}$ 无关。将理想铁磁体做成半径为 R_0 的均匀磁化球放置于均匀外磁场 $\boldsymbol{H}_0$ 中,求磁感应强度。

***4.11** 有一磁导率为 μ 的空心球,其内外半径分别为 R_1 和 R_2,置于均匀外磁场 $\boldsymbol{H}_0$ 中,求空腔内的场并讨论 $\mu\gg\mu_0$ 时的屏蔽作用。

4.12 有一半径为 a 的均匀带电圆板,面电荷密度为 ρ_S,当它以恒定的角速度 $\boldsymbol{\omega}$ 绕通过圆心且垂直于板面的轴旋转时,求圆板的磁偶极矩及远处的势。

4.13 将一半径为 R 的载流圆线圈置于 xOy 平面内,其圆心位于坐标原点,当电流 I 逆时针流动时(从 z 的正半轴上方看),求磁偶极矩及远离原点处的磁感应强度的近似值。

4.14 内外半径分别为 r_1 与 r_2、磁导率为 μ 的无限长直导体圆筒,其中通有沿轴向的电流 I 且均匀分布。试求单位长导体内的磁场能量。

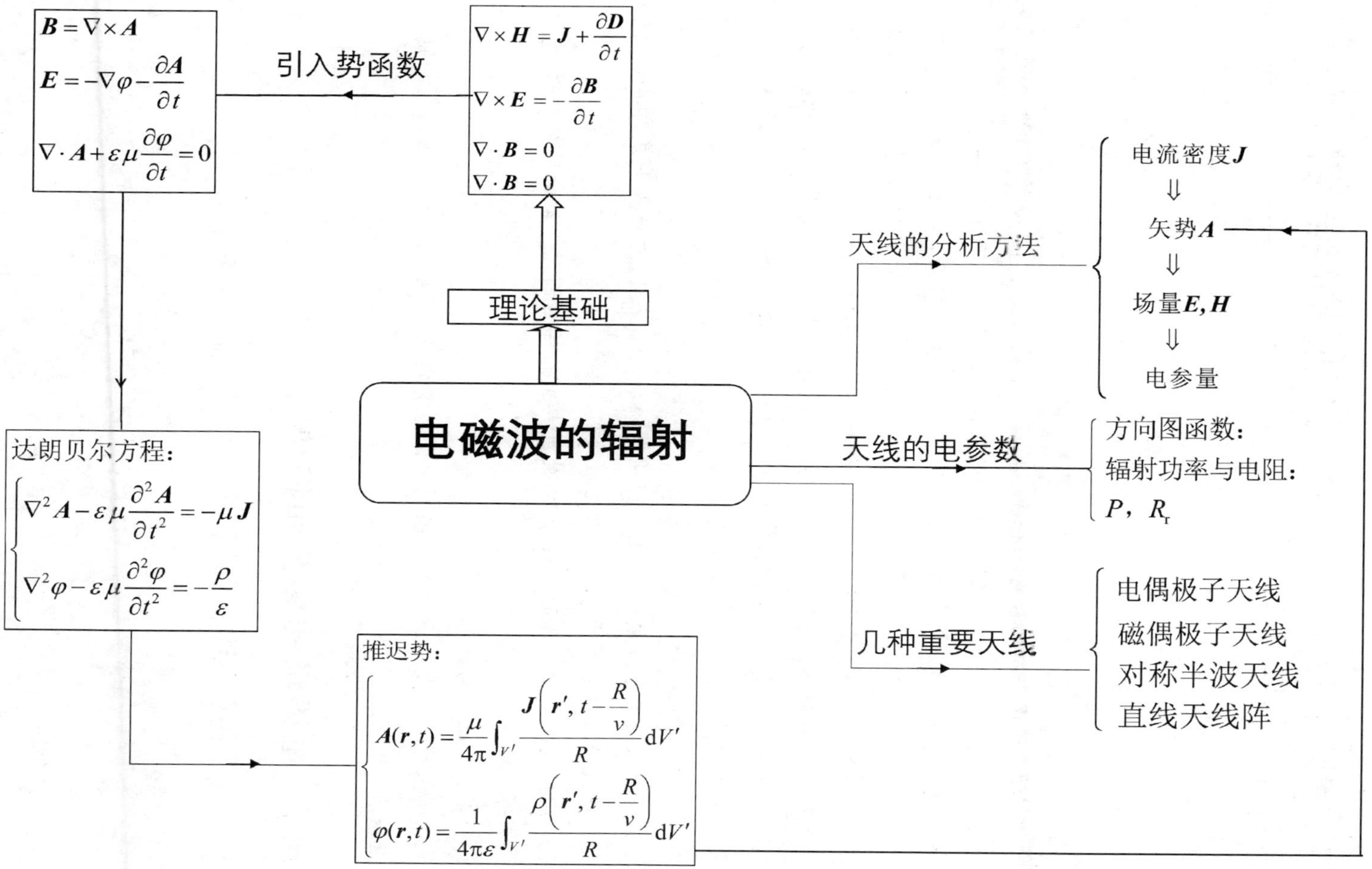
电磁波的辐射
理论基础
$\nabla \times \boldsymbol{H} = \boldsymbol{J} + \frac{\partial \boldsymbol{D}}{\partial t}$
$\nabla \times \boldsymbol{E} = -\frac{\partial \boldsymbol{B}}{\partial t}$
$\nabla \cdot \boldsymbol{B} = 0$
$\nabla \cdot \boldsymbol{B} = 0$
引入势函数
$\boldsymbol{B} = \nabla \times \boldsymbol{A}$
$\boldsymbol{E} = -\nabla \varphi - \frac{\partial \boldsymbol{A}}{\partial t}$
$\nabla \cdot \boldsymbol{A} + \varepsilon \mu \frac{\partial \varphi}{\partial t} = 0$
达朗贝尔方程：
$\nabla^2 \boldsymbol{A} - \varepsilon \mu \frac{\partial^2 \boldsymbol{A}}{\partial t^2} = -\mu \boldsymbol{J}$
$\nabla^2 \varphi - \varepsilon \mu \frac{\partial^2 \varphi}{\partial t^2} = -\frac{\rho}{\varepsilon}$
推迟势：
$\boldsymbol{A}(\boldsymbol{r}, t) = \frac{\mu}{4\pi} \int_{V'} \frac{\boldsymbol{J}\left(\boldsymbol{r}', t - \frac{R}{v}\right)}{R} \mathrm{d}V'$
$\varphi(\boldsymbol{r}, t) = \frac{1}{4\pi\varepsilon} \int_{V'} \frac{\rho\left(\boldsymbol{r}', t - \frac{R}{v}\right)}{R} \mathrm{d}V'$
天线的分析方法
电流密度$\boldsymbol{J}$
⇓
矢势$\boldsymbol{A}$
⇓
场量$\boldsymbol{E}, \boldsymbol{H}$
⇓
电参量
天线的电参数
方向图函数：
辐射功率与电阻：
P，R_r
几种重要天线
电偶极子天线
磁偶极子天线
对称半波天线
直线天线阵

第5章 CHAPTER 5 电磁波的辐射

本章导读：前面介绍的静电场和静磁场有一个共同特点，即场强不随时间变化，且电场和磁场独立存在，因此可以分开来研究。而且，由于在稳恒状态下，场和源是不可分离的，故可以把场（电场、磁场）和源（电荷、电流）统一起来研究。然而，当电荷、电流随时间变化时，其产生的电场 $\boldsymbol{E}$ 和磁场 $\boldsymbol{H}$ 不仅是空间的函数，也是时间的函数，它们相互依存、相互转化，构成不可分割的统一体，因此称为时变电磁场。时变电磁场完全可以脱离源而独立存在。本章将要讨论的辐射和第6章将要讨论的传播问题中的电磁场都属于这种情况。这类电磁场的运动规律都基于麦克斯韦方程组的重要推论。经过一个半世纪实践的检验，证明这些推论是完全正确的。

本章内容包括：

(1) 从麦克斯韦方程组出发，引入变化电磁场的势函数，进而将麦克斯韦方程组简化为以电荷与电流为场源的关于势函数的达朗贝尔方程；

(2) 应用达朗贝尔方程的推迟势解，处理典型的辐射问题。例如偶极辐射、多极辐射及天线辐射等；

(3) 分析电磁波的衍射。

本章内容不仅为第6章讨论电磁波的传播奠定基础，也是工程电磁问题中研究天线技术的理论基础。

5.1 电磁场的矢势和标势

5.1.1 用势描述电磁场

基于麦克斯韦方程组

$$\begin{cases}\nabla\times \boldsymbol{H}=\boldsymbol{J}+\dfrac{\partial \boldsymbol{D}}{\partial t}\\ \nabla\times \boldsymbol{E}=-\dfrac{\partial \boldsymbol{B}}{\partial t}\\ \nabla\cdot \boldsymbol{B}=0\\ \nabla\cdot \boldsymbol{D}=\rho\end{cases}\tag{5-1}$$

及本构方程

$$\boldsymbol{D}=\varepsilon\boldsymbol{E},\quad \boldsymbol{B}=\mu\boldsymbol{H} \tag{5-2}$$

根据方程组(5-1)中第三式,我们可以引入变化电磁场的磁矢势 $\boldsymbol{A}$,定义为

$$\boldsymbol{B}=\nabla\times\boldsymbol{A} \tag{5-3}$$

可见,它与静磁场的磁矢势的定义式在形式上完全一样,这是由于磁场的"无源性"无论对静态场还是时变场都是普遍成立的,其物理根源仍然在于自然界中不存在"自由磁荷"或"磁单极子"这一客观事实。将上式代入方程组(5-1)中第二式,整理后得到

$$\nabla\times\left(\boldsymbol{E}+\frac{\partial\boldsymbol{A}}{\partial t}\right)=\boldsymbol{0} \tag{5-4}$$

由于无旋场总是可以表示为任意标量场的梯度,故可令

$$\boldsymbol{E}+\frac{\partial\boldsymbol{A}}{\partial t}=-\nabla\varphi \tag{5-5}$$

即

$$\boldsymbol{E}=-\nabla\varphi-\frac{\partial\boldsymbol{A}}{\partial t} \tag{5-6}$$

φ 称为时变场中的标势。由式(5-3)和式(5-6)可知,如果已知势函数 $\boldsymbol{A}$ 和 φ,就可以确定电磁场量 $\boldsymbol{E}$ 和 $\boldsymbol{B}$,进而可以描述电磁场的性质等。

例 5.1 已知势函数为

$$\varphi=0,\quad \boldsymbol{A}=\begin{cases}\dfrac{\mu_0 k}{4c}(ct-|x|)^2\boldsymbol{e}_z, & |x|<ct\\ 0, & |x|>ct\end{cases}$$

其中,k 为常数,$c=1/\sqrt{\varepsilon_0\mu_0}$。求电荷和电流的分布。

解 根据已知条件,当 $|x|<ct$ 时,可以求得电场强度为

$$\boldsymbol{E}=-\nabla\varphi-\frac{\partial\boldsymbol{A}}{\partial t}=-\frac{\mu_0 k}{2}(ct-|x|)\boldsymbol{e}_z=\begin{cases}-\dfrac{\mu_0 k}{2}(ct-x)\boldsymbol{e}_z, & x>0\\ -\dfrac{\mu_0 k}{2}(ct+x)\boldsymbol{e}_z, & x<0\end{cases}$$

和磁感应强度为

$$\boldsymbol{B}=\nabla\times\boldsymbol{A}=-\frac{\mu_0 k}{4c}\frac{\partial}{\partial x}(ct-|x|)^2\boldsymbol{e}_y=\begin{cases}\dfrac{\mu_0 k}{2c}(ct-x)\boldsymbol{e}_y, & x>0\\ -\dfrac{\mu_0 k}{2c}(ct+x)\boldsymbol{e}_y, & x<0\end{cases}$$

当 $|x|>ct$ 时,则 $\boldsymbol{E}=\boldsymbol{0}$ 和 $\boldsymbol{B}=\boldsymbol{0}$。所得 $\boldsymbol{E}$ 和 $\boldsymbol{B}$ 随 x 的变化关系如图 5-1 所示。

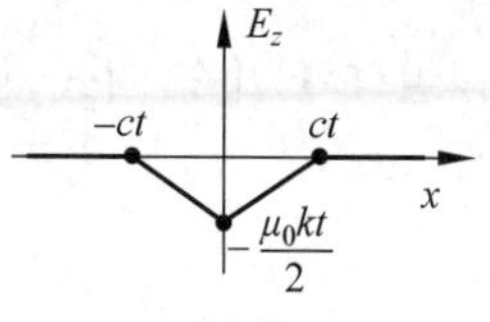

(a) $\boldsymbol{E}$

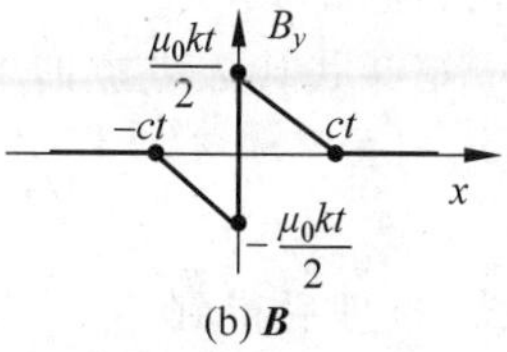

(b) $\boldsymbol{B}$

图 5-1 $\boldsymbol{E}$ 和 $\boldsymbol{B}$ 随 x 的变化关系

根据所得结果,易知

$$\begin{cases}\nabla\cdot\boldsymbol{E}=0\\ \nabla\times\boldsymbol{E}=\mp\dfrac{\mu_0 k}{2}\boldsymbol{e}_y\\ \nabla\cdot\boldsymbol{B}=0\\ \nabla\times\boldsymbol{B}=-\dfrac{\mu_0 k}{2c}\boldsymbol{e}_z\end{cases}\qquad(|x|<ct)$$

和

$$\frac{\partial\boldsymbol{E}}{\partial t}=-\frac{\mu_0 kc}{2}\boldsymbol{e}_z,\qquad \frac{\partial\boldsymbol{B}}{\partial t}=\pm\frac{\mu_0 k}{2}\boldsymbol{e}_y$$

可见,它们满足 $\rho=0$、$\boldsymbol{J}=0$ 和 $\boldsymbol{J}_D=-\dfrac{k}{2c}\boldsymbol{e}_x$ 时的麦克斯韦方程组。此外,$\boldsymbol{B}$ 在 $x=0$ 处不连续,这表明在 yOz 平面内有面电流 $\boldsymbol{J}_S$ 存在。根据电磁场边值关系式(2-122)中第一式可得

$$\boldsymbol{J}_S=\boldsymbol{e}_x\times(\boldsymbol{H}^+-\boldsymbol{H}^-)=kt\boldsymbol{e}_z$$

显然,在 yOz 平面且沿 z 轴方向上有一个均匀的面电流,随 t 线性增加。

5.1.2 规范变换和规范不变性

虽然势函数可以用于描述电磁场,但是它们之间并非一一对应。若对势函数进行如下变换:

$$\begin{cases}\boldsymbol{A}\rightarrow\boldsymbol{A}'=\boldsymbol{A}+\nabla\psi\\ \varphi\rightarrow\varphi'=\varphi-\dfrac{\partial\psi}{\partial t}\end{cases}\tag{5-7}$$

得到的另一组势函数$(\boldsymbol{A}',\varphi')$与$(\boldsymbol{A},\varphi)$对应相同的电磁场量$(\boldsymbol{E},\boldsymbol{B})$,即

$$\begin{cases}\boldsymbol{B}'=\nabla\times\boldsymbol{A}'=\nabla\times(\boldsymbol{A}+\nabla\psi)=\nabla\times\boldsymbol{A}=\boldsymbol{B}\\ \boldsymbol{E}'=-\nabla\varphi'-\dfrac{\partial\boldsymbol{A}'}{\partial t}=-\nabla\left(\varphi-\dfrac{\partial\psi}{\partial t}\right)-\dfrac{\partial}{\partial t}(\boldsymbol{A}+\nabla\psi)=-\nabla\varphi-\dfrac{\partial\boldsymbol{A}}{\partial t}=\boldsymbol{E}\end{cases}\tag{5-8}$$

且由于 ψ 是一个任意连续可微的标量函数,故$(\boldsymbol{A}',\varphi')$有无穷多组。将每一组势函数称为一种规范。方程组(5-7)称为规范变换。物理规律在规范变换下保持不变的性质就是规范不变性。例如,当势函数按式(5-7)进行规范变换后,电磁场量和麦克斯韦方程组都将保持不变。

5.1.3 达朗贝尔方程

从麦克斯韦方程组出发,结合本构方程,并利用场和势的关系,可以推导出势函数满足的微分方程。具体推导过程如下:

将本构方程(5-2)中第一式代入麦克斯韦方程组(5-1)中第四式,得到

$$\nabla\cdot\boldsymbol{E}=\frac{\rho}{\varepsilon}\tag{5-9}$$

将式(5-6)代入上式,整理后得到

$$\nabla^2\varphi+\frac{\partial}{\partial t}\nabla\cdot\boldsymbol{A}=-\frac{\rho}{\varepsilon}\tag{5-10}$$

再将式(5-2)代入式(5-1)中第一式,可得

$$\nabla\times \boldsymbol{B}=\mu\boldsymbol{J}+\mu\varepsilon\frac{\partial \boldsymbol{E}}{\partial t} \tag{5-11}$$

进一步,利用式(5-3)和式(5-6),得到

$$\nabla\times(\nabla\times \boldsymbol{A})=\mu\boldsymbol{J}-\nabla\left(\mu\varepsilon\frac{\partial \varphi}{\partial t}\right)-\mu\varepsilon\frac{\partial^2 \boldsymbol{A}}{\partial t^2} \tag{5-12}$$

由于

$$\nabla\times(\nabla\times \boldsymbol{A})=\nabla(\nabla\cdot \boldsymbol{A})-\nabla^2\boldsymbol{A}$$

故

$$\nabla^2\boldsymbol{A}-\mu\varepsilon\frac{\partial^2 \boldsymbol{A}}{\partial t^2}-\nabla\left(\nabla\cdot \boldsymbol{A}+\mu\varepsilon\frac{\partial \varphi}{\partial t}\right)=-\mu\boldsymbol{J} \tag{5-13}$$

方程(5-10)和式(5-13)称为一般形式的达朗贝尔方程。在不同的规范条件下,它具有不同的表示形式。

(1) 在静磁场中,常取库仑规范条件: $\nabla\cdot\boldsymbol{A}=0$,则式(5-10)和式(5-13)可化为

$$\begin{cases}\nabla^2\varphi=-\dfrac{\rho}{\varepsilon}\\ \nabla^2\boldsymbol{A}-\mu\varepsilon\dfrac{\partial^2 \boldsymbol{A}}{\partial t^2}-\nabla\left(\mu\varepsilon\dfrac{\partial \varphi}{\partial t}\right)=-\mu\boldsymbol{J}\end{cases} \tag{5-14}$$

这种规范中 $\boldsymbol{A}$ 为无源场。且根据 $\boldsymbol{E}=-\nabla\varphi-\dfrac{\partial \boldsymbol{A}}{\partial t}$ 知,式中的第二项 $-\dfrac{\partial \boldsymbol{A}}{\partial t}$ 为无源场(又称横场),而第一项 $-\nabla\varphi$ 为无旋场(又称纵场)。该种规范下电场的纵场部分完全由 φ 来决定,电场的横场部分完全由 $\boldsymbol{A}$ 来决定,$-\nabla\varphi$ 对应于库仑场,$-\dfrac{\partial \boldsymbol{A}}{\partial t}$ 对应于感应场。这种划分对于讨论某些问题是方便的,例如可以用处理静电场的方法讨论时变电场。

(2) 在时变电磁场中,常取洛伦兹规范条件,即规定

$$\nabla\cdot\boldsymbol{A}+\mu\varepsilon\frac{\partial \varphi}{\partial t}=0 \tag{5-15}$$

则

$$\begin{cases}\nabla^2\varphi-\mu\varepsilon\dfrac{\partial^2 \varphi}{\partial t^2}=-\dfrac{1}{\varepsilon}\rho\\ \nabla^2\boldsymbol{A}-\mu\varepsilon\dfrac{\partial^2 \boldsymbol{A}}{\partial t^2}=-\mu\boldsymbol{J}\end{cases} \tag{5-16}$$

该两方程形式上完全相同,形式简单,物理意义明确。若给定场源 $\boldsymbol{J}$ 和 ρ,只要求出其中一个方程的解,另一方程解的形式与之相同。将解代入式(5-3)和式(5-6)就可得到 $\boldsymbol{B}$ 和 $\boldsymbol{E}$。因此,达朗贝尔方程和洛伦兹条件则是用动态势函数表述的电磁场基本方程。

在无源空间,$\rho=0$,$\boldsymbol{J}=0$,动态势函数的波动方程变为齐次微分方程。即

$$\begin{cases}\nabla^2\varphi-\mu\varepsilon\dfrac{\partial^2 \varphi}{\partial t^2}=0\\ \nabla^2\boldsymbol{A}-\mu\varepsilon\dfrac{\partial^2 \boldsymbol{A}}{\partial t^2}=0\end{cases} \tag{5-17}$$

在静态场的情形下，达朗贝尔方程退化为势函数的泊松方程$\nabla^2\varphi=-\frac{\rho}{\varepsilon}$和$\nabla^2\boldsymbol{A}=-\mu\boldsymbol{J}$。同时，因为在静态场中，$\rho$ 和 $\boldsymbol{J}$ 之间没有联系，故 φ 与 $\boldsymbol{A}$ 彼此独立，$\boldsymbol{E}=-\nabla\varphi$ 和 $\boldsymbol{B}=\nabla\times\boldsymbol{A}$ 分别由 φ 和 $\boldsymbol{A}$ 单独确定，这就是第 3 章和第 4 章的内容。

理解延伸：应用达朗贝尔方程求解场问题时，尽管可先由其中一个方程解出一个势函数，再代入洛伦兹条件得到另一个势函数。但是，势函数往往不一定恰好满足洛伦兹条件，即有

$$\nabla\cdot\boldsymbol{A}+\mu\varepsilon\frac{\partial\varphi}{\partial t}=\boldsymbol{\Lambda}\neq 0$$

这时，可以利用规范变换式(5-7)，先找到一组满足洛伦兹条件的新规范，然后代回到式(5-15)保证新规范满足洛伦兹条件，即

$$\nabla\cdot(\boldsymbol{A}+\nabla\psi)+\mu\varepsilon\frac{\partial}{\partial t}\left(\varphi-\frac{\partial\psi}{\partial t}\right)=0$$

整理后得到

$$\nabla^2\psi-\mu\varepsilon\frac{\partial^2\psi}{\partial t^2}=-\boldsymbol{\Lambda}$$

求解该方程可以得到 ψ，再把它代入式(5-7)即可确定出新规范。

例 5.2 已知势函数为

$$\begin{cases}\boldsymbol{A}=\boldsymbol{A}_0\sin(\boldsymbol{k}\cdot\boldsymbol{r}-\omega t)\\ \varphi=\varphi_0\sin(\boldsymbol{k}\cdot\boldsymbol{r}-\omega t)\end{cases}$$

其中，$\boldsymbol{A}_0$ 和 $\boldsymbol{k}$ 为常矢量；φ_0 和 ω 为常数。求：

(1) 洛伦兹规范条件下，$\boldsymbol{A}_0$ 和 φ_0 之间的关系；

(2) 场强 $\boldsymbol{E}$ 和 $\boldsymbol{B}$；

(3) 若势函数分别取 $\boldsymbol{A}'=(\boldsymbol{A}_0+\alpha\boldsymbol{k})\sin(\boldsymbol{k}\cdot\boldsymbol{r}-\omega t)$，$\varphi'=(\varphi_0+\alpha\omega)\sin(\boldsymbol{k}\cdot\boldsymbol{r}-\omega t)$，其中 α 为待定常数，证明$(\boldsymbol{A}',\varphi')$与$(\boldsymbol{A},\varphi)$对应同一电磁场。

解 (1) 真空中，洛伦兹规范条件可表示为

$$\nabla\cdot\boldsymbol{A}+\mu_0\varepsilon_0\frac{\partial\varphi}{\partial t}=0$$

由已知的势函数，得到

$$\nabla\cdot\boldsymbol{A}=\nabla\sin(\boldsymbol{k}\cdot\boldsymbol{r}-\omega t)\cdot\boldsymbol{A}_0=(\boldsymbol{k}\cdot\boldsymbol{A}_0)\cos(\boldsymbol{k}\cdot\boldsymbol{r}-\omega t)$$

和

$$\frac{\partial\varphi}{\partial t}=\varphi_0\frac{\partial}{\partial t}\sin(\boldsymbol{k}\cdot\boldsymbol{r}-\omega t)=-\omega\varphi_0\cos(\boldsymbol{k}\cdot\boldsymbol{r}-\omega t)$$

将以上两式代入洛伦兹条件，整理后可以得到 $\boldsymbol{A}_0$ 和 φ_0 满足的关系为

$$\varphi_0=\frac{\boldsymbol{k}\cdot\boldsymbol{A}_0}{\mu_0\varepsilon_0\omega}$$

(2) 根据已知条件，可得

$$\boldsymbol{B}=\nabla\times\boldsymbol{A}=[\nabla\sin(\boldsymbol{k}\cdot\boldsymbol{r}-\omega t)]\times\boldsymbol{A}_0=(\boldsymbol{k}\times\boldsymbol{A}_0)\cos(\boldsymbol{k}\cdot\boldsymbol{r}-\omega t)$$

和

$$E=-\nabla\varphi-\frac{\partial \boldsymbol{A}}{\partial t}=-\varphi_0\nabla[\sin(\boldsymbol{k}\cdot\boldsymbol{r}-\omega t)]-\boldsymbol{A}_0\frac{\partial}{\partial t}[\sin(\boldsymbol{k}\cdot\boldsymbol{r}-\omega t)]$$

$$=(\omega\boldsymbol{A}_0-\varphi_0\boldsymbol{k})\cos(\boldsymbol{k}\cdot\boldsymbol{r}-\omega t)$$

(3) $\boldsymbol{B}'=\nabla\times\boldsymbol{A}'=\nabla\sin(\boldsymbol{k}\cdot\boldsymbol{r}-\omega t)\times(\boldsymbol{A}_0+\alpha k)=(\boldsymbol{k}\times\boldsymbol{A}_0)\cos(\boldsymbol{k}\cdot\boldsymbol{r}-\omega t)=\boldsymbol{B}$

$$\boldsymbol{E}'=-\nabla\varphi'-\frac{\partial \boldsymbol{A}'}{\partial t}=-(\varphi_0+\alpha\omega)\nabla\sin(\boldsymbol{k}\cdot\boldsymbol{r}-\omega t)-(\boldsymbol{A}_0+\alpha\boldsymbol{k})\frac{\partial}{\partial t}\sin(\boldsymbol{k}\cdot\boldsymbol{r}-\omega t)$$

$$=(\omega\boldsymbol{A}_0-\varphi_0\boldsymbol{k})\cos(\boldsymbol{k}\cdot\boldsymbol{r}-\omega t)=\boldsymbol{E}$$

可见，$(\boldsymbol{A}',\varphi')$与$(\boldsymbol{A},\varphi)$对应同一电磁场。

5.2 推迟势

5.2.1 达朗贝尔方程的解——推迟势

解决电磁波辐射问题，可以归结为求解势函数的达朗贝尔方程。下面利用两种方法求解这一问题。

方法1 用点电荷的电势叠加原理求解

先考虑真空中 φ 的达朗贝尔方程，由式(5-16)，得

$$\nabla^2\varphi-\frac{1}{c^2}\frac{\partial^2\varphi}{\partial t^2}=-\frac{1}{\varepsilon_0}\rho \tag{5-18}$$

式中，令$\frac{1}{c^2}=\mu_0\varepsilon_0$。由于该方程是线性方程，故势函数可以叠加。因此，可以先求得某一体积元内变化的电荷所激发的标势，然后对电荷分布区域积分得到总的标势。

假设原点处有一点电荷 $q(t)$，它的电荷密度可用 δ 函数表示为

$$\rho(\boldsymbol{r},t)=q(t)\delta(\boldsymbol{r}) \tag{5-19}$$

考虑球坐标系，由于电荷具有球对称性，故 φ 只与 r、t 有关，而与角变量 θ、ϕ 无关。于是，式(5-18)可表示为

$$\frac{1}{r^2}\frac{\partial}{\partial r}\left(r^2\frac{\partial\varphi}{\partial r}\right)-\frac{1}{c^2}\frac{\partial^2\varphi}{\partial t^2}=-\frac{q(t)\delta(\boldsymbol{r})}{\varepsilon_0} \tag{5-20}$$

除原点以外，电标势满足齐次波动方程

$$\frac{1}{r^2}\frac{\partial}{\partial r}\left(r^2\frac{\partial\varphi}{\partial r}\right)-\frac{1}{c^2}\frac{\partial^2\varphi}{\partial t^2}=0,\quad r\neq 0 \tag{5-21}$$

令

$$\varphi(r,t)=\frac{u(r,t)}{r}$$

代入式(5-21)，得

$$\frac{\partial^2 u}{\partial r^2}-\frac{1}{c^2}\frac{\partial^2 u}{\partial t^2}=0 \tag{5-22}$$

此式为一维波动方程，据数学物理方程，其通解为

$$u(r,t)=f\left(t-\frac{r}{c}\right)+g\left(t+\frac{r}{c}\right)$$

其中,f 和 g 是两个任意函数。由此可得,原点以外的标势为

$$\varphi(r,t)=\frac{f\left(t-\frac{r}{c}\right)}{r}+\frac{g\left(t+\frac{r}{c}\right)}{r} \tag{5-23}$$

上式中右边第一项代表波速为 c 的向外辐射的球面波,第二项代表波速为 c 的向内会聚的球面波。式中,$c=\frac{1}{\sqrt{\mu_0\varepsilon_0}}\approx 3\times 10^8\,\mathrm{m/s}$ 为真空中一切电磁波的波速。在研究电磁波辐射问题时,只考虑向外辐射的波,故应取 $g=0$,而 f 的函数形式应由物理条件定出。

在静电场中,处于 $\boldsymbol{r}'$处的点电荷在 $\boldsymbol{r}$ 处激发的电势为 $\varphi=\frac{q}{4\pi\varepsilon_0 R}$。推广到时变场时,根据式(5-23)的形式,可以推想到

$$\varphi(\boldsymbol{r},t)=\frac{q\left(\boldsymbol{r}',t-\frac{R}{c}\right)}{4\pi\varepsilon_0 R} \tag{5-24}$$

可以证明,式(5-24)是方程(5-20)的解。

由势的叠加性,对于一般随变化电荷分布 $\rho(\boldsymbol{r}',t)$,可将上式推广为

$$\varphi(\boldsymbol{r},t)=\frac{1}{4\pi\varepsilon_0}\int_{V'}\frac{\rho\left(\boldsymbol{r}',t-\frac{R}{c}\right)}{R}\mathrm{d}V' \tag{5-25}$$

由式(5-16)可知,$\boldsymbol{A}$ 和 φ 所满足的方程形式相同,因而一般电流分布 $\boldsymbol{J}(\boldsymbol{x}',t)$所激发的矢势为

$$\boldsymbol{A}(\boldsymbol{r},t)=\frac{\mu_0}{4\pi}\int_{V'}\frac{\boldsymbol{J}\left(\boldsymbol{r}',t-\frac{R}{c}\right)}{R}\mathrm{d}V' \tag{5-26}$$

若令

$$t'=t-\frac{R}{c}$$

则式(5-25)、式(5-26)可化为

$$\begin{cases}\varphi(\boldsymbol{r},t)=\dfrac{1}{4\pi\varepsilon_0}\displaystyle\int_{V'}\dfrac{\rho(\boldsymbol{r}',t')}{R}\mathrm{d}V' \\ \boldsymbol{A}(\boldsymbol{r},t)=\dfrac{\mu_0}{4\pi}\displaystyle\int_{V'}\dfrac{\boldsymbol{J}(\boldsymbol{r}',t')}{R}\mathrm{d}V'\end{cases} \tag{5-27}$$

由式(5-27)可知,t'时刻的电荷密度和电流密度源并不能确定 t'时刻场点的势,它们的影响是以有限速度 c 传播,经过一段时间 R/c 后才到达场点的。也就是说,t'时刻的电荷密度和电流密度源确定的是较迟的 t 时刻场点的势,因此,式(5-27)称为推迟势。

* **方法 2** 用时谐变化的源产生的势函数通过傅里叶积分叠加求解。

假设真空中的电荷密度和电流密度按时谐规律变化,即

$$\begin{cases}\rho\sim \mathrm{e}^{-\mathrm{j}\omega t} \\ |\boldsymbol{J}|\sim \mathrm{e}^{-\mathrm{j}\omega t}\end{cases} \tag{5-28}$$

则它们激发的势函数也应有类似的形式，即

$$\begin{cases}\varphi=\varphi(\boldsymbol{r})\mathrm{e}^{-\mathrm{j}\omega t}\\ \boldsymbol{A}=\boldsymbol{A}(\boldsymbol{r})\mathrm{e}^{-\mathrm{j}\omega t}\end{cases} \tag{5-29}$$

将上式分别代入达朗贝尔方程式(5-16)，可得

$$\begin{cases}\nabla^2\varphi+k^2\varphi=-\dfrac{\rho}{\varepsilon_0}\\ \nabla^2\boldsymbol{A}+k^2\boldsymbol{A}=-\mu_0\boldsymbol{J}\end{cases} \tag{5-30}$$

式中，ρ、$\boldsymbol{J}$、$\boldsymbol{A}$、φ 均简写为只关于空间变量的函数。且

$$k=\omega\sqrt{\mu_0\varepsilon_0}=\frac{\omega}{c} \tag{5-31}$$

k 称为真空中频率为 ω 的波数，其具体物理意义详见 6.6.1 节。

接下来将应用格林公式求解势函数 φ。根据格林公式

$$\int_V(\varphi\nabla^2\psi-\psi\nabla^2\varphi)\mathrm{d}V=\oint_S\left(\varphi\frac{\partial\psi}{\partial n}-\psi\frac{\partial\varphi}{\partial n}\right)\mathrm{d}S$$

需先构建一个函数 ψ。对于单位点源分布的电荷和电流，产生的波函数 ψ(代表势函数的任一分量)满足方程

$$\nabla^2\psi+k^2\psi=0\quad(R\neq 0) \tag{5-32}$$

其一个最简特解为

$$\psi=\frac{\mathrm{e}^{\mathrm{j}kR}}{R} \tag{5-33}$$

如图 5-2 所示，围绕场点 P 做一个大球 Γ，其表面积用 S_2 表示；再做一个小球 γ 把 P 点去掉，其表面积用 S_1 表示。球壳的体积为积分区域 V'，由式(5-30)、式(5-32)和式(5-33)则有

$$\begin{aligned}\varphi(\nabla^2\psi+k^2\psi)-\psi(\nabla^2\varphi+k^2\varphi)&=\varphi\nabla^2\psi-\psi\nabla^2\varphi\\&=\frac{\rho}{\varepsilon_0}\frac{\mathrm{e}^{\mathrm{j}kR}}{R}\end{aligned} \tag{5-34}$$

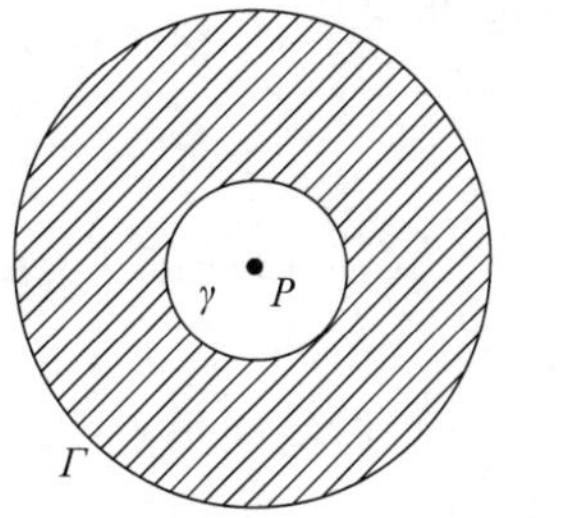

图 5-2 格林函数法推导推迟势

代入式(5-31)，可得

$$\begin{aligned}\frac{1}{\varepsilon_0}\int_{V'}\rho\frac{\mathrm{e}^{\mathrm{j}kR}}{R}\mathrm{d}V'=&\oint_{S_1}\left(\varphi\frac{\partial}{\partial n}\frac{\mathrm{e}^{\mathrm{j}kR}}{R}-\frac{\mathrm{e}^{\mathrm{j}kR}}{R}\frac{\partial\varphi}{\partial n}\right)\mathrm{d}S+\\&\oint_{S_2}\left(\varphi\frac{\partial}{\partial n}\frac{\mathrm{e}^{\mathrm{j}kR}}{R}-\frac{\mathrm{e}^{\mathrm{j}kR}}{R}\frac{\partial\varphi}{\partial n}\right)\mathrm{d}S\end{aligned} \tag{5-35}$$

对于小球表面处，$\boldsymbol{S}_1$ 的外法向方向向里，故有$\partial/\partial n=-\partial/\partial R$，且 $\mathrm{d}S=R^2\mathrm{d}\Omega$。利用下式：

$$\frac{\partial}{\partial R}\frac{\mathrm{e}^{\mathrm{j}kR}}{R}=\frac{\mathrm{e}^{\mathrm{j}kR}}{R^2}(\mathrm{j}kR-1) \tag{5-36}$$

可将小球表面的积分化为

$$\oint_{S_1}\left(\varphi-\mathrm{j}kR\varphi+R\frac{\partial\varphi}{\partial R}\right)\mathrm{e}^{\mathrm{j}kR}\mathrm{d}\Omega \tag{5-37}$$

而在大球表面处，$\boldsymbol{S}_2$ 的外法向方向向外，故有$\partial/\partial n=\partial/\partial R$，且 $\mathrm{d}S=R^2\mathrm{d}\Omega$，则对大球表

面的积分可化为

$$-\oint_{S_2}\left(\varphi-\mathrm{j}kR\varphi+R\,\frac{\partial\varphi}{\partial R}\right)\mathrm{e}^{\mathrm{j}kR}\,\mathrm{d}\Omega \tag{5-38}$$

当小球取极限 $R\to 0$ 时,可得

$$\oint_{S_1}\left(\varphi-\mathrm{j}kR\varphi+R\,\frac{\partial\varphi}{\partial R}\right)\mathrm{e}^{\mathrm{j}kR}\,\mathrm{d}\Omega\to 4\pi\varphi \tag{5-39}$$

当大球取极限 $R\to\infty$时,则 $\lim\limits_{R\to\infty}\varphi=0$。为了保证达朗贝尔方程在无界区域解的唯一性,Sommerfield(索默菲尔德)提出在 $R\to\infty$处解应满足如下附加条件:

$$\lim_{R\to\infty}\left(R\,\frac{\partial\varphi}{\partial R}-\mathrm{j}kR\varphi\right)=0 \tag{5-40}$$

该式称为辐射条件。

于是,当 $R\to\infty$时,大球表面上的积分式(5-38)趋近于零。再结合式(5-35)、式(5-37)和式(5-39),可得

$$\varphi(\boldsymbol{r})=\frac{1}{4\pi\varepsilon_0}\int_{V_\infty}\rho(\boldsymbol{r}')\,\frac{\mathrm{e}^{\mathrm{j}kR}}{R}\mathrm{d}V' \tag{5-41}$$

因无电荷的区域,上式积分式中被积函数为零,故积分区域也等于只有电荷所在的区域,即

$$\varphi(\boldsymbol{r})=\frac{1}{4\pi\varepsilon_0}\int_{V'}\rho(\boldsymbol{r}')\,\frac{\mathrm{e}^{\mathrm{j}kR}}{R}\mathrm{d}V' \tag{5-42}$$

同理,可得

$$\boldsymbol{A}(\boldsymbol{r})=\frac{\mu_0}{4\pi}\int_{V'}\boldsymbol{J}(\boldsymbol{r}')\,\frac{\mathrm{e}^{\mathrm{j}kR}}{R}\mathrm{d}V' \tag{5-43}$$

在式(5-42)和式(5-43)中,$\mathrm{e}^{\mathrm{j}kR}$ 为推迟作用因子,表示电磁波传播到场点时会滞后相位 kR。

考虑时间因子 $\mathrm{e}^{-\mathrm{j}\omega t}$,便可得到

$$\varphi(\boldsymbol{r},t)=\frac{1}{4\pi\varepsilon_0}\int_{V'}\rho(\boldsymbol{r}')\,\frac{\mathrm{e}^{\mathrm{j}(kR-\omega t)}}{R}\mathrm{d}V' \tag{5-44}$$

和

$$\boldsymbol{A}(\boldsymbol{r},t)=\frac{\mu_0}{4\pi}\int_{V'}\boldsymbol{J}(\boldsymbol{r}')\,\frac{\mathrm{e}^{\mathrm{j}(kR-\omega t)}}{R}\mathrm{d}V' \tag{5-45}$$

若对式(5-45)两边求散度,并两次利用矢量公式

$$\nabla\cdot(\varphi\boldsymbol{f})=(\nabla\varphi)\cdot\boldsymbol{f}+\varphi\nabla\cdot\boldsymbol{f}$$

可得

$$\begin{aligned}\nabla\cdot\boldsymbol{A}&=\frac{\mu_0}{4\pi}\int_{V'}\left(\nabla\frac{\mathrm{e}^{\mathrm{j}(kR-\omega t)}}{R}\right)\cdot\boldsymbol{J}\,\mathrm{d}V'=-\frac{\mu_0}{4\pi}\int_{V'}\left(\nabla'\,\frac{\mathrm{e}^{\mathrm{j}(kR-\omega t)}}{R}\right)\cdot\boldsymbol{J}\,\mathrm{d}V'\\&=-\frac{\mu_0}{4\pi}\int_{V'}\nabla'\cdot\left(\boldsymbol{J}\,\frac{\mathrm{e}^{(kR-\omega t)}}{R}\right)\mathrm{d}V'+\frac{\mu_0}{4\pi}\int_{V'}(\nabla'\cdot\boldsymbol{J})\,\frac{\mathrm{e}^{(kR-\omega t)}}{R}\mathrm{d}V'\end{aligned}$$

利用高斯散度定理,可把上式等号右边第一项中的体积分换为面积分,并在无限大球面上计算得其值为零。再结合周期场的电流连续性方程

$$\nabla\cdot \boldsymbol{J}-\mathrm{j}\omega\rho=0 \tag{5-46}$$

可得

$$\nabla\cdot \boldsymbol{A}=\mathrm{j}\omega\frac{\mu_0}{4\pi}\int_{V'}\rho(\boldsymbol{r}')\frac{\mathrm{e}^{\mathrm{j}(kR-\omega t)}}{R}\mathrm{d}V'=\frac{\mathrm{j}\omega\varphi}{c^2}$$

即

$$\nabla\cdot \boldsymbol{A}-\frac{\mathrm{j}\omega\varphi}{c^2}=0 \tag{5-47}$$

上式即为时谐场的洛伦兹条件。可见，电荷守恒定律隐含在其内。当 $\boldsymbol{A}$ 已知时，由该式便可确定 ρ，进而确定 φ。

在式(5-44)、式(5-45)中，利用式(5-30)可将 $\mathrm{e}^{\mathrm{j}(kR-\omega t)}$ 化为

$$\mathrm{e}^{\mathrm{j}(kR-\omega t)}=\mathrm{e}^{-\mathrm{j}\omega(t-kR/\omega)}=\mathrm{e}^{-\mathrm{j}\omega(t-R/c)}$$

同前，令

$$t'=t-R/c$$

则式(5-44)和式(5-45)可化为

$$\begin{cases}\varphi(\boldsymbol{r},t)=\dfrac{1}{4\pi\varepsilon_0}\displaystyle\int_{V'}\frac{\rho(\boldsymbol{r}',t')}{R}\mathrm{d}V'\\[2ex] \boldsymbol{A}(\boldsymbol{r},t)=\dfrac{\mu_0}{4\pi}\displaystyle\int_{V'}\frac{\boldsymbol{J}(\boldsymbol{r}',t')}{R}\mathrm{d}V'\end{cases} \tag{5-48}$$

上式与用第一种方法推导出的势函数式(5-25)和式(5-26)形式完全相同。虽然是从时谐电荷(流)源出发，但对于非时谐的场源可以通过傅里叶积分得到普遍的结论。只要 ρ 和 $\boldsymbol{J}$ 是周期量的线性叠加(傅里叶积分)

$$\begin{cases}\rho(\boldsymbol{r}',t)=\displaystyle\int_{-\infty}^{\infty}\rho(\boldsymbol{r}',\omega)\mathrm{e}^{-\mathrm{j}\omega t}\mathrm{d}\omega\\[2ex] \boldsymbol{J}(\boldsymbol{r}',t)=\displaystyle\int_{-\infty}^{\infty}\boldsymbol{J}(\boldsymbol{r}',\omega)\mathrm{e}^{-\mathrm{j}\omega t}\mathrm{d}\omega\end{cases} \tag{5-49}$$

则对应的解也是线性叠加的，则有

$$\begin{cases}\varphi(\boldsymbol{r},t)=\displaystyle\int_{-\infty}^{\infty}\varphi(\boldsymbol{r},\omega)\mathrm{e}^{-\mathrm{j}\omega t}\mathrm{d}\omega\\[2ex] \boldsymbol{A}(\boldsymbol{r},t)=\displaystyle\int_{-\infty}^{\infty}\boldsymbol{A}(\boldsymbol{r},\omega)\mathrm{e}^{-\mathrm{j}\omega t}\mathrm{d}\omega\end{cases} \tag{5-50}$$

即只要 ρ 和 $\boldsymbol{J}$ 能用按时间的傅里叶展开式来表示，则式(5-49)便成立。

5.2.2 推迟势的物理意义

推迟势的物理意义，可以概括为以下两点：

(1) 对于距离波源为 R 的观察点，某一时刻 t 的势函数并不是由该时刻波源的电荷和电流决定的，而是由较早时刻 $t'=t-\dfrac{R}{c}$ 的波源所决定。电荷密度和电流密度源对场点的作用以有限速度传递，滞后的时间 $t'-t=\dfrac{R}{c}$ 就是电磁波传播距离 R 所需要的时间。即电磁场以有限速度 c 在真空中向外传播，而不是以无穷大速度瞬时传递；

(2) 场点在 t 时刻的电磁场与 t 时刻的电荷密度和电流密度源的状态无关，甚至与源是

否还存在也无关,即电磁场一旦从源中辐射出来,就独立于源而存在。这实际上表明电磁场是一种可以独立于“源”而客观存在的物质。

例 5.3 已知一无限长载流直导线,电流随时间变化的关系为

$$I(t)=\begin{cases}0, & t\leqslant 0\\ I_0, & t>0\end{cases}$$

I_0 表示 $t=0$ 时的电流强度,其大小为一常数。求电流激发的电磁场分布。

解 由题意易知,该导线呈电中性,故标势为零,即 $\varphi=0$。如图 5-3 所示,选取柱坐标系,假设导线沿 z 轴放置,则电流源点 $\mathrm{d}z$ 到坐标原点 O 的距离为 z。令 R 表示电流源点到场点 P 的距离,ρ 为 P 到直线的垂直距离,则 $R=\sqrt{\rho^2+z^2}$。根据式(5-50),并做代换 $\boldsymbol{J}\mathrm{d}V'\rightarrow I\mathrm{d}\boldsymbol{l}'$,可以得到 P 点处的推迟磁矢势为

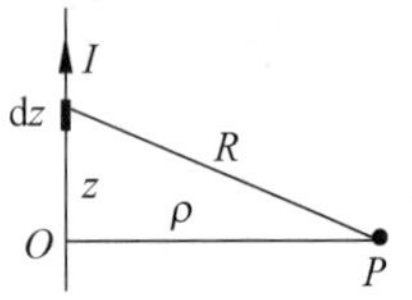

图 5-3 无穷长直导线中变化电流激发电磁场

$$\boldsymbol{A}(\rho,t)=\frac{\mu_0}{4\pi}\boldsymbol{e}_z\int_{-\infty}^{\infty}\frac{I(t')}{R}\mathrm{d}z$$

当 $t<\rho/c$ 时,辐射出的电磁场还未到达 P 点,故磁矢势为零。当 $t>\rho/c$ 时,真正对矢势做贡献的有效范围为

$$|z|\leqslant\sqrt{R^2-\rho^2}=\sqrt{(ct)^2-\rho^2}$$

该范围之外,t' 为负值,故 $I(t')=0$。因此,推迟矢势 $\boldsymbol{A}(\rho,t)$ 可以表示为

$$\begin{aligned}\boldsymbol{A}(\rho,t)&=2\left(\frac{\mu_0 I_0}{4\pi}\boldsymbol{e}_z\right)\int_0^{\sqrt{(ct)^2-\rho^2}}\frac{\mathrm{d}z}{\sqrt{\rho^2+z^2}}\\&=\frac{\mu_0 I_0}{2\pi}\boldsymbol{e}_z\ln\left(\sqrt{\rho^2+z^2}+z\right)\Big|_0^{\sqrt{(ct)^2-\rho^2}}\\&=\frac{\mu_0 I_0}{2\pi}\ln\left(\frac{ct+\sqrt{(ct)^2-\rho^2}}{\rho}\right)\boldsymbol{e}_z\end{aligned}$$

由此可得电场强度为

$$\boldsymbol{E}(\rho,t)=-\frac{\partial\boldsymbol{A}}{\partial t}=-\frac{\mu_0 I_0 c}{2\pi\sqrt{(ct)^2-\rho^2}}\boldsymbol{e}_z$$

磁感应强度为

$$\boldsymbol{B}(\rho,t)=\nabla\times\boldsymbol{A}=-\frac{\partial A_z}{\partial\rho}\boldsymbol{e}_\phi=\frac{\mu_0 I_0}{2\pi\rho}\frac{ct}{\sqrt{(ct)^2-\rho^2}}\boldsymbol{e}_\phi$$

当 $t\rightarrow\infty$ 时,以上结果可以回到静场情况,即

$$\boldsymbol{E}=\boldsymbol{0},\quad \boldsymbol{B}=\frac{\mu_0 I_0}{2\pi\rho}\boldsymbol{e}_\phi$$

例 5.4 如图 5-4 所示,已知一闭合线圈 L,通有电流 $I(t)=kt$,k 为一常数,t 为时间。求中心点 O 处的推迟磁矢势 $\boldsymbol{A}$ 和电场强度 $\boldsymbol{E}$。

解 根据题意,假设线电流元到场点 O 的距离为 R,则推迟时刻为

$$t'=t-\frac{R}{c}$$

故

$$I(t')=k\left(t-\frac{R}{c}\right)$$

因而，推迟磁矢势可以表示为

$$
\begin{aligned}
\boldsymbol{A} &= \frac{\mu_0}{4\pi}\oint_L \frac{I(t')}{R}\mathrm{d}\boldsymbol{l} \\
&= \frac{\mu_0 k}{4\pi}\oint_L \frac{(t - R/c)}{R}\mathrm{d}\boldsymbol{l} \\
&= \frac{\mu_0 k}{4\pi}\left(t\oint_L \frac{1}{R}\mathrm{d}\boldsymbol{l} - \frac{1}{c}\oint_L \mathrm{d}\boldsymbol{l}\right)
\end{aligned}
$$

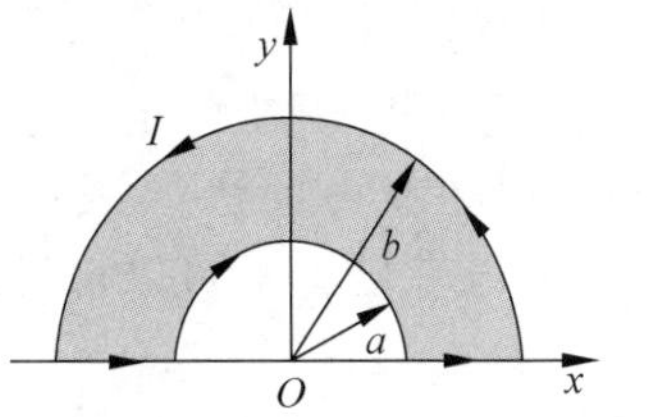

图 5-4　闭合线圈 L 上的电流分布

由于对整个闭合回路的积分为零，即

$$\oint_L \mathrm{d}\boldsymbol{l} = 0$$

则

$$
\begin{aligned}
\boldsymbol{A} &= \frac{\mu_0 kt}{4\pi}\oint_L \frac{1}{R}\mathrm{d}\boldsymbol{l} \\
&= \frac{\mu_0 kt}{4\pi}\left(\frac{1}{a}\int_{L_a} \mathrm{d}\boldsymbol{l} + \frac{1}{b}\int_{L_b} \mathrm{d}\boldsymbol{l} + 2\boldsymbol{e}_x\int_a^b \frac{\mathrm{d}x}{x}\right)
\end{aligned}
$$

易知，对内圆 L_a 和外圆 L_b 的积分结果分别为

$$\int_{L_a} \mathrm{d}\boldsymbol{l} = \boldsymbol{e}_x\int_{-a}^{a} \mathrm{d}x = 2a\boldsymbol{e}_x$$

和

$$\int_{L_b} \mathrm{d}\boldsymbol{l} = -\boldsymbol{e}_x\int_{-b}^{b} \mathrm{d}x = -2b\boldsymbol{e}_x$$

又由于

$$2\boldsymbol{e}_x\int_a^b \frac{\mathrm{d}x}{x} = 2\boldsymbol{e}_x \ln\frac{b}{a}$$

故

$$\boldsymbol{A} = \frac{\mu_0 kt}{4\pi}\left[\frac{1}{a}(2a) + \frac{1}{b}(-2b) + 2\ln\frac{b}{a}\right]\boldsymbol{e}_x = \frac{\mu_0 kt}{2\pi}\ln\frac{b}{a}\boldsymbol{e}_x$$

对于闭合通电线圈，导线呈电中性，故 $\varphi = 0$。进一步求得电场强度为

$$\boldsymbol{E} = -\frac{\partial \boldsymbol{A}}{\partial t} = -\frac{\mu_0 k}{2\pi}\ln\frac{b}{a}\boldsymbol{e}_x$$

可见，变化的磁场可以产生电场。

5.3　偶极子辐射

5.3.1　辐射场的一般公式

推迟势式(5-27)是进一步计算电磁辐射场的基础，在后面会频繁用到。为了书写简便，以下采用简写形式：

$$
\begin{cases}
\varphi = \dfrac{1}{4\pi\varepsilon_0}\displaystyle\int_{V'} \frac{\rho}{R}\mathrm{d}V' \\
\boldsymbol{A} = \dfrac{\mu_0}{4\pi}\displaystyle\int_{V'} \frac{\boldsymbol{J}}{R}\mathrm{d}V'
\end{cases}
\tag{5-51}
$$

但应注意,积分中 $\rho=\rho(\boldsymbol{r}',t')$、$\boldsymbol{J}=\boldsymbol{J}(\boldsymbol{r}',t')$。

在理论上,只要给定了电流密度 $\boldsymbol{J}$ 和电荷密度 ρ,就可由上式求出 $\boldsymbol{A}$ 和 φ,进而得到 $\boldsymbol{B}$ 和 $\boldsymbol{E}$。但在实际问题中,我们往往不需要求出两种势函数,而可以只求 $\boldsymbol{A}$ 的解,再由洛伦兹条件由 $\boldsymbol{A}$ 求得 φ,就可以得到电磁场的解。例如,若给定电流分布 $\boldsymbol{J}$,求解的思路为

$$\boldsymbol{J}\xrightarrow{\nabla^2\boldsymbol{A}-\varepsilon\mu\frac{\partial^2\boldsymbol{A}}{\partial t^2}=-\mu\boldsymbol{J}}\boldsymbol{A}\begin{cases}\rightarrow\boldsymbol{B}\rightarrow\boldsymbol{H}\\ \xrightarrow{\nabla\cdot\boldsymbol{A}+\varepsilon\mu\frac{\partial\varphi}{\partial t}=0}\varphi\rightarrow\boldsymbol{E}\end{cases}$$

考虑到实际应用中,电流(荷)密度往往是按一定角频率的交变电流,即有

$$\boldsymbol{J}(\boldsymbol{r}',t')=\boldsymbol{J}(\boldsymbol{r}')\mathrm{e}^{-\mathrm{j}\omega t'}$$

由于电荷密度和电流密度由电荷守恒定律联系,在一定角频率 ω 的交变电流情形中,电荷守恒定律可表示为

$$\nabla\cdot\boldsymbol{J}=\mathrm{j}\omega\rho \tag{5-52}$$

由式(5-45),知

$$\boldsymbol{A}(\boldsymbol{r},t)=\boldsymbol{A}(\boldsymbol{r})\mathrm{e}^{-\mathrm{j}\omega t} \tag{5-53}$$

磁感应强度可直接由计算 $\boldsymbol{A}$ 求得,即

$$\boldsymbol{B}=\nabla\times\boldsymbol{A} \tag{5-54}$$

电场可由麦克斯韦方程组求出。在电流分布区域以外,$\boldsymbol{J}=\boldsymbol{0}$,真空中的麦克斯韦方程为

$$\nabla\times\boldsymbol{B}=\varepsilon_0\mu_0\frac{\partial\boldsymbol{E}}{\partial t}=-\mathrm{j}\frac{\omega}{c^2}\boldsymbol{E}=-\mathrm{j}\frac{k}{c}\boldsymbol{E} \tag{5-55}$$

得

$$\boldsymbol{E}=\mathrm{j}\frac{c}{k}\nabla\times\boldsymbol{B} \tag{5-56}$$

*5.3.2 推迟势的多极展开

如图 5-5 所示,假设电荷、电流都分布在一个线度为 l 的小区域 V' 内。取该区域内一点为坐标原点 O,令电荷、电流源点 P' 的位置矢量为 $\boldsymbol{r}'$,场点 P 的位置矢量为 $\boldsymbol{r}$,则 P' 到 P 的距离为 $R=|\boldsymbol{r}-\boldsymbol{r}'|$。

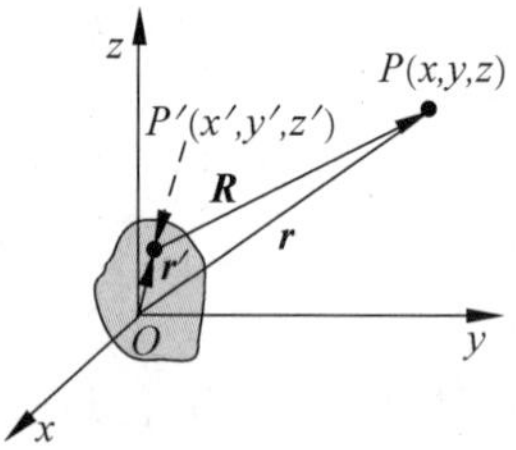

图 5-5 推迟势的多极展开

当场点远离电荷、电流源时,则有 $R\gg l$ 且 $r\gg|\boldsymbol{r}'|$。于是,推迟解式(5-51)中的 $1/R$ 可在 $\boldsymbol{r}'=0$ 处展开为泰勒级数,方法同 3.6 节。由式(5-51)可得推迟势的多极展开式为

$$\begin{cases}\varphi=\dfrac{1}{4\pi\varepsilon_0}\displaystyle\int_{V'}\left(\frac{\rho}{r}-\boldsymbol{r}'\cdot\nabla\frac{\rho}{r}+\frac{1}{2!}\boldsymbol{r}'\boldsymbol{r}':\nabla\nabla\frac{\rho}{r}+\cdots\right)\mathrm{d}V'\\ \boldsymbol{A}=\dfrac{\mu_0}{4\pi}\displaystyle\int_{V'}\left(\frac{\boldsymbol{J}}{r}-\boldsymbol{r}'\cdot\nabla\frac{\boldsymbol{J}}{r}+\frac{1}{2!}\boldsymbol{r}'\boldsymbol{r}':\nabla\nabla\frac{\boldsymbol{J}}{r}+\cdots\right)\mathrm{d}V'\end{cases} \tag{5-57}$$

现对展开式(5-57)中的主要项讨论如下:

(1) φ 多极展开式中第一项为

$$\varphi^{(0)}=\frac{1}{4\pi\varepsilon_0}\int_{V'}\frac{\rho}{r}\mathrm{d}V'=\frac{Q}{4\pi\varepsilon_0 r} \tag{5-58}$$

式中：$Q=\int_{V'}\rho\,\mathrm{d}V'$ 为小区域 V' 内的总电量。

它表明小区域内所有电荷在远场激发的推迟标势，与位于原点处等量的点电荷激发的推迟势等同。

(2) φ 多极展开式中第二项为

$$\begin{aligned}\varphi^{(1)}&=-\frac{1}{4\pi\varepsilon_0}\int_{V'}\boldsymbol{r}'\cdot\nabla\frac{\rho}{r}\mathrm{d}V'=-\frac{1}{4\pi\varepsilon_0}\nabla\cdot\int_{V'}\frac{\boldsymbol{r}'\rho}{\boldsymbol{r}}\mathrm{d}V'\\&=-\frac{1}{4\pi\varepsilon_0}\nabla\cdot\frac{\boldsymbol{p}}{r}\end{aligned}\tag{5-59}$$

式中：$\boldsymbol{p}=\int_{V'}\boldsymbol{r}'\rho\,\mathrm{d}V'$ 为小区域 V' 内的总电矩。

可见，小区域内所有电矩在远场激发的推迟标势相当于位于原点处等量电偶极矩激发的标势。

(3) φ 多极展开式第三项为

$$\begin{aligned}\varphi^{(2)}&=\frac{1}{4\pi\varepsilon_0}\int_{V'}\frac{1}{2!}\boldsymbol{r}'\boldsymbol{r}':\nabla\nabla\frac{\rho}{r}\mathrm{d}V'\\&=\frac{1}{4\pi\varepsilon_0}\left(\int_{V'}\frac{1}{2r}\boldsymbol{r}'\boldsymbol{r}':\nabla\nabla\rho\,\mathrm{d}V'+\int_{V'}\frac{\rho}{2}\boldsymbol{r}'\boldsymbol{r}':\nabla\nabla\frac{1}{r}\mathrm{d}V'\right)\\&=\frac{1}{4\pi\varepsilon_0}\left(\frac{1}{2r}\nabla\nabla:\int_{V'}\boldsymbol{r}'\boldsymbol{r}'\rho\,\mathrm{d}V'+\int_{V'}\frac{\rho}{2}\boldsymbol{r}'\boldsymbol{r}':\nabla\nabla\frac{1}{r}\mathrm{d}V'\right)\\&=\frac{1}{4\pi\varepsilon_0}\left(\frac{1}{6r}\nabla\nabla:\overleftrightarrow{\boldsymbol{D}}_{\mathrm{e}}+\frac{1}{6}\overleftrightarrow{\boldsymbol{D}}_{\mathrm{e}}:\nabla\nabla\frac{1}{r}\right)\end{aligned}\tag{5-60}$$

式中：$\overleftrightarrow{\boldsymbol{D}}_{\mathrm{e}}=\int_{V'}3\boldsymbol{r}'\boldsymbol{r}'\rho\,\mathrm{d}V'$ 定义为电四极矩。故式(5-60)为电四极矩激发的推迟标势。进一步，利用以下关系：

$$\nabla\nabla:\overleftrightarrow{\boldsymbol{D}}_{\mathrm{e}}=\frac{\boldsymbol{rr}:\ddot{\overleftrightarrow{\boldsymbol{D}}}_{\mathrm{e}}}{c^2r^2}$$

$$\nabla\nabla\frac{1}{r}=\frac{2\boldsymbol{rr}}{r^5}$$

可得

$$\varphi^{(2)}=\frac{1}{24\pi\varepsilon_0}\left(\frac{1}{c^2r^3}\boldsymbol{rr}:\ddot{\overleftrightarrow{\boldsymbol{D}}}_{\mathrm{e}}+\overleftrightarrow{\boldsymbol{D}}_{\mathrm{e}}:\frac{2\boldsymbol{rr}}{r^5}\right)\tag{5-61}$$

(4) $\boldsymbol{A}$ 多极展开式中第一项为

$$\boldsymbol{A}^{(0)}=\frac{\mu_0}{4\pi}\int_{V'}\frac{\boldsymbol{J}}{r}\mathrm{d}V'=\frac{\mu_0}{4\pi r}\int_{V'}\boldsymbol{J}\,\mathrm{d}V'=\frac{\mu_0}{4\pi r}\dot{\boldsymbol{p}}\tag{5-62}$$

式中：$\dot{\boldsymbol{p}}=\iiint_V\boldsymbol{J}\,\mathrm{d}V'$ 为小区域 V' 内的总电偶极矩关于时间的一阶导数。

显然，与静磁场情况不同，该项并不为零，表示由电偶极子激发的推迟矢势。

(5) $\boldsymbol{A}$ 多极展开式中第二项为

$$\boldsymbol{A}^{(1)}=-\frac{\mu_0}{4\pi}\int_{V'}\boldsymbol{r}'\cdot\nabla\frac{\boldsymbol{J}}{r}\mathrm{d}V'=-\frac{\mu_0}{4\pi}\left[\frac{1}{r}\int_{V'}\boldsymbol{r}'\cdot\nabla\boldsymbol{J}\,\mathrm{d}V'+\int_{V'}\left(\boldsymbol{r}'\cdot\nabla\frac{1}{r}\right)\boldsymbol{J}\,\mathrm{d}V'\right]$$

$$
\begin{aligned}
&= -\frac{\mu_0}{4\pi}\frac{1}{2r}\nabla\cdot\left[\int_{V'}(\boldsymbol{r}'\boldsymbol{J}+\boldsymbol{J}\boldsymbol{r}')\,\mathrm{d}V'+\int_{V'}(\boldsymbol{r}'\boldsymbol{J}-\boldsymbol{J}\boldsymbol{r}')\,\mathrm{d}V'\right]-\\
&\quad \frac{\mu_0}{4\pi}\int_{V'}\left(\boldsymbol{r}'\cdot\nabla\frac{1}{r}\right)\boldsymbol{J}\,\mathrm{d}V'\\
&= -\frac{\mu_0}{4\pi}\left(\frac{1}{6r}\nabla\cdot\dot{\overleftrightarrow{\boldsymbol{D}}}_{\mathrm{e}}+\frac{1}{r}\nabla\times\boldsymbol{m}\right)+\frac{\mu_0}{4\pi}\int_{V'}\left(\boldsymbol{r}'\cdot\frac{\boldsymbol{r}}{r^3}\right)\boldsymbol{J}\,\mathrm{d}V'\\
&= \frac{\mu_0}{4\pi}\left(\frac{\boldsymbol{r}\cdot\ddot{\overleftrightarrow{\boldsymbol{D}}}_{\mathrm{e}}}{6cr^2}+\frac{\dot{\boldsymbol{m}}\times\boldsymbol{r}}{cr^2}\right)+\frac{\mu_0}{4\pi}\int_{V'}\left(\boldsymbol{r}'\cdot\frac{\boldsymbol{r}}{r^3}\right)\boldsymbol{J}\,\mathrm{d}V'
\end{aligned}
\tag{5-63}
$$

式中：$\boldsymbol{m}=\frac{1}{2}\int_V\boldsymbol{r}'\times\boldsymbol{J}\,\mathrm{d}V$ 称为小区域内电流系统的磁偶极矩，与静磁场情况类似。除此之外，此式还包含有电四极矩产生的推迟势。由此可见，磁偶极辐射和电四极辐射是在 $\boldsymbol{A}$ 的展开式同一级中出现的。

5.3.3 电偶极辐射和磁偶极辐射

1. 电偶极辐射

根据 5.3.2 节推迟势的多极展开式，推得电偶极子激发的标势 $\varphi^{(1)}$ 和矢势 $\boldsymbol{A}^{(0)}$ 分别为

$$
\begin{cases}
\varphi^{(1)}=-\dfrac{1}{4\pi\varepsilon_0 r}\nabla\cdot\dfrac{\boldsymbol{p}}{r}\\[2ex]
\boldsymbol{A}^{(0)}=\dfrac{\mu_0}{4\pi r}\dot{\boldsymbol{p}}
\end{cases}
$$

据此可计算得出磁感应强度为

$$
\boldsymbol{B}=\nabla\times\boldsymbol{A}^{(0)}=\frac{\mu_0}{4\pi}\left(\frac{\dot{\boldsymbol{p}}}{r^2}\times\frac{\boldsymbol{r}}{r}+\frac{\ddot{\boldsymbol{p}}}{cr}\times\frac{\boldsymbol{r}}{r}\right)
\tag{5-64}
$$

电场强度为

$$
\begin{aligned}
\boldsymbol{E}&=-\nabla\varphi^{(1)}-\frac{\partial\boldsymbol{A}^{(0)}}{\partial t}\\
&=\frac{1}{4\pi\varepsilon_0}\left[\frac{3(\boldsymbol{p}\cdot\boldsymbol{r})\boldsymbol{r}}{r^5}-\frac{\boldsymbol{p}}{r^3}+\frac{3(\dot{\boldsymbol{p}}\cdot\boldsymbol{r})\boldsymbol{r}}{cr^4}-\frac{\dot{\boldsymbol{p}}}{cr^2}+\frac{(\ddot{\boldsymbol{p}}\cdot\boldsymbol{r})\boldsymbol{r}}{c^2r^3}\right]-\frac{\mu_0}{4\pi}\frac{\ddot{\boldsymbol{p}}}{r} \qquad (5\text{-}65)\\
&=\frac{1}{4\pi\varepsilon_0}\left[\frac{3(\boldsymbol{p}\cdot\boldsymbol{r})\boldsymbol{r}}{r^5}-\frac{\boldsymbol{p}}{r^3}+\frac{3(\dot{\boldsymbol{p}}\cdot\boldsymbol{r})\boldsymbol{r}}{cr^4}-\frac{\dot{\boldsymbol{p}}}{cr^2}+\frac{(\ddot{\boldsymbol{p}}\cdot\boldsymbol{r})\boldsymbol{r}}{c^2r^3}-\frac{\ddot{\boldsymbol{p}}}{c^2r}\right]
\end{aligned}
$$

为了便于下面的讨论，这里保留式(5-64)和式(5-65)的一般形式，而不去进一步化简它们。

对于电荷密度 ρ 和电流密度 $\boldsymbol{J}$ 均为时谐变化的情形，容易推知它们激发的电偶极矩也是时谐变化的，即 $\boldsymbol{p}(\boldsymbol{r},t)=\boldsymbol{p}(\boldsymbol{r})\mathrm{e}^{-\mathrm{j}\omega t}$，则有

$$
p:\dot{p}:\ddot{p}\sim 1:\omega:\omega^2
$$

由于 $c=\lambda f$，故 $\frac{\omega}{c}=\frac{2\pi f}{c}\sim\frac{1}{\lambda}$。因而，$\boldsymbol{B}$ 中各项应满足以下近似关系：

$$
\frac{\dot{p}}{r^2}:\frac{\ddot{p}}{cr}\sim\frac{r}{\lambda}:\left(\frac{r}{\lambda}\right)^2
\tag{5-66}
$$

且 $\boldsymbol{E}$ 中各项应满足

$$\frac{p}{r^3}:\frac{\dot{p}}{cr^2}:\frac{\ddot{p}}{c^2r}\sim 1:\frac{r}{\lambda}:\left(\frac{r}{\lambda}\right)^2 \tag{5-67}$$

根据式(5-66)和式(5-67)，可以很方便地讨论空间各区域电磁场的特点。

1) 近区：$l\ll r\ll\lambda$

这种情况下，$\boldsymbol{B}$ 中 $\dot{\boldsymbol{p}}$ 项和 $\boldsymbol{E}$ 中 $\boldsymbol{p}$ 项数值远大于其他项，需保留；其余项可忽略。同时 $(t-r/c)$ 中的 r/c 项也可忽略。于是，可以得到场强为

$$\begin{cases}\boldsymbol{B}=\dfrac{\mu_0}{4\pi}\dot{\boldsymbol{p}}\times\dfrac{\boldsymbol{r}}{r^3}\\[2ex]\boldsymbol{E}=\dfrac{1}{4\pi\varepsilon_0}\left[\dfrac{3(\boldsymbol{p}\cdot\boldsymbol{r})\boldsymbol{r}}{r^5}-\dfrac{\boldsymbol{p}}{r^3}\right]\end{cases} \tag{5-68}$$

由此可以得出近区场的特点如下：

(1) 由于 r/c 项被忽略，故推迟效应不明显。电场、磁场的表达式与恒定场相似，因而称为似稳场。

(2) $\boldsymbol{B}$ 由 $\dot{\boldsymbol{p}}$ 激发，而 $\boldsymbol{E}$ 由 $\boldsymbol{p}$ 激发，显然它们的相位相差 $\pi/2$。

2) 中间区(感应区)：$r\sim\lambda\gg l$

这种情况下，$\boldsymbol{B}$ 和 $\boldsymbol{E}$ 中的 $\boldsymbol{p}$、$\dot{\boldsymbol{p}}$ 及 $\ddot{\boldsymbol{p}}$ 项数值相当，故场强保持原有形式[式(5-64)和式(5-65)不变]。感应区是一个过渡区域。

3) 远区：$r\gg\lambda$ 且 $r\gg l$

这种情况下，$\boldsymbol{B}$ 和 $\boldsymbol{E}$ 中的 $\ddot{\boldsymbol{p}}$ 项数值较大，其余各项可忽略。因此，远区(辐射)场强为

$$\begin{cases}\boldsymbol{B}=\dfrac{\mu_0}{4\pi cr^2}\ddot{\boldsymbol{p}}\times\boldsymbol{r}\\[2ex]\boldsymbol{E}=\dfrac{1}{4\pi\varepsilon_0}\left[\dfrac{(\ddot{\boldsymbol{p}}\cdot\boldsymbol{r})\boldsymbol{r}}{c^2r^3}-\dfrac{\ddot{\boldsymbol{p}}}{c^2r}\right]\end{cases} \tag{5-69}$$

对比式(5-68)和式(5-69)可知，电偶极子远区(辐射)场具有一些与近区场明显不同的性质：

(1) 由于 $kr=\dfrac{2\pi r}{\lambda}\gg 1$，表明推迟效应明显，即场点在 t 时刻的场取决于 $t'=t-r/c$ 时刻的源，电磁场以有限的光速 c 在真空中传播；

(2) 由于磁场与电场都由 $\ddot{\boldsymbol{p}}$ 激发，故它们的相位相同。因此，远区的电磁场能够源源不断向外辐射。

2. 磁偶极辐射

根据式(5-61)和式(5-63)，若仅保留与磁偶极矩有关的项，则可以得到磁偶极推迟势分别为

$$\begin{cases}\varphi^{(2)}=0\\[2ex]\boldsymbol{A}^{(1)}=\dfrac{\mu_0}{4\pi cr^2}\dot{\boldsymbol{m}}\times\boldsymbol{r}\end{cases} \tag{5-70}$$

因此，激发的场强为

$$\begin{cases}\boldsymbol{E}=-\nabla\varphi^{(2)}-\dfrac{\partial\boldsymbol{A}^{(1)}}{\partial t}=\dfrac{\mu_0}{4\pi cr^2}\boldsymbol{r}\times\ddot{\boldsymbol{m}}\\[2ex]\boldsymbol{B}=\nabla\times\boldsymbol{A}^{(1)}=\dfrac{\mu_0}{4\pi}\left[\dfrac{(\ddot{\boldsymbol{m}}\cdot\boldsymbol{r})\boldsymbol{r}}{c^2r^3}-\dfrac{\ddot{\boldsymbol{m}}}{c^2r}+2\dfrac{\dot{\boldsymbol{m}}}{cr^2}\right]\end{cases} \tag{5-71}$$

在远区,上式中仅保留 $\ddot{\boldsymbol{m}}$ 相关项,则可以得到磁偶极辐射场强为

$$\begin{cases} \boldsymbol{E} = \dfrac{\mu_0}{4\pi c r^2}\boldsymbol{r} \times \ddot{\boldsymbol{m}} \\ \boldsymbol{B} = \dfrac{\mu_0}{4\pi}\left[\dfrac{(\ddot{\boldsymbol{m}} \cdot \boldsymbol{r})\boldsymbol{r}}{c^2 r^3} - \dfrac{\ddot{\boldsymbol{m}}}{c^2 r}\right] \end{cases} \tag{5-72}$$

观察式(5-69)和式(5-72),不难看出电偶极子辐射场和磁偶极子辐射场具有对偶性。

5.3.4 辐射能流角分布——方向性函数

1. 电偶极辐射

在球坐标系中,假设 $\ddot{\boldsymbol{p}}$ 沿 z 轴方向且与 $\boldsymbol{r}$ 夹角为 θ,则电偶极辐射场强式(5-69)可以化简为

$$\begin{cases} \boldsymbol{B} = \dfrac{\mu_0}{4\pi c r}\ddot{p}\sin\theta \boldsymbol{e}_\phi \\ \boldsymbol{E} = \dfrac{\mu_0}{4\pi r}\ddot{p}\sin\theta \boldsymbol{e}_\theta \end{cases} \tag{5-73}$$

由此可见,电偶极辐射场的特点为:

(1) 电场强度与磁感应强度的比值等于真空中电磁波的传播速度 c,并且它们相位相同,方向相互正交;

(2) 电场强度与磁感应强度的大小与 $\sin\theta$ 成正比,即在与电偶极子垂直的方向上辐射最强,平行的方向上辐射为零。

根据辐射场强式(5-73),还可以计算出辐射能流密度

$$\boldsymbol{S}_e = \boldsymbol{E} \times \boldsymbol{H} = \frac{1}{\mu_0}\boldsymbol{E} \times \boldsymbol{B} = \frac{\mu_0 \ddot{\boldsymbol{p}}^2}{16\pi^2 c r^2}\sin^2\theta \boldsymbol{e}_r \tag{5-74}$$

设能流密度垂直通过的面积元为 $\mathrm{d}\boldsymbol{\sigma}$,定义

$$f_e(\theta, \phi) = \frac{\mathrm{d}P_e}{\mathrm{d}\Omega} = \frac{\boldsymbol{S}_e \cdot \mathrm{d}\boldsymbol{\sigma}}{\mathrm{d}\Omega}$$

为辐射能流的角分布,因为 $\mathrm{d}\sigma = r^2\mathrm{d}\Omega$,对于电偶极矩辐射,则为

$$f_e(\theta, \phi) = \frac{\mu_0 \ddot{p}^2}{16\pi^2 c}\sin^2\theta \tag{5-75}$$

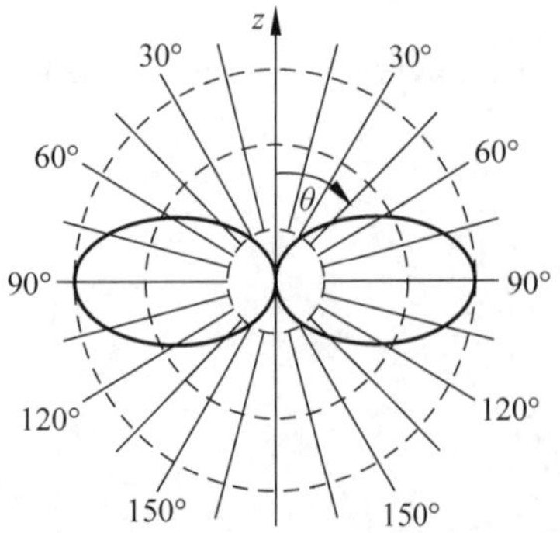

图 5-6 电偶极辐射能流的角分布

$f_e(\theta, \phi)$反映了辐射分布的方向性,因此也称为方向性函数。虽然不同的文献有不同的定义,如方向性函数归一化或用任一方位的场量与最大幅值的比值来定义,但都能够描述辐射场在空间不同方向上的分布规律。图 5-6 示出了沿 z 轴方向的电偶极辐射能流的角分布。在 $\theta = \pi/2$ 的平面上辐射最强,而在 $\theta = 0$ 和 π 的平面上即沿电偶极矩轴线方向辐射为零。电偶极辐射是天线辐射的基本单元,在实际应用中,若想获得最佳的信号发射和接收效果,就需要选取适当的方位放置天线。

2. 磁偶极辐射

假设 $\ddot{\boldsymbol{m}}$ 沿 z 轴方向，且与 $\boldsymbol{r}$ 夹角为 θ，则磁偶极子辐射场强式(5-72)可转化为

$$\begin{cases} \boldsymbol{E} = -\dfrac{\mu_0}{4\pi c r}\ddot{m}\sin\theta \boldsymbol{e}_\phi \\ \boldsymbol{B} = \dfrac{\mu_0}{4\pi c^2 r}\ddot{m}\sin\theta \boldsymbol{e}_\theta \end{cases} \tag{5-76}$$

由此可得，辐射能流密度

$$\boldsymbol{S}_m = \frac{1}{\mu_0}\boldsymbol{E}\times\boldsymbol{B} = \frac{\mu_0 \ddot{m}^2}{16\pi^2 c^3 r^2}\sin^2\theta \boldsymbol{e}_r \tag{5-77}$$

和辐射能流角分布

$$f_m(\theta,\phi) = S_m r^2 = \frac{\mu_0 \ddot{m}^2}{16\pi^2 c^3}\sin^2\theta \tag{5-78}$$

与电偶极辐射类似，在 $\theta = \pi/2$ 的方位磁偶极辐射最强，而在 $\theta = 0$ 和 π 的方位上无辐射。

5.3.5 辐射功率、辐射电阻

1. 电偶极辐射

根据辐射能流密度式(5-74)，得到电偶极辐射总功率为

$$P_e = \int \boldsymbol{S}_e \cdot d\boldsymbol{\sigma} = \oint_S \frac{\mu_0 \ddot{p}^2}{16\pi^2 c r^2}\sin^2\theta d\sigma = \int_0^{2\pi} d\phi \int_0^{\pi} \frac{\mu_0 \ddot{p}^2}{16\pi^2 c}\sin^3\theta d\theta = \frac{\mu_0}{6\pi c}\ddot{p}^2 \tag{5-79}$$

设电偶极矩 $p = p_0 e^{-j\omega t}$，对应的实数形式为 $p = p_0\cos\omega t$。则一个周期内的平均辐射功率为

$$\bar{P}_e = \frac{1}{T}\int_0^T P_e dt = \frac{1}{T}\int_0^T \frac{\mu_0}{6\pi c}\ddot{p}^2 dt = \frac{\mu_0 \omega^4}{12\pi c}p_0^2 \tag{5-80}$$

如果电偶极子 l 不变，q 随时间 t 变化，即 $q = q_0 e^{-j\omega t}$，则有

$$\ddot{p}(t) = \ddot{q}(t) l = \dot{I} l, \quad I = \dot{q}(t) = I_0 e^{-j\omega t}, \quad I_0 = \omega q_0$$

故平均辐射功率为

$$\bar{P}_e = \frac{\mu_0}{12\pi c}(l\omega I_0)^2 = \frac{\mu_0 \pi c}{3}\left(\frac{l}{\lambda}\right)^2 I_0^2 \tag{5-81}$$

对比交流电通过电阻 R 时所消耗的平均功率 $\bar{P}_e = \dfrac{1}{2}R_e I_0^2$，可得电偶极等效辐射电阻为

$$R_e = \frac{2\mu_0 \pi c}{3}\left(\frac{l}{\lambda}\right)^2 = 80\pi^2\left(\frac{l}{\lambda}\right)^2 \tag{5-82}$$

2. 磁偶极辐射

根据磁偶极辐射能流密度式(5-77)，可得总辐射功率为

$$P_m = \frac{\mu_0}{6\pi c^3}\ddot{m}^2 \tag{5-83}$$

若该磁偶极子由半径为 a、电流振幅为 $I = I_0 e^{-j\omega t}$ 的圆电流圈形成，则有 $m_0 = I_0 \pi a^2$。

利用与电偶极子类似的处理方法式(5-80),可得平均辐射功率为

$$\bar{P}_{\mathrm{m}}=\frac{4\mu_0 c\pi^3}{3}\left(\frac{1}{\lambda}\right)^4 m_0^2=\frac{4\mu_0 c\pi^5}{3}\left(\frac{a}{\lambda}\right)^4 I_0^2 \tag{5-84}$$

对比交流电通过电阻 R 时所消耗的平均辐射功率

$$\bar{P}_{\mathrm{m}}=\frac{1}{2}R_{\mathrm{m}}I_0^2$$

可得等效辐射电阻为

$$R_{\mathrm{m}}=\frac{8\mu_0 c\pi^5}{3}\left(\frac{a}{\lambda}\right)^4=320\pi^6\left(\frac{a}{\lambda}\right)^4 \tag{5-85}$$

通过对比式(5-81)和式(5-84)可知,当电偶极的线度 l 与磁偶极线度 a 为同一数量级时,则有

$$\frac{\bar{P}_{\mathrm{m}}}{\bar{P}_{\mathrm{e}}}\infty\left(\frac{l}{\lambda}\right)^2$$

当 $l\ll\lambda$,即短天线情形时,一般磁偶极子的辐射功率远小于电偶极子的辐射功率。因此,小型便携式无线电台一般都采用电偶极子型(开放型)拉杆天线进行发射。

*5.4 电四极辐射

5.4.1 高频电流分布的电四极矩

考虑辐射场问题时,可以省略比 $1/r$ 更高次项的贡献,于是 φ 多极展开式中第三项式(5-61)可以化简为

$$\varphi^{(2)}=\frac{1}{24\pi\varepsilon_0}\frac{1}{c^2r^3}\boldsymbol{rr}:\ddot{\overleftrightarrow{\boldsymbol{D}}}_{\mathrm{e}} \tag{5-86}$$

同理,$\boldsymbol{A}$ 多极展开式中第二项式(5-63)可以化简为

$$\boldsymbol{A}^{(1)}=\frac{\mu_0}{4\pi cr^2}\left(\frac{1}{6}\boldsymbol{r}\cdot\dddot{\overleftrightarrow{\boldsymbol{D}}}_{\mathrm{e}}+\dot{\boldsymbol{m}}\times\boldsymbol{r}\right) \tag{5-87}$$

式中:这里的 $\overleftrightarrow{\boldsymbol{D}}_{\mathrm{e}}$ 和 $\boldsymbol{m}$ 分别表示高频电流分布下的电四极矩和磁偶极矩。对比以上两式可知,式(5-86)中仅包含电四极矩的贡献;而在式(5-87)中却包括两部分贡献:等号右边第一项表示电四极矩激发的辐射势,第二项则来源于磁偶极矩。可见,在时变场情况下,电流分布与电荷分布是相互关联的,根据时谐场的电流连续性方程 $\nabla\cdot\boldsymbol{J}-\mathrm{j}\omega\rho=0$ 可知,这时的电流密度的散度不为零,大小与电荷密度成正比。而在静场情况下,电流分布与电荷分布并无关联,因而它们各自激发的多极矩自然也不相关。

若仅保留式(5-86)和式(5-87)中的电四极矩相关项,则可以得到电四极矩激发的电磁势分别为

$$\varphi=\frac{1}{24\pi\varepsilon_0 c^2r^3}\boldsymbol{rr}:\ddot{\overleftrightarrow{\boldsymbol{D}}}_{\mathrm{e}} \tag{5-88}$$

和

$$\boldsymbol{A}=\frac{\mu_0}{24\pi cr^2}\boldsymbol{r}\cdot\ddot{\overleftrightarrow{\boldsymbol{D}}}_{\mathrm{e}} \tag{5-89}$$

5.4.2 电四极辐射

由电四极矩激发的电磁势，并利用场和势的关系，容易求出电四极辐射的场分布。具体推导过程如下。

根据式(5-88)和式(5-89)，得到

$$\boldsymbol{B}=\nabla\times\boldsymbol{A}=-\frac{\mu_0}{24\pi c^2 r^3}\boldsymbol{r}\times(\dddot{\overleftrightarrow{\boldsymbol{D}}}_{\mathrm{e}}\cdot\boldsymbol{r}) \tag{5-90}$$

和

$$\boldsymbol{E}=-\nabla\varphi-\frac{\partial\boldsymbol{A}}{\partial t}=\frac{1}{24\pi\varepsilon_0 c^3 r^2}\left[\frac{(\boldsymbol{rr}:\dddot{\overleftrightarrow{\boldsymbol{D}}}_{\mathrm{e}})\boldsymbol{r}}{r^2}-\boldsymbol{r}\cdot\dddot{\overleftrightarrow{\boldsymbol{D}}}_{\mathrm{e}}\right] \tag{5-91}$$

因而平均辐射能量为

$$\bar{\boldsymbol{S}}=\frac{1}{2\mu_0}\mathrm{Re}(\boldsymbol{E}\times\boldsymbol{B}^*)=\frac{1}{1152\varepsilon_0\pi^2c^5r^6}\left|\boldsymbol{r}\times(\dddot{\overleftrightarrow{\boldsymbol{D}}}_{\mathrm{e}}\cdot\boldsymbol{r})\right|^2\boldsymbol{e}_r \tag{5-92}$$

辐射角分布为

$$\overline{f(\theta,\phi)}=\bar{S}r^2=\frac{1}{1152\varepsilon_0\pi^2c^5r^4}\left|\boldsymbol{r}\times(\dddot{\overleftrightarrow{\boldsymbol{D}}}_{\mathrm{e}}\cdot\boldsymbol{r})\right|^2 \tag{5-93}$$

5.5 天线辐射

5.5.1 天线上的电流分布

本节主要应用推迟解具体分析一类典型的天线结构，即线型天线。为了方便讨论，首先利用积分变换关系 $\boldsymbol{J}\mathrm{d}V'\to I\mathrm{d}\boldsymbol{l}'$，将推迟势式(5-51)转化为线电流的形式，即

$$\boldsymbol{A}=\frac{\mu_0}{4\pi}\int_L\frac{I}{R}\mathrm{d}\boldsymbol{l}' \tag{5-94}$$

如图 5-7 所示，将一时谐电流信号从天线中点馈入，则天线中的电流线密度一定也是时谐变化的。此外，该电流信号沿天线长度的分布也是简谐变化的，并且满足天线两端的电流为零的开路边界条件。若取天线的中点为坐标原点 O，r 为原点 O 到场点 P 的距离，R 为电流源 $\mathrm{d}z'$ 到 P 的距离，则其电流分布为

$$I=I_0\sin(kl/2-k\mid z'\mid)\mathrm{e}^{-\mathrm{j}\omega(t-R/c)}$$

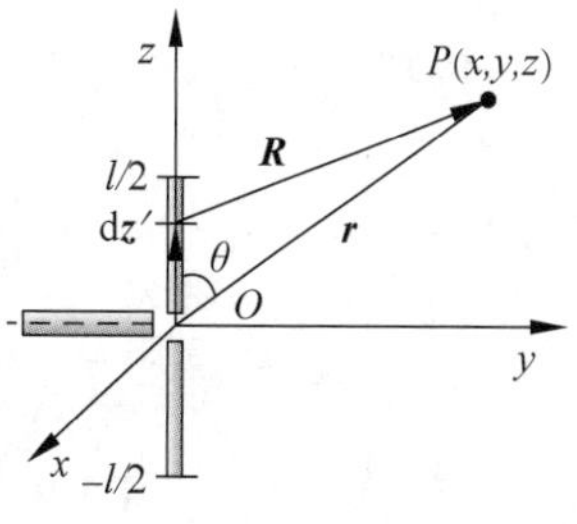

图 5-7　线天线辐射

这里 k 表示波数。将上式代入式(5-94)，得到

$$A_z=\frac{\mu_0}{4\pi}\int_{-\frac{l}{2}}^{\frac{l}{2}}\frac{I_0\sin(kl/2-k\mid z'\mid)\mathrm{e}^{-\mathrm{j}\omega(t-R/c)}}{R}\mathrm{d}z' \tag{5-95}$$

在远场辐射情形下，因 $l\ll r$ 且 $l\ll R$，故 $R\approx r-z'\cos\theta$。这时，可以把上式分母中的 R 近似地以 r 代替，但在相位中的 R 仍取 $r-z'\cos\theta$，则

$$A_z\approx\frac{\mu_0 I_0}{4\pi}\int_{-\frac{l}{2}}^{\frac{l}{2}}\frac{\sin(kl/2-k\mid z'\mid)}{r}\mathrm{e}^{-\mathrm{j}\omega(t-r/c)}\mathrm{e}^{-\mathrm{j}kz'\cos\theta}\mathrm{d}z'$$

对上式积分,可得

$$A_z = \frac{\mu_0 I_0}{2\pi r} \Gamma(\theta) e^{-j\omega\left(t - \frac{r}{c}\right)} \tag{5-96}$$

式中:

$$\Gamma(\theta) = \frac{\cos(kl\cos\theta/2) - \cos(kl/2)}{k\sin^2\theta}$$

由此可得,磁感应强度为

$$\boldsymbol{B} = -jkA_z \sin\theta \boldsymbol{e}_\phi = -j\frac{\mu_0 I_0 k}{2\pi r}\sin\theta\Gamma(\theta) e^{-j\omega(t-r/c)} \boldsymbol{e}_\phi \tag{5-97}$$

电场强度为

$$\boldsymbol{E} = c\boldsymbol{B} \times \boldsymbol{e}_r = -j\frac{\mu_0 I_0 c}{2\pi r} k\sin\theta\Gamma(\theta) e^{-j\omega(t-r/c)} \boldsymbol{e}_\theta \tag{5-98}$$

因此,平均能流密度为

$$\bar{\boldsymbol{S}} = \frac{\mu_0 c}{8}\left(\frac{I_0}{\pi r}\right)^2 [k\sin\theta\Gamma(\theta)]^2 \boldsymbol{e}_r \tag{5-99}$$

平均辐射角分布为

$$\overline{f(\theta,\phi)} = \frac{\mu_0 c}{8}\left(\frac{I_0}{\pi}\right)^2 [k\sin\theta\Gamma(\theta)]^2 \tag{5-100}$$

5.5.2 短天线的辐射

由天线辐射的一般公式出发,可以很方便地讨论其极限情形即短天线辐射的情况。

对于短天线,即 $l \ll \lambda$,易知式(5-100)中 $\Gamma(\theta)$项的余弦函数是小角度函数,因而可做泰勒展开,即

$$\cos(kl\cos\theta/2) - \cos(kl/2) \approx 1 - \frac{(kl\cos\theta/2)^2}{2!} - \left[1 - \frac{(kl/2)^2}{2!}\right] = \frac{1}{2}\left(\frac{kl}{2}\right)^2 \sin^2\theta$$

整理后得到

$$\begin{aligned} \overline{f(\theta,\phi)} &= \frac{\mu_0 c}{8}\left(\frac{I_0}{\pi}\right)^2 [k\sin\theta\Gamma(\theta)]^2 \\ &\approx \frac{\mu_0 c}{8}\left(\frac{I_0}{\pi}\right)^2 \left[\frac{1}{2}\left(\frac{kl}{2}\right)^2 \sin\theta\right]^2 \\ &= \frac{\mu_0 c\pi^2 I_0^2}{32}\left(\frac{l}{\lambda}\right)^4 \sin^2\theta \end{aligned} \tag{5-101}$$

上式表明在垂直于天线的方向($\theta = \pi/2$)上辐射最强,而沿天线方向($\theta = 0$ 或 π)的辐射为零。对所有方向积分,得到平均辐射功率为

$$\overline{P_e} = \frac{\mu_0 c\pi^3 I_0^2}{12}\left(\frac{l}{\lambda}\right)^4 \tag{5-102}$$

可见,增大天线的线度 l 或者减小波长 λ(相当于提高振荡频率 f),可以有效提高短天线的辐射功率。因此,一般天线多采用高架,且无线电波均采用高频。

5.5.3　半波天线

由 5.5.2 节内容可知，为了提高天线的辐射功率，就要增大天线的长度 l 或者减小波长 λ。当 $l=\frac{\lambda}{2}$时，称为半波天线，半波天线是一种常用的线天线。

只要将 $l=\frac{\lambda}{2}$代入任意长度的天线电流分布公式(5-95)中，即可得到

$$I(z',t')=I_0 \mathrm{e}^{-\mathrm{j}\omega(t-R/c)}\cos(kz')$$

及

$$\boldsymbol{A}=\frac{\mu_0 I_0}{2\pi kr}\frac{\cos\left(\frac{\pi}{2}\cos\theta\right)}{\sin^2\theta}\mathrm{e}^{-\mathrm{j}\omega(t-r/c)}\boldsymbol{e}_z \tag{5-103}$$

相应的电磁场为

$$\begin{cases}\boldsymbol{B}=-\mathrm{j}\dfrac{\mu_0 I_0}{2\pi r}\dfrac{\cos\left(\frac{\pi}{2}\cos\theta\right)}{\sin\theta}\mathrm{e}^{-\mathrm{j}\omega(t-r/c)}\boldsymbol{e}_\phi \\ \boldsymbol{E}=-\mathrm{j}\dfrac{\mu_0 c I_0}{2\pi r}\dfrac{\cos\left(\frac{\pi}{2}\cos\theta\right)}{\sin\theta}\mathrm{e}^{-\mathrm{j}\omega(t-r/c)}\boldsymbol{e}_\theta\end{cases} \tag{5-104}$$

平均辐射能流密度为

$$\bar{\boldsymbol{S}}=\frac{15I_0^2}{\pi r^2}\frac{\cos^2\left(\frac{\pi}{2}\cos\theta\right)}{\sin^2\theta}\boldsymbol{e}_r \tag{5-105}$$

辐射角分布为

$$\overline{f(\theta,\phi)}=\frac{15I_0^2}{\pi}\frac{\cos^2\left(\frac{\pi}{2}\cos\theta\right)}{\sin^2\theta} \tag{5-106}$$

平均辐射功率为

$$\bar{P}_\mathrm{e}=15I_0^2[\ln(2\pi\gamma)-\mathrm{Ci}(2\pi)] \tag{5-107}$$

式中：γ 为欧勒常数，$\gamma=1.7811$；$\mathrm{Ci}(x)$为积分余弦函数，$\mathrm{Ci}(x)=-\int_\pi^\infty \frac{\cos x}{x}\mathrm{d}x$。

因而，半波天线的等效辐射电阻为

$$R_\mathrm{r}=30[\ln(2\pi\gamma)-\mathrm{Ci}(2\pi)]\approx 73\Omega \tag{5-108}$$

更一般地，取 $l=m\frac{\lambda}{2}(m=1,2,3,\cdots)$时的辐射功率和辐射电阻可以直接代入式(5-99)和式(5-100)。图 5-8 所示为半波天线 $l=\frac{\lambda}{2}$、全波天线 $l=\lambda$ 和 $l=\frac{3\lambda}{2}$时的功率角分布。

通过以上几种天线的介绍，可以概括出天线辐射场的主要特征：

(1) 电场强度与磁感应强度的比值等于真空中光速($E_\theta/B_\phi=c$)，它们之间的方向相互垂直，$\boldsymbol{E}$、$\boldsymbol{B}$ 与传播方向 $\boldsymbol{e}_r$ 服从右手关系，所以辐射电磁波属于横电磁(TEM)波；

(2) 沿 z 轴方向放置的天线，辐射强度与极角 θ 有关，与方位角 ϕ 无关，即具有轴对称

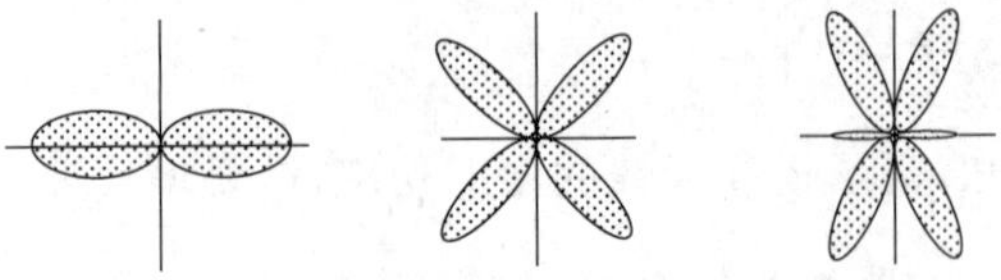

图 5-8 不同 m 值的辐射功率角分布

性；与 r^2 成反比，且随着 m 的增大辐射能量主要集中于天线方向。

5.5.4 天线阵

单个天线的方向性一般都是很弱的，但不少无线电设备都要求天线具有一定甚至很强的方向性。因此，为了提高天线的方向性，可以利用各天线辐射电磁波的干涉效应来获得。天线阵就是实现该种功能的一种天线。所谓天线阵，就是把一系列天线排成阵列，利用各天线辐射的干涉效应来获得较好的方向性。常见的天线阵是把半波天线按照线性、横向或方阵等方式排列。下面我们重点讨论线性排列天线阵。

如图 5-9 所示，将 N 个相同的半波天线沿极轴等距排列，相邻天线中点的距离为 l，等幅、同相激发。分析其辐射角分布。

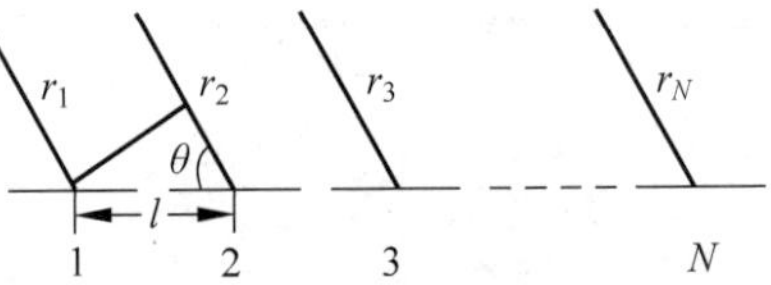

图 5-9 线性排列天线阵

显然，它们所激发的场到达远区各场点的路程不同，分别为

第 1 个天线：$r_1=r$；

第 2 个天线：$r_2=r_1+l\cos\theta=r+l\cos\theta$；

第 3 个天线：$r_3=r_2+l\cos\theta=r+2l\cos\theta$；

⋮

第 N 个天线：$r_N=r_{N-1}+l\cos\theta=r+(N-1)l\cos\theta$

因此，它们彼此间存在相位差，从而导致发生干涉使辐射具有方向性。

容易看出，每相邻天线间的波程差为 $l\cos\theta$。若假设第一个半波天线的辐射电场强度大小为

$$E_{\theta 1}=-\mathrm{j}\frac{\mu_0 cI_0}{2\pi r}\frac{\cos\left(\dfrac{\pi}{2}\cos\theta\right)}{\sin\theta}\mathrm{e}^{-\mathrm{j}\omega(t-r/c)} \tag{5-109}$$

则第二个半波天线的辐射电场强度大小为

$$\begin{aligned}E_{\theta 2}&=-\mathrm{j}\frac{\mu_0 cI_0}{2\pi(r+l\cos\theta)}\frac{\cos\left(\dfrac{\pi}{2}\cos\theta\right)}{\sin\theta}\mathrm{e}^{-\mathrm{j}\omega[t-(r+l\cos\theta)/c)]}\\&\approx-\mathrm{j}\frac{\mu_0 cI_0}{2\pi r}\frac{\cos\left(\dfrac{\pi}{2}\cos\theta\right)}{\sin\theta}\mathrm{e}^{-\mathrm{j}\omega[t-(r+l\cos\theta)/c)]}=E_{\theta 1}\mathrm{e}^{\mathrm{j}kl\cos\theta}\end{aligned} \tag{5-110}$$

同理，可得第三个半波天线的辐射电场强度大小为

$$E_{\theta 3} \approx E_{\theta 1} e^{j2kl\cos\theta} \tag{5-111}$$

以此类推，可得 N 个半波天线产生的总辐射电场强度大小为

$$\begin{aligned} E_\theta &= E_{\theta 1} + E_{\theta 2} + \cdots + E_{\theta i} + \cdots + E_{\theta N} \\ &= \sum_{i=1}^{N} E_{\theta 1} e^{j(i-1)kl\cos\theta} = E_{\theta 1} \frac{1 - e^{jNkl\cos\theta}}{1 - e^{jkl\cos\theta}} \end{aligned} \tag{5-112}$$

据前面的内容，可得辐射场的磁感应强度的大小为

$$B_\phi = \frac{E_\theta}{c} \tag{5-113}$$

结合式(5-112)和式(5-113)，可得平均辐射角分布为

$$\overline{f(\theta,\phi)} = |\bar{\boldsymbol{S}}| r^2 = \frac{15 I_0^2}{\pi} \left[\frac{\cos\left(\frac{\pi}{2}\cos\theta\right)}{\sin\theta} \right]^2 \left| \frac{1 - e^{jNkl\cos\theta}}{1 - e^{jkl\cos\theta}} \right|^2 \tag{5-114}$$

与单个半波天线相比，角分布多了一个因子。这个因子使辐射强度与极角 θ 密切相关，表现出很强的方向性。令该因子为$\boldsymbol{\Theta}$，称为天线阵的阵因子。且令 $\psi = kl\cos\theta$，则

$$\boldsymbol{\Theta} = \left| \frac{1 - e^{jNkl\cos\theta}}{1 - e^{jkl\cos\theta}} \right|^2 = \frac{\sin^2\left(\frac{N}{2}\psi\right)}{\sin^2\left(\frac{1}{2}\psi\right)} \tag{5-115}$$

下面讨论阵因子出现最大时的条件。

由上式可见，$\boldsymbol{\Theta}$ 取极值的条件为$\frac{N}{2}\psi = m\pi$，$m = 0, \pm 1, \pm 2, \cdots$，即

$$\psi = \frac{2m\pi}{N}, \quad m = 0, \pm 1, \pm 2, \cdots$$

具体讨论如下：

(1) 当 $m = 0$，即 $\psi = 0$ 时，对式(5-115)应用洛必达法则，可得阵因子的极大值为$\boldsymbol{\Theta}_{\max} = N^2$；

(2) 当 $m \neq 0$，即 $\psi = \pm\frac{2\pi}{N}, \pm\frac{4\pi}{N}, \cdots, \pm\frac{2(N-1)\pi}{N}$时，阵因子有极小值$\boldsymbol{\Theta}_{\min} = 0$。阵因子 $\boldsymbol{\Theta}$ 的极值分布如图 5-10 所示。

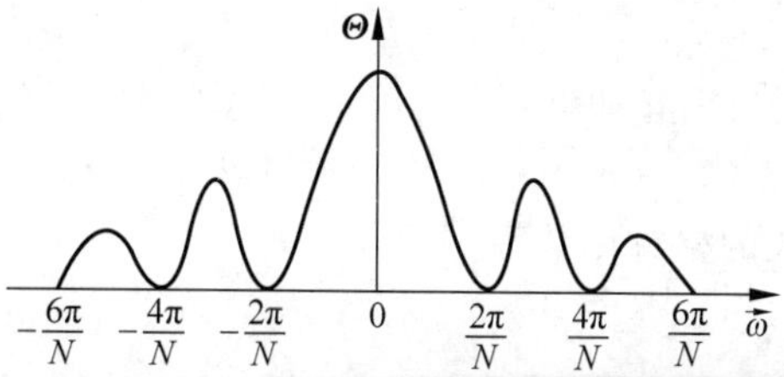

图 5-10 天线阵辐射的干涉效应

若令 $\vartheta = \frac{\pi}{2} - \theta$，则 ϑ 表示主极大的张角范围，它由 $\psi = kl\cos\theta = kl\sin\vartheta = \frac{2\pi}{N}$决定，即

$$\sin\vartheta = \frac{2\pi}{Nkl} = \frac{\lambda}{Nl}$$

可见,阵列数 N 越大,ϑ 角越小,θ 的方向性就越强。换言之,当 $\frac{\lambda}{Nl} \ll 1$ 时,就可以获得高度定向的辐射。

*5.6 电磁波的衍射

5.6.1 衍射问题

所谓电磁波的衍射现象,就是指当电磁波在传播过程中,遇到障碍物或者透过屏幕上的小孔时,会导致偏离原来入射方向而出射的现象。早期应用几何光线描述电磁波与物质相互作用的方法,实际上只是一种粗略的近似,只有当波长 λ 远小于障碍物或孔的线度 d 即 $\lambda \ll d$ 时才有效。当 $\lambda \sim d$ 或 $\lambda > d$ 时,这种近似就会失效,这时需要应用衍射理论来处理。衍射理论的基础是基尔霍夫理论,主要包括基尔霍夫衍射积分及其运算等内容。该理论是基于惠更斯、杨和菲涅耳等人的工作发展而来的,尔后由瑞利和索默菲尔德等人修正并日趋完善。这里主要介绍基尔霍夫标量衍射理论。

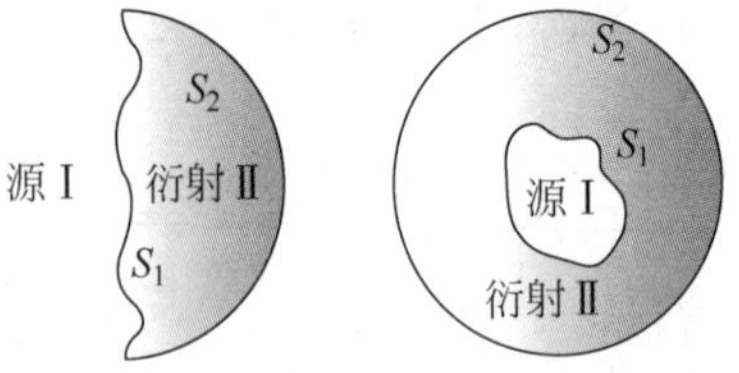

图 5-11 电磁波衍射的几何形状

如图 5-11 所示,通常衍射的几何形状,包括源区Ⅰ和衍射区Ⅱ两部分,它们之间由界面 S_1 分隔,界面 S_2 一般取在无穷远处,界面 S_1 由不透明部分和孔组成。Ⅰ区内的源产生向外传播的场,经与界面 S_1 相互作用后,一部分能量被吸收,一部分能量被反射,还有一部分能量透射到衍射区Ⅱ。透射到Ⅱ区内的场的角分布就是衍射图样。我们希望用Ⅰ区内的场源及其与界面 S_1 上的屏和孔的相互作用,或者说用界面上 S_1 的场来表示Ⅱ区内的衍射场,这实际上就是所谓的衍射问题。显然,如果用一个散射体(入射波激发的源)取代Ⅰ区内的场源,那么这里的衍射几何形状及其描述方式就可以用于处理散射问题了。

5.6.2 基尔霍夫公式

基尔霍夫理论的核心思想是利用格林公式,把封闭体积 V 内的一个标量场 $\psi(\boldsymbol{r},t)$ 即电磁场量($\boldsymbol{E},\boldsymbol{B}$)的任一分量用界面 S 上的场 $\psi(\boldsymbol{r}',t')$ 及其法向导数值 $\partial\psi(\boldsymbol{r}',t')/\partial n$ 表示出来。假设 $\psi(\boldsymbol{r},t)$ 取时谐形式 $e^{-j\omega t}$,且满足亥姆霍兹方程

$$\nabla^2\psi + k^2\psi = 0 \tag{5-116}$$

引入格林函数 $G(\boldsymbol{r},\boldsymbol{r}')$,定义如下:

$$(\nabla^2 + k^2)G(\boldsymbol{r},\boldsymbol{r}') = -4\pi\delta(\boldsymbol{r}-\boldsymbol{r}') \tag{5-117}$$

可见,具有出射波形式的格林函数为

$$G(\boldsymbol{r},\boldsymbol{r}') = \frac{e^{jkR}}{R} \tag{5-118}$$

式中:R 为源点到场点的距离,$R = |\boldsymbol{R}| = |\boldsymbol{r}-\boldsymbol{r}'|$。

令 $\varphi = G$ 和 $\psi = \psi$,根据格林公式

$$\int_V (\varphi\nabla^2\psi - \psi\nabla^2\varphi)\mathrm{d}V = \oint_S \left(\varphi\frac{\partial\psi}{\partial n} - \psi\frac{\partial\varphi}{\partial n}\right)\mathrm{d}S$$

并以"′"表示积分变量,得

$$\int_V \left[G(\boldsymbol{r},\boldsymbol{r}')\nabla'^2\psi(\boldsymbol{r}')-\psi(\boldsymbol{r}')\nabla'^2 G(\boldsymbol{r},\boldsymbol{r}')\right]\mathrm{d}V' \\ =\oint_S\left[G(\boldsymbol{r},\boldsymbol{r}')\frac{\partial}{\partial n'}\psi(\boldsymbol{r}')-\psi(\boldsymbol{r}')\frac{\partial}{\partial n'}G(\boldsymbol{r},\boldsymbol{r}')\right]\mathrm{d}S' \tag{5-119}$$

结合式(5-116)和式(5-117),可得

$$G(\nabla^2\psi+k^2\psi)-\psi(\nabla^2 G+k^2 G)=G\,\nabla^2\psi-\psi\,\nabla^2 G=4\pi\delta(\boldsymbol{r}-\boldsymbol{r}')\psi$$

把上式代入式(5-119),并利用关系$\partial/\partial n'=-(\boldsymbol{e}_R\cdot\boldsymbol{e}_\mathrm{n})\dfrac{\partial}{\partial R}$,得到

$$\begin{aligned}\psi(\boldsymbol{r})&=\frac{1}{4\pi}\oint_S\left[G(\boldsymbol{r},\boldsymbol{r}')\frac{\partial}{\partial n'}\psi(\boldsymbol{r}')-\psi(\boldsymbol{r}')\frac{\partial}{\partial n'}G(\boldsymbol{r},\boldsymbol{r}')\right]\mathrm{d}S'\\&=-\frac{1}{4\pi}\oint_S\left[\frac{\mathrm{e}^{\mathrm{j}kR}}{R}\frac{\partial}{\partial R}\psi(\boldsymbol{r}')+\psi(\boldsymbol{r}')\frac{\partial}{\partial R}\frac{\mathrm{e}^{\mathrm{j}kR}}{R}\right](\boldsymbol{e}_R\cdot\boldsymbol{e}_\mathrm{n})\mathrm{d}S'\\&=-\frac{1}{4\pi}\oint_S\frac{\mathrm{e}^{\mathrm{j}kR}}{R}\left[\frac{\partial}{\partial R}\psi(\boldsymbol{r}')+\psi(\boldsymbol{r}')\left(\mathrm{j}k-\frac{1}{R}\right)\right](\boldsymbol{e}_R\cdot\boldsymbol{e}_\mathrm{n})\mathrm{d}S'\end{aligned} \tag{5-120}$$

可见,上式把衍射区内任一点$\boldsymbol{r}$处的场$\psi(\boldsymbol{r})$用界面S上的$\psi(\boldsymbol{r}')$和$\partial\psi(\boldsymbol{r}')/\partial R$表示了出来。界面$S$由$S_1$和$S_2$两部分组成,因而对它的积分也应该包括两部分:一部分是对屏及其孔的S_1的积分,另一部分是对遍及无穷远处的S_2的积分。由于假设Ⅱ区域内的场$\psi(\boldsymbol{r})$是由Ⅰ区的源通过S_1透射过来的,故$\psi(\boldsymbol{r})$在S_2附近是出射波,应当满足辐射条件:

$$\psi\sim\frac{\mathrm{e}^{\mathrm{j}kR}}{R},\quad \frac{\partial\psi}{\partial R}\sim\psi\left(\mathrm{j}k-\frac{1}{R}\right) \tag{5-121}$$

可见,当$R\to\infty$时,$\lim\limits_{R\to\infty}\psi=0$,则对$S_2$的积分也趋于零,于是式(5-120)中只剩下对$S_1$的积分。由此可得,基尔霍夫衍射积分式为

$$\psi(\boldsymbol{r})=-\frac{1}{4\pi}\oint_{S_1}\frac{\mathrm{e}^{\mathrm{j}kR}}{R}\left[\frac{\partial}{\partial R}\psi(\boldsymbol{r}')+\psi(\boldsymbol{r}')\left(\mathrm{j}k-\frac{1}{R}\right)\right](\boldsymbol{e}_R\cdot\boldsymbol{e}_\mathrm{n})\mathrm{d}S' \tag{5-122}$$

该式称为标量基尔霍夫公式。

5.6.3　小孔衍射

下面应用基尔霍夫衍射积分公式(5-122)分析小孔衍射问题。为了得到衍射波,基尔霍夫用了如下假设:

(1) 除了孔内以外,ψ和$\dfrac{\partial\psi}{\partial n}$在$S_1$上处处为零;

(2) 孔内的ψ和$\dfrac{\partial\psi}{\partial n}$的值等于没有任何屏或障碍物时入射波的值。

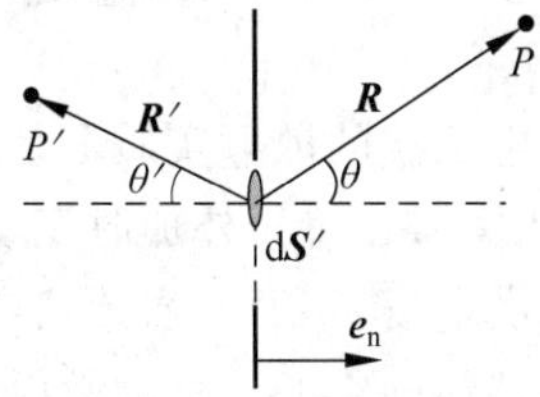

图5-12　源点、带孔平面屏和场点的衍射几何形状

如图5-12所示,以R'和R分别表示源点P'和场点P离孔内面积元$\mathrm{d}\boldsymbol{S}'$的距离。

根据假设(2),在S_1上的场可取为入射波形式,即

$$\psi\sim\frac{\mathrm{e}^{\mathrm{j}\boldsymbol{k}_\mathrm{i}\cdot\boldsymbol{R}'}}{R'} \tag{5-123}$$

式中:$\boldsymbol{k}_\mathrm{i}$为入射波矢量。

把格林函数取为出射波或衍射波的形式,即

$$G \sim \frac{e^{jk_d \cdot R}}{R} \tag{5-124}$$

式中:$\boldsymbol{k}_d$ 为衍射波矢量。

根据基尔霍夫衍射积分公式,结合式(5-123)和式(5-124),可得

$$\begin{aligned}\psi(\boldsymbol{r}) &= -\frac{1}{4\pi}\int_{S_1} \frac{e^{j\boldsymbol{k}_d \cdot \boldsymbol{R}}}{R}\left[\frac{\partial}{\partial R'}\psi + \psi\left(jk_d\cos\theta - \frac{1}{R}\right)\right] dS' \\ &= -\frac{1}{4\pi}\int_{S_1} \frac{e^{j\boldsymbol{k}_d \cdot \boldsymbol{R}}}{R}\frac{e^{j\boldsymbol{k}_i \cdot \boldsymbol{R}'}}{R'}\left[\left(jk_i\cos\theta' - \frac{1}{R'}\right) + \left(jk_d\cos\theta - \frac{1}{R}\right)\right] dS'\end{aligned}$$

式中:θ'为入射波矢 $\boldsymbol{k}_i$ 与法线方向 $\boldsymbol{e}_n$ 的夹角;θ 为衍射波矢 $\boldsymbol{k}_d$ 与法线方向 $\boldsymbol{e}_n$ 的夹角。

若令$|\boldsymbol{k}_i| = |\boldsymbol{k}_d| = k$,并略去 $1/R$ 和 $1/R'$的高次项,则

$$\psi(\boldsymbol{r}) \approx -\frac{jk}{2\pi}\iint_{S_1} \frac{e^{j\boldsymbol{k}_d \cdot \boldsymbol{R}}}{R}\frac{e^{j\boldsymbol{k}_i \cdot \boldsymbol{R}'}}{R'}\frac{1}{2}(\cos\theta' + \cos\theta) dS' \tag{5-125}$$

式中:$(\cos\theta' + \cos\theta)/2$ 为倾斜因子。

根据式(5-125),可以得到以下结论:

(1) 当 $d \gg \lambda$ 时,衍射角 $\theta \ll \lambda/d$ 会很小,这时衍射强度被限制在一个狭窄的角度范围内,而且几乎完全取决于式(5-125)中两个指数因子间的干涉;

(2) 当源点 P'和场点 P 远离屏时(或到屏的距离远大于孔的线度时),倾斜因子可以当作一个常数,这时不同衍射场的相对振幅将是相同的;

(3) 当正入射时,倾斜因子近似等于 1,这时振幅的绝对值相同,衍射强度达到最大。

综上所述,本节主要推导了基尔霍夫衍射积分公式,简单介绍了它在小孔衍射问题中的应用,但是这些内容仍然属于标量衍射理论的范畴。由于电磁场本质上是一个矢量场,这就要求在处理实际问题时,必须考虑其矢量特征。虽然对于一些简单问题,可以近似地采用标量衍射理论来处理,但是这也不能够掩盖它的局限性。例如,在通过裂缝的微波衍射问题中,由于涉及较大的波长和衍射角,以致标量衍射理论在此处失效。这时,我们需要选用矢量衍射理论来处理。关于这个问题在此不作详细讨论。

*5.7 科技前沿 1:散射相消原理及应用

电磁波的散射实质上是电磁场与遇到的障碍物相互作用的结果。按照电磁波的辐射理论,当障碍物置于外加时变场中时,介质会被外加电磁场极化,产生的交变极化电荷也会产生二次电场,从而对初始场产生扰动,改变初始电场的分布。总的电场是由外加电场和二次电场叠加确定的。电磁散射的强弱也可以用电极化强度来描述。这一问题可归结为电磁场的边值问题。例如,一介质球处于均匀平面电磁波的散射问题,可以用分离变量法求解,较为复杂的问题可以用格林函数法求解。正常情况下,电磁场的 $\boldsymbol{P}$ 与 $\boldsymbol{E}$ 同方向,如图 5-13(a)所示。如果在物体外围包裹一层新型人工材料,这种材料在电场中也会被极化,但是方向与外加电场相反,如图 5-13(b)所示。那么,将此复合结构放入外加电场中时,结构整体的电极化强度有可能因为物体和包层的不同特性而抵消。换句话说,此结构对外加电场无扰动或者扰动很小,从而在外部无法探测出物体的存在,即物体被"隐形"了。这就是极化相消的机

理。如何实现这一效果呢？观察 $\boldsymbol{P}=\varepsilon_0\chi_e\boldsymbol{E}=\varepsilon_0(\varepsilon_r-1)\boldsymbol{E}$，可得，只要包层材料的介电常数小于真空，甚至为负值即可。虽然自然界中不存在这样的媒质，但对于静磁场，可以使用超导材料加以实现。在时变的情况下，这个要求可以用新型人工电磁材料得以满足；此外，在光波段，大多数金属也具有负数的介电常数。

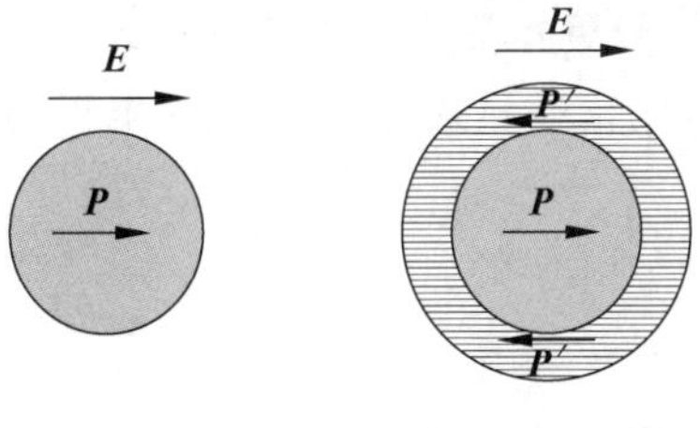

图 5-13　散射相消原理示意

以上只是定性地解释了利用极化的概念实现散射相消的机理。事实上，对于磁性材料，可以用磁化强度做出相类似的解释。而在具体定量分析时，往往定义散射截面的概念即散射波的时间平均功率与入射波的时间平均功率密度之比。通过理论分析得出散射截面，令其取值为零，即为理想的散射相消条件。实际应用中，只能做到尽可能地减小散射。

利用散射相消原理实现电磁隐形技术，也是科学家们目前努力研究的一个重要课题。

*5.8　科技前沿 2：低维材料电磁波辐射下的非线性效应

4.5 节介绍了石墨烯的量子磁输运性质，即静磁场诱导的磁致电导率或磁阻现象。本节主要讨论电磁波辐射即随时间变化的电磁场对石墨烯载流子运动的影响。

研究人员发现，在电磁波辐射下石墨烯的线性光锥能谱会发生弯曲，进而张开一个能隙。在长波近似下，能隙可以表示为

$$\Delta(p)=\frac{e^2E_0^2v_F}{4c^2p\omega^2} \tag{5-126}$$

式中：ω 和 E_0 分别为电磁波辐射的频率和强度；p 和 e 分别为电子的动量和电量；v_F 为电子的费米速度，$v_F\approx c/300$，c 为真空中光速。

可见，能隙主要依赖于电磁波辐射的频率和强度。深入分析之后还会发现，这时的电流会呈现出非常强的非线性行为，反映出电子的运动不再像静磁场时做圆周运动那么简单，而是变得愈发复杂。搞清楚这背后的物理机制将是我们进一步研发新型高效微波电子器件的基础。以上是主要结论，现就计算思路及过程简单介绍如下。

1. 模型

如图 5-14 所示，假设电磁波沿 y 方向传播，波矢量为 $\boldsymbol{k}=k\boldsymbol{e}_y$，辐射频率为 ω。当 $\boldsymbol{k}$ 接近第一布里渊区狄拉克点 K 时，载流子的哈密顿量可以被近似地表示为

$$H(x,y,t)=v_F\begin{pmatrix}0 & \pi_x-j\pi_y\\ \pi_x+j\pi_y & 0\end{pmatrix} \tag{5-127}$$

式中：π_x 和 π_y 为正则动量算符 π 的 x 和 y 成分，$\boldsymbol{\pi}=\boldsymbol{p}-e\boldsymbol{A}$，$\boldsymbol{A}$ 为电磁波辐射的磁矢势，$\boldsymbol{A}=[(E_0/\omega)\cos(ky-\omega t),0]$。

因为石墨烯很薄，只有一个碳原子层厚度，所以电磁屏蔽效应非常弱，可以忽略。这时，E_0 可以近似看作一个常数。若对上式中的 π_y 取反号，则可以得到另一个狄拉克点 K' 处载流子的哈密顿量。

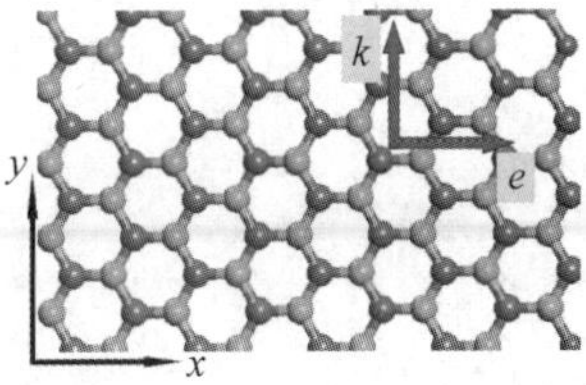

图 5-14　电磁波在石墨烯内传播

2. 能量本征值和本征波函数

将哈密顿量式(5-127)代入电子的运动方程,即狄拉克方程

$$H(x,y,t)\Psi(x,y,t)=\mathrm{j}\hbar\frac{\partial\Psi(x,y,t)}{\partial t}\tag{5-128}$$

式中:

$$\Psi(x,y,t)=\begin{cases}\Psi_A(x,y,t)\\ \Psi_B(x,y,t)\end{cases}\tag{5-129}$$

称为电子的波函数。显然,它是包含 A 和 B 两个分量的旋量波函数,而在普通材料中电子的波函数通常只有一个分量为标量波函数。究其原因在于石墨烯是复式晶格,由两套三角子晶格组成,分别记为 A 和 B。按照量子电动力学,将式(5-129)和式(5-127)代入式(5-128),可以得到旋量的每一个分量方程,即

$$\begin{cases}v_{\mathrm{F}}(\pi_x-\mathrm{j}\pi_y)\Psi_B(x,y,t)=\mathrm{j}\hbar\dfrac{\partial\Psi_A(x,y,t)}{\partial t}\\ v_{\mathrm{F}}(\pi_x+\mathrm{j}\pi_y)\Psi_A(x,y,t)=\mathrm{j}\hbar\dfrac{\partial\Psi_B(x,y,t)}{\partial t}\end{cases}\tag{5-130}$$

若令磁场为 $\boldsymbol{B}$,则 π_x 和 π_y 的对易法则可以表示为

$$\begin{cases}[\pi_i-\mathrm{j}\pi_j]=\dfrac{\mathrm{j}\hbar e}{c}\varepsilon_{ijk}B_k,\quad(i,j=x,y)\\ [\partial/\partial t,\pi_x\pm\mathrm{j}\pi_y]=-\dfrac{eE_0}{c}\sin(ky-\omega t)\end{cases}$$

再利用关系 $k_\mu A_\mu=0$,可以得到旋量波函数的运动方程

$$\begin{aligned}&-\hbar^2\left[v_{\mathrm{F}}^2\left(\frac{\partial^2\Psi}{\partial x^2}+\frac{\partial^2\Psi}{\partial y^2}\right)-\frac{\partial^2\Psi}{\partial t^2}\right]+2\mathrm{j}\hbar\xi v_{\mathrm{F}}\cos\phi\frac{\partial\Psi}{\partial x}\\&+[\xi^2\cos^2\phi-\xi v_{\mathrm{F}}\hbar\sigma_z k\sin\phi-\mathrm{j}\hbar\omega\xi\sigma_x\sin\phi]\Psi=0\end{aligned}\tag{5-131}$$

式中:ϕ 为电磁波的相位,$\phi=ky-\omega t$;ξ 为辐射参数,$\xi=eE_0v_{\mathrm{F}}/c\omega$;$\boldsymbol{\sigma}_\mu$ 为泡利矩阵算符。

按照弗洛凯(Floquet)理论求解方程(5-131),得到能量本征值

$$E_n(p)=n\hbar\omega\pm v_{\mathrm{F}}p\pm\{e^2E_0^2v_{\mathrm{F}}/[4c^2\omega^2p(1-v_{\mathrm{F}}kp_y/\omega p)]\}\tag{5-132}$$

和本征波函数

$$\Psi_{n,p}(x,y,t)=\exp[-\mathrm{j}E_n(p)t/\hbar]\Phi(x,y,t)\tag{5-133}$$

式中:

$$\begin{aligned}&\Phi(x,y,t)=\exp(\mathrm{j}n\omega t+\mathrm{j}p_x x/\hbar+\mathrm{j}p_x y/\hbar)\exp\left[G(\phi)+\frac{\mathrm{j}\xi^2\omega t}{4\hbar\eta}\right]\times\\&\frac{1}{\sqrt{2}}\begin{pmatrix}\pm\mathrm{e}^{-\mathrm{j}\varphi/2}\\ \mathrm{e}^{\mathrm{j}\phi/2}\end{pmatrix},\quad\left[\varphi=\tan\left(\frac{p_x}{p_y}\right)\right]\end{aligned}\tag{5-134}$$

是弗洛凯模,且有

$$\begin{aligned}G(\phi)=&\frac{\mathrm{j}\xi^2}{4\hbar\eta}\phi-\frac{\mathrm{j}\xi v_{\mathrm{F}}}{\hbar\eta}p_x\sin\phi+\mathrm{j}\frac{\xi v_{\mathrm{F}}\sigma_z k}{2\eta}\cos\phi+\\&\frac{\mathrm{j}\xi^2}{8\hbar\eta}\sin2\phi-\frac{\xi\omega}{2\eta}\sigma_x\cos\phi\end{aligned}\tag{5-135}$$

根据能量本征值式(5-132)，在长波近似下，可以得到能隙式(5-126)，即

$$\Delta(p)=\frac{e^2E_0^2v_{\mathrm{F}}}{4c^2p\omega^2}$$

3. 电流

将能量本征值式(5-132)和本征波函数式(5-133)代入电流算符

$$\boldsymbol{j}_{\mu,\boldsymbol{p}}(t)=ev_{\mathrm{F}}\Psi^*_{n,p}\sigma_\mu\Psi_{n,p}$$

在长波近似下，可以得到 x 和 y 方向的电流分量分别为

$$j_{x,\boldsymbol{p}}(t)=ev_{\mathrm{F}}\sinh\left(\frac{\xi}{\varepsilon}\cos\omega t\right)+\cosh\left(\frac{\xi}{\varepsilon}\cos\omega t\right)\cos\phi \tag{5-136}$$

和

$$j_{y,p}(t)=ev_{\mathrm{F}}\sin\phi \tag{5-137}$$

式中：

$$\varepsilon=v_{\mathrm{F}}p\approx\varepsilon_{\mathrm{F}}$$

由式(5-136)可知，x 方向的电流表现出很强的非线性行为，反映出电磁场作用下石墨烯上电子运动的非线性特征。更多的计算细节和讨论，请参见相关文献。

*5.9 思政教育：团体精神、“抓大放小”思想

团队精神指的是团队成员之间的合作、互助和相互支持的态度和行为。在一个具备团队合作精神的团队中，成员们追求共同目标，共享成果，相互倾听和尊重，共同解决问题，并愿意为团队的成功而奉献自己的力量。团队精神包含个体之间的相互作用和合作，通过协同努力，能够促进团队协作和创新，并在团队中营造出积极向上的工作氛围，有助于团队的发展和成就。天线阵中的干涉效应蕴含着“团队精神”的哲理。

具体地，天线阵中干涉效应是指当多个天线在一定的配置下工作时，它们之间会相互干涉，从而导致信号增强或者衰减的现象。在天线阵中的干涉效应中，每个天线的信号相互影响，最终实现了更强的信号增强或衰减。我们知道，单个小天线“势单力薄”，难以满足强辐射和强方向性等要求，需要通过组队协同完成。将若干个同类天线组成阵列，通过调控使它们达到“齐心协力”，就能够达到高辐射的效果。在阵列天线中，如果每个不同的天线到达辐射点满足相位相同时，合成场强最大。这不正和我们完成一个系统工程需要每一位鼎力相助、同心同德才能实现其共同目标类同吗？俗话说“众人拾柴火焰高”就是这个道理。由此可见，团队合作至关重要。但如果是反相叠加，其结果互相抵消，其值最小。做事中如果彼此之间心不往一处想，互相拆台，则成为“一个和尚担水喝，两个和尚抬水喝，三个和尚没水喝”。在事业和生活中需要有团结协作、乐于奉献的精神。

“抓大放小”思想是一种管理和决策的理念，它强调在资源有限的情况下，将重点放在关键和战略性的事物上(“抓大”)，而将非关键和非战略性的事物降低优先级(“放小”)。这种思想鼓励将有限的资源和精力聚焦在最重要和有潜力的方面，以取得更好的结果和效益。在组织和团队中应用这种思想时，需要明确优先级，精确分配资源，避免浪费，并在重点领域

中实施有效的管理和控制。线天线的推迟势是物理学中的一个概念,涉及电磁波传输和信号延迟。推迟势近似是一种数学方法,用于近似计算复杂的函数。它包括将函数按照一定的级数展开,并忽略高阶无穷小量,只保留低阶项来进行近似计算。这种方法可以简化计算过程并快速获得近似结果。以半波振子辐射为例,其矢势 $\boldsymbol{A}$ 满足式(5-95),在讨论远区场($r\gg l,r\gg\lambda$)问题时,选择源点和场点间的距离上可选择$\dfrac{1}{R}\approx\dfrac{1}{r}$,而在推迟相位因子中却要选择 $\mathrm{e}^{\mathrm{j}kR}\approx\mathrm{e}^{\mathrm{j}kr}\cdot\mathrm{e}^{-\mathrm{j}kz'\cos\theta}$。为什么要"厚此薄彼"呢?其实,主要是因为推迟因子 $\mathrm{e}^{\mathrm{j}kR}$ 中 $\mathrm{e}^{-\mathrm{j}kz'\cos\theta}$ 的作用不可忽视,而$\dfrac{1}{R}$与$\dfrac{1}{r}$相差甚小。具体而言,$kz'\cos\theta=\dfrac{2\pi z'\cos\theta}{\lambda}$的值在$[0,2\pi]$范围,相当于干涉因子,对总场的影响较大。另一个问题:明明式(5-95)是精确的解析式,为什么偏偏要做近似计算呢?其实,在对许多物理问题求解时,有些情况下纵然可以经过复杂的计算得到精确解,但如果形式过于复杂,其中的物理规律、物理意义被繁杂的公式所掩盖,如雾里看花;而在另一些情形下,如果不做近似处理就无法进行解析计算,本例就属于此。可见,恰当的近似、合理的取舍是非常必要的。这就要求我们在学习过程中善于抓住"主要矛盾",有时需要"抓大放小",而有时还得"斤斤计较",这种实事求是的科学方法也是我们处事的基本原则。因此,在授课中可以因势利导,循循善诱。

将这两个概念结合起来,可以理解为在管理和发展中,根据事物的规模大小采取相应的处理方式。"抓大"是指对规模较大的事物进行更重要的关注和投入资源,以实现更优的发展;"放小"是指对规模较小的事物进行更灵活的管理,充分发挥其潜力。通过使用线天线的推迟势近似方法,可以对不同规模的问题和挑战进行分析和处理,从而实现"抓大放小"的管理思想。这样可以优化资源分配,提高效率,并获得更好的结果。

本章小结

1. 本章知识结构框架

理论基础:麦克斯韦方程组　达朗贝尔方程

⇩ ⇩ ⇩

基本概念:	基本规律:	基本计算:
1. 标势和矢势	1. 麦克斯韦方程组	1. 势函数的达朗贝尔方程解
2. 洛伦兹规范	2. 达朗贝尔方程	2. 推迟势多极展开
3. 场和势的关系	3. 偶极子、线天线、天线阵辐射	3. 偶极子、线天线、天线阵辐射场、辐射能流、方向性函数、辐射功率
4. 推迟势	4. 基尔霍夫标量衍射理论	
5. 多极辐射		
6. 天线辐射		

2. 静电场、静磁场和变化电磁场基本公式比较

类 别	静 电 场	静 磁 场	变化电磁场
场方程	$\begin{cases}\oint_S \boldsymbol{D}\cdot d\boldsymbol{S}=Q\\ \nabla\cdot\boldsymbol{D}=\rho\\ \oint_l \boldsymbol{E}\cdot d\boldsymbol{l}=0\\ \nabla\times\boldsymbol{E}=\boldsymbol{0}\end{cases}$	$\begin{cases}\oint_S \boldsymbol{B}\cdot d\boldsymbol{S}=0\\ \nabla\cdot\boldsymbol{B}=0\\ \oint_l \boldsymbol{H}\cdot d\boldsymbol{l}=I\\ \nabla\times\boldsymbol{H}=\boldsymbol{J}\end{cases}$	$\begin{cases}\oint_S \boldsymbol{D}\cdot d\boldsymbol{S}=Q, & \nabla\cdot\boldsymbol{D}=\rho\\ \oint_l \boldsymbol{E}\cdot d\boldsymbol{l}=-\int_S\frac{\partial\boldsymbol{B}}{\partial t}\cdot d\boldsymbol{S}, & \nabla\times\boldsymbol{E}=-\frac{\partial\boldsymbol{B}}{\partial t}\\ \oint_S \boldsymbol{B}\cdot d\boldsymbol{S}=0, & \nabla\cdot\boldsymbol{B}=0\\ \oint_l \boldsymbol{H}\cdot d\boldsymbol{l}=I+\int_S\frac{\partial\boldsymbol{D}}{\partial t}d\boldsymbol{S}, & \nabla\times\boldsymbol{H}=\boldsymbol{J}+\frac{\partial\boldsymbol{D}}{\partial t}\end{cases}$
介质本构方程	$\boldsymbol{D}=\varepsilon\boldsymbol{E}$ 或 $\boldsymbol{D}=\varepsilon_0\boldsymbol{E}+\boldsymbol{P}$	$\boldsymbol{B}=\mu\boldsymbol{H}$ 或 $\boldsymbol{B}=\mu_0(\boldsymbol{H}+\boldsymbol{M})$	$\begin{cases}\boldsymbol{D}=\varepsilon\boldsymbol{E}\\ \boldsymbol{B}=\mu\boldsymbol{H}\end{cases}$
电磁能流密度	—	—	$\boldsymbol{S}=\boldsymbol{E}\times\boldsymbol{H}$
电磁能量密度	$w_e=\frac{1}{2}\boldsymbol{E}\cdot\boldsymbol{D}$	$w_m=\frac{1}{2}\boldsymbol{H}\cdot\boldsymbol{B}$	$w=\frac{1}{2}(\boldsymbol{E}\cdot\boldsymbol{D}+\boldsymbol{H}\cdot\boldsymbol{B})$
电磁动量密度	—	—	$\boldsymbol{g}=\boldsymbol{D}\times\boldsymbol{B}$
场和势的关系	$\boldsymbol{E}=-\nabla\varphi$	$\boldsymbol{B}=\nabla\times\boldsymbol{A}$	$\begin{cases}\boldsymbol{B}=\nabla\times\boldsymbol{A}\\ \boldsymbol{E}=-\nabla\varphi-\frac{\partial\boldsymbol{A}}{\partial t}\end{cases}$
势方程	$\begin{cases}\nabla^2\varphi=-\rho/\varepsilon\\ \nabla^2\varphi=0\end{cases}$	$\begin{cases}\nabla^2\boldsymbol{A}=-\mu\boldsymbol{J}\\ \nabla^2\boldsymbol{A}=\boldsymbol{0}\end{cases}$	$\begin{cases}\nabla^2\varphi-\mu\varepsilon\frac{\partial^2\varphi}{\partial t^2}=-\frac{1}{\varepsilon}\rho\\ \nabla^2\boldsymbol{A}-\mu\varepsilon\frac{\partial^2\boldsymbol{A}}{\partial t^2}=-\mu\boldsymbol{J}\end{cases}$
规范条件	—	$\nabla\cdot\boldsymbol{A}=0$ (库仑规范条件)	$\nabla\cdot\boldsymbol{A}+\mu\varepsilon\frac{\partial\varphi}{\partial t}=0$ (洛伦兹规范条件)
基本解	$\varphi(\boldsymbol{r})=\frac{1}{4\pi\varepsilon_0}\int_{V'}\frac{\rho(\boldsymbol{r}')}{R}dV'$	$\boldsymbol{A}(\boldsymbol{r})=\frac{\mu_0}{4\pi}\int_{V'}\frac{\boldsymbol{J}(\boldsymbol{r}')}{R}dV'$	$\begin{cases}\varphi(\boldsymbol{r},t)=\frac{1}{4\pi\varepsilon_0}\int_{V'}\frac{\rho(\boldsymbol{r}',t')}{R}dV'\\ \boldsymbol{A}(\boldsymbol{r},t)=\frac{\mu_0}{4\pi}\int_{V'}\frac{\boldsymbol{J}(\boldsymbol{r}',t')}{R}dV'\end{cases}$

习题 5

5.1 已知时变电磁场的势函数为

$$\begin{cases}\varphi(\boldsymbol{r},t)=0\\ \boldsymbol{A}(\boldsymbol{r},t)=-\dfrac{1}{4\pi\varepsilon_0}\dfrac{qt}{r^2}\boldsymbol{e}_r\end{cases}$$

求其场强及电荷和电流分布。

5.2 已知时变电磁场的势函数为

$$\begin{cases}\varphi=0\\ \boldsymbol{A}=A_0\sin(kx-\omega t)\boldsymbol{e}_y\end{cases}$$

其中，A_0 为振幅，k 和 ω 分别表示电磁波的波数(波矢量的大小)和频率，它们均为常量。求场强 $\boldsymbol{E}$ 和 $\boldsymbol{B}$，并验证它们是否满足真空中的麦克斯韦方程组。

5.3 使用以下规范函数：

$$\psi=-\frac{1}{4\pi\varepsilon_0}\frac{qt}{r}$$

变换题 5.1 势函数($\boldsymbol{A}$，φ)，求出新势函数($\boldsymbol{A}'$，φ')的形式，并讨论该结果。

5.4 证明：推迟势满足洛伦兹规范条件。

5.5 有一无穷长载流直导线载有随时间变化的电流

$$I(t)=\begin{cases}0, & t\leqslant 0\\ kt, & t>0\end{cases}$$

k 为一常数。求电磁场分布。

5.6 证明：推迟势满足达朗贝尔方程。

5.7 有一电荷体系，呈球对称分布，求当它以频率 ω 沿径向做简谐振动时的辐射场，并解释该结果。

5.8 已知一无穷长载流直导线的电流为 $I(t)=q_0\delta(t)$，求磁矢势及电磁场分布。

5.9 有一半径为 R 的飞轮，在其边缘上均匀分布有总电量为 Q 的电荷。求当它以恒定角速度 ω 旋转时的辐射场。

5.10 在一根长 5m 的天线中，通有均方根值为 5A、振荡频率为 1000kHz 的电流。求单位时间辐射能量的平均值。

5.11 在与电偶极矩垂直的方向上，相距 100km 处测得电场强度的振幅为 $100\mu\text{V/m}$。求电偶极子的总平均辐射功率。

5.12 带电量为 q 的粒子，以恒定的角速度 ω 沿半径为 a 的圆周转动，若 $\omega\ll c/a$，求电偶极辐射的场强、能流及平均功率。

5.13 在位于原点处沿 z 轴方向放置的一根线段 $\mathrm{d}l$ 中输入交变电流 $I=I_0\cos\omega t$。求辐射场中任一点的磁矢势、电场强度、磁感应强度及平均辐射功率。

***5.14** 在一半径为 a 的圆电流圈中输入振荡电流 $I=I_0\cos\omega t$，若 $a\omega\ll c$，求此电流圈的辐射场强、能流及功率。

***5.15** 有一半径为 a 的均匀永磁体，磁化强度为 $\boldsymbol{M}$，当它以恒定的角速度 ω 绕通过球心且与 $\boldsymbol{M}$ 垂直的轴旋转时，若 $a\omega\ll c$，求其辐射场强和能流密度。

***5.16** 有一磁化强度为 $\boldsymbol{M}$、半径为 a 的均匀磁化球体。它以恒定的角速度 ω 转动，转轴通过球心但与 $\boldsymbol{M}$ 方向成 ϕ_0 角，当 $a\omega\ll c$ 时，求辐射场强、能流和辐射功率。

***5.17** 有一质量为 m、电量为 q 的粒子，以速度 v 从一个固定不动的带电为 q_1 的粒子附近通过。它们之间的最近距离为 a，q 的运动轨迹为直线。求该运动粒子因电偶极辐射所损失的总能量。

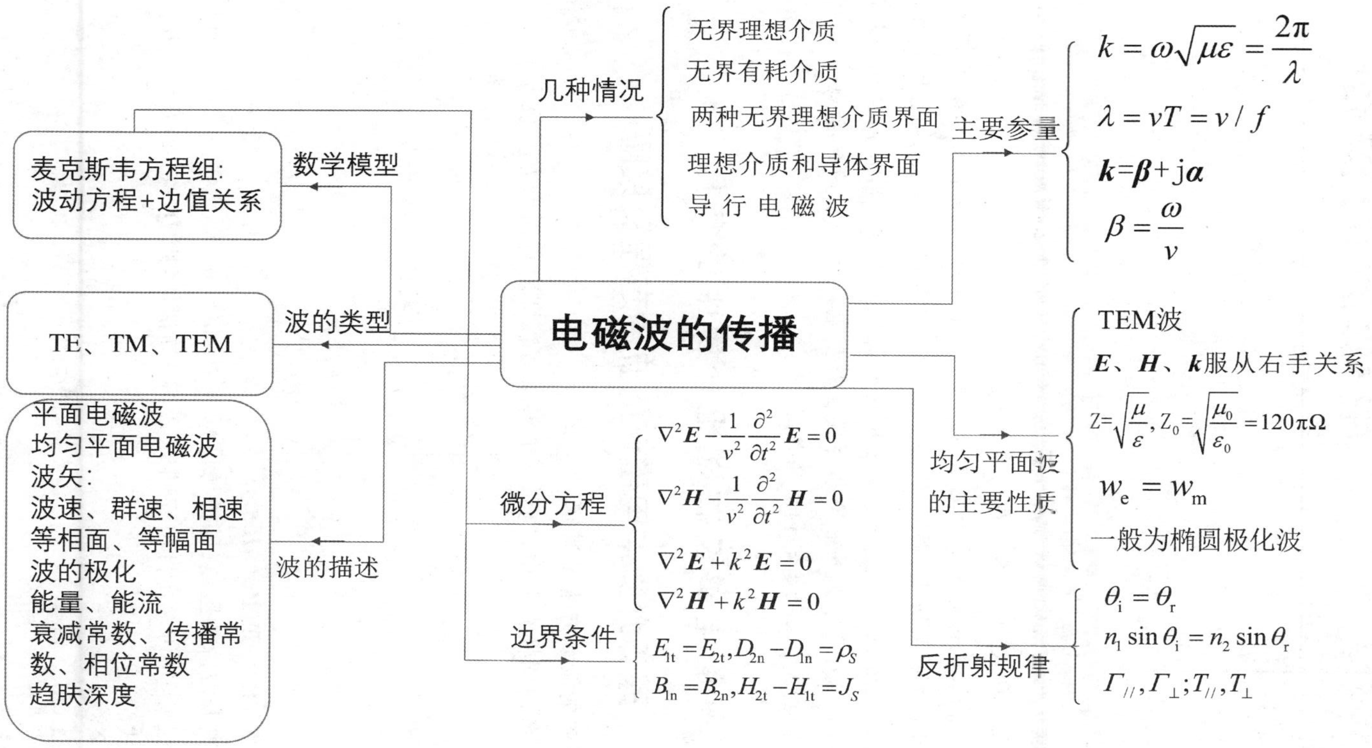

电磁波的传播
几种情况
无界理想介质
无界有耗介质
两种无界理想介质界面
理想介质和导体界面
导 行 电 磁 波
主要参量
$k=\omega\sqrt{\mu\varepsilon}=\frac{2\pi}{\lambda}$
$\lambda=vT=v/f$
$\boldsymbol{k}=\boldsymbol{\beta}+\mathrm{j}\boldsymbol{\alpha}$
$\beta=\frac{\omega}{v}$
均匀平面波的主要性质
TEM波
E、H、k服从右手关系
$Z=\sqrt{\frac{\mu}{\varepsilon}}, Z_0=\sqrt{\frac{\mu_0}{\varepsilon_0}}=120\pi\Omega$
$w_e=w_m$
一般为椭圆极化波
反折射规律
$\theta_i=\theta_r$
$n_1\sin\theta_i=n_2\sin\theta_r$
$\Gamma_{//},\Gamma_{\perp};T_{//},T_{\perp}$
微分方程
$\nabla^2\boldsymbol{E}-\frac{1}{v^2}\frac{\partial^2}{\partial t^2}\boldsymbol{E}=0$
$\nabla^2\boldsymbol{H}-\frac{1}{v^2}\frac{\partial^2}{\partial t^2}\boldsymbol{H}=0$
$\nabla^2\boldsymbol{E}+k^2\boldsymbol{E}=0$
$\nabla^2\boldsymbol{H}+k^2\boldsymbol{H}=0$
边界条件
$E_{1t}=E_{2t},D_{2n}-D_{1n}=\rho_S$
$B_{1n}=B_{2n},H_{2t}-H_{1t}=J_S$
数学模型
麦克斯韦方程组:
波动方程+边值关系
波的类型
TE、TM、TEM
波的描述
平面电磁波
均匀平面电磁波
波矢:
波速、群速、相速
等相面、等幅面
波的极化
能量、能流
衰减常数、传播常数、相位常数
趋肤深度

第 6 章 电磁波的传播

CHAPTER 6

本章导读：电磁波脱离波源后，在空间的运动即为电磁波的传播。电磁波的传播以波动性为主要表现形式，它是本课程的重点内容之一。

本章将从最基本的均匀平面电磁波入手，首先介绍均匀平面电磁波在无界的理想介质中的传播特性；在此基础上，介绍有耗介质中、两种理想介质分界面上电磁波的传播特性；最后，介绍由金属边界围成的矩形波导中电磁波——导行波的传播特性。此外，本章还增加了一些最新科研成果，简要介绍了电磁波在新型电磁材料中的传播规律和应用。本章的学习为后续的其他相关课程奠定相应的基础。

6.1 平面电磁波在理想介质中的传播

6.1.1 理想介质中电磁波的波动方程及其解

1. 真空中的波动方程及其解

在线性、各向同性介质中，电磁场的基本方程即麦克斯韦方程组为

$$\begin{cases} \nabla\times \boldsymbol{H} = \boldsymbol{J} + \dfrac{\partial \boldsymbol{D}}{\partial t} \\ \nabla\times \boldsymbol{E} = -\dfrac{\partial \boldsymbol{B}}{\partial t} \\ \nabla\cdot \boldsymbol{B} = 0 \\ \nabla\cdot \boldsymbol{D} = \rho \end{cases} \tag{6-1}$$

以及本构方程：$\boldsymbol{D}=\varepsilon\boldsymbol{E}$，$\boldsymbol{B}=\mu\boldsymbol{H}$。

对于脱离开波源的区域（即无源区），有 $\boldsymbol{J}=\boldsymbol{0}$ 与 $\rho=0$。

为方便起见，先讨论在自由空间（即真空）的情形，则 $\boldsymbol{D}=\varepsilon_0\boldsymbol{E}$，$\boldsymbol{B}=\mu_0\boldsymbol{H}$。麦克斯韦方程组的相应形式为

$$\begin{cases} \nabla\times \boldsymbol{B} = \mu_0\varepsilon_0 \dfrac{\partial \boldsymbol{E}}{\partial t} \\ \nabla\times \boldsymbol{E} = -\dfrac{\partial \boldsymbol{B}}{\partial t} \\ \nabla\cdot \boldsymbol{B} = 0 \\ \nabla\cdot \boldsymbol{E} = 0 \end{cases} \tag{6-2}$$

将上式中的第一个方程取旋度，并利用矢量恒等式$\nabla\times\nabla\times\boldsymbol{B}=\nabla(\nabla\cdot\boldsymbol{B})-\nabla^2\boldsymbol{B}$，再将第三个方程代入，可得磁感应强度$\boldsymbol{B}$的波动方程为

$$\nabla^2\boldsymbol{B}-\varepsilon_0\mu_0\frac{\partial^2\boldsymbol{B}}{\partial t^2}=\boldsymbol{0} \tag{6-3}$$

同理，电场强度$\boldsymbol{E}$的波动方程为

$$\nabla^2\boldsymbol{E}-\varepsilon_0\mu_0\frac{\partial^2\boldsymbol{E}}{\partial t^2}=\boldsymbol{0} \tag{6-4}$$

上述两个场矢量的波动方程形式完全相同，故每个分量对应的波动方程形式也相同。不妨用u表示其中任一分量，在直角坐标系中，则可统一写为以下形式：

$$\frac{\partial^2 u}{\partial x^2}+\frac{\partial^2 u}{\partial y^2}+\frac{\partial^2 u}{\partial z^2}-\varepsilon_0\mu_0\frac{\partial^2 u}{\partial t^2}=0 \tag{6-5}$$

首先考虑最简单的一种情形。设电磁波沿z方向传播，且场量只在沿传播方向变化，而在xOy平面内无变化。例如考虑电场强度沿x方向的分量，即取$u=E_x(z,t)$，于是式(6-5)可化简为

$$\frac{\partial^2 E_x}{\partial z^2}-\varepsilon_0\mu_0\frac{\partial^2 E_x}{\partial t^2}=0 \tag{6-6}$$

令

$$c=\frac{1}{\sqrt{\varepsilon_0\mu_0}} \tag{6-7}$$

则式(6-6)为

$$\frac{\partial^2 E_x}{\partial z^2}-\frac{1}{c^2}\frac{\partial^2 E_x}{\partial t^2}=0 \tag{6-8}$$

上式为一维自由波动方程。对照5.2节的式(5-22)，可知该方程的通解为

$$E_x(z,t)=f_1(z-ct)+f_2(z+ct) \tag{6-9}$$

其中，解$f_1(z-ct)$是变量$(z-ct)$的任意函数。式中：c为电磁波在真空中的传播速度，即真空中的波速，故$f_1(z-ct)$表示以波速c沿$+z$方向传播的行波；同理，$f_2(z+ct)$表示以波速c沿$-z$方向传播的波。

将$f_1(z-ct)$、$f_2(z+ct)$分别用$E_x^+(z,t)$、$E_x^-(z,t)$表示，则式(6-9)又可以写为

$$E_x(z,t)=E_x^+(z,t)+E_x^-(z,t) \tag{6-10}$$

用类似的方法可得场分量E_y、B_x和B_y均为一个空间坐标变量z和时间t的函数。同时，由式(6-2)可知，$\nabla\cdot\boldsymbol{B}=\nabla\cdot\boldsymbol{E}=0$，且因$\boldsymbol{E}$和$\boldsymbol{B}$均与$x$、$y$无关，故有

$$\frac{\partial E_z}{\partial z}=0,\quad \frac{\partial B_z}{\partial z}=0$$

因此，E_z和B_z与z无关，即应为一个常数。不妨令

$$E_z=0,\quad B_z=0$$

综上可得，电场和磁场均与传播方向无关，即有

$$\begin{cases}\boldsymbol{E}=E_x\boldsymbol{e}_x+E_y\boldsymbol{e}_y\\ \boldsymbol{B}=B_x\boldsymbol{e}_x+B_y\boldsymbol{e}_y\end{cases} \tag{6-11}$$

由此可知，在自由空间中传播的电磁波其电场和磁场只有与传播方向垂直的横向分量，

且场量在横向截面上分布均匀,这类电磁波称为均匀平面电磁波。其严格定义后面将给出。

2. 理想介质中的波动方程及其解

一般情形下,介质的电磁参数与电磁场的角频率 ω 有关,即 $\varepsilon=\varepsilon(\omega)$,$\mu=\mu(\omega)$。对于单一角频率 ω 的电磁波,当入射到介质中时,介质内的束缚电荷也以同样的频率做振动,在各向同性、均匀、线性介质中 $\boldsymbol{D}(\omega)=\varepsilon(\omega)\boldsymbol{E}(\omega)$,$\boldsymbol{B}(\omega)=\mu(\omega)\boldsymbol{H}(\omega)$仍成立。但对于一般的时变电磁波,由于包含着不同频率的电磁波分量,所以即使是同一种介质,其介电常数和磁导率也是不同的,即 $\boldsymbol{D}(\omega)\neq\varepsilon(\omega)\boldsymbol{E}(\omega)$,$\boldsymbol{B}(\omega)\neq\mu(\omega)\boldsymbol{H}(\omega)$。

当电磁波是某一确定的角频率 ω 时,对于各向同性、均匀、线性介质,$\varepsilon(\omega)$和 $\mu(\omega)$为常数,类似于真空情形下的推导,相应的电磁场的波动方程为

$$\nabla^2\boldsymbol{E}-\frac{1}{v^2}\frac{\partial^2\boldsymbol{E}}{\partial t^2}=\boldsymbol{0} \tag{6-12}$$

$$\nabla^2\boldsymbol{H}-\frac{1}{v^2}\frac{\partial^2\boldsymbol{H}}{\partial t^2}=\boldsymbol{0} \tag{6-13}$$

式中:

$$v=\frac{1}{\sqrt{\varepsilon\mu}}=\frac{c}{\sqrt{\varepsilon_r\mu_r}}=\frac{c}{n} \tag{6-14}$$

称为电磁波在介质中的波速。其中,$n=\sqrt{\varepsilon_r\mu_r}$为介质的折射率。

与式(6-9)类同,介质中电场强度的波动方程通解为

$$E_x(z,t)=f_1(z-vt)+f_2(z+vt) \tag{6-15}$$

可见,在均匀、线性、各向同性的介质中传播的电磁波与真空中的波一样也为行波,波的传播速度仅取决于介质的电磁参数。

3. 时谐电磁波的复波动方程及其解

对于时谐电磁波,场量随时间按正弦(余弦)规律变化,故也称为正弦电磁波。时谐电磁波的场量也可用复数形式表示,因时间变化规律的复数形式可表示为 $\mathrm{e}^{\pm\mathrm{j}\omega t}$(不同版本的文献中复指数的取法不一,本书中采用 $\mathrm{e}^{-\mathrm{j}\omega t}$ 的形式),故场量的复数形式即为 $\boldsymbol{E}(\boldsymbol{r},t)=\boldsymbol{E}(\boldsymbol{r})\mathrm{e}^{-\mathrm{j}\omega t}$,$\boldsymbol{H}(\boldsymbol{r},t)=\boldsymbol{H}(\boldsymbol{r})\mathrm{e}^{-\mathrm{j}\omega t}$。代入式(6-1),并考虑 $\boldsymbol{J}=0$ 与 $\rho=0$ 及 $\boldsymbol{D}=\varepsilon\boldsymbol{E}$,$\boldsymbol{B}=\mu\boldsymbol{H}$,得无界理想介质中麦克斯韦方程组的复数形式为

$$\begin{cases}\nabla\times\boldsymbol{H}=-\mathrm{j}\omega\varepsilon\boldsymbol{E}\\ \nabla\times\boldsymbol{E}=\mathrm{j}\omega\mu\boldsymbol{H}\\ \nabla\cdot\boldsymbol{H}=0\\ \nabla\cdot\boldsymbol{E}=0\end{cases} \tag{6-16}$$

其波动方程的复数形式为

$$\begin{cases}\nabla^2\boldsymbol{E}+k^2\boldsymbol{E}=\boldsymbol{0}\\ \nabla^2\boldsymbol{H}+k^2\boldsymbol{H}=\boldsymbol{0}\end{cases} \tag{6-17}$$

式中:$\boldsymbol{E}=\boldsymbol{E}(\boldsymbol{r})$只是关于空间变量的复变函数。式(6-17)称为电磁场的亥姆霍兹方程。式中:$k=\omega\sqrt{\varepsilon\mu}$,称为波数。

对于沿 z 方向传播的均匀平面波,$\boldsymbol{E}$ 和 $\boldsymbol{H}$ 都只有横向分量,且在横向无变化。例如 E_x 分量的复波动方程由式(6-6)可以写为

$$\frac{\mathrm{d}^2 E_x}{\mathrm{d}z^2} + k^2 E_x = 0 \tag{6-18}$$

其通解为

$$E_x(z) = E_m^+ e^{jkz} + E_m^- e^{-jkz} \tag{6-19}$$

同理,均匀平面波的其他场分量 E_y、H_x 和 H_y 的解均与上式类同。

为讨论方便,不妨设电场沿 $+x$ 方向,其波动解为 $E_x(z,t) = [E_m^+ e^{jkz} + E_m^- e^{-jkz}]e^{-j\omega t} = E_m^+ e^{-j(\omega t - kz)} + E_m^- e^{-j(\omega t + kz)}$。其中:第一项代表沿 $+z$ 方向的行波,第二项代表沿 $-z$ 方向的行波。令 $E_x^+(z,t) = E_m^+ e^{-j(\omega t - kz)}$,相应的实数形式可写为

$$E_x^+(z,t) = E_m^+ \cos(\omega t - kz) \tag{6-20}$$

上式也可以表示为

$$E_x^+(z,t) = E_m^+ \mathrm{Re}\left[e^{-j(\omega t - kz)}\right] \tag{6-21}$$

式(6-20)和式(6-21)为两种形式的互换方法。将实数形式中余弦项角量(相位)作为复指数的虚部,省掉时间因子 $e^{-j\omega t}$,便得到了相应的复数形式;将复数形式中增加时间因子 $e^{-j\omega t}$,取实部(或取虚部),即为其实数形式。对应式(6-20),其复数形式为

$$E_x^+(z) = E_m^+ e^{jkz} \tag{6-22}$$

4. 波矢量

在一般情况下,电磁波可以沿空间任一方向传播。由式(6-17)可知,在直角坐标系内,电场复矢量 $\boldsymbol{E}$ 满足三维矢量亥姆霍兹方程,即

$$\frac{\partial^2 \boldsymbol{E}}{\partial x^2} + \frac{\partial^2 \boldsymbol{E}}{\partial y^2} + \frac{\partial^2 \boldsymbol{E}}{\partial z^2} + k^2 \boldsymbol{E} = 0 \tag{6-23}$$

而 $\boldsymbol{E}$ 的三个分量 E_x、E_y、E_z 均满足相同形式的标量亥姆霍兹方程,即

$$\frac{\partial^2 E_i}{\partial x^2} + \frac{\partial^2 E_i}{\partial y^2} + \frac{\partial^2 E_i}{\partial z^2} + k^2 E_i = 0 \tag{6-24}$$

式中:$i = x, y, z$。与前述同,可采用分离变量法求出任一分量 E_i。以 E_x 为例,令 $E_x = X(x)Y(y)Z(z)$,代入式(6-24),可得

$$X'' + k_x^2 X = 0, \quad Y'' + k_y^2 Y = 0, \quad Z'' + k_z^2 Z = 0 \tag{6-25}$$

式中:k_x^2、k_y^2 和 k_z^2 为分离常数,且满足

$$k_x^2 + k_y^2 + k_z^2 = k^2 \tag{6-26}$$

式(6-25)中三个方程对应的本征函数分别应为

$$\begin{cases} X(x) = A_1 e^{\pm jk_x x} \\ Y(y) = A_2 e^{\pm jk_y y} \\ Z(z) = A_3 e^{\pm jk_z z} \end{cases} \tag{6-27}$$

其中,各指数因子中的"+"代表平面波沿 x、y、z 正向传播方向,而各指数因子中的"−"代表平面波沿 x、y、z 反向传播方向。假设平面波仅沿着 x、y、z 正向传播,则电场分量的形式解为

$$E_x = E_{x0} e^{j(k_x x + k_y y + k_z z)} \tag{6-28}$$

式中:E_{x0} 为 E_x 的振幅。

定义矢量 $\boldsymbol{k}=k_x\boldsymbol{e}_x+k_y\boldsymbol{e}_y+k_z\boldsymbol{e}_z$，称为波矢量，其大小为波数 k。再利用 $\boldsymbol{r}=x\boldsymbol{e}_x+y\boldsymbol{e}_y+z\boldsymbol{e}_z$，上式可表示为

$$E_x=E_{x0}\mathrm{e}^{\mathrm{j}\boldsymbol{k}\cdot\boldsymbol{r}} \tag{6-29}$$

对于电场 $\boldsymbol{E}$ 的其他分量，可同理得到形式解分别为 $E_y=E_{y0}\mathrm{e}^{\mathrm{j}\boldsymbol{k}\cdot\boldsymbol{r}}$、$E_z=E_{z0}\mathrm{e}^{\mathrm{j}\boldsymbol{k}\cdot\boldsymbol{r}}$。于是，电场强度合矢量的完整形式即可表示为

$$\boldsymbol{E}=\boldsymbol{E}_{\mathrm{m}}\mathrm{e}^{\mathrm{j}(\boldsymbol{k}\cdot\boldsymbol{r}-\omega t)} \tag{6-30}$$

式中：$\boldsymbol{E}_{\mathrm{m}}=E_{x0}\boldsymbol{e}_x+E_{y0}\boldsymbol{e}_y+E_{z0}\boldsymbol{e}_z$ 为电场强度的合振幅。式(6-30)为无界、均匀、线性、各向同性理想介质中亥姆霍兹方程的复数形式的一般解。

在 $\boldsymbol{k}\cdot\boldsymbol{r}=$常数的曲面上，各点的相位相等，通常将电磁波的空间相位相等的场点所构成的曲面称为电磁波的等相面(即波阵面)，等相面为平面的电磁波称为平面波。若平面波的等相面上幅值也处处相等，则称之为均匀平面波。相应地，将电磁波在空间幅值相等的场点所构成的曲面称为等幅面。可见，平面波的等相面亦是等幅面，显然，式(6-30)表示的是均匀平面波。该电磁波的等相面为平面，且与矢量 $\boldsymbol{k}$ 垂直，故得波矢量的方向沿波的传播方向，如图 6-1 所示。

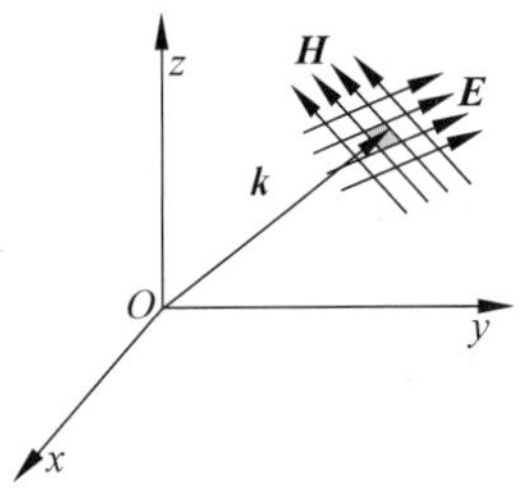

图 6-1　平面电磁波的波矢量

式(6-30)的实数形式可写为

$$\boldsymbol{E}=\boldsymbol{E}_{\mathrm{m}}\cos(\omega t-\boldsymbol{k}\cdot\boldsymbol{r}) \tag{6-31}$$

式(6-22)为式(6-30)的特例，可见用波矢量描述波的传播更为方便。

通常还定义 $\beta=\omega\sqrt{\varepsilon\mu}$ 为相位常数。显然

$$\beta=k=\omega\sqrt{\varepsilon\mu}=\frac{\omega}{v} \tag{6-32}$$

在传播方向上相位差为 2π 的两点间的距离称为波长，用 λ 表示。故有

$$\beta=k=\frac{2\pi}{\lambda} \tag{6-33}$$

由上式可见，β 与 k 都表明在 2π 距离上波长的个数，故 β 也可称为波数，单位是 rad/m。

均匀平面电磁波是一切电磁波的基础，均匀平面波可用随时间变化的三角函数或复指数函数来表示，其数学处理较简单，且任何复杂形式的电磁波都可以通过傅里叶级数展开或积分变换分解为许多不同频率的均匀平面波的叠加，故均匀平面电磁波在波的理论研究中有着重要的意义。另外，对它的研究也具有重要的实际意义。

严格地说，均匀平面电磁波在实际中不存在，但在一定的近似下可以简化为平面波来处理。例如在远离场源(太阳、天线等)的小区域里可以把场源发出的球面波看成只向一个方向传播的均匀平面波。

6.1.2　平面电磁波的传播特性

1. $\boldsymbol{E}$、$\boldsymbol{H}$、$\boldsymbol{k}$ 的关系

下面讨论平面电磁波的磁场强度大小、方向与电场强度的关系。

由麦克斯韦第二方程$\nabla\times E=\mathrm{j}\omega\mu\boldsymbol{H}$ 和式(6-30)可得磁场强度为

$$\begin{aligned}\boldsymbol{H}&=\frac{1}{\mathrm{j}\omega\mu}\nabla\times(\boldsymbol{E}_{\mathrm{m}}\mathrm{e}^{\mathrm{j}\boldsymbol{k}\cdot\boldsymbol{r}})=\frac{1}{\mathrm{j}\omega\mu}(\nabla\mathrm{e}^{\mathrm{j}\boldsymbol{k}\cdot\boldsymbol{r}}\times\boldsymbol{E}_{\mathrm{m}}+\mathrm{e}^{\mathrm{j}\boldsymbol{k}\cdot\boldsymbol{r}}\nabla\times\boldsymbol{E}_{\mathrm{m}})\\&=\frac{1}{\omega\mu}\mathrm{e}^{\mathrm{j}\boldsymbol{k}\cdot\boldsymbol{r}}\boldsymbol{k}\times\boldsymbol{E}_{\mathrm{m}}=\frac{1}{\omega\mu}\boldsymbol{k}\times\boldsymbol{E}_{\mathrm{m}}\mathrm{e}^{\mathrm{j}\boldsymbol{k}\cdot\boldsymbol{r}}=\frac{1}{\omega\mu}\boldsymbol{k}\times\boldsymbol{E}\\&=\frac{k}{\omega\mu}\boldsymbol{e}_k\times\boldsymbol{E}=\sqrt{\frac{\varepsilon}{\mu}}\boldsymbol{e}_k\times\boldsymbol{E}\end{aligned}\tag{6-34}$$

式中：$\boldsymbol{e}_k=\dfrac{\boldsymbol{k}}{k}$为波矢量$\boldsymbol{k}$ 的单位矢量。该式表明电磁波的磁场强度$\boldsymbol{H}$ 与电场矢量$\boldsymbol{E}$ 及波矢量$\boldsymbol{k}$ 方向垂直。

定义

$$Z=\frac{E}{H}=\frac{\omega\mu}{k}=\sqrt{\frac{\mu}{\varepsilon}}\tag{6-35}$$

为电磁波在介质中的波阻抗。在自由空间中,波阻抗为$Z_0=\sqrt{\dfrac{\mu_0}{\varepsilon_0}}=120\pi\Omega\approx377\Omega$。

因此,磁场强度$\boldsymbol{H}$ 可表示为

$$\boldsymbol{H}=\frac{1}{Z}\boldsymbol{e}_k\times\boldsymbol{E}\tag{6-36}$$

再将式(6-30)代入$\nabla\cdot\boldsymbol{E}=0$,有$\nabla\cdot(\boldsymbol{E}_{\mathrm{m}}\mathrm{e}^{\mathrm{j}\boldsymbol{k}\cdot\boldsymbol{r}})=(\nabla\cdot\boldsymbol{E}_{\mathrm{m}})\mathrm{e}^{\mathrm{j}\boldsymbol{k}\cdot\boldsymbol{r}}+\boldsymbol{E}_{\mathrm{m}}\cdot\nabla\mathrm{e}^{\mathrm{j}\boldsymbol{k}\cdot\boldsymbol{r}}=\boldsymbol{k}\cdot\boldsymbol{E}=0$,即

$$\boldsymbol{k}\cdot\boldsymbol{E}=0\tag{6-37}$$

该式表明,电磁波的电场矢量$\boldsymbol{E}$ 与波矢量$\boldsymbol{k}$ 方向垂直。

由磁场矢量$\boldsymbol{H}$ 求电场矢量$\boldsymbol{E}$ 时,类似地将均匀平面波的磁场强度矢量$\boldsymbol{H}$ 写为复矢量式,即$\boldsymbol{H}=\boldsymbol{H}_{\mathrm{m}}\mathrm{e}^{\mathrm{j}\boldsymbol{k}\cdot\boldsymbol{r}}$,再利用麦克斯韦第一方程的复数形式$\nabla\times\boldsymbol{H}=-\mathrm{j}\omega\varepsilon\boldsymbol{E}$,同理可得

$$\boldsymbol{E}=\frac{\mathrm{j}}{\omega\varepsilon}\nabla\times\boldsymbol{H}=-\frac{1}{\omega\varepsilon}\boldsymbol{k}\times\boldsymbol{H}=-\frac{k}{\omega\varepsilon}\boldsymbol{e}_k\times\boldsymbol{H}=Z\boldsymbol{H}\times\boldsymbol{e}_k\tag{6-38}$$

由式(6-36)、式(6-37)和式(6-38)可见,磁场与电场相互垂直,且与波矢量垂直,$\boldsymbol{E}$、$\boldsymbol{H}$、$\boldsymbol{k}$ 服从右手定则,如图 6-2 所示。

式(6-36)、式(6-38)表明,$\boldsymbol{E}$ 的值是$\boldsymbol{H}$ 的值的Z 倍。同时,对于理想介质,波阻抗的值为实数,表明均匀平面波的电场矢量$\boldsymbol{E}$ 和磁场矢量$\boldsymbol{H}$ 在时间上同相位。电场和磁场在空间方向上的分布及相位关系,如图 6-3 所示。

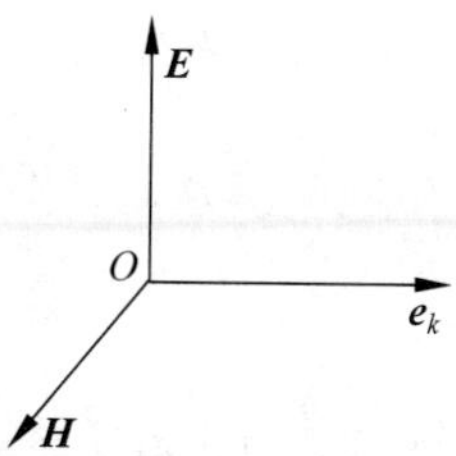

图 6-2 $\boldsymbol{E}$ 与$\boldsymbol{H}$ 及$\boldsymbol{k}$ 三者垂直的关系

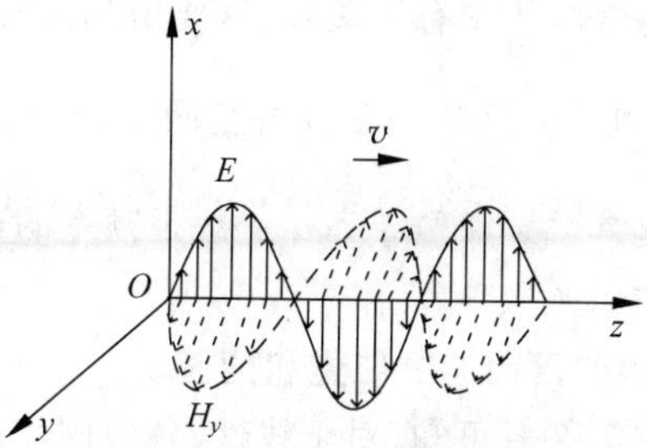

图 6-3 均匀平面波的电场和磁场

由式(6-34)、式(6-35)还可以得到

$$\left|\frac{\boldsymbol{E}}{\boldsymbol{B}}\right|=\frac{\omega}{k}=\sqrt{\frac{1}{\varepsilon\mu}}=v \tag{6-39}$$

表明电场强度与磁感应强度振幅之比等于波速。

2. 电磁波的基本参量

对于空间某一确定位置,场量仅随时间按 $e^{-j\omega t}$(对应正弦或余弦规律)变化,则该波的周期为

$$T=\frac{2\pi}{\omega} \tag{6-40}$$

相应的频率为

$$f=\frac{1}{T}=\frac{\omega}{2\pi} \tag{6-41}$$

通过换算可得

$$v=f\lambda \tag{6-42}$$

及

$$\lambda=\frac{v}{f}=\frac{1}{f\sqrt{\varepsilon\mu}}=\frac{c}{f\sqrt{\varepsilon_r\mu_r}}=\frac{\lambda_0}{\sqrt{\varepsilon_r\mu_r}} \tag{6-43}$$

式中:$\lambda_0=\dfrac{c}{f}$是自由空间中电磁波的波长。相应地有

$$k=\beta=\frac{\omega}{v}=2\pi f\sqrt{\varepsilon\mu}=\frac{\omega}{c}\sqrt{\varepsilon_r\mu_r}=\frac{2\pi}{\lambda_0}\sqrt{\varepsilon_r\mu_r}=k_0\sqrt{\varepsilon_r\mu_r} \tag{6-44}$$

式中:$k_0=\dfrac{2\pi}{\lambda_0}$是自由空间中电磁波的波数。由以上关系式可见,电磁波的波长 λ、相移常数 β、波数 k 均与电磁波的角频率 ω 及其所处介质的参量 ε、μ 有关。

电磁波除了具有波速度外,还有相速度、群速度和能速度等概念之分。这里只介绍相速度$\boldsymbol{v}_p$,它是电磁波沿某一参考方向上等相面的推进速度。例如观察沿$+z$ 方向行进的均匀平面波的电场 $E=E_m\cos(\omega t-\beta z)$中的某个等相面(例如波峰)的推进速度。欲求相速可固定波的某一等相面,不妨令 $\phi=\omega t-\beta z=C$(常数),将上式对时间求导数,则有

$$v_p=\frac{dz}{dt}=\frac{\omega}{\beta} \tag{6-45}$$

相速度与频率有无关系,这要由相位常数 β 决定。电磁波的相速度随频率而变化的现象,称为频散或色散。在自由空间中,$\beta=\omega\sqrt{\varepsilon_0\mu_0}$,$v_p=\dfrac{1}{\sqrt{\varepsilon_0\mu_0}}=c$,没有频散。在介质中,因为介电常数 ε 和磁导率 μ 一般是频率的函数,因此,不同频率的电磁波具有不同的相速,这就是波的频散现象。

3. 均匀平面波的能量和能流

根据第 2 章可知,对于线性、各向同性的介质中时变电磁场的电场和磁场的能量密度分别为 $w_e=\dfrac{1}{2}\varepsilon E^2$ 和 $w_m=\dfrac{1}{2}\mu H^2$。由式(6-35)可得

$$w_e=\frac{1}{2}\varepsilon E^2=\frac{1}{2}\varepsilon\left(\sqrt{\frac{\mu}{\varepsilon}}H\right)^2=\frac{1}{2}\mu H^2=w_m \tag{6-46}$$

可见，理想介质中均匀平面波的电场和磁场的能量密度在空间各点、任何时刻总是相等的。故总能量密度为

$$w=w_e+w_m=2w_e=2w_m=\varepsilon E^2=\mu H^2 \tag{6-47}$$

其瞬时值为

$$w=\varepsilon E_m^2\cos^2(\omega t-\boldsymbol{k}\cdot\boldsymbol{r})=\mu H_m^2\cos^2(\omega t-\boldsymbol{k}\cdot\boldsymbol{r}) \tag{6-48}$$

其时间平均值为

$$\bar{w}=\frac{1}{T}\int_0^T\varepsilon E_m^2\cos^2(\omega t-\boldsymbol{k}\cdot\boldsymbol{r})\mathrm{d}t=\frac{1}{2}\varepsilon E_m^2=\frac{1}{2}\mu H_m^2 \tag{6-49}$$

在某一瞬时，电磁波的能量密度沿传播方向的分布如图 6 4 所示。

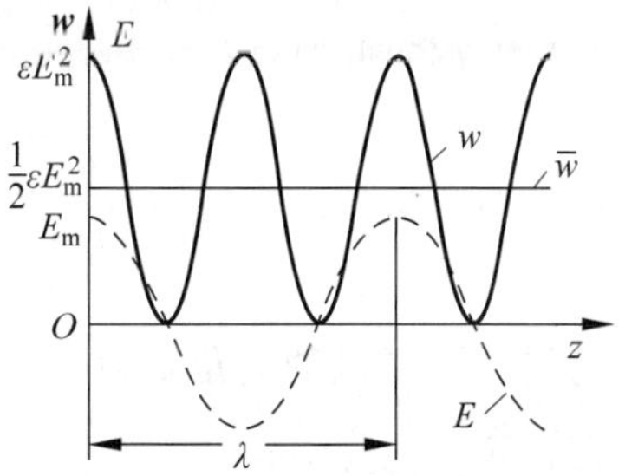

图 6-4　能量密度沿传播方向的分布

根据能流密度的定义式并结合式(6-35)，可得均匀平面波的能流密度瞬时值为

$$\boldsymbol{S}=\boldsymbol{E}\times\boldsymbol{H}=\frac{E^2}{Z}\boldsymbol{e}_k=ZH^2\boldsymbol{e}_k \tag{6-50}$$

相应地，能流密度的时间平均值为

$$\bar{\boldsymbol{S}}=\frac{E_m^2}{2Z}\boldsymbol{e}_k=\frac{1}{2}ZH_m^2\boldsymbol{e}_k \tag{6-51}$$

由式(6-47)与式(6-50)，并结合 $Z=\sqrt{\frac{\mu}{\varepsilon}}$ 和 $v=\frac{1}{\sqrt{\varepsilon\mu}}$，可得

$$\boldsymbol{S}=w\boldsymbol{v} \tag{6-52}$$

可见，在理想介质或真空中，电磁波的能流密度等于其能量密度与波速的乘积；电磁波的传播伴随着电磁能量的流动。

采用复矢量形式，可以证明，能量密度和能流密度的平均值分别为

$$\bar{w}=\frac{1}{2}\mathrm{Re}(\boldsymbol{E}\cdot\boldsymbol{D}^*)=\frac{1}{2}\mathrm{Re}(\boldsymbol{B}\cdot\boldsymbol{H}^*) \tag{6-53}$$

和

$$\bar{\boldsymbol{S}}=\frac{1}{2}\mathrm{Re}(\boldsymbol{E}\times\boldsymbol{H}^*) \tag{6-54}$$

6.1.3　电磁波的极化

1. 极化的概念

电磁波的极化是电磁场理论中的一个重要概念。具体是描述电磁波在传播过程中电场(或磁场)随时间在等相面上的轨迹，光学中称为偏振。在光学中由于人眼对电场的感光效果较明显，因此一般选择用 $\boldsymbol{E}$ 的变化来表示。例如，前面讨论的均匀平面电磁波中，若 $\boldsymbol{E}$ 仅有 E_x 分量时，则称波在 x 方向极化；若 $\boldsymbol{E}$ 仅有 E_y 分量时，则称波在 y 方向极化。这只是两种特殊情形。在一般情形下，电场矢量的轨迹是二者的叠加。

不失一般性，考虑电磁波沿特殊方向传播的简单情形，不妨假设均匀平面波沿 $+z$ 方向

传播，则电场强度矢量 $\boldsymbol{E}$ 的一般瞬时值表达式为

$$\boldsymbol{E}=E_{xm}\cos(\omega t-\beta z)\boldsymbol{e}_x+E_{ym}\cos(\omega t-\beta z-\phi_0)\boldsymbol{e}_y \tag{6-55}$$

相应地，复矢量式可表示为

$$\boldsymbol{E}=(E_{xm}\boldsymbol{e}_x+E_{ym}\mathrm{e}^{\mathrm{j}\phi_0}\boldsymbol{e}_y)\mathrm{e}^{\mathrm{j}\beta z} \tag{6-56}$$

式中：ϕ_0 是 E_y 分量较 E_x 分量滞后的相位。

2. 几种常见的极化波

根据电场强度的两分量的振幅与相位的关系，可将极化分为 3 种基本情形。

1）线性极化波

若式(6-55)中电场强度 $\boldsymbol{E}$ 的两个横向分量的相位满足 $\phi_0=0,\pi$ 即同相或反相，则

$$E_x=E_{xm}\cos(\omega t-\beta z),\quad E_y=\pm E_{ym}\cos(\omega t-\beta z)$$

在 $z=0$ 的等相面，有

$$E_x=E_{xm}\cos\omega t,\quad E_y=\pm E_{ym}\cos\omega t$$

合成场强的大小为

$$E=\sqrt{E_x^2+E_y^2}=E_m\cos\omega t \tag{6-57}$$

合成场矢量与 x 轴的夹角则为

$$\phi=\arctan\frac{E_y}{E_x}=\pm\arctan\frac{E_{ym}}{E_{xm}} \tag{6-58}$$

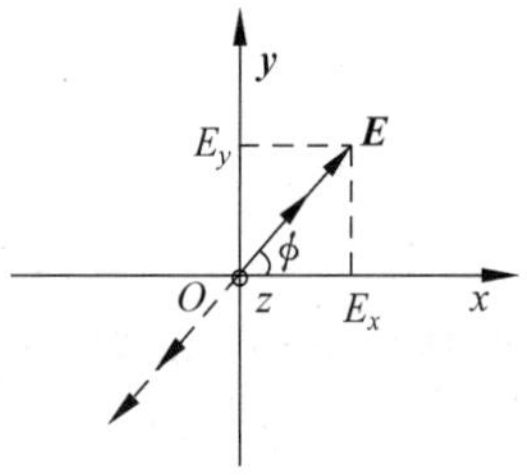

图 6-5 线性极化波

可见，ϕ 是一个常数，表明其振动方向始终保持在一条直线上，即 $\boldsymbol{E}$ 矢量末端的轨迹是一条斜率为 $\dfrac{E_{ym}}{E_{xm}}$ 的直线，如图 6-5 所示。故称这种波为线性极化波。在工程应用中，通常有如下规定：若电场矢量只在水平方向上振动，即 $\phi=0$ 时，称为水平极化波；若电场矢量只在竖直方向上振动，即 $\phi=\dfrac{\pi}{2}$，称为垂直极化波。例如，在电视发射和接收中常用水平极化波；在中波广播信号的发射和接收过程中常使用垂直极化波。

2）圆极化波

若式(6-55)中 $E_{xm}=E_{ym}=E_m$，且 $\phi_0=\pm\dfrac{\pi}{2}$，则

$$E_x=E_m\cos(\omega t-\beta z),\quad E_y=\pm E_m\sin(\omega t-\beta z)$$

在 $z=0$ 的等相面上，则有

$$E_x=E_m\cos\omega t,\quad E_y=\pm E_m\sin\omega t$$

它们的合成场强的大小为

$$E=\sqrt{E_x^2+E_y^2}=E_m \tag{6-59}$$

合成场强矢量 $\boldsymbol{E}$ 与 x 轴的夹角为

$$\phi=\arctan\frac{E_y}{E_x}=\pm\omega t \tag{6-60}$$

可见，合成场强矢量 $\boldsymbol{E}$ 的末端随时间的变化轨迹为圆，故称为圆极化波，如图 6-6 所示。

当 $\phi_0=\frac{\pi}{2}$时，$\phi>0$，若迎着波的传播方向看去，$\boldsymbol{E}$ 矢量沿逆时针方向旋转，此时 $\boldsymbol{E}$ 矢量的旋转方向与波的传播方向之间符合右手螺旋关系，称这种极化波为右旋圆极化波；反之，$\boldsymbol{E}$ 矢量沿顺时针方向旋转，则称为左旋圆极化波。

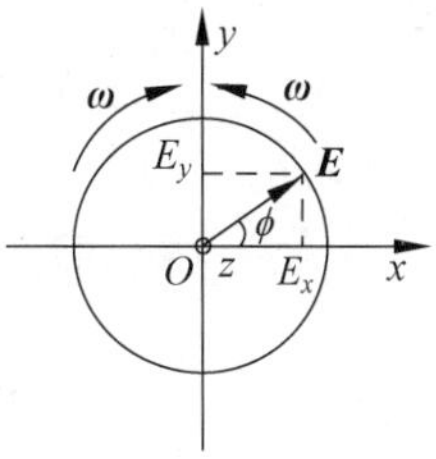

图 6-6　圆极化波

圆极化波在卫星通信中常常用到。由于飞机、火箭等飞行器在飞行过程中其状态和位置在不断地改变，因此天线方位也在不断改变，此时如果用线极化信号通信，在某些情况下可能接收不到信号，故这种情况下均采用圆极化天线。

3）椭圆极化波

在一般情形下，电场强度 $\boldsymbol{E}$ 的两个横向分量 E_x 和 E_y 的振幅不同，即 $E_{xm}\neq E_{ym}$，且相位差 $\phi_0\neq 0$、$\frac{\pi}{2}$和 π，即电场分量的瞬时值表达式分别为

$$E_x=E_{xm}\cos(\omega t-\beta z),\quad E_y=E_{ym}\cos(\omega t-\beta z-\phi_0)$$

取 $z=0$ 的等相面上，有

$$E_x=E_{xm}\cos\omega t,\quad E_y=E_{ym}\cos(\omega t-\phi_0)$$

消去上面二式中的 ωt，通过整理，得

$$\frac{E_x^2}{E_{xm}^2}-\frac{2E_xE_y}{E_{xm}E_{ym}}\cos\phi_0+\frac{E_y^2}{E_{ym}^2}=\sin^2\phi_0 \tag{6-61}$$

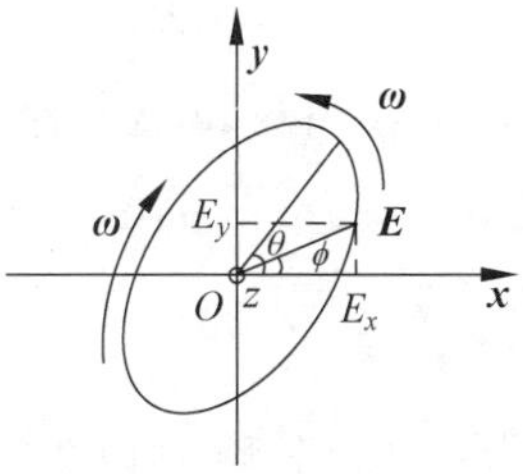

图 6-7　椭圆极化波

式(6-61)为一椭圆方程，表明合成场强矢量 $\boldsymbol{E}$ 的末端在一个椭圆上旋转，故称为椭圆极化波，如图 6-7 所示。当 $\phi_0>0$ 时，为右旋椭圆极化波；反之，为左旋椭圆极化波。

综上，椭圆极化波是普遍情形，线性极化波和圆极化波都是椭圆极化波的特例。同时还可以证明，任意两个正交的线性极化波的合成矢量可能是线性极化波、圆极化或椭圆极化波；反之，一个线性极化波还可以分解为两个圆极化波，一个椭圆极化波也可以分解为两个圆极化波。

例 6.1　证明：任一线性极化波可以分解为两个振幅相等、旋向相反的圆极化波的叠加；反之亦然。

证　设沿 $+z$ 方向传播的线性极化波的表达式为

$$\boldsymbol{E}=E_{xm}\cos(\omega t-\beta z)\boldsymbol{e}_x+E_{ym}\cos(\omega t-\beta z)\boldsymbol{e}_y$$

对上式进行矢量合成，得

$$\boldsymbol{E}=\sqrt{E_{xm}^2+E_{ym}^2}\cos(\omega t-\beta z)\boldsymbol{e}_\phi$$

合场与 x 轴的夹角为 $\phi=\arctan\dfrac{E_{ym}}{E_{xm}}$。

上式又可表示为

$$\begin{aligned}\boldsymbol{E}=&\frac{1}{2}\Big[\sqrt{E_{xm}^2+E_{ym}^2}\cos(\omega t-\beta z)\boldsymbol{e}_\phi+\sqrt{E_{xm}^2+E_{ym}^2}\sin(\omega t-\beta z)\boldsymbol{e}_{\phi+\frac{\pi}{2}}+\\&\sqrt{E_{xm}^2+E_{ym}^2}\cos(\omega t-\beta z)\boldsymbol{e}_\phi-\sqrt{E_{xm}^2+E_{ym}^2}\sin(\omega t-\beta z)\boldsymbol{e}_{\phi+\frac{\pi}{2}}\Big]\\=&\boldsymbol{E}_1+\boldsymbol{E}_2\end{aligned}$$

式中:

$$\boldsymbol{E}_1=\sqrt{E_{xm}^2+E_{ym}^2}\cos(\omega t-\beta z)\boldsymbol{e}_\phi+\sqrt{E_{xm}^2+E_{ym}^2}\sin(\omega t-\beta z)\boldsymbol{e}_{\phi+\frac{\pi}{2}}$$

$$\boldsymbol{E}_2=\sqrt{E_{xm}^2+E_{ym}^2}\cos(\omega t-\beta z)\boldsymbol{e}_\phi-\sqrt{E_{xm}^2+E_{ym}^2}\sin(\omega t-\beta z)\boldsymbol{e}_{\phi+\frac{\pi}{2}}$$

显然,$\boldsymbol{E}_1$ 在两个相互垂直的方向上振动,其幅值相等,相差为$\frac{\pi}{2}$,故为圆极化波,且为右旋;同理,$\boldsymbol{E}_2$ 表示左旋圆极化波。

类似地,两个旋向相反、振幅相等的圆极化波可合成一个线性极化波。

6.1.4 均匀平面电磁波的主要性质

综上,在无界的理想介质或自由空间中传播的均匀平面电磁波的主要性质如下:

(1) 电磁波的电场强度 $\boldsymbol{E}$ 和磁场强度 $\boldsymbol{H}$ 方向相互垂直,且与传播方向 $\boldsymbol{k}$ 垂直,$\boldsymbol{E}$、$\boldsymbol{H}$、$\boldsymbol{k}$ 服从右手螺旋关系,故称之为横电磁波(TEM 波)。

(2) 电磁波的波速只与介质的电磁参数有关,即 $v=\sqrt{\frac{1}{\varepsilon\mu}}$,真空中为 $c=\sqrt{\frac{1}{\varepsilon_0\mu_0}}$。

(3) 电场强度 $\boldsymbol{E}$ 和磁场强度 $\boldsymbol{H}$ 在时间上同相位,它们的大小之比为波阻抗,即 $Z=\frac{E}{H}=\sqrt{\frac{\mu}{\varepsilon}}=\sqrt{\frac{\mu_r}{\varepsilon_r}}Z_0$。在自由空间中,波阻抗为 $Z_0=120\pi\Omega\approx377\Omega$。

(4) 在任何时刻、任何场点上,均匀平面电磁波的电场与磁场的能量密度总相等,即 $w_e=w_m$,而均匀平面电磁波的能量密度的瞬时值为 $w=2w_e=2w_m=\varepsilon E^2=\mu H^2$,其时间平均值则为 $\bar{w}=\frac{1}{2}\varepsilon E_m^2=\frac{1}{2}\mu H_m^2$。

(5) 均匀平面波的能流密度即坡印亭矢量 $\boldsymbol{S}=\boldsymbol{E}\times\boldsymbol{H}$ 沿传播方向,其瞬时值为 $\boldsymbol{S}=\frac{E^2}{Z}\boldsymbol{e}_k=ZH^2\boldsymbol{e}_k=w\boldsymbol{v}$,其时间平均值为 $\bar{\boldsymbol{S}}=\frac{E_m^2}{2Z}\boldsymbol{e}_k=\frac{1}{2}ZH_m^2\boldsymbol{e}_k=\bar{w}\boldsymbol{v}$,其中 $\boldsymbol{e}_k=\frac{\boldsymbol{k}}{k}$是电磁波传播方向上的单位矢量,$\boldsymbol{k}$ 是波矢量。

(6) 均匀平面波一般是椭圆极化波,线性极化波和圆极化波只是它的特例。

6.1.5 双负电磁参数介质中的均匀平面电磁波

双负电磁参数介质是指一种介电常数和磁导率同时为负值的人工电磁材料。这种材料早在 1967 年由苏联物理学家 Veselago 首次提出并研究了其中平面电磁波的传播问题,并从理论上预言了该种介质具有诸如负折射、超分辨率成像、逆多普勒效应等许多奇异特性。然而由于自然界不存在该种特性的介质,所以几乎在近三十年内未得到人们的关注。直到 1996 年,英国的 Pendry 教授等和美国加州大学圣迭戈分校的 David Smith 等相继提出了一种人工方法可实现负的介电常数与负的磁导率的方案,在实验上利用以铜为主的复合材料首次制造出在微波波段具有负介电常数和负磁导率的介质,从而证实了双负电磁参数材料的存在性。

在双负电磁参数介质中，$\varepsilon<0$，$\mu<0$。对于时谐电磁场，电磁场仍满足亥姆霍兹方程，例如电场所满足的微分方程为

$$\nabla^2 \boldsymbol{E}+k^2\boldsymbol{E}=\boldsymbol{0} \tag{6-62}$$

式中：$k^2=\omega^2\varepsilon\mu$。由于 ε、μ 同时为负数，波数 k 仍为实数，故上式的解仍为行波。即方程式(6-62)的解为

$$\boldsymbol{E}=\boldsymbol{E}_0\mathrm{e}^{\mathrm{j}\boldsymbol{k}\cdot\boldsymbol{r}} \tag{6-63}$$

类同于 6.1.1 节，由麦克斯韦方程组可得

$$\boldsymbol{k}\cdot\boldsymbol{E}=0,\quad \boldsymbol{k}\cdot\boldsymbol{H}=0,\quad \boldsymbol{k}\times\boldsymbol{E}=\omega\mu\boldsymbol{H},\quad \boldsymbol{H}\times\boldsymbol{k}=\omega\varepsilon\boldsymbol{E} \tag{6-64}$$

根据式(6-64)不难得出，当 $\varepsilon<0$，$\mu<0$ 时，$\boldsymbol{E}$、$\boldsymbol{H}$ 和 $\boldsymbol{k}$ 的方向不同于常规介质，而是服从左手螺旋关系，如图 6-8 所示。故将这种介质称为左手材料；而将常规的 $\varepsilon>0$，$\mu>0$ 的介质称为右手材料。在左手材料中，坡印亭矢量仍为 $\boldsymbol{S}=\boldsymbol{E}\times\boldsymbol{H}$，即 $\boldsymbol{E}$、$\boldsymbol{H}$ 和 $\boldsymbol{S}$ 仍服从右手螺旋关系。可见，左手材料中，$\boldsymbol{k}$ 与 $\boldsymbol{S}$ 方向相反。

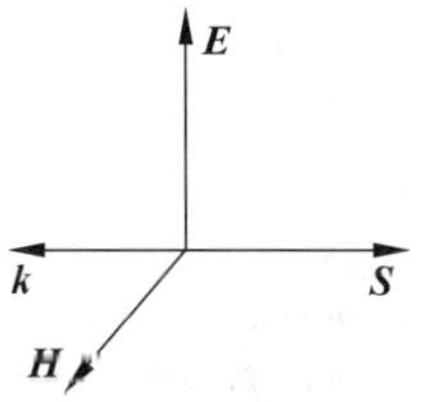

图 6-8　左手材料中 $\boldsymbol{E}$、$\boldsymbol{H}$ 与 $\boldsymbol{k}$ 及 $\boldsymbol{S}$ 的关系

6.2　均匀平面电磁波在有耗介质中的传播

电磁波在理想介质中传播时，相应的电场强度(与磁场强度)矢量的振幅不发生变化，所以在传播过程中没有能量的损耗。但在有耗介质中传播的电磁波，电磁波的幅值随传播距离逐渐减小，能量被逐渐损耗。因此，表现出与理想介质中许多不同的特性。

6.2.1　有耗介质中的电磁参数

一般情况下，当一定角频率为 ω 的时谐电磁波处于介质中时，介质中的电荷所受到的洛伦兹力也具有周期性，致使这些电荷在往复运动过程中，不断地和周围的原子碰撞，于是产生阻尼作用，并伴随着焦耳热效应，从而引起电磁波的幅值和能量随传播距离逐渐减小，这种情况下电磁参数不再是实数，而成为复数。

借助于经典力学理论和经典电磁理论的相关概念，可以推导出电介质复介电常数的一般形式可表示为

$$\varepsilon(\omega)=\varepsilon'(\omega)+\mathrm{j}\varepsilon''(\omega)=\varepsilon'(\omega)(1+\mathrm{j}\tan\delta_{\mathrm{e}})=|\varepsilon(\omega)|\mathrm{e}^{\mathrm{j}\delta_{\mathrm{e}}} \tag{6-65}$$

式中：δ_{e} 为电损耗角。$\varepsilon(\omega)$ 的实部 $\varepsilon'(\omega)$ 表示介质原来介电常数的意义，$\varepsilon(\omega)$ 的虚部 $\varepsilon''(\omega)$ 反映出介质的损耗，即

$$\begin{cases}\varepsilon'(\omega)=\varepsilon_0\varepsilon_{\mathrm{r}}'(\omega)\\ \varepsilon''(\omega)=\varepsilon_0\varepsilon_{\mathrm{r}}''(\omega)\end{cases} \tag{6-66}$$

通常用损耗角正切值表示介质损耗的程度，即

$$\tan\delta_{\mathrm{e}}=\frac{\varepsilon''(\omega)}{\varepsilon'(\omega)}=\frac{\varepsilon_{\mathrm{r}}''(\omega)}{\varepsilon_{\mathrm{r}}'(\omega)} \tag{6-67}$$

和电介质一样，磁介质的磁导率在高频下也是复数，即

$$\mu(\omega)=\mu'(\omega)+\mathrm{j}\mu''(\omega)$$

$$=\mu'(\omega)(1+\mathrm{j}\tan\delta_{\mathrm{m}})=|\mu(\omega)|\mathrm{e}^{\mathrm{j}\delta_{\mathrm{m}}} \tag{6-68}$$

式中：δ_{m} 为磁损耗角。同样，它的正切值表示磁介质损耗的大小，即

$$\tan\delta_{\mathrm{m}}=\frac{\mu''(\omega)}{\mu'(\omega)}=\frac{\mu''_{\mathrm{r}}(\omega)}{\mu'_{\mathrm{r}}(\omega)} \tag{6-69}$$

至于导体，内部不带自由电荷，即 $\rho\approx 0$。于是在导电介质中，麦克斯韦方程组的复数形式可表示为

$$\begin{cases}\nabla\times\boldsymbol{H}=\sigma\boldsymbol{E}-\mathrm{j}\omega\varepsilon\boldsymbol{E}=-\mathrm{j}\omega\left(\varepsilon+\mathrm{j}\dfrac{\sigma}{\omega}\right)\boldsymbol{E}\\ \nabla\times\boldsymbol{E}=\mathrm{j}\omega\mu\boldsymbol{H}\\ \nabla\cdot\boldsymbol{H}=0\\ \nabla\cdot\boldsymbol{E}=0\end{cases} \tag{6-70}$$

将上式与式(6-16)相对比，$\left(\varepsilon+\mathrm{j}\dfrac{\sigma}{\omega}\right)$可等效为一复介电常数，令

$$\varepsilon_{\mathrm{c}}=\varepsilon'+\mathrm{j}\varepsilon''=\varepsilon+\mathrm{j}\frac{\sigma}{\omega}=\varepsilon(1+\mathrm{j}\tan\delta_{\mathrm{c}})=|\varepsilon_{\mathrm{c}}|\mathrm{e}^{\mathrm{j}\delta_{\mathrm{c}}} \tag{6-71}$$

ε_{c} 称为导体介质的复介电常数。上式中 δ_{c} 是导电介质的损耗角，其正切值为

$$\tan\delta_{\mathrm{c}}=\frac{\sigma}{\omega\varepsilon} \tag{6-72}$$

由此可见，导电介质的损耗角正切值实际上是传导电流密度 $\boldsymbol{J}_{\mathrm{c}}$ 与位移电流密度 $\boldsymbol{J}_{D}$ 的量值之比，即$|\sigma\boldsymbol{E}|\Big/\left|\dfrac{\partial\boldsymbol{D}}{\partial t}\right|$。若$\dfrac{\sigma}{\omega\varepsilon}\ll 1$，即其中传导电流远小于位移电流的介质，则为电介质；$\sigma=0$ 的介质是理想介质；若$\dfrac{\sigma}{\omega\varepsilon}\gg 1$，即其中传导电流远大于位移电流的介质，则为良导体；$\sigma=\infty$的导体是理想导体。由于金属原子中电子的谐振频率远落在紫外光谱以外，故导体的介电常数可认为是 ε_0。

> **特别提醒**：复介电常数 $\varepsilon_{\mathrm{r}}(\omega)=\varepsilon_{\mathrm{r}}'(\omega)+\mathrm{j}\varepsilon_{\mathrm{r}}''(\omega)$ 中虚部之所以为正数，这是由于假设外加电场中时间因子为 $\mathrm{e}^{-\mathrm{j}\omega t}$ 的对应结果。理论上，时间复数因子可取 $\mathrm{e}^{\pm\mathrm{j}\omega t}$。在一些文献中，作者习惯将时谐电磁场的时间因子取为 $\mathrm{e}^{\mathrm{j}\omega t}$。这种情况下，复介电常数应为 $\varepsilon_{\mathrm{r}}(\omega)=\varepsilon_{\mathrm{r}}'(\omega)-\mathrm{j}\varepsilon_{\mathrm{r}}''(\omega)$。另外，麦克斯韦方程组中$\dfrac{\partial}{\partial t}\to\mathrm{j}\omega$，故方程一、二与本书中相差一负号。

6.2.2 均匀平面电磁波在有耗介质中的传播

对照式(6-16)与式(6-70)知，在有耗介质中通过引入复介电常数，使麦克斯韦方程组具有与介质中完全相同的形式，因此，均匀平面波的解的形式也与式(6-30)相同。为了便于分析，定义复波矢为 $\boldsymbol{k}=\boldsymbol{\beta}+\mathrm{j}\boldsymbol{\alpha}$，则

$$\boldsymbol{E}=\boldsymbol{E}_{0\mathrm{m}}\mathrm{e}^{\boldsymbol{k}\cdot\boldsymbol{r}}=\boldsymbol{E}_{0\mathrm{m}}\mathrm{e}^{-\boldsymbol{\alpha}\cdot\boldsymbol{r}}\mathrm{e}^{\mathrm{j}\boldsymbol{\beta}\cdot\boldsymbol{r}}=\boldsymbol{E}_{\mathrm{m}}\mathrm{e}^{\mathrm{j}\boldsymbol{\beta}\cdot\boldsymbol{r}} \tag{6-73}$$

式中：$\boldsymbol{E}_{0\mathrm{m}}$ 是 $\boldsymbol{r}=0$ 处电场强度的振幅矢量，场强的振幅 $\boldsymbol{E}_{\mathrm{m}}=\boldsymbol{E}_{0\mathrm{m}}\mathrm{e}^{-\boldsymbol{\alpha}\cdot\boldsymbol{r}}$ 随 r 的增大而按负指数规律衰减。因此，标量 α 是表明电磁波传播单位距离的衰减程度的一个常数，称为衰减

常数；β 称为相移常数，它反映出电磁波在传播过程中相位落后的情况，与理想介质中的 k 意义相同。

磁场强度矢量 $\boldsymbol{H}$ 可由 $\nabla\times\boldsymbol{E}=\mathrm{j}\omega\mu\boldsymbol{H}$ 得出，即

$$\boldsymbol{H}=\frac{-\mathrm{j}}{\omega\mu}\nabla\times(\boldsymbol{E}_{0\mathrm{m}}\mathrm{e}^{\mathrm{j}\boldsymbol{k}\cdot\boldsymbol{r}})=\frac{1}{\omega\mu}\boldsymbol{k}\times\boldsymbol{E}=\frac{k}{\omega\mu}\boldsymbol{e}_k\times\boldsymbol{E}=\frac{1}{Z}\boldsymbol{e}_k\times\boldsymbol{E} \tag{6-74}$$

式中：Z 为有耗介质的波阻抗。它的大小为

$$Z=\frac{\omega\mu}{k}=\sqrt{\frac{\mu}{\varepsilon}}=\sqrt{\frac{\mu'+\mathrm{j}\mu''}{\varepsilon'+\mathrm{j}\varepsilon''}}=\sqrt{\frac{|\mu|}{|\varepsilon|}}\mathrm{e}^{\mathrm{j}\frac{\delta_\mathrm{m}-\delta_\mathrm{e}}{2}} \tag{6-75}$$

式中：δ_e 和 δ_m 分别是介质的电损耗角和磁损耗角。可见，有耗介质中的波阻抗一般情况下是一个复数。式(6-74)与式(6-34)形式完全相同，只是将 $\boldsymbol{E}_{0\mathrm{m}}$ 换成 $\boldsymbol{E}_\mathrm{m}$ 即可。

有耗介质中 $\boldsymbol{E}$ 与 $\boldsymbol{H}$ 在空间上仍互相垂直，但在时间上存在有相位差 $\frac{\delta_\mathrm{m}-\delta_\mathrm{e}}{2}$。对于理想介质，有 $\varepsilon''=0$，$\mu''=0$，即 $\varepsilon=\varepsilon'$，$\mu=\mu'$，$\delta_\mathrm{e}=\delta_\mathrm{m}=0$。于是 $\alpha=0$，$\beta=\omega\sqrt{\varepsilon\mu}$ 及 $Z=\sqrt{\frac{\mu}{\varepsilon}}$，与上节的结果相同。

对于沿 $+z$ 方向行进的均匀平面波，$\boldsymbol{k}=(\beta+\mathrm{j}\alpha)\boldsymbol{e}_z$，故有

$$k=\beta+\mathrm{j}\alpha=\omega\sqrt{(\varepsilon'+\mathrm{j}\varepsilon'')(\mu'+\mathrm{j}\mu'')} \tag{6-76}$$

将式(6-65)与式(6-68)代入上式，可求得 α 与 β 的值分别为

$$\alpha=\omega\sqrt{\frac{(\varepsilon'\mu'-\varepsilon''\mu'')}{2}\left[\sqrt{1+\frac{(\varepsilon''\mu'+\varepsilon'\mu'')^2}{(\varepsilon'\mu'-\varepsilon''\mu'')^2}}-1\right]} \tag{6-77}$$

和

$$\beta=\omega\sqrt{\frac{(\varepsilon'\mu'-\varepsilon''\mu'')}{2}\left[\sqrt{1+\frac{(\varepsilon''\mu'+\varepsilon'\mu'')^2}{(\varepsilon'\mu'-\varepsilon''\mu'')^2}}+1\right]} \tag{6-78}$$

对于沿 $+z$ 方向行进的波，电场强度的复矢量式为

$$\boldsymbol{E}=\boldsymbol{E}_{0\mathrm{m}}\mathrm{e}^{\mathrm{j}kz}=\boldsymbol{E}_{0\mathrm{m}}\mathrm{e}^{-\alpha z}\mathrm{e}^{\mathrm{j}\beta z}=\boldsymbol{E}_\mathrm{m}\mathrm{e}^{\mathrm{j}\beta z} \tag{6-79}$$

其相应的瞬时值形式为

$$\boldsymbol{E}=\boldsymbol{E}_{0\mathrm{m}}\mathrm{e}^{-\alpha z}\cos(\omega t-\beta z)=\boldsymbol{E}_\mathrm{m}\cos(\omega t-\beta z) \tag{6-80}$$

可见，场强的振幅 $\boldsymbol{E}_\mathrm{m}=\boldsymbol{E}_{0\mathrm{m}}\mathrm{e}^{-\alpha z}$ 随 z 的增大而按负指数规律衰减。若 $\alpha=0$，这便是电磁波在理想介质或自由空间中传播的情形。

6.2.3　导电介质中传播的均匀平面波

对于一般导电介质，如果忽略磁损耗即 $\mu''\approx0$ 和 $\mu\approx\mu'$，则由式(6-71)、式(6-77) 和式(6-78)，可求得导电介质中的 α 和 β 分别为

$$\alpha=\omega\sqrt{\frac{\varepsilon\mu}{2}\left[\sqrt{1+\left(\frac{\sigma}{\omega\varepsilon}\right)^2}-1\right]}=\omega\sqrt{\frac{\varepsilon\mu}{2}\left[\sqrt{1+\tan^2\delta_\mathrm{c}}-1\right]} \tag{6-81}$$

和

$$\beta=\omega\sqrt{\frac{\varepsilon\mu}{2}\left[\sqrt{1+\left(\frac{\sigma}{\omega\varepsilon}\right)^2}+1\right]}=\omega\sqrt{\frac{\varepsilon\mu}{2}\left[\sqrt{1+\tan^2\delta_\mathrm{c}}+1\right]} \tag{6-82}$$

对于沿 $+z$ 方向行进的均匀平面波，其电磁场的振幅随 z 的增大同样按 $e^{-\alpha z}$ 的指数规律衰减。这是因为电磁波在导电介质中传播时，其中的自由电荷在电场的作用下形成传导电流，由此产生的焦耳热功率使电磁波的能量不断损耗，表现为波的振幅的衰减。当 $\sigma=0$ 时，$\alpha=0$，波的振幅不变，这便是理想介质的情形。

对于良导体，由于 $\frac{\sigma}{\omega\varepsilon}\gg1$，则 $\frac{\sigma}{\omega}\gg\varepsilon$，故有 $\varepsilon_c=j\frac{\sigma}{\omega}$。代入式(6-81)与式(6-82)可得

$$\alpha\approx\beta\approx\sqrt{\frac{\omega\mu\sigma}{2}}=\sqrt{\pi f\mu\sigma} \tag{6-83}$$

因此，在良导体中电磁波随 σ、μ 的增大和 f 的升高而衰减得更快。

由式(6-71)、式(6-75)可得良导体中的波阻抗为

$$Z_c=\sqrt{\frac{\omega\mu}{\sigma}}e^{-j\frac{\pi}{4}}=(1-j)\sqrt{\frac{\omega\mu}{2\sigma}}=(1-j)\sqrt{\frac{\pi f\mu}{\sigma}} \tag{6-84}$$

在良导体中，电磁波的电场与磁场的能量密度之比为

$$\left|\frac{w_e}{w_m}\right|=\left|\frac{\frac{1}{2}\varepsilon E^2}{\frac{1}{2}\mu H^2}\right|=\left|\frac{\varepsilon Z_c^2}{\mu}\right|=\frac{\omega\varepsilon}{\sigma}\ll1 \tag{6-85}$$

说明在良导体中电磁波的能量完全不同于在无耗介质中传播的均匀平面电磁波，其电场与磁场的能量密度不再相等，且主要是磁场能量。这是由于导体损耗的能量主要是电场能量的缘故。

导电介质中电磁波能流密度的平均值为

$$\bar{\boldsymbol{S}}=\mathrm{Re}\frac{E_m^2}{2Z_c}\boldsymbol{e}_k=\frac{E_{0m}^2}{2|Z_c|}e^{-2\alpha z}\cos\frac{\delta_c}{2}\boldsymbol{e}_k \tag{6-86}$$

或

$$\bar{\boldsymbol{S}}=\frac{1}{2}H_{0m}^2|Z_c|e^{-2\alpha z}\cos\frac{\delta_c}{2}\boldsymbol{e}_k \tag{6-87}$$

可见，在导电介质中，电磁波的能量随 z 的增加而按 $e^{-2\alpha z}$ 的指数规律衰减。这一规律对于一般有耗介质中的电磁波也同样适用。

对于良导体，电磁波能流密度的平均值为

$$\begin{cases}\bar{\boldsymbol{S}}=\sqrt{\frac{\sigma}{8\omega\mu}}E_{0m}^2e^{-2\alpha z}\boldsymbol{e}_k\\ \bar{\boldsymbol{S}}=\sqrt{\frac{\omega\mu}{8\sigma}}H_{0m}^2e^{-2\alpha z}\boldsymbol{e}_k\end{cases} \tag{6-88}$$

对于理想导体($\sigma=\infty$)，$\alpha=\beta=\infty$，$\bar{\boldsymbol{S}}=0$，电磁波不可能在其中传播。

例 6.2 有一块长为 a、宽为 b、厚度为 d 的矩形良导体薄片，电导率为 σ、磁导率为 μ_0，一平面电磁波垂直穿过该薄层，如图 6-9 所示。试求电磁波在该导体薄片内的损耗功率。

解 **方法 1**：用功率流守恒原理计算。

设电磁波从左向右垂直射入，以入射面中任一点为坐标原点，良导体薄片左表面上电磁

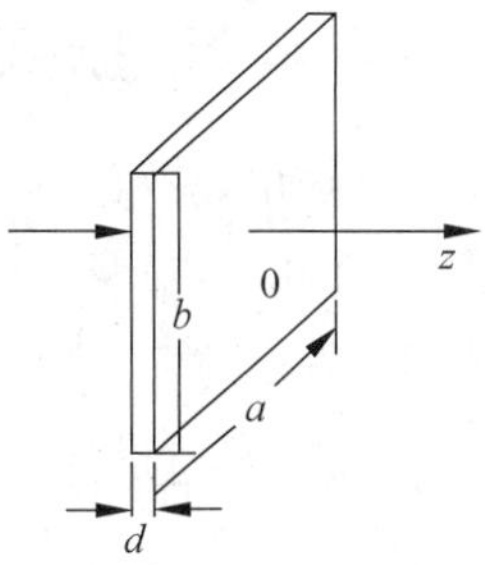

图 6-9　矩形良导体薄片

波的电场强度的幅值为 E_{0m}，则电磁波在导体内任意位置处的电场强度振幅为 $E_m = E_{0m}e^{-\alpha z}$，在右表面上场强的幅值为 $E_{0m}e^{-\alpha d}$。由于良导体的波阻抗为 $Z=\sqrt{\frac{\omega\mu_0}{\sigma}}e^{-j\frac{\pi}{4}}$，故电磁波在良导体薄片左表面上的平均能流密度为

$$\bar{S}_L = \mathrm{Re}\left(\frac{1}{2}\frac{E_m^2}{Z}\right)=\frac{1}{2}\sqrt{\frac{\sigma}{2\omega\mu_0}}E_{0m}^2$$

同理，在良导体薄片右表面上有

$$\bar{S}_R = \frac{1}{2}\sqrt{\frac{\sigma}{2\omega\mu_0}}E_{0m}^2e^{-2\alpha d}$$

因此，根据功率流守恒原理，良导体薄片中损耗的平均功率为

$$\bar{P} = ab(\bar{S}_L - \bar{S}_R) = \frac{ab}{2}\sqrt{\frac{\sigma}{2\omega\mu_0}}E_{0m}^2(1-e^{-2\alpha d})$$

方法 2：用焦耳定律计算。

根据微分形式的焦耳定律 $\bar{p}=\frac{1}{2}\mathrm{Re}(\boldsymbol{J}\cdot\boldsymbol{E}^*)=\frac{1}{2}\sigma E_m^2$，得电磁波穿过厚度为 d 的良导体时，产生的焦耳热为

$$\bar{P} = \int_0^d \frac{1}{2}\sigma E^2 ab\,dz = \int_0^d \frac{1}{2}\sigma abE_{0m}^2e^{-2\alpha z}dz = \frac{\sigma abE_{0m}^2}{4\alpha}(1-e^{-2\alpha d})$$

$$= \frac{abE_{0m}^2}{2}\sqrt{\frac{\sigma}{2\omega\mu_0}}(1-e^{-2\alpha d})$$

两种方法结果完全相同。上式中用到了良导体中 $\alpha=\sqrt{\frac{\omega\mu_0\sigma}{2}}$ 的公式。

讨论：当 $\alpha d\ll 1$ 时，$(1-e^{-2\alpha d})\approx 2\alpha d$，则有

$$\bar{P} \approx \frac{abE_{0m}^2}{2}\sqrt{\frac{\sigma}{2\omega\mu_0}}\cdot 2\sqrt{\frac{\omega\mu_0\sigma}{2}}d = \frac{1}{2}abd\sigma E_{0m}^2$$

这个结果也可以由良导体薄片两侧场强的平均值计算出薄片中的平均电流密度而获得，即

$$\bar{J}_m = \frac{1}{d}\int_0^d \sigma E_{0m}e^{-\alpha z}dz = \frac{\sigma E_{0m}}{\alpha d}(1-e^{-\alpha d}) \approx \sigma E_{0m}$$

由于平均电流的幅值为

$$\bar{I}_m = \bar{J}_m ad = \sigma E_{0m}ad$$

故得

$$\bar{P} = \frac{1}{2}\bar{I}_m^2R = \frac{1}{2}(\sigma E_{0m}ad)^2\frac{b}{\sigma ad} = \frac{1}{2}abd\sigma E_{0m}^2$$

电磁波在良导体薄片中损耗的能量转变为焦耳热。

特别提醒：需要说明的是，只有 $ad\ll 1$ 时，结果近似相同，但若 d 的长度足够大时，根据良导体薄片两侧场强的平均值计算出薄片中的平均电流密度会导致较大的误差，有兴趣的同学可以进一步考虑之。

6.2.4 趋肤效应和穿透深度

前已指出,导电介质属于有耗介质,其内沿$+z$方向传播的电磁波将按$e^{-\alpha z}$的指数规律衰减,且随着电导率与磁导率的增加、频率的升高而衰减加剧。因此,场量在导电介质表面处为最大,越深入内部,场量越小。电磁波的场量趋于导电介质表面的现象称为趋肤(或集肤)效应。将电磁波场量的幅值衰减至表面处值的$\frac{1}{e}=0.368$的深度,称为趋肤深度,也称穿透深度或透入深度,以δ表示。由

$$e^{-\alpha z}=e^{-\alpha\delta}=e^{-1}=36.8\%$$

即$\alpha\delta=1$,由式(6-81)可得导电媒质的趋肤深度或穿透深度为

$$\delta=\frac{1}{\alpha}=\frac{1}{\omega\sqrt{\frac{\varepsilon\mu}{2}\left[\sqrt{1+\left(\frac{\sigma}{\omega\varepsilon}\right)^2}-1\right]}} \tag{6-89}$$

对于良导体,$\frac{\sigma}{\omega\varepsilon}\gg 1$,趋肤深度则为

$$\delta=\frac{1}{\alpha}=\sqrt{\frac{2}{\omega\mu\sigma}}=\frac{1}{\sqrt{\pi f\mu\sigma}} \tag{6-90}$$

由此可见,电磁波的频率越高、良导体的磁导率和电导率越大,则趋肤深度越小。显然,理想导体的趋肤深度为零。

应该注意,即使在$z>\delta$的区域,实际场量并不为零。此外,上述趋肤深度δ的公式是以平面边界导出的,但只要导体表面的曲率半径比δ大得多,趋肤深度的概念就可以应用于其他形状的导体。

例 6.3 利用趋肤效应计算良导体内部的损耗功率。

解 如图 6-10 所示,若用J_0表示良导体表面处附近沿x方向的电流密度,由于$\boldsymbol{J}=\sigma\boldsymbol{E}$,则距表面为$z$处的电流密度为

$$J=J_x=J_0 e^{-\alpha z}e^{j\beta z}$$

因此,它在y方向单位宽度上总的电流密度即表面电流密度为

$$J_S=\int_0^{\infty}J_0 e^{-\alpha z}e^{j\beta z}dz=\frac{J_0}{\alpha-j\beta}$$

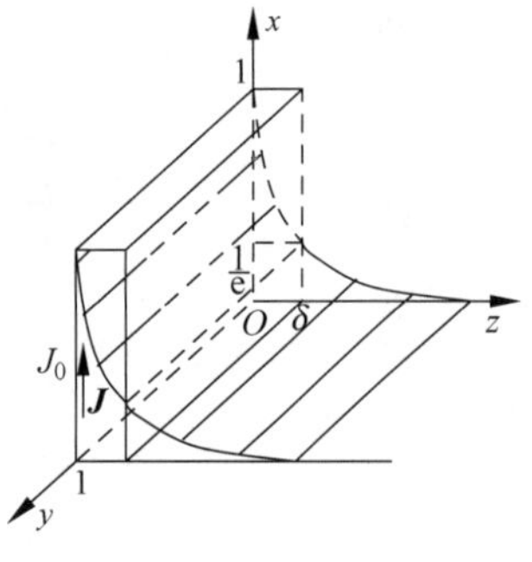

图 6-10 良导体的表面电流和表面电阻

将$J_0=\sigma E_0$代入上式,并考虑到上式和式(6-83),可得良导体表面处的电场强度为

$$E_0=\frac{J_0}{\sigma}=\frac{J_S(\alpha-j\beta)}{\sigma}=\frac{J_S(1-j)\alpha}{\sigma}=J_S(1-j)\frac{1}{\sigma\delta}$$

由良导体的阻抗公式

$$Z_c=(1-j)\sqrt{\frac{\pi f\mu}{\sigma}}=(1-j)\frac{1}{\sigma\delta}$$

可以看出,该波阻抗主要集中在表面附近,故称为表面阻抗,用Z_S表示。它的实部和虚部

分别称为表面电阻 R_S 与表面电抗 X_S，且二者相等，即

$$R_S = X_S = \sqrt{\frac{\pi f \mu}{\sigma}} = \frac{1}{\sigma\delta}$$

由此可见，表面电阻和表面电抗是每平方米表面积、厚度为 δ 的良导体所呈现的电阻和电抗。

电磁波穿入单位良导体表面的功率流将在其内部被损耗而转变为焦耳热，因此，单位表面积的良导体所吸收的电磁波的平均功率为

$$p_0 = \frac{\mathrm{d}P}{\mathrm{d}S} = \mathrm{Re}\bar{S} = \mathrm{Re}\,\frac{1}{2}H_{0\mathrm{m}}^2 Z_S = \frac{1}{2}H_{0\mathrm{m}}^2 R_S$$

因为面电流密度 J_S 等于良导体表面处的磁场强度 H_0，即 $J_S = H_0$。故有

$$p_0 = \frac{1}{2}J_{S\mathrm{m}}^2 R_S = J_{S\mathrm{e}}^2 R_S$$

式中：$J_{S\mathrm{m}}$ 和 $J_{S\mathrm{e}}$ 分别是面电流密度的最大值与有效值，这和交流电路中计算平均功率相类似。

由于趋肤效应致使导体内传导电流的截面减小，因而增大了导体的电阻，并减小了内自感。在高频情况下，为了减少导体的损耗，需要设法减小导体的表面电阻，这可以通过在导线或导体表面镀银以增加电导率或采用多股绝缘导线以增加表面积来实现。

良导体可以用作电磁屏蔽装置，只要屏蔽层的厚度接近良导体内电磁波的波长 $\lambda = \frac{2\pi}{\beta} \approx \frac{2\pi}{\alpha} = 2\pi\delta$，约为趋肤深度的 6 倍，此处电磁波的场量值只是表面处值的 $\mathrm{e}^{-\alpha\lambda} = \mathrm{e}^{-2\pi} = 0.187\%$，就可以使屏蔽装置内的电子设备与外部设备或空间的电磁波之间具有良好的电磁屏蔽作用。

趋肤效应在工业中有很多的应用。利用良导体的趋肤效应下内部的电磁场基本为零的原理可对电子设备进行电磁屏蔽。利用穿入导体一定深度的电磁波的电磁能转化为热能的原理，可对某些材料进行感应加热、烘干等。某些频率的电磁波可引起生物效应，在医学上可用来理疗、杀菌，在农业上可用来育种。应用高频电磁波的趋肤效应可对金属表面进行硬化处理。

6.3　平面电磁波在介质分界面上的反射与折射

前两节讨论的问题是平面电磁波在无界、连续、均匀介质中的传播规律。在这种情况中，电磁波沿直线传播。如果电磁波在传播过程中遇到介质的分界面时，将偏离原传播方向，即出现反射与折射现象。本节讨论均匀平面电磁波在两种理想介质分界平面上的反射与折射规律。

对于电磁波在分界平面上的反射与折射规律的分析，本质上属于求解时变电磁场的边值问题。

6.3.1　反射定律与折射定律

假定两种不同介质的分界面为无限大平面，均匀平面电磁波以一定的角度由介质 1 斜

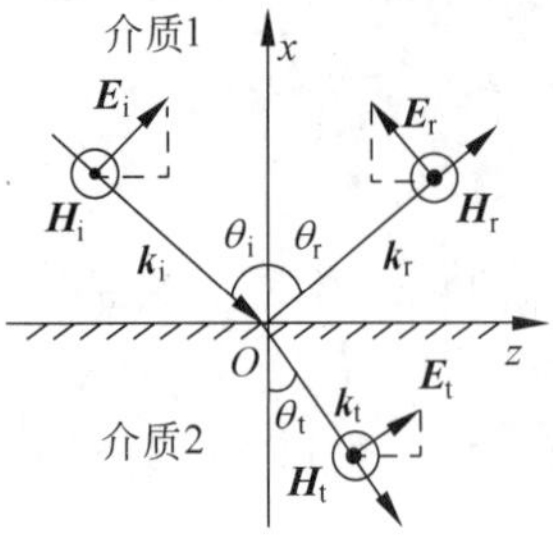

图 6-11 入射波、反射波与折射波

入射到介质 2 中,则一部分场量被反射回原介质中成为反射波,而另一部分场量则被折射(透射)入另一介质中而成为折射(透射)波。如图 6-11 所示,x 轴为分界面的法线,分界面为 $x=0$ 的平面,入射面为 $y=0$ 的平面。如果入射波、反射波和折射波的方向分别沿各自波矢量 $\boldsymbol{k}_i$、$\boldsymbol{k}_r$ 和 $\boldsymbol{k}_t$ 的方向,θ_i 为入射线与法线的夹角,称为入射角;反射线、折射线与法线之间的夹角 θ_r 和 θ_t 分别称为反射角和折射角。设入射波、反射波和折射波的电场强度可分别为

$$\begin{cases}\boldsymbol{E}_i=\boldsymbol{E}_{im}e^{j(\boldsymbol{k}_i\cdot\boldsymbol{r}-\omega t)}\\ \boldsymbol{E}_r=\boldsymbol{E}_{rm}e^{j(\boldsymbol{k}_r\cdot\boldsymbol{r}-\omega t)}\\ \boldsymbol{E}_t=\boldsymbol{E}_{tm}e^{j(\boldsymbol{k}_t\cdot\boldsymbol{r}-\omega t)}\end{cases} \tag{6-91}$$

在两介质的分界面即 $x=0$ 的平面上,根据电场强度和磁场强度的切向分量连续的边界条件 $E_{1t}=E_{2t}$,$H_{1t}=H_{2t}$,有

$$\begin{cases}E_{im}\cos\theta_i e^{jk_{iz}z}-E_{rm}\cos\theta_r e^{jk_{rz}z}=E_{tm}\cos\theta_t e^{jk_{tz}z}\\ \dfrac{E_{im}}{Z_1}e^{jk_{iz}z}+\dfrac{E_{rm}}{Z_1}e^{jk_{rz}z}=\dfrac{E_{tm}}{Z_2}e^{jk_{tz}z}\end{cases} \tag{6-92}$$

要使上式对所有的 z 都成立,式中各项的相位因子必须相等,因而有

$$k_{iz}=k_{rz}=k_{tz} \tag{6-93}$$

可见,反射波和折射波及入射波的波矢量在分界面上的切向分量连续,称为波矢匹配。在不同介质中传播的电磁波,由于边界条件的约束,波矢必然遵守切向分量匹配的原则。

由 $k_{iz}=k_{rz}$,可得

$$k_i\sin\theta_i=k_r\sin\theta_r$$

因 $k_i=k_r=k_1=\omega\sqrt{\varepsilon_1\mu_1}$,故得

$$\theta_r=\theta_i \tag{6-94}$$

表明反射角 θ_r 等于入射角 θ_i,且在同一入射平面内。这就是(斯奈尔)反射定律。

再由 $k_{iz}=k_{tz}$,可得

$$k_i\sin\theta_i=k_t\sin\theta_t$$

考虑 $k_t=k_2=\omega\sqrt{\varepsilon_2\mu_2}$,有

$$\frac{\sin\theta_t}{\sin\theta_i}=\frac{k_1}{k_2}=\frac{\sqrt{\varepsilon_1\mu_1}}{\sqrt{\varepsilon_2\mu_2}}=\frac{n_1}{n_2} \tag{6-95}$$

表明折射角和入射角的正弦与相应介质的折射率成反比,且共面,这就是(斯奈尔)折射定律。

反射定律和折射定律反映了反射波、折射波和入射波之间的方向关系,与电场的极化方式无关。

6.3.2 反射系数和透射系数(菲涅耳公式)

当电磁波斜入射到介质分界面时,由于极化方向不同,则相应的边界条件的具体关系式

也不同，因此对于波的振幅关系也不同。一个任意极化方向的入射平面波，总可以分解为相对于入射面的平行极化波和垂直极化波。所谓平行极化波是指 $\boldsymbol{E}$ 矢量在入射面内极化，又称 TM 波或 p 波；而垂直极化波则是 $\boldsymbol{E}$ 矢量在与入射面垂直的方向极化，又称 TE 波或 s 波。下面分别讨论这两种极化波的振幅关系。

1. 平行极化波

如图 6-11 所示，根据边界条件 $E_{1t}=E_{2t}$，$H_{1t}=H_{2t}$，并结合反射定律，则有

$$\begin{cases} E_{im}\cos\theta_i - E_{rm}\cos\theta_r = E_{tm}\cos\theta_t \\ \dfrac{E_{im}}{Z_1}+\dfrac{E_{rm}}{Z_1}=\dfrac{E_{tm}}{Z_2} \end{cases} \tag{6-96}$$

定义：平行极化波的反射系数 $\Gamma_{/\!/}=\dfrac{E_{rm}}{E_{im}}$ 与透射系数(也称折射系数或传输系数) $T_{/\!/}=\dfrac{E_{tm}}{E_{im}}$，则式(6-96)可化为

$$\begin{cases} 1-\Gamma_{/\!/}=\dfrac{\cos\theta_t}{\cos\theta_i}T_{/\!/} \\ 1+\Gamma_{/\!/}=\dfrac{Z_1}{Z_2}T_{/\!/} \end{cases} \tag{6-97}$$

解此方程组，得

$$\Gamma_{/\!/}=\frac{E_{rm}}{E_{im}}=\frac{Z_1\cos\theta_i - Z_2\cos\theta_t}{Z_1\cos\theta_i + Z_2\cos\theta_t} \tag{6-98}$$

和

$$T_{/\!/}=\frac{E_{tm}}{E_{im}}=\frac{2Z_2\cos\theta_i}{Z_1\cos\theta_i + Z_2\cos\theta_t} \tag{6-99}$$

上两式也适用于磁性介质。对于非磁性介质，波阻抗 $Z_1=\sqrt{\dfrac{\mu_0}{\varepsilon_1}}$ 与 $Z_2=\sqrt{\dfrac{\mu_0}{\varepsilon_2}}$，并利用折射定律，可得

$$\begin{cases} \Gamma_{/\!/}=\dfrac{\sqrt{\varepsilon_2}\cos\theta_i-\sqrt{\varepsilon_1}\cos\theta_t}{\sqrt{\varepsilon_2}\cos\theta_i+\sqrt{\varepsilon_1}\cos\theta_t}=\dfrac{\dfrac{\varepsilon_2}{\varepsilon_1}\cos\theta_i-\sqrt{\dfrac{\varepsilon_2}{\varepsilon_1}-\sin^2\theta_i}}{\dfrac{\varepsilon_2}{\varepsilon_1}\cos\theta_i+\sqrt{\dfrac{\varepsilon_2}{\varepsilon_1}-\sin^2\theta_i}} \\ T_{/\!/}=\dfrac{2\sqrt{\varepsilon_1}\cos\theta_i}{\sqrt{\varepsilon_2}\cos\theta_i+\sqrt{\varepsilon_1}\cos\theta_t}=\dfrac{2\sqrt{\dfrac{\varepsilon_2}{\varepsilon_1}}\cos\theta_i}{\dfrac{\varepsilon_2}{\varepsilon_1}\cos\theta_i+\sqrt{\dfrac{\varepsilon_2}{\varepsilon_1}-\sin^2\theta_i}} \end{cases} \tag{6-100}$$

该两式仅适用于非磁性介质。由折射定律，上面两式还可以分别表示为

$$\begin{cases} \Gamma_{/\!/}=\dfrac{\tan(\theta_i-\theta_t)}{\tan(\theta_i+\theta_t)} \\ T_{/\!/}=\dfrac{2\cos\theta_i\sin\theta_t}{\sin(\theta_i+\theta_t)\cos(\theta_i-\theta_t)} \end{cases} \tag{6-101}$$

由此可见，透射系数 $T_{/\!/}$ 总是正值，这说明折射波与入射波的电场强度的相位相同。反射系数 $\Gamma_{/\!/}$ 则可正、可负或为零。当它为负值时，反射波与入射波的电场强度的相位相反，这相当于"损失"了半个波长，故称为半波损失。

另外，由式(6-100)可知，当 $\sqrt{\varepsilon_2}\cos\theta_i=\sqrt{\varepsilon_1}\cos\theta_t$ 时，$\Gamma_{/\!/}=0$，结合折射定律，则有

$$\sqrt{\frac{\varepsilon_2}{\varepsilon_1}}\cos\theta_i=\cos\theta_t=\sqrt{1-\sin^2\theta_t}=\sqrt{1-\frac{\varepsilon_1}{\varepsilon_2}\sin^2\theta_i}$$

即

$$\frac{\varepsilon_2}{\varepsilon_1}(1-\sin^2\theta_i)=1-\frac{\varepsilon_1}{\varepsilon_2}\sin^2\theta_i$$

故得

$$\theta_i=\theta_B=\arcsin\sqrt{\frac{\varepsilon_2}{\varepsilon_1+\varepsilon_2}}=\arctan\sqrt{\frac{\varepsilon_2}{\varepsilon_1}} \tag{6-102}$$

这个特定的入射角 θ_B 称为布儒斯特角。因此，当平行极化波以布儒斯特角 θ_B 入射到两介质的分界面上时，其全部能量将透射入介质 2 而没有反射。激光技术中常用的布儒斯特窗就是根据这一原理设计的。对于一个任意极化方向的均匀平面波，当它以布儒斯特角 θ_B 入射到介质分界面上时，反射波中将只剩下垂直极化波分量而没有平行极化波分量。例如，光学中的起偏器就是利用了这种极化滤波的作用，故 θ_B 又称为极化角或起偏振角。

由式(6-101)可知，当 $\theta_i=\theta_B$ 时，恰好有

$$\theta_B+\theta_t=\frac{\pi}{2} \tag{6-103}$$

因此，当入射角等于布儒斯特角 θ_B 时，反射波矢 $\boldsymbol{k}_r$ 与透射波矢 $\boldsymbol{k}_t$ 互相垂直，如图 6-12 所示。这时在介质 2 中透射波的电场强度 $\boldsymbol{E}_t$ 平行于反射波矢，而无垂直于 $\boldsymbol{k}_r$ 的分量，故不能激励起沿 $\boldsymbol{k}_r$ 方向传播的波，即不可能有 TM 反射波。

2. 垂直极化波

对于图 6-13 所示的垂直极化波，利用介质分界面上电磁场的边界条件 $E_{1y}=E_{2y}$，$H_{1z}=H_{2z}$，有

$$\begin{cases}E_{im}+E_{rm}=E_{tm}\\ -\dfrac{E_{im}}{Z_1}\cos\theta_i+\dfrac{E_{rm}}{Z_1}\cos\theta_r=-\dfrac{E_{tm}}{Z_2}\cos\theta_t\end{cases} \tag{6-104}$$

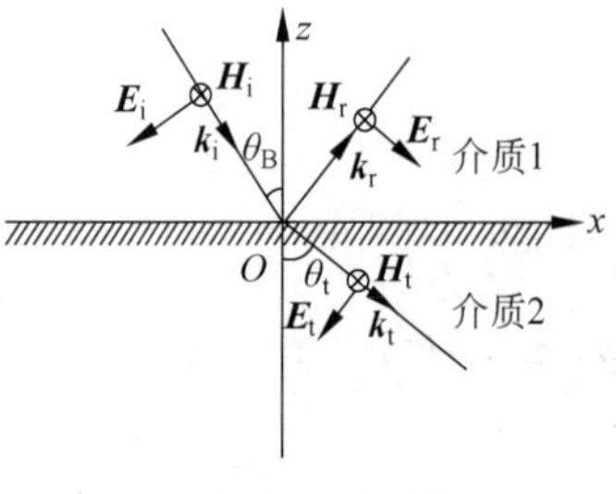

图 6-12 以布儒斯特角入射的入射波、反射波与折射波

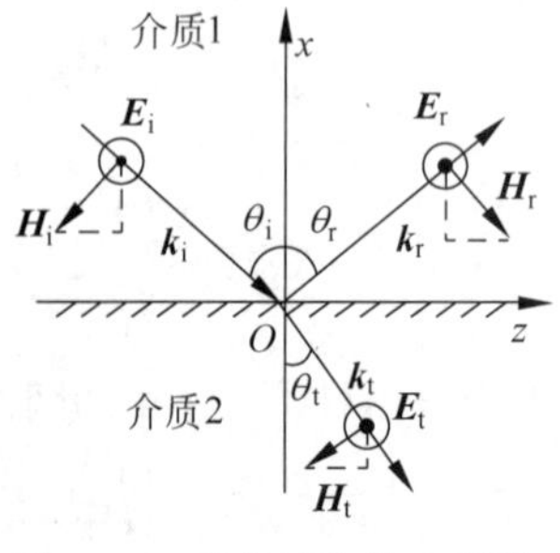

图 6-13 垂直极化的入射波、反射波与折射波

同样定义垂直极化波的反射系数 $\Gamma_{\perp}=\dfrac{E_{\mathrm{rm}}}{E_{\mathrm{im}}}$ 与透射系数 $T_{\perp}=\dfrac{E_{\mathrm{tm}}}{E_{\mathrm{im}}}$，仿照平行极化时的推导，则有

$$\begin{cases}\Gamma_{\perp}=\dfrac{E_{\mathrm{rm}}}{E_{\mathrm{im}}}=\dfrac{Z_2\cos\theta_{\mathrm{i}}-Z_1\cos\theta_{\mathrm{t}}}{Z_2\cos\theta_{\mathrm{i}}+Z_1\cos\theta_{\mathrm{t}}}=\dfrac{\sqrt{\varepsilon_1}\cos\theta_{\mathrm{i}}-\sqrt{\varepsilon_2}\cos\theta_{\mathrm{t}}}{\sqrt{\varepsilon_1}\cos\theta_{\mathrm{i}}+\sqrt{\varepsilon_2}\cos\theta_{\mathrm{t}}} \\ \quad=\dfrac{\cos\theta_{\mathrm{i}}-\sqrt{\dfrac{\varepsilon_2}{\varepsilon_1}-\sin^2\theta_{\mathrm{i}}}}{\cos\theta_{\mathrm{i}}+\sqrt{\dfrac{\varepsilon_2}{\varepsilon_1}-\sin^2\theta_{\mathrm{i}}}} \\ T_{\perp}=\dfrac{E_{\mathrm{tm}}}{E_{\mathrm{im}}}=\dfrac{2Z_2\cos\theta_{\mathrm{i}}}{Z_2\cos\theta_{\mathrm{i}}+Z_1\cos\theta_{\mathrm{t}}}=\dfrac{2\sqrt{\varepsilon_1}\cos\theta_{\mathrm{i}}}{\sqrt{\varepsilon_1}\cos\theta_{\mathrm{i}}+\sqrt{\varepsilon_2}\cos\theta_{\mathrm{t}}} \\ \quad=\dfrac{2\cos\theta_{\mathrm{i}}}{\cos\theta_{\mathrm{i}}+\sqrt{\dfrac{\varepsilon_2}{\varepsilon_1}-\sin^2\theta_{\mathrm{i}}}}\end{cases}\tag{6-105}$$

以及

$$\begin{cases}\Gamma_{\perp}=-\dfrac{\sin(\theta_{\mathrm{i}}-\theta_{\mathrm{t}})}{\sin(\theta_{\mathrm{i}}+\theta_{\mathrm{t}})} \\ T_{\perp}=\dfrac{2\cos\theta_{\mathrm{i}}\sin\theta_{\mathrm{t}}}{\sin(\theta_{\mathrm{i}}+\theta_{\mathrm{t}})}\end{cases}\tag{6-106}$$

同样，式(6-105)对于磁性介质也成立，式(6-106)仅适用于非磁性介质。透射系数 $T_{\perp}$ 总是正值，表明折射波与入射波的电场强度总是同相位；而反射系数 $\Gamma_{\perp}$ 亦可正可负，即有半波损失。但与平行极化波的情形不同的是，不存在布儒斯特角。

上述关于反射系数和透射系数的公式统称为菲涅耳公式。它们在麦克斯韦的电磁理论建立之前于 1823 年已由菲涅耳根据光的弹性理论首先推导出来，并由光学的实验事实所证实，在此以电磁场理论重新求得，这充分证明了光的电磁理论的正确性。菲涅耳公式表明了反射波、折射波和入射波的电场强度的振幅和相位关系；并且在平行极化与垂直极化两种情况下，反射系数和透射系数并不相同，它们和极化方向有关。

根据能流描述反射、折射过程的能量分布，有时候很方便。定义反射率 ρ 和透射率 τ 分别为反射平均能流密度的法向分量、透射平均能流密度的法向分量与入射平均能流密度的法向分量的大小之比，基于能流守恒定律在两种介质分界面上的边界条件式(2-141)：$S_{1\mathrm{n}}=S_{2\mathrm{n}}$，可得

$$\rho=\left|\frac{\bar{S}_{\mathrm{rn}}}{\bar{S}_{\mathrm{in}}}\right|=\left|\frac{\bar{\boldsymbol{S}}_{\mathrm{r}}\cdot\boldsymbol{e}_{\mathrm{n}}}{\bar{\boldsymbol{S}}_{\mathrm{i}}\cdot\boldsymbol{e}_{\mathrm{n}}}\right|=\frac{Z_1}{Z_2}\left(\frac{E_{\mathrm{r}}}{E_{\mathrm{i}}}\right)^2=\Gamma^2\tag{6-107}$$

$$\tau=\left|\frac{\bar{S}_{\mathrm{tn}}}{\bar{S}_{\mathrm{in}}}\right|=\left|\frac{\bar{\boldsymbol{S}}_{\mathrm{t}}\cdot\boldsymbol{e}_{\mathrm{n}}}{\bar{\boldsymbol{S}}_{\mathrm{i}}\cdot\boldsymbol{e}_{\mathrm{n}}}\right|=\frac{Z_1\cos\theta_{\mathrm{t}}}{Z_2\cos\theta_{\mathrm{i}}}\left(\frac{E_{\mathrm{t}}}{E_{\mathrm{i}}}\right)^2=\frac{Z_1\cos\theta_{\mathrm{t}}}{Z_2\cos\theta_{\mathrm{i}}}T^2\tag{6-108}$$

可以验证：

$$\rho+\tau=1\tag{6-109}$$

该结论符合能量守恒关系,与极化方式无关。反射率和透射率的概念在光学中会经常用到。

> **归纳总结**:反射定律、折射定律和菲涅耳公式的推导看似纷繁复杂,实则只要抓住一条主线——分析两种介质分界面附近的边值问题,其泛定方程为波动方程(或亥姆霍兹方程),边界条件无一例外地均为电磁场切向分量连续的关系式,就如拨云见青天!充分掌握分析这类问题的基本思路,在学习接下来的全反射、正入射、导体边界面上的反折射等问题便顿觉其实属一脉相承,可谓触类旁通。这对于解决具体工程电磁场的应用问题有着重要的指导意义。

例 6.4 一均匀平面电磁波由空气中入射到相对介电常数和磁导率分别为 $\varepsilon_r=3$ 和 $\mu_r=1$ 的介质中。已知入射面为 $y=0$,两种介质的分界面为 $x=0$。入射波的电场强度矢量为

$$\boldsymbol{E}_i=(\sqrt{3}\boldsymbol{e}_x+\boldsymbol{e}_z)e^{j\frac{\pi}{3}(-x+\sqrt{3}z)}$$

试求反射波和折射波的电场强度和磁场强度。

解 由入射波场强 $\boldsymbol{E}_i=(\sqrt{3}\boldsymbol{e}_x+\boldsymbol{e}_z)e^{j\frac{\pi}{3}(-x+\sqrt{3}z)}$ 的相位因子 $e^{j\boldsymbol{k}_i\cdot\boldsymbol{r}}$ 比较,可得其波矢量为 $\boldsymbol{k}_i=\frac{\pi}{3}(-\boldsymbol{e}_x+\sqrt{3}\boldsymbol{e}_z)$,波数为 $k_i=k_r=k_0=\frac{\pi}{3}\sqrt{1+3}=\frac{2\pi}{3}$。入射角和反射角为

$$\theta_i=\theta_r=\arctan\sqrt{3}=\frac{\pi}{3}$$

由折射定律,可得

$$\theta_t=\arcsin\frac{\sin\theta_i}{\sqrt{3}}=\arcsin\frac{1}{\sqrt{3}}\frac{\sqrt{3}}{2}=\arcsin\frac{1}{2}=\frac{\pi}{6}$$

因为电场强度矢量在入射平面内,属于平行极化。故由菲涅耳公式可得反射波的反射系数为

$$\Gamma_{/\!/}=\frac{\tan(\theta_i-\theta_t)}{\tan(\theta_i+\theta_t)}=\frac{\tan(\pi a3-\pi/6)}{\tan(\pi a3+\pi/6)}=0$$

因此没有反射波,入射角 $\theta_i=\frac{\pi}{3}$ 恰为布儒斯特角 θ_B。

对非磁性媒质,其 $k=k_0\sqrt{\varepsilon_r}$,则 $k_t=\sqrt{\frac{\varepsilon_{rt}}{\varepsilon_{ri}}}k_i=\sqrt{3}\frac{2\pi}{3}=\frac{2\pi}{\sqrt{3}}$。

于是,折射波的波矢量为

$$\boldsymbol{k}_t=k_t(-\cos\theta_t\boldsymbol{e}_x+\sin\theta_t\boldsymbol{e}_z)=\frac{2\pi}{\sqrt{3}}\left(-\frac{\sqrt{3}}{2}\boldsymbol{e}_x+\frac{1}{2}\boldsymbol{e}_z\right)=\pi\left(-\boldsymbol{e}_x+\frac{1}{\sqrt{3}}\boldsymbol{e}_z\right)$$

其单位矢量为 $\boldsymbol{e}_{kt}=\frac{\sqrt{3}}{2}\left(-\boldsymbol{e}_x+\frac{1}{\sqrt{3}}\boldsymbol{e}_z\right)$。

再由平行极化波的菲涅耳公式,可得折射波的透射系数为

$$T_{/\!/}=\frac{2\sqrt{\varepsilon_{ri}}\cos\theta_i}{\sqrt{\varepsilon_{rt}}\cos\theta_i+\sqrt{\varepsilon_{ri}}\cos\theta_t}=\frac{2\cos\frac{\pi}{3}}{\sqrt{3}\cos\frac{\pi}{3}+\cos\frac{\pi}{6}}=\frac{1}{\frac{\sqrt{3}}{2}+\frac{\sqrt{3}}{2}}=\frac{1}{\sqrt{3}}$$

由于 $E_{\mathrm{im}}=\sqrt{3+1}=2$，故 $E_{\mathrm{tm}}=T_{/\!/}E_{\mathrm{im}}=\frac{2}{\sqrt{3}}$；再由 $\boldsymbol{k}_{\mathrm{t}}\cdot\boldsymbol{E}_{\mathrm{tm}}=0$，得 $\boldsymbol{E}_{\mathrm{tm}}=\frac{1}{\sqrt{3}}\boldsymbol{e}_x+\boldsymbol{e}_z$；又因介质中的波阻抗为

$$Z_{\mathrm{t}}=\sqrt{\frac{\mu_{\mathrm{rt}}}{\varepsilon_{\mathrm{rt}}}}Z_0=\frac{120\pi}{\sqrt{3}}=40\sqrt{3}\pi(\Omega)$$

因此，介质中折射波的电场强度和磁场强度的复矢量式和瞬时值式分别为

$$\boldsymbol{E}_{\mathrm{t}}=\left(\frac{1}{\sqrt{3}}\boldsymbol{e}_x+\boldsymbol{e}_z\right)\mathrm{e}^{\mathrm{j}\pi\left(-x+\frac{1}{\sqrt{3}}z\right)}\ (\mathrm{V/m})$$

$$\boldsymbol{H}_{\mathrm{t}}=\frac{1}{Z_{\mathrm{t}}}\boldsymbol{e}_{k\mathrm{t}}\times\boldsymbol{E}_{\mathrm{t}}=\frac{1}{40\sqrt{3}\pi}\frac{\sqrt{3}}{2}\left(-\boldsymbol{e}_x+\frac{1}{\sqrt{3}}\boldsymbol{e}_z\right)\times\left(\frac{1}{\sqrt{3}}\boldsymbol{e}_x+\boldsymbol{e}_z\right)\mathrm{e}^{\mathrm{j}\pi\left(x-\frac{1}{\sqrt{3}}z\right)}$$

$$=\frac{1}{60\pi}\mathrm{e}^{\mathrm{j}\pi\left(-x+\frac{1}{\sqrt{3}}z\right)}\boldsymbol{e}_y\ (\mathrm{A/m})$$

和

$$\boldsymbol{E}_{\mathrm{t}}=\left(\frac{1}{\sqrt{3}}\boldsymbol{e}_x+\boldsymbol{e}_z\right)\cos\left(2\pi\times10^8t+\pi x-\frac{\pi}{\sqrt{3}}z\right)\ (\mathrm{V/m})$$

$$\boldsymbol{H}_{\mathrm{t}}=\boldsymbol{e}_y\frac{1}{60\pi}\cos\left(2\pi\times10^8t+\pi x-\frac{\pi}{\sqrt{3}}z\right)\ (\mathrm{A/m})$$

由式(6-110)，得透射率为

$$\tau=\frac{Z_1\cos\theta_{\mathrm{t}}}{Z_2\cos\theta_{\mathrm{i}}}T^2=\frac{\sqrt{\varepsilon_{\mathrm{r2}}}\times\cos\frac{\pi}{6}}{\sqrt{\varepsilon_{\mathrm{r1}}}\times\cos\frac{\pi}{3}}\times\left(\frac{1}{\sqrt{3}}\right)^2=\frac{\sqrt{3}\times\frac{\sqrt{3}}{2}}{\sqrt{1}\times\frac{1}{2}}\times\left(\frac{1}{\sqrt{3}}\right)^2=1$$

可见，从能量的角度看，这是全透射的必然结果。

6.3.3 全反射

当电磁波从折射率较大的介质入射到折射率较小的介质时，即 $n_1>n_2$，则根据折射定律式(6-95)有 $\theta_{\mathrm{t}}>\theta_{\mathrm{i}}$。若入射角 θ_{i} 增大到某一角度 θ_{c} 时，$\theta_{\mathrm{t}}=90°$，则 θ_{c} 称为临界角。由折射定律可以求得

$$\theta_{\mathrm{c}}=\arcsin\sqrt{\frac{\varepsilon_2\mu_2}{\varepsilon_1\mu_1}}=\arcsin\frac{n_2}{n_1}\tag{6-110}$$

代入式(6-100)与式(6-105)可知，此时有 $\Gamma_{/\!/}=1$ 和 $\Gamma_{\perp}=1$，折射波沿分界面掠过。而当 $\theta_{\mathrm{i}}>\theta_{\mathrm{c}}$ 时，介质 1 中的入射波将被界面完全反射回介质 1 中去，这种现象称为全反射。当发生全反射时，根据折射定律，$\sin\theta_{\mathrm{t}}>1$，此时折射角 θ_{t} 无实数解，但由于分界面上电场和磁场的切向分量连续，故介质 2 中仍有电磁场存在。对于非磁性材料，在 $\varepsilon_1>\varepsilon_2$ 的情况下，当 $\theta_{\mathrm{i}}>\theta_{\mathrm{c}}$ 时，则有

$$\sin\theta_{\mathrm{t}}=\sqrt{\frac{\varepsilon_1}{\varepsilon_2}}\sin\theta_{\mathrm{i}}=M>1\tag{6-111}$$

显然 θ_t 必为复角，于是

$$\cos\theta_t=\sqrt{1-\sin^2\theta_t}=-\mathrm{j}\sqrt{\sin^2\theta_t-1}=-\mathrm{j}N \tag{6-112}$$

式中：$N=\sqrt{\sin^2\theta_t-1}=\sqrt{\left(\frac{\sin\theta_i}{\sin\theta_c}\right)^2-1}=\sqrt{M^2-1}>0$，即 N 为正实数。

以平行极化的折射波为例，如图 6-11 所示。将上式代入式(6-91)第三式，可得的电场强度为

$$\boldsymbol{E}_t=\boldsymbol{E}_{tm}\mathrm{e}^{\mathrm{j}(\boldsymbol{k}_t\cdot\boldsymbol{r}-\omega t)}=\boldsymbol{E}_{tm}\mathrm{e}^{\mathrm{j}(\beta_2 Mz-\mathrm{j}\beta_2 Nx-\omega t)}=\boldsymbol{E}_{tm}\mathrm{e}^{\beta_2 Nx}\mathrm{e}^{\mathrm{j}(\beta_2 Mz-\omega t)} \tag{6-113}$$

由上式可见，当发生全反射时，存在沿 $+z$ 方向行进的波，而其振幅沿 $-x$ 方向按指数律衰减。这就是在式(6-112)中取 $\cos\theta_t=-\mathrm{j}N$ 的原因。因此，这种电磁波只能存在于介质附近一薄层内，该层厚度 δ（定义为振幅衰减为表面的 1/e 的大小）为

$$\delta=\frac{1}{N\beta_2}=\frac{1}{k_1\sqrt{\sin^2\theta_i-n_{21}^2}}=\frac{\lambda_1}{2\pi\sqrt{\sin^2\theta_i-n_{21}^2}} \tag{6-114}$$

式中：λ_1 为介质 1 中的波长。可见，透入介质 2 中厚度与波长在一般情况下同数量级。其场量主要集中于介质表面附近，故称为表面波，也称为倏逝波(消逝波)。同时，这种波的等相面(z=常数的平面)与等幅面(x=常数的平面)不一致，故为非均匀平面波。对于平行极化的折射波，$\boldsymbol{E}_t$ 具有在传播方向($+z$ 方向)上的纵向分量，而 $\boldsymbol{H}_t$ 仅有与传播方向垂直的横向分量，故为 TM 波。同理，在垂直极化的情形下，则为 TE 波。

在媒质 2 中，波沿 $+z$ 方向的相速为

$$v_p=\frac{\omega}{\beta_z}=\frac{\omega}{\beta_2 M}=\frac{v_2}{M}<v_2=\frac{1}{\sqrt{\varepsilon_2\mu_2}} \tag{6-115}$$

可见，这种波沿传播方向的相速小于介质 2 中均匀平面波沿传播方向的相速，故也称为慢波。

下面计算折射波的能流。

由式(6-113)，得

$$\boldsymbol{E}_t=\boldsymbol{E}_{tm}(\sin\theta_t\boldsymbol{e}_x+\cos\theta_t\boldsymbol{e}_z)\mathrm{e}^{\beta_2 Nx}\mathrm{e}^{\mathrm{j}(\beta_2 Mz-\omega t)}=\boldsymbol{E}_{tm}(M\boldsymbol{e}_x-\mathrm{j}N\boldsymbol{e}_z)\mathrm{e}^{\beta_2 Nx}\mathrm{e}^{\mathrm{j}(\beta_2 Mz-\omega t)}$$

并设

$$\boldsymbol{H}_t=\boldsymbol{H}_{tm}\boldsymbol{e}_y\mathrm{e}^{\beta_2 Nx}\mathrm{e}^{\mathrm{j}(\beta_2 Mz-\omega t)} \tag{6-116}$$

代入平均能流密度公式：$\bar{\boldsymbol{S}}=\frac{1}{2}\mathrm{Re}(\boldsymbol{E}_t\times\boldsymbol{H}_t^*)$，得

$$\bar{\boldsymbol{S}}=\frac{1}{2}\mathrm{Re}E_{tm}H_{tm}\mathrm{e}^{2\beta_2 x}(M\boldsymbol{e}_x-\mathrm{j}N\boldsymbol{e}_z)\times\boldsymbol{e}_y=\frac{1}{2}E_{tm}H_{tm}\sin\theta_t\mathrm{e}^{2\beta_2 x}\boldsymbol{e}_z \tag{6-117}$$

表明透射波的平均能流密度只有 z 分量，而沿 x 轴方向透入第二种介质的平均能流密度为零。

发生全反射时，菲涅耳公式仍然成立，但分子和分母成为一对共轭复数，即

$$\Gamma_{/\!/}=\frac{\frac{\varepsilon_2}{\varepsilon_1}\cos\theta_i-\mathrm{j}\sqrt{\sin^2\theta_i-\frac{\varepsilon_2}{\varepsilon_1}}}{\frac{\varepsilon_2}{\varepsilon_1}\cos\theta_i+\mathrm{j}\sqrt{\sin^2\theta_i-\frac{\varepsilon_2}{\varepsilon_1}}}=\mathrm{e}^{-\mathrm{j}2\phi_{/\!/}} \tag{6-118}$$

$$\Gamma_{\perp}=\frac{\cos\theta_{\mathrm{i}}-\mathrm{j}\sqrt{\sin^{2}\theta_{\mathrm{i}}-\frac{\varepsilon_{2}}{\varepsilon_{1}}}}{\cos\theta_{\mathrm{i}}+\mathrm{j}\sqrt{\sin^{2}\theta_{\mathrm{i}}-\frac{\varepsilon_{2}}{\varepsilon_{1}}}}=\mathrm{e}^{-\mathrm{j}2\phi_{\perp}} \tag{6-119}$$

式中：$\phi_{/\!/}=\arctan\dfrac{\sqrt{\sin^{2}\theta_{\mathrm{i}}-n_{21}^{2}}}{n_{21}^{2}\cos\theta_{\mathrm{i}}}$，$\phi_{\perp}=\arctan\dfrac{\sqrt{\sin^{2}\theta_{\mathrm{i}}-n_{21}^{2}}}{\cos\theta_{\mathrm{i}}}$。

上两式表明，在发生全反射时，反射波和入射波的振幅相同，但存在一定的相位差。可以证明，反射波的能流密度和入射波的能流密度必然相等。因此电磁能量被全部反射出去，这就是全反射的物理过程。反射波与入射波的相位差可以折合为反射点上的一段位移，即被称之为古斯-汉森位移。

全反射现象有很多应用。电磁波在两种不同介质分界面上的全反射是实现表面波传输的基础。介质波导就是一个典型例子。如图 6-14 所示，放在空气中的一块介质板，当介质板内的电磁波在两个分界面上的入射角满足全反射条件时，电磁波将被约束在介质板内，并沿 $+z$ 方向传播。在板外，场量沿垂直于板面的 $\pm x$ 方向按指数律迅速衰减，因而没有辐射。这种传输电磁波的系统称为介质波导或表面波波导。上述全反射同样适用于圆形介质线，在光通信中广泛应用的光纤，就是这样一种介质波导。另外，利用倏逝波在介质表面薄层的传播特性可以实现电磁能量的耦合和电磁测量等。

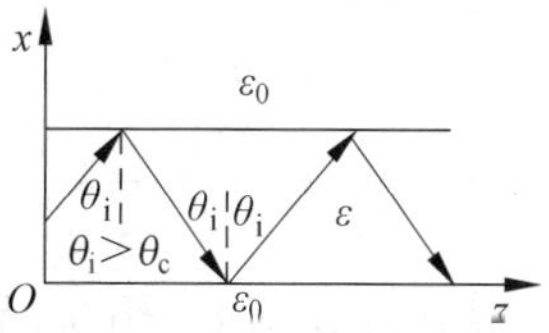

图 6-14　利用全反射在介质板内传输电磁波

6.3.4　正入射

当入射角 $\theta_{\mathrm{i}}=0$，即电磁波垂直入射于分界面，则属于正入射情形。此时有 $\theta_{\mathrm{r}}=\theta_{\mathrm{t}}=0$，即反射波和折射波都沿界面的法线方向传播。此种情况下不再有垂直极化与平行极化的区别，但菲涅耳公式仍然成立。将入射角以 $\theta_{\mathrm{i}}=0$ 代入式(6-98)或式(6-105)，即可得正入射时反射系数和透射系数。不妨代入式(6-105)，则有

$$\Gamma=\frac{E_{\mathrm{rm}}}{E_{\mathrm{im}}}=\frac{Z_{2}-Z_{1}}{Z_{2}+Z_{1}} \tag{6-120}$$

和

$$T=\frac{E_{\mathrm{tm}}}{E_{\mathrm{im}}}=\frac{2Z_{2}}{Z_{2}+Z_{1}} \tag{6-121}$$

当然也可以仿照 6.3.2 节，利用边界条件直接进行推导而得。

对于非磁性介质有 $Z_{1}=\sqrt{\dfrac{\mu_{0}}{\varepsilon_{1}}}$ 与 $Z_{2}=\sqrt{\dfrac{\mu_{0}}{\varepsilon_{2}}}$，式(6-120)、式(6-121)还可以表示为

$$\Gamma=\frac{\sqrt{\varepsilon_{1}}-\sqrt{\varepsilon_{2}}}{\sqrt{\varepsilon_{1}}+\sqrt{\varepsilon_{2}}}=\frac{\sqrt{\varepsilon_{\mathrm{r1}}}-\sqrt{\varepsilon_{\mathrm{r2}}}}{\sqrt{\varepsilon_{\mathrm{r1}}}+\sqrt{\varepsilon_{\mathrm{r2}}}} \tag{6-122}$$

$$T=\frac{2\sqrt{\varepsilon_{1}}}{\sqrt{\varepsilon_{1}}+\sqrt{\varepsilon_{2}}}=\frac{2\sqrt{\varepsilon_{\mathrm{r1}}}}{\sqrt{\varepsilon_{\mathrm{r1}}}+\sqrt{\varepsilon_{\mathrm{r2}}}} \tag{6-123}$$

延伸思考：若将 $i=0$ 代入式(6-98)时结果与式(6-105)相差一负号。这是由于平行极化中(图 6-11)$\theta_i \to 0$ 时，反射电场的方向恰与垂直极化中(图 6-13)的规定相反之故。所以参考方向不同，导致反射系数具有相对的正负性，二者实无本质不同。本节正入射时，参考方向对应图 6-15。

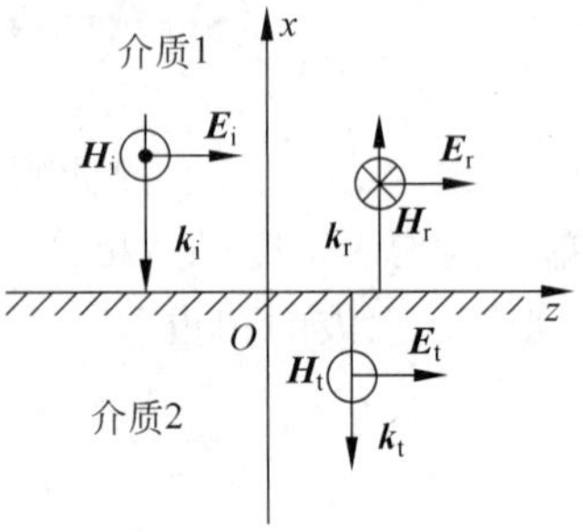

图 6-15　电磁波正入射到介质分界面上

*6.3.5　负折射和零折射

近年来，新的合成原理和微米、纳米制造技术的发展，使得构造自然界不存在的超常物理特性介质的结构或复合人工电磁材料成为现实。随着人们对人工电磁材料的深入研究，除了 20 世纪中期提出的介电常数和磁导率都为负数的左手材料外，还有一类介电常数为零、磁导率为零或者二者同时为零的新型电磁超材料，也是目前研究热点之一，该种材料称为零折射率超材料。本节对电磁波从常规介质入射到人工电磁介质中的反射和折射特性进行讨论，具体分析电磁波从普通介质入射到负折射率超材料和零折射率超材料中的反射和折射规律。

1. 负折射

设介质 1 与介质 2 的分界面仍为无限大平面，介质 2 中 $\varepsilon_2<0$，$\mu_2<0$，如图 6-16 所示。

设入射波、反射波和折射波的波矢量分别为 $\boldsymbol{k}_i$、$\boldsymbol{k}_r$ 和 $\boldsymbol{k}_t$，则相应的电场强度可分别表示为

$$\begin{cases} \boldsymbol{E}_i=\boldsymbol{E}_{im}e^{j(\boldsymbol{k}_i\cdot\boldsymbol{r}-\omega t)} \\ \boldsymbol{E}_r=\boldsymbol{E}_{rm}e^{j(\boldsymbol{k}_r\cdot\boldsymbol{r}-\omega t)} \\ \boldsymbol{E}_t=\boldsymbol{E}_{tm}e^{j(\boldsymbol{k}_t\cdot\boldsymbol{r}-\omega t)} \end{cases} \tag{6-124}$$

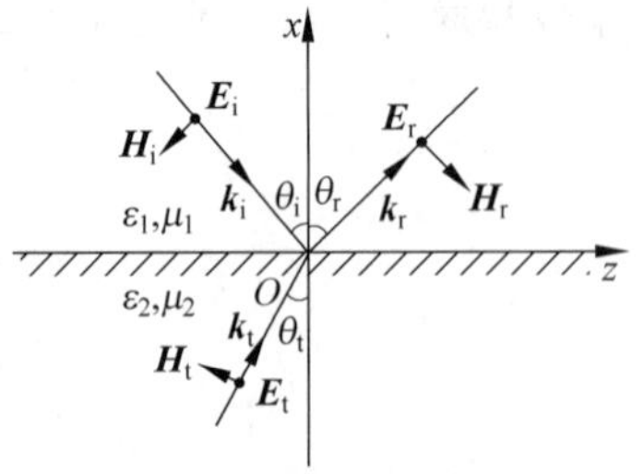

图 6-16　电磁波从右手材料斜入射到左手材料的分界面的图示

在两介质的分界面 $x=0$ 的平面上，根据电场强度和磁场强度的切向分量连续的边界条件：$E_{1t}=E_{2t}$，$H_{1t}=H_{2t}$，仍有

$$k_{iz}=k_{rz}=k_{tz} \tag{6-125}$$

由 $k_{iz}=k_{rz}$，可得

$$k_i\sin\theta_i=k_r\sin\theta_r$$

故得

$$\theta_r=\theta_i \tag{6-126}$$

考虑到 $k_i = k_1 = k_0 n_1$，$k_t = k_2 = k_0 n_2$，对于负折射率超材料有 $n_2 < 0$，因此

$$\frac{\sin\theta_t}{\sin\theta_i} = -\frac{k_1}{|k_2|} = -\frac{n_1}{|n_2|} \tag{6-127}$$

该种情况下折射线与入射线位居于法线同侧，相对于前面讨论的情形，折射角 $\theta_t < 0$，故称为负折射现象。

可见，在由右手材料和左手材料组成的无限大平面分界面上，反射规律跟普通介质相同，但折射规律则为负折射，式(6-127)即为有负折射率材料存在时的折射定律；若两种介质均为左手材料，不存在负折射现象。

2. 零折射

在介质 2 中，若 $\varepsilon_2 = 0$ 或 $\mu_2 = 0$，则有 $n_2 = 0$。当入射波从介质 1 射入介质 2 时，由 $\theta_c = \arcsin\dfrac{n_2}{n_1}$ 知，$\theta_c = 0$，故在入射角取任意不为零值的情况下总会发生全反射现象。

若入射波由介质 2 入射到介质 1，设入射角、折射角分别为 θ_2、θ_1，由折射定律 $\dfrac{\sin\theta_1}{\sin\theta_2} = \dfrac{n_2}{n_1}$，因 $n_2 = 0$，知折射角 $\theta_1 \equiv 0$ 。可见，在这种情况下，无论入射角大小如何，折射的方向总沿着法线，此即为零折射现象。

利用零折射率超材料可以实现高指向性辐射等。

6.4 电磁波在导体表面上的反射与折射

电磁波在导体中传播时由于电场对导体内自由电荷的作用，形成传导电流，从而会产生焦耳热，因此为衰减波。当电磁波从理想介质入射到导体中时，只要将导体看作复介电常数的介质，则仍然服从反射、折射定律和菲涅耳公式。下面具体分析这一过程。

6.4.1 斜入射和正入射

1. 斜入射

当均匀平面电磁波从理想介质中斜入射到与导体的分界面时，考虑非磁性介质，将导体的介电常数 $\varepsilon_2 = \varepsilon_c = \varepsilon + \mathrm{j}\dfrac{\sigma}{\omega}$ 代入折射定律式(6-95)，有

$$\cos\theta_t = \sqrt{1 - \frac{\varepsilon_1}{\varepsilon_c}\sin^2\theta_i} \tag{6-128}$$

平行极化波和垂直极化波的菲涅耳公式(6-100)和式(6-105) 相应变为

$$\Gamma_{/\!/} = \frac{E_{\mathrm{rm}/\!/}}{E_{\mathrm{im}/\!/}} = \frac{\dfrac{\varepsilon_c}{\varepsilon_1}\cos\theta_i - \sqrt{\dfrac{\varepsilon_c}{\varepsilon_1} - \sin^2\theta_i}}{\dfrac{\varepsilon_c}{\varepsilon_1}\cos\theta_i + \sqrt{\dfrac{\varepsilon_c}{\varepsilon_1} - \sin^2\theta_i}} \tag{6-129}$$

$$T_{/\!/}=\frac{E_{\mathrm{tm}/\!/}}{E_{\mathrm{im}/\!/}}=\frac{2\sqrt{\dfrac{\varepsilon_{\mathrm{c}}}{\varepsilon_1}}\cos\theta_{\mathrm{i}}}{\dfrac{\varepsilon_{\mathrm{c}}}{\varepsilon_1}\cos\theta_{\mathrm{i}}+\sqrt{\dfrac{\varepsilon_{\mathrm{c}}}{\varepsilon_1}-\sin^2\theta_{\mathrm{i}}}} \tag{6-130}$$

$$\Gamma_{\perp}=\frac{E_{\mathrm{rm}\perp}}{E_{\mathrm{im}\perp}}=\frac{\cos\theta_{\mathrm{i}}-\sqrt{\dfrac{\varepsilon_{\mathrm{c}}}{\varepsilon_1}-\sin^2\theta_{\mathrm{i}}}}{\cos\theta_{\mathrm{i}}+\sqrt{\dfrac{\varepsilon_{\mathrm{c}}}{\varepsilon_1}-\sin^2\theta_{\mathrm{i}}}} \tag{6-131}$$

$$T_{\perp}=\frac{E_{\mathrm{tm}\perp}}{E_{\mathrm{im}\perp}}=\frac{2\cos\theta_{\mathrm{i}}}{\cos\theta_{\mathrm{i}}+\sqrt{\dfrac{\varepsilon_{\mathrm{c}}}{\varepsilon_1}-\sin^2\theta_{\mathrm{i}}}} \tag{6-132}$$

上述菲涅耳公式在一般情况下都是复数。对于一般的金属导体都是良导体,则 $\varepsilon_2=\varepsilon_{\mathrm{c}}\approx \mathrm{j}\dfrac{\sigma}{\omega}$,于是

$$\left|\frac{\varepsilon_{\mathrm{c}}}{\varepsilon_1}\right|\approx\frac{\sigma}{\omega\varepsilon_1}\gg 1 \tag{6-133}$$

将上式代入式(6-129)~式(6-132),可得在介质与非磁性良导体分界面上平行极化波和垂直极化波的反射系数与透射系数为

$$\begin{cases}\Gamma_{/\!/}\approx 1\\ \Gamma_{\perp}\approx -1\\ T_{/\!/}\approx T_{\perp}\approx 0\end{cases} \tag{6-134}$$

根据折射定律,有 $\cos\theta_{\mathrm{t}}=\sqrt{1-\dfrac{\varepsilon_1}{\varepsilon_{\mathrm{c}}}\sin^2\theta_{\mathrm{i}}}$ 。对于良导体,因 $\left|\dfrac{\varepsilon_1}{\varepsilon_{\mathrm{c}}}\right|\approx\dfrac{\omega\varepsilon_1}{\sigma}\ll 1$,故可得

$$\cos\theta_{\mathrm{t}}\approx 1$$

即

$$\theta_{\mathrm{t}}\approx 0 \tag{6-135}$$

这表明,无论是平行极化波还是垂直极化波在良导体的表面上都将近似发生全反射,几乎不能透射入导体内部。不论入射角 θ_{i} 如何,电磁波基本上沿着良导体表面的法线方向透射入导体内。而对于介质与理想导体的分界面而言,$\left|\dfrac{\varepsilon_{\mathrm{c}}}{\varepsilon_1}\right|\to\infty$,上述结论严格成立。所以在工程问题中,实际金属导体的表面可以用理想导体的边界来代替,误差不是很大。

2. 正入射

若电磁波垂直入射到介质与导电介质的分界面上,式(6-120)、式(6-121)仍然适用,只是将 Z_2 理解为导电介质的波阻抗即可,即有

$$Z_2=Z_{\mathrm{c}}=\sqrt{\frac{\mu}{|\varepsilon_{\mathrm{c}}|}}\,\mathrm{e}^{-\mathrm{j}\frac{\delta_{\mathrm{c}}}{2}} \tag{6-136}$$

同样,对于良导体,则有

$$Z_2=Z_{\mathrm{c}}=\sqrt{\frac{\mu\omega}{\sigma}}\,\mathrm{e}^{-\mathrm{j}\frac{\pi}{4}} \tag{6-137}$$

代入式(6-120)可得

$$\Gamma=\frac{E_{\mathrm{r}}}{E_{\mathrm{i}}}=-\frac{1+\mathrm{j}-\sqrt{\dfrac{2\omega\varepsilon_1}{\sigma}}}{1+\mathrm{j}+\sqrt{\dfrac{2\omega\varepsilon_1}{\sigma}}} \tag{6-138}$$

相应的反射率为

$$R=\left|\frac{E_{\mathrm{r}}}{E_{\mathrm{i}}}\right|^2=\left(\frac{1+\mathrm{j}-\sqrt{\dfrac{2\omega\varepsilon_1}{\sigma}}}{1+\mathrm{j}+\sqrt{\dfrac{2\omega\varepsilon_1}{\sigma}}}\right)^2\approx 1-2\sqrt{\frac{2\omega\varepsilon_1}{\sigma}} \tag{6-139}$$

若导电介质为理想导体，则 $Z_2=0$，代入式(6-120)和式(6-121)，则反射系数和透射系数分别为

$$\begin{cases}\Gamma=-1\\ T=0\end{cases} \tag{6-140}$$

由此可知，电磁波正入射到理想导体表面时同样发生全发射，同时存在半波损失现象。对照图6-15，结合边界条件：$E_{1\mathrm{t}}=E_{2\mathrm{t}}$，$H_{1\mathrm{t}}=H_{2\mathrm{t}}$，可得

$$\begin{cases}E_{\mathrm{rm}}=\Gamma E_{\mathrm{im}}=-E_{\mathrm{im}}\\ H_{\mathrm{rm}}=\Gamma H_{\mathrm{im}}=H_{\mathrm{im}}\\ E_{\mathrm{tm}}=E_{\mathrm{im}}+E_{\mathrm{rm}}=0\\ H_{\mathrm{tm}}=H_{\mathrm{im}}+H_{\mathrm{rm}}=2H_{\mathrm{im}}\end{cases} \tag{6-141}$$

知识拓展：在第2章中，据式(2-126)可得：对于时变场，在理想导体内部 $\boldsymbol{E}=0$，$\boldsymbol{H}=0$。而根据上式可知，在理想导体内部无电场，但磁场以分界面处的值继续延伸。这是不是相互矛盾呢？其实不然。这里，我们将理想导体理解为一种特殊的边界，应用了 $H_{1\mathrm{t}}=H_{2\mathrm{t}}$ 得到上式 $H_{\mathrm{tm}}=2H_{\mathrm{im}}$。事实上，根据等效原理，在理想导体内部的磁场可以用表面自由电流密度等效，即表面上的面电流 $\boldsymbol{J}_S=J_{Sx}\boldsymbol{e}_x=-\boldsymbol{e}_z\times(H_y\boldsymbol{e}_y)=\boldsymbol{e}_{\mathrm{n}}\times\boldsymbol{H}$，这样在理想导体内的磁场视为零。这个结果和理想导体表面上的磁场的边界条件 $\boldsymbol{e}_{\mathrm{n}}\times\boldsymbol{H}=\boldsymbol{J}_S$ 相对应，显然与电场的边界条件 $\boldsymbol{e}_{\mathrm{n}}\times\boldsymbol{E}=0$ 相一致。

6.4.2 驻波

电磁波从介质中正入射或斜入射到理想导体上，在发生全反射的同时，入射波和反射波的叠加会形成驻波。

假设电磁波沿 $+z$ 方向从理想介质入射到理想导体的分界面上，电场 $\boldsymbol{E}$ 沿 $+x$ 方向，磁场 $\boldsymbol{H}$ 沿 $+y$ 方向，则由式(6-141)可得介质中入射波与反射波的合成电场强度为

$$\begin{aligned}\boldsymbol{E}&=\boldsymbol{E}_{\mathrm{i}}+\boldsymbol{E}_{\mathrm{r}}=(E_{\mathrm{im}}\mathrm{e}^{\mathrm{j}\beta z}+E_{\mathrm{rm}}\mathrm{e}^{-\mathrm{j}\beta z})\boldsymbol{e}_x=E_{\mathrm{im}}(\mathrm{e}^{\mathrm{j}\beta z}-\mathrm{e}^{-\mathrm{j}\beta z})\boldsymbol{e}_x\\&=\mathrm{j}2E_{\mathrm{im}}\sin\beta z\boldsymbol{e}_x=2E_{\mathrm{im}}\sin\beta z\,\mathrm{e}^{\mathrm{j}\frac{\pi}{2}}\boldsymbol{e}_x\end{aligned} \tag{6-142}$$

磁场强度则为

$$\boldsymbol{H}=\boldsymbol{H}_i+\boldsymbol{H}_r=(H_{im}e^{j\beta z}+H_{rm}e^{-j\beta z})\boldsymbol{e}_y=H_{im}(e^{j\beta z}+e^{-j\beta z})\boldsymbol{e}_y$$
$$=2H_{im}\cos\beta z\boldsymbol{e}_y \tag{6-143}$$

写成实数形式分别为

$$\boldsymbol{E}=2\boldsymbol{E}_{im}\sin\beta z\cos\left(-\omega t+\frac{\pi}{2}\right)\boldsymbol{e}_x=2E_{im}\sin\beta z\sin\omega t\boldsymbol{e}_x \tag{6-144}$$

和

$$\boldsymbol{H}=2H_{im}\cos\beta z\cos\omega t\boldsymbol{e}_y \tag{6-145}$$

观察式(6-144)和式(6-145)可见,介质中入射波和反射波的合成电场与磁场表达式中空间变量和时间变量分离,电磁波沿 z 方向没有传播,其分布的最大值和最小值的位置固定不变,故称这类波为驻波。

由 $\beta z=\left(m+\frac{1}{2}\right)\pi, m=0,1,2,\cdots$,可得电场值为最大、磁场值为最小的位置为 $z=\left(\frac{2m+1}{4}\right)\lambda$;由 $\beta z=m\pi, m=0,1,2,\cdots$,可得电场值为最小、磁场值最大的位置为 $z=\frac{m\lambda}{2}$。称场值最大点为驻波的波腹,最小点为波节。显然,驻波的两相邻波腹或波节间的距离为 $\frac{\lambda}{2}$;而最大点与其相邻最小点间的距离为 $\frac{\lambda}{4}$。电场和磁场的波节(或波腹)不重合,错开 $\frac{1}{4}$ 个波长。两波节(或波腹)间的距离为 $\frac{\lambda}{2}$,即为半波长。图 6-17 为驻波电场和磁场的分布。

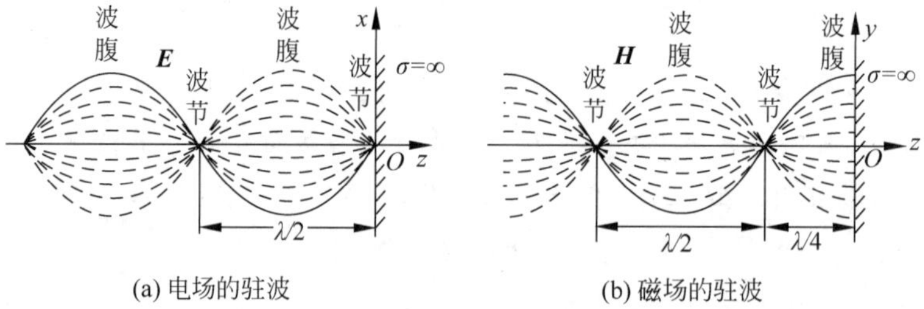

图 6-17 理想导体表面上电场和磁场的驻波

由式(6-142)和式(6-143)可得驻波的平均电磁能流密度为

$$\bar{\boldsymbol{S}}=0 \tag{6-146}$$

这表明,驻波中只有电场与磁场之间的相互转化,不传播电磁能量。

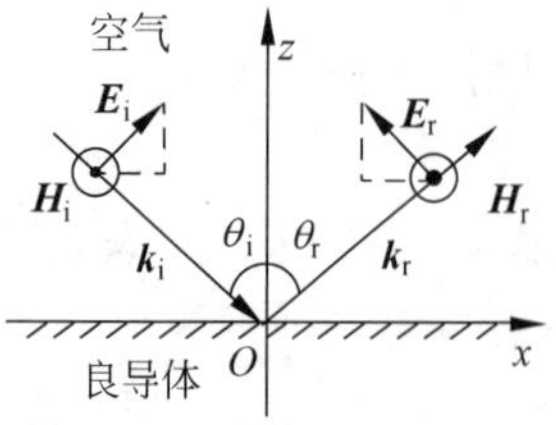

图 6-18 电磁波在良导体板上的全反射

例 6.5 如图 6-18 所示,空气中有一平行极化的均匀平面波以角度 θ_i 入射到良导体板上,试求空气中合成波的电场强度、磁场强度、平均能流密度。

解 根据前面的结论,在良导体表面上,电磁波近似为全反射,即有 $\theta_r=\theta_i$, $\Gamma_{/\!/}\approx 1$,则 $E_{rm}\approx E_{im}$。

设 $\boldsymbol{E}_i=\boldsymbol{E}_{im}e^{j\boldsymbol{k}_i\cdot\boldsymbol{r}}$,则空气中由入射波和反射波叠加的合成波的电场强度与磁场强度的分量分别为

$$E_x=E_{ix}-E_{rx}=E_{im}\cos\theta_i e^{jk_i\cdot r}-E_{rm}\cos\theta_r e^{jk_r\cdot r}$$
$$=E_{im}\cos\theta_i(e^{jk_i\cdot r}-e^{jk_r\cdot r})$$
$$E_z=E_{iz}+E_{rz}=E_{im}\sin\theta_i e^{jk_i\cdot r}+E_{rm}\sin\theta_r e^{jk_r\cdot r}$$
$$=E_{im}\sin\theta_i(e^{jk_i\cdot r}+e^{jk_r\cdot r})$$
$$H_y=H_{iy}+H_{ry}=\frac{E_{im}}{Z_0}e^{jk_i\cdot r}+\frac{E_{rm}}{Z_0}e^{jk_r\cdot r}$$
$$=\frac{E_{im}}{Z_0}(e^{jk_i\cdot r}+e^{jk_r\cdot r})$$

其中：$\boldsymbol{k}_i\cdot\boldsymbol{r}=k_0(x\sin\theta_i-z\cos\theta_i)$，$\boldsymbol{k}_r\cdot\boldsymbol{r}=k_0(x\sin\theta_i+z\cos\theta_i)$。

于是

$$E_x=E_{im}\cos\theta_i e^{jk_0x\sin\theta_i}(e^{-jk_0z\cos\theta_i}-e^{jk_0z\cos\theta_i})$$
$$=-2jE_{im}\cos\theta_i\sin(k_0z\cos\theta_i)e^{jk_0x\sin\theta_i} \tag{6-147}$$
$$E_z=E_{im}\sin\theta_i e^{jk_0z\sin\theta_i}(e^{-jk_0x\cos\theta_i}+e^{jk_0x\cos\theta_i})$$
$$=2E_{im}\sin\theta_i\cos(k_0z\cos\theta_i)e^{jk_0x\sin\theta_i} \tag{6-148}$$
$$H_y=2\frac{E_{im}}{Z_0}\cos(k_0z\cos\theta_i)e^{jk_0x\sin\theta_i}$$

可见，空气中合成波的电场与磁场的分量沿$+z$方向均为驻波，而沿$+x$方向为行波。因为磁场分量与行波的传播方向即$+x$方向垂直，故这种波称为TM型行驻波。

空气中合成波的平均电磁能流密度为

$$\bar{\boldsymbol{S}}=\frac{1}{2}\mathrm{Re}(\boldsymbol{E}\times\boldsymbol{H}^*)=\frac{1}{2}\mathrm{Re}[(E_x\boldsymbol{e}_x+E_z\boldsymbol{e}_z)\times(-H_y^*\boldsymbol{e}_y)]$$
$$=\frac{2E_{im}^2}{Z_0}\sin\theta_i\cos^2(k_0z\cos\theta_i)\boldsymbol{e}_x$$

平均能流密度只有沿x方向的分量，而无z分量，这是因为在z方向为驻波之故。

在良导体的表面$z=0$，合成波的电场强度和磁场强度的分量分别为

$$E_x=0,\quad E_z=2E_{im}\sin\theta_i e^{jk_0x\sin\theta_i}$$
$$H_y=\frac{2E_{im}}{Z_0}e^{jk_0x\sin\theta_i}=2H_{im}e^{jk_0x\sin\theta_i}=H_{0m}e^{jk_0x\sin\theta_i}$$

对式(6-148)在$z=0$处求关于z的偏导数，则不难得到$\left.\frac{\partial E_z}{\partial z}\right|_{z=0}=0$，$\left.\frac{\partial H_y}{\partial z}\right|_{z=0}=0$。可见，在良导体表面上电场只有法向分量，且满足第二类齐次边界条件；磁场只有切向分量，且满足第二类齐次边界条件。

该结论对于式(6-145)同样成立。

综上所述，电磁波无论是斜入射还是正入射，在理想导体的表面上都将发生全反射，伴随着驻波的产生。在微波技术中，传输电磁波的波导和产生微波振荡的谐振腔等就是根据这一原理设计的。

*6.4.3 金属界面的表面波：SPP

下面讨论另一种沿着介质与金属分界面表面附近的导行波，它不同于前述情形。当电磁波在该交界面受到激励时，会诱发金属表面自由电子的集体振荡，最终导致表面等离子体激元的产生，这种波具有沿金属表面进行传播、而在垂直于表面的方向上则按指数规律衰减的特点，因此属于一种表面波，也称为表面等离激元（Surface Plasmon Polariton，SPP）。

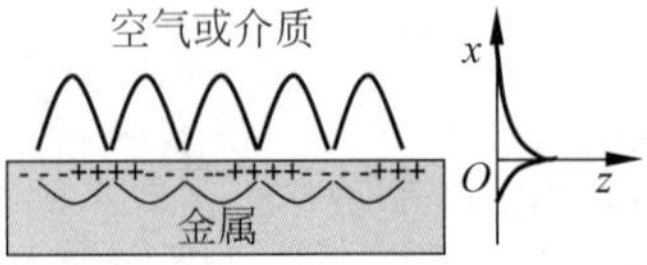

图 6-19　介质与金属分界面上形成的表面波示意图

讨论 TM 模，以 $y=0$ 为入射面。设 $x=0$ 为金属和介质的分界面，波沿 z 轴正向传播，如图 6-19 所示。介质($x>0$)和金属($x<0$)中的磁场强度 $\boldsymbol{H}$ 可分别表示为

$$\begin{cases} H_{y1}=A_1 e^{-k_{x1}x} e^{-j(\omega t-k_{z1}z)}, & x>0 \\ H_{y2}=A_2 e^{k_{x2}x} e^{-j(\omega t-k_{z2}z)}, & x<0 \end{cases} \tag{6-149}$$

再由 $\nabla\times\boldsymbol{H}=-j\omega\varepsilon\boldsymbol{E}$，可得

$$\begin{cases} E_{z1}=\dfrac{k_{x1}A_1}{j\omega\varepsilon_1} e^{-k_{x1}x} e^{-j(\omega t-k_{z1}z)}, & x>0 \\ E_{z2}=-\dfrac{k_{x2}A_2}{j\omega\varepsilon_2} e^{k_{x2}x} e^{-j(\omega t-k_{z2}z)}, & x<0 \end{cases} \tag{6-150}$$

在 $x=0$ 的分界面上，满足 $H_{y1}=H_{y2}$ 和 $E_{z1}=E_{z2}$。则有

$$A_1=A_2=A,\quad k_{z1}=k_{z2}=\beta \tag{6-151}$$

$$\varepsilon_2 k_{x1}=-\varepsilon_1 k_{x2} \tag{6-152}$$

在两介质中，波数所满足的关系式为

$$\beta^2=\omega^2\varepsilon_1\mu_1+k_{x1}^2=\omega^2\varepsilon_2\mu_2+k_{x2}^2 \tag{6-153}$$

对于非磁性物质，可取 $\mu_1=\mu_2=\mu_0$，联立方程式(6-151)、式(6-152)，可得

$$\begin{cases} k_{x1}^2=-\omega^2\varepsilon_1\mu_0\dfrac{\varepsilon_1}{\varepsilon_1+\varepsilon_2} \\ k_{x2}^2=-\omega^2\varepsilon_2\mu_0\dfrac{\varepsilon_2}{\varepsilon_1+\varepsilon_2} \\ \beta=k_0\sqrt{\dfrac{\varepsilon_1\varepsilon_2}{\varepsilon_0(\varepsilon_1+\varepsilon_2)}} \end{cases} \tag{6-154}$$

由式(6-154)可见，若 k_{x1}、k_{x2} 存在实数解，ε_1 和 ε_2 为实数时，则需满足 $\varepsilon_1+\varepsilon_2<0$；当 ε_1 或 ε_2 取复数，k_{x1}、k_{x2} 存在复数解；若 ε_1 和 ε_2 为正实数时，k_{x1}、k_{x2} 存在纯虚数解，相应的电磁波沿 z 方向是指数衰减的。对于金属导体而言，当频率较高时其介电常数由 Drude 模型表示，即 $\varepsilon_{2r}=\varepsilon_{r\infty}-\dfrac{\omega_p^2}{\omega^2+j\omega\Gamma_e}$。其中，$\omega_p$ 是等离子体频率，Γ_e 是电子碰撞频率。若令 $\varepsilon_1=\varepsilon_0$，$\varepsilon_2=\varepsilon_2'+j\varepsilon_2''$，由式(6-154) 可知传播常数为复数，即可表示为 $\beta=\beta'+j\beta''$。

由式(6-149)可以看出，在分界面 $x=0$ 两侧，电场沿 x 方向上的分量均是指数衰减的，

即在与传播方向垂直的方向上是倏逝波。电场沿 z 方向上的分量则是衰减的行波，故沿分界面只能传播有限的距离。由式(6-154)可进一步计算得出表面等离激元拥有在传播方向上比光波更短的波长，可获得波长达到 X 射线波长的数量级甚至更小。有效折射率 $n_{\text{eff}}=\beta'/k_0$ 可以达到 $10^2\sim10^3$ 数量级，理论上由于衍射决定的光学分辨率 $\lambda_0/(2n_{\text{eff}})$ 将会小至纳米尺度，从而大大提高光学分辨率。

需要指出的是，对于磁导率 $\mu_1=\mu_2$ 的介质分界面，TE 型表面等离激元是不可能存在的(读者可以根据边值关系自行证明)。只有当 $\mu_1\neq\mu_2$ 时，TE 型表面等离激元才有可能存在。实际上，对于两种非磁性材料 μ_1 和 μ_2 相差甚小，因此即使存在 TE 型表面等离激元仍可以忽略，这就是主要考虑 TM 型表面波的原因。

表面等离激元具有以下几个方面的特性：

(1) 与金属表面自由电子的共振有关，它是电磁波与金属表面自由电子振荡耦合的结果。

(2) 能够沿着金属和介质交界面传播，是一种表面波。

(3) 在交界面的两侧呈指数衰减，因而是修逝波。它被紧致地束缚在金属表面附近很小的尺度范围内，从而呈现出一种表面等离子体激元被束缚在金属表面、金属表面附近的电场得到增强的效果。

(4) 一般情况下，表面等离子体激元为 TM 型电磁波。

基于上述特征，表面等离激元在生物基因检测、微纳光集成、高密度光存储、超分辨成像、亚波长光刻等方面有着广泛的应用。

6.5　波导和谐振腔

前面讨论了电磁波在无界空间或半无界空间的传播规律。当电磁波斜入射到介质与导体的边界时，发生全反射现象，并伴随着沿界面方向的行波与垂直于界面方向的驻波。若用金属围成一个无限长的管状结构，电磁波在其内传播时也一定是行驻波。可见，金属边界起到了引导电磁波的作用，故这类电磁波被称为导行波。同理，若在有限长的金属管两端用金属导体挡住，形成一个中空的封闭金属腔，电磁波在其内往复全反射，形成驻波。本节将讨论电磁波沿无限长直的、横截面几何形状和填充的介质沿轴线方向不变的空心金属管内传输的一般规律，以及封闭金属腔内电磁波的振荡规律。上述两者均属于有限区间内的电磁场边值问题，这种分布于有界空间中的电磁波其特性不同于均匀平面电磁波，被广泛应用于无线电技术的实际问题中。其中，在微波技术中，应用波导进行电磁能量的传输与应用谐振腔进行的高频电磁振荡就属于此。本节将讨论矩形结构的波导和谐振腔。

6.5.1　高频电磁能量的传输

电磁能量的传播都是在场中进行的。在稳恒电流情况或低频情况下，由于场与电路中电荷和电流关系较为简单，可以用电路方程解决实际问题。但在高频情况下，场的波动性增强，集中参量如电阻、电感、电容等不再适用。随着频率的提高，低频电力系统中使用的双根传输线因趋肤效应明显以及波的辐射也无法使用。这时常用中空的金属管代替双根线，这种结构的传输线称为波导。根据其横截面形状不同，通常分为矩形波导、圆形波导和椭圆形波导等。

6.5.2 金属导体的边界条件

对于实际的金属导体,由于高频时的趋肤效应,电流集中于导体表面附近,透入导体内以焦耳热损耗掉的电磁能量一般很小。因此在分析实际问题时,可以先把金属看作理想导体考虑,称为第一级近似;待求出电磁场的分布进一步分析传输效率及损耗特性时,再考虑由于有限电导率所引起的损耗,称为第二级近似。因此,对实际金属的边值问题进行场的求解时,往往是用理想导体边界来近似取代实际金属导体边界的。

对于理想导体而言,电磁场的边值关系由式(2-126)来表示。

由于在导体边界 Σ 上有 $E_t=0$,再利用$\nabla\cdot\boldsymbol{E}=\dfrac{\partial E_t}{\partial t}+\dfrac{\partial E_n}{\partial n}=0$,可得

$$E_t\big|_{\Sigma}=0,\quad \left.\frac{\partial E_n}{\partial n}\right|_{\Sigma}=0 \tag{6-155}$$

6.5.3 矩形波导中的电磁波

矩形波导是典型的一类金属波导。对该种结构波导的分析方法,适用于其他类型的情形。

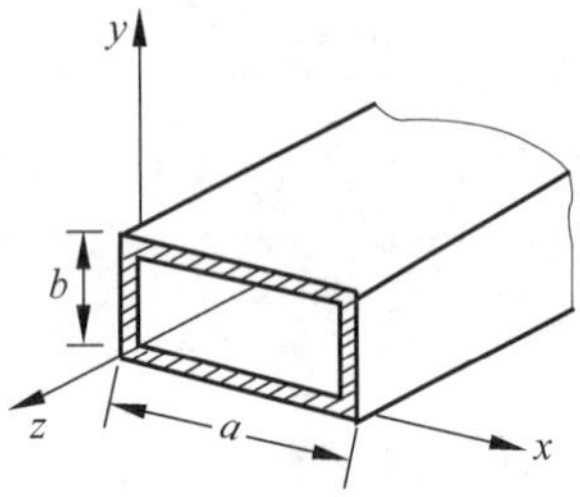

图 6-20 矩形波导结构

1. TE 模和 TM 模

现以矩形波导为例来求波导内电磁波的解。建立如图 6-20 所示的直角坐标系,取波导内壁面为 $x=0,a$、$y=0,b$、z 轴为波的传播方向。

在一定频率下,管内电磁波满足亥姆霍兹方程

$$\nabla^2\boldsymbol{E}+k^2\boldsymbol{E}=0 \tag{6-156}$$

式中:$k=\omega\sqrt{\varepsilon\mu}=\dfrac{2\pi}{\lambda}$。

对于沿 z 方向传播的波,由 6.4.2 节可知,相应的传播因子为 $\mathrm{e}^{\mathrm{j}(k_z z-\omega t)}$。因此,电场强度可以表示为 $\boldsymbol{E}(x,y,z,t)=E(x,y)\mathrm{e}^{-\mathrm{j}(\omega t-k_z z)}$,代入式(6-156),得

$$\left(\frac{\partial^2}{\partial x^2}+\frac{\partial^2}{\partial y^2}\right)\boldsymbol{E}(x,y)+(k^2-k_z^2)\boldsymbol{E}(x,y)=0 \tag{6-157}$$

磁场强度 $\boldsymbol{H}(x,y,z,t)$ 也有类同的形式。不妨用 $u(x,y)$表示电磁场的 6 个分量中任意一个。

采用分离变量法,设

$$u(x,y)=X(x)Y(y) \tag{6-158}$$

代入式(6-157),可分离成两个方程

$$\begin{cases}\dfrac{\mathrm{d}^2X}{\mathrm{d}x^2}+k_x^2X=0\\[2ex]\dfrac{\mathrm{d}^2Y}{\mathrm{d}y^2}+k_y^2Y=0\end{cases} \tag{6-159}$$

式中:k_x、k_y 分别为沿 x、y 轴的分离常数,且

$$k_x^2+k_y^2+k_z^2=k^2 \tag{6-160}$$

解式(6-159)，可得 $u(x,y)$ 的通解为

$$u(x,y)=(A_1\cos k_x x+B_1\sin k_x x)(A_2\cos k_y y+B_2\sin k_y y) \tag{6-161}$$

式中：A_1、B_1、A_2 和 B_2 为待定常数，其值需结合相应的边界条件来确定。

利用式(6-155)具体确定电场各分量的边界条件。以 $x=0$ 面为例，显然有切向分量：$E_z=E_y=0$，法向分量：$\dfrac{\partial E_x}{\partial x}=0$。同理，电场 $\boldsymbol{E}$ 在其他金属面上的边界条件可概括为

$$E_z=E_y=0,\quad \frac{\partial E_x}{\partial x}=0,\quad x=0,a \tag{6-162}$$

$$E_z=E_x=0,\quad \frac{\partial E_y}{\partial y}=0,\quad y=0,b \tag{6-163}$$

因此，满足上两式的电场强度的各分量为

$$\begin{cases}E_x=C_1\cos k_x x\sin k_y y\mathrm{e}^{\mathrm{j}k_z z}\\ E_y=C_2\sin k_x x\cos k_y y\mathrm{e}^{\mathrm{j}k_z z}\\ E_z=C_3\sin k_x x\sin k_y y\mathrm{e}^{\mathrm{j}k_z z}\end{cases} \tag{6-164}$$

以及

$$k_x=\frac{m\pi}{a},\quad k_y=\frac{n\pi}{b},\quad m,n=0,1,2,3,\cdots \tag{6-165}$$

由式(6-164)可见，电磁波在矩形波导中沿 x、y 方向为驻波，沿 z 方向为行波。m 和 n 分别代表沿矩形 a、b 两边的半波数，即沿着矩形波导横截面两边驻波对应的波腹(或波节)个数。

磁场强度 $\boldsymbol{H}$ 的解可同理求得

$$\begin{cases}H_x=C_1'\sin k_x x\cos k_y y\mathrm{e}^{\mathrm{j}k_z z}\\ H_y=C_2'\cos k_x x\sin k_y y\mathrm{e}^{\mathrm{j}k_z z}\\ H_z=C_3'\cos k_x x\cos k_y y\mathrm{e}^{\mathrm{j}k_z z}\end{cases} \tag{6-166}$$

通解式(6-164)还必须满足条件 $\nabla\cdot\boldsymbol{E}=0$，即待定系数满足

$$C_1k_x+C_2k_y-\mathrm{j}C_3k_z=0 \tag{6-167}$$

易见，在 C_1、C_2 和 C_3 中只有两个是独立的。根据线性代数的理论，对于每一组 (m,n)，存在两种独立的模式。

由式(6-167)，对给定的 (m,n)，若选一种模式使其电场分量 $E_z=0$，则该模式的 $C_1/C_2=-k_y/k_x$ 就可以完全确定，因而另一种线性无关的模式必然要求 $E_z\neq0$。由麦克斯韦方程 $\boldsymbol{H}=-\dfrac{\mathrm{j}}{\omega\mu}\nabla\times\boldsymbol{E}$ 可知，对于 $E_z=0$ 的模式，必有 $H_z\neq0$；同理，对于 $H_z=0$ 的波模，必有 $E_z\neq0$。由此可见，在矩形波导中传播的电磁波不同于无限大空间中的情形，不存在电、磁场的 z 分量同时等于零的模式，即不存在 TEM 模。通常将 $E_z=0$ 的模称为横电(TE)波，也称 H 波；而将 $H_z=0$ 的模称为横磁(TM)波，也称 E 波。TE 波和 TM 波又根据 (m,n) 的值的不同而分为 TE_{mn} 和 TM_{mn}。一般情形下，波导中存在的模是这两种独立

模的叠加。

对照式(6-164)和式(6-166),不难验证,对于 TE_{mn} 来说,m 和 n 的取值要求至少一个不等于零;但 TM_{mn} 则不存在 TM_{m0} 或 TM_{0n} 模,只能存在 $TM_{mn}(m\neq 0,n\neq 0)$的模。

2. 截止特性

在分离常数的约束关系式(6-160)中,k 为波导内介质中的波数,它由激励角频率 ω 和介质的电磁参数决定;k_x、k_y 则由式(6-165)决定,它们取决于波导管壁的几何尺寸和模数(m,n)的大小,且有

$$k_z=\pm\sqrt{k^2-(k_x^2+k_y^2)} \tag{6-168}$$

在上式中,若波数 $k>\sqrt{k_x^2+k_y^2}$ 时,则 k_z 为实数,这时传播因子 $e^{jk_z z}$ 中指数为纯虚数,即波可以在波导管中沿 z 方向正常传播;若波数 $k<\sqrt{k_x^2+k_y^2}$ 时,k_z 成为纯虚数,这时传播因子 $e^{jk_z z}$ 变为负指数,即为衰减因子。在这种情形下,电磁波不再是沿 z 方向传播的行进波,而是在 z 方向的衰减波。可见,能够在波导中传播的波,其波数存在一个临界值,将这个最小临界值(波数)称为截止波数,用 k_c 表示,则

$$k_c=\sqrt{k_x^2+k_y^2}=\sqrt{\left(\frac{m\pi}{a}\right)^2+\left(\frac{n\pi}{b}\right)^2} \tag{6-169}$$

相应的最小频率称为截止频率 f_c。显然有

$$f_c=\frac{1}{2\sqrt{\varepsilon\mu}}\sqrt{\left(\frac{m}{a}\right)^2+\left(\frac{n}{b}\right)^2} \tag{6-170}$$

相应的截止波长用 λ_c 表示,即

$$\lambda_c=\frac{2\pi}{\sqrt{k_x^2+k_y^2}}=\frac{2}{\sqrt{\left(\frac{m}{a}\right)^2+\left(\frac{n}{b}\right)^2}} \tag{6-171}$$

沿 z 方向传播的行波的波长定义为波导波长,用 λ_g 表示。即有

$$\lambda_g=\frac{2\pi}{k_z}=\frac{\lambda_0}{\sqrt{1-\left(\frac{\lambda_0}{\lambda_c}\right)^2}} \tag{6-172}$$

当 $a>b$ 时,最小的截止波数对应于 $m=1,n=0$,相应的模式称之为矩形波导的基模,即有

$$k_{c,10}=\frac{\pi}{a} \tag{6-173}$$

相应的截止波长为最长,其大小为 $\lambda_{c,10}=2a$。

以 $a=7\text{cm},b=3\text{cm}$ 的矩形波导为例,把按式(6-171)求出的各种模式的截止波长依序排列,如图 6-21 所示。

由式(6-169)~式(6-171)知,对于不同模式的 TE 或 TM 波,只要 m、n 取值相同,截止波数、截止频率等就相同,这种现象称为模式简并。例如在图 6-21 中,TE_{11} 与 TM_{11}、TE_{21} 与 TE_{21} 均属于简并模式。

由图6-21可知，在矩形波导中能够通过的波中最长波长略小于 $2a$，与波导的几何尺寸同数量级。由于波导的几何尺寸不能做得过大或过小，用波导来传输较长的无线电波以及较短的太赫兹波都是不现实的；在厘米波段，波导的应用最广。

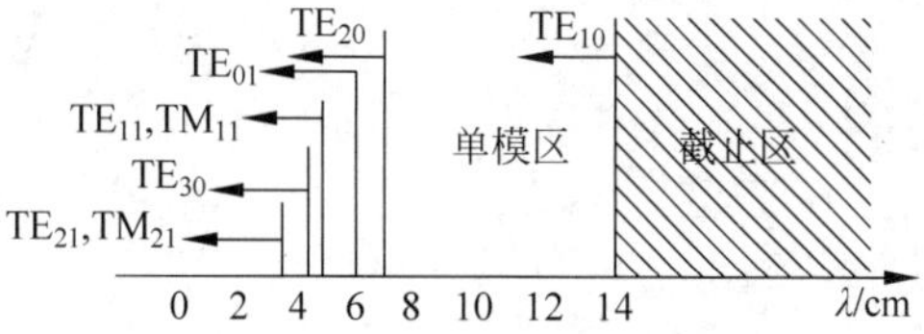

图6-21　矩形波导中不同模式的截止波长

矩形波导中 TE_{10} 模是最常用的一种模式。它具有最低的截止频率，容易实现单模传输，而其他高次模的截止频率都比较高，不易实现单模传输。因此，根据实际需要，可以在某一频率范围内选择适当尺寸的波导使其中只通过 TE_{10} 模。

3. 基模 TE_{10} 波

设波导尺寸满足 $a>b$，当 $m=1,n=0$ 时，对应的模式即为基模，相应地有 $k_x=\dfrac{\pi}{a}$，$k_y=0$。对TE模，由式(6-164)知，$E_x=E_z=0$，因而电场只有 y 分量。由 $\boldsymbol{H}=-\dfrac{\mathrm{j}}{\omega\mu}\nabla\times\boldsymbol{E}$ 可以得到磁场的分量。为了形式上的简洁，不妨令 $H_z=H_0\cos\dfrac{\pi x}{a}$，则电磁场的各分量为

$$\begin{cases} E_y=\dfrac{\mathrm{j}\omega\mu a}{\pi}H_0\sin\dfrac{\pi x}{a} \\ H_x=-\dfrac{\mathrm{j}k_z a}{\pi}H_0\sin\dfrac{\pi x}{a} \\ H_z=H_0\cos\dfrac{\pi x}{a} \\ E_x=E_z=H_y=0 \end{cases} \tag{6-174}$$

上式中只有一个待定常数 H_0，其值应由波导内激励源的功率决定。TE_{10} 模的电磁场如图6-22所示。

接下来分析管壁上电流分布。根据金属边界与介质分界面上的边界条件

$$\boldsymbol{e}_\mathrm{n}\times\boldsymbol{H}=\boldsymbol{J}_s \tag{6-175}$$

可知，管壁上电流和边界上的磁场线正交。将式(6-174)代入上式可得，在波导窄边上 $x=0,a$ 上，面电流只有 y 分量，即电流是横过窄边。因此，在波导窄边上任意纵向裂缝都对 TE_{10} 模的传播有很大的扰动，并导致向外辐射电磁波，但横向裂缝却不会影响电磁波在波导内的传播。在波导的宽边 $y=0,b$ 上，既有纵向电流，也有横向电流。在宽边的中线 $x=\dfrac{a}{2}$ 上，横向电流 $J_{Sx}=H_0\cos\dfrac{\pi x}{a}$ 为零，只有纵向电流。因此在该中线上开缝不影响波的传播。上述表面电流的分布如图6-23所示。上述管壁电流分布特征广泛应用于裂缝波导天线和用探针测量物理量的波导测量技术中。

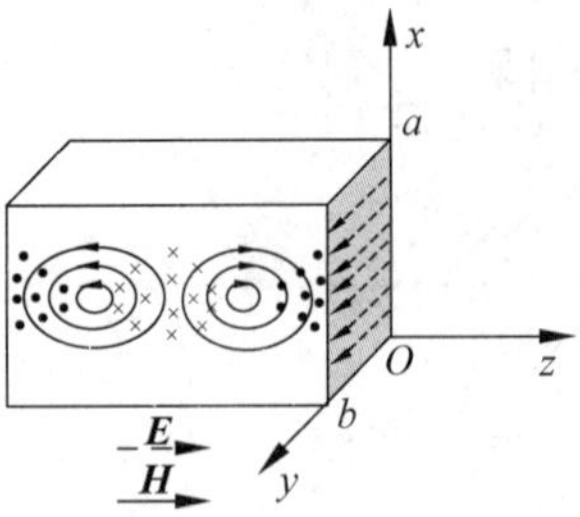

图 6-22 矩形波导中 TE_{10} 模波的电磁场分布

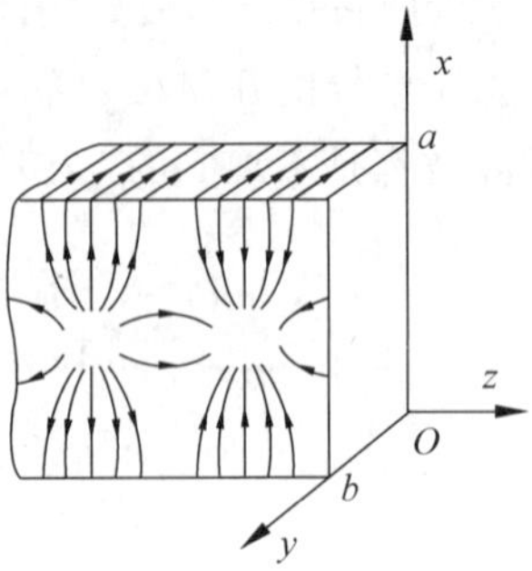

图 6-23 矩形波导中 TE_{10} 模波的管壁电流分布

例 6.6 一矩形波导截面边长尺寸为：$a=7\text{cm}$，$b=3\text{cm}$，管内填充空气。求：

(1) 当工作频率 $f=3\text{GHz}$ 时波导中可传输哪些波型？

(2) 当工作频率 $f=5\text{GHz}$ 时波导中又可传输哪些波型？

解 (1) 当工作频率 $f=3\text{GHz}$ 时，工作波长 $\lambda_0=\dfrac{c}{f}=\dfrac{3\times10^8}{3\times10^9}=10\text{cm}$。由矩形波导的截止波长公式

$$\lambda_c=\frac{2}{\sqrt{\left(\frac{m}{a}\right)^2+\left(\frac{n}{b}\right)^2}}$$

可得 TE_{10} 波的 $\lambda_{c,10}=2a=14\text{cm}$，$TE_{20}$ 波的 $\lambda_{c,20}=a=7\text{cm}$，$TE_{01}$ 波的 $\lambda_{c,01}=2b=6\text{cm}$，根据波导的传输条件 $\lambda_0<\lambda_c$，波导中只能传输 TE_{10} 波。

(2) 当工作频率为 5GHz 时，工作波长 $\lambda_0=6\text{cm}$。根据波导的传输条件 $\lambda_0<\lambda_c$，此时波导中能传输 TE_{10}、TE_{20} 波型。

6.5.4 谐振腔

在低频无线电波波段，常采用 LC 回路产生振荡。如果要提高谐振频率，就必须减小 L 或 C 的值。但当频率提高到一定程度时，由于导体趋肤效应和电磁波的向外辐射，LC 电路根本无法产生高频振荡。在微波波段，通常采用金属壁围成的中空腔来满足振荡的要求，这种腔体称为谐振腔。电磁波可以在腔内以某种特定频率振荡，形成激励源。

1. 矩形谐振腔内的电磁场

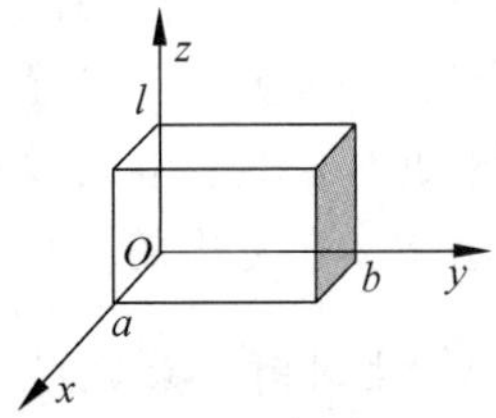

图 6-24 矩形谐振腔结构

现以矩形谐振腔为例来分析谐振腔内电磁场的解。如图 6-24 所示，设金属内壁分别为 $x=0$、a，$y=0$、b，$z=0$、l。对于某一频率的电磁场，腔内场的各分量均满足亥姆霍兹方程。

不妨设 $u(x,y,z)$ 表示电磁场中任意一个分量，则

$$\nabla^2 u+k^2 u=0 \tag{6-176}$$

在直角坐标系采用分离变量法，令

$$u(x,y,z)=X(x)Y(y)Z(z) \tag{6-177}$$

代入式(6-176)，可分离成三个常微分方程

$$\begin{cases}\dfrac{d^2X}{dx^2}+k_x^2X=0\\ \dfrac{d^2Y}{dy^2}+k_y^2Y=0\\ \dfrac{d^2Z}{dz^2}+k_z^2Z=0\end{cases}\tag{6-178}$$

及

$$k_x^2+k_y^2+k_z^2=k^2\tag{6-179}$$

对式(6-178)求解，可得 $u(x,y,z)$ 的通解为

$$u(x,y,z)=(A_1\cos k_xx+B_1\sin k_xx)(A_2\cos k_yy+B_2\sin k_yy)\cdot(A_3\cos k_zz+B_3\sin k_zz)\tag{6-180}$$

式中：A_i、$B_i(i=1,2,3)$为待定常数，由 $u(x,y,z)$ 所满足的相应边界条件决定。

不妨考虑电场 E_x，$y=0$、b，$z=0$、l 面为切向边界，满足切向分量为零的边界条件，即 $E_x\big|_{y=0,b,z=0,l}=0$；$x=0$、a 面为法向边界，满足法向分量的导数为零的边界条件，即 $\dfrac{\partial E_x}{\partial x}\bigg|_{x=0,a}=0$。将通解式(6-180)代入以上边界条件，则可得

$$E_x=C_1\cos k_xx\sin k_yy\sin k_zz\tag{6-181}$$

同理，电场强度的其他分量为

$$\begin{cases}E_y=C_2\sin k_xx\cos k_yy\sin k_zz\\ E_z=C_3\sin k_xx\sin k_yy\cos k_zz\end{cases}\tag{6-182}$$

以及

$$k_x=\frac{m\pi}{a},\quad k_y=\frac{n\pi}{b},\quad k_z=\frac{p\pi}{l},\quad m,n,p=0,1,2,3,\cdots\tag{6-183}$$

m、n 和 p 分别代表沿长方体 a、b、l 三边的半波数。

综上，矩形谐振腔内的电场分量可表示为

$$\begin{cases}E_x=C_1\cos\dfrac{m\pi}{a}x\sin\dfrac{n\pi}{b}y\sin\dfrac{p\pi}{l}z\\ E_y=C_2\sin\dfrac{m\pi}{a}x\cos\dfrac{n\pi}{b}y\sin\dfrac{p\pi}{l}z\\ E_z=C_3\sin\dfrac{m\pi}{a}x\sin\dfrac{n\pi}{b}y\cos\dfrac{p\pi}{l}z\end{cases}\tag{6-184}$$

磁场 $\boldsymbol{H}$ 由麦克斯韦方程 $\boldsymbol{H}=\dfrac{\mathrm{j}}{\omega\mu}\nabla\times\boldsymbol{E}$ 给出，这里不再赘述。

式(6-184)还须满足条件 $\nabla\cdot\boldsymbol{E}=0$，由此条件可得

$$C_1k_x+C_2k_y+C_3k_z=0\tag{6-185}$$

可见，同矩形波导类似，在 C_1、C_2 和 C_3 中只有两个是独立的。因此，对于每一组 (m,n,p)，也存在两种独立的模式。分别称为 TE_{mnp} 和 TM_{mnp} 模。

由式(6-184)对一定的 (m,n,p)，若选一种模式使其电场分量 $E_z=0$，则该模式的 C_1/

$C_2=-k_y/k_x$ 就可以完全确定，相应的 $H_z\neq 0$，该种模式称为相对于 z 轴的 TE 模；另一种线性无关的模式中若 $H_z=0$，必有 $E_z\neq 0$，该种模式称为相对于 z 轴的 TM 模。一般情形下，谐振腔内存在的模是这两种独立模的叠加。

2. 矩形谐振腔的谐振频率

由式(6-179)和式(6-183)，可得

$$\left(\frac{m\pi}{a}\right)^2+\left(\frac{n\pi}{b}\right)^2+\left(\frac{p\pi}{l}\right)^2=k^2=\omega^2\varepsilon\mu \tag{6-186}$$

由此可见，谐振腔内的角频率 ω 不可任取，而是依赖于谐振腔的几何尺寸、介质电磁参数和半波数而定，故用 ω_{mnp} 表示，于是有

$$\omega_{mnp}=\frac{\pi}{\sqrt{\varepsilon\mu}}\sqrt{\left(\frac{m}{a}\right)^2+\left(\frac{n}{b}\right)^2+\left(\frac{p}{l}\right)^2} \tag{6-187}$$

称 ω_{mnp} 为谐振腔的谐振角频率或本征角频率。

相应的谐振频率为

$$f_{mnp}=\frac{\omega_{mnp}}{2\pi}=\frac{1}{2\sqrt{\varepsilon\mu}}\sqrt{\left(\frac{m}{a}\right)^2+\left(\frac{n}{b}\right)^2+\left(\frac{p}{l}\right)^2} \tag{6-188}$$

谐振波长为

$$\lambda_{mnp}=\frac{2}{\sqrt{\left(\frac{m}{a}\right)^2+\left(\frac{n}{b}\right)^2+\left(\frac{p}{l}\right)^2}} \tag{6-189}$$

对于 TE_{mnp} 模，若取 $a>b>l$，则最小谐振频率对应于 $m=1,n=1,p=0$。则谐振频率为

$$f_{110}=\frac{1}{2\sqrt{\varepsilon\mu}}\sqrt{\frac{1}{a^2}+\frac{1}{b^2}} \tag{6-190}$$

相应的电磁波波长为

$$\lambda_{110}=\frac{2ab}{\sqrt{a^2+b^2}} \tag{6-191}$$

此波长与谐振腔的线度为同一数量级。在微波技术中通常用谐振腔的最低波模来产生特定频率的电磁波。在更高频率情况下也用到谐振腔的一些较高模次。

在分析谐振腔问题时，也是将金属腔当作理想导体，为第一级近似考虑。而腔壁存在表面电流导致焦耳热的损耗，属于第二级近似。实际应用中，要维持一定的输出功率，必须从外界供给能量来维持腔内的电磁振荡，这个问题在微波技术中有专门研究，这里不予详细讨论。

例 6.7 横截面尺寸为 $a=22.86\text{mm}$，$b=10.16\text{mm}$ 的矩形波导，传输频率为 10GHz 的 TE_{10} 波，若截取一定长度 l，在两横截面上放两块平行导体挡板，构成一矩形谐振腔。试求：

(1) 若要构成振荡模式为 TE_{101} 模谐振腔，长度 l 的取值；

(2) 若该谐振腔包括 l 在内的其他条件不变，只是改变工作频率，则腔体中有无可能存在其他振荡模式？

(3) 若将腔长 l 加大一倍，工作频率不变，此时腔中的振荡模式是什么？谐振波长有无

变化？

解 (1) 传输电磁波的波长为 $\lambda_0=\dfrac{c}{f}=\dfrac{3\times10^{11}}{10^{10}}=30\text{mm}$。

若要构成振荡模式为 TE_{101} 模的谐振腔，l 的长度应等于$\dfrac{\lambda_g}{2}$。由式(6-172)知，矩形波导的波导波长为

$$\lambda_g=\frac{\lambda_0}{\sqrt{1-\left(\dfrac{\lambda_0}{2a}\right)^2}}=\frac{30}{\sqrt{1-\left(\dfrac{30}{2\times22.86}\right)^2}}=39.76(\text{mm})$$

两块导体板相距应为相邻的波节间的长度，故两板间的距离为

$$l=\frac{\lambda_g}{2}=19.88(\text{mm})$$

(2) 由矩形波导谐振腔的谐振频率公式(6-188)知，若 a,b,l 的尺寸不变，但因(m,n,p)可取不同值，故谐振频率可以改变，因而谐振腔是多谐的。若只是改变工作频率，当恰好等于某一谐振频率，这样的振荡模式是可以存在的。

(3) 若腔长增加一倍，工作频率不变，则表明此时谐振频率（波长）未改变。设 $l'=2l$，则

$$\lambda_0'=\frac{2}{\sqrt{\left(\dfrac{1}{a}\right)^2+\left(\dfrac{1}{l}\right)^2}}=\frac{2}{\sqrt{\left(\dfrac{1}{a}\right)^2+\left(\dfrac{2}{l'}\right)^2}}$$

由此可见，振荡模式变为 TE_{102}。

例 6.8 微波炉加热的工作原理是利用磁控管输出的 2.45GHz 的微波作用于食物，通过食物分子快速受迫振动使之受热。已知该频率下牛排的等效复介电常数约为 $\varepsilon'=40\varepsilon_0$，$\mu=\mu_0$，损耗角正切 $\tan\delta_e=0.3$。求：

(1) 微波穿入牛排的趋肤深度；

(2) 牛排内 10mm 处的微波场强为表面的百分之几？

(3) 微波炉中盛食物的盘子是专用材料发泡聚苯乙烯制成的，其等效复介电常数约为 $\varepsilon'=1.03\varepsilon_0$，损耗角正切 $\tan\delta_e=3\times10^{-5}$。根据计算结果分析用微波加热牛排时牛排烧熟时盘子会不会被烧焦？

解 (1) 本题是电磁波(微波)在日常生活中的应用实例，注意判别良导体和不良导体的条件。

由已知牛排的损耗角正切 $\tan\delta_e<1$ 可知，牛排为不良导体。微波进入牛排后波的趋肤深度为

$$\delta=\frac{1}{\alpha}=\frac{1}{\omega}\sqrt{\frac{2}{\varepsilon\mu}}\left[\sqrt{1+\left(\frac{\sigma}{\omega\varepsilon}\right)^2}-1\right]^{-\frac{1}{2}}=\frac{3\times10^8}{2.45\times2\pi\times10^9}\sqrt{\frac{2}{40}}\left(\sqrt{1+0.3^2}-1\right)^{-\frac{1}{2}}$$
$$=20.8(\text{mm})$$

(2) 牛排内 10mm 处的微波场强为表面的百分比为

$$\left|\frac{E}{E_m}\right|=e^{-\alpha z}$$

代入具体数值,得

$$\left|\frac{E}{E_m}\right| = e^{-\alpha z} = e^{-\frac{10}{20.8}} = 61.8\%$$

(3) 发泡聚苯乙烯的电损耗角非常小,属于低耗介质。同理,代入趋肤深度公式,得

$$\delta = \frac{1}{\alpha} = \frac{1}{\omega}\sqrt{\frac{2}{\varepsilon\mu}}\left[\sqrt{1+\left(\frac{\sigma}{\omega\varepsilon}\right)^2} - 1\right]^{-\frac{1}{2}} \approx \frac{1}{\omega}\sqrt{\frac{2}{\varepsilon\mu}}\left[\frac{1}{2}\left(\frac{\sigma}{\omega\varepsilon}\right)^2\right]^{-\frac{1}{2}}$$

$$= \frac{2\times 3\times 10^8}{2.45\times 2\pi\times 10^9\times 3\times 10^{-5}\times\sqrt{1.03}} = 1.28\times 10^3 (\text{m})$$

微波加热时,由于牛排属于导电媒质,其趋肤深度为厘米数量级,微波进入牛排后绝大部分电磁能量转化为焦耳,从而使食物烧熟。发泡聚苯乙烯属于良好介质,微波进入后传导电流非常小,几乎不存在焦耳热得产生,所以不被烧焦。从趋肤深度为很大也可以说明损耗很小。

*6.6 科技前沿1:零折射率超材料波导加载系统中电磁波的传播特性

前已指出,人工电磁材料(Metamaterials,又称为电磁超材料)是21世纪初以来的研究热点之一。作为人工电磁材料之一——零折射率超材料(Zero Index Materials,ZIM),因其具有诸多超常特性也倍受关注。对零折射率超材料的研究表现在诸多应用领域,例如利用ZIM实现电磁场超耦合效应、辐射场整形、高性能辐射、光子隧穿效应、电磁波的吸收、波导型传感器、光子颤振效应等。另外,利用ZIM来调控电磁波在波导中的传播也受到了不少学者的研究。例如用ZIM实现电磁波的完美弯曲和透射,在ZIM中嵌入介质柱实现波的全透射和全反射等。

根据宏观电磁理论,时谐电磁波在任何媒质中的传播特性均可归结为亥姆霍兹方程的定解问题。对于亥姆霍兹方程在非齐次边界条件下定解问题的教学内容鲜有专门讨论。故此,本节针对ZIM波导中加载介质缺陷的电磁波传输问题,提炼出了亥姆霍兹方程非齐次边值问题的应用实例,作为本章内容的延伸。

6.6.1 模型及理论推导

为方便起见,仅考虑二维波导结构,如图6-25所示。区域0、区域3填充着空气;区域1为零折射率超材料,其介电常数和磁导率分别为 $\varepsilon\to 0,\mu\to 0$;区域2为区域1内嵌入的任意形状介质柱。对于TM模,假设波导壁是理想导体(PEC),入射波 $\boldsymbol{H}_i = \boldsymbol{e}_z H_0 e^{j(k_0 x - \omega t)}$ 沿 x 轴向右传播,根据麦克斯韦方程组,在ZIM介质内有 $\boldsymbol{E}_1 = \frac{j}{\omega\varepsilon_1}\nabla\times\boldsymbol{H}_1$。由于 $\varepsilon_1\to 0$,所以要保证 $\boldsymbol{E}_1$ 为有限值,$\boldsymbol{H}_1$ 一定是常数。区域2内每个介质柱中磁场强度均满足

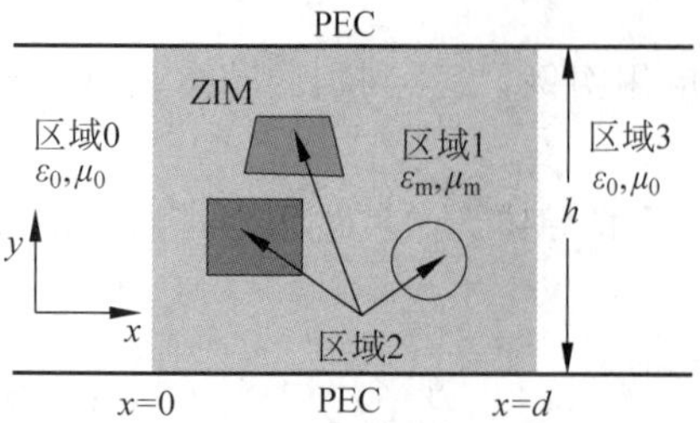

图6-25 二维近零超材料波导加载系统

$$\begin{cases}\nabla^2\boldsymbol{H}_i + k_i^2\boldsymbol{H}_i = 0\\ \boldsymbol{H}_i\big|_{\Sigma_i} = H_1\boldsymbol{e}_z\end{cases} \tag{6-192}$$

式中：i 表示介质柱的序号，$k_i=k_0\sqrt{\varepsilon_{r,i}\mu_{r,i}}$，$H_1$ 为区域1中磁场强度的大小，其值近似为常数，Σ_i 为第 i 个介质柱的边界。

1. 直角坐标系中的情形

讨论二维波导内传播TM模的情形。若加载缺陷为一矩形介质柱，设柱内磁场的大小用 $u(x,y)$ 表示，则定解问题可表示为

$$\begin{cases}\dfrac{\partial^2 u}{\partial x^2}+\dfrac{\partial^2 u}{\partial y^2}+k^2u=0\\ u\,|_{x=0,a}=H_1,u\,|_{y=0,b}=H_1\end{cases}\tag{6-193}$$

应用叠加原理，将边界条件进行齐次化，令 $u=u'+H_1$，则原问题可化为

$$\begin{cases}\dfrac{\partial^2 u'}{\partial x^2}+\dfrac{\partial^2 u'}{\partial y^2}+k^2u'=-k^2H_1\\ u'\,|_{x=0,a}=0,u'\,|_{y=0,b}=0\end{cases}\tag{6-194}$$

这是一个非齐次泛定方程且具有齐次边值条件的定解问题。用分离变量法（傅里叶级数法），设

$$u'=\sum_{m=1}^{\infty}\sum_{n=1}^{\infty}A_{mn}\sin\frac{m\pi x}{a}\sin\frac{n\pi y}{b}$$

代入式(6-194)中泛定方程，得

$$\sum_{m=1}^{\infty}\sum_{n=1}^{\infty}A_{mn}\left[k^2-\left(\frac{m\pi}{a}\right)^2-\left(\frac{n\pi}{b}\right)^2\right]\sin\frac{m\pi x}{a}\sin\frac{n\pi y}{b}=-k^2H_1$$

利用本征函数的正交性，得

$$A_{mn}=\frac{-4k^2H_1}{ab(k^2-k_{mn}^2)}\int_0^a\int_0^b\sin\frac{m\pi x}{a}\sin\frac{ny}{b}\mathrm{d}x\,\mathrm{d}y=\frac{-4k^2H_1[1-(-1)^m][1-(-1)^n]}{mn\pi^2(k^2-k_{mn}^2)}\tag{6-195}$$

式中：$k_{mn}^2=\left(\dfrac{m\pi}{a}\right)^2+\left(\dfrac{n\pi}{b}\right)^2$。则式(6-193)的定解为

$$u(x,y)=H_1-\sum_{m=1}^{\infty}\sum_{n=1}^{\infty}\frac{4k^2H_1[1-(-1)^m][1-(-1)^n]}{mn\pi^2(k^2-k_{mn}^2)}\sin\frac{m\pi x}{a}\sin\frac{n\pi y}{b}\tag{6-196}$$

若 $k=0$，上式便化简为 $u(x,y)=H_1$。事实上，这种情况下，定解问题式(6-193)退化为

$$\begin{cases}\dfrac{\partial^2 u}{\partial x^2}+\dfrac{\partial^2 u}{\partial y^2}=0\\ u\,|_{x=0,a}=H_1,u\,|_{y=0,b}=H_1\end{cases}$$

此为拉普拉斯方程的定解问题，其解显然为 $u=H_1$。

2. 圆柱坐标系中的情形

若加载缺陷为一圆柱形介质柱，柱内电磁场的定解问题可归结为

$$\begin{cases}\dfrac{\partial^2 u}{\partial \rho^2}+\dfrac{1}{\rho}\dfrac{\partial u}{\partial \rho}+\dfrac{1}{\rho^2}\dfrac{\partial^2 u}{\partial \phi^2}+k^2u=0\\ u\,|_{\rho=a}=H_1\end{cases}\tag{6-197}$$

类似地，令 $u=u'+H_1$，则原问题化为

$$\begin{cases}\dfrac{\partial^2 u'}{\partial\rho^2}+\dfrac{1}{\rho}\dfrac{\partial u'}{\partial\rho}+\dfrac{1}{\rho^2}\dfrac{\partial^2 u'}{\partial\phi^2}+k^2u'=-k^2H_1\\ u'\,|_{\rho=a}=0\end{cases}\tag{6-198}$$

用广义傅里叶级数法，设 $u'=\sum\limits_{n=1}^{\infty}\sum\limits_{m=-\infty}^{\infty}C_{mn}J_m(k_m^{(n)}\rho)\mathrm{e}^{\mathrm{j}m\phi}$，代入式(6-198)中泛定方程，得

$$\sum_{n=1}^{\infty}\sum_{m=-\infty}^{\infty}C_{mn}(k^2-[k_m^{(n)}]^2)J_m(k_m^{(n)}\rho)\mathrm{e}^{\mathrm{j}m\phi}=-k^2H_1$$

利用本征函数的正交性，得

$$\begin{aligned}C_{mn}&=\frac{-k^2H_1}{(k^2-[k_0^{(n)}]^2)[N_m^{(n)}]^2}\int_0^a\int_0^{2\pi}J_m(k_m^{(n)}\rho)[\mathrm{e}^{\mathrm{j}m\phi}]^*\rho\mathrm{d}\rho\mathrm{d}\phi\\&=\frac{-2k^2H_1}{x_1^{(n)}(k^2-[k_0^{(n)}]^2)J_1(k_1^{(n)}a)}\delta_{m,0}\end{aligned}\tag{6-199}$$

式中：$x_m^{(n)}=k_m^{(n)}a$ 为 $J_m(x)=0$ 的第 n 个根。最后得定解为

$$u=H_1-\frac{-2k^2H_1}{x_1^{(n)}(k^2-[k_0^{(n)}]^2)J_1(k_1^{(n)}a)}J_0(k_0^{(n)}r)+\sum_{n=1}^{\infty}\sum_{m=-\infty(\neq 0)}^{\infty}C_{mn}J_m(k_m^{(n)}r)\mathrm{e}^{\mathrm{j}m\phi}\tag{6-200}$$

6.6.2 仿真及分析

由式(6-195)可以得出，当 $k=k_{mn}$，且 m、n 均为奇数时，则有 $H_1=0$，否则 $A_{mn}\to\infty$，是没有意义的。这种情况下电磁波一旦进入 ZIM 即被阻挡，于是发生全反射现象。从物理角度看，当矩形边界值等于零时，其边界相当于磁壁，磁场在 ZIM 中不存在。若同时满足 $k_{mn}^2=\left(\dfrac{m\pi}{a}\right)^2+\left(\dfrac{n\pi}{b}\right)^2$，矩形介质柱相当于二维谐振腔，腔内发生谐振现象，电磁能量被聚集其内。通过仿真，结果如图 6-26 所示。图 6-26 中，选择入射波 $H_0=1\mathrm{A/m}$，$f=10\mathrm{GHz}$，矩形介质柱的截面为 $0.03\mathrm{m}\times0.02\mathrm{m}$，电磁参数取为 $\varepsilon_{\mathrm{r,rec}}=13/16$，$\mu_{\mathrm{r,rec}}=1$，$m=1$，$n=1$。可以看到，射入波导中的波通过矩形介质缺陷发生了全反射，同时腔内的磁场值大于输入磁场的值，这一结果与理论分析结论完全一致，从而表明了理论分析的正确性。另一方面，当 $k=k_{mn}$ 且 m、n 至少有一个偶数时，由于 $\dfrac{[1-(-1)^m][1-(-1)^n]}{k^2-k_{mn}^2}$ 为同阶无穷小，故 $H_1\neq0$。这种情形下，磁场在 ZIM 介质内以无穷大的相速传播，电磁波将发生全透射。仿真结果如图 6-27 所示。

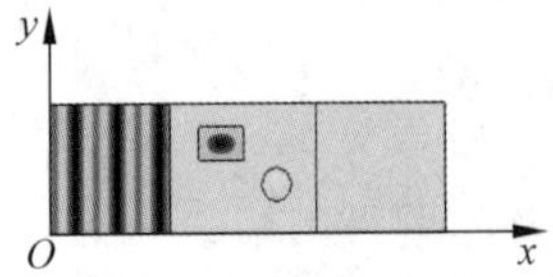

图 6-26 矩形介质柱内发生谐振，电磁波发生全反射

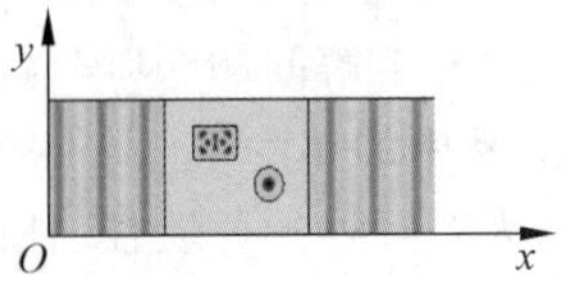

图 6-27 矩形、圆柱形介质柱内均发生谐振，电磁波发生全透射

图 6-27 中，取矩形介质柱的介电常数 $\varepsilon_{r,rec}=10$，圆柱内介电常数 $\varepsilon_{r,cir}=3.3476$，半径 $a=0.01$m（亦满足全透射条件，接下来将分析），$m=2$，$n=2$。可以看到，射入波导中的波通过矩形介质缺陷发生了全透射，这一结果与理论分析结论完全一致。从物理角度看，当矩形边界值不为零时，其边界相当于电壁，由于同时满足 $k_{mn}^2=\left(\frac{m\pi}{a}\right)^2+\left(\frac{n\pi}{b}\right)^2$，矩形腔内仍有谐振现象，电磁能量被聚集其内。但相对于全反射，腔内最大幅值要小许多，这与能量守恒相吻合。

*6.7 科技前沿 2：左手材料的奇异特性

左手材料是指在某一特定频率范围内介电常数和磁导率同时为负数的复合材料或复合结构，具有负的折射率，由苏联物理学家 Veselago 在 1967 年提出。因电磁波在其内传播时 $\boldsymbol{E}$、$\boldsymbol{H}$ 和 $\boldsymbol{k}$ 服从左手定则，因此被命名为“左手材料”，也称负折射率材料或媒质。相应地，普通介质的介电常数和磁导率均为正数，电磁波在其中传播时 $\boldsymbol{E}$、$\boldsymbol{H}$ 和 $\boldsymbol{k}$ 服从右手定则，则被称为“右手材料”。进入 21 世纪以来，左手材料成为物理学、材料科学以及电磁场理论研究领域的热点之一，并于 2003 年被美国的《科学》杂志评选为当年世界十大科技进展之一；2006 年被美国《科学》杂志评为年度十大科技突破之一。时至今日，仍受到科技界的极大关注。

6.7.1 左手材料的基本特性

1. 服从“左手定则”

在左手材料中，$\varepsilon<0$，$\mu<0$，根据式(6-64)，可以得出 $\boldsymbol{E}$、$\boldsymbol{H}$ 和 $\boldsymbol{k}$ 服从左手关系，而坡印亭矢量由 $\boldsymbol{S}=\boldsymbol{E}\times\boldsymbol{H}$ 表示，故服从右手关系，因此 $\boldsymbol{k}$ 与 $\boldsymbol{S}$ 方向相反。由于 $\boldsymbol{k}$ 代表相速度方向，$\boldsymbol{S}$ 代表能流方向，所以在左手材料中，相速度方向和波的能流方向相反。

2. 负折射效应

如果一束单一频率的平面电磁波通过普通材料和左手材料的分界面，在分界面上会发生反折射现象，但折射线与入射线处于分界面法线的同侧，这就是负折射现象。它是左手材料的一个重要特征之一。虽然光子晶体和手征媒质也具有负折射现象，但机理和左手材料不同。

关于这个问题的定量分析，在本章 6.3.5 节中已有专门讨论，在此从略。

3. 完美透镜效应

利用左手材料做成“平板透镜”，可实现类似于一般凸透镜的聚光功能，这种“平板透镜”没有光轴，不受旁轴条件的限制，且可以形成正立、等大的实像，其成像原理如图 6-28 所示。

更重要的是，这种平板透镜不仅能够捕捉电磁场中属于正常传播的成分，而且能够放大倏逝波成分，从而可以实现对倏逝波的成像。

对于常规材料，当电磁波在两种不同介质中传播，如果满足全反射条件时，由式(6-114)可知，透射波沿 x 负方向的电场按照负指数规律 $e^{\beta_2 Nx}$ 衰减，这种沿着分界面以行波形式传播而在垂直方向上按指数衰减的波为倏逝波。而如果电磁波透入到左手材料，情况就有所不同。由于负折射率导致 $\beta_2<0$，从而使得 $e^{\beta_2 Nx}$ 在平板透镜中按正指数的规律增大，这就

是放大倏逝波的基本原理。这样,电磁场的所有信息都无损失地参与了成像,不仅突破了传统透镜的最大分辨率受制于电磁波波长的局限,同时能够实现二次汇聚效应,达到完美透镜的效果。在图 6-28 中,由辐射源发出的两束电磁波在第一个交界面上以等角度斜入射到左手材料薄板时,由于左手材料的负折射特性,电磁波能够以相对于法线的同侧偏折,在左手材料中进行第一次聚焦。同样机理,在薄板另一侧实现二次聚焦。

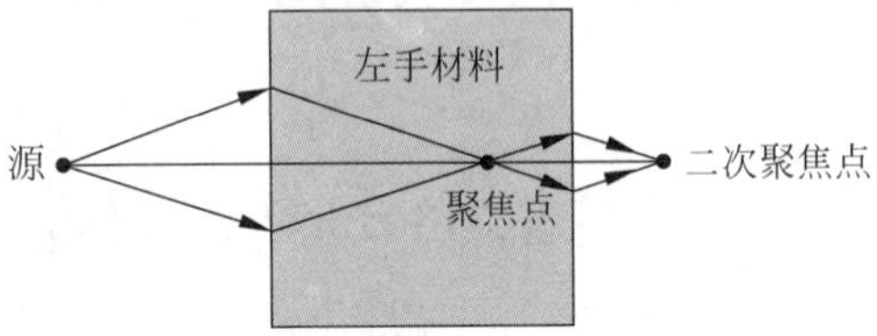

图 6-28　左手材料平板透镜成像原理

左手材料完美透镜虽然可以在理论上实现亚波长的分辨率,但是实现完美透镜的条件是相当苛刻的。若要实现完美聚焦的效果,达到完美透射且无反射产生,不仅要求左手材料的折射率 n_L 与常规介质的折射率 n_R 满足条件 $n_R=-n_L$,而且其电磁参数必须满足 $\varepsilon_R=-\varepsilon_L$,$\mu_R=-\mu_L$,这就是完美透镜难以实现的重要原因之一。另外,由于左手材料是色散介质,必然存在损耗,这也极大地影响了完美透镜的效果。

4. 逆古斯-汉森位移效应

电磁波束以某个角度入射到折射率较小的媒质上,当发生全反射时,反射波在交界面上出现的位移现象称为古斯-汉森位移效应。引起古斯-汉森位移的原因是电磁波并非在界面直接反射,而是先透入介质 2 再逐渐反射出来,其"反射面"位于介质 2 的内部。这一现象最早由牛顿提出,并由古斯和汉森从实验上得到证实。在普通介质和左手材料的分界面上,表现出不同于常规介质分界面的位移效应,这是由于左手材料的相速度为相反方向从而导致相位为负数的缘故,即出现逆古斯-汉森位移效应,如图 6-29 所示。

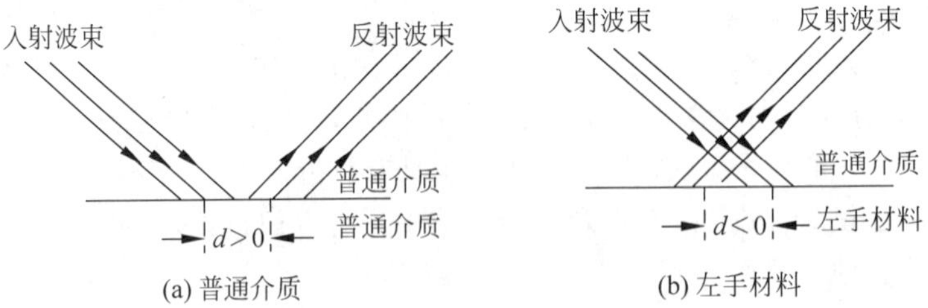

图 6-29　逆古斯-汉森位移效应

此外,还有逆多普勒效应、逆切伦科夫辐射效应,在此从略。

6.7.2　左手材料的实现

虽然自然界不存在左手材料,但是存在 $\varepsilon<0$,$\mu>0$ 的媒质,例如气体等离子体和金属内自由电子的等离子体激元,其相对介电常数为

$$\varepsilon_r(\omega)=1-\frac{\omega_p^2}{\omega^2} \tag{6-201}$$

式中：ω_p 为等离子体振荡的本征频率。当 $\omega<\omega_p$ 时，就可以得到 $\varepsilon<0$。在 Veselago 提出左手材料的 20 年后，英国皇家学院院士 Pendry 教授在理论上研究了导线阵列和有缺口的环形谐振器(Split-Ring Resonators，SRR)阵列的电磁性质。对于前者，有限长的金属导线内产生的等离子体激元，其等效介电常数与式(6-201)类同。对于后者，当存在垂直于环面的磁场振动时，环内产生振荡电流和电荷，从而产生等效磁导率，其相对磁导率的表达式为

$$\mu_r(\omega)=1-\frac{F_{\omega_0}^2}{\omega^2-\omega_0^2-\mathrm{j}\omega\Gamma} \tag{6-202}$$

在上述理论的基础上，美国加州大学圣迭戈分校的 Smith 等又迈出了关键的一步。他们将上述的两种结构制作在一起，并在微波实验中首次实现了同一块材料中介电常数和磁导率同时为负。随后，科学家们又相继提出了对称结构、Ω 结构、S 结构、多频带、随机结构、有源左手材料等，有兴趣的读者可以查阅相关文献。

6.7.3 左手材料的应用领域

基于左手材料的奇异特性，使之有着许多潜在的应用。目前，利用左手材料的独特性质设计和实现电磁波隐形、强方向性天线、超分辨透镜、小型化谐振器等见诸报道。在实现隐形技术方面，现代隐形技术是通过外形设计、吸波材料、等离子体方式等实现隐形的低可探测技术，只是在一定程度上降低了可探测的概率，并没有实现真正意义上的隐形。左手材料则不同，通过变换光学原理设计、拟合的负折射率材料，能够控制电磁波绕过物体，而不被雷达检测到，从而达到隐形效果。在天线技术上，用各向异性左手材料可调控介质的色散曲线，实现天线的高指向性辐射。在光学成像技术上，利用左手材料放大倏逝波及其负折射效应，实现能够突破衍射极限的完美透镜。在微波技术上，用左手材料作为微带谐振器的底衬，能够达到几何尺寸远小于传统半波长尺寸的微带谐振器。还可以实现新型滤波器，具有谐振抑制功能，且拥有结构紧凑、体积小的优点。另外，可以实现新型耦合器件，能够达到紧密耦合的效果。此外，在生物医学方面，可实现红外波段的磁响应、生物安全成像、生物分子的指纹识别等。

尽管左手材料有着广阔的应用前景，但目前技术中存在着带宽窄、损耗高、电磁参数呈现各向异性等的限制，制约着它在实际应用技术中的普及推广。未来的发展离不开工艺的进一步提高、新材料的不断挖掘和结构设计的优化等。

*6.8 科技前沿 3：光子晶体

在固体物理中，晶体是指由大量的微观物质单位，如原子、离子、分子等在空间中按照一定的规则周期性排列的结构。晶体实际上在空间给其中的电子提供了一定的周期势，因此电子在晶体中的行为取决于微观物质单位的类型及其在空间的周期性分布特征，即晶格。受电子晶体的启发，1987 年美国物理学家 Eli Yablonovitch 和加拿大物理学家 Sajeev John 分别独立地提出了光子晶体的概念。光子晶体可被看作电子晶体在光学领域的对应物，是由低损耗且不同折射率的介质在空间周期性排列构成的人工微结构。根据折射率周期性在空间上的维度，光子晶体可以分为一维光子晶体、二维光子晶体和三维光子晶体，分别对应折射率在一个方向、两个方向和三个方向具有周期性，如图 6-30 所示。光子晶体与电磁超

材料类似,都是人工电磁微结构,但又有着重要的区别,即光子晶体的晶格常数 Λ 要与波长可比而不是远小于波长。光子晶体自提出以来就一直是国内外的研究热点,1999 年被《科学》杂志评选为十大重大科学进展的领域之一。由于光子晶体具有体积小且对光波的调控灵活等优点,在集成光子芯片、光通信、光传感等领域都有广泛的应用前景。本节以一维光子晶体为例,讨论电磁波在光子晶体中的传播特性,重点推导光子晶体的色散关系和讨论光子带隙的性质。

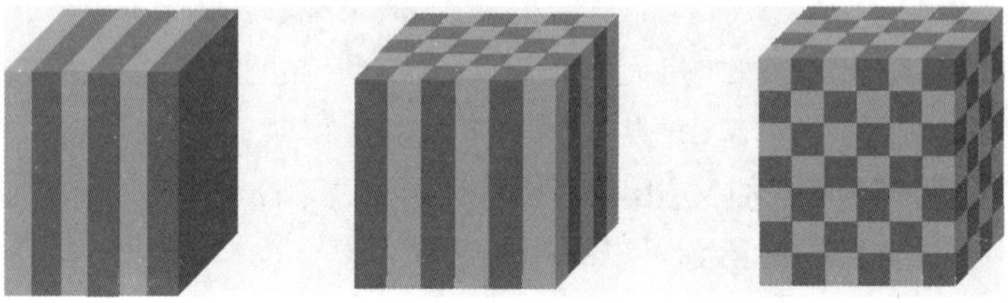

(a) 一维光子晶体　　(b) 二维光子晶体　　(c) 三维光子晶体

图 6-30　光子晶体结构示意图

6.8.1 电磁波通过多层介质的反射与透射

本章 6.3 节讨论了电磁波在两种半无限大均匀介质分界面上的反射与透射,推导出了描述反射、透射波与入射电磁波振幅之间关系的菲涅耳公式。从图 6-30(a)可以看出,一维光子晶体实际上是多层介质薄膜结构,因此本节从讨论电磁波在多层介质薄膜结构中的传播特性入手。

首先,在菲涅耳公式的基础上推导电磁波通过两介质分界面的传递矩阵。如图 6-31 所示,考虑两种在 y 方向为无限厚的非磁性介质,其介电常数分别为 ε_1 和 ε_2。两介质的分界面位于 $z=0$,且在分界面两侧分别有朝向界面和远离界面传播的电磁波。

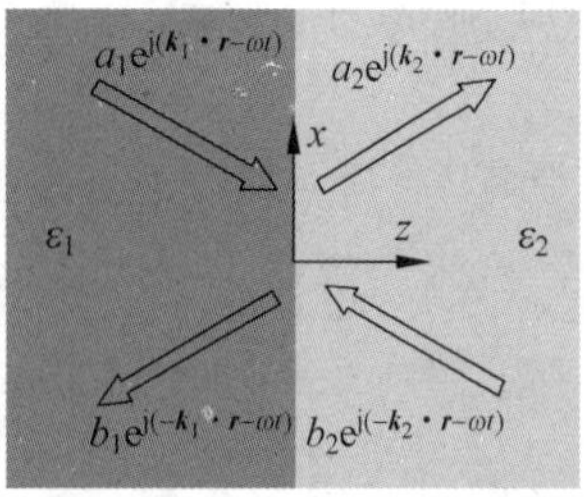

图 6-31　两介质分界面两侧的电磁波

对于平行极化电磁波,分界面两侧的磁场强度只有 y 方向分量,设介质 1 中朝向界面传播的电磁波磁场强度为 $a_1e^{j(\boldsymbol{k}_1\cdot\boldsymbol{r}-\omega t)}$,远离界面传播的电磁波磁场强度为 $b_1e^{j(-\boldsymbol{k}_1\cdot\boldsymbol{r}-\omega t)}$。相应地,介质 2 中朝向界面传播的电磁波磁场强度为 $b_2e^{j(-\boldsymbol{k}_2\cdot\boldsymbol{r}-\omega t)}$,远离界面传播的电磁波磁场强度为 $a_2e^{j(\boldsymbol{k}_2\cdot\boldsymbol{r}-\omega t)}$。其中,$a_i$ 和 $b_i(i=1,2)$ 为磁场强度的振幅,$\boldsymbol{k}_i$ $(i=1,2)$为电磁场在相应介质中的波矢量。引入传递矩阵 $\boldsymbol{D}^{\parallel}_{1\to2}$,并建立界面两侧磁场强度振幅之间的联系为

$$\begin{pmatrix}a_1\\b_1\end{pmatrix}=\boldsymbol{D}^{\parallel}_{1\to2}\begin{pmatrix}a_2\\b_2\end{pmatrix}=\begin{pmatrix}D_{11} & D_{12}\\D_{21} & D_{22}\end{pmatrix}\begin{pmatrix}a_2\\b_2\end{pmatrix}\tag{6-203}$$

当 $a_1=0$ 时,将上式展开可得

$$\begin{cases}D_{11}a_2+D_{12}b_2=0\\D_{21}a_2+D_{22}b_2=b_1\end{cases}\tag{6-204}$$

此时,b_2、a_2 和 b_1 可分别被看作从介质 2 到介质 1 的入射波、反射波及透射波的磁场强度振幅,因此有 $b_1=Z_{21}T^{\parallel}_{21}b_2$ 和 $a_2=\Gamma^{\parallel}_{21}b_2$。其中,$\Gamma^{\parallel}_{21}$ 和 $T^{\parallel}_{21}$ 分别为从介质 2 到介质 1 平

行极化电场强度对应的反射和透射系数，$Z_{21}=\dfrac{Z_2}{Z_1}=\sqrt{\dfrac{\varepsilon_1}{\varepsilon_2}}$ 为介质 2 和介质 1 的阻抗之比。利用此关系，可消除式(6-204)中的振幅项，得到

$$\begin{cases} D_{11}\Gamma_{21}^{\parallel}+D_{12}=0 \\ D_{21}\Gamma_{21}^{\parallel}+D_{22}=\sqrt{\dfrac{\varepsilon_1}{\varepsilon_2}}T_{21}^{\parallel} \end{cases} \tag{6-205}$$

同理，当 $b_2=0$ 时，式(6-203)可以展开为

$$\begin{cases} a_1=D_{11}a_2 \\ b_1=D_{21}a_2 \end{cases} \tag{6-206}$$

此时，a_1、b_1 和 a_2 可分别被看作从介质 1 到介质 2 的入射波、反射波及透射波的磁场强度振幅，因此有 $a_2=Z_{12}T_{12}^{\parallel}a_1$ 和 $b_1=\Gamma_{12}^{\parallel}a_1$。其中，$\Gamma_{12}^{\parallel}$ 和 $T_{12}^{\parallel}$ 分别为从介质 1 到介质 2 的平行极化电场强度对应的反射和透射系数，$Z_{12}=\dfrac{Z_1}{Z_2}=\sqrt{\dfrac{\varepsilon_2}{\varepsilon_1}}$ 为介质 1 和介质 2 的阻抗之比。同样，消除式(6-206)中的电场强度振幅项，得到

$$\begin{cases} D_{11}\sqrt{\dfrac{\varepsilon_2}{\varepsilon_1}}T_{12}^{\parallel}-1=0 \\ \Gamma_{12}^{\parallel}-\sqrt{\dfrac{\varepsilon_2}{\varepsilon_1}}D_{21}T_{12}^{\parallel}=0 \end{cases} \tag{6-207}$$

联立求解式(6-205)和式(6-207)，可得

$$\boldsymbol{D}_{1\to 2}^{\parallel}=\begin{bmatrix} \sqrt{\dfrac{\varepsilon_1}{\varepsilon_2}}\dfrac{1}{T_{12}^{\parallel}} & -\sqrt{\dfrac{\varepsilon_1}{\varepsilon_2}}\dfrac{\Gamma_{21}^{\parallel}}{T_{12}^{\parallel}} \\ \sqrt{\dfrac{\varepsilon_1}{\varepsilon_2}}\dfrac{\Gamma_{12}^{\parallel}}{T_{12}^{\parallel}} & \sqrt{\dfrac{\varepsilon_1}{\varepsilon_2}}\dfrac{1}{T_{12}^{\parallel}} \end{bmatrix} \tag{6-208}$$

式(6-208)反映了平行极化电磁波的传递矩阵与反射系数、透射系数之间的关系。进一步，将式中的反射系数与透射系数用平行极化的菲涅耳公式(6-100)替换，并最终化简可得

$$\boldsymbol{D}_{1\to 2}^{\parallel}=\frac{1}{2}\begin{bmatrix} 1+\dfrac{\varepsilon_1 k_{2z}}{\varepsilon_2 k_{1z}} & 1-\dfrac{\varepsilon_1 k_{2z}}{\varepsilon_2 k_{1z}} \\ 1-\dfrac{\varepsilon_1 k_{2z}}{\varepsilon_2 k_{1z}} & 1+\dfrac{\varepsilon_1 k_{2z}}{\varepsilon_2 k_{1z}} \end{bmatrix} \tag{6-209}$$

式中：k_{1z} 和 k_{2z} 为介质 1 和介质 2 中波矢量的 z 分量。由于波矢沿着界面的切向分量连续，因此 k_x 在不同介质中是相同的，所以有 $k_{1z}=\sqrt{\varepsilon_1 k_0^2-k_x^2}$ 和 $k_{2z}=\sqrt{\varepsilon_2 k_0^2-k_x^2}$。

对于垂直极化电磁波，采用类似的推导过程，可得相应的传递矩阵为

$$\boldsymbol{D}_{1\to 2}^{\perp}=\frac{1}{2}\begin{bmatrix} 1+\dfrac{k_{2z}}{k_{1z}} & 1-\dfrac{k_{2z}}{k_{1z}} \\ 1-\dfrac{k_{2z}}{k_{1z}} & 1+\dfrac{k_{2z}}{k_{1z}} \end{bmatrix} \tag{6-210}$$

接下来，将上述的情况扩展到多层介质膜的情况。如图 6-32 所示，设空间中有 N 层介

质,第 i 层介质的介电常数为 ε_i,且除 1 层和 $N+1$ 层的介质为半无限厚以外,第 i 层介质膜的厚度设为 d_i。同样引入多层介质膜的传递矩阵 $\boldsymbol{M}$,建立多层膜两侧(即第 1 层和第 $N+1$ 层)介质的电磁场振幅之间的关系为

$$\begin{pmatrix} a_1 \\ b_1 \end{pmatrix} = \boldsymbol{M} \begin{pmatrix} a_{N+1} \\ b_{N+1} \end{pmatrix} = \begin{pmatrix} M_{11} & M_{12} \\ M_{21} & M_{22} \end{pmatrix} \begin{pmatrix} a_{N+1} \\ b_{N+1} \end{pmatrix} \tag{6-211}$$

由于多层膜两层间的电磁场需要满足时间反演对称性,所以有 $M_{11}=M_{22}^*$ 和 $M_{12}=M_{21}^*$,又根据能量守恒的要求,容易验证 $M_{11}M_{22}-M_{12}M_{21}=1$。为了得到 $\boldsymbol{M}$ 的表达式,可以用递推的方法。根据图 6-32,第 i 层介质的右侧边界对应于第 $i+1$ 层介质的左侧边界,根据式(6-209)和式(6-210)可得

$$\begin{pmatrix} a_i^{\mathrm{R}} \\ b_i^{\mathrm{R}} \end{pmatrix} = \boldsymbol{D}_{i\to i+1} \begin{pmatrix} a_{i+1}^{\mathrm{L}} \\ b_{i+1}^{\mathrm{L}} \end{pmatrix} \tag{6-212}$$

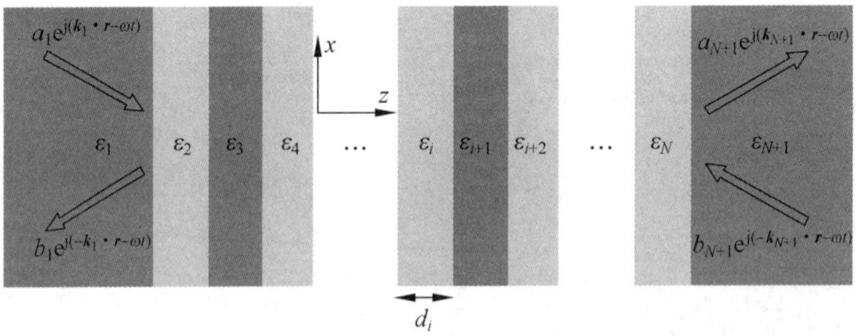

图 6-32 多层介质膜两层间的电磁波

式中:a_i^{R} 和 b_i^{R} 分别为第 i 层介质中朝向和远离右侧边界的电磁场振幅,a_{i+1}^{L} 和 b_{i+1}^{L} 分别为第 $i+1$ 层介质中远离和朝向左侧边界的电磁场振幅。同理,第 $i+1$ 层介质的右侧边界和第 $i+2$ 层介质的左侧边界处的电磁场振幅关系为

$$\begin{pmatrix} a_{i+1}^{\mathrm{R}} \\ b_{i+1}^{\mathrm{R}} \end{pmatrix} = \boldsymbol{D}_{i+1\to i+2} \begin{pmatrix} a_{i+2}^{\mathrm{L}} \\ b_{i+2}^{\mathrm{L}} \end{pmatrix} \tag{6-213}$$

而同一层介质中,左侧边界和右侧边界处的电磁场振幅关系可通过传播矩阵 $\boldsymbol{P}$ 建立如下的关系:

$$\begin{pmatrix} a_i^{\mathrm{L}} \\ b_i^{\mathrm{L}} \end{pmatrix} = \boldsymbol{P}_i \begin{pmatrix} a_i^{\mathrm{R}} \\ b_i^{\mathrm{R}} \end{pmatrix} \tag{6-214}$$

其中,传播矩阵

$$\boldsymbol{P}_i = \begin{pmatrix} e^{-jk_{iz}d_i} & 0 \\ 0 & e^{jk_{iz}d_i} \end{pmatrix} \tag{6-215}$$

式中:k_{iz} 为电磁波在第 i 层介质中波矢量的 z 分量。结合式(6-212)、式(6-213)和式(6-215),可得

$$\begin{pmatrix} a_i^{\mathrm{R}} \\ b_i^{\mathrm{R}} \end{pmatrix} = \boldsymbol{D}_{i\to i+1} \boldsymbol{P}_{i+1} \boldsymbol{D}_{i+1\to i+2} \begin{pmatrix} a_{i+2}^{\mathrm{L}} \\ b_{i+2}^{\mathrm{L}} \end{pmatrix} \tag{6-216}$$

根据此递推关系，最终可得

$$\begin{pmatrix} a_1^{\mathrm{R}} \\ b_1^{\mathrm{R}} \end{pmatrix} = \boldsymbol{D}_{1\to 2}\boldsymbol{P}_2\boldsymbol{D}_{2\to 3}\boldsymbol{P}_3\cdots\boldsymbol{P}_N\boldsymbol{D}_{N\to N+1}\begin{pmatrix} a_{N+1}^{\mathrm{L}} \\ b_{N+1}^{\mathrm{L}} \end{pmatrix} \tag{6-217}$$

因此，$\boldsymbol{M}=\boldsymbol{D}_{1\to 2}\boldsymbol{P}_2\boldsymbol{D}_{2\to 3}\boldsymbol{P}_3\cdots\boldsymbol{P}_N\boldsymbol{D}_{N\to N+1}$，而且根据传递矩阵的定义可得到多层介质膜的透射系数 $t=\dfrac{1}{M_{11}}$ 和反射系数 $r=\dfrac{M_{21}}{M_{11}}$。相应地，透射率 $T=\eta|t|^2$ 和反射率 $R=|r|^2$，对于平行极化和垂直极化，系数 η 分别为 $\dfrac{\varepsilon_1 k_{(N+1)z}}{\varepsilon_{N+1}k_{1z}}$ 和 $\dfrac{k_{(N+1)z}}{k_{1z}}$。

6.8.2　一维光子晶体中的布洛赫波及其能带结构

不同于无限大均匀介质，一维光子晶体是具有离散平移对称性的体系。根据 Floquet 定理，在周期性结构中传播的电磁波振幅为周期调制的单色平面波形式，称之为布洛赫(Bloch)波。如图 6-33 所示，考虑一维光子晶体两个相邻的周期单元 1 和 2，每个单元结构由 a 和 b 两种介质膜构成，其介电常数为分别为 ε_a 和 ε_b，厚度分别为 d_a 和 d_b 且 $d_a+d_b=\Lambda$。根据布洛赫定理，该光子晶体中传播的电磁波为布洛赫波，其电磁场满足

$$\boldsymbol{A}(x,z,t)=[\boldsymbol{u}_\beta(z)\mathrm{e}^{\mathrm{j}\beta z}]\,\mathrm{e}^{\mathrm{j}(k_x x-\omega t)} \tag{6-218}$$

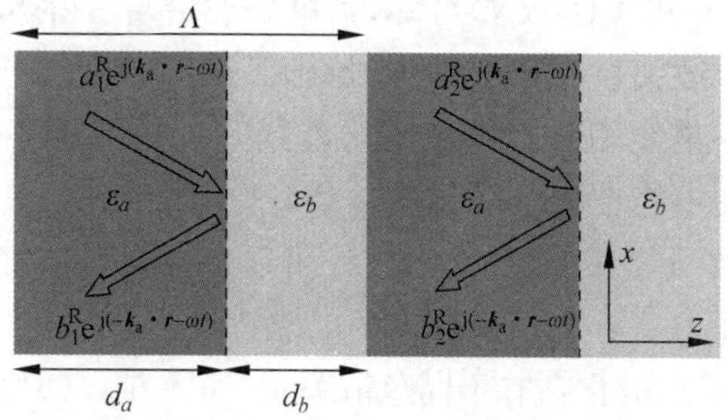

图 6-33　一维光子晶体的两个相邻的周期单元

式中：$\boldsymbol{u}_\beta(z)=\boldsymbol{u}_\beta(z+\Lambda)$，$\beta$ 称作布洛赫波数，在给定 k_x 和 ω 的条件下求得 $\boldsymbol{u}_\beta(z)$ 和 β 就代表光子晶体中可以传播的一种模式。接下来利用传递矩阵的方法讨论单元 1 和单元 2 同一位置处的电磁场关系。不失一般性，设位置选为介质膜 a 的右边界，由传递矩阵建立如下的关系：

$$\begin{pmatrix} a_1^{\mathrm{R}} \\ b_1^{\mathrm{R}} \end{pmatrix} = \boldsymbol{M}\begin{pmatrix} a_2^{\mathrm{R}} \\ b_2^{\mathrm{R}} \end{pmatrix} = \begin{pmatrix} M_{11} & M_{12} \\ M_{21} & M_{22} \end{pmatrix}\begin{pmatrix} a_2^{\mathrm{R}} \\ b_2^{\mathrm{R}} \end{pmatrix} \tag{6-219}$$

式中：a_i^{R} 和 $b_i^{\mathrm{R}}(i=1,2)$ 分别代表朝向和远离单元 i 中介质 a 右边界传播的电磁场振幅。根据上一节的讨论，可知 $\boldsymbol{M}=\boldsymbol{D}_{a\to b}\boldsymbol{P}_b\boldsymbol{D}_{b\to a}\boldsymbol{P}_a$，其中，$\boldsymbol{D}_{a\to b}$ 为从介质 a 到介质 b 的传递矩阵，$\boldsymbol{D}_{b\to a}$ 为从介质 b 到介质 a 的传递矩阵，$\boldsymbol{P}_b$ 为介质 a 中的传播矩阵，$\boldsymbol{P}_b$ 为介质 b 中的传播矩阵。由布洛赫定理式(6-218)可知

$$\begin{pmatrix} a_1^{\mathrm{R}} \\ b_1^{\mathrm{R}} \end{pmatrix} = \mathrm{e}^{-\mathrm{j}\beta\Lambda}\begin{pmatrix} a_2^{\mathrm{R}} \\ b_2^{\mathrm{R}} \end{pmatrix} \tag{6-220}$$

将上式(6-220)代入式(6-219)并整理可得

$$\begin{pmatrix} M_{11}-\mathrm{e}^{-\mathrm{j}\beta\Lambda} & M_{12} \\ M_{21} & M_{22}-\mathrm{e}^{-\mathrm{j}\beta\Lambda} \end{pmatrix}\begin{pmatrix} a_2^{\mathrm{R}} \\ b_2^{\mathrm{R}} \end{pmatrix}=0 \tag{6-221}$$

式(6-221)有非零解的条件为系数行列式的值为零,即

$$(M_{11}-\mathrm{e}^{-\mathrm{j}\beta\Lambda})(M_{22}-\mathrm{e}^{-\mathrm{j}\beta\Lambda})-M_{12}M_{21}=0 \tag{6-222}$$

由于 $M_{11}M_{22}-M_{12}M_{21}=1$ 且 $M_{11}=M_{22}^{*}$,求得 $\cos(\beta\Lambda)=\mathrm{Re}(M_{11})=\mathrm{Re}(M_{22})$。对于平行极化电磁波可得

$$\begin{aligned}\cos(\beta\Lambda)=&\cos(k_{az}d_a)\cos(k_{bz}d_b)-\\&\frac{1}{2}\left(\frac{\varepsilon_b k_{az}}{\varepsilon_a k_{bz}}+\frac{\varepsilon_a k_{bz}}{\varepsilon_b k_{az}}\right)\sin(k_{az}d_a)\sin(k_{bz}d_b)\end{aligned} \tag{6-223}$$

同理,对于垂直极化电磁波可得

$$\begin{aligned}\cos(\beta\Lambda)=&\cos(k_{az}d_a)\cos(k_{bz}d_b)-\\&\frac{1}{2}\left(\frac{k_{az}}{k_{bz}}+\frac{k_{bz}}{k_{az}}\right)\sin(k_{az}d_a)\sin(k_{bz}d_b)\end{aligned} \tag{6-224}$$

式(6-223)和式(6-224)建立了一维光子晶体中电磁波的角频率 ω 和布洛赫波矢 β 之间的联系,称为 ω-β 色散关系。作为一个例子,这里设 $\varepsilon_a=13$,$\varepsilon_b=1$,$\Lambda=750\mathrm{nm}$,$d_a=0.2\Lambda$ 和 $d_b=0.8\Lambda$。观察式(6-223)和式(6-224)可知,当电磁波沿着 z 轴传递,即 $k_x=0$ 时,平行极化和垂直极化有同样的色散关系。图 6-34(a)给出了 $k_x=0$ 的 ω-β 色散关系图和电磁波通过 100 个周期单元的透射谱线图。当电场波的角频率 ω 落在图中阴影区域时,此时 β 变为纯虚数,也就是说,电磁波不能在光子晶体内传播,这些阴影区域就称为光子晶体的带隙,也叫光子禁带。相应地,从图 6-34(a)中的透射谱线可以看出,ω 在带隙区域的电磁波透射为 0,对于无吸收的介质,实际上频率在光子禁带内的电磁波将会全部反射。当电磁波倾斜入射时,即 $k_x\neq0$ 时,平行极化和垂直极化会有不同色散关系,如图 6-34(b)所示,图中 $k_x=0.5k_0$。

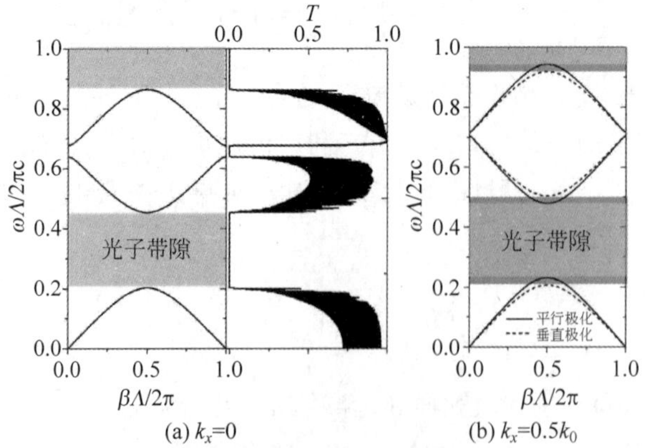

图 6-34 一维光子晶体的色散关系图

6.8.3 光子晶体的应用

光子禁带是光子晶体最基本的性质,利用光子禁带可以设计光子晶体全反射镜、光子晶体光滤波器、光子晶体偏振片、光子晶体天线等。此外,如果原子的自发辐射频率落在光子禁带

中，则其自发辐射会被抑制，可以显著降低自发辐射导致的载流子复合概率，因此可以用来设计低阈值甚至无阈值激光器。在光子晶体中引入缺陷，可以在带隙中产生频率极窄的缺陷态，根据缺陷的形貌可以设计不同的器件。例如，线缺陷可以用来设计光子晶体波导和光子晶体光纤。光子晶体光纤是一种采用光子晶体作为芯层材料的光纤，由于光子晶体具有禁带结构，在光纤中可以实现针对特定波长电磁波的高效传递，因此具有更低的损耗和更大的带宽，广泛应用于通信、光子集成电路等领域。点缺陷可以用来设计具有高品质因子的光子晶体微腔，可用于构建高品质因子的微激光器、光放大器和光调制器等光通信器件，也可用于生物传感、检测、量子信息处理等领域。近年来，在光子学领域还兴起了一个新的研究方向，称为拓扑光子学。光子晶体是拓扑光子学的一个主要研究对象，研究表明光子晶体的能带具有拓扑特性，基于一些拓扑保护的物理机制，能够在光子晶体中设计出一些奇异的电磁波模式，如受拓扑保护的、缺陷免疫的单向传递态等，为光电子器件的设计和制造提供了新的可能性。

总之，光子晶体具有许多独特的光学特性和广泛的应用潜力。通过合理设计和制备光子晶体结构，可以实现多种光学器件的功能，并在通信、传感、激光等领域发挥重要作用。随着对光子晶体的深入研究和应用的推进，相信将有更多创新和突破。

*6.9 思政教育："左手材料"的实现带给我们的启示

以"左手材料"为代表的电磁超材料是21世纪以来物理学最重要的进展之一，其发展历程带给我们诸多启示。尽管至今在自然界中未发现天然的"左手材料"，然而Veselago在50多年前就敢于想象和探索一种自然界中不存在的神奇材料，正是这种大胆的想象力才开启了"左手材料"的研究之路。

我们知道自然材料的宏观属性实际上是由其微观构成所决定的，例如"原子"或"分子"的种类以及它们的排列方式。同样，"左手材料"的宏观电磁属性，包括等效介电常数$\varepsilon_{\mathrm{eff}}$、等效磁导率$\mu_{\mathrm{eff}}$以及等效折射率$n_{\mathrm{eff}}$也是由其构成单元决定的。与自然材料所不同的是，影响"左手材料"宏观电磁属性的构成单元是人工谐振微结构，并不是材料自身的真实原子或者分子，因此可以具备一般自然材料所没有的性质。

"左手材料"的设计理念表明事物是普遍联系的，我们往往可从现有的事物中得到启发来实现创新和创造。同时，我们要善于抓住主要矛盾，例如构造"左手材料"时只需要所设计的谐振微结构尺寸远小于电磁波的波长即可，而并不需要深入到原子或者分子尺度进行材料的改造。与此同时，我们也应该意识到新事物的创造除了要有丰富的想象力还需要艰苦卓绝的努力。科学研究更是如此，不仅需要理论和实验的相互促进，而且依赖于多学科的交叉融合发展。Veselago的最初研究主要关注"左手材料"的电磁性质，并没有提出构造"左手材料"的具体方法，因此没有引起广泛关注。在之后的30多年里也没有取得新的实质性进展，直到20世纪末才由Pendry和Smith等人在理论和实验上证实和实现了"左手材料"。尽管近年来随着物理学、化学、材料学、计算机科学等领域的协同发展，以"左手材料"为代表的电磁超材料的研究也获得了前所未有的关注和进步，但电磁超材料走向成熟应用还面临着诸多难题，还有很长的一段路要走。然而，任何事物的发展都是在曲折中前进的，相信在全世界科研工作者的共同努力之下，"左手材料"未来可期。

想象力是一切创新的源泉，敢于想象就是要打破固有思维。作为当代大学生在扎实掌握课本基础知识的同时,更重要的是要善于思考和敢于想象,正如爱因斯坦所说:“想象力比知识更重要,因为知识是有限的,而想象力概括着世界的一切,推动人类向前不断探索。”

本章小结

1. 基本知识点和知识结构体系

理论基础:麦克斯韦方程组(无源)、边界条件

⇓

基本概念:
1. 均匀平面电磁波
2. 电磁波的传播参量:$\omega, T, f, \lambda, \boldsymbol{k}, \boldsymbol{v}, v_{\mathrm{p}}$ $\boldsymbol{\alpha}, \boldsymbol{\beta}, Z$
3. 波的极化
4. 全反射、全透射、反射系数、透射系数
5. 趋肤效应、趋肤深度
6. 导行电磁波、行驻波
7. 截止波数、谐振频率

基本规律:
1. 平面电磁波的波动方程及其解:

$$\nabla^2\begin{pmatrix}\boldsymbol{E}\\\boldsymbol{H}\end{pmatrix}-\varepsilon\mu\frac{\partial^2}{\partial t^2}\begin{pmatrix}\boldsymbol{E}\\\boldsymbol{H}\end{pmatrix}=0$$

$$\nabla^2\begin{pmatrix}\boldsymbol{E}\\\boldsymbol{H}\end{pmatrix}+k^2\begin{pmatrix}\boldsymbol{E}\\\boldsymbol{H}\end{pmatrix}=0$$

$$\boldsymbol{E}=\boldsymbol{E}_{\mathrm{m}}\mathrm{e}^{\mathrm{j}(\boldsymbol{k}\cdot\boldsymbol{r}-\omega t)}$$

$$\boldsymbol{H}=\boldsymbol{H}_{\mathrm{m}}\mathrm{e}^{\mathrm{j}(\boldsymbol{k}\cdot\boldsymbol{r}-\omega t)}$$

2. 连续边界条件:$E_{1\mathrm{t}}=E_{2\mathrm{t}}$, $H_{1\mathrm{t}}=H_{2\mathrm{t}}$
3. 反射定律、折射定律、菲涅耳公式

基本计算:
1. 已知电场求磁场:

$$\boldsymbol{H}=\frac{1}{Z}\boldsymbol{e}_k\times\boldsymbol{E}$$

2. 已知磁场求电场:

$$\boldsymbol{E}=Z\boldsymbol{H}\times\boldsymbol{e}_k$$

3. 能量、能流密度:

$$\boldsymbol{S}=\boldsymbol{E}\times\boldsymbol{H}=\frac{E^2}{Z}\boldsymbol{e}_k=ZH^2\boldsymbol{e}_k=w\boldsymbol{v}$$

$$w=2w_{\mathrm{e}}=2w_{\mathrm{m}}=\varepsilon E^2=\mu H^2$$

4. 波导截止波数、谐振腔的谐振频率

2. 理想介质中均匀平面电磁波的传播特性

(1) 波型:横电磁(TEM)波;

(2) 电场与磁场的关系:$\boldsymbol{E}\cdot\boldsymbol{H}=0$、$\boldsymbol{k}\cdot\boldsymbol{E}=0$ 及 $\boldsymbol{k}\cdot\boldsymbol{H}=0$,

$$\boldsymbol{H}=\frac{1}{\omega\mu}\boldsymbol{k}\times\boldsymbol{E}=\frac{1}{Z}\boldsymbol{e}_k\times\boldsymbol{E},\quad \boldsymbol{E}=-\frac{1}{\omega\varepsilon}\boldsymbol{k}\times\boldsymbol{H}=Z\boldsymbol{H}\times\boldsymbol{e}_k$$

(3) 波阻抗:$Z=\dfrac{\boldsymbol{E}}{\boldsymbol{H}}=\sqrt{\dfrac{\mu}{\varepsilon}}=\sqrt{\dfrac{\mu_{\mathrm{r}}}{\varepsilon_{\mathrm{r}}}}Z_0, Z_0\approx377\Omega$

(4) 能量密度:$w=2w_{\mathrm{e}}=2w_{\mathrm{m}}=\varepsilon E^2=\mu H^2$

平均能量密度:$\bar{w}=\dfrac{1}{2}\varepsilon E_{\mathrm{m}}^2=\dfrac{1}{2}\mu H_{\mathrm{m}}^2=\varepsilon E_{\mathrm{e}}^2=\mu H_{\mathrm{e}}^2$

(5) 能流密度:$\boldsymbol{S}=\boldsymbol{E}\times\boldsymbol{H}=\dfrac{E^2}{Z}\boldsymbol{e}_k=ZH^2\boldsymbol{e}_k=w\boldsymbol{v}$

平均能流密度:$\bar{\boldsymbol{S}}=\dfrac{1}{2}\mathrm{Re}[\boldsymbol{E}_{\mathrm{m}}\times\boldsymbol{H}_{\mathrm{m}}^*]=\dfrac{E_{\mathrm{m}}^2}{2Z}\boldsymbol{e}_k=\dfrac{1}{2}ZH_{\mathrm{m}}^2\boldsymbol{e}_k=\bar{w}\boldsymbol{v}$

(6) 极化方式:一般是左旋或右旋椭圆极化波,线性极化波和左旋或右旋圆极化波只是椭圆极化波的特例。

3. 均匀平面波在不同媒质中的传播特性参数

介质	介电常数 ε	电场强度 $\boldsymbol{E}$	衰减常数 α	相移常数 β	波速 v 或相速(在 $\boldsymbol{k}$ 方向) $v_p=\lambda f$	波阻抗 Z	趋肤深度 δ
自由空间	$\varepsilon_0=\dfrac{10^{-9}}{36\pi}\mathrm{F/m}$	$\boldsymbol{E}_m\cos(\omega t-\boldsymbol{k}_0\cdot\boldsymbol{r})$ 或 $\boldsymbol{E}_m e^{-j(\omega t-\boldsymbol{k}_0\cdot\boldsymbol{r})}$	0	$\omega\sqrt{\varepsilon_0\mu_0}=\dfrac{\omega}{c}$	$\dfrac{1}{\sqrt{\varepsilon_0\mu_0}}=c$ $\approx 3\times10^8\,\mathrm{m/s}$	$Z_0=\sqrt{\dfrac{\mu_0}{\varepsilon_0}}\approx377\Omega$	∞
理想介质	$\varepsilon=\varepsilon_r\varepsilon_0$	$\boldsymbol{E}_m\cos(\omega t-\boldsymbol{k}\cdot\boldsymbol{r})$ 或 $\boldsymbol{E}_m e^{-j(\omega t-\boldsymbol{k}\cdot\boldsymbol{r})}$	0	$\omega\sqrt{\varepsilon\mu}=\dfrac{\omega}{v}$	$\dfrac{1}{\sqrt{\varepsilon\mu}}=\dfrac{c}{\sqrt{\varepsilon_r\mu_r}}$	$\sqrt{\dfrac{\mu}{\varepsilon}}=\sqrt{\dfrac{\mu_r}{\varepsilon_r}}Z_0$	∞
有耗介质	$\varepsilon=\varepsilon'+j\varepsilon''$	$\boldsymbol{E}_{0m}e^{-\boldsymbol{\alpha}\cdot\boldsymbol{r}}\cos(\omega t-\boldsymbol{\beta}\cdot\boldsymbol{r})$ 或 $\boldsymbol{E}_{0m}e^{-\boldsymbol{\alpha}\cdot\boldsymbol{r}}e^{-j(\omega t-\boldsymbol{\beta}\cdot\boldsymbol{r})}$	$\omega\sqrt{\dfrac{\varepsilon'\mu}{2}\left[\sqrt{1+\left(\dfrac{\varepsilon''}{\varepsilon'}\right)^2}-1\right]}$	$\omega\sqrt{\dfrac{\varepsilon'\mu}{2}\left[\sqrt{1+\left(\dfrac{\varepsilon''}{\varepsilon'}\right)^2}+1\right]}$	$\dfrac{1}{\sqrt{\dfrac{\varepsilon'\mu}{2}\left[\sqrt{1+\left(\dfrac{\varepsilon''}{\varepsilon'}\right)^2}+1\right]}}$	$\sqrt{\dfrac{\mu}{\varepsilon}}=\sqrt{\dfrac{\mu}{\lvert\varepsilon\rvert}}e^{j\frac{\delta_e}{2}}$ $\left(\tan\delta_e=\dfrac{\varepsilon''}{\varepsilon'}\right)$	$\dfrac{1}{\alpha}$
导电媒质	$\varepsilon_c=\varepsilon+j\dfrac{\sigma}{\omega}$	$\boldsymbol{E}_{0m}e^{-\boldsymbol{\alpha}\cdot\boldsymbol{r}}\cos(\omega t-\boldsymbol{\beta}\cdot\boldsymbol{r})$ 或 $\boldsymbol{E}_{0m}e^{-\boldsymbol{\alpha}\cdot\boldsymbol{r}}e^{-j(\omega t-\boldsymbol{\beta}\cdot\boldsymbol{r})}$	$\omega\sqrt{\dfrac{\varepsilon\mu}{2}\left[\sqrt{1+\left(\dfrac{\sigma}{\omega\varepsilon}\right)^2}-1\right]}$	$\omega\sqrt{\dfrac{\varepsilon\mu}{2}\left[\sqrt{1+\left(\dfrac{\sigma}{\omega\varepsilon}\right)^2}+1\right]}$	$\dfrac{1}{\sqrt{\dfrac{\varepsilon\mu}{2}\left[\sqrt{1+\left(\dfrac{\sigma}{\omega\varepsilon}\right)^2}+1\right]}}$	$\sqrt{\dfrac{\mu}{\varepsilon}}=\sqrt{\dfrac{\mu}{\lvert\varepsilon_c\rvert}}e^{j\frac{\delta_c}{2}}$ $\left(\tan\delta_c=\dfrac{\sigma}{\omega\varepsilon}\right)$	$\dfrac{1}{\alpha}$
良导体	$\varepsilon_c=j\dfrac{\sigma}{\omega}$	$\boldsymbol{E}_{0m}e^{-\boldsymbol{\alpha}\cdot\boldsymbol{r}}\cos(\omega t-\boldsymbol{\beta}\cdot\boldsymbol{r})$ 或 $\boldsymbol{E}_{0m}e^{-\boldsymbol{\alpha}\cdot\boldsymbol{r}}e^{-j(\omega t-\boldsymbol{\beta}\cdot\boldsymbol{r})}$	$\sqrt{\pi f\mu\sigma}$	$\sqrt{\pi f\mu\sigma}$	$\sqrt{\dfrac{2\omega}{\mu\sigma}}$	$\sqrt{\dfrac{\omega\mu}{\sigma}}e^{j\frac{\pi}{4}}$ $=(1+j)\sqrt{\dfrac{\pi f\mu}{\sigma}}$	$\dfrac{1}{\sqrt{\pi f\mu\sigma}}$
理想导体		0	∞	∞	0	0	0

习题 6

6.1 自由空间中传播的均匀平面电磁波的电场强度为

$$\boldsymbol{E}=377\cos(6\pi\times10^{8}t+2\pi z)\boldsymbol{e}_y$$

试求该电磁波的频率、波长、相移常数、传播方向和磁场强度矢量。

6.2 已知理想介质中均匀平面电磁波的电场强度和磁场强度分别为

$$\boldsymbol{E}=-5\cos(3\pi\times10^{7}t+0.2\pi z)\boldsymbol{e}_x$$

$$\boldsymbol{H}=\frac{1}{12\pi}\cos(3\pi\times10^{7}t+0.2\pi z)\boldsymbol{e}_y$$

试求该介质的相对介电常数和相对磁导率。

6.3 在非磁性理想介质中传播的均匀平面波的磁场强度为

$$\boldsymbol{H}=5(2\boldsymbol{e}_x-\boldsymbol{e}_y+2\boldsymbol{e}_z)\cos[3\pi\times10^{10}t+40\pi(Ax-2y-2z)]$$

试求：

(1) 常数 A；

(2) 波矢量、波的频率、波长与波速；

(3) 介质的介电常数；

(4) 电场强度矢量与坡印亭矢量。

6.4 空气中有一在 z 方向线性极化的频率为 30MHz、幅值为 $\boldsymbol{E}_{\mathrm{m}}$ 的均匀平面波，其传播方向在 $z=0$ 的平面上和 x 轴与 y 轴的夹角分别为 30°与 60°。试求该电磁波的电场强度矢量 $\boldsymbol{E}$ 与磁场强度矢量 $\boldsymbol{H}$ 的表达式。

6.5 试证明一个圆极化波可分解为两个频率和振幅均相等但相位差 90°且极化方向互相垂直的线性极化波，并证明圆极化波的平均坡印亭矢量是这两个线性极化波的平均坡印亭矢量之和。

6.6 一可见光波从水中斜入射到空气，已知入射角为 60°，可见光的波长 $\lambda_0=6.28\times10^{-7}$ m，试证明光波将发生全反射，并求折射波沿表面传播的相速度和透入空气的深度。(水的折射率为 $n=1.33$)

6.7 空气中一均匀平面波的复数电场强度为

$$\boldsymbol{E}=4(\boldsymbol{e}_y+\sqrt{3}\boldsymbol{e}_z)\mathrm{e}^{\mathrm{j}5(\sqrt{3}y-z)}$$

它入射到 $z=0$ 的无限大介质平面上。若介质的参数 $\varepsilon_r=3,\mu_r=1$，试求：

(1) 入射角、反射角和折射角；

(2) 入射波和折射波的频率及波长；

(3) 反射率和透射率。

6.8 一均匀平面波从空气中垂直入射到一理想介质($\varepsilon_r=4,\mu_r=1$)中，求反射波和透射波的振幅之比。

6.9 如题 6.9 图所示，一垂直极化波斜入射到两种理想介质的分界面上，且 $\varepsilon_1\gg\varepsilon_2$。

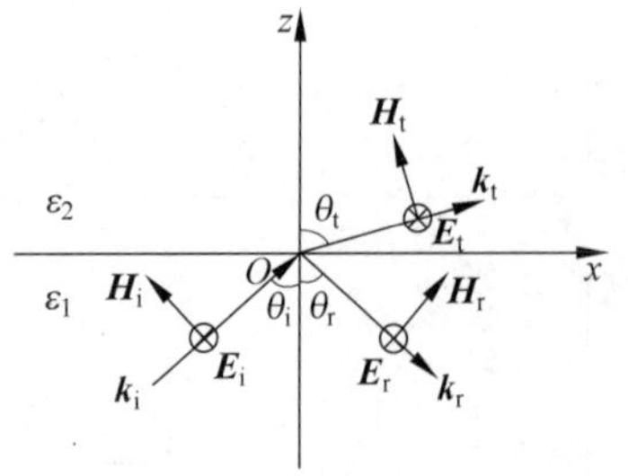

题 6.9 图

(1) 写出透射波电场强度的表达式；

(2) 当 $\theta_i \gg \theta_c$ 时，透射场中与 z 相关的项有什么变化？

*6.10 在介电常数分别为 ε_1 和 ε_3 的半无限大的介质中间放置一块厚度为 d 的介质板，其介电常数为 ε_2，三个区域中介质的磁导率均为 μ_0。若均匀平面波从介质 1 中垂直入射于介质板上，试证明当 $\varepsilon_2=\sqrt{\varepsilon_1\varepsilon_3}$ 且 $d=\dfrac{\lambda_0}{4\sqrt{\varepsilon_{r2}}}$（$\lambda_0$ 为自由空间波长）时没有反射。

6.11 一均匀平面电磁波由空气斜入射到 $z=0$ 的理想导体平面上，已知其复数电场强度为

$$\boldsymbol{E}=\boldsymbol{e}_y 10\mathrm{e}^{-\mathrm{j}(6x+8z)}$$

试求：

(1) 入射波的频率和波长；

(2) 反射角；

(3) 反射波的电场强度和磁场强度；

(4) 理想导体表面上的自由电流密度和电荷密度。

6.12 已知铜的参数为 $\varepsilon_r=\mu_r=1, \sigma=5.8\times10^7\,\mathrm{S/m}$；铁的参数为 $\varepsilon_r=1, \mu_r=10^3, \sigma=10^7\,\mathrm{S/m}$。一频率为 10kHz 的均匀平面波，从空气中垂直入射于

(1) 一块大铜板上；

(2) 一块大铁板上。

试分别求铜板与铁板表面上的反射系数和透射系数及趋肤深度与表面电阻。

6.13 试证明均匀平面电磁波在良导体内传播时，场量的衰减约每波长为 55dB。

6.14 介质 1 和介质 2 的折射率分别为 n_1 和 n_2，且 $n_1>n_2$，它们的交界面为半无限大平面。一线极化平面波从介质 1 入射到介质 2，已知入射角 $\theta_i>\theta_c$（临界角），发生全反射。试问：

(1) 在什么条件下，反射波也是线极化波？

(2) 在什么条件下，反射波是圆极化波？

6.15 试述矩形波导、圆形波导不能传输 TEM 波的理由。

6.16 矩形波导传输 TE_{11} 波，它的纵向磁场分量为

$$H_z=10^{-3}\cos\frac{\pi x}{3}\cos\frac{\pi y}{2}\mathrm{e}^{-\mathrm{j}(\omega t-\beta z)}$$

长度以 cm 为单位。当工作频率为 10GHz 时，试求最低 TE 波的 λ_c、f_c、λ_g 之值。该波导还可能存在哪些波型？

6.17 矩形波导传输 TE 波，已知

$$E_x=E_0\sin\left(\frac{\pi}{b}y\right)\mathrm{e}^{-\mathrm{j}(\omega t-\beta z)}$$

$$E_y=0$$

试求其他场分量，并画出场结构示意图。

6.18 一空气填充的矩形波导，其尺寸为 $a\times b=7\mathrm{mm}\times4\mathrm{mm}$，电磁波的工作频率为 30GHz。

(1) 试求该波导可能存在的波型；

(2) 求波导波长、相速度;

(3) 若波导的长为 50mm,求电磁波传输后的相移。

6.19 尺寸为 $a=4\text{cm}, b=3\text{cm}, l=5\text{cm}$ 的无耗矩形谐振腔,腔内为空气。试求:

(1) 前三个低次谐振模式及其谐振频率。

*(2) 若矩形谐振腔工作于主模式,求腔中储存的电磁能量。

运动系统的电磁场

- $\boldsymbol{x}_\mu = (\mathrm{j}ct, x, y, z) = (\mathrm{j}ct, \boldsymbol{r})$
- 狭义相对论的时空理论
  - 四维间隔不变性
  - 同时的相对性
  - 运动时间延缓
  - 运动长度缩短
- 洛伦兹变换

$$\begin{cases} x' = \dfrac{x - vt}{\sqrt{1-\dfrac{v^2}{c^2}}} \\ y' = y \\ z' = z \\ t' = \dfrac{t - \dfrac{v}{c^2}x}{\sqrt{1-\dfrac{v^2}{c^2}}} \end{cases}$$

- 速度变换公式

$$u'_x = \frac{u_x - v}{1-\dfrac{v}{c^2}u_x}$$

$$u'_y = \frac{u_y\sqrt{1-\dfrac{v^2}{c^2}}}{\gamma\left(1-\dfrac{v}{c^2}u_x\right)}$$

$$u'_z = \frac{u_z\sqrt{1-\dfrac{v^2}{c^2}}}{\left(1-\dfrac{v}{c^2}u_x\right)}$$

- 电磁理论的相对论不变性

$$\begin{cases} \dfrac{\partial \boldsymbol{F}_{\mu\nu}}{\partial \boldsymbol{x}_\nu} = \mu_0 \boldsymbol{J}_\mu \\ \dfrac{\partial \tilde{\boldsymbol{F}}_{\mu\nu}}{\partial \boldsymbol{x}_\nu} = 0 \end{cases}$$

- 运动带电粒子

$$\begin{cases} \varphi = \dfrac{q}{4\pi\varepsilon_0\left(R - \dfrac{\boldsymbol{v}\cdot\boldsymbol{R}}{c}\right)} \\ \boldsymbol{A} = \dfrac{\mu_0 q\boldsymbol{v}}{4\pi\left(R - \dfrac{\boldsymbol{v}\cdot\boldsymbol{R}}{c}\right)} = \dfrac{\boldsymbol{v}}{c^2}\varphi \end{cases}$$

  - *高速运动带电粒子的辐射功率
  - *角分布
  - *运动带电粒子的势和辐射电磁波

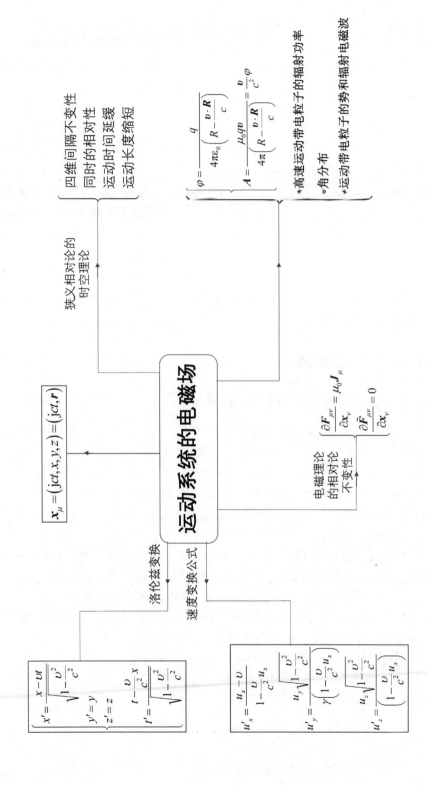

第7章 运动系统的电磁场

CHAPTER 7

本章导读：前面系统地介绍了经典电动力学的基本理论和规律，本章将着重讨论动体的电动力学。历史上正是通过这方面的研究，爱因斯坦建立了现代物理学的两大基础之一——相对论。他在1905年发表的《论动体的电动力学》标志着狭义相对论的建立，1916年发表的《广义相对论的基础》则宣告了广义相对论的诞生。

本章的主要内容包括：狭义相对论的实验基础、基本假设以及洛伦兹变换；狭义相对论的时空理论；电磁理论的相对论不变性；相对论力学；运动带电粒子的势和辐射电磁波；高速运动带电粒子的辐射等。

7.1 洛伦兹变换

7.1.1 狭义相对论的实验基础

按照伽利略—牛顿理论，即绝对的时空观，只有在“以太”或绝对静止的惯性参考系中观测，真空中的光速才恒等于 c 且与方向无关；如果是在相对于“以太”运动的惯性参考系中观测，光速的大小并不恒定且在不同方向上有不同的数值。由于地球始终在围绕太阳公转（速度约为30km/s），故当时的许多物理学家都认为，地球相对于“以太”在运动，只要在地球上精确测定各个方向上光速的差异，就能确定地球相对于“以太”的运动，从而找到“以太”这个绝对静止的惯性参考系。

历史上测定地球相对于“以太”运动速度的实验有很多，例如，光行差观测实验、菲佐流水实验以及迈克尔逊—莫雷实验等。最具代表性的便是1887年的迈克尔逊—莫雷实验，如图7-1所示。它是利用迈克尔逊干涉仪，从光源（激光器）S发出的光，经过半透半反镜M分为反射和透射的两束光，然后再经过反射镜 M_1 和 M_2 的反射，最后都到达目镜T而发生干涉。整个仪器是固定在地面上的，并且可以在水平方向转动。假设地球以速度 v 相对于以太运动，当光分别沿路程 $M\to M_1$ 和 $M_1\to M$ 往返时，从地球上观测到的光程为

$$l_{MM_1}=l_{M_1M}=l_1$$

光速大小为

$$\begin{cases}u_{MM_1}=c-v\\u_{M_1M}=c+v\end{cases}\tag{7-1}$$

因此，光沿 $M\to M_1\to M$ 整个路程传播的总时间为

$$t_1=\frac{l_{MM_1}}{u_{MM_1}}+\frac{l_{M_1M}}{u_{M_1M}}=\frac{2l_1c}{c^2-v^2} \tag{7-2}$$

当光沿路程 M→M$_2$ 和 M$_2$→M 往返时，从以太中观测到的实际路径如图 7-2 所示，由此可以推算出相对于地球的光程为

$$l_2=\sqrt{\left(\frac{1}{2}ct_2\right)^2-\left(\frac{1}{2}vt_2\right)^2}=\frac{t_2}{2}\sqrt{c^2-v^2} \tag{7-3}$$

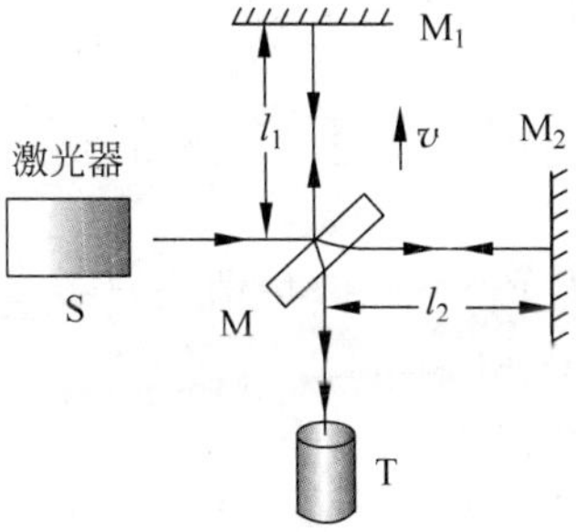

图 7-1　迈克尔逊—莫雷实验装置示意图

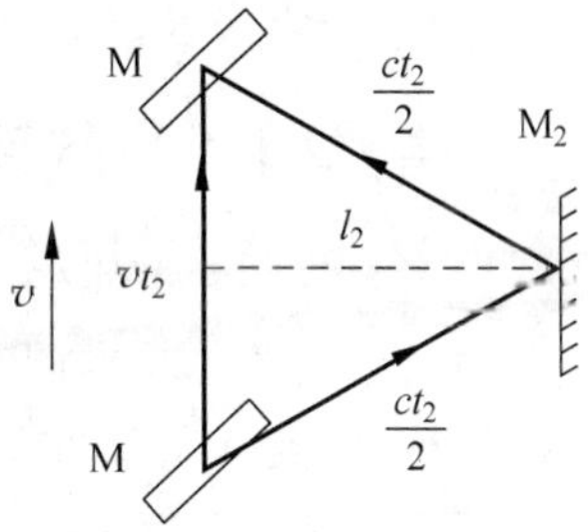

图 7-2　沿路程 M→M$_2$→M 传播的光束在以太中的实际路径

因而光沿 M→M$_2$→M 整个路程传播的总时间为

$$t_2=\frac{2l_2}{\sqrt{c^2-v^2}} \tag{7-4}$$

根据式(7-2)和式(7-4)，两束光的相位差为

$$\delta=\omega(t_2-t_1)=2\omega\left(\frac{l_2}{\sqrt{c^2-v^2}}-\frac{l_1c}{c^2-v^2}\right) \tag{7-5}$$

若将整个仪器水平转动 π/2，使两束光位置互换，则

$$\delta'=\omega(t_2-t_1)=2\omega\left(\frac{l_2c}{c^2-v^2}-\frac{l_1}{\sqrt{c^2-v^2}}\right) \tag{7-6}$$

由此可以计算出干涉条纹移动的个数为

$$n=\frac{\delta'-\delta}{2\pi}=\frac{\omega(l_1+l_2)}{\pi\sqrt{c^2-v^2}}\left(\frac{c}{\sqrt{c^2-v^2}}-1\right) \tag{7-7}$$

如果按照当时的实验条件估算，应该约有 0.37 个干涉条纹发生移动(当时仪器灵敏度已达 0.005 条)，然而实验结果是没有观察到任何干涉条纹的移动。不同的实验人员还多次重复该实验，结果都否定了“以太”的存在，因而也就否定了“特殊参考系”的存在，表明真空中光速恒定为 c，并不依赖于观察者所处的参考系。

之后，对双星运动的观测以及用高速运动粒子(如 π^0 子)作为光源的实验，还证实了光速与光源相对于观察者的运动速度无关。具体分析如下：

(1) 双星绕质心运动，按照伽利略—牛顿理论，若从地球上观测，则双星中朝向地球运动的那颗星发出的光的传播速度应该比另一颗星发出的光的传播速度快，因而双星的运动轨道将会变形，但是结果表明两颗星发生的光的传播速度是一样的。

(2) 西欧核子中心曾利用高能质子打靶,产生出 π^0 介子,其速度高达 $0.99975c$。它会很快衰变为光子,通过测量得到光子从产生靶到探测器间的路程达 80m,时间为 267ns,显然高速运动的粒子发出的光的速度还是 c。

除了上述光学实验之外,Cedarholm 等用微波激射所做的实验和 Isaak 用穆斯堡尔效应所做的实验,也都相继否定了"以太"的存在,因而也就否定了"绝对静止"惯性参考系的存在。

综上所述,迄今为止的所有实验,都无一例外地证实了光速与观察者所处的参考系无关,也与光源相对于观察者的运动速度无关。

7.1.2 狭义相对论的两个基本假设

在总结分析了大量实验事实的基础上,爱因斯坦于 1905 年在《论动体的电动力学》论文中提出了狭义相对论的两条基本假设。

(1) 相对性原理:物理规律在任何惯性参考系中都相同。

假想有一辆汽车正在公路上匀速行驶,同时有一只白天鹅正在天空中匀速飞翔。它们的运动都可以被抽象为相对于公路的匀速直线运动。如果以汽车为参考系,那么天鹅运动的速度和方向可能不同,但仍然保持做匀速直线运动。这个例子可以被抽象地表述为:假设有两个惯性参考系 K(公路)和 K'(汽车),K'系相对于 K 系做匀速直线运动。如果一个质点 m(天鹅)相对于 K 系做匀速直线运动,那么它相对于 K'系也一定做匀速直线运动。

一般地讲,如果 K 系是惯性参考系,那么相对于 K 系做匀速直线运动的任意一个参考系 K'也必定是惯性参考系。这时,一切伽利略—牛顿定律在 K 和 K'系中将拥有相同的形式。更一般地讲,如果任意一个参考系 K'相对于惯性参考系 K 做匀速直线运动,那么 K'系中的一切物理规律都与 K 系中的相同。

(2) 光速不变原理:真空中的光速在任何惯性参考系中都恒定为 c。

假想真空中有一束光线以速度 c 沿着公路传播,而一辆汽车正以远小于 c 的速度 v 在公路上行驶,行驶方向与光线传播方向平行。若按照经典的速度相加定律,该束光线相对于汽车的传播速度大小应为 $c\pm v$,其数值要大于或小于 c。但是,这个结论明显与上述实验结果相矛盾。按照前述结论,光的传播定律对于任何惯性系都应该相同,即真空中该束光线相对于汽车的传播速度也应该等于 c。根据上述的实验内容,我们已经知道光在真空中的传播定律应该与相对论性原理保持一致,即在任何惯性系中,真空中的光速应保持恒定为 c。

需要强调的是,这两条基本假设都只适用于惯性参考系,对于加速参考系则不再适用。这正是狭义相对论称为"狭义"的原因。以这两条基本假设为出发点,在对物理时空概念的重新审视和分析之后,爱因斯坦建立了"狭义相对论"。可以这样说,狭义相对论是在光速不变性实验的基础上建立起来的,它否定了绝对参考系的存在,并由此发展了经典力学中的相对性原理。狭义相对论认为,包括电磁现象在内的一切物理现象,在所有惯性参考系内都是等价的,在此基础上建立了相对论的时空理论。到目前为止,由这一理论所推断的各种相对论效应,已经被大量实验所证实。

7.1.3 洛伦兹变换

如图 7-3 所示,假设有两个惯性参考系 K 和 K',且 K'系相对于 K 系以速度$\boldsymbol{v}$ 向右做匀速直线运动(当然,也可以说 K 系相对于 K' 系以速度 $-\boldsymbol{v}$ 向左做匀速直线运动)。同样一个事件 P,若在 K 系中观测,则可以用三个空间坐标 x、y、z 和一个时间 t 来确定,即 $P(t,x,y,z)$;若在 K' 系中观测,则可以用坐标 x'、y'、z' 和时间 t' 来确定,即 $P(t',x',y',z')$。显然,事件 P 在 K 系和 K' 系中的表示并不相同,二者应当满足一定的几何变换关系,称为洛伦兹变换。

下面就来推导事件关于 x 方向的洛伦兹变换的具体形式。根据光速不变原理可知,事件 P 在 K 系和 K' 系中应该同时满足 $x=ct$ 和 $x'=ct'$。对于更一般的情况,若光沿 x 轴正向传播,则应该满足下式:

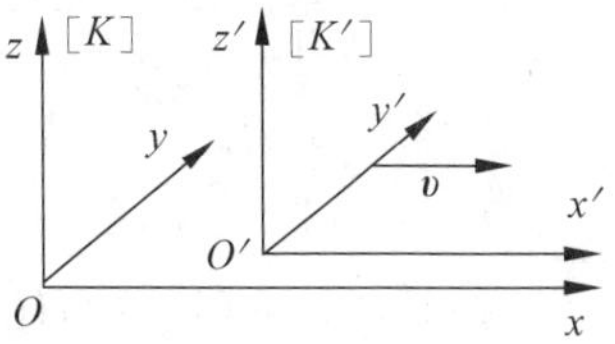

图 7-3　沿 x 轴相对运动的两个不同惯性参考系

$$x'-ct'=\lambda(x-ct) \tag{7-8}$$

式中:λ 为一常数。

若光沿 x 轴负向传播,则

$$x'+ct'=\mu(x+ct) \tag{7-9}$$

式中:μ 为一常数。

将以上两式相加减后,得到

$$\begin{cases} x'=ax-bct \\ ct'=act-bx \end{cases} \tag{7-10}$$

式中:

$$\begin{cases} a=\dfrac{\lambda+\mu}{2} \\ b=\dfrac{\lambda-\mu}{2} \end{cases} \tag{7-11}$$

即为待定系数。

根据式(7-10)中第一式,在 K' 系中原点 $x'=0$ 处应当有以下关系:

$$x=\frac{bc}{a}t \tag{7-12}$$

由于 K' 系连同它的原点一起以速度 $\boldsymbol{v}$ 相对于 K 系沿 x 轴正向运动,故从 K 系中观测到的速度应为

$$v=\frac{x}{t}=\frac{bc}{a} \tag{7-13}$$

若选取 K' 系中相距 $\Delta x'=1$ 的两点为观测对象,则由式(7-10)可知,在 $t=0$ 时刻,从 K 系中观测到此两点的距离应为

$$\Delta x=\frac{1}{a} \tag{7-14}$$

在 K' 系内,当 $t'=0$ 时消掉式(7-10)中的 t,并利用式(7-13)可以得到

$$x'=a\left(1-\frac{v^2}{c^2}\right)x \tag{7-15}$$

根据上式,若选取 K 系中相距 $\Delta x=1$ 的两点为观测对象,则从 K' 系中观测到它们之间的距离应为

$$\Delta x' = a\left(1 - \frac{v^2}{c^2}\right) \tag{7-16}$$

根据相对性原理,在式(7-14)和式(7-16)中,Δx 应该与 $\Delta x'$ 相同,则

$$a = \frac{1}{\sqrt{1-(v/c)^2}} \tag{7-17}$$

进一步,由式(7-13)可得

$$b = \frac{v/c}{\sqrt{1-(v/c)^2}} \tag{7-18}$$

将式(7-17)和式(7-18)代入式(7-10),得到

$$\begin{cases} x' = \dfrac{x - vt}{\sqrt{1-(v/c)^2}} \\ ct' = \dfrac{ct - \dfrac{v}{c}x}{\sqrt{1-(v/c)^2}} \end{cases} \tag{7-19}$$

它满足以下关系:

$$x'^2 - c^2t'^2 = x^2 - c^2t^2 \tag{7-20}$$

由于在其他方向没有相对运动,故有

$$\begin{cases} y' = y \\ z' = z \end{cases} \tag{7-21}$$

合并式(7-19)和式(7-21),就可以得到事件关于 x 方向的洛伦兹变换

$$\begin{cases} x' = \gamma(x - vt) \\ y' = y \\ z' = z \\ t' = \gamma\left(t - \dfrac{v}{c^2}x\right) \end{cases} \tag{7-22}$$

式中:$\gamma = 1/\sqrt{1-\beta^2}$,$\beta = v/c$。

若在式(7-22)中互换时空坐标 $\{t', x', y', z'\} \leftrightarrow \{t, x, y, z\}$ 且作代换 $v \rightarrow -v$,则可以得到洛伦兹变换之逆变换为

$$\begin{cases} x = \gamma(x' + vt') \\ y = y' \\ z = z' \\ t = \gamma\left(t' + \dfrac{v}{c^2}x'\right) \end{cases} \tag{7-23}$$

在相对论中,爱因斯坦正是用上述的洛伦兹变换取代了如下所示的伽利略变换:

$$\begin{cases} x' = x - vt \\ y' = y \\ z' = z \\ t' = t \end{cases} \tag{7-24}$$

对比这两种变换，可以发现：

(1) 按照伽利略变换，在不同惯性参考系中测得的同样两个事件 P_1 和 P_2 的空间和时间间隔各自都是相等的，即

$$\begin{cases} |\Delta \boldsymbol{r}'| = |\Delta \boldsymbol{r}| \\ |\Delta t'| = |\Delta t| \end{cases}$$

它表明不论参考系的运动状态如何，观测到的两个事件的空间和时间间隔是"绝对"的、一成不变的，这正是伽利略—牛顿的绝对时空观。

(2) 与经典的绝对时空观不同，狭义相对论的时间和空间不是绝对不变的，而是与运动速度有着密切的联系。根据洛伦兹变换易知，在不同的惯性参考系中，同样两个事件 P_1 和 P_2 的空间和时间间隔并不相等，即

$$\begin{cases} |\Delta \boldsymbol{r}'| \neq |\Delta \boldsymbol{r}| \\ |\Delta t'| \neq |\Delta t| \end{cases}$$

而且，由洛伦兹变换式 γ 项中的根号部分可以看出，一般物体的运动速度都小于真空中的光速 c，绝对不可能超过它。

(3) 当运动速度远小于真空光速时，洛伦兹变换就会过渡到伽利略变换，这时经典力学的结论可以近似地成立。因此，狭义相对论是对经典力学的修正和发展，它明确了经典力学的适用范围是宏观低速运动领域。当运动速度接近光速时，经典力学就不再适用，这时需要用狭义相对论来代替它。正如一切正确的经典力学规律必须在伽利略变换下保持相同的形式一样，一切符合相对论要求的物理规律也必须在洛伦兹变换下保持相同的形式，这称为洛伦兹协变性。

7.2　狭义相对论的时空理论

7.2.1　四维间隔不变性

在 7.1 节内容的基础上，进一步讨论时空间隔的性质。如图 7-3 所示，这里仍然假设有两个惯性参考系 K 和 K'，且 K' 系相对于 K 系以速度 $\boldsymbol{v}$ 沿 x 轴正向做匀速直线运动。假定 K 系和 K' 系重合时，从公共坐标原点发出一个光信号，这一事件可用 $O(0,0,0,0)$ 表示。从 K 系中观测，光信号传播一段时间 t 后被观测者接收到，这一事件可用 $P(t,x,y,z)$ 表示，这时它传播的距离为

$$r = \sqrt{x^2 + y^2 + z^2} = ct \tag{7-25}$$

将上式两边平方后整个定义为 s^2，即

$$s^2 \equiv x^2 + y^2 + z^2 - c^2t^2 = 0 \tag{7-26}$$

式中：s^2 为两个事件 P 与 O 之间的四维间隔。

从 K' 系中观测，同一个光信号传播一段时间 t' 后被观测者接收到，这一事件可表示为 $P(t',x',y',z')$。根据相对性原理和光速不变原理，这时它传播的距离为

$$r' = ct' \tag{7-27}$$

同上，也有

$$s'^2 \equiv x'^2 + y'^2 + z'^2 - c^2t'^2 = 0 \tag{7-28}$$

式中：s'^2 为两个事件 P 与 O 之间的四维间隔。

可见，用光信号联系的两个事件之间的四维间隔，在不同惯性参考系中观测到的数值均为零，因而必定满足 $s^2=s'^2$；然而，用非光信号联系的两个事件的间隔则一般不为零，但是也一定满足 $s^2=s'^2$。这里可用反证法：假设它们不相等，则

$$s^2=\sigma s'^2 \tag{7-29}$$

σ 是一个系数。而代入洛伦兹变换式(7-22)或式(7-23)都要求 $\sigma=1$，即

$$s^2=s'^2=\text{不变量} \tag{7-30}$$

可见，在不同的惯性参考系中，虽然同样两个事件的空间间隔和时间间隔是不相等的，然而由它们构成的四维间隔却一定是相等的且满足洛伦兹协变性，这称为四维间隔不变性。

一般来说，若两个事件 P_1 和 P_2 都不是恰好发生在坐标原点和初始时刻，则在 K 系可以表示为 $P_1(t_1,x_1,y_1,z_1)$ 和 $P_2(t_2,x_2,y_2,z_2)$，它们之间的间隔为

$$\Delta s^2=\Delta r^2-c^2\Delta t^2$$

式中：

$$\Delta r=\sqrt{(x_2-x_1)^2+(y_2-y_1)^2+(z_2-z_1)^2},\quad \Delta t=t_2-t_1$$

在 K' 系中，这两个事件同样可以表示为 $P_1(t_1',x_1',y_1',z_1')$ 和 $P_2(t_2',x_2',y_2',z_2')$，它们之间的间隔为

$$\Delta s'^2=\Delta r'^2-c^2\Delta t'^2$$

式中：$\Delta r'=\sqrt{(x_2'-x_1')^2+(y_2'-y_1')^2+(z_2'-z_1')^2}$，$\Delta t'=t_2'-t_1'$。

按照间隔不变性的要求，则有

$$\Delta s^2=\Delta s'^2=\text{不变量}$$

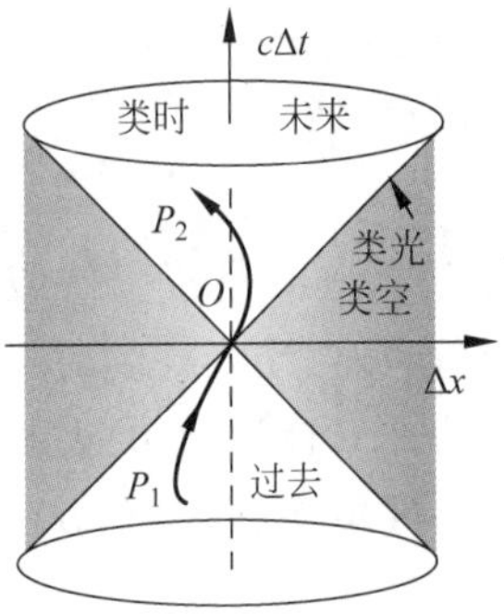

图 7-4　四维时空图

由于这个不变量可以是正数、零或负数，故事件的间隔也可相应地划分为 3 种类型：类时间隔($\Delta s^2<0$)、类光间隔($\Delta s^2=0$)以及类空间隔($\Delta s^2>0$)。为了下面讨论方便，令 $y_2=y_1$，$z_2=z_1$，使得 $\Delta r^2=\Delta x^2$ 且 $\Delta s^2=\Delta x^2-c^2\Delta t^2$。如图 7-4 所示，以上 3 种间隔可以用一个四维时空图形表示出来。图中竖直轴表示时间间隔 $c\Delta t$ 轴，横轴表示空间间隔 Δx 轴，这两个轴相互垂直。

1. 类时间隔

这种间隔的特点是 $\Delta s^2<0$，即

$$|\Delta x|<c|\Delta t| \quad \text{或} \quad \left|\frac{\Delta x}{\Delta t}\right|<c$$

它表明两个类时事件只能发生在光锥内(图 7-4)，即两条直线 $c\Delta t=\pm\Delta x$ 所夹的范围。而且它们之间可以由小于光速的信号联系，为关联事件。因而，这类事件的时序是绝对的，遵守因果律。由于上半光锥对应 $t>0$，故称为“未来”；而下半光锥对应 $t<0$，故称为“过去”。另外，两个类时事件在任何惯性系中都不可能同时发生，否则会导致 $\Delta s^2>0$，这与题设矛盾。但是，它们却可以发生在同一地点，这时四维间隔表示为

$$\Delta s^2=-c^2\Delta t^2<0$$

2. 类光间隔

这种间隔的特点是 $\Delta s^2=0$，即

$$|\Delta x|=c|\Delta t| \quad 或 \quad \left|\frac{\Delta x}{\Delta t}\right|=c$$

它说明两个类光事件正好发生在 $c\Delta t=\pm\Delta x$ 的两条直线上(图 7-4)。它们之间可用光信号联系，也为关联事件。因而与类时间隔类似，两个类光事件的时序也是绝对的，遵守因果律。

3. 类空间隔

这种间隔的特点是 $\Delta s^2>0$，即

$$|\Delta x|>c|\Delta t| \quad 或 \quad \left|\frac{\Delta x}{\Delta t}\right|>c$$

它反映出两个类空事件只能发生在光锥外(如图 7-4 所示阴影区域)。而且它们之间只能用大于光速的信号联系，而这意味着

$$\gamma=1/\sqrt{1-v^2/c^2}$$

会变为虚数，使得洛伦兹变换失效。换句话说，现实中不存在大于光速的运动物体，故两个类空事件之间不可能用任何信号联系，为非关联事件。因而，两个类空事件的时序是相对的，即在不同惯性系中的时序可以不同。另外，由于它们本身就不可能存在因果关系，故时序相对性并不违反因果律。此外，两个类空事件是允许同时发生的，这时四维间隔为

$$\Delta s^2=\Delta x^2>0$$

但是，它们不可能发生在同一个地点，否则会导致 $\Delta s^2<0$。类空事件所属的光锥外的区域又称为另一世界。任何物质从另一世界中的一个时空点出发永远不能到达 O，或者说，位于 O 点的任一物质系统永远不能到达或者来自于另一世界中的一个时空点。

例 7.1　在惯性参考系 K 中，先后发生两个事件 P_1 和 P_2。事件 P_1 的空间坐标为 $(x_1=5, y_1=3, z_1=0)$，时间坐标 t_1 由 $ct_1=15$ 确定。对于事件 P_2，则有$(x_2=10, y_2=8, z_2=0)$和 $ct_2=5$。求：

(1) 这两个事件的间隔不变量；

(2) 是否存在一个惯性系，在其中观测到的 P_1 和 P_2 是同时发生的。

解　(1) 根据已知条件，事件 P_1 和 P_2 的间隔不变量为

$$\begin{aligned}\Delta s^2&=(x_2-x_1)^2+(y_2-y_1)^2+(z_2-z_1)^2-(ct_2-ct_1)^2\\&=(10-5)^2+(8-3)^2+(0-0)^2-(5-15)^2\\&=-50\end{aligned}$$

(2) 根据(1)的结果可知，事件 P_1 和 P_2 的间隔不变量 $\Delta s^2<0$，表明它们应该属于类时间隔事件，因而不可能同时发生。如果 $\Delta s^2>0$，则对应类空事件，就可以同时发生了。

7.2.2　闵可夫斯基四维空间

在狭义相对论中，洛伦兹变换和间隔不变性都揭示出时空的统一性。因而可以在三维空间坐标的基础上，引入时间坐标，由它们构成一个统一的四维坐标来描述事件，即

$$x_0=\mathrm{j}ct,\quad x_1=x,\quad x_2=y,\quad x_3=z$$

或简写为

$$\boldsymbol{x}_{\mu}=(\mathrm{j}ct, x, y, z)=(\mathrm{j}ct, \boldsymbol{r}) \tag{7-31}$$

在此约定，下文中统一用希腊字母$\mu,\nu,\cdots$来表示四维时空中的指标0,1,2,3。换言之，三维空间和一维时间构成了一个统一的四维连续体——四维时空，称为闵可夫斯基四维空间，又称为赝四维欧几里得空间，也称为“世界”。四维空间中的每一个“点”都表示一个事件，称为“世界点”；每一条“曲线”表示一连串事件，称为“世界线”。

(1) 四维空间的间隔不变式为

$$s^2=x_{\mu}^2=x_0^2+x_1^2+x_2^2+x_3^2=(\mathrm{j}ct)^2+x^2+y^2+z^2=\text{不变量} \tag{7-32}$$

(2) 在四维坐标下，洛伦兹变换式(7-22)可改写为

$$\begin{cases} x_0'=\gamma(x_0-\mathrm{j}\beta x_1) \\ x_1'=\gamma(x_1+\mathrm{j}\beta x_0) \\ x_2'=x_2 \\ x_3'=x_3 \end{cases} \tag{7-33}$$

也可表示成矩阵形式

$$\begin{pmatrix} x_0' \\ x_1' \\ x_2' \\ x_3' \end{pmatrix}=\begin{pmatrix} \gamma & -\mathrm{j}\beta\gamma & 0 & 0 \\ \mathrm{j}\beta\gamma & \gamma & 0 & 0 \\ 0 & 0 & 1 & 0 \\ 0 & 0 & 0 & 1 \end{pmatrix}\begin{pmatrix} x_0 \\ x_1 \\ x_2 \\ x_3 \end{pmatrix}$$

或简写为

$$\boldsymbol{x}_{\mu}'=\boldsymbol{\alpha}_{\mu\nu}\boldsymbol{x}_{\nu}$$

式中：

$$(\boldsymbol{\alpha}_{\mu\nu})=\begin{pmatrix} \gamma & -\mathrm{j}\beta\gamma & 0 & 0 \\ \mathrm{j}\beta\gamma & \gamma & 0 & 0 \\ 0 & 0 & 1 & 0 \\ 0 & 0 & 0 & 1 \end{pmatrix} \tag{7-34}$$

称为洛伦兹变换矩阵，其逆变换矩阵为

$$(\boldsymbol{\alpha}_{\nu\mu})=(\boldsymbol{\alpha}_{\mu\nu})^{-1}=(\boldsymbol{\alpha}_{\mu\nu})^{\mathrm{T}}$$

利用上式可以得到洛伦兹变换之逆变换即$\boldsymbol{x}_{\mu}=\boldsymbol{\alpha}_{\mu\nu}^{-1}\boldsymbol{x}_{\nu}'$(读者可自行验证)。

7.2.3 狭义相对论的几个重要结论

现在应用洛伦兹变换来讨论狭义相对论的若干结论，借此进一步说明狭义相对论时空理论的一些特点。这里仍然假设有两个惯性参考系K和K'，且K'系相对于K系以速度$\boldsymbol{v}$沿x正向做匀速直线运动(图7-3)。

1. 同时的相对性

假设在K系中，不同地点同时发生两个事件$P_1(t,x_1,y_1,z_1)$和$P_2(t,x_2,y_2,z_2)$。从K'系中观测，这两个事件可分别表示为$P_1(t_1',x_1',y_1',z_1')$和$P_2(t_2',x_2',y_2',z_2')$。根据洛伦兹变换式(7-22)中的第四式，得到

$$\Delta t' = t'_2 - t'_1 = \frac{\frac{v}{c^2}(x_1 - x_2)}{\sqrt{1-\beta^2}} \tag{7-35}$$

可见，K 系中不同地点发生的同时事件，在 K' 系中就不再同时。也就是说，异地事件的同时性与惯性参考系的选取有关，称为同时的相对性。

2. 运动时间延缓

假设在 K' 系中，同一地点先后发生两个事件 $P_1(t'_1, x', y', z')$ 和 $P_2(t'_2, x', y', z')$，则它们的时间间隔为 $\Delta t' = t'_2 - t'_1$，称为固有时，也称为原时，用 $\Delta\tau$ 表示($\Delta\tau = \Delta t'$)。根据洛伦兹变换之逆变换式(7-23)中第四式可知，在 K 系中这两个事件的时间间隔会变为

$$\Delta t = t_2 - t_1 = \gamma \Delta t' = \gamma \Delta\tau > \Delta\tau \tag{7-36}$$

它表明：

(1) 在不同惯性参考系中，同样两个事件之间的时间间隔是不同的。

(2) 在某一惯性系中观测为同地的两个事件的时间间隔最短。换言之，一个运动物体的固有时永远比在静止系内相对应的时间间隔要小。这就是所谓的运动时间延缓，或称爱因斯坦延缓。

例 7.2 静止 μ 介子的平均寿命为 2×10^{-6}s，当它以 $v=3c/5$ 高速运动时，寿命是多少？

解 由于 μ 介子的运动速度为 $v=3c/5$，故

$$\gamma = \frac{1}{\sqrt{1-(3/5)^2}} = \frac{5}{4}$$

已知 μ 介子在静止时的本征(固有)寿命为

$$\tau_0 = 2\times10^{-6}\,(\mathrm{s})$$

根据式(7-36)，可得它在高速运动时的寿命为

$$\tau = \gamma\tau_0 = 2.5\times10^{-6}\,(\mathrm{s})$$

可见，粒子的寿命随运动速度的增加而增加。

3. 运动长度缩短

如图 7-5 所示，如果运动物体相对于 K' 系静止，并且沿 x' 轴放置，那么在 K' 系中同时测量物体前后端 P_1 和 P_2 的空间坐标分别为 x'_1 和 x'_2，于是其长度为

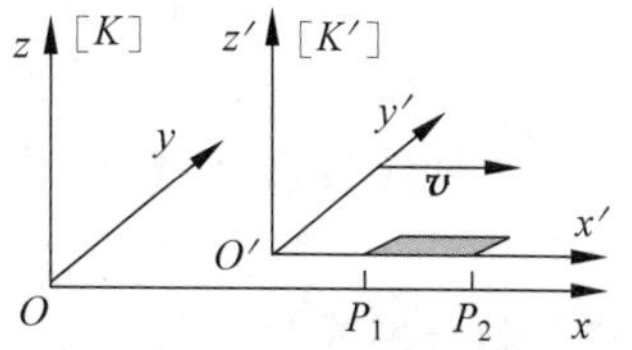

图 7-5　运动物体长度缩短

$$l_0 = x'_2 - x'_1$$

称为固有长度。若在 K 系中同时测量物体前后端的空间坐标分别为 x_1 和 x_2，则其长度为

$$l = x_2 - x_1$$

根据洛伦兹变换式(7-22)中第一式，得到

$$x'_2 - x'_1 = \gamma(x_2 - x_1) \tag{7-37}$$

即

$$l = \frac{l_0}{\gamma} = l_0\sqrt{1-\beta^2} < l_0 \tag{7-38}$$

可见，运动物体的长度缩短了，这一运动学效应又称为洛伦兹收缩；而且收缩只能发生在物

体的运动方向上,在与运动垂直的方向上长度保持不变。

7.2.4 速度变换公式

仍然假设 K'系相对于 K 系以速度$\boldsymbol{v}$ 沿 x 轴正向运动,则物体相对于 K 和 K'系的三维速度矢量分别表示为

$$\begin{cases}\boldsymbol{u}=\dfrac{\mathrm{d}\boldsymbol{r}}{\mathrm{d}t}=(u_x,u_y,u_z)=\left(\dfrac{\mathrm{d}x}{\mathrm{d}t},\dfrac{\mathrm{d}y}{\mathrm{d}t},\dfrac{\mathrm{d}z}{\mathrm{d}t}\right)\\ \boldsymbol{u}'=\dfrac{\mathrm{d}\boldsymbol{r}'}{\mathrm{d}t'}=(u'_x,u'_y,u'_z)=\left(\dfrac{\mathrm{d}x'}{\mathrm{d}t'},\dfrac{\mathrm{d}y'}{\mathrm{d}t'},\dfrac{\mathrm{d}z'}{\mathrm{d}t'}\right)\end{cases}\tag{7-39}$$

根据洛伦兹变换式(7-22),得到

$$\begin{cases}\mathrm{d}x'=\gamma(\mathrm{d}x-v\mathrm{d}t)\\ \mathrm{d}y'=\mathrm{d}y\\ \mathrm{d}z'=\mathrm{d}z\\ \mathrm{d}t'=\gamma\left(\mathrm{d}t-\dfrac{v}{c^2}\mathrm{d}x\right)\end{cases}\tag{7-40}$$

用式(7-40)中的第四式分别除前三式,并利用式(7-39),可得相对论三维速度变换式

$$u'_x=\frac{u_x-v}{1-\dfrac{v}{c^2}u_x};\quad u'_y=\frac{u_y}{\gamma\left(1-\dfrac{v}{c^2}u_x\right)};\quad u'_z=\frac{u_z}{\gamma\left(1-\dfrac{v}{c^2}u_x\right)}\tag{7-41}$$

其逆变换式为

$$u_x=\frac{u'_x+v}{1+\dfrac{v}{c^2}u'_x};\quad u_y=\frac{u'_y}{\gamma\left(1+\dfrac{v}{c^2}u'_x\right)};\quad u_z=\frac{u'_z}{\gamma\left(1+\dfrac{v}{c^2}u'_x\right)}$$

当物体速度 $u_x\ll c$ 且 $v\ll c$ 时,式(7-41)可以过渡到经典速度变换公式

$$u'_x=u_x-v;\quad u'_y=u_y;\quad u'_z=u_z$$

注意:以上的讨论仅限于三维速度矢量及其变换公式,下面介绍四维速度矢量及其变换公式。

根据四维位移(位置)矢量定义式(7-31)

$$\boldsymbol{x}_\mu=(\mathrm{j}ct,x,y,z)=(\mathrm{j}ct,\boldsymbol{r})$$

可得其微分形式为

$$\mathrm{d}\boldsymbol{x}_\mu\equiv(\mathrm{j}c\,\mathrm{d}t,\mathrm{d}\boldsymbol{r})\tag{7-42}$$

由于物体的位移 $\mathrm{d}\boldsymbol{x}_\mu$ 为四维矢量,且固有时 $\mathrm{d}\tau$ 为标量,故可定义四维速度矢量为

$$\boldsymbol{U}_\mu\equiv\frac{\mathrm{d}\boldsymbol{x}_\mu}{\mathrm{d}\tau}=\left(\mathrm{j}c\,\frac{\mathrm{d}t}{\mathrm{d}\tau},\frac{\mathrm{d}\boldsymbol{r}}{\mathrm{d}\tau}\right)\tag{7-43}$$

又根据式(7-36)和式(7-39),可知

$$\frac{\mathrm{d}t}{\mathrm{d}\tau}=\gamma;\quad \frac{\mathrm{d}\boldsymbol{r}}{\mathrm{d}\tau}=\frac{\mathrm{d}\boldsymbol{r}}{\mathrm{d}t}\frac{\mathrm{d}t}{\mathrm{d}\tau}=\gamma\boldsymbol{u}$$

将以上两式代入式(7-43),得到

$$\boldsymbol{U}_\mu=\gamma(\mathrm{j}c,\boldsymbol{u})\tag{7-44}$$

由于在与事件相对静止的惯性参考系内,$U_0=\mathrm{j}\gamma c=\mathrm{j}c$,$U_i=0$,故可得四维速度矢量的

不变量为

$$\boldsymbol{U}_{\mu}^{2}=\boldsymbol{U}_{\mu}\boldsymbol{U}_{\mu}=U_{0}U_{0}+U_{i}U_{i}=-c^{2} \tag{7-45}$$

在此约定下文中出现的拉丁字母 i、j、k 等表示三维空间中的指标 1、2、3。

进一步，根据四维洛伦兹变换式(7-33)和四维速度矢量定义式(7-43)，可以得到四维速度变换公式

$$\begin{cases} U'_{0}=\dfrac{\mathrm{d}x'_{0}}{\mathrm{d}\tau}=\gamma\left(\dfrac{\mathrm{d}x_{0}}{\mathrm{d}\tau}-\mathrm{j}\beta\dfrac{\mathrm{d}x_{1}}{\mathrm{d}\tau}\right)=\gamma(U_{0}-\mathrm{j}\beta U_{1}) \\ U'_{1}=\dfrac{\mathrm{d}x'_{1}}{\mathrm{d}\tau}=\gamma\left(\dfrac{\mathrm{d}x_{1}}{\mathrm{d}\tau}+\mathrm{j}\beta\dfrac{\mathrm{d}x_{0}}{\mathrm{d}\tau}\right)=\gamma(U_{1}+\mathrm{j}\beta U_{0}) \\ U'_{2}=\dfrac{\mathrm{d}x'_{2}}{\mathrm{d}\tau}=\dfrac{\mathrm{d}x_{2}}{\mathrm{d}\tau}=U_{2} \\ U'_{3}=\dfrac{\mathrm{d}x'_{3}}{\mathrm{d}\tau}=\dfrac{\mathrm{d}x_{3}}{\mathrm{d}\tau}=U_{3} \end{cases} \tag{7-46}$$

上式还可以由洛伦兹变换矩阵式(7-34)得到，即

$$\boldsymbol{U}'_{\mu}=\boldsymbol{\alpha}_{\mu\nu}\boldsymbol{U}_{\nu}$$

可见，四维速度变换比三维速度变换要简单得多，这是由于四维速度定义中的分母固有时 $\mathrm{d}\tau$ 是个不变量，此时只需要对分子 $\mathrm{d}\boldsymbol{r}$ 变换就可以了；而对于三维速度，则需要对分子 $\mathrm{d}\boldsymbol{r}$ 和分母 $\mathrm{d}t$ 都进行变换。

例 7.3 求光在匀速流动介质中的速度。

解 设实验室和流动介质分别为惯性参考系 K 和 K'。在 K 系中，介质以速度 $\boldsymbol{v}$ 沿 x 轴方向匀速流动，且与光在其中的传播方向相同。令介质的折射率为 n，则在 K' 系中，光速为

$$u'_{x}=\frac{c}{n}$$

根据速度变换公式(7-41)的逆变换，可以得到 K 系中的光速为

$$u_{x}=\frac{u'_{x}+v}{1+\dfrac{v}{c^{2}}u'_{x}}=\frac{\dfrac{c}{n}+v}{1+\dfrac{v}{cn}}$$

当 $v\ll c$ 时，可以略去 v/c 的高阶项，于是得到

$$u_{x}\approx\left(\frac{c}{n}+v\right)\left(1-\frac{v}{cn}\right)=\frac{c}{n}+\left(1-\frac{1}{n^{2}}\right)v$$

如果光的传播方向与介质流动方向相反，则有

$$u_{x}=\frac{u'_{x}+v}{1+\dfrac{v}{c^{2}}u'_{x}}=\frac{-\dfrac{c}{n}+v}{1-\dfrac{v}{cn}}\approx\left(-\frac{c}{n}+v\right)\left(1+\frac{v}{cn}\right)=-\frac{c}{n}+\left(1-\frac{1}{n^{2}}\right)v$$

同样，也可以求出光沿其他方向传播的速度。类似结果早已被菲涅耳于 1817 年在研究流动介质中光的传播速度时预言，并被菲佐于 1851 年所做的光在流水中的传播速度实验所证实。

7.3 电磁理论的相对论不变性

7.3.1 电荷守恒定律的四维形式

电荷守恒定律是电动力学的基本规律之一,可表示为连续性方程的形式

$$\nabla\cdot \boldsymbol{J}+\frac{\partial \rho}{\partial t}=0 \tag{7-47}$$

上式在四维空间坐标下可转化为

$$\frac{\partial(\mathrm{j}c\rho)}{\partial x_0}+\frac{\partial J_1}{\partial x_1}+\frac{\partial J_2}{\partial x_2}+\frac{\partial J_3}{\partial x_3}=0 \tag{7-48}$$

将上式中的

$$(\mathrm{j}c\rho, J_1, J_2, J_3)$$

视为四维矢量 $\boldsymbol{J}_\mu$ 的 4 个分量,可得四维电流密度矢量为

$$\boldsymbol{J}_\mu=(\mathrm{j}c\rho, \boldsymbol{J})=(\mathrm{j}c\rho, \rho\boldsymbol{u}) \tag{7-49}$$

因而式(7-48)就可以表示 $\boldsymbol{J}_\mu$ 的四维散度为零的形式,即

$$\frac{\partial \boldsymbol{J}_\mu}{\partial \boldsymbol{x}_\mu}=0 \tag{7-50}$$

这就是电荷守恒定律(或电流连续方程)的四维形式。此外,$\partial/\partial\boldsymbol{x}_\mu$ 是四维微分矢量算符,它与另外一个四维矢量标乘可以得到标量。

进一步,根据式(7-43)和式(7-49),可以推出四维电流密度矢量与四维速度矢量之间的关系为

$$\boldsymbol{J}_\mu=(\mathrm{j}c\rho, \boldsymbol{J})=(\mathrm{j}c\rho, \rho\boldsymbol{u})=\frac{\rho}{\gamma}(\mathrm{j}c\gamma, \gamma\boldsymbol{u})=\frac{\rho}{\gamma}\boldsymbol{U}_\mu \tag{7-51}$$

我们知道,电荷为不变量,即

$$Q=\int_V \rho\,\mathrm{d}V=\text{不变量} \tag{7-52}$$

而根据式(7-38)易知,当物体沿 x 轴正向运动时,其长度在该方向上会发生洛伦兹收缩,但是在与运动垂直的方向上保持不变。因而可推知其体积元也会发生洛伦兹收缩,即

$$\mathrm{d}V=\sqrt{1-\beta^2}\,\mathrm{d}V_0$$

式中:$\mathrm{d}V_0$ 为静止体积元。

因此,电荷密度需相应地增大为

$$\rho=\gamma\rho_0 \tag{7-53}$$

式中:ρ_0 为静止电荷密度,也称为固有电荷密度。

将式(7-53)代入式(7-51),得到

$$\boldsymbol{J}_\mu=\rho_0\boldsymbol{U}_\mu \tag{7-54}$$

再结合式(7-46),容易求得四维电流密度矢量的变换公式

$$\begin{cases} J'_0=\gamma(J_0-\mathrm{j}\beta J_1) \\ J'_1=\gamma(J_1+\mathrm{j}\beta J_0) \\ J'_2=J_2 \\ J'_3=J_3 \end{cases}$$

上式还可以由洛伦兹变换矩阵式(7-34)得到，即 $\boldsymbol{J}'_{\mu}=\boldsymbol{\alpha}_{\mu\nu}\boldsymbol{J}_{\nu}$(读者可自行验证)。

7.3.2 达朗贝尔方程和洛伦兹条件的四维形式

已知时变电磁场的磁矢势 $\boldsymbol{A}$ 和电标势 φ 满足达朗贝尔方程

$$\begin{cases}\left(\nabla^2-\dfrac{1}{c^2}\dfrac{\partial^2}{\partial t^2}\right)\boldsymbol{A}=-\mu_0\boldsymbol{J}\\[2ex]\left(\nabla^2-\dfrac{1}{c^2}\dfrac{\partial^2}{\partial t^2}\right)\varphi=-\dfrac{\rho}{\varepsilon_0}\end{cases}\tag{7-55}$$

和洛伦兹条件

$$\nabla\cdot\boldsymbol{A}+\frac{1}{c^2}\frac{\partial\varphi}{\partial t}=0\tag{7-56}$$

若定义四维势矢量为

$$\boldsymbol{A}_{\mu}=\left(\mathrm{j}\,\frac{\varphi}{c},A_x,A_y,A_z\right)=\left(\mathrm{j}\,\frac{\varphi}{c},\boldsymbol{A}\right)\tag{7-57}$$

则式(7-55)和式(7-56)可分别改写为

$$\Box^2\boldsymbol{A}_{\mu}=-\mu_0\boldsymbol{J}_{\mu}\tag{7-58}$$

和

$$\frac{\partial\boldsymbol{A}_{\mu}}{\partial\boldsymbol{x}_{\mu}}=0\tag{7-59}$$

式中：

$$\Box^2\equiv\frac{\partial^2}{\partial\boldsymbol{x}_{\mu}^2}=\nabla^2-\frac{1}{c^2}\frac{\partial^2}{\partial t^2}=\frac{\partial^2}{\partial x_0^2}+\frac{\partial^2}{\partial x_1^2}+\frac{\partial^2}{\partial x_2^2}+\frac{\partial^2}{\partial x_3^2}\tag{7-60}$$

被定义为四维标量算符，又称为达朗贝尔算符。式(7-58)和式(7-59)分别代表达朗贝尔方程和洛伦兹条件的四维协变形式。

进一步，利用洛伦兹变换矩阵式(7-34)，可以得到电磁势在不同惯性系中的变换关系

$$\begin{cases}A'_0=\gamma(A_0-\mathrm{j}\beta A_1)\\A'_1=\gamma(A_1+\mathrm{j}\beta A_0)\\A'_2=A_2\\A'_3=A_3\end{cases}\tag{7-61}$$

或

$$\begin{cases}\varphi'=\gamma(\varphi-vA_x)\\[1ex]A'_x=\gamma\left(A_x-\dfrac{v}{c^2}\varphi\right)\\[1ex]A'_y=A_y\\A'_z=A_z\end{cases}$$

7.3.3 电磁场张量及电磁场变换

考虑电磁场和势的关系

$$\begin{cases}\boldsymbol{B}=\nabla\times\boldsymbol{A}\\[1ex]\boldsymbol{E}=-\nabla\varphi-\dfrac{\partial\boldsymbol{A}}{\partial t}\end{cases}$$

利用四维势矢量式(7-57),可在四维空间坐标下,分别写出上式的 6 个分量方程

$$\begin{cases}\dfrac{\mathrm{j}}{c}E_1=\dfrac{\partial A_1}{\partial x_0}-\dfrac{\partial A_0}{\partial x_1}, & B_1=\dfrac{\partial A_3}{\partial x_2}-\dfrac{\partial A_2}{\partial x_3}\\ \dfrac{\mathrm{j}}{c}E_2=\dfrac{\partial A_2}{\partial x_0}-\dfrac{\partial A_0}{\partial x_2}, & B_2=\dfrac{\partial A_1}{\partial x_3}-\dfrac{\partial A_3}{\partial x_1}\\ \dfrac{\mathrm{j}}{c}E_3=\dfrac{\partial A_3}{\partial x_0}-\dfrac{\partial A_0}{\partial x_3}, & B_3=\dfrac{\partial A_2}{\partial x_1}-\dfrac{\partial A_1}{\partial x_2}\end{cases} \tag{7-62}$$

稍加分析可知,上式中电场和磁场的 6 个分量,实际上就是下列四维二阶反对称张量——电磁场张量 $\boldsymbol{F}_{\mu\nu}$ 的 6 个元素,令

$$\boldsymbol{F}_{\mu\nu}=\frac{\partial \boldsymbol{A}_\nu}{\partial \boldsymbol{x}_\mu}-\frac{\partial \boldsymbol{A}_\mu}{\partial \boldsymbol{x}_\nu} \tag{7-63}$$

则 6 个元素分别为

$$F_{01}=\frac{\mathrm{j}}{c}E_1,\quad F_{02}=\frac{\mathrm{j}}{c}E_2,\quad F_{03}=\frac{\mathrm{j}}{c}E_3,\quad F_{23}=B_1,\quad F_{31}=B_2,\quad F_{12}=B_3$$

由于此张量满足反对称性($\boldsymbol{F}_{\mu\nu}=-\boldsymbol{F}_{\nu\mu}$),故必定有 $F_{00}=F_{11}=F_{22}=F_{33}=0$,且其余分量分别为

$$F_{10}=-\frac{\mathrm{j}}{c}E_1,\quad F_{20}=-\frac{\mathrm{j}}{c}E_2,\quad F_{30}=-\frac{\mathrm{j}}{c}E_3,\quad F_{32}=-B_1,\quad F_{13}=-B_2,\quad F_{21}=-B_3$$

由此可得,电磁场张量式(7-63)的矩阵形式

$$(\boldsymbol{F}_{\mu\nu})=\begin{pmatrix}0 & \dfrac{\mathrm{j}}{c}E_1 & \dfrac{\mathrm{j}}{c}E_2 & \dfrac{\mathrm{j}}{c}E_3\\ -\dfrac{\mathrm{j}}{c}E_1 & 0 & B_3 & -B_2\\ -\dfrac{\mathrm{j}}{c}E_2 & -B_3 & 0 & B_1\\ -\dfrac{\mathrm{j}}{c}E_3 & B_2 & -B_1 & 0\end{pmatrix} \tag{7-64}$$

可见,电磁场张量 $\boldsymbol{F}_{\mu\nu}$ 把 $\boldsymbol{E}$ 和 $\boldsymbol{B}$ 统一为一个四维协变量,这反映了电磁场的统一性。若在式(7-64)中同时作以下代换:

$$\frac{\boldsymbol{E}}{c}\to\boldsymbol{B};\quad \boldsymbol{B}\to-\frac{\boldsymbol{E}}{c}$$

则可以得到另外一个等价的电磁场张量,可表示为矩阵形式

$$(\widetilde{\boldsymbol{F}}_{\mu\nu})=\begin{pmatrix}0 & \mathrm{j}B_1 & \mathrm{j}B_2 & \mathrm{j}B_3\\ -\mathrm{j}B_1 & 0 & -\dfrac{E_3}{c} & \dfrac{E_2}{c}\\ -\mathrm{j}B_2 & \dfrac{E_3}{c} & 0 & -\dfrac{E_1}{c}\\ -\mathrm{j}B_3 & -\dfrac{E_2}{c} & \dfrac{E_1}{c} & 0\end{pmatrix} \tag{7-65}$$

进一步,根据电磁场张量矩阵($\boldsymbol{F}_{\mu\nu}$)及其等价形式($\widetilde{\boldsymbol{F}}_{\mu\nu}$),并利用四维电流密度矢量 $\boldsymbol{J}_\mu$

式(7-49)，则可以将麦克斯韦方程组改写成四维协变形式表示如下：

$$\begin{cases}\dfrac{\partial \boldsymbol{F}_{\mu\nu}}{\partial \boldsymbol{x}_{\nu}}=\mu_0\boldsymbol{J}_{\mu}\\[2ex]\dfrac{\partial \widetilde{\boldsymbol{F}}_{\mu\nu}}{\partial \boldsymbol{x}_{\nu}}=0\end{cases}\tag{7-66}$$

证明如下：

(1) 根据式(7-66)中第一式。

① 当 $\mu=0$ 时，则有

$$\frac{\partial F_{0\nu}}{\partial x_{\nu}}=\frac{\partial F_{00}}{\partial x_0}+\frac{\partial F_{01}}{\partial x_1}+\frac{\partial F_{02}}{\partial x_2}+\frac{\partial F_{03}}{\partial x_3}=\frac{\mathrm{j}}{c}\left(\frac{\partial E_x}{\partial x}+\frac{\partial E_y}{\partial y}+\frac{\partial E_z}{\partial z}\right)$$

$$=\frac{\mathrm{j}}{c}(\nabla\cdot\boldsymbol{E})=\mu_0J_0=\mathrm{j}\mu_0c\rho$$

或

$$\nabla\cdot\boldsymbol{E}=\mu_0c^2\rho=\frac{\rho}{\varepsilon_0}$$

② 当 $\mu=1$ 时，则有

$$\frac{\partial F_{1\nu}}{\partial x_{\nu}}=\frac{\partial F_{10}}{\partial x_0}+\frac{\partial F_{11}}{\partial x_1}+\frac{\partial F_{12}}{\partial x_2}+\frac{\partial F_{13}}{\partial x_3}=-\frac{1}{c^2}\frac{\partial E_x}{\partial t}+\frac{\partial B_z}{\partial y}-\frac{\partial B_y}{\partial z}$$

$$=\left(-\frac{1}{c^2}\frac{\partial\boldsymbol{E}}{\partial t}+\nabla\times\boldsymbol{B}\right)_x=\mu_0J_1=\mu_0J_x$$

③ 同理可得 $\mu=2$ 和 $\mu=3$ 时的结果分别为

$$\frac{\partial F_{2\nu}}{\partial x_{\nu}}=\left(-\frac{1}{c^2}\frac{\partial\boldsymbol{E}}{\partial t}+\nabla\times\boldsymbol{B}\right)_y=\mu_0J_2=\mu_0J_y$$

和

$$\frac{\partial F_{3\nu}}{\partial x_{\nu}}=\left(-\frac{1}{c^2}\frac{\partial\boldsymbol{E}}{\partial t}+\nabla\times\boldsymbol{B}\right)_z=\mu_0J_3=\mu_0J_z$$

由此可得

$$\nabla\times\boldsymbol{B}=\mu_0\boldsymbol{J}+\frac{1}{c^2}\frac{\partial\boldsymbol{E}}{\partial t}=\mu_0\boldsymbol{J}+\mu_0\varepsilon_0\frac{\partial\boldsymbol{E}}{\partial t}$$

(2) 根据式(7-66)中第二式。

① 当 $\mu=0$ 时，则有

$$\frac{\partial \widetilde{F}_{0\nu}}{\partial x_{\nu}}=\frac{\partial \widetilde{F}_{00}}{\partial x_0}+\frac{\partial \widetilde{F}_{01}}{\partial x_1}+\frac{\partial \widetilde{F}_{02}}{\partial x_2}+\frac{\partial \widetilde{F}_{03}}{\partial x_3}=\mathrm{j}\left(\frac{\partial B_x}{\partial x}+\frac{\partial B_y}{\partial y}+\frac{\partial B_z}{\partial z}\right)$$

$$=\mathrm{j}(\nabla\cdot\boldsymbol{B})=0$$

或

$$\nabla\cdot\boldsymbol{B}=0$$

② 当 $\mu=1$ 时，则

$$\frac{\partial \widetilde{F}_{1\nu}}{\partial x_{\nu}}=\frac{\partial \widetilde{F}_{10}}{\partial x_0}+\frac{\partial \widetilde{F}_{11}}{\partial x_1}+\frac{\partial \widetilde{F}_{12}}{\partial x_2}+\frac{\partial \widetilde{F}_{13}}{\partial x_3}=-\frac{1}{c}\frac{\partial B_x}{\partial t}-\frac{1}{c}\frac{\partial E_z}{\partial y}+\frac{1}{c}\frac{\partial E_y}{\partial z}$$

$$=-\frac{1}{c}\left(\frac{\partial \boldsymbol{B}}{\partial t}+\nabla\times E\right)_x=0$$

③ 同理可得 $\mu=2$ 和 $\mu=3$ 时的结果分别为

$$\frac{\partial \widetilde{F}_{2\nu}}{\partial x_\nu}-\frac{1}{c}\left(\frac{\partial \boldsymbol{B}}{\partial t}+\nabla\times \boldsymbol{E}\right)_y=0$$

和

$$\frac{\partial \widetilde{F}_{3\nu}}{\partial x_\nu}=-\frac{1}{c}\left(\frac{\partial \boldsymbol{B}}{\partial t}+\nabla\times \boldsymbol{E}\right)_z=0$$

由此可得

$$\nabla\times \boldsymbol{E}=-\frac{\partial \boldsymbol{B}}{\partial t}$$

可见,麦克斯韦方程组确实可以表示为简洁的四维协变形式,即式(7-66)。

另外,结合洛伦兹变换矩阵式(7-34)和电磁场张量矩阵($\boldsymbol{F}_{\mu\nu}$)式(7-64),并利用张量变换关系

$$\boldsymbol{F}'_{\mu\nu}=\boldsymbol{\alpha}_{\mu\lambda}\boldsymbol{\alpha}_{\nu\tau}\boldsymbol{F}_{\lambda\tau} \tag{7-67}$$

可以得到

$$\begin{aligned}F'_{01}&=\alpha_{0\lambda}\alpha_{1\tau}F_{\lambda\tau}=\alpha_{00}\alpha_{10}F_{00}+\alpha_{00}\alpha_{11}F_{01}+\alpha_{01}\alpha_{10}F_{10}+\alpha_{01}\alpha_{11}F_{11}\\&=\alpha_{00}\alpha_{11}F_{01}+\alpha_{01}\alpha_{10}F_{10}=\frac{\mathrm{j}}{c}E_1=\frac{\mathrm{j}}{c}E'_1\end{aligned}$$

或

$$E'_1=E_1$$

如果改用电磁场张量矩阵($\widetilde{\boldsymbol{F}}_{\mu\nu}$)式(7-65),同样可以得到

$$\widetilde{F}_{32}=\alpha_{33}\alpha_{22}F_{32}=\frac{E_1}{c}=\frac{E'_1}{c}$$

而且,无论选用($\boldsymbol{F}_{\mu\nu}$)和($\widetilde{\boldsymbol{F}}_{\mu\nu}$)中的哪一个去计算电磁场的其他分量的变换关系,得到的结果都是相同的,这正是二者等价的原因。最终,可以得到电磁场量在不同惯性系中的变换关系为

$$\begin{cases}E'_1=E_1, & E'_2=\gamma(E_2-vB_3), & E'_3=\gamma(E_3+vB_2)\\B'_1=B_1, & B'_2=\gamma(B_2+vE_3/c^2), & B'_3=\gamma(B_3-vE_2/c^2)\end{cases} \tag{7-68}$$

或

$$\begin{cases}E'_x=E_x, & E'_y=\gamma(E_y-vB_z), & E'_z=\gamma(E_z+vB_y)\\B'_x=B_x, & B'_y=\gamma(B_y+vE_z/c^2), & B'_z=\gamma(B_z-vE_y/c^2)\end{cases}$$

假定两个惯性系以速度$\boldsymbol{v}$沿 x 方向相对运动,则电磁场的所有 x 分量将与$\boldsymbol{v}$平行,而 y 和 z 分量将与$\boldsymbol{v}$垂直,于是上式可以表示为

$$\begin{cases}E'_{/\!/}=E_{/\!/}, & B'_{/\!/}=B_{/\!/}\\E'_\perp=\gamma(\boldsymbol{E}+\boldsymbol{v}\times\boldsymbol{B})_\perp, & B'_\perp=\gamma\left(\boldsymbol{B}-\dfrac{\boldsymbol{v}}{c^2}\times\boldsymbol{E}\right)_\perp\end{cases} \tag{7-69}$$

7.3.4 电磁场的内在联系

根据电磁场变换关系式(7-68)或式(7-69)可知，电磁场量 $\boldsymbol{E}$ 和 $\boldsymbol{B}$ 在不同惯性系中测量的结果是不同的，这表明了电磁场的相对性。但是 $\boldsymbol{E}$ 和 $\boldsymbol{B}$ 又可以构成电磁场张量，这又反映了电磁场的统一性。这个统一性还体现在由电磁场张量本身构造出的两个基本不变量上，具体推导如下。

根据电磁场张量 $\boldsymbol{F}_{\mu\nu}$ 式(7-64)及其等价形式 $\widetilde{\boldsymbol{F}}_{\mu\nu}$ 式(7-65)，可以得到

$$\begin{aligned}\boldsymbol{F}_{\mu\nu}^2 &\equiv \boldsymbol{F}_{\mu\nu}\boldsymbol{F}_{\mu\nu} = 2(F_{23}^2 + F_{31}^2 + F_{12}^2 + F_{01}^2 + F_{02}^2 + F_{03}^2) \\ &= 2\left(B^2 - \frac{E^2}{c^2}\right)\end{aligned}$$

或

$$\begin{aligned}\widetilde{\boldsymbol{F}}_{\mu\nu}^3 &\equiv \widetilde{\boldsymbol{F}}_{\mu\nu}\widetilde{\boldsymbol{F}}_{\mu\nu} = 2(\widetilde{F}_{23}^2 + \widetilde{F}_{13}^2 + \widetilde{F}_{12}^2 + \widetilde{F}_{01}^2 + \widetilde{F}_{02}^2 + \widetilde{F}_{03}^2) \\ &= 2\left(\frac{E^2}{c^2} - B^2\right)\end{aligned}$$

无论取以上哪种形式，在不同惯性系中所测得的值都是一样的，即

$$\left(B'^2 - \frac{E'^2}{c^2}\right) = \left(B^2 - \frac{E^2}{c^2}\right) = \text{不变量} \tag{7-70}$$

另外，由 $\boldsymbol{F}_{\mu\nu}$ 和 $\widetilde{\boldsymbol{F}}_{\mu\nu}$ 的行列式，都可以得到

$$|\boldsymbol{F}_{\mu\nu}| = |\widetilde{\boldsymbol{F}}_{\mu\nu}| = -\frac{1}{c^2}(\boldsymbol{E}\cdot\boldsymbol{B})^2$$

同样，在不同惯性系中有

$$-\frac{1}{c^2}(\boldsymbol{E}'\cdot\boldsymbol{B}')^2 = -\frac{1}{c^2}(\boldsymbol{E}\cdot\boldsymbol{B})^2 = \text{不变量} \tag{7-71}$$

事实上，以上两个不变量式(7-70)和式(7-71)都属于基本不变量，由它们还可以构造出其他不变量，这里不再赘述。

综上所述，这两个基本不变量，一方面表明了电磁场量 $\boldsymbol{E}$ 和 $\boldsymbol{B}$ 之间存在密切的相互作用，另一方面也反映出对于电磁场变换的限制作用。例如，按照不变量式(7-70)的要求，在某一惯性系中的纯电场(纯磁场)不能反过来变换为另一惯性系中的纯磁场(纯电场)，只能变换为纯电场(纯磁场)或混合电磁场。进一步，根据式(7-71)的要求，这个混合电磁场还必须满足电场和磁场相互正交的条件。再如，我们知道真空中的平面电磁波满足条件 $E/B=c$ 且 $\boldsymbol{E}\cdot\boldsymbol{B}=0$，按照不变量式(7-70)和式(7-71)的要求，该平面波在变换后的任何一个惯性系中仍然满足 $E'/B'=c$ 且 $\boldsymbol{E}'\cdot\boldsymbol{B}'=0$，即仍为平面波。

*7.4 相对论力学

7.4.1 四维动量矢量

利用四维速度矢量式(7-43)，可定义四维动量矢量

$$\boldsymbol{p}_\mu = m_0\boldsymbol{U}_\mu = m_0\gamma(\mathrm{j}c,\boldsymbol{u}) = (p_0,\boldsymbol{p}) \tag{7-72}$$

其时间和空间分量分别为

$$\begin{cases} p_0 = \dfrac{\mathrm{j}}{c}\dfrac{m_0c^2}{\sqrt{1-(u/c)^2}} \\ \boldsymbol{p} = \dfrac{m_0\boldsymbol{u}}{\sqrt{1-(u/c)^2}} \end{cases} \tag{7-73}$$

式中：m_0 为静止质量。

当 $u \ll c$ 时，$\boldsymbol{p}_\mu$ 的时间分量为

$$p_0 = \frac{\mathrm{j}}{c}\left(m_0c^2 + \frac{1}{2}m_0u^2 + \cdots\right)$$

上式括号内第一项表示静止物体具有的能量，称为静能；第二项表示经典低速物体的动能。可见，时间分量与能量有关。对于空间分量则近似等于经典动量

$$\boldsymbol{p} \approx m_0\boldsymbol{u}$$

因而可以认为式(7-73)中的 $\boldsymbol{p}$ 为物体的相对论动量。

如上所述，由于时间分量与能量有关，故四维动量矢量还可以表示为

$$\boldsymbol{p}_\mu = \left(\frac{\mathrm{j}}{c}W,\boldsymbol{p}\right) \tag{7-74}$$

式中：

$$W = \frac{m_0c^2}{\sqrt{1-(u/c)^2}} \tag{7-75}$$

称为物体的相对论能量。

由于在与物体相对静止的参考系内，$p_0 = \dfrac{\mathrm{j}}{c}W = \mathrm{j}m_0c$，$p_i = 0$，则四维动量矢量的不变量为

$$\boldsymbol{p}_\mu^2 = \boldsymbol{p}_\mu\boldsymbol{p}_\mu = p_0p_0 + p_ip_i = (\boldsymbol{p}\cdot\boldsymbol{p}) - \frac{W^2}{c^2} = -m_0^2c^2 \tag{7-76}$$

由此可得

$$W^2 = p^2c^2 + m_0^2c^4 \tag{7-77}$$

或

$$W = \pm\sqrt{p^2c^2 + m_0^2c^4} \tag{7-78}$$

这就是相对论中的能量——动量关系式。根据该式，如果已知 p，就可以很方便地求得 W，反之亦然。这使得我们在整个计算过程不用考虑物体运动速度的大小，这在核物理和粒子物理中非常有用。

结合式(7-46)和式(7-72)，可以进一步得到四维动量矢量的变换公式

$$\begin{cases} p'_0 = \gamma(p_0 - \mathrm{j}\beta p_1) \\ p'_1 = \gamma(p_1 + \mathrm{j}\beta p_0) \\ p'_2 = p_2 \\ p'_3 = p_3 \end{cases} \tag{7-79}$$

或

$$\begin{cases}W' = \gamma(W - vp_x) \\ p'_x = \gamma\left(p_x - \frac{v}{c^2}W\right) \\ p'_y = p_y \\ p'_z = p_z\end{cases}$$

上式还可以由洛伦兹变换矩阵式(7-34)得到,即 $\boldsymbol{p}'_\mu = \boldsymbol{\alpha}_{\mu\nu}\boldsymbol{p}_\nu$(读者可自行验证)。

7.4.2　静止质量和运动质量

如果把四维动量矢量式(7-72)中出现的 $m_0\gamma$ 用 m 表示,则可以得到物体的运动质量

$$m = m_0\gamma = \frac{m_0}{\sqrt{1 - \frac{u^2}{c^2}}} \tag{7-80}$$

爱因斯坦又把它称为相对论质量。当 $u=0$ 时,$m=m_0$,因此 m_0 称为物体的静止质量(前边已经定义过)。上式表明物体的质量不再是一个常量,而是会随速度的增大而增加的一个变量。可见,质量的大小也是相对的,它与物体的运动速度密切相关,因而上式通常称为质速关系。

7.4.3　质能关系式

根据式(7-75)和式(7-80),可以得到物体的质能关系

$$W = mc^2 \tag{7-81}$$

它不仅适用于单粒子,也同样适用于多粒子组成的复合体(如原子核等)。它反映出物体的能量与质量之间可以相互转化,然而在经典力学中二者是相互独立的,并不能相互转化,而且各自都是守恒的。换言之,在相对论中,一个封闭系统中的能量和质量都可能不守恒,但是它们的总和一定守恒。如果能量守恒,那么质量一定守恒,反之亦然。

另外,与经典情况不同,复合体的静止质量一般要小于其各组成粒子的静止质量之和,即在复合体的形成过程中一般存在质量亏损,即

$$\Delta m = m_0 - \sum_i m_{0i} < 0 \tag{7-82}$$

式中:m_0 为复合体的静止质量,m_{i0} 为复合体第 i 个粒子的静止质量。

由此可得,复合体的结合能为

$$\begin{aligned}\Delta W &= W_0 - \sum_i m_{i0}c^2 \\ &= m_0c^2 - \sum_i m_{i0}c^2 \\ &= (m_0 - \sum_i m_{i0})c^2 \\ &= (\Delta m)c^2\end{aligned} \tag{7-83}$$

可见,质量和能量完全可以相互转化,即当质量改变 Δm 时必然伴随着能量改变 ΔW,反之

亦然。换言之,在不同物质结合成复合体的过程中,有一部分质量转化为能量被释放出去,故结合能一般为负值。若结合能为正值,则表示复合体会自发衰变。结合能越大,表明释放的能量越多,则复合粒子的能量就越低,因而结合得也就越稳固。如果复合体由结合能较小的状态过渡到较大的状态,就会有一部分内部能量被释放到外界,这就是利用各种核能的理论依据。

例 7.4 如图 7-6 所示,两个静止质量均为 m_0 的黏土球相向运动,速度均为 $v=3c/5$,相撞后粘在一起静止不动。求复合黏土球的质量。

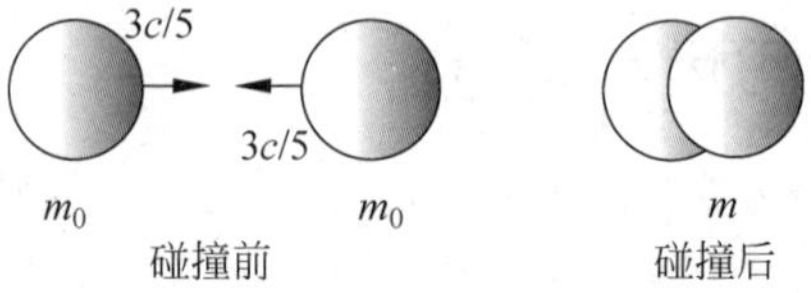

图 7-6 两个黏土球碰撞过程中的能量-质量转化

解 根据题意易知,两黏土球在碰撞前后的动量是守恒的且都是零。已知碰撞前每一个黏土球的速度均为 $v=3c/5$,根据质能关系可得其能量为

$$W=W_1=W_2=m_0\gamma c^2=\frac{m_0c^2}{\sqrt{1-(3/5)^2}}=\frac{5}{4}m_0c^2$$

假设碰撞后粘在一起不动的复合黏土球的静止质量为 m,则其能量为

$$W'=mc^2$$

根据能量守恒定律

$$W_1+W_2=W'$$

得到

$$m=\frac{5}{2}m_0$$

显然,碰撞后复合黏土球的质量大于两个黏土球碰撞前的静止质量之和。这表明碰撞过程中,质量不守恒;由于动能转化为了静能,故粒子的质量增加了。

7.4.4 相对论力学方程

牛顿第二定律

$$\boldsymbol{F}=\frac{\mathrm{d}\boldsymbol{p}}{\mathrm{d}t} \tag{7-84}$$

是经典力学的基本定律之一,也是非相对论力学的基本方程。它虽然同样适用于相对论动量,但并不适用于四维动量矢量。根据式(7-74)可知,这是由于四维动量矢量中,不仅包含相对论动量还包括相对论能量。如果用固有时同时量度能量和动量的变化率,则可以定义四维力矢量,即相对论力学方程

$$\boldsymbol{K}_\mu=\frac{\mathrm{d}\boldsymbol{p}_\mu}{\mathrm{d}\tau}=m_0\frac{\mathrm{d}\boldsymbol{U}_\mu}{\mathrm{d}\tau} \tag{7-85}$$

将式(7-44)、式(7-72)和式(7-80)代入上式并利用式(7-84),可得其空间分量为

$$\boldsymbol{K}=\frac{\mathrm{d}(\gamma m_0\boldsymbol{u})}{\mathrm{d}\tau}=\gamma\frac{\mathrm{d}(m\boldsymbol{u})}{\mathrm{d}t}=\gamma\frac{\mathrm{d}\boldsymbol{p}}{\mathrm{d}t}=\gamma\boldsymbol{F} \tag{7-86}$$

它就成为满足相对论条件的三维动力学方程。当 $u \ll c$ 时，上式可以过渡到牛顿动力学方程

$$\boldsymbol{F}=\frac{\mathrm{d}(m_0\boldsymbol{u})}{\mathrm{d}t}=m_0\frac{\mathrm{d}\boldsymbol{u}}{\mathrm{d}t}$$

为了得到时间分量，需要先将式(7-76)对原时 τ 作微分，再利用式(7-85)得到

$$\boldsymbol{p}_\mu\frac{\mathrm{d}\boldsymbol{p}_\mu}{\mathrm{d}\tau}=\boldsymbol{p}_\mu\boldsymbol{K}_\mu=0 \tag{7-87}$$

即

$$p_0K_0=-(p_1K_1+p_2K_2+p_3K_3) \tag{7-88}$$

将式(7-73)代入上式并利用式(7-86)，可得 $\boldsymbol{K}_\mu$ 的时间分量为

$$K_0=\frac{\mathrm{j}}{c}\boldsymbol{K}\cdot\boldsymbol{u}=\frac{\mathrm{j}}{c}\gamma\boldsymbol{F}\cdot\boldsymbol{u} \tag{7-89}$$

合并空间分量式(7-86)和时间分量式(7-89)，可得四维力 $\boldsymbol{K}_\mu$ 为

$$\boldsymbol{K}_\mu=\gamma\left(\frac{\mathrm{j}}{c}\boldsymbol{F}\cdot\boldsymbol{u},\boldsymbol{F}\right) \tag{7-90}$$

又由于 $p_0=\mathrm{j}W/c$，故由式(7-85)得到

$$K_0=\frac{\mathrm{d}p_0}{\mathrm{d}\tau}=\frac{\mathrm{j}}{c}\frac{\mathrm{d}W}{\mathrm{d}\tau}=\gamma\frac{\mathrm{j}}{c}\frac{\mathrm{d}W}{\mathrm{d}t} \tag{7-91}$$

对比式(7-90)和式(7-91)，可得

$$\boldsymbol{F}\cdot\boldsymbol{u}=\frac{\mathrm{d}W}{\mathrm{d}t} \tag{7-92}$$

这是大家熟悉的形式，即力的功率等于能量的变化率。但在这里 W 代表相对论能量。因此，四维力 $\boldsymbol{K}_\mu$ 还可以表示为

$$\boldsymbol{K}_\mu=\gamma\left(\frac{\mathrm{j}}{c}\frac{\mathrm{d}W}{\mathrm{d}t},\boldsymbol{F}\right) \tag{7-93}$$

综上所述，将四维力矢量的两种表示式(7-90)和式(7-93)，称之为具有洛伦兹协变性的相对论动力学方程，又称为闵可夫斯基方程。在宏观低速近似下，上式与牛顿运动方程和动能定理相吻合(请读者自行验证)。

进一步，利用洛伦兹变换矩阵式(7-34)，可以得到四维力矢量的变换公式

$$\boldsymbol{K}'_\mu=\boldsymbol{\alpha}_{\mu\nu}\boldsymbol{K}_\nu$$

或

$$\begin{cases}K'_0=\gamma(K_0-\mathrm{j}\beta K_1)\\K'_1=\gamma(K_1+\mathrm{j}\beta K_0)\\K'_2=K_2\\K'_3=K_3\end{cases}$$

7.4.5 电磁场的物质性和经典电磁理论的适用范围

1. 电磁场的物质性

在法拉第时代，电磁场被当作描述电荷与电流分布周围空间情况的一种手段。到了现

代，人们已经明确地认识到，场是一种客观存在的物质，主要体现在以下几方面：

(1) 电磁场具有内部运动，可由麦克斯韦方程组描述；

(2) 电磁场可以脱离电荷与电流源而独立存在和传播，例如推迟效应等；

(3) 电磁场会对电荷与电流施加洛伦兹力的作用，体现了物质对物质的相互作用；

(4) 电磁场具有能量、动量和质量等物质属性；

(5) 电磁场的运动和其他物质形式相比有它特殊性的一面，但同时也有普遍性的一面，即电磁场运动和其他物质运动形式之间能够互相转化。这种普遍性的反映就是满足能量守恒定律和动量守恒定律。

综上所述，电磁场的物质性体现在诸多方面，现将上述主要特点概括在表 7-1 中。

表 7-1 电磁场的物质性

类别	基本内容
麦克斯韦方程组	$\begin{cases}\nabla\cdot\boldsymbol{D}=\rho\\ \nabla\times\boldsymbol{E}=-\dfrac{\partial\boldsymbol{B}}{\partial t}\\ \nabla\cdot\boldsymbol{B}=0\\ \nabla\times\boldsymbol{H}=\boldsymbol{J}+\dfrac{\partial\boldsymbol{D}}{\partial t}\end{cases}$
推迟效应	$\begin{cases}\varphi(\boldsymbol{r},t)=\dfrac{1}{4\pi\varepsilon_0}\displaystyle\int_{V'}\dfrac{\rho(\boldsymbol{r}',t')}{R}\mathrm{d}V'\\ \boldsymbol{A}(\boldsymbol{r},t)=\dfrac{\mu_0}{4\pi}\displaystyle\int_{V'}\dfrac{\boldsymbol{J}(\boldsymbol{r}',t')}{R}\mathrm{d}V'\end{cases}$
洛伦兹力	$\boldsymbol{F}=q\boldsymbol{E}+qv\times\boldsymbol{B}$
能量密度	$\omega=\dfrac{1}{2}(\boldsymbol{E}\cdot\boldsymbol{D}+\boldsymbol{H}\cdot\boldsymbol{B})$
能流密度	$\boldsymbol{S}=\dfrac{1}{\mu_0}\boldsymbol{E}\times\boldsymbol{B}$
能量守恒定律	$\dfrac{\mathrm{d}Q}{\mathrm{d}t}=\int_V\boldsymbol{J}\cdot\boldsymbol{E}\mathrm{d}V=-\oint_\Sigma\boldsymbol{S}\cdot\mathrm{d}\boldsymbol{\sigma}-\dfrac{\mathrm{d}}{\mathrm{d}t}\int_V\omega\mathrm{d}V$
电磁动量	$\boldsymbol{G}=\int_V\boldsymbol{g}\mathrm{d}V$
电磁动量密度	$\boldsymbol{g}=\boldsymbol{D}\times\boldsymbol{B}$
电磁动量流密度	$\overleftrightarrow{\boldsymbol{J}}=-\boldsymbol{ED}-\boldsymbol{HB}+\dfrac{\boldsymbol{E}\cdot\boldsymbol{D}}{2}\boldsymbol{I}+\dfrac{\boldsymbol{H}\cdot\boldsymbol{B}}{2}\boldsymbol{I}$
动量守恒定律	$\boldsymbol{F}=-\oint_\Sigma\mathrm{d}\boldsymbol{\sigma}\cdot\overleftrightarrow{\boldsymbol{J}}-\dfrac{\mathrm{d}}{\mathrm{d}t}\int_V\boldsymbol{g}\mathrm{d}V$

2. 经典电磁理论的适用范围

以麦克斯韦方程组为核心的经典电磁理论对于大量宏观电磁现象是适用的，但当处理微观粒子激发的电磁场问题时就会失效。现在大家已经理解微观粒子的运动需要遵循量子理论，于是这里借助量子特征量普朗克常数($\hbar$)来初步讨论经典电磁理论的适用范围。

众所周知，物质粒子具有“波粒二象性”。而当$\hbar\to0$ 时，物质的德布罗意波长 $\lambda=\hbar/p$ 也将趋于零。这时，物质粒子的“波动性”将会被隐藏，而其“粒子性”得以突显。这正好属于经典电磁理论的适用范围，或者说只要物质粒子满足以下条件：

$$\begin{cases}\Delta E\Delta t \gg \hbar/2 \\ \Delta p\Delta x \gg \hbar/2\end{cases} \tag{7-94}$$

就可以近似地应用经典电磁理论来解决问题了。这个关系非常类似于量子力学中的不确定性关系，其中 ΔE 和 Δp 分别表示能量和动量的不确定度，而 Δt 和 Δx 则分别表示时间和位置不确定度。

7.4.6 经典电动力学的局限性

正如7.4.5节所讨论的，当式(7-94)不满足时，经典电动力学便无法正确描述微观粒子的电磁性质及其运动规律。以电子为例具体说明。

1. 电子的能量

经典电动力学的点电荷模型实际上并不能正确描述电子的能量。假设电子处于静止且带电荷 e，则其能量可以表示为

$$E=\frac{e^2}{8\pi\varepsilon_0 r^2}$$

可见，当 $r\to 0$ 时，电子能量将趋于无穷大。而根据爱因斯坦质能关系

$$E=m_0c^2$$

可知，静止质量也将趋于无穷大，这显然与客观事实不符，因为目前已精确地测定到电子的静止质量为 $m_0=9.11\times10^{-31}$kg。

2. A-B 效应

在静磁场部分的学习中，我们已经明白经典电动力学无法解释电子双缝干涉现象，即 **A-B** 效应。因此，长久以来大家都认为“磁矢势 **A** 仅是为简化运算而引入的一个辅助量，并不具有直接观测的物理效应”。而这也恰恰反映了经典电动力学的局限性。

3. 电子轨道跃迁

经典电动力学无法解决电子吸收单光子($\hbar\nu,\nu=1/T$)发生的轨道跃迁($E_1\to E_2$)问题。这是由于它只适用于

$$\Delta E\Delta t=\Delta ET\gg\hbar \quad \text{或} \quad \Delta E\gg\hbar\nu$$

的情况，即电子轨道跃迁的能量变化必须远大于一个光子的能量。实际上，除了上述例子以外，还有很多事实也可以反映经典电动力学的局限性，这里就不再一一举例。

综上所述，当我们的研究深入到电子质量的来源、电子的运动方程等问题时，经典电动力学的理论体系就不再那么令人满意，在不少地方甚至出现了自相矛盾、难以自圆其说的情况。这时就需要用量子电动力学来代替它。量子电动力学是当代最为成功的物理学理论之一，但是详细介绍它就会超出本书的范围。当然，有些困难，即使在量子电动力学中也依然存在，怎样解决这些困难就成为进一步发展电磁理论的关键。

*7.5 运动带电粒子的势和辐射电磁波

7.5.1 任意运动带电粒子的势

如图7-7所示，带电粒子 q 沿某一特殊轨迹加速运动，其位置将会随时间改变。假设粒

子在 t' 时刻运动到位置 $\boldsymbol{r}'(t')$ 处，在该处辐射出的势在 t 时刻到达位置 $\boldsymbol{r}(t)$ 处。显然，这里 t' 为推迟时刻，$\boldsymbol{r}'(t')$ 为推迟位置，它与场点的距离可以表示为

$$R=|\boldsymbol{r}(t)-\boldsymbol{r}'(t')|=c(t-t') \tag{7-95}$$

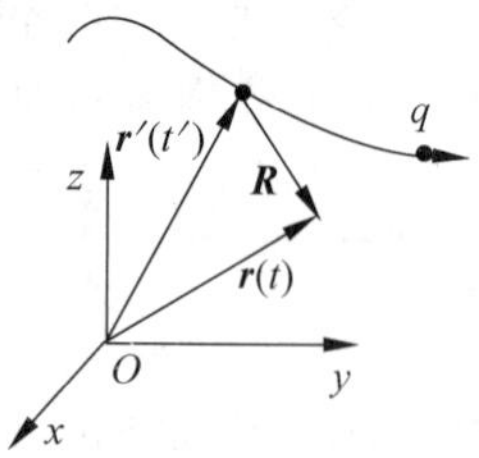

图 7-7　任意运动带电粒子的势

式中：R 为推迟位置 $\boldsymbol{r}'(t')$ 到场点位置 $\boldsymbol{r}(t)$ 的距离。

若考察带电粒子在运动轨迹上任意两个推迟位置处的辐射势(推迟时刻分别为 t_1' 和 t_2')，则有

$$R_1=c(t-t_1');\quad R_2=c(t-t_2') \tag{7-96}$$

如果把带电粒子看作一均匀连续分布的小电荷体系，则推迟电标势 φ 可以表示为

$$\varphi(\boldsymbol{r},t)=\frac{1}{4\pi\varepsilon_0}\int_{V'}\frac{\rho(\boldsymbol{r}',t')}{R}\mathrm{d}V' \tag{7-97}$$

易于证明

$$\int_{V'}\rho(\boldsymbol{r}',t')\mathrm{d}V'=\frac{q}{1-\boldsymbol{v}\cdot\boldsymbol{e}_R/c}$$

故

$$\varphi=\frac{1}{4\pi\varepsilon_0}\frac{q}{\left(R-\frac{\boldsymbol{v}\cdot\boldsymbol{R}}{c}\right)} \tag{7-98}$$

式中：$\boldsymbol{v}$ 表示粒子在推迟时刻的速度。

由于带电粒子满足

$$\boldsymbol{J}=\rho\boldsymbol{v}$$

故可得推迟势 $\boldsymbol{A}$

$$\boldsymbol{A}=\frac{\mu_0}{4\pi}\int_{V'}\frac{\rho(\boldsymbol{r}',t')\boldsymbol{v}(t')}{R}\mathrm{d}V'=\frac{\mu_0}{4\pi}\frac{q\boldsymbol{v}}{\left(R-\frac{\boldsymbol{v}\cdot\boldsymbol{R}}{c}\right)}=\frac{\boldsymbol{v}}{c^2}\varphi \tag{7-99}$$

综上所述，任意运动带电粒子产生的电磁势可以表示为

$$\begin{cases}\varphi=\dfrac{q}{4\pi\varepsilon_0\left(R-\dfrac{\boldsymbol{v}\cdot\boldsymbol{R}}{c}\right)}\\[2ex] \boldsymbol{A}=\dfrac{\mu_0 q\boldsymbol{v}}{4\pi\left(R-\dfrac{\boldsymbol{v}\cdot\boldsymbol{R}}{c}\right)}=\dfrac{\boldsymbol{v}}{c^2}\varphi\end{cases} \tag{7-100}$$

它又称为李纳-维谢尔(Liénard-Wiechert)势。

例 7.5　求以常速率运动的点电荷的势。

解　如图 7-7 所示，假设点电荷在 $t=0$ 时刻处于原点，则任意时刻的位置矢量可表示为

$$\boldsymbol{r}'(t')=\boldsymbol{v}t'$$

根据式(7-95)易知

$$R=|\boldsymbol{r}(t)-\boldsymbol{r}'(t')|=|\boldsymbol{r}(t)-\boldsymbol{v}t'|=c(t-t')$$

对上式平方可得

$$r^2-2\boldsymbol{r}\cdot\boldsymbol{v}t'+v^2t'^2=c^2(t^2-2tt'+t'^2)$$

解方程得到

$$t'=\frac{c^2t-\boldsymbol{r}\cdot\boldsymbol{v}\pm\sqrt{(c^2t-\boldsymbol{r}\cdot\boldsymbol{v})^2+(c^2-v^2)(r^2-c^2t^2)}}{c^2-v^2}$$

上式应该取负号。这是由于当 $v=0$ 时

$$t'=t\pm\frac{r}{c}$$

这时,电荷静止在原点,推迟时刻应为 $t'=t-r/c$,显然上式应该取负号。

根据题意,结合式(7-95)易知

$$R=c(t-t'),\quad \boldsymbol{e}_R=\frac{\boldsymbol{r}-\boldsymbol{v}t'}{c(t-t')}$$

由此得到

$$\begin{aligned}R\left(1-\frac{\boldsymbol{e}_R\cdot\boldsymbol{v}}{c}\right)&=c(t-t')\left[1-\frac{\boldsymbol{v}}{c}\cdot\frac{(\boldsymbol{r}-\boldsymbol{v}t')}{c(t-t')}\right]=c(t-t')-\frac{\boldsymbol{v}\cdot\boldsymbol{r}}{c}-\frac{v^2}{c}t'\\&=\frac{1}{c}\sqrt{(c^2t-\boldsymbol{r}\cdot\boldsymbol{v})^2+(c^2-v^2)(r^2-c^2t^2)}\end{aligned}$$

根据李纳-维谢尔势式(7-100)并利用上边得到的 t',可得

$$\begin{cases}\varphi(\boldsymbol{r},t)=\dfrac{1}{4\pi\varepsilon_0}\dfrac{qc}{\sqrt{(c^2t-\boldsymbol{r}\cdot\boldsymbol{v})^2+(c^2-v^2)(r^2-c^2t^2)}}\\[2ex]\boldsymbol{A}(\boldsymbol{r},t)=\dfrac{\mu_0}{4\pi}\dfrac{qc\boldsymbol{v}}{\sqrt{(c^2t-\boldsymbol{r}\cdot\boldsymbol{v})^2+(c^2-v^2)(r^2-c^2t^2)}}\end{cases}$$

7.5.2 偶极辐射

在低速($v\ll c$)近似下,李纳-维谢尔势可表示为

$$\begin{cases}\varphi=\dfrac{q}{4\pi\varepsilon_0R}\left(1+\dfrac{\boldsymbol{v}\cdot\boldsymbol{R}}{cR}\right)\\[2ex]\boldsymbol{A}=\dfrac{\mu_0q\boldsymbol{v}}{4\pi R}\end{cases}\tag{7-101}$$

将上式代入变化电磁场的场强与势的关系式(5-3)和式(5-6),得到相应的场强为

$$\begin{cases}\boldsymbol{B}=\dfrac{\mu_0q\boldsymbol{a}\times\boldsymbol{R}}{4\pi cR^2}+\dfrac{\mu_0q\boldsymbol{v}\times\boldsymbol{R}}{4\pi R^3}\\[2ex]\boldsymbol{E}=\dfrac{q\boldsymbol{R}}{4\pi\varepsilon_0R^3}+\dfrac{q(\boldsymbol{a}\cdot\boldsymbol{R})\boldsymbol{R}}{4\pi\varepsilon_0c^2R^3}-\dfrac{\mu_0q\boldsymbol{a}}{4\pi R}\end{cases}\tag{7-102}$$

式中:$\boldsymbol{a}$ 为推迟时刻的加速度,$\boldsymbol{a}=\dot{\boldsymbol{v}}$。

当 $R\to\infty$ 时,式(7-102)中的第一式等号右边的第一项和第二式等号右边的后两项起主要作用,其余各项可忽略。由此可得,辐射场强为

$$\begin{cases}\boldsymbol{B}=\dfrac{\mu_0q\boldsymbol{a}\times\boldsymbol{R}}{4\pi cR^2}\\[2ex]\boldsymbol{E}=\dfrac{q(\boldsymbol{a}\cdot\boldsymbol{R})\boldsymbol{R}}{4\pi\varepsilon_0c^2R^3}-\dfrac{\mu_0q\boldsymbol{a}}{4\pi R}\end{cases}\tag{7-103}$$

假设电偶极矩 $\boldsymbol{p}=q\boldsymbol{x}_q$,则 $\ddot{\boldsymbol{p}}=q\dot{\boldsymbol{v}}=q\boldsymbol{a}$,代入上式得到

$$\begin{cases}\boldsymbol{B}=\dfrac{\mu_0\ddot{\boldsymbol{p}}\times\boldsymbol{R}}{4\pi cR^2}\\ \boldsymbol{E}=\dfrac{(\ddot{\boldsymbol{p}}\cdot\boldsymbol{R})\boldsymbol{R}}{4\pi\varepsilon_0c^2R^3}-\dfrac{\mu_0\ddot{\boldsymbol{p}}}{4\pi R}\end{cases}\tag{7-104}$$

上式与电偶极子辐射场式(5-69)形式相同,表明带电粒子加速运动时的辐射等效于电偶极辐射。因此,只需要在电偶极辐射能流密度式(5-74)和总辐射功率式(5-79)中作代换 $\ddot{\boldsymbol{p}}\to q\boldsymbol{a}$,便可以得到在粒子加速情形下的相应结果。当然,也可以由式(7-104)直接计算得到辐射能流密度

$$\boldsymbol{S}=\frac{1}{\mu_0}\boldsymbol{E}\times\boldsymbol{B}=\frac{\mu_0q^2a^2}{16\pi^2cR^2}\sin^2\theta\boldsymbol{e}_R\tag{7-105}$$

和总辐射功率

$$P=\frac{\mu_0q^2a^2}{6\pi c}\tag{7-106}$$

7.5.3 任意运动带电粒子的电磁场

如果不做任何近似,直接将李纳-维谢尔势代入场和势的关系

$$\begin{cases}\boldsymbol{E}=-\nabla\varphi-\dfrac{\partial\boldsymbol{A}}{\partial t}\\ \boldsymbol{B}=\nabla\times\boldsymbol{A}\end{cases}$$

就可以得到任意运动带电粒子的电磁场分布。具体推导过程如下。

根据式(7-100),电标势的梯度可表示为

$$\nabla\varphi=\frac{-q\nabla(R-\boldsymbol{v}\cdot\boldsymbol{R}/c)}{4\pi\varepsilon_0(R-\boldsymbol{v}\cdot\boldsymbol{R}/c)^2}=\frac{-q\nabla R+q\nabla(\boldsymbol{v}\cdot\boldsymbol{R})/c}{4\pi\varepsilon_0(R-\boldsymbol{v}\cdot\boldsymbol{R}/c)^2}\tag{7-107}$$

由式(7-95)得

$$\nabla R=\nabla c(t-t')=-c\nabla t'\tag{7-108}$$

由于

$$\nabla(\boldsymbol{v}\cdot\boldsymbol{R})=(\boldsymbol{R}\cdot\nabla)\boldsymbol{v}+\boldsymbol{R}\times(\nabla\times\boldsymbol{v})+(\boldsymbol{v}\cdot\nabla)\boldsymbol{R}+\boldsymbol{v}\times(\nabla\times\boldsymbol{R})\tag{7-109}$$

易知上式右边第一项为

$$(\boldsymbol{R}\cdot\nabla)\boldsymbol{v}=\boldsymbol{a}(\boldsymbol{R}\cdot\nabla t')\tag{7-110}$$

又由于

$$\nabla\times\boldsymbol{v}=-\boldsymbol{a}\times\nabla t'\tag{7-111}$$

故第二项为

$$\boldsymbol{R}\times(\nabla\times\boldsymbol{v})=-\boldsymbol{R}\times(\boldsymbol{a}\times\nabla t')=-[(\boldsymbol{R}\cdot\nabla t')\boldsymbol{a}-(\boldsymbol{R}\cdot\boldsymbol{a})\nabla t']\tag{7-112}$$

进一步结合式(7-95),可得式(7-109)右边第三项为

$$\begin{aligned}(\boldsymbol{v}\cdot\nabla)\boldsymbol{R}&=(\boldsymbol{v}\cdot\nabla)\boldsymbol{r}-(\boldsymbol{v}\cdot\nabla)\boldsymbol{r}'\\&=\boldsymbol{v}-\boldsymbol{v}(\boldsymbol{v}\cdot\nabla t')\end{aligned}\tag{7-113}$$

且有

$$\nabla\times\boldsymbol{R}=\nabla\times\boldsymbol{r}-\nabla\times\boldsymbol{r}'=-\nabla\times\boldsymbol{r}'=\boldsymbol{v}\times\nabla t'$$

则式(7-109)右边最后一项为

$$\boldsymbol{v}\times(\nabla\times\boldsymbol{R})=\boldsymbol{v}\times(\boldsymbol{v}\times\nabla t')=(\boldsymbol{v}\cdot\nabla t')\,\boldsymbol{v}-v^2\,\nabla t' \tag{7-114}$$

将式(7-110)、式(7-112)、式(7-113)和式(7-114)代入式(7-109)，整理后得到

$$\nabla(\boldsymbol{v}\cdot\boldsymbol{R})=\boldsymbol{v}+(\boldsymbol{R}\cdot\boldsymbol{a}-v^2)\,\nabla t' \tag{7-115}$$

结合式(7-108)和式(7-115)，并利用

$$\nabla t'=\frac{-\boldsymbol{R}}{Rc-\boldsymbol{R}\cdot\boldsymbol{v}} \tag{7-116}$$

(读者可自行验证上式)，得到

$$\nabla\varphi=\frac{qc}{4\pi\varepsilon_0(Rc-\boldsymbol{R}\cdot\boldsymbol{v})^3}\left[(Rc-\boldsymbol{R}\cdot\boldsymbol{v})\,\boldsymbol{v}-(c^2-v^2+\boldsymbol{R}\cdot\boldsymbol{a})\boldsymbol{R}\right] \tag{7-117}$$

类似地，由式(7-100)还可以得到

$$\frac{\partial\boldsymbol{A}}{\partial t}=\frac{qc}{4\pi\varepsilon_0(Rc-\boldsymbol{R}\cdot\boldsymbol{v})^3}\left[(Rc-\boldsymbol{R}\cdot\boldsymbol{v})\left(\frac{R\boldsymbol{a}}{c}-\boldsymbol{v}\right)+\frac{R}{c}(c^2-v^2+\boldsymbol{R}\cdot\boldsymbol{a})\boldsymbol{v}\right] \tag{7-118}$$

由此可得，任意运动带电粒子的电场强度为

$$\begin{aligned}\boldsymbol{E}&=-\nabla\varphi-\frac{\partial\boldsymbol{A}}{\partial t}\\&=\frac{qc\left[(\boldsymbol{a}\cdot\boldsymbol{R})\boldsymbol{R}-(Rc-\boldsymbol{R}\cdot\boldsymbol{v})\dfrac{R\boldsymbol{a}}{c}-(c^2-v^2)\left(\dfrac{R\,\boldsymbol{v}}{c}-\boldsymbol{R}\right)-\dfrac{R\,\boldsymbol{v}}{c}(\boldsymbol{R}\cdot\boldsymbol{a})\right]}{4\pi\varepsilon_0(Rc-\boldsymbol{R}\cdot\boldsymbol{v})^3}\end{aligned} \tag{7-119}$$

由于

$$\boldsymbol{A}=\frac{\boldsymbol{v}}{c^2}\varphi$$

故

$$\boldsymbol{B}=\nabla\times\boldsymbol{A}=\nabla\times\left(\frac{\boldsymbol{v}}{c^2}\varphi\right)=\frac{1}{c^2}\,\nabla\times(\boldsymbol{v}\varphi)=\frac{1}{c^2}\left[\varphi\,\nabla\times\boldsymbol{v}-\boldsymbol{v}\times\nabla\varphi\right] \tag{7-120}$$

根据式(7-111)和式(7-116)，得到

$$\nabla\times\boldsymbol{v}=-(\boldsymbol{a}\times\nabla t')=\frac{\boldsymbol{a}\times\boldsymbol{R}}{Rc-\boldsymbol{R}\cdot\boldsymbol{v}}$$

将上式和式(7-117)代入式(7-120)，整理后得到磁感应强度为

$$\boldsymbol{B}=-\frac{q\boldsymbol{R}\times\left[(\boldsymbol{a}\cdot\boldsymbol{R})\,\boldsymbol{v}+(Rc-\boldsymbol{R}\cdot\boldsymbol{v})\,\boldsymbol{a}+(c^2-v^2)\,\boldsymbol{v}\right]}{4\pi\varepsilon_0 c\,(Rc-\boldsymbol{R}\cdot\boldsymbol{v})^3}=\frac{1}{c}\boldsymbol{e}_R\times\boldsymbol{E} \tag{7-121}$$

式(7-119)和式(7-121)就是任意运动带电粒子的电磁场。

*7.6 高速运动带电粒子的辐射

7.6.1 高速运动带电粒子的辐射功率

根据式(7-119)和式(7-121)，如果忽略 R 的二次倒数项，而只保留它的一次倒数项，就

可以得到高速运动带电粒子的辐射场

$$\boldsymbol{E}=\frac{qc\left[(\boldsymbol{a}\cdot\boldsymbol{R})\boldsymbol{R}-(Rc-\boldsymbol{R}\cdot\boldsymbol{v})\dfrac{R\boldsymbol{a}}{c}-\dfrac{R\boldsymbol{v}}{c}(\boldsymbol{R}\cdot\boldsymbol{a})\right]}{4\pi\varepsilon_0(Rc-\boldsymbol{R}\cdot\boldsymbol{v})^3} \tag{7-122}$$

和

$$\boldsymbol{B}=-\frac{q\boldsymbol{R}\times[(\boldsymbol{a}\cdot\boldsymbol{R})\boldsymbol{v}+(Rc-\boldsymbol{R}\cdot\boldsymbol{v})\boldsymbol{a}]}{4\pi\varepsilon_0 c(Rc-\boldsymbol{R}\cdot\boldsymbol{v})^3} \tag{7-123}$$

可见,辐射场主要由粒子的加速运动贡献,这是因为 $\boldsymbol{B}$ 和 $\boldsymbol{E}$ 中每一项都包含有加速度 $\boldsymbol{a}$ 项。稍加推导可知,它们仍然满足形如式(7-121)的关系

$$\boldsymbol{B}=\frac{1}{c}\boldsymbol{e}_R\times\boldsymbol{E}$$

由此可得,辐射能流密度为

$$\begin{aligned}\boldsymbol{S}&=\frac{1}{\mu_0}\boldsymbol{E}\times\boldsymbol{B}=\frac{1}{\mu_0}\boldsymbol{E}\times\left(\frac{1}{c}\boldsymbol{e}_R\times\boldsymbol{E}\right)=\frac{1}{\mu_0 c}|\boldsymbol{E}|^2\boldsymbol{e}_R\\&=\frac{q^2c\left|(\boldsymbol{a}\cdot\boldsymbol{R})\boldsymbol{R}-(Rc-\boldsymbol{R}\cdot\boldsymbol{v})\dfrac{R\boldsymbol{a}}{c}-\dfrac{R\boldsymbol{v}}{c}(\boldsymbol{R}\cdot\boldsymbol{a})\right|^2}{16\pi^2\mu_0\varepsilon_0^2(Rc-\boldsymbol{R}\cdot\boldsymbol{v})^6}\boldsymbol{e}_R\end{aligned} \tag{7-124}$$

当 $v\ll c$ 或 $v=0$ 时,上式可以近似地表示为

$$\boldsymbol{S}=\frac{\mu_0 q^2}{16\pi^2 cR^6}|(\boldsymbol{a}\cdot\boldsymbol{R})\boldsymbol{R}-\boldsymbol{a}R^2|^2\boldsymbol{e}_R$$

假设加速度 $\boldsymbol{a}$ 与 $\boldsymbol{R}$ 夹角为 θ,则

$$\boldsymbol{S}=\frac{\mu_0 q^2 a^2}{16\pi^2 c}\frac{\sin^2\theta}{R^2}\boldsymbol{e}_R \tag{7-125}$$

它与低速粒子辐射能流密度式(7-105)的形式一致。如图 7-8 所示,该辐射呈轮胎面状分布,而且在胎面的正前或者正后方辐射均为零。

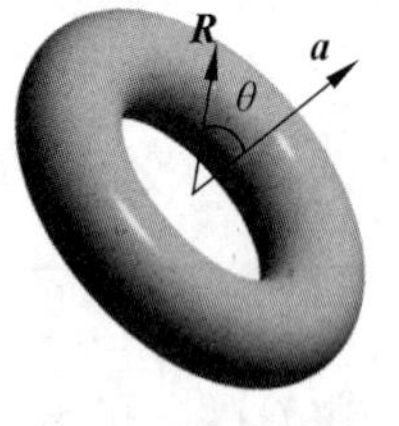

图 7-8 加速运动带电粒子的轮胎面辐射分布

7.6.2 角分布

根据能流密度式(7-124),可以计算总辐射功率

$$P=\oint_S\boldsymbol{S}\cdot\boldsymbol{e}_R\frac{\partial t}{\partial t'}R^2\mathrm{d}\Omega$$

由于 t' 为 $\boldsymbol{r}$ 和 t 的隐函数表示如下:

$$t'=t-\frac{R}{c}=t-\frac{\sqrt{|\boldsymbol{r}(t)-\boldsymbol{r}'(t')|^2}}{c}$$

故

$$\frac{\partial t'}{\partial t}=1-\frac{1}{c}\frac{\partial R}{\partial t'}\frac{\partial t'}{\partial t}=1+\frac{1}{cR}\boldsymbol{R}\cdot\frac{\partial\boldsymbol{r}'}{\partial t'}\frac{\partial t'}{\partial t}=1+\frac{\boldsymbol{v}\cdot\boldsymbol{R}}{cR}\frac{\partial t'}{\partial t}$$

求解上式可得

$$\frac{\partial t'}{\partial t}=\frac{R}{R-\dfrac{\boldsymbol{v}\cdot\boldsymbol{R}}{c}}$$

因此，总辐射功率为

$$P=\oint_S \boldsymbol{S}\cdot\boldsymbol{e}_R\frac{\partial t}{\partial t'}R^2\mathrm{d}\Omega$$

$$=\oint_S \frac{q^2R\left|(\boldsymbol{a}\cdot\boldsymbol{R})\boldsymbol{R}-(Rc-\boldsymbol{R}\cdot\boldsymbol{v})\dfrac{R\boldsymbol{a}}{c}-\dfrac{R\boldsymbol{v}}{c}(\boldsymbol{R}\cdot\boldsymbol{a})\right|^2}{16\pi^2\mu_0\varepsilon_0^2(Rc-\boldsymbol{R}\cdot\boldsymbol{v})^5}\mathrm{d}\Omega$$

和辐射的角分布

$$f(\theta,\phi)=\frac{q^2R\left|(\boldsymbol{a}\cdot\boldsymbol{R})\boldsymbol{R}-(Rc-\boldsymbol{R}\cdot\boldsymbol{v})\dfrac{R\boldsymbol{a}}{c}-\dfrac{R\boldsymbol{v}}{c}(\boldsymbol{R}\cdot\boldsymbol{a})\right|^2}{16\pi^2\mu_0\varepsilon_0^2(Rc-\boldsymbol{R}\cdot\boldsymbol{v})^5}\tag{7-126}$$

可见，辐射的角分布主要体现在($\boldsymbol{v}\cdot\boldsymbol{R}$)和($\boldsymbol{a}\cdot\boldsymbol{R}$)两项中，因此下面将主要根据这两项讨论高速运动带电粒子的辐射特点：

(1) 当$\boldsymbol{v}$平行于$\boldsymbol{a}$。假设$\boldsymbol{v}$和$\boldsymbol{a}$均沿z轴方向，与$\boldsymbol{R}$夹角为θ，则$\boldsymbol{v}\cdot\boldsymbol{R}=vR\cos\theta$且$\boldsymbol{a}\cdot\boldsymbol{R}=aR\cos\theta$。根据式(7-126)，并令$\beta=v/c$，整理后得到

$$f(\theta,\phi)=\frac{\mu_0q^2a^2\sin^2\theta}{16\pi^2c(1-\beta\cos\theta)^5}\tag{7-127}$$

可见，当$v=0$时，上式就回到辐射角分布式(7-125)。如图7-8所示，这时的辐射呈轮胎面状分布。随着v的增大，辐射胎面被不断拉长并向前倾斜$(1-\beta\cos\theta)^{-5}$直到$v\approx c$为止，此时辐射达到最大且主要集中在如图7-9所示的狭长的锥形区域内，对应角度为$\theta_m=\sqrt{(1-\beta)/2}$(推导参见例7.6)。在速度增大的整个过程中，$z$轴的正前方($\theta=0$)的辐射始终保持为零。

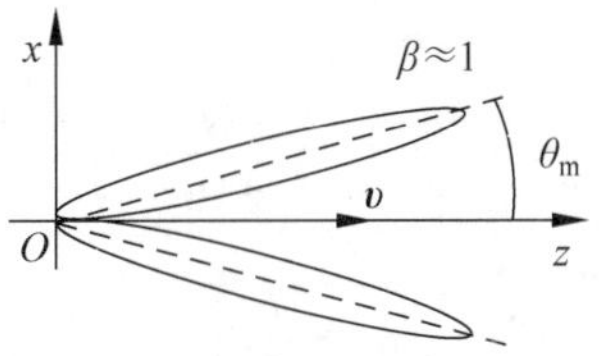

图7-9 速度平行于加速度时的辐射角分布

由此可得，辐射功率为

$$P=\int f(\theta,\phi)\mathrm{d}\Omega$$

$$=\frac{\mu_0q^2a^2}{16\pi^2c}\int_0^{2\pi}\mathrm{d}\phi\int_0^{\pi}\frac{\sin^2\theta}{(1-\beta\cos\theta)^5}\sin\theta\mathrm{d}\theta$$

$$=\frac{\mu_0q^2a^2}{6\pi c}\gamma^6\tag{7-128}$$

式中：γ为无量纲参数，$\gamma=1/\sqrt{1-\beta^2}$。

可见，辐射功率与加速度a的平方有关，这表明无论加速还是减速，辐射的角分布都是相同的，且集中分布在z轴前方的两个锥形区域内。在这种情况下，当高速运动的电子撞到金属靶时，就会迅速减速并发出X射线辐射，这种辐射称为轫致辐射。再比如，在直线加速器中的辐射；带电粒子在库仑场中的辐射等也都属于此种类型的辐射。当然，这里所讲的轫致辐射仍属于经典理论范畴。

(2) 当$\boldsymbol{v}$垂直于$\boldsymbol{a}$。如图7-10所示，假设$\boldsymbol{v}$沿z轴方向，$\boldsymbol{a}$沿x轴方向，$\boldsymbol{v}$与$\boldsymbol{e}_R$夹角为θ，则$\boldsymbol{v}\cdot\boldsymbol{R}=vR\cos\theta$且$\boldsymbol{a}\cdot\boldsymbol{R}=aR\sin\theta\cos\phi$。

由式(7-126)得

$$f(\theta,\phi)=\frac{\mu_0 q^2 a^2\left[(1-\beta\cos\theta)^2-(1-\beta^2)\sin^2\theta\cos^2\phi\right]}{16\pi^2 c(1-\beta\cos\theta)^5} \tag{7-129}$$

可见,辐射的角分布不仅与θ有关,还与ϕ有关。如图 7-11 所示,如果从$\phi=0$的平面观察,可知:

(1) 当$\theta=0$时,分母中$(1-v\cos\theta/c)^5$的值最小,导致辐射最强;

(2) 当$\cos\theta=v/c$时,分子中方括号部分为零,导致辐射最小为零。

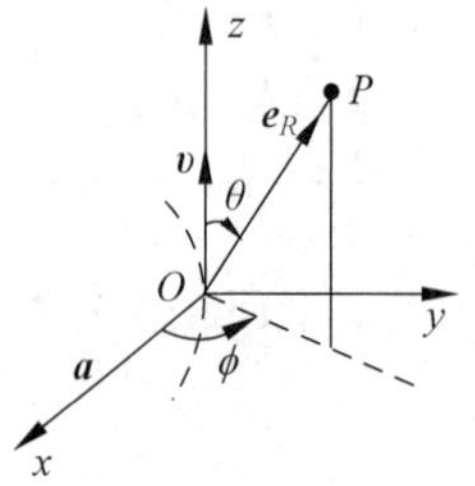

图 7-10 速度垂直于加速度的几何示意图

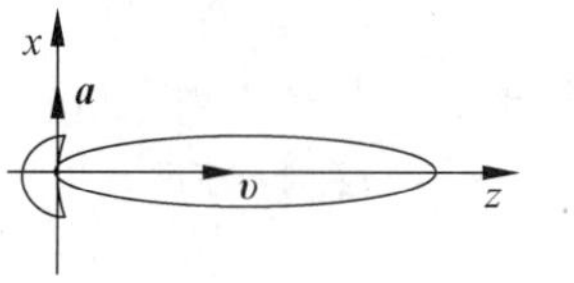

图 7-11 速度垂直于加速度时的辐射角分布

根据式(7-129),可以计算出辐射功率为

$$\begin{aligned}P&=\int f(\theta,\phi)\mathrm{d}\Omega\\&=\frac{\mu_0 q^2 a^2}{16\pi^2 c}\int_0^{2\pi}\int_0^{\pi}\frac{\left[(1-\beta\cos\theta)^2-(1-\beta^2)\sin^2\theta\cos^2\phi\right]}{(1-\beta\cos\theta)^5}\sin\theta\mathrm{d}\theta\mathrm{d}\phi\\&=\frac{\mu_0 q^2 a^2}{6\pi c}\gamma^4\end{aligned} \tag{7-130}$$

可见,对于相对论高速情况($\beta\approx1$),在z轴正前方($\theta=0$)辐射会出现尖锐的峰值。当相对论电子加速运动时,其辐射分布如同汽车前灯照射的空间形状。这种辐射主要应用于圆周型电子加速器,常被称为同步辐射,例如带电粒子在静磁场中的运动等。

例 7.6 如图 7-9 所示,求对于极端相对论速度($v\approx c$),导致辐射极大的方向角θ_{m}。

解 根据式(7-127),最大辐射出现的条件应为

$$\frac{\mathrm{d}}{\mathrm{d}\theta}\left[\frac{\sin^2\theta}{(1-\beta\cos\theta)^5}\right]=0$$

由此可得

$$\cos\theta=\frac{1}{3\beta}\left(\pm\sqrt{1+15\beta^2}-1\right)$$

如图 7-9 所示,由于$\beta\to0$时,$\theta_{\mathrm{m}}\to\pi/2$即$\cos\theta_{\mathrm{m}}=0$,故上式取正号得到

$$\theta_{\mathrm{m}}=\arccos\left(\frac{\sqrt{1+15\beta^2}-1}{3\beta}\right)$$

当$v\approx c$时,$\beta\approx1$。假定$\beta=1-\nu(\nu\ll1)$,将其代入上式括号内部分并对ν展开取一次项可得

$$\begin{aligned}\frac{\sqrt{1+15\beta^2}-1}{3\beta}&=\frac{\sqrt{1+15(1-\nu)^2}-1}{3(1-\nu)}\\&\approx\frac{1}{3}(1+\nu)\left[\sqrt{1+15(1-2\nu)}-1\right]\end{aligned}$$

$$=(1+\nu)\left(1-\frac{5}{4}\nu\right)$$
$$\approx 1-\frac{1}{4}\nu$$

显然 $\theta_m \approx 0$，因而

$$\cos\theta_m \approx 1-\frac{1}{2}\theta_m^2 = 1-\frac{1}{4}\nu$$

故

$$\theta_m = \sqrt{\frac{\nu}{2}} = \sqrt{\frac{1-\beta}{2}}$$

*7.7　科技前沿：相对论性费米子体系量子输运的电磁场调控

第 4 章讨论了静磁场及其耦合应变赝磁场对低维材料（石墨烯）量子磁输运性质的影响，第 5 章介绍了电磁波辐射在石墨烯内传播时引起的电流非线性特征。这些对于发展新一代高效节能的介观磁电器件，以及更快速的信息处理技术具有重要的指导意义。

与传统的二维半导体材料不同，石墨烯上的载流子会表现出显著的相对论特性，例如在无外场条件下其能谱呈现线性光锥，而非抛物线形等。因此，石墨烯上的载流子又称为"相对论性费米子"，其运动规律已不再遵循薛定谔方程，而改由相对论性的狄拉克方程描述，因而又常称为"狄拉克—费米子"。

正如前文所述，当对石墨烯施加垂直静磁场时，其相对论性主要体现在反常的量子磁输运性质；若进一步耦合应变赝磁场，则又会呈现出新奇的谷（赝自旋）特性，这些物理效应和性质都是传统的二维半导体材料从来不曾具备的。随之而来的问题是，一般电子器件都需要在外加电场下工作，那么当给石墨烯额外施加电场时，其相对论性将如何体现？电场、磁场以及应变构成的耦合场将如何调控电子的输运性质。

在石墨烯被制备出来三年后，Lukose 等（2007 年）通过理论计算发现，电场的参与可以有效地改变石墨烯的载流子态和能量，具体表现为电场与磁场的竞争会使载流子态受到挤压，导致电子和空穴混合，同时还会使朗道能级间隔发生洛伦兹收缩效应，且当电场与磁场的比值达到某一临界值时，所有能级就会整体塌缩，这一新奇的临界效应，后来被 Gu 等（2011 年）在实验上证实。我们知道，微观粒子的能谱即能量本征值和本征波函数，是进一步研究量子输运性质，包括热输运、电磁输运以及自旋输运等的前提。

以此为切入点，国内外许多课题组研究了电磁场耦合对于石墨烯热输运性质的影响，发现了很多传统半导体中未曾出现过的物理现象。

特别地，在对石墨烯电磁输运性质的研究中，Roslyak 等（2010 年）揭示出电磁场耦合可以极大地调控量子弹道输运性质；进一步，研究人员还深入研究并阐述了电磁场与一维周期性磁学势的耦合可以有效增强扩散电导率，进而增强扩散输运性质等。

综上所述，目前大量的理论和实验研究都表明电磁场耦合可以有效调控石墨烯等相对论性狄拉克—费米子体系的输运性质，这些研究结果极大地丰富了现有的输运理论和实验，也为下一步研发和调控磁电器件奠定了基础。具体内容可参阅有关文献。

*7.8 思政教育：科学精神——近代物理建立给我们的启示

科学精神是指追求真理和知识的态度和方法，它强调观察、实验、推理和理性思考。近代物理学的建立为我们提供了许多关于科学精神的启示。

首先，近代物理学强调实证主义，即通过进行准确的实验和观察，科学家能够收集数据并验证理论的正确性。这种实证主义的方法使科学能够建立在客观的基础上，避免了主观假设和个人观点的干扰，强调了科学研究的客观性和可重复性。也就是启示我们，科学应该基于客观的事实证据和可重复的实验，而不是凭借主观推测或信仰。

其次，近代物理学强调理论的演化和修正。科学家们通过观察实验结果和理论的矛盾之处，不断提出新的假设和解释，并根据新的证据修正和改进原有的理论。这种修正的过程，表明科学并不是一成不变的，而是不断发展和改进的；同时，也体现了批判精神和持续的探索欲望，即科学家们对传统观念和理论进行了质疑，并勇于提出新的假设和理论。这提醒我们，对于科学问题，应该保持开放的思维，并愿意接受新的证据和观点。科学精神鼓励我们不断挑战权威和传统观点，以推动科学的进步。

此外，近代物理学的建立还推动了科学合作和交流。物理学家们通过学术会议、合作研究和科学出版物等方式来分享他们的研究成果和观点。许多重大的科学突破都是由多个科学家共同努力和合作完成的。他们分享彼此的发现和观点，相互讨论并提出新的问题。这种合作促进了科学的发展，使得研究结果更具可靠性。这启示我们，在科学领域中，合作和交流是推动进步的关键。

总之，近代物理学的建立为我们树立了科学精神的典范。它强调实证主义、理论的演化和修正以及科学合作与交流，这些原则不仅适用于物理学，也适用于其他科学领域，指导我们在其他科学领域中追求真理和推动科学发展进步。

本章小结

1. 本章知识结构框架

理论基础：迈克尔逊—莫雷实验、狭义相对论的两大假设

⇩ ⇩ ⇩

基本概念：	基本规律：	基本计算：
1. 间隔	1. 相对性原理	1. 相对论效应
2. 四维标量、矢量以及张量	2. 光速不变原理	2. 四维间隔
3. 四维空间、世界点、世界线	3. 洛伦兹变换	3. 质能关系
	4. 任意运动带电粒子的电磁势	4. 加速运动带电粒子的辐射场

2. 狭义相对论的部分变换公式

类别	变换公式
四维坐标	$\begin{cases} x_0' = \gamma(x_0 - \mathrm{j}\beta x_1) \\ x_1' = \gamma(x_1 + \mathrm{j}\beta x_0) \\ x_2' = x_2 \\ x_3' = x_3 \end{cases}$
四维速度	$\begin{cases} U_0' = \gamma(U_0 - \mathrm{j}\beta U_1) \\ U_1' = \gamma(U_1 + \mathrm{j}\beta U_0) \\ U_2' = U_2 \\ U_3' = U_3 \end{cases}$
四维电流密度	$\begin{cases} J_0' = \gamma(J_0 - \mathrm{j}\beta J_1) \\ J_1' = \gamma(J_1 + \mathrm{j}\beta J_0) \\ J_2' = J_2 \\ J_3' = J_3 \end{cases}$
四维势	$\begin{cases} A_0' = \gamma(A_0 - \mathrm{j}\beta A_1) \\ A_1' = \gamma(A_1 + \mathrm{j}\beta A_0) \\ A_2' = A_2 \\ A_3' = A_3 \end{cases}$
电磁场	$\begin{cases} E_1' = E_1 & B_1' = B_1 \\ E_2' = \gamma(E_2 - vB_3) & B_2' = \gamma\left(B_2 + \dfrac{v}{c^2}E_3\right) \\ E_3' = \gamma(E_3 + vB_2) & B_3' = \gamma\left(B_3 - \dfrac{v}{c^2}E_2\right) \end{cases}$
四维动量	$\begin{cases} p_0' = \gamma(p_0 - \mathrm{j}\beta p_1) \\ p_1' = \gamma(p_1 + \mathrm{j}\beta p_0) \\ p_2' = p_2 \\ p_3' = p_3 \end{cases}$
四维力	$\begin{cases} K_0' = \gamma(K_0 - \mathrm{j}\beta K_1) \\ K_1' = \gamma(K_1 + \mathrm{j}\beta K_0) \\ K_2' = K_2 \\ K_3' = K_3 \end{cases}$

3. 狭义相对论中部分物理量的四维协变形式

类别	四维协变形式
位置矢量	$\boldsymbol{x}_\mu = (\mathrm{j}ct, x, y, z) = (\mathrm{j}ct, \boldsymbol{r})$
速度矢量	$\boldsymbol{U}_\mu = \gamma(\mathrm{j}c, \boldsymbol{u})$
电流密度矢量	$\boldsymbol{J}_\mu = (\mathrm{j}c\rho, \boldsymbol{J}) = (\mathrm{j}c\rho, \rho\boldsymbol{u})$

续表

类　别	四维协变形式
电荷守恒定律	$\frac{\partial \boldsymbol{J}_\mu}{\partial \boldsymbol{x}_\mu}=0$
势矢量	$\boldsymbol{A}_\mu=\left(\mathrm{j}\frac{\varphi}{c},\boldsymbol{A}\right)$
达朗贝尔方程	$\square^2\boldsymbol{A}_\mu=-\mu_0\boldsymbol{J}_\mu$
洛伦兹条件	$\frac{\partial \boldsymbol{A}_\mu}{\partial \boldsymbol{x}_\mu}=0$
电磁场张量	$\boldsymbol{F}_{\mu\nu}=\frac{\partial \boldsymbol{A}_\nu}{\partial \boldsymbol{x}_\mu}-\frac{\partial \boldsymbol{A}_\mu}{\partial \boldsymbol{x}_\nu}$
麦克斯韦方程组	$\frac{\partial \boldsymbol{F}_{\mu\nu}}{\partial \boldsymbol{x}_\nu}=\mu_0\boldsymbol{J}_\mu$， $\frac{\partial \widetilde{\boldsymbol{F}}_{\mu\nu}}{\partial \boldsymbol{x}_\nu}=0$
动量矢量	$\boldsymbol{p}_\mu=m_0\gamma(\mathrm{j}c,\boldsymbol{u})$或$\boldsymbol{p}_\mu=\left(\frac{\mathrm{j}}{c}W,\boldsymbol{p}\right)$
力学方程	$\boldsymbol{K}_\mu=\gamma\left(\frac{\mathrm{j}}{c}\boldsymbol{F}\cdot\boldsymbol{u},\boldsymbol{F}\right)$或$\boldsymbol{K}_\mu=\gamma\left(\frac{\mathrm{j}}{c}\frac{\mathrm{d}W}{\mathrm{d}t},\boldsymbol{F}\right)$

习题 7

7.1　在惯性系 K 中,有两个物体保持距离 l 不变,一起沿 x 轴运动,速度为 u。从一个相对于 K 以速度 v 运动的惯性系 K'中观测,这两个物体的距离是多少?

7.2　相对于惯性系 K 静止的一根木棍与 x 轴夹角为 ϕ,从一个相对于 K 以速度 v 沿 x 轴运动的惯性系 K'中观测,这个角度如何变化?

7.3　在惯性系 K 中,一个光信号从原点 O 发出,随后在 P 点接收到,假设距离 $OP=l$,且与 x 轴夹角为 ϕ。在相对于 K 以速度 v 沿 x 轴运动的惯性系 K'中观测:

(1) 从光的发射到接收相隔时间为多少?

(2) 光的发射点到接收点的空间间隔 l'为多少?

7.4　证明:若对于任一四维矢量 $\boldsymbol{B}_\mu$,若 $\boldsymbol{A}_\mu\boldsymbol{B}_\mu$ 为一不变量,则 $\boldsymbol{A}_\mu$ 必为一四维矢量。

7.5　证明:真空中的麦克斯韦方程组在洛伦兹变换下具有不变性。

7.6　由电磁场量变换关系式证明$(\boldsymbol{E}\cdot\boldsymbol{B})^2$ 为一不变量。

7.7　有一发光原子,当它静止时辐射光波的波长为 λ_0,设该原子以匀速度 v 相对于惯性系 K 运动。试通过频率变换式求:

(1) 顺 v 方向传播的光波频率;

(2) 逆 v 方向传播的光波频率。

7.8　静止长度为 l_0 的车厢,以速度 v 相对于地面运动,车厢的后壁以速度 u_0 向前推出一个小球,试用洛伦兹变换或速度变换公式,求地面观察者看到的小球从后壁到前壁的运动时间。

7.9　火箭由静止状态加速到 $v=\sqrt{0.9999}\,c$。设瞬时惯性系上加速度为 $a=20\mathrm{m/s^2}$,

问按照静止系的时钟和按火箭内的时钟加速火箭各需多少时间?

7.10 有一光源S与接收器R相对静止,距离为l_0,S—R装置浸在均匀无限长的液体介质(静止折射率为n)中。试按下列三种情况分别计算从光源发出信号到接收器接到信号所经历的时间。

(1) 液体介质相对S—R静止;

(2) 液体沿着S—R连线方向以速度v流动;

(3) 液体垂直于S—R连线方向以速度v流动。

7.11 一个质量为M_0的静止粒子,自发衰变为两个静止质量分别为m_1和m_2的粒子。求这两个粒子的动能。

*__7.12__ 地球与星球相对静止,相距8光年。飞船相对地球以速度$0.8c$运动。甲、乙、丙分别为地球、星球、飞船上的钟。飞船过地球时,甲、丙两钟的读数都指零;当乙、丙相遇时,地球和飞船观察者都看到乙钟读数为10年。由于同时性是相对的,飞船观察者认为乙钟的读数不对,试问他认为读数应该是多少?

*__7.13__ 两带电量为q的同号电荷,并排地沿平行于x轴的同一方向以速度v运动。问它们是相互吸引还是相互排斥?

*__7.14__ 一原子静止时发光的波长为λ_0,当此原子以速度v相对于K系运动时,试求顺v方向上K系中观察者所测到的波长λ。

7.15 一质量为m、电荷为q的粒子,在恒定磁场$\boldsymbol{B}$中作圆周运动。求其辐射功率损失、粒子能量和轨道半径随时间变化的规律(设速度$v \ll c$)。

*__7.16__ 一个质量为m、电荷为ze的非相对论性粒子,与一质量为M、电荷为Ze的粒子发生正碰。证明:荷电粒子总辐射能为

$$W=\frac{8\tilde{m}^3 v_0^5}{45c^3 Zz}\left(\frac{z}{m}-\frac{Z}{M}\right)^2$$

其中,$\tilde{m}$是两粒子的折合质量,v_0是两粒子相距无穷远时的相对运动速度。当$M\to\infty$时,即M为一固定力心时,辐射能为

$$W=\frac{8zmv_0^5}{45c^3 Z}$$

*__7.17__ 一带电量为q的粒子,以速度v_0做匀速直线运动,摄入介质后,受到阻尼力$-a\boldsymbol{v}$而减速,最后在介质中停下来。假定介质阻尼力比辐射阻尼力大得多,试求带电粒子的总辐射能量。

部分习题参考答案

附　录

一、三种常用坐标系中一些量的表达式

坐标系	直角坐标系	圆柱坐标系	球坐标系
坐标变量	x,y,z	ρ,ϕ,z	r,θ,ϕ
基矢	$\boldsymbol{e}_x,\boldsymbol{e}_y,\boldsymbol{e}_z$	$\boldsymbol{e}_\rho,\boldsymbol{e}_\phi,\boldsymbol{e}_z$	$\boldsymbol{e}_r,\boldsymbol{e}_\theta,\boldsymbol{e}_\phi$
拉梅系数	$h_1=h_2=h_3=1$	$h_1=h_3=1,h_2=\rho$	$h_1=1,h_2=r,h_3=r\sin\theta$
线元矢量	$\mathrm{d}\boldsymbol{l}=\mathrm{d}x\boldsymbol{e}_x+\mathrm{d}y\boldsymbol{e}_y+\mathrm{d}z\boldsymbol{e}_z$	$\mathrm{d}\boldsymbol{l}=\mathrm{d}\rho\boldsymbol{e}_\rho+\rho\mathrm{d}\phi\boldsymbol{e}_\phi+\mathrm{d}z\boldsymbol{e}_z$	$\mathrm{d}\boldsymbol{l}=\mathrm{d}r\boldsymbol{e}_r+r\mathrm{d}\theta\boldsymbol{e}_\theta+r\sin\theta\mathrm{d}\phi\boldsymbol{e}_\phi$
面元矢量	$\mathrm{d}\boldsymbol{S}=\mathrm{d}y\mathrm{d}z\boldsymbol{e}_x+\mathrm{d}z\mathrm{d}x\boldsymbol{e}_y+\mathrm{d}x\mathrm{d}y\boldsymbol{e}_z$	$\mathrm{d}\boldsymbol{S}=\rho\mathrm{d}\phi\mathrm{d}z\boldsymbol{e}_\rho+\mathrm{d}z\mathrm{d}\rho\boldsymbol{e}_\phi+\rho\mathrm{d}\rho\mathrm{d}\phi\boldsymbol{e}_z$	$\mathrm{d}\boldsymbol{S}=r^2\sin\theta\mathrm{d}\theta\mathrm{d}\phi\boldsymbol{e}_r+r\sin\theta\mathrm{d}\phi\mathrm{d}r\boldsymbol{e}_\theta+r\mathrm{d}r\mathrm{d}\theta\boldsymbol{e}_\phi$
体积元	$\mathrm{d}V=\mathrm{d}x\mathrm{d}y\mathrm{d}z$	$\mathrm{d}V=\rho\mathrm{d}\rho\mathrm{d}\phi\mathrm{d}z$	$\mathrm{d}V=r^2\sin\theta\mathrm{d}r\mathrm{d}\theta\mathrm{d}\phi$
梯度	$\nabla f=\boldsymbol{e}_x\frac{\partial f}{\partial x}+\boldsymbol{e}_y\frac{\partial f}{\partial y}+\boldsymbol{e}_z\frac{\partial f}{\partial z}$	$\nabla f=\boldsymbol{e}_\rho\frac{\partial f}{\partial \rho}+\frac{\boldsymbol{e}_\phi}{\rho}\frac{\partial f}{\partial \phi}+\boldsymbol{e}_z\frac{\partial f}{\partial z}$	$\nabla f=\boldsymbol{e}_r\frac{\partial f}{\partial r}+\frac{\boldsymbol{e}_\theta}{r}\frac{\partial f}{\partial \theta}+\frac{\boldsymbol{e}_\phi}{r\sin\theta}\frac{\partial f}{\partial \phi}$
散度	$\nabla\cdot\boldsymbol{F}=\frac{\partial F_x}{\partial x}+\frac{\partial F_y}{\partial y}+\frac{\partial F_z}{\partial z}$	$\nabla\cdot\boldsymbol{F}=\frac{1}{\rho}\left[\frac{\partial}{\partial\rho}(\rho F_\rho)+\frac{\partial F_\phi}{\partial\phi}+\rho\frac{\partial F_z}{\partial z}\right]$	$\nabla\cdot\boldsymbol{F}=\frac{1}{r^2\sin\theta}\left[\sin\theta\frac{\partial}{\partial r}(r^2F_r)+r\frac{\partial}{\partial\theta}(\sin\theta F_\theta)+r\frac{\partial F_\phi}{\partial\phi}\right]$
旋度	$\nabla\times\boldsymbol{F}=\begin{vmatrix}\boldsymbol{e}_x & \boldsymbol{e}_y & \boldsymbol{e}_z\\ \frac{\partial}{\partial x} & \frac{\partial}{\partial y} & \frac{\partial}{\partial z}\\ F_x & F_y & F_z\end{vmatrix}$	$\nabla\times\boldsymbol{F}=\frac{1}{\rho}\begin{vmatrix}\boldsymbol{e}_\rho & \rho\boldsymbol{e}_\phi & \boldsymbol{e}_z\\ \frac{\partial}{\partial \rho} & \frac{\partial}{\partial \phi} & \frac{\partial}{\partial z}\\ F_\rho & \rho F_\phi & F_z\end{vmatrix}$	$\nabla\times\boldsymbol{F}=\frac{1}{r^2\sin\theta}\begin{vmatrix}\boldsymbol{e}_r & r\boldsymbol{e}_\theta & r\sin\theta\boldsymbol{e}_\phi\\ \frac{\partial}{\partial r} & \frac{\partial}{\partial \theta} & \frac{\partial}{\partial \phi}\\ F_r & rF_\theta & r\sin\theta F_\phi\end{vmatrix}$
拉普拉辛	$\nabla^2 f=\frac{\partial^2 f}{\partial x^2}+\frac{\partial^2 f}{\partial y^2}+\frac{\partial^2 f}{\partial z^2}$	$\nabla^2 f=\frac{1}{\rho}\left[\frac{\partial}{\partial\rho}\left(\rho\frac{\partial f}{\partial\rho}\right)+\frac{1}{\rho}\frac{\partial^2 f}{\partial\phi^2}+\rho\frac{\partial^2 f}{\partial z^2}\right]$	$\nabla^2 f=\frac{1}{r^2\sin\theta}\left[\sin\theta\frac{\partial}{\partial r}\left(r^2\frac{\partial f}{\partial r}\right)+\frac{\partial}{\partial\theta}\left(\sin\theta\frac{\partial f}{\partial\theta}\right)+\frac{1}{\sin\theta}\frac{\partial^2 f}{\partial\phi^2}\right]$

二、矢量恒等式

1. 矢量代数恒等式

(1) $\boldsymbol{A}\cdot(\boldsymbol{B}\times\boldsymbol{C})=\boldsymbol{B}\cdot(\boldsymbol{C}\times\boldsymbol{A})=\boldsymbol{C}\cdot(\boldsymbol{A}\times\boldsymbol{B})$

(2) $\boldsymbol{A}\times(\boldsymbol{B}\times\boldsymbol{C})=(\boldsymbol{A}\cdot\boldsymbol{C})\boldsymbol{B}-(\boldsymbol{A}\cdot\boldsymbol{B})\boldsymbol{C}$

(3) $(\boldsymbol{A}\times\boldsymbol{B})\cdot(\boldsymbol{C}\times\boldsymbol{D})=\boldsymbol{A}\cdot[\boldsymbol{B}\times(\boldsymbol{C}\times\boldsymbol{D})]=\boldsymbol{A}\cdot[(\boldsymbol{B}\cdot\boldsymbol{D})\boldsymbol{C}-(\boldsymbol{B}\cdot\boldsymbol{C})\boldsymbol{D}]$
$=(\boldsymbol{A}\cdot\boldsymbol{C})(\boldsymbol{B}\cdot\boldsymbol{D})-(\boldsymbol{A}\cdot\boldsymbol{D})(\boldsymbol{B}\cdot\boldsymbol{C})$

(4) $(\boldsymbol{A}\times\boldsymbol{B})\times(\boldsymbol{C}\times\boldsymbol{D})=(\boldsymbol{A}\times\boldsymbol{B}\cdot\boldsymbol{D})\boldsymbol{C}-(\boldsymbol{A}\times\boldsymbol{B}\cdot\boldsymbol{C})\boldsymbol{D}$

2. 矢量微分恒等式

(1) $\nabla(\varphi+\psi)=\nabla\varphi+\nabla\psi$

(2) $\nabla\cdot(\boldsymbol{A}+\boldsymbol{B})=\nabla\cdot\boldsymbol{A}+\nabla\cdot\boldsymbol{B}$

(3) $\nabla\times(\boldsymbol{A}+\boldsymbol{B})=\nabla\times\boldsymbol{A}+\nabla\times\boldsymbol{B}$

(4) $\nabla(\varphi\psi)=\psi\nabla\varphi+\varphi\nabla\psi$

(5) $\nabla\cdot(f\boldsymbol{A})=\boldsymbol{A}\cdot\nabla f+f\nabla\cdot\boldsymbol{A}$

(6) $\nabla\times(f\boldsymbol{A})=\nabla f\times\boldsymbol{A}+f\nabla\times\boldsymbol{A}$

(7) $\nabla(\boldsymbol{A}\cdot\boldsymbol{B})=(\boldsymbol{A}\cdot\nabla)\boldsymbol{B}+(\boldsymbol{B}\cdot\nabla)\boldsymbol{A}+\boldsymbol{A}\times(\nabla\times\boldsymbol{B})+\boldsymbol{B}\times(\nabla\times\boldsymbol{A})$

(8) $\nabla\cdot(\boldsymbol{A}\times\boldsymbol{B})=\boldsymbol{B}\cdot(\nabla\times\boldsymbol{A})-\boldsymbol{A}\cdot(\nabla\times\boldsymbol{B})$

(9) $\nabla\times(\boldsymbol{A}\times\boldsymbol{B})=\boldsymbol{A}\,\nabla\cdot\boldsymbol{B}-\boldsymbol{B}\,\nabla\cdot\boldsymbol{A}+(\boldsymbol{B}\cdot\nabla)\boldsymbol{A}-(\boldsymbol{A}\cdot\nabla)\boldsymbol{B}$

(10) $\nabla\cdot\nabla\varphi=\nabla^2\varphi$

(11) $\nabla\times\nabla\varphi=0$

(12) $\nabla\cdot\nabla\times\boldsymbol{A}=0$

(13) $\nabla\times\nabla\times\boldsymbol{A}=\nabla(\nabla\cdot\boldsymbol{A})-\nabla^2\boldsymbol{A}$

(14) $\nabla^2(\varphi\psi)=\psi\nabla^2\varphi+\varphi\nabla^2\psi+2(\nabla\varphi)\cdot(\nabla\psi)$

3. 矢量积分恒等式

$\int_V \nabla\cdot\boldsymbol{A}\,\mathrm{d}V=\oint_S\boldsymbol{A}\cdot\mathrm{d}\boldsymbol{S}$ (高斯散度定理)

$\int_S \nabla\times\boldsymbol{A}\cdot\mathrm{d}\boldsymbol{S}=\oint_l\boldsymbol{A}\cdot\mathrm{d}\boldsymbol{l}$ (斯托克斯定理)

$\int_V(\psi\nabla^2\varphi+\nabla\varphi\cdot\nabla\psi)\mathrm{d}V=\oint_S\psi\nabla\phi\cdot\mathrm{d}\boldsymbol{S}$ (格林第一恒等式)

$\int_V(\psi\nabla^2\varphi-\varphi\nabla^2\psi)\mathrm{d}V=\oint_S(\psi\nabla\varphi-\varphi\nabla\psi)\cdot\mathrm{d}\boldsymbol{S}$ (格林第二恒等式)

三、物理常数

真空介电常数	$\varepsilon_0=8.854\times10^{-12}\approx\frac{1}{36\pi}\times10^{-9}\,\mathrm{F/m}$
真空磁导率	$\mu_0=4\pi\times10^{-7}=1.257\times10^{-6}\,\mathrm{H/m}$
真空光速	$c=2.998\times10^8\approx3\times10^8\,\mathrm{m/s}$

自由空间波阻抗	$Z_0=376.7\approx 120\pi\Omega$
电子电荷	$e=1.602\times 10^{-19}$C
电子静质量	$m=9.110\times 10^{-31}$kg
电子荷质比	$\frac{e}{m}=1.761\times 10^{11}$C/kg
经典电子半径	$r=2.818\times 10^{-15}$m
质子静质量	$M=1.673\times 10^{-27}$kg
普朗克常数	$h=6.626\times 10^{-34}$J·s
玻尔兹曼常数	$k=1.381\times 10^{-23}$J/K
电子伏特	$\text{eV}=1.602\times 10^{-19}$J
电子静止能量	$mc^2=0.511\times 10^6$eV
质子静止能量	$Mc^2=0.938\times 10^9$eV

参 考 文 献

[1] 郭硕鸿. 电动力学[M]. 3 版. 北京：高等教育出版社，2008.

[2] 蔡圣善，朱耘，徐建军. 电动力学[M]. 2 版. 北京：高等教育出版社，2002.

[3] 罗春荣，等. 电动力学[M]. 北京：电子工业出版社，2016.

[4] 李元杰，等. 电动力学[M]. 北京：高等教育出版社，2014.

[5] 曹昌琪，等. 电动力学[M]. 北京：人民出版社，1979.

[6] 吴寿涛，等. 电动力学[M]. 西安：西安交通大学出版社，1988.

[7] 王振林. 现代电动力学[M]. 北京：高等教育出版社，2022.

[8] 格里菲斯. 电动力学导论[M]. 贾瑜，胡行，徐强，译. 翻译版. 3 版. 北京：机械工业出版社，2014.

[9] 许福永，等. 电磁场与电磁波[M]. 北京：科学出版社，2005.

[10] 梅中磊，等. 电磁场与电磁波[M]. 北京：清华大学出版社，2018.

[11] 梅中磊，等. 电磁场与电磁波学习指导与典型题解[M]. 北京：清华大学出版社，2022.

[12] 谢处方，等. 电磁场与电磁波[M]. 4 版. 北京：高等教育出版社，2006.

[13] 梁昆淼. 数学物理方法[M]. 4 版. 北京：高等教育出版社，2010.

[14] 张克潜，等. 微波与光电子学中的电磁理论[M]. 北京：电子工业出版社，2001.

[15] 崔万照，等. 电磁超介质及其应用[M]. 北京：国防工业出版社，2008.

[16] 倪光正，等. 工程电磁场原理[M]. 北京：高等教育出版社，2016.

[17] 林为干，等. 电磁场理论[M]. 北京：人民邮电出版社，1996.

[18] 钟锡华. 电磁学通论[M]. 北京：北京出版社，2014.

[19] Bartolo B D. Classical theory of electromagnetism[M]. Prentice Hall，1991.

[20] Pendry J B，Schurig D，Smith D R. Controlling electromagnetic fields[J]. Science，2006，312(5781)：1780.

[21] Gömöry F，Solovyov M，Souc J，et al. Experimental realization of a magnetic cloak.[J]. Science，2012，335(6075)：1466.

[22] Ma N，Zhang S L，Liu D Q. Mechanical control over valley magnetotransport in strained graphene[J]. Physics Letters A，2016，380：1884-1890.

[23] Novoselov K S，Geim A K，Morozov S V，et al. Electric field effect in atomically thin carbon films[J]. Science，2004，306：666.

[24] Dittrich T，Hänggi P，Ingold G，et al. Quantum transport and dissipation[M]. New York：Wiley，1998.

[25] López-Rodríguez F J，Naumis G G. Analytic solution for electrons and holes in graphene under electromagnetic waves：Gap appearance and nonlinear effects[J]. Phys. Rev. B，2008，78：201406.

[26] Zhan T，Shi X，Dai Y，et al. Transfer matrix method for optics in grapheme layers[J]. Phys. Condens. Matter，2013，25：215301.

[27] Joannopoulos J D，Johnson S G，Winn J N，et al. Photonic crystals：Molding the flow of light[M]. 2nd ed. Oxford：Princeton University Press，2008.